T0280319

Tutorium Quantenfeldtheorie

Lisa Edelhäuser · Alexander Knochel

Tutorium Quantenfeldtheorie

Was Sie schon immer über QFT wissen wollten, aber bisher nicht zu fragen wagten

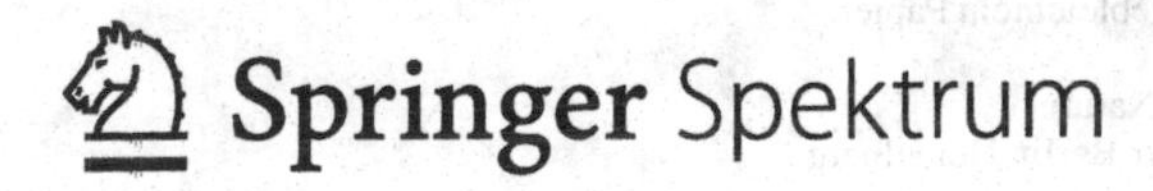

Lisa Edelhäuser
Heidelberg, Deutschland

Alexander Knochel
Heidelberg, Deutschland

ISBN 978-3-642-37675-7
ISBN 978-3-642-37676-4 (eBook)
DOI 10.1007/978-3-642-37676-4

Die Deutsche Nationalbibliothek verzeichnet diese Publikation in der Deutschen Nationalbibliografie; detaillierte bibliografische Daten sind im Internet über http://dnb.d-nb.de abrufbar.

Springer Spektrum

Planung: Dr. Vera Spillner

Gedruckt auf säurefreiem und chlorfrei gebleichtem Papier.

Springer Spektrum ist Teil von Springer Nature
Die eingetragene Gesellschaft ist Springer Berlin Heidelberg

Inhaltsverzeichnis

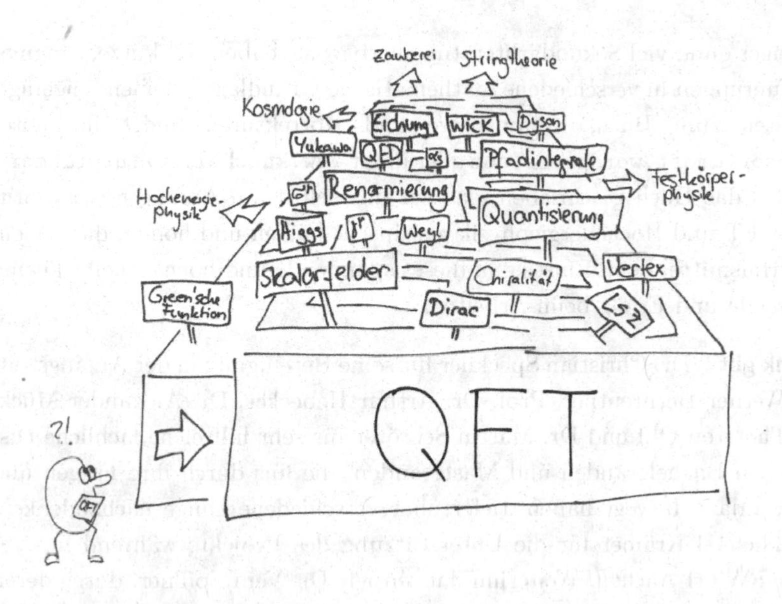

Ein paar Worte vorweg…

Wer heute in die Kosmologie, Hochenergiephysik, Festkörperphysik oder in verwandte Gebiete tiefer einsteigen will, kommt kaum an der Quantenfeldtheorie (QFT) vorbei. Sie ist die Sprache, in der das Standardmodell der Teilchenphysik formuliert ist, und ein zentrales Werkzeug der theoretischen Festkörperphysik. Dieses Buch gibt eine Einführung in die relativistische QFT, wie sie typischerweise in der Hochenergiephysik zur Anwendung kommt.

Da hier viele Fäden der theoretischen Physik zusammenlaufen, kann der Zugang steil, steinig und verwirrend sein. Zutaten aus nahezu allen Pflichtvorlesungen der theoretischen Physik und Mathematik werden benötigt, viel Lineare Algebra, Analysis und Funktionalanalysis, etwas Funktionentheorie und Differenzialgeometrie, ferner analytische Mechanik, spezielle Relativitätstheorie, Elektrodynamik und Quantenmechanik und, je nach Geschmack und Spezialisierung, auch Aspekte der Thermodynamik und der Statistik. Mit dem vorliegenden Tutorium wollen wir dem Leser die Orientierung in diesem Themenlabyrinth erleichtern, ohne zu viele Abkürzungen zu nehmen. Es ist dabei als Ergänzung zu Vorlesungen und Lehrbüchern und als Begleiter beim Selbststudium gedacht.

Wir laden den Leser an vielen Stellen im Text dazu ein, sich durch das Lösen der Aufgaben am Erarbeiten des Stoffes zu beteiligen. Dabei warnen wir vor möglichen Missverständnissen und geben Hinweise, die uns selbst beim Einstieg in die Materie so manche Frustration und leidvolle Sackgasse erspart hätten. Für Herleitungen und Konzepte, die aus Platzgründen zu kurz kommen, verweisen wir auf existierende Lehr- und Fachbücher sowie die eine oder andere wissenschaftliche Veröffentlichung. Damit das Buch dennoch möglichst in sich geschlossen und für den Einsteiger ohne viel Sekundärliteratur nutzbar ist, haben wir kurze, pragmatische Einführungen in verschiedene mathematische Grundlagenthemen beigefügt.

Neuigkeiten zum Buch, Kommentare und Korrekturen findet ihr unter `http://tutoriumqft.wordpress.com` oder unter `www.knochel.de/tutoriumqft`.

Wir haben das Buch geschrieben, das wir uns selbst am Anfang unseres Studiums der QFT und Hochenergiephysik gewünscht hätten und hoffen, dass es ein nützliches Hilfsmittel beim Einstieg in dieses spannende und hochaktuelle Thema ist. Viel Freude und Erfolg beim Arbeiten!

Unser Dank gilt Dr. Christian Speckner für seine Beteiligung in der Anfangszeit; Prof. Dr. Werner Bernreuther, Prof. Dr. Arthur Hebecker, Dr. Alexander Mück, Prof. Dr. Thorsten Ohl und Dr. Martin Schröter für sehr hilfreiche fachliche Diskussionen; den Bacheloranden und Masteranden, die uns durch ihre Fragen und Kommentare dazu bewegt haben, tiefer über verschiedene Dinge nachzudenken; Prof. Dr. Michael Krämer für die Unterstützung des Projekts während unserer Zeit an der RWTH Aachen. Weiterhin danken wir Dr. Vera Spillner, durch deren Initiative und unerschöpflichen Enthusiasmus dieses Buchprojekt entstanden ist, Dipl. Phys. Margit Maly und Stefanie Adam, M.A., für die Betreuung bei Springer Spektrum und Dr. Michael Zillgitt für das kompetente und unkomplizierte CE.

Heidelberg
im Januar 2016

Lisa Edelhäuser
Alexander Knochel

1 Einführung

Übersicht

1.1 Warum überhaupt Quantenfeldtheorie?

Die Relativitätstheorie und die Quantentheorie sind die beiden wichtigsten Stützpfeiler der modernen Physik. Beide sind für sich genommen extrem erfolgreiche Theorien, die aber eben nur einen eingeschränkten Gültigkeitsbereich haben. Die klassische Mechanik und die klassische spezielle Relativitätstheorie versagen, wenn Vorgänge beschrieben werden sollen, deren Wirkung $S = \int dt\, L$ die Größenordnung des Planck'schen Wirkungsquantums $\hbar$ hat. Das ist das Aufgabengebiet der Quantenmechanik. Diese wiederum liefert falsche Vorhersagen, wenn die Energie von Teilchen deren Ruheenergie mc^2 stark überschreitet oder wenn gar Teilchen erzeugt oder vernichtet werden und die Umwandlung ihrer Ruheenergie in andere Energieformen beschrieben werden soll. Es ist also klar, dass eine Art Synthese benötigt wird – eine relativistische Quantentheorie –, um die Natur auch in solchen Situationen zu beschreiben, in denen sowohl relativistische als auch Quanteneffekte eine Rolle spielen. Die relativistische QFT erfüllt genau diese Rolle.

Die vielleicht nächstliegende (aber im Endeffekt zu naive) Strategie, um die beiden Theorien zusammenzuführen, ist, ein direktes Analogon zur Schrödinger-Gleichung für n-Teilchen-Wellenfunktionen zu konstruieren, das die relativistische Physik korrekt beschreibt. Erinnern wir uns noch einmal kurz an den Ursprung der zeitabhängigen Schrödinger-Gleichung: Das Noether-Theorem sagt uns, dass Energie und Impuls jene Erhaltungsgrößen sind, die aus der Invarianz der Wirkung oder Hamilton-Funktion unter Zeittranslationen und Raumtranslationen folgen. Will man eine Wellengleichung aufstellen, ist es (im Nachhinein!) also naheliegend, Energie und Impuls anhand der Differenzialoperatoren darzustellen, die diese Translationen generieren:

$$\mathbf{p} \quad \sim \quad -i\hbar\nabla, \qquad E \quad \sim \quad i\hbar\frac{\partial}{\partial t}. \tag{1.1}$$

Da wir Differenzialoperatoren als Darstellung gewählt haben, hat unser quantenmechanischer Zustand nun die Form einer Wellenfunktion $\phi(\mathbf{x}, t)$. Der Einfachheit halber haben wir uns hier auf ein einzelnes Teilchen beschränkt, und der Konfigurationsraum, von dem unsere Wellenfunktion abhängt, besteht daher nur aus einem einzigen Ortsvektor $\mathbf{x}$. Die Relation, der Energie und Impuls eines freien Teilchens oder Massenpunktes in der klassischen Physik gehorchen, ist

$$E = \frac{\mathbf{p}^2}{2m}, \tag{1.2}$$

und wenn wir die Darstellung aus Gl. (1.1) verwenden, folgt daraus auch schon die zeitabhängige Schrödinger-Gleichung

$$i\hbar\frac{\partial}{\partial t}\phi = -\frac{\hbar^2}{2m}\nabla^2\phi. \tag{1.3}$$

Nun versuchen wir die Verallgemeinerung zur speziellen Relativitätstheorie zu bewerkstelligen. Die entsprechende Relation zwischen Energie und Impuls ist hier

$$E^2 = \mathbf{p}^2c^2 + m^2c^4\,. \tag{1.4}$$

Wenn wir diese Relation wieder wie oben anhand von Gl. (1.1) in eine Wellengleichung übersetzen, erhalten wir

$$\Box\phi + \frac{c^2}{\hbar^2}m^2\phi = 0\,, \tag{1.5}$$

wobei wir das Symbol

$$\Box \equiv \partial^\mu\partial_\mu = \frac{1}{c^2}\frac{\partial^2}{\partial t^2} - \nabla^2 \tag{1.6}$$

für den relativistischen Wellenoperator (d'Alembert-Operator oder manchmal scherzhaft „Quabla" genannt) benutzt haben. Die Gleichung Gl. (1.5) ist die berühmte *Klein-Gordon-Gleichung*, die uns für den Rest dieses Buches ständig begleiten wird. Leider eignet sie sich aber aus mehreren Gründen nicht als relativistische Version der Schrödinger-Gleichung:

- Sie hat Lösungen negativer Energie, da die zweite Zeitableitung vorkommt.
- Daraus folgt auch, dass die Wahrscheinlichkeitsdichte nicht positiv definit ist, was die Interpretation der Funktion ϕ als quantenmechanische Wellenfunktion problematisch macht.

Man kann versuchen, die Lösungen negativer Energie zu eliminieren, indem man die „Wurzel" der Klein-Gordon-Gleichung verwendet: $i\frac{\partial}{\partial t}\phi = \sqrt{m^2 - \nabla^2}\phi$. Diese ist allerdings nicht-lokal, da sie kein Polynom des Ableitungsoperators ist. Eine raffiniertere Art, so etwas wie die Wurzel des Klein-Gordon-Operators zu konstruieren, führt zur Dirac-Gleichung. Sie ist sehr nützlich, um den Spin und andere relativistische Effekte in der Atomphysik zu beschreiben, hat aber einen begrenzten Einsatzbereich. Ein besonders fruchtbarer Ansatz, der diese Probleme löst, wagt eine Uminterpretation des Objekts ϕ, das im Folgenden nicht mehr die Rolle einer quantenmechanischen Wellenfunktion spielen wird, sondern die eines quantisierten Feldes.

In diesem Buch werden wir die zwei populärsten (aber bei Weitem nicht einzigen) Zugänge zur Quantenfeldtheorie benutzen. Der erste Formalismus trägt den Namen *kanonische Quantisierung*. Während in der Quantenmechanik Vertauschungsrelationen für die Koordinaten $\mathbf{q}$ und deren konjugierte Impulse $\mathbf{p}$ postuliert werden, bilden hier das Feld $\phi(\mathbf{x}, t)$ und der zugehörige kanonische Impuls $\Pi(\mathbf{x}, t)$ den Phasenraum der Theorie. Der Ortsvektor, der in der Quantenmechanik noch ein Operator war, wird dabei wie die Zeit wieder zu einem zahlenwertigen Parameter degradiert. Aufgrund seiner Ähnlichkeit zur kanonischen Vorgehensweise in der Quantenmechanik stellt die Mehrheit der Vorlesungen und Lehrbücher diesen Zugang an den Anfang, und wir machen hier keine Ausnahme. Der zweite Formalismus, der universell zum Einsatz kommt, ist die *Pfadintegralquantisierung*. Sie bietet den Vorteil, dass sie im Gegensatz zur kanonischen Quantisierung komplett Lorentz-invariant aufgeschrieben werden kann und dass klassische zahlenwertige Felder statt Feldoperatoren zum Einsatz kommen. Natürlich ist keiner der beiden Zugänge generell besser oder schlechter, und wenn man sich beide angeeignet hat, kann man das jeweils passende Werkzeug wählen.

1.2 Ein paar einleitende Worte zur Benutzung dieses Buches

Zum Aufbau Diese Einführung in die QFT ist zunächst nach dem Spin der beteiligten Felder und Teilchen geordnet, beginnend mit Skalarfeldern ($s = 0$) über Spinorfelder ($s = 1/2$) zu Vektorfeldern ($s = 1$). Das ist ausreichend, um die Quantenelektrodynamik und das Standardmodell der Teilchenphysik zu formulieren, die im Anschluss besprochen werden.

Viele grundlegende Konzepte und Begriffe kann man schon am Beispiel der Skalarfelder verstehen, und der Übergang zu höheren Spins erfordert zusätzliche Konzepte, die zwar wichtig und interessant, aber bei einer ersten Betrachtung eher hinderlich sind. Daher ist die komplette erste Hälfte des Buches dem skalaren Feld gewidmet. Auf diese Weise kommt man schneller zu dem Punkt, an dem man seine erste Feldtheorie quantisiert hat und mithilfe von Feynman-Diagrammen Streuamplituden und -querschnitte berechnen kann. Wir beginnen, wie traditionell üblich, mit der kanonischen Quantisierung, fahren aber im weiteren Verlauf des Buches zweigleisig und schließen auch die Pfadintegralquantisierung mit ein. Den Pfadintegralen ist daher ein eigenes Kapitel gewidmet, das die zuvor in der kanonischen Quantisierung vollzogenen Entwicklungen nachholt, dann aber noch darüber hinaus geht und zusätzliche wichtige Konzepte wie erzeugende Funktionale einführt. Auch die Grundzüge der Regularisierung und Renormierung einschließlich der Renormierungsgruppe werden zunächst am Beispiel des Skalarfeldes besprochen.

Die zweite Hälfte des Buches beginnt mit der Behandlung halbzahliger Spins, der Dirac-Lagrange-Dichte und der Dirac-Gleichung, einschließlich der notwendigen Rechenregeln. Die bisher für Skalare entwickelten Methoden werden sowohl im kanonischen als auch, etwas verkürzt dargestellt, im funktionalen Zugang auf Fermionen verallgemeinert. Die Vektorfelder werden im Anschluss anhand des Eichprinzips eingeführt, und wiederum werden die wichtigsten formalen Aspekte beleuchtet. Dieser Teil schließt mit der funktionalen Herleitung der Ward-Identitäten aus Eichsymmetrien.

Nachdem der generelle Umgang mit Feldern verschiedener Spins besprochen ist, setzen wir die Puzzlestücke zur ersten „realistischen" Theorie zusammen, der Quantenelektrodynamik. Nachdem wir einige Standardprozesse berechnet haben, führen wir die Renormierung dieser Theorie durch. Zum Abschluss gehen wir kurz darauf ein, wie man mit den infraroten Divergenzen umgeht, die bei der Abstrahlung weicher Photonen auftreten.

Im letzten Kapitel geben wir eine Einführung in die Königin der Quantenfeldtheorien, das Standardmodell der Teilchenphysik, das wir allerdings bis auf einige Ausnahmen anhand der klassischen Lagrangedichte besprechen werden. Wir legen hier den Schwerpunkt auf die elektroschwachen Wechselwirkungen und den Higgs-Mechanismus. Zum Abschluss des Buches erläutern wir aus aktuellem Anlass die Produktions- und Zerfallskanäle des Higgs-Bosons, wie sie im Standardmodell vorhergesagt werden.

Damit dieses Buch für einen möglichst breiten Leserkreis notfalls auch ohne Sekundärliteratur nützlich ist, falls man z.B. zusammen mit dem Buch auf einer einsamen Insel angespült wird, haben wir einige kurze, hoffnungslos inadäquate Einführungen in Grundlagenthemen wie spezielle Relativitätstheorie, Lie-Gruppen und Lie-Algebren sowie Funktionentheorie und Funktionalableitungen mit aufgenommen.

Eine kurze Bedienungsanleitung Wir haben das Buch nicht nur inhaltlich, sondern auch optisch gegliedert. So gibt es wiederkehrende Abschnitte, deren Sinn wir hier kurz erklären wollen. Einen wichtigen Teil dieses Tutoriums machen natürlich die Aufgaben aus. Diese sind am Rand links durch einen grauen Streifen gekennzeichnet und in Frage, Tipp und Lösung gegliedert:

AUFGABE 1

■ Hier kommt die Frage oder Arbeitsanweisung

● Hier kommt manchmal ein Tipp zur Vorgehensweise

▶ Hier wird die Lösung skizziert oder explizit vorgerechnet.

Direkt in den Text eingebettete Lösungen sind ein zweischneidiges Schwert. Wir haben uns nach längerem Überlegen dennoch dagegen entschieden, sie in den Anhang zu verbannen, weil wir das Buch möglichst angenehm lesbar und klar gestalten wollten. Das bedeutet allerdings auch, dass der Leser selbst dafür verantwortlich ist, lange genug daran zu arbeiten, ohne zu spicken.

Damit wichtige Zusammenfassungen, Konzepte oder zentrale Formeln, die man auf jeden Fall im Kopf behalten sollte, nicht zwischen langen Herleitungen und Aufgaben untergehen, sind diese mit einem grauen Kasten unterlegt und nach dem Bühnenprogramm des fränkischen Kabarettisten Frank-Markus Barwasser benannt:

Aufgemerkt!

Hier stehen wichtige Zusammenfassungen, Konzepte oder Theoreme.

Hier gehen wir etwas über den Standardstoff hinaus:

Über den Tellerand

Hier stehen Kommentare oder Ausblicke auf Themen, die wir dem Leser nicht vorenthalten wollten, die aber entweder etwas außerhalb des eigentlichen Stoffes liegen oder weiter vorgreifen.

Außerdem gibt es noch folgende nette, durch graue Balken begrenzte Fragestellungen, die auf das Verständnis des vorangegangen Stoffes abzielen:

Hier stehen Aufgaben ohne ausgearbeitete Lösungen. Dabei kann es sich um schnelle Verständnisfragen, aufwändigere Aufgaben oder Probleme zum Nachdenken handeln.

Am Ende jedes Kapitels gibt es eine Zusammenfassung der wichtigsten darin behandelten Formeln:

Zusammenfassung dazu, wie dieses Buch zu verwenden ist

- Das Buch gründlich durcharbeiten!
- Aufgaben auch genau mitrechnen!
- In schwachen Momenten nicht aufgeben!

1.3 Grundlagen

1.3.1 Natürliche Einheiten

Fast die gesamte Literatur zur relativistischen Quantenfeldtheorie verwendet die sogenannten „natürlichen Einheiten", und davon abzuweichen, ist nicht empfehlenswert. Natürlich sollte man wissen, wie das Ergebnis, das man ausgerechnet hat, in SI- oder cgs-Einheiten lautet, aber es ist wesentlich weniger fehleranfällig und zeitaufwändig, diese Umrechnung erst für das Endergebnis durchzuführen.

Die Idee hinter den natürlichen Einheiten ist, die Naturkonstanten $\hbar$ und c per Definition auf den Wert $\hbar = c = 1$ zu setzen. Das ist möglich, ohne dass sich Widersprüche ergeben, auch wenn es vielleicht zunächst sehr überraschend klingt. *Der Vorteil dieser Konvention ist, dass nun alles in Einheiten der Energie gemessen wird.* Da $\hbar \sim$ Energie $\cdot$ Zeit jetzt einheitenlos ist, hat Zeit nun die Einheit Energie^{-1}. Da $c \sim$ Abstand/Zeit ebenfalls einheitenlos ist, haben räumliche Abstände nun wie zeitliche Abstände ebenfalls die Einheit Energie^{-1}. Die relativistische Energie-Impuls-Relation wird nun vereinfacht zu

$$E^2 = \mathbf{p}^2 c^2 + m^2 c^4 \rightarrow E^2 = \mathbf{p}^2 + m^2 \,. \tag{1.7}$$

Die berühmteste Formel von allen (für die Ruheenergie eines massiven Objekts) reduziert sich damit zu

$$E = m \quad \text{:-)} \tag{1.8}$$

Folglich sind der d'Alembert-Operator und die Klein-Gordon-Gleichung nun auch übersichtlicher:

$$\Box \equiv \partial^\mu \partial_\mu = \frac{\partial^2}{\partial t^2} - \nabla^2 \,, \tag{1.9}$$

$$\Box\phi + m^2\phi = 0 \,. \tag{1.10}$$

Die Kreiswellenzahl eines Photons ist jetzt ohne weitere Umrechnungsfaktoren gleich seinem Impulsbetrag und, wegen $m = 0$, auch seiner Energie. Wir verwenden im weiteren Verlauf des Buches die Notation mit eckigen Klammern, um den Energieexponenten anzugeben; z. B. bedeutet $[X] = n$, dass die Größe X Einheiten Energie^n hat. Zum Beispiel ist $[m] = [\mathbf{p}] = 1$ und $[\hbar] = [c] = 0$ sowie $[\mathbf{x}] = [t] = -1$.

1.3.2 Einiges zu kompakten Lie-Gruppen und Lie-Algebren

Uns werden häufig kontinuierliche Transformationen von Feldern oder Zuständen begegnen. Sie sind unter anderem wichtig, da sie durch das Noether-Theorem zu Erhaltungsgrößen korrespondieren (siehe Abschnitt 2.2) und die Grundlage der sogenannten Eichtheorien bilden (siehe Abschnitt 8.1). Von besonderem Interesse sind die sogenannten Poincaré-Symmetrien der speziellen Relativitätstheorie, auf die wir in Abschnitt 1.3.3 eingehen. Hier interessieren uns aber zunächst unitäre oder orthogonale Transformationen von Feldern und Zuständen. Diese Transformationen werden durch sogenannte *kompakte Lie-Gruppen* realisiert. Für unsere Zwecke benötigen wir hauptsächlich die speziellen orthogonalen Gruppen $SO(N)$ und die unitären und speziellen unitären Gruppen $U(N)$ und $SU(N)$. Hier wollen wir nur ganz pragmatisch die nötigsten Zusammenhänge erwähnen, mit denen wir später arbeiten. Die Grundlagen zu diesem Thema allein füllen selbstverständlich ganze Bände, und dieses Kapitel soll nur als Notlösung gelten, um das Buch möglichst in sich abgeschlossen zu halten. Dem Leser seien insbesondere [1, 2] ans Herz gelegt. In [2] wird insbesondere die allgemeine Klassifikation der kompakten Lie-Algebren durch Dynkin-Diagramme erklärt und auf die sogenannten exzeptionellen Lie-Algebren G_2, F_4, E_6, E_7, E_8 eingegangen.

Gruppen und Gruppendarstellungen Ganz allgemein schreibt man die Gruppe und ihre Elemente abstrakt als

$$g \in \mathcal{G} \tag{1.11}$$

und die Verknüpfung zwischen zwei Gruppenelementen, $f, g \in \mathcal{G}$, als

$$h = f \circ g \in \mathcal{G} \,. \tag{1.12}$$

Ist die Verknüpfung für alle Elemente kommutativ, $g \circ f = f \circ g$, so nennt man die Gruppe *Abel'sch*, andernfalls *nicht-Abel'sch*.

Will man die Elemente der Gruppe auf irgendetwas wirken lassen, benötigt man eine konkrete *Darstellung* der abstrakten Gruppenelemente. Will man die Gruppenelemente als lineare Abbildung auf Vektoren wirken lassen, beispielsweise um räumliche Drehungen zu beschreiben, benötigt man eine Darstellung durch Matrizen. Eine solche Darstellung eines Gruppenelements bezeichnet man häufig mit

$$R(g) \tag{1.13}$$

(mit R für *representation*). Die abstrakte Verknüpfung $\circ$ der Gruppenelemente ist dann in dieser Darstellung durch eine konkrete Operation gegeben, in unserem Fall z. B. durch die Matrixmultiplikation:

$$R(g \circ f) = R(g)R(f) . \tag{1.14}$$

Dieser Zusammenhang heißt *Gruppenhomomorphismus* und stellt sicher, dass die Verknüpfung der Darstellung die Struktur der Gruppe widerspiegelt. Man kann auch den Begriff der Darstellung als synonym für den Gruppenhomomorphismus sehen. Umgangssprachlich nennt man manchmal die Vektoren, die durch die Matrizen transformiert werden, die Darstellung oder bezeichnet die Darstellungen nur durch die Anzahl der Komponenten des entsprechenden Vektors.

Der Gruppenhomomorphismus besagt auch, dass für matrixwertige Darstellungen das inverse Element $R(g^{-1})$ zu $R(g)$ gerade durch die Matrixinverse der Darstellungsmatrix $R(g^{-1}) = R^{-1}(g)$ gegeben ist. Insbesondere müssen die Darstellungsmatrizen also invertierbar sein. Das Einselement $id \in \mathcal{G}$ wird durch die Einheitsmatrix $R(id) = I_{N\times N}$ dargestellt.

Die klassischen Gruppen $U(N)$ und $SO(N)$ Nun aber zurück zu den konkreten Beispielen.

- Die spezielle orthogonale Gruppe $SO(N)$ kann als die Menge der reellen $(N \times N)$-Matrizen mit
$$O^T O = I_{N\times N} \tag{1.15}$$
und $\det O = 1$ dargestellt werden. Die Gruppen $O(N)$ für $\det O = \pm 1$ enthalten zusätzlich noch Spiegelungen, die aber nicht kontinuierlich mit der trivialen Transformation $O = I_{N\times N}$ zusammenhängen.
- Die unitäre Gruppe $U(N)$ kann als die Menge der komplexen $(N\times N)$-Matrizen mit
$$U^\dagger U = I_{N\times N} \tag{1.16}$$
dargestellt werden, wobei wir für Matrizen die hermitesche Konjugation als $U^\dagger \equiv U^{*T}$ schreiben. Für die Elemente der speziellen unitären Gruppe $SU(N)$ gilt zusätzlich die Einschränkung $\det U = 1$.

Wir sagen hier, dass die Gruppen durch solche Matrizen dargestellt werden *können*, da es auch andere Darstellungen gibt. Die gerade erwähnten Darstellungen waren offenbar namensgebend für die Gruppen und werden daher als *definierende Darstellungen* bezeichnet.

Exponentialdarstellung von Darstellungsmatrizen Wir benötigen jetzt die wichtigen Relationen für Exponentiale von $(N \times N)$-Matrizen X

$$\det e^X = e^{\operatorname{tr} X} \tag{1.17}$$

und

$$(e^X)^{-1} = e^{-X}\,, \tag{1.18}$$

wobei hier das Exponential durch die Potenzreihe

$$e^X = \sum_{n=0}^{\infty} \frac{1}{n!} X^n \tag{1.19}$$

definiert ist.

Aufgemerkt!

Die Elemente der definierenden Darstellung von $SU(N)$ können anhand *hermitescher spurfreier* Matrizen T durch

$$U = e^{iT} \tag{1.20}$$

parametrisiert werden. Alternativ kann man $U = e^X$ schreiben, wobei X antihermitesch und spurfrei sein muss.

AUFGABE 2

Beweist, dass für hermitesche spurfreie $(N \times N)$-Matrizen T gilt:

$$U = e^{iT} \in SU(N)\,. \tag{1.21}$$

Überprüft dazu einfach $U^\dagger U = I$ und $\det U = 1$.

Wir müssen zunächst klären, wie † auf das Exponential wirkt. Für Potenzen von Matrizen X^n gilt einfach $(X^n)^\dagger = (X^\dagger)^n$. Wir können also die die Konjugation einfach in den Exponenten ziehen und erhalten

$$(e^{iT})^\dagger = e^{(iT)^\dagger} = e^{-iT^\dagger}\,. \tag{1.22}$$

Da wir $T^\dagger = T$ annehmen, folgt also

$$(e^{iT})^\dagger e^{iT} = e^{-iT} e^{iT} = I_{N\times N}\,. \tag{1.23}$$

Weiterhin soll $\operatorname{tr} T = 0$ sein, und somit ist

$$\det e^{iT} = e^{\operatorname{tr}(iT)} = e^{i\operatorname{tr}(T)} = e^0 = 1\,, \tag{1.24}$$

und wir sind fertig.

Analog gilt für die orthogonale Gruppe:

Aufgemerkt!

Die Elemente der definierenden Darstellung von $SO(N)$ können anhand *reell antisymmetrischer* Matrizen X durch

$$O = e^X \tag{1.25}$$

parametrisiert werden. Um die Notation wie zuvor zu wählen, kann man auch $X = iT$ schreiben, wobei dann T rein imaginär und hermitesch sein muss.

Wir bleiben hier aus Platzgründen den Beweis schuldig, dass jedes Element der Gruppen auch wirklich durch dieses Exponential dargestellt werden kann.

Lie-Algebren und Generatoren Die Matrizen X im Exponenten, anhand derer wir die Darstellung der Gruppenelemente parametrisiert hatten, sind wiederum eine Darstellung der sogenannten *Lie-Algebra* der entsprechenden Gruppe. Die Korrespondenz zwischen solchen Gruppen- und Algebra-Darstellungen wird also durch die Exponentialabbildung hergestellt.

Man bezeichnet die zu Lie-Gruppen gehörigen Lie-Algebren häufig mit Kleinbuchstaben in Frakturschrift: $\mathfrak{so}(N)$, $\mathfrak{u}(N)$, $\mathfrak{su}(N)$. Lie-Algebren und ihre Darstellungen besitzen *zwei* Verknüpfungen zwischen Algebra-Elementen. Einerseits sind sie abgeschlossen unter Addition

$$X + Y, \tag{1.26}$$

andererseits aber auch unter Bildung des *Kommutators*

$$[X, Y] = XY - YX. \tag{1.27}$$

Man sieht leicht, dass die Abgeschlossenheit insbesondere für antihermitesche oder antisymmetrische spurfreie Matrizen gilt (ausprobieren!).

Wir werden später häufig der Einfachheit halber infinitesimale Transformationen betrachten. Da für kleine X

$$e^X \sim I_{N\times N} + X, \tag{1.28}$$

ist die Lie-Algebra der Tangentialraum der Gruppe am Eins-Element: Kleine Bewegungen in der Gruppenmannigfaltigkeit weg von der Eins entsprechen Matrizen aus der Lie-Algebra. Die infinitesimalen Transformationen haben daher auch diese Form. Um von solchen linearen infinitesimalen Transformationen wieder zu den endlichen Gruppenelementen zu kommen, muss man daher die lineare Ordnung wieder zu einer Exponentialreihe hochintegrieren

Die Lie-Algebra ist bezüglich der Addition und der Multiplikation mit Elementen aus $\mathbb{R}$ oder $\mathbb{C}$ ein herkömmlicher Vektorraum mit einer bestimmten Dimension d, die auch die Dimension der Gruppe (als Mannigfaltigkeit aufgefasst) angibt. Wir können eine Basis $T^a, a = 1 \dots d$ wählen, sodass gilt:

$$X = i\theta^a T^a, \quad \theta^a \in \mathbb{R}. \tag{1.29}$$

Somit haben wir eine Parametrisierung der Gruppendarstellung durch d reelle Parameter. Die Basiselemente T^a werden *Generatoren* genannt.

AUFGABE 3

■ Welche Dimension (d. h. wie viele linear unabhängige Generatoren) haben die Gruppen $SO(N)$, $SU(N)$ und $U(N)$?

● Zählt dazu z. B. die Anzahl der frei wählbaren reellen Einträge der jeweiligen Lie-Algebra-Matrizen.

▶ Die Gruppe $SO(N)$ wird durch die reellen antisymmetrischen $(N \times N)$-Matrizen generiert. Allgemeine $(N \times N)$-Matrizen haben N^2 unabhängige reelle Komponenten. Fordern wir jetzt Antisymmetrie, müssen die Diagonaleinträge verschwinden, und die Einträge unter der Diagonale sind durch jene oberhalb festgelegt. Oberhalb der Diagonale liegen aber gerade

$$\dim SO(N) = \frac{N(N-1)}{2} \tag{1.30}$$

reelle Einträge, die unabhängig gewählt werden können.

Die $U(N)$ wird durch antihermitesche $(N \times N)$-Matrizen generiert. Hier müssen wegen $X^\dagger = -X$ die N Diagonaleinträge rein imaginär sein, was N Freiheitsgrade beiträgt. Die $N(N-1)/2$ komplexen Einträge oberhalb der Diagonale sind frei wählbar, jene unterhalb der Diagonale damit aber festgelegt. Da komplexe Einträge doppelt zählen, sind es insgesamt also einfach

$$\dim U(N) = N + 2\frac{N(N-1)}{2} = N^2 \tag{1.31}$$

reelle unabhängige Einträge.

Bei der speziellen unitären Gruppe $SU(N)$ muss noch die Bedingung $\operatorname{tr} X = 0$ erfüllt werden. Sind das zwei Bedingungen (Real- und Imaginärteil müssen verschwinden) oder eine? Da für eine beliebige antihermitesche Matrix die Diagonalelemente immer rein imaginär sind, ist die Bedingung $Re \operatorname{tr} X = 0$ bereits erfüllt, und nur $\operatorname{Im} \operatorname{tr} X = 0$ kommt hinzu. Also ist

$$\dim SU(N) = N^2 - 1. \tag{1.32}$$

Wir sind aus unseren drei Raumdimensionen gewohnt, dass es so viele Drehachsen wie Dimensionen gibt, und daher Drehimpulse und Drehmomente als Vektoren **M**, **L** dargestellt werden können. Das ist dem Zufall(?) geschuldet, dass $\dim SO(3) = 3$, und setzt sich in anders-dimensionalen Räumen nicht fort. So ist zum Beispiel $\dim SO(4) = 6$, da hier Drehungen immer zweidimensionale *Drehflächen* statt Drehachsen invariant lassen, von denen es eben 6 Stück gibt. Wir werden im Kapitel zur speziellen Relativitätstheorie sehen, dass viele Objekte, die wir in drei Dimensionen als Vektoren auffassen, in der vierdimensionalen Raumzeit nicht als vierdimensionale Vektoren repräsentiert werden können – manche aber schon.

Strukturkonstanten Für die Gruppen $SU(N)$ und $SO(N)$ werden meist Standardgeneratoren verwendet, die eine bestimmte Kommutatorrelation

$$[T^a, T^b] = i f^{abc} T^c \tag{1.33}$$

erfüllen, wobei über den Index c summiert wird. Die Zahlen $f^{abc} \in \mathbb{R}$ heißen Strukturkonstanten. Sie können antisymmetrisch unter Vertauschung von a, b, c gewählt werden. Um die Verwirrung perfekt zu machen, wird diese Kommutatorrelation oft als Lie-Algebra bezeichnet. Für Abel'sche Gruppen ist $f = 0$, denn nur dann vertauschen alle Generatoren, und damit auch ihre Exponentiale. Die Strukturkonstanten sagen sehr viel, aber nicht alles über die Gruppe.

Die adjungierte Darstellung Die Strukturkonstanten selbst können als Generatoren einer Darstellung aufgefasst werden:

$$i(T^a)^{bc} = f^{abc}. \tag{1.34}$$

Diese Darstellung ist automatisch reell und wird *adjungierte Darstellung* genannt. Im Fall der $SO(3)$ sind die definierende und die adjungierte Darstellung identisch. In Abel'schen Gruppen ist $f = 0$, und diese Darstellung ist trivial, d. h. es ist immer $R = 1$ für die adjungierte Darstellung.

Aufgemerkt!

Die Strukturkonstanten der $\mathfrak{su}(2)$ und der dazu isomorphen $\mathfrak{so}(3)$ sind beide durch den total antisymmetrischen Tensor ϵ^{ijk} mit $i, j, k = 1 \ldots 3$ gegeben. Die Standardgeneratoren der definierenden Darstellung der $SU(2)$ sind

$$T^a = \frac{1}{2}\sigma^a \equiv \tau^a, \tag{1.35}$$

mit den *Pauli-Matrizen*

$$\sigma^1 = \begin{pmatrix} 0 & 1 \\ 1 & 0 \end{pmatrix}, \quad \sigma^2 = \begin{pmatrix} 0 & -i \\ i & 0 \end{pmatrix}, \quad \sigma^3 = \begin{pmatrix} 1 & 0 \\ 0 & -1 \end{pmatrix}. \tag{1.36}$$

Die Generatoren der adjungierten Darstellung der $SU(2)$, und gleichzeitig der definierenden *und* der adjungierten Darstellung der $SO(3)$, können einfach als die Strukturkonstanten

$$i(T^a)_{bc} = \epsilon^{abc} \tag{1.37}$$

gewählt werden. Die Jacobi-Identität

$$\epsilon^{aje}\epsilon^{bcj} + \epsilon^{bje}\epsilon^{caj} + \epsilon^{cje}\epsilon^{abj} = 0\,, \tag{1.38}$$

die auch für andere Strukturkonstanten in gleicher Form gilt, stellt sicher, dass sie die korrekten Vertauschungsrelationen erfüllen.

Gruppenverwandtschaften

Es gibt Gruppen mit identischer Struktur der Lie-Algebren, aber verschiedener globaler Geometrie. Was bedeutet das? Das wichtigste Beispiel sind die beiden Drehgruppen $SU(2)$ und $SO(3)$, deren gemeinsame Strukturkonstanten wir gerade besprochen haben. Ihr erinnert euch sicherlich noch an diesen Zusammenhang aus der Quantenmechanik: Spinoren transformieren sich bei Drehungen unter der $SU(2)$ und gehen erst bei zweimaliger Drehung um 360° in sich selbst über. Vektoren, die sich bei Drehungen unter der $SO(3)$ transformieren, tun dies schon nach einer einmaligen Drehung um 360°. Dieser Unterschied liegt gerade an der verschiedenen globalen Geometrie dieser beiden verwandten Gruppen. Die $SU(2)$ ist eine sogenannte *„zweifache" Überlagerung* (engl. *double cover*) der $SO(3)$.
Man kann also sagen, dass die Strukturkonstanten lediglich die lokale Struktur der Gruppe festlegen, nämlich wie sich Verkettungen „kleiner" Transformationen verhalten. Die Eigenschaften „großer" Drehungen (wie um 360° oder mehr) sind damit nicht eindeutig festgelegt.

Parametrisierung der $U(N)$-Darstellung Offenbar sind alle Elemente der definierenden Darstellung von $SU(N)$ auch in $U(N)$ enthalten. Will man die Parametrisierung der definierenden Darstellung der $SU(N)$ zu $U(N)$ verallgemeinern, muss man einfach die Beschränkung $\mathrm{tr}\, T = 0$ fallen lassen. Sind T^a die Generatoren der definierenden Darstellung der $SU(N)$, kann man zum Beispiel die Einheitsmatrix $I_{N\times N}$ als Generator hinzunehmen, die eine nichtverschwindende Spur beiträgt. Da die Einheitsmatrix aber mit allen anderen Generatoren vertauscht, $[I, T^a] = 0$, kann man sie aus dem Exponential herausziehen:

$$U = e^{i(\theta^a T^a + \phi I)} = e^{i\phi} e^{i\theta^a T^a}\,. \tag{1.39}$$

Der zusätzliche Generator bildet also eine komplett unabhängige $U(1)$-Phasentransformation, und es ist gerade

$$\det U = \det(e^{i\phi}) \det e^{i\theta^a T^a} = e^{i\phi} e^0 = e^{i\phi}. \tag{1.40}$$

Aufgemerkt!

Man schreibt

$$U(N) = SU(N) \rtimes U(1)\,, \tag{1.41}$$

wobei hier aus technischen Gründen für die Gruppen allgemein das semidirekte Produkt steht.

Die Cartan-Unteralgebra und Quantenzahlen Hat man einen Satz Generatoren T^a für seine Gruppe $\mathcal{G}$ bzw. die Darstellung R gewählt, kann man sich die Frage stellen, wie viele dieser Generatoren man simultan diagonal wählen kann. Hat man einen maximalen solchen Satz von r Stück $C^1 \ldots C^r$ gefunden, nennt man die von ihnen aufgespannte Algebra eine *Cartan-Unteralgebra*. Da diagonale Matrizen immer vertauschen, generiert jeder dieser Cartan-Generatoren eine unabhängige Gruppe $U(1)$, und gemeinsam generieren sie eine Untergruppe $U(1)^r$. Weil $U(1) \simeq S^1$ ein Kreis ist, wird die $U(1)^r$ auch maximaler Torus genannt. Die Zahl r nennt man den Rang der Lie-Gruppe.

Angenommen, wir betrachten eine Darstellung der Gruppe, die auf n-komponentige Vektoren wirkt. Dann sind die n Einheitsvektoren $\mathbf{e}_i$ Eigenvektoren der diagonalen Matrizen $C^1 \ldots C^r$, und es gilt

$$C^j \mathbf{e}_i = \lambda_i^j e_i \text{ (keine Summe über } i). \tag{1.42}$$

Wir können also für jeden Basiszustand $\mathbf{e}_i$ jeweils r Zahlen $\lambda_i^1 \ldots \lambda_i^r$ angeben, die angeben, wie der Zustand unter der $U(1)^r$ transformiert. Diese Kennzahlen nennt man oft *Quantenzahlen* und im Zusammenhang mit Transformationen von Feldern *Ladungen*. Quantenmechanisch kann man die diagonalen, vertauschenden Generatoren $C^1 \ldots C^r$ mit einem Satz gleichzeitig messbarer Observablen identifizieren, und die $\lambda^1 \ldots \lambda^r$ mit Messwerten.

Die $SU(N)$ hat Rang $N-1$, und die Cartan-Unteralgebra kann einfach bis auf Normierung durch die $N-1$ unabhängigen spurlosen Diagonalmatrizen $diag(1,-1,0,\ldots,0), diag(1,1,-2,0,\ldots,0) \ldots diag(1,1,\ldots,1,1-N)$ angegeben werden. Damit hat die $SU(2)$ einen Cartan-Generator, die $SU(3)$ derer zwei. Betrachten wir die Pauli-Matrizen, wird sofort klar, dass der Cartan-Generator der $SU(2)$ in dieser Basis

$$\tau^3 = \frac{\sigma^3}{2} = \frac{1}{2}\begin{pmatrix} 1 & 0 \\ 0 & -1 \end{pmatrix} \tag{1.43}$$

ist. Die Quantenzahl zu τ^3 heißt üblicherweise Spin oder Isospin, und die beiden Einheitsvektoren haben die Eigenwerte $m = \pm\frac{1}{2}$. Macht man die gleiche Übung mit größeren Darstellungen der $SU(2)$, findet man Eigenwerte $m = -j \dots j$, wie aus der Spinalgebra in der Quantenmechanik gewohnt. Interessanter wird es im Fall der $SU(3)$.

Aufgemerkt!

Die 8 Standard-Generatoren der $SU(3)$ werden üblicherweise durch die Gell-Mann-Matrizen angegeben: $T^a = \frac{\lambda^a}{2}$. Sie lauten

$$\lambda^1 = \begin{pmatrix} 0 & 1 & 0 \\ 1 & 0 & 0 \\ 0 & 0 & 0 \end{pmatrix}, \lambda^2 = \begin{pmatrix} 0 & -i & 0 \\ i & 0 & 0 \\ 0 & 0 & 0 \end{pmatrix}, \lambda^3 = \begin{pmatrix} 1 & 0 & 0 \\ 0 & -1 & 0 \\ 0 & 0 & 0 \end{pmatrix}, \lambda^4 = \begin{pmatrix} 0 & 0 & 1 \\ 0 & 0 & 0 \\ 1 & 0 & 0 \end{pmatrix}$$

$$\lambda^5 = \begin{pmatrix} 0 & 0 & -i \\ 0 & 0 & 0 \\ i & 0 & 0 \end{pmatrix}, \lambda^6 = \begin{pmatrix} 0 & 0 & 0 \\ 0 & 0 & 1 \\ 0 & 1 & 0 \end{pmatrix}, \lambda^7 = \begin{pmatrix} 0 & 0 & 0 \\ 0 & 0 & -i \\ 0 & i & 0 \end{pmatrix}, \lambda^8 = \frac{1}{\sqrt{3}} \begin{pmatrix} 1 & 0 & 0 \\ 0 & 1 & 0 \\ 0 & 0 & -2 \end{pmatrix}. \tag{1.44}$$

Man kann sie als Erweiterung der Pauli-Matrizen sehen. Die Cartan-Generatoren sind $\lambda^3/2$ und $\lambda^8/2$. Der Vektor, auf den die von diesen Matrizen generierte Darstellung wirkt, ist ein $SU(3)$-Triplett. Die Komponenten können also durch jeweils zwei Quantenzahlen klassifiziert werden:

$$\mathbf{e}_1 \sim \left(\frac{1}{2}, \frac{1}{\sqrt{12}}\right), \quad \mathbf{e}_2 \sim \left(-\frac{1}{2}, \frac{1}{\sqrt{12}}\right), \quad \mathbf{e}_3 \sim \left(0, -\frac{2}{\sqrt{12}}\right). \tag{1.45}$$

In größeren Darstellungen kann dieselbe Kombination von Quantenzahlen allerdings für mehrere Zustände vorkommen.

Der Edle Achtfache Pfad der Quarks

Zeichnet man diese Paare von Quantenzahlen beliebiger $SU(3)$-Darstellungen als Punkte in ein zweidimensionales Koordinatensystem ein, so erhält man die berühmten *Eightfold-Way*-Diagramme von Gell-Mann, die zur Klassifikation von Hadronen dienen. Die $SU(3)$-Symmetrie ist in diesem Fall jene zwischen den Quarkfeldern u, d, s. Das Eightfold-Way-Diagramm unserer definierenden Darstellung hier ist einfach nur ein Dreieck. Die Zahl 8 kommt mit der 8-komponentigen adjungierten Darstellung ins Spiel. Die $SU(3)$ hat vor allem aber eine besondere Bedeutung als die Eichgruppe der starken Wechselwirkung in der Quantenchromodynamik. Diese $SU(3)$ der QCD darf nicht mit

Gell-Manns $SU(3)$ verwechselt werden, auch wenn sie beide die starke Wechselwirkung betreffen. Letztere transformiert die drei leichtesten Quarks verschiedener Typen ineinander und ist eine näherungsweise Symmetrie, erstere transformiert die drei „Farb"-Komponenten eines Quarks untereinander und ist eine exakte Symmetrie.

Komplex konjugierte Darstellung Hat man z. B. hermitesche Generatoren einer unitären Darstellung $T^1, \ldots, T^d$ gewählt, sodass $U = e^{i\theta^a T^a}$ ist, dann erhält man eine weitere Darstellung durch komplexe Konjugation: $U^* = e^{-i\theta^a T^{*a}}$. Die Quantenzahlen drehen sich in diesem Fall um.

Casimir-Operatoren Zur Klassifikation unterschiedlicher Darstellungen einer Gruppe dienen die sogenannten Casimir-Operatoren. Für Details dazu verweisen wir wieder auf [1].

1.3.3 Der relativistische Formalismus

Vierervektoren und Lorentz-Transformationen Als Ausgangspunkt der speziellen Relativitätstheorie (SRT) kann man annehmen, dass die Naturgesetze in jedem unbeschleunigten Bezugssystem gleich sein sollen, einschließlich der Geschwindigkeit aller masselosen Teilchen und insbesondere der Photonen. Die Translationen und Drehungen, die auch in der klassischen Mechanik den Geschwindigkeitsbetrag von Objekten nicht verändern, bleiben in der SRT gleich. Die *Boosts* hingegen, die den Wechsel zwischen Bezugssystemen mit Relativgeschwindigkeit beschreiben, müssen in der SRT auch die Zeit mittransformieren, um die Lichtgeschwindigkeit im neuen Bezugssystem wieder gleich erscheinen zu lassen. Die drei Drehungen, drei Boosts und vier Raumzeit-Translationen werden *Poincaré-Transformationen* genannt, die 6 Transformationen ohne Raumzeit-Translationen heißen *Lorentz-Transformationen.*

Es ist sinnvoll, Größen, die wie Zeit und Ort von den Drehungen und Boosts (aber nicht notwendigerweise von den Translationen) betroffen sind, in *Vierervektoren*

$$x^\mu \tag{1.46}$$

zu gruppieren, die mit einem griechischen Index $\mu = 0 \ldots 3$ durchgezählt werden. Hier ist

$$x^\mu = (t, \mathbf{x}), \tag{1.47}$$

wobei es wichtig ist, dass der *Viererindex* oder *Lorentz-Index* oben steht. Der erste Eintrag bei $\mu = 0$ gibt dabei in der üblichen Konvention immer die der Zeit entsprechende Komponente an.[1]

Es gibt viele weitere Größen, die sich unter Lorentz-Bezugssystemwechseln wie Zeit und Ort verhalten und daher ebenfalls in Vierervektoren gruppiert werden. Die wichtigsten Beispiele sind Energie und Impuls,

$$p^\mu = (E, \mathbf{p}), \tag{1.48}$$

sowie Ladungsdichten und Ströme (strenggenommen ein Vektor*feld*, s. u.):

$$j^\mu = (\rho, \mathbf{j}). \tag{1.49}$$

Da nun die Zeit (oder die der Zeit entsprechende Größe) in den Vektoren mit enthalten ist, kann man sowohl Boosts als auch Drehungen als lineare Transformationen mit einer Matrix $\Lambda^\mu{}_\nu$ auf beliebige Vierervektoren schreiben:

$$v^\mu \longrightarrow \Lambda^\mu{}_\nu v^\nu. \tag{1.50}$$

Hier haben wir die Einstein'sche Summenkonvention verwendet, in der genau doppelt vorkommende obere und untere griechische Indizes von $0 \ldots 3$ summiert werden. Solche Indexpaare nennt man *kontrahiert*. Außerdem unterscheiden wir in der Notation für die Lorentz-Transformationen hintere (Spalten) und vordere (Zeilen) Indizes, da wir sie in verschiedenen Varianten verwenden wollen und die Zuordnung zu den Einträgen der Matrix Λ eindeutig halten wollen. Schreiben wir nur die Matrix Λ, dann meinen wir $\Lambda^\mu{}_\nu$, wobei ν die Spalten durchzählt.

Eigenschaften der Lorentz-Transformationen Die Transformationsmatrizen Λ erfüllen die Bedingungen

$$g_{\mu\nu}\Lambda^\mu{}_\omega \Lambda^\nu{}_\rho = g_{\omega\rho} \tag{1.51}$$

und

$$\det \Lambda = \pm 1. \tag{1.52}$$

Hier haben wir den *metrischen Tensor* (Minkowski-Metrik oder einfach *Metrik*

$$g_{\mu\nu} = \begin{pmatrix} 1 & 0 & 0 & 0 \\ 0 & -1 & 0 & 0 \\ 0 & 0 & -1 & 0 \\ 0 & 0 & 0 & -1 \end{pmatrix} \tag{1.53}$$

[1] Vereinzelt findet man noch Literatur, in der die letzte Komponente des Vierervektors die zeitartige ist.

eingeführt.[2] Sein Inverses (mit denselben Zahlen als Einträgen!) schreiben wir mit oberen Indizes:

$$g^{\mu\nu} = \begin{pmatrix} 1 & 0 & 0 & 0 \\ 0 & -1 & 0 & 0 \\ 0 & 0 & -1 & 0 \\ 0 & 0 & 0 & -1 \end{pmatrix}. \tag{1.54}$$

Damit gilt insbesondere

$$g_{\mu\nu} g^{\nu\rho} = \delta^{\rho}_{\mu}. \tag{1.55}$$

Nur die Transformationen mit $\det \Lambda = 1$ und $\Lambda^0{}_0 \geq 1$ (orthochron) hängen kontinuierlich mit der trivialen Transformation $\Lambda = I_{4\times 4}$ zusammen und bilden eine Lie-Gruppe, die *eigentliche orthochrone Lorentz-Gruppe* , die wir im Folgenden einfach als Lorentz-Gruppe bezeichnen. In Matrix-Notation kann man die Bedingung in Gl. (1.51) umschreiben zu

$$\Lambda^T g \Lambda = g. \tag{1.56}$$

Dies ist eine Verallgemeinerung der herkömmlichen Orthogonalitätsbedingung $O^T O = O^T I O = I$, in der die Einheitsmatrix durch die Minkowski-Metrik ersetzt ist. Inspiriert durch die Anzahlen der negativen und der positiven Einträge im metrischen Tensor bezeichnet man die Lorentz-Gruppe in Anlehnung an die $SO(N)$ als

$$\Lambda \in SO^+(1,3). \tag{1.57}$$

Wie wir gleich sehen werden, weist sie einige Ähnlichkeiten zur Drehgruppe $SO(4)$ in vier Raumdimensionen auf.

AUFGABE 4

Wie ist die räumliche Drehgruppe $SO(3)$ in der Lorentz-Gruppe enthalten?

Die Orthogonalitätsrelation der Lorentz-Gruppen-Elemente lautet ja

$$\Lambda^T g \Lambda = g, \tag{1.58}$$

oder, wenn man die Metrik ausschreibt:

$$\Lambda^T \begin{bmatrix} 1 & 0 & 0 & 0 \\ 0 & -1 & 0 & 0 \\ 0 & 0 & -1 & 0 \\ 0 & 0 & 0 & -1 \end{bmatrix} \Lambda = \begin{bmatrix} 1 & 0 & 0 & 0 \\ 0 & -1 & 0 & 0 \\ 0 & 0 & -1 & 0 \\ 0 & 0 & 0 & -1 \end{bmatrix}. \tag{1.59}$$

[2] Es gibt zwei Arten von PhysikerInnen: Die einen verwenden diese (die „einzig wahre") Metrik, die anderen jene mit umgekehrten Vorzeichen.

Insbesondere wird diese Orthogonalitätsrelation auch von Matrizen der Form

$$\Lambda = \begin{bmatrix} 1 & 0 \\ 0 & O \end{bmatrix} \tag{1.60}$$

erfüllt, wobei O eine *beliebige* orthogonale (3×3)-Matrix ist. Setzen wir sie in die Relation ein, erhalten wir nämlich

$$\begin{bmatrix} 1 & 0 \\ 0 & O^T(-I_{3\times3})O \end{bmatrix} = \begin{bmatrix} 1 & 0 \\ 0 & -I_{3\times3} \end{bmatrix}, \tag{1.61}$$

wobei man die beiden Vorzeichen vor den Einheitsmatrizen $-I$ wegkürzen kann und sich die Relation einfach zu $O^T O = I_{3\times3}$ reduziert. Damit haben wir eine Einbettung der Drehgruppe $SO(3)$ (eigentlich sogar der Drehspiegelungen $O(3)$) in die Lorentz-Gruppe gefunden.

Invarianten, obere und untere Indizes Den metrischen Tensor kann man verwenden, um Vierervektoren mit unteren Indizes zu definieren:

$$v_\mu = g_{\mu\nu} v^\nu, \quad v^\mu = g^{\mu\nu} v_\nu. \tag{1.62}$$

So ist zum Beispiel

$$x_\mu = (t, -\mathbf{x}). \tag{1.63}$$

Die Bedingung in Gl. (1.51) beschreibt die Invarianz des metrischen Tensors unter Lorentz-Transformationen. Sie hat die wichtige Konsequenz, dass zwei Vierervektoren, deren Indizes mit der Metrik kontrahiert sind, eine Lorentz-invariante Größe bilden:

$$g_{\mu\nu} v^\mu v^\nu \longrightarrow g_{\mu\nu} \Lambda^\mu{}_\omega \Lambda^\nu{}_\rho v^\omega v^\rho = g_{\mu\nu} v^\mu v^\nu. \tag{1.64}$$

Die Transformationseigenschaften von Vektoren mit unteren Indizes definieren sich einfach über jene mit oberen Indizes:

$$v_\mu = g_{\mu\nu} v^\nu \longrightarrow g_{\mu\nu} \Lambda^\nu{}_\rho v^\rho = g_{\mu\nu} \Lambda^\nu{}_\rho g^{\rho\omega} v_\omega = \Lambda_\mu{}^\nu v_\nu. \tag{1.65}$$

Hier haben wir insbesondere die Invarianz der Metrik ausgenutzt. Man sieht, dass Objekte wie

$$v_\mu v^\mu \tag{1.66}$$

ebenfalls Lorentz-invariant sind.

Lorentz-Tensoren Man kann nun Tensoren höherer Stufe einführen, indem man einfach Objekte mit mehreren Lorentz-Indizes definiert. Hier transformiert sich einfach jeder Index so wie ein Lorentz-Index:

$$T^{\mu_1 \ldots \mu_n}_{\nu_1 \ldots \nu_m} \longrightarrow \Lambda^{\mu_1}{}_{\rho_1} \ldots \Lambda^{\mu_n}{}_{\rho_n} \Lambda_{\nu_1}{}^{\omega_1} \ldots \Lambda_{\nu_m}{}^{\omega_m} T^{\rho_1 \ldots \rho_n}_{\omega_1 \ldots \omega_m}. \tag{1.67}$$

Insbesondere sind Produkte von Lorentz-Tensoren einfach Tensoren höherer Stufe. So bildet zum Beispiel das Produkt zweier Vektoren (also zweier Tensoren erster Stufe)

$$v^\mu w^\nu \tag{1.68}$$

einen Tensor zweiter Stufe. Daraus können wir eine allgemeine Regel für beliebige Produkte von Lorentz-Tensoren ablesen:

Aufgemerkt!

Produkte aus Lorentz-Tensoren beliebiger Stufe sind Lorentz-invariant, wenn Indizes immer paarweise oben und unten vorkommen und kontrahiert sind (d. h. über sie summiert wird).

Ebenso kann man die Stufe eines beliebigen Lorentz-Tensors reduzieren, indem man Indizes kontrahiert. Sind die Indizes noch nicht oben und unten gepaart, muss man zunächst einen davon mit der Metrik heben oder senken. So kann man z. B. aus $T^{\mu\nu}$ einen Skalar $T = g_{\mu\nu}T^{\mu\nu}$ konstruieren oder aus $T^{\mu\nu\rho}$ einen Vektor $T^\rho = g_{\mu\nu}T^{\mu\nu\rho}$. Erfüllt ein Tensor bestimmte Bedingungen, können manche dieser Komponenten abwesend sein. Ist $T^{\mu\nu}$ zum Beispiel antisymmetrisch, so ist die skalare Komponente $T = 0$. Dasselbe ist für einen spurfreien Tensor $T^\mu{}_\nu$ der Fall, wobei $T = T^\mu{}_\mu$ die skalare Komponente darstellt.

Nicht alle Größen, die wir aus der nicht-relativistischen Physik als Skalare oder Vektoren kennen, entsprechen auch Lorentz-Skalaren oder Vierervektoren. Oben haben wir schon gesehen, dass oft als skalar bezeichnete Größen wie die Energie und Ladungsdichten im Vierer-Formalismus die zeitartigen Komponenten eines Vektors sind. Genauso sind zum Beispiel die magnetischen und elektrischen Felder **B** und **E**, die üblicherweise als Vektoren behandelt werden, im Vierer-Formalismus keine Komponenten von Vierervektoren, sondern eines gemeinsamen Lorentz-Tensors, des antisymmetrischen Feldstärketensors

$$F_{\mu\nu} = \begin{pmatrix} 0 & E_1 & E_2 & E_3 \\ -E_1 & 0 & -B_3 & B_2 \\ -E_2 & B_3 & 0 & -B_1 \\ -E_3 & -B_2 & B_1 & 0 \end{pmatrix} . \tag{1.69}$$

Dies erklärt auch, warum elektrische und magnetische Felder unter Bezugssystemwechseln mischen und z. B. bewegte Ladungen ein magnetisches Feld erzeugen, obwohl in ihrem Ruhesystem nur ein elektrisches Feld sichtbar ist. Eine weitere Größe, die sich in vier Dimensionen anders darstellt, ist der Drehimpuls. In unseren drei Raumdimensionen ist $L^i = \epsilon^{ijk}x^j p^k$ wieder ein Vektor. In Vierervektoren ausgedrückt ist aber

$$L^{\mu\nu} = \epsilon^{\mu\nu\rho\delta}x_\rho p_\delta \tag{1.70}$$

ein antisymmetrischer Tensor mit 6 Komponenten, der $L^i \sim L^{0i}$ enthält. Diese Komponenten entsprechen (im Formalismus mit Poisson-Klammern) gerade den 6 Generatoren der Lorentz-Gruppe $SO^+(1,3)$. In drei Dimensionen entsprechen die drei Drehimpulskomponenten ja gerade den Generatoren der Drehungen $SO(3)$, und dies ist die relativistische Verallgemeinerung davon.

Invariante Tensoren Wir haben bereits gesehen, dass der metrische Tensor (per Definition) invariant unter Lorentz-Transformationen ist[3]. Es gibt genau einen weiteren unabhängigen invarianten Tensor, den total antisymmetrischen *Levi-Civita-Tensor*

$$\epsilon^{\mu\nu\rho\delta}, \tag{1.71}$$

mit

$$\epsilon^{0123} = 1. \tag{1.72}$$

Antisymmetrisch bedeutet, dass der Tensor unter Vertauschung zweier (beliebiger) Indizes das Vorzeichen wechselt. Wir haben diese Schreibweise schon implizit benutzt, um den verallgemeinerten Drehimpuls Gl. (1.70) aufzuschreiben. Alle weiteren invarianten Tensoren mit oberen Indizes bauen sich aus Produkten von $\epsilon^{\mu\nu\rho\delta}$ und $g^{\mu\nu}$ auf. Insbesondere kann man die einzelnen Indizes von $\epsilon^{\mu\nu\rho\delta}$ nach Bedarf senken. Achtung, senkt man alle Indizes, ändert sich das Vorzeichen:

$$\epsilon_{0123} = -1. \tag{1.73}$$

Duale Tensoren Antisymmetrische Lorentz-Tensoren mit n Indizes kann man durch Kontraktion anhand des Levi-Civita-Tensors in äquivalente antisymmetrische Tensoren mit $4-n$ Indizes umschreiben. So existiert ein dualer Feldstärketensor

$$\tilde{F}^{\mu\nu} = \frac{1}{2}\epsilon^{\mu\nu\rho\delta}F_{\rho\delta}, \tag{1.74}$$

in dem die Rolle der elektrischen und magnetischen Felder getauscht ist. Antisymmetrische Tensoren mit 4 Indizes haben einen dualen Tensor ohne Index (einen Skalar). Sie besitzen also nur einen unabhängigen Eintrag und sind immer proportional zu $\epsilon^{\mu\nu\rho\delta}$. Diese Zusammenhänge werden im Formalismus der Differenzialformen, den wir hier nicht verwenden werden, verallgemeinert.

Lorentz-Transformationen auf Felder Eine kleine konzeptionelle Komplikation ergibt sich, wenn wir es mit Feldern zu tun haben (und das wird sich bei dem Thema dieses Buches kaum vermeiden lassen). Ein sogenanntes *skalares Feld*

$$\phi(x) \tag{1.75}$$

[3] Betrachtet man gemischte obere und untere Indizes, ist der entsprechende invariante Tensor durch das Kronecker-Delta δ^ν_μ gegeben.

zeichnet sich dadurch aus, dass es keinen Lorentz-Index trägt. Da es aber von der Koordinate x abhängt, die sich unter Lorentz-Transformationen wie ein Vektor verhält, sind Skalarfelder streng genommen nicht Lorentz-invariant, sondern es gilt:

$$\phi(x) \longrightarrow \phi(\Lambda x), \quad (\Lambda x)^\nu \equiv \Lambda^\nu{}_\rho x^\rho \,. \tag{1.76}$$

Geht man aber nach der Lorentz-Transformation zurück an den Ort der Raumzeit, der den ursprünglichen Koordinaten entspricht, wird man dort denselben Wert des Feldes antreffen. Erst, wenn wir eine neue Koordinate $\tilde{x} = \Lambda x$ einführen und dann umbenennen (d. h. die Koordinate des *neuen* Bezugssystems x, durch $\tilde{x} \to x$, nennen), hat der Ausdruck wieder die ursprüngliche Form. Um eine Anschauung zu bemühen: Verschiebt man ein auf dem Schreibtisch liegendes Bild um ein Stück, ist es nicht invariant unter dieser Verschiebung, da am selben Ort des Schreibtisches nun im allgemeinen ein anderer Farbwert anzutreffen ist. Das Bild selbst hat sich aber nicht verändert, man muss nur woanders hinschauen, um wieder dasselbe Bild vor Augen zu haben.

Kombinationen von Tensorfeldern Wie sieht es mit Tensorfeldern aus? Trägt ein Lorentz-Tensor eine Raumzeit-Abhängigkeit, transformiert sich diese wie beim skalaren Feld ebenfalls mit. Ein Vektorfeld $V_\mu(x)$ transformiert sich beispielsweise wie

$$V_\mu(x) \longrightarrow \Lambda_\mu{}^\nu V_\nu(\Lambda x) \,. \tag{1.77}$$

Ganz analog gilt dies für Tensorfelder höherer Stufe.

Kombinationen von Tensorfeldern, bei denen alle Lorentz-Indizes kontrahiert sind, verhalten sich wieder wie Skalarfelder: Ein kontrahiertes Paar Vektorfelder zum Beispiel transformiert wie

$$V_\mu(x) V^\mu(x) \longrightarrow V_\mu(\Lambda x) V^\mu(\Lambda x) \,. \tag{1.78}$$

Die Transformationswirkung auf die Indizes μ fällt, wie oben besprochen, weg, aber das Argument hat sich verändert.

Lagrange-Dichten sind Skalare Wenn wir später Lagrange-Dichten $\mathcal{L}$ als Funktionen von Feldern aufschreiben, werden wir z. B. stets fordern, dass sie Lorentz-Skalare bilden, in denen alle Indizes paarweise kontrahiert sind. Erst die *Wirkung* $S = \int d^4x \mathcal{L}$ wird aber wirklich Lorentz-invariant sein, da wir über die Raumzeit integriert und jede Koordinatenabhängigkeit entfernt haben.

Ableitungen als Vierervektoren Einen Sonderfall stellen Viererableitungen

$$\partial_\mu \equiv \frac{\partial}{\partial x^\mu} = \left(\frac{\partial}{\partial t}, \frac{\partial}{\partial \mathbf{x}}\right) \tag{1.79}$$

dar. Zu beachten ist, dass die Ableitung nach x^μ (mit oberem Index) ein Objekt mit unterem Index ist. In welchem Sinn ist aber die Ableitung überhaupt ein Vierervektor? Betrachten wir die Ableitung eines skalaren Feldes

$$\partial_\mu \phi(x)\,. \tag{1.80}$$

Trotz des Lorentz-Index wirkt die Lorentz-Transformation zunächst nicht darauf, da ∂_μ eine feste Definition als Ableitung nach den Komponenten von x besitzt. Eine Lorentz-Transformation wirkt nun wie

$$\partial_\mu \phi(x) \longrightarrow \partial_\mu \phi(\Lambda x)\,. \tag{1.81}$$

Wir definieren jetzt $\tilde{x} = \Lambda x$ als die Koordinaten im neuen Bezugssystem und schreiben die Ableitung um zu einer Ableitung nach $\tilde{x}$:

$$\partial_\mu = \frac{\partial}{\partial x^\mu} = \frac{\partial}{\partial((\Lambda^{-1})^\mu{}_\omega \Lambda^\omega{}_\rho x^\rho)} = \frac{\partial}{\partial((\Lambda^{-1})^\mu{}_\omega \tilde{x}^\omega)} = \Lambda_\mu{}^\rho \frac{\partial}{\partial \tilde{x}^\rho} \equiv \Lambda_\mu{}^\rho \tilde{\partial}_\rho\,. \tag{1.82}$$

Wechselt man also implizit zu den neuen Koordinaten, so entspricht das einer herkömmlichen Lorentz-Transformation, die auf den Lorentz-Index der Viererableitung wirkt. Für die Ableitung des Skalarfeldes gilt somit

$$\partial_\mu \phi(x) \xrightarrow{LT} \partial_\mu \phi(\tilde{x}) = \Lambda_\mu{}^\nu \tilde{\partial}_\nu \phi(\tilde{x}) \xrightarrow{\text{Umbenennung}} \Lambda_\mu{}^\nu \partial_\nu \phi(x)\,. \tag{1.83}$$

Nach einer Umbenennung $\tilde{x} \to x$ sieht das also aus wie eine herkömmliche Lorentz-Transformation auf einen unteren Index. Es gilt also auch für Viererableitungen dieselbe Regel, um Lorentz-Skalare[4] zu bilden: Alle Lorentz-Indizes müssen paarweise oben und unten kontrahiert werden. Ein Beispiel für eine skalare Kombination, das häufig auftauchen wird, ist

$$\partial_\mu \phi(x) \partial^\mu \phi(x)\,, \tag{1.84}$$

wobei in dieser Schreibweise die Ableitung nur auf das unmittelbar folgende Feld wirken soll. Dieser Ausdruck ist in demselben Sinn ein Skalarfeld (aber nicht streng genommen invariant) wie $\phi(x)$ selbst. Das Objekt $\partial_\mu \phi(x)$ hingegen verhält sich dann effektiv wie ein Vektorfeld $V_\mu(x)$ unter Lorentz-Transformationen.

Konkrete Darstellungen von Lorentz-Transformationen Häufig ist es für Argumente ausreichend, Lorentz-Boosts in eine bestimmte Richtung zu betrachten, z. B. die x^3-Achse. In diesem Fall kann man einfach

$$\Lambda^\mu{}_\nu = \begin{pmatrix} \cosh\eta & 0 & 0 & \sinh\eta \\ 0 & 1 & 0 & 0 \\ 0 & 0 & 1 & 0 \\ \sinh\eta & 0 & 0 & \cosh\eta \end{pmatrix} \tag{1.85}$$

[4] Wir sagen absichtlich nicht Invariante, wegen der Abhängigkeit der Felder von (x).

schreiben. Hier ist η der Rapiditätsparameter.

AUFGABE 5

Zeigt, dass Gl. (1.85) die Metrik invariant lässt und damit eine Lorentz-Transformation darstellt. Ein Teilchen der Masse m sei in Ruhe, und sein Viererimpuls soll dann mit Gl. (1.85) transformiert werden. Was sind seine Energie, sein Impuls und seine Geschwindigkeit vor nach der Transformation? Überprüft, dass für den Viererimpuls vor und nach der Transformation $p^2 = p_\mu p^\mu = m^2$ gilt.

Wir erhalten

$$\begin{aligned}
\Lambda^T g \Lambda &= \begin{pmatrix} \cosh\eta & 0 & 0 & \sinh\eta \\ 0 & 1 & 0 & 0 \\ 0 & 0 & 1 & 0 \\ \sinh\eta & 0 & 0 & \cosh\eta \end{pmatrix} \begin{pmatrix} 1 & 0 & 0 & 0 \\ 0 & -1 & 0 & 0 \\ 0 & 0 & -1 & 0 \\ 0 & 0 & 0 & -1 \end{pmatrix} \begin{pmatrix} \cosh\eta & 0 & 0 & \sinh\eta \\ 0 & 1 & 0 & 0 \\ 0 & 0 & 1 & 0 \\ \sinh\eta & 0 & 0 & \cosh\eta \end{pmatrix} \\
&= \begin{pmatrix} \cosh\eta & 0 & 0 & -\sinh\eta \\ 0 & -1 & 0 & 0 \\ 0 & 0 & -1 & 0 \\ \sinh\eta & 0 & 0 & -\cosh\eta \end{pmatrix} \begin{pmatrix} \cosh\eta & 0 & 0 & \sinh\eta \\ 0 & 1 & 0 & 0 \\ 0 & 0 & 1 & 0 \\ \sinh\eta & 0 & 0 & \cosh\eta \end{pmatrix} \\
&= \begin{pmatrix} \cosh^2\eta - \sinh^2\eta & 0 & 0 & 0 \\ 0 & -1 & 0 & 0 \\ 0 & 0 & -1 & 0 \\ 0 & 0 & 0 & \sinh^2\eta - \cosh^2\eta \end{pmatrix} = g\,.
\end{aligned} \tag{1.86}$$

Der Impuls-Vierervektor des ruhenden Teilchens ist wegen $E = m$ einfach

$$p^\mu = (m, 0, 0, 0)\,. \tag{1.87}$$

Nach der Transformation $p^\mu \longrightarrow p^\mu = \Lambda^\mu{}_\nu p^\nu$ ist er also

$$p^\mu = (m\cosh\eta, 0, 0, m\sinh\eta)\,. \tag{1.88}$$

Damit kann man $\cosh\eta = (1-v^2)^{-1/2}$ und $\sinh\eta = v(1-v^2)^{-1/2}$ identifizieren. Daher ist also die Geschwindigkeit $v = \tanh\eta$. Nach der Transformation gilt $p^2 = (m\cosh\eta)^2 - (m\sinh\eta)^2 = m^2(\cosh^2\eta - \sinh^2\eta) = m^2$.

Wir wollen jetzt den zu Gl. (1.85) zugehörigen Generator finden!

AUFGABE 6

Beweist:

$$\Lambda^{\mu}{}_{\nu} = \begin{pmatrix} \cosh\eta & 0 & 0 & \sinh\eta \\ 0 & 1 & 0 & 0 \\ 0 & 0 & 1 & 0 \\ \sinh\eta & 0 & 0 & \cosh\eta \end{pmatrix} = \exp\left[\eta \begin{pmatrix} 0 & 0 & 0 & 1 \\ 0 & 0 & 0 & 0 \\ 0 & 0 & 0 & 0 \\ 1 & 0 & 0 & 0 \end{pmatrix}\right] . \tag{1.89}$$

Man teilt die Reihendarstellung der Exponentialfunktion $\exp[\eta\, M]$ in gerade und ungerade Potenzen auf. Es ist $M^0 = I_{4\times 4}$, $M^{2n+1} = M$ und $M^{2n+2} = diag(1,0,0,1)$ für $n = 0 \ldots \infty$. Damit folgen die Potenzreihenkoeffizienten für die Funktionen sinh und cosh.

Dieser Spezialfall lässt sich auf beliebige Lorentz-Transformationen verallgemeinern:

AUFGABE 7

Zeigt, dass

$$\Lambda^{\mu}{}_{\nu} = \exp[M] = \exp\left[\begin{pmatrix} 0 & \eta_1 & \eta_2 & \eta_3 \\ \eta_1 & 0 & \theta_3 & -\theta_2 \\ \eta_2 & -\theta_3 & 0 & \theta_1 \\ \eta_3 & \theta_2 & -\theta_1 & 0 \end{pmatrix}\right] \tag{1.90}$$

die Metrik invariant lässt, mit $\Lambda^T g \Lambda = g$, und daher eine Parametrisierung der Lorentz-Gruppe $SO^+(1,3)$ darstellt.

Verwendet, dass man $M = Xg$ mit X antisymmetrisch schreiben kann, und dass $g^2 = I_{4\times 4}$ ist. Zeigt dann z. B. zunächst: $ge^{Xg} = e^{gX}g$.

Die einzelnen Terme der Potenzreihe von e^{Xg} haben die Form $1, Xg, XgXg, \ldots$. Die Terme der Potenzreihe von ge^{Xg} haben also die Form $g, gXg, gXgXg, \ldots$ Man kann also in allen Termen ein g *nach rechts* ausklammern und erhält die Terme $1, gX, gXgX, \ldots$ Das ergibt aber gerade die Potenzreihe von e^{gX}, und mit dem nach rechts ausgeklammerten g gerade $e^{gX}g$. Mit dieser Gleichung ergibt sich aber sofort

$$\Lambda^T g \Lambda = (e^{Xg})^T g e^{Xg} = e^{(Xg)^T} g e^{Xg} = e^{-gX} g e^{Xg} = e^{-gX} e^{gX} g = g . \tag{1.91}$$

Die Lorentz-Transformationen der $SO^+(1,3)$ haben, wie die $SO(4)$, also gerade 6 Generatoren. Der Unterschied besteht nur darin, dass aufgrund der Signatur der

Minkowski-Metrik mit einem umgekehrten Vorzeichen in der zeitartigen Komponente die Boosts durch symmetrische statt antisymmetrische Generatoren erzeugt werden. Dies ist auch der Grund, warum Lorentz-Boosts im Gegensatz zu Drehungen in vier Dimensionen nicht periodisch sind, sondern beliebig groß werden – die Lorentz-Gruppe ist damit nicht kompakt. Die Generatoren in Gl. (1.90) schreibt man oft als

$$M^{\rho}{}_{\delta} = \omega^{\mu\nu} M_{\mu\nu}{}^{\rho}{}_{\delta} \,, \tag{1.92}$$

mit

$$M_{\mu\nu\rho\delta} = -g_{\mu\rho} g_{\nu\delta} + g_{\nu\rho} g_{\mu\delta} \,. \tag{1.93}$$

Wie liegen die Boost- und die Drehparameter η_i und θ_i in $\omega^{\mu\nu}$?

1.3.4 Zu wenig Funktionentheorie

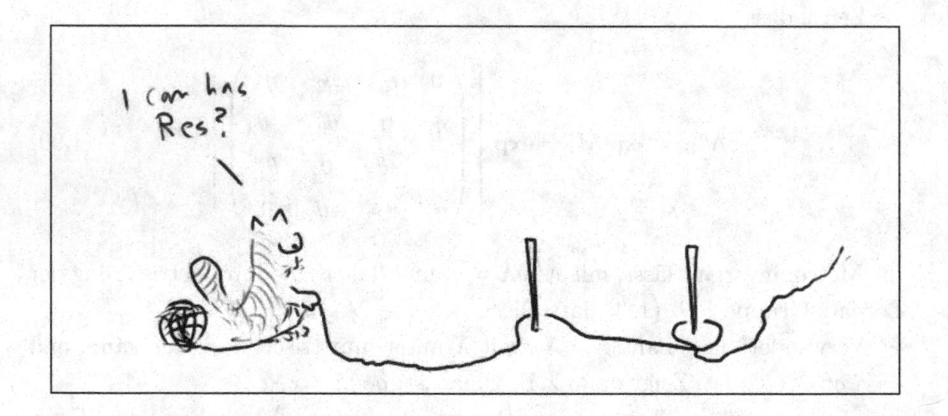

Die Funktionentheorie behandelt Funktionen einer oder mehrerer komplexer Variablen. In diesem Kapitel greifen wir uns aus diesem weiten Feld der Mathematik eine Handvoll Konzepte heraus, die für die folgenden Kapitel benötigt werden. Diese Zusammenstellung soll einen oberflächlichen Eindruck von den benötigten Begriffen vermitteln und so gewährleisten, dass das Tutorium im Notfall ohne Sekundärliteratur durchgearbeitet werden kann. Sie ersetzt aber in keiner Weise eine Vorlesung oder das Studium eines „anständigen" Funktionentheorie-Buches. Besonders wichtig sind für unsere Zwecke Integrale über Integrationswege in der komplexen Ebene. Auch wenn wir meist von Integralen über reelle Parameter ausgehen, wie z. B. $\int dt$, ist es oft nützlich, sie als Linienintegrale über die reelle

Achse in der komplexen Ebene aufzufassen. Man kann dann den Integrationsweg nach „oben“ oder „unten“ verbiegen, z. B. um die Lösung zu vereinfachen, oder aber auch, um aus einem Ausdruck, der zuvor formal divergent war, eine sinnvoll definierte endliche Größe zu basteln.

Holomorphe und meromorphe Funktionen Die Funktionen, die uns vor allem interessieren, sind die sogenannten *meromorphen* und *holomorphen* Funktionen. Angenommen, wir haben es mit einer Funktion f einer komplexen Variablen $z = a + ib \in \mathbb{C}$ zu tun, die sich lokal um jedem Punkt z_0 ihres Definitionsbereichs als Potenzreihe

$$f(z) = \sum_{n=0}^{\infty} c_n (z - z_0)^n \tag{1.94}$$

schreiben lässt. Wir können die komplexen Ableitungen

$$\frac{\partial}{\partial z} = \frac{1}{2}\left(\frac{\partial}{\partial a} - i\frac{\partial}{\partial b}\right), \quad \frac{\partial}{\partial \overline{z}} \equiv \frac{1}{2}\left(\frac{\partial}{\partial a} + i\frac{\partial}{\partial b}\right) \tag{1.95}$$

definieren, die $\partial z/\partial z = \partial \overline{z}/\partial \overline{z} = 1$ und $\partial z/\partial \overline{z} = \partial \overline{z}/\partial z = 0$ erfullen. Man kann sich jetzt davon überzeugen, dass

$$\frac{\partial f}{\partial \overline{z}}(z) = 0 \tag{1.96}$$

gilt, wenn man die Summe und die Ableitung vertauschen darf, wovon wir hier einmal ausgehen. Dies ist die *Cauchy-Riemann-Differenzialgleichung*. Funktionen f, die Gl. (1.96) in einer Umgebung eines Punktes z_0 erfüllen, nennt man *holomorph* in z_0. Typische Beispiele für holomorphe Funktionen sind $\exp(z)$, $\sin(z)$, $\cos(z)$ und alle Polynome in z (aber *nicht* $\overline{z}$). Wie man sich anhand der Produktregel leicht überzeugen kann, sind Produkte von holomorphen Funktionen ebenfalls holomorph.

Ist eine Funktion holomorph auf einer offenen Untermenge $D \subset \mathbb{C}$ *mit Ausnahme* einer Menge isolierter Punkte z_k, an denen sie Polstellen hat, nennt man sie *meromorph*. In diesem Fall kann man sie in einer Umgebung jeder dieser Polstellen z_k als eine Laurent-Reihe

$$f(z) = \sum_{n=-l}^{\infty} c_n (z - z_k)^n \tag{1.97}$$

darstellen, wobei $l \in \mathbb{N}$ die Ordnung der Polstelle ist. Typische Beispiele für meromorphe Funktionen sind die rationalen Funktionen in z oder Produkte von rationalen und holomorphen Funktionen. Funktionen, deren Laurent-Reihen um einen Punkt z_0 nur bis zu einer endlichen negativen Potenz $-l$ laufen, kann man lokal als Taylor-Reihe schreiben, in dem man sie mit $(z - z_0)^l$ multipliziert. Die Koeffizienten c_n verschieben sich dabei einfach um l nach oben.

AUFGABE 8

Was sind z. B. die Laurent-Koeffizienten der Funktion

$$f(z) = \frac{z}{z - z_0}, \tag{1.98}$$

um z_0 herum entwickelt?

In diesem Fall ist $l = 1$. Man sieht schnell, dass gilt:

$$(z - z_0) f(z) = z_0 \cdot (z - z_0)^0 + 1 \cdot (z - z_0)^1 . \tag{1.99}$$

Die Koeffizienten der Laurent-Reihe von f sind daher $c_{-1} = z_0$, $c_0 = 1$.

Linienintegrale über geschlossene Kurven Wir wollen nun Linienintegrale in der komplexen Ebene ausführen. Dazu benötigen wir zunächst eine Parametrisierung des Weges, über den wir integrieren wollen, zum Beispiel in Form einer glatten Funktion $\gamma : [0,1] \to \mathbb{C}$ mit $\gamma(0) = \gamma(1)$. Man nennt γ auch Integrationskontur. Wir können nun das Konturintegral über eine Funktion f entlang der geschlossenen Kurve γ schreiben als

$$\oint_\gamma f(z) dz \equiv \int_0^1 f(\gamma(s)) \gamma'(s) ds . \tag{1.100}$$

AUFGABE 9

Berechnet das Integral von Gl. (1.97) entlang des Einheitskreises um z_k gegen den Uhrzeigersinn, wobei z_k m-mal umlaufen werden soll.

Eine geeignete Parametrisierung dieses Weges ist gegeben durch

$$\gamma(s) = z_k + e^{2\pi i m s} . \tag{1.101}$$

Wir erhalten nach Einsetzen von Gl. (1.97) in Gl. (1.100) sofort

$$\begin{aligned} \oint_\gamma f(z) dz &= \sum_{n=-k}^{\infty} c_n \int_0^1 e^{2\pi i n m s} \, (2\pi i \, m) \, e^{2\pi i m \, s} \, ds \\ &= (2\pi i \, m) \sum_{n=-k}^{\infty} c_n \int_0^1 e^{2\pi i (n+1) m s} ds . \end{aligned} \tag{1.102}$$

Für $n \neq -1$ ergibt das Integral

$$\int_0^1 e^{2\pi i (n+1) m s} \, ds = \frac{1}{2\pi i (n+1) m} \left[e^{2\pi i (n+1) m s} \right]_0^1 = 0 . \tag{1.103}$$

Für $n = -1$ hingegen ergibt es $\int_0^1 1 \, ds = 1$. Damit können wir unser Ergebnis ablesen:

$$\oint_\gamma f(z) dz = 2\pi i \, m \, c_{-1} . \tag{1.104}$$

An unserer Darstellung des Integrationsweges sieht man, dass ein Umlauf mit dem Uhrzeigersinn negativen Werten von m entspricht, und der Wert des Integrals demnach einfach sein Vorzeichen umkehrt.

Residuensatz Bemerkenswert an diesem Ergebnis ist, dass nur der Koeffizient des einfachen Pols, c_{-1}, beiträgt. Man nennt ihn *das Residuum von f in z_k*:

$$\mathrm{Res}_{z_k}(f) = c_{-1}\,. \tag{1.105}$$

Der entscheidende letzte Schritt ist nun die Feststellung (die wir an dieser Stelle nicht beweisen), dass das Ergebnis

$$\oint_\gamma f(z)dz = 2\pi i m\,\mathrm{Res}_{z_k}(f) \tag{1.106}$$

für allgemeine Wege γ gilt, solange sie nur den Pol bei z_k m-mal gegen den Uhrzeigersinn umlaufen.

Habt ihr eine Idee, wie man die Wegunabhängigkeit beweisen könnte?

Mit anderen Worten: Der Wert eines Integrals entlang eines geschlossenen Weges hängt nur von den Residuen der eingeschlossenen einfachen Pole ab und ändert sich nicht bei Verformungen des Integrationsweges, solange man dabei keine Singularitäten des Integranden antrifft. Die Situation ist in Abb. 1.1 illustriert. Umläuft ein Integrationsweg γ mehrere Pole, so verallgemeinert sich das Ergebnis zu

$$\oint_\gamma f(z)dz = 2\pi i \sum_k m_k \mathrm{Res}_{z_k}(f)\,, \tag{1.107}$$

wobei m_i zählt, wie oft und in welche Richtung der Integrationsweg den i-ten Pol umläuft.

AUFGABE 10

Sei f eine holomorphe Funktion in einer Umgebung von z_0, und sei γ ein Weg, der z_0 innerhalb dieser Umgebung einmal gegen den Uhrzeigersinn umläuft. Zeigt:

$$\oint_\gamma \frac{f(z)}{z - z_0} = 2\pi i\, f(z_0)\,. \tag{1.108}$$

Zeigt weiterhin (z. B. anhand eines Differenzenquotienten):

$$\oint_\gamma \frac{f(z)}{(z - z_0)^2} = 2\pi i \frac{\partial f}{\partial z}(z_0)\,. \tag{1.109}$$

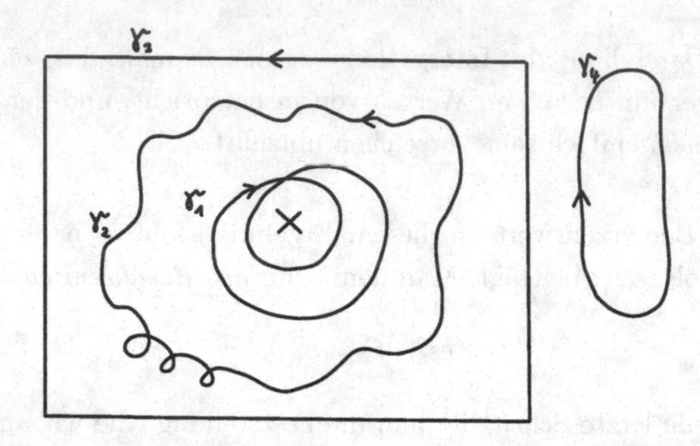

Abb. 1.1: Integrale entlang verschiedener Wege in der komplexen Ebene. Der Integrand soll einen einzigen einfachen Pol mit Residuum Res_{z_0} haben, der durch ein Kreuz gekennzeichnet ist. Die Integrationswege γ_2 und γ_3 entsprechen dem gleichen Integralwert $I = 2\pi i \text{Res}_{z_0}$, da sie kontinuierlich ineinander verformt werden können, ohne eine Singularität zu treffen. Der Integrationsweg γ_1 entspricht dem Integralwert $-2I$, da der Pol zweimal in entgegen gesetzter Richtung umlaufen wird. Das Integral entlang des Weges γ_4 verschwindet.

Es mag auf den ersten Blick verwundern, dass dieses Integral nicht verschwindet, da f keinen Pol hat und der Nenner allein nur einen Pol zweiter Ordnung darstellt. Der Pol bei z_0 des Gesamtausdrucks hat jedoch auch einen Anteil erster Ordnung, sobald f nicht konstant ist.

► Um diese Integrale zu berechnen, müssen wir einfach nur das Residuum des Integranden bei z_0 finden. Das ist, wie wir gerade gesehen haben, der Koeffizient c_{-1} der Laurent-Reihe. Wie oben schon an einem Beispiel gezeigt, können wir uns den Koeffizienten c_{-1} einer Laurent-Reihe mit Polen bis max. Ordnung n beschaffen, indem wir die Funktion mit $(z - z_0)^n$ multiplizieren. Die Laurent-Reihe ist jetzt zu einer Taylor-Reihe geworden, bei der sich alle Koeffizienten um n verschoben haben. Der $(n-1)$-te Taylor-Koeffizient ist also genau c_{-1}.

Sei also der Integrand gegeben durch $g(z) = f(z)/(z - z_0)$. Wir raten einfach mal, dass keine höheren Pole als von der Ordnung $n = 1$ auftreten. Wir suchen also den 0-ten Taylor-Koeffizienten von $g(z)(z - z_0) = f(z)$. Dieser ist gegeben durch $\lim_{z \to z_0} f(z) = f(z_0)$. Da der Grenzwert endlich ist, wissen wir, dass tatsächlich keine höheren Pole vorhanden waren.

Im Fall $g(z) = f(z)/(z - z_0)^2$ liegt es nahe, dass $n = 2$ ist. Wir suchen also den 1-ten Taylor-Koeffizienten von $g(z)(z - z_0)^2 = f(z)$. Dieser ist gegeben durch $\partial f / \partial z|_{z=z_0}$.

Was haben Integrale über die reelle Achse mit Konturintegralen zu tun? Wir hatten am Anfang des Abschnitts schon erwähnt, dass eine wichtige Anwendung der Konturintegrale in der komplexen Ebene die Auswertung von Integralen über reelle Variablen sein würde. Dabei macht man sich zunutze, dass man Funktionen reeller Variablen $f(t)$ „komplexifizieren" kann, indem man sie zu einer (idealerweise meromorphen) Funktion $f(z)$ erweitert. Um möglichst schnell zum Ziel zu kommen, diskutieren wir einfach direkt das Integral, das wir später benötigen werden, nämlich

$$I = \lim_{\epsilon \to 0} \int_{-\infty}^{\infty} d\omega \, \frac{e^{-i\omega t}}{\omega^2 - E^2 + i\epsilon} \,. \tag{1.110}$$

Hier sind E und t reelle Parameter, und $\epsilon > 0$ ist ein kleiner positiver Parameter, den nach dem Integrieren nach 0 geschickt wird. In den folgenden Rechenschritten müssen wir daher nur die führende Ordnung in ϵ mitnehmen. Ohne wirklich irgendetwas zu tun, können wir formal zu einer komplexen Integrationsvariable z übergehen, wobei wir den unendlichen Integrationsweg über die reelle Achse beibehalten:

$$I = \lim_{\epsilon \to 0} \int_{-\infty}^{\infty} dz \, \frac{e^{-izt}}{z^2 - E^2 + i\epsilon} \,. \tag{1.111}$$

Der Integrand ist jetzt eine meromorphe Funktion[5] in z. Er besitzt zwei Pole erster Ordnung bei $z_\pm = \mp(E - i\frac{\epsilon}{2E}) + \mathcal{O}(\epsilon^2)$, zwischen denen der Integrationsweg hindurch verläuft. Die übliche Vorgehensweise ist nun, eine Schar geschlossener Integrationswege zu finden, die einen der Pole umlaufen und in einem Grenzwert in die Integration entlang der reellen Achse übergehen. Die Situation ist in Abb. 1.2 dargestellt.

Wir müssen an dieser Stelle eine Fallunterscheidung machen:

- $t < 0$

Der Integrand fällt aufgrund der Exponentialfunktion in der *oberen* Halbebene schnell ab, wenn man sich vom Ursprung entfernt, wächst in der unteren aber exponentiell an. Das bedeutet, dass wir den Integrationsweg entlang der reellen Achse annähern können, indem wir nur einen Abschnitt der reellen Achse von $[-R, R]$ integrieren und dann den Integrationsweg in einem Halbkreis nach *oben* schließen. Für $R \to \infty$ wird der Beitrag des Halbkreises zum Integral beliebig klein und das ursprüngliche Integral damit beliebig gut approximiert. Gleichzeitig wissen wir aber auch, dass alle Integrationswege dieser Schar den gleichen Wert des Integrals ergeben, da sie den Pol bei z_+ gegen den Uhrzeigersinn umlaufen,

---

[5]Wir hätten freilich auch die Ersetzung $\omega^2 \to |z|^2 = z\bar{z}$ durchführen können und dabei diese nützliche Eigenschaft nicht erhalten. Es ist eine bewusste *Wahl* unsererseits, stattdessen $\omega^2 \to z^2$ zu ersetzen, weil wir die Werkzeuge der Funktionentheorie auf das Ergebnis anwenden wollen. Dafür benötigen wir eine meromorphe Darstellung unseres Integranden.

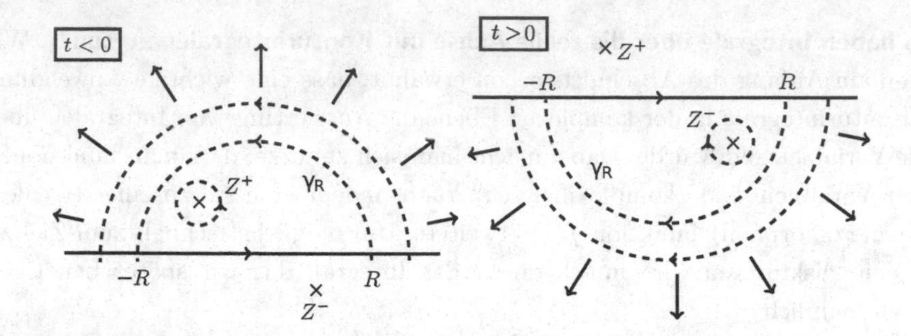

Abb. 1.2: Eine Illustration der Integrationswege für das Integral in Gl. (1.111). Die zunehmend weiter außen verlaufenden Integrationswege γ_R im linken Bild sind im Grenzwert $R \to \infty$ äquivalent zu der Integration entlang der reellen Achse, falls der Integrand in der oberen Halbebene für große Abstände vom Ursprung schnell genug abfällt. Das ist nur für $t < 0$ der Fall, während für $t > 0$ das Gleiche für die untere Halbebene gilt. Aufgrund des Residuensatzes sind all diese Integrationswege äquivalent zu einem Umlauf um den eingeschlossenen Pol. Das Vorzeichen von t bestimmt dabei, welcher der beiden Pole der ausgewählte ist.

nämlich $I = 2\pi i \mathrm{Res}_{z_+}$. Das Linienintegral entlang der reellen Achse ist also einfach durch das Residuum an einem der Pole gegeben.

- $t > 0$

Der Integrand fällt jetzt nur in der *unteren* Halbebene ab wenn man sich vom Ursprung entfernt. Wir müssen also den Integrationsweg nach *unten* schließen, wenn wir erreichen wollen, dass im Grenzfall $R \to \infty$ der Integralbeitrag des Halbkreises verschwindet. Unsere Integrationswege schließen jetzt den Pol bei z_- im Uhrzeigersinn ein, und der Wert des Integrals ist folglich $I = -2\pi i \mathrm{Res}_{z_-}$.

AUFGABE 11

Bestimmt die Residuen des Integranden von Gl. (1.111) bei $z_\pm$.

Wir wissen bereits, dass der Nenner durch $(z - z_+)(z - z_-) + \mathcal{O}(\epsilon^2)$ gegeben ist, d. h. wir können den Integranden schreiben als

$$\frac{e^{-izt}}{(z - z_-)(z - z_+)} + \mathcal{O}(\epsilon^2)\,. \tag{1.112}$$

In der Nähe des Pols bei $z = z_+$ und für $\epsilon \to 0$ hat dessen Vorfaktor, also das Residuum, den Wert $\mathrm{Res}_{z_+} = e^{-iz_+t}/(z_+ - z_-) = e^{-iz_+t}/(2z_+) = -e^{iEt}/(2E)$. Ganz analog hierzu ist $\mathrm{Res}_{z_-} = e^{-iEt}/(2E)$.

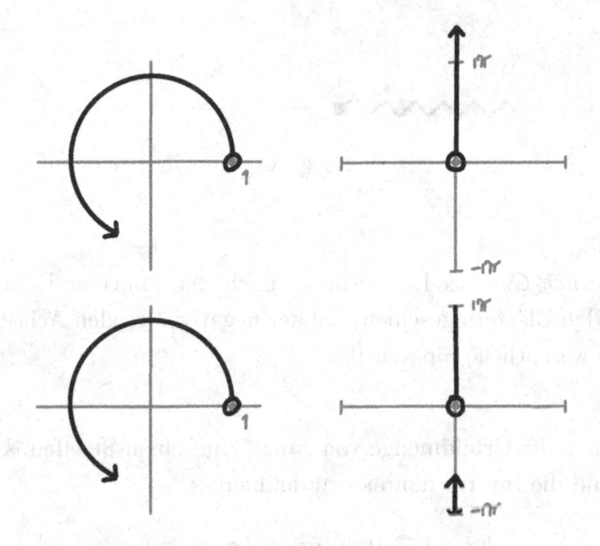

Abb. 1.3: Der Hauptwert des Logarithmus springt von $i\pi$ nach $-i\pi + \ldots$, sobald $z = -1$ von oben nach unten überschritten wird (untere Reihe). Setzt man den Hauptzweig des Logarithmus bei $z = -1$ stetig fort, dann läuft man in den nächsten Zweig mit $\log 1 = 2\pi i$ (obere Reihe).

Wir kennen jetzt somit den Wert des Integrals für $t > 0$ und $t < 0$, nämlich

$$\lim_{\epsilon \to 0} I = \begin{cases} -2\pi i \, e^{iEt}/(2E) & t < 0 \\ -2\pi i \, e^{-iEt}/(2E) & t > 0 \end{cases} = -\pi i \, e^{-iE|t|}/E. \tag{1.113}$$

Dieses Ergebnis werden wir am Ende des Abschnitts 2.3.2 verwenden.

Blätter, Zweige und Schnitte Wir machen zum Abschluss noch einen kleinen Spaziergang durch die Riemann'sche Pflanzenwelt. Offenbar ist die Funktion

$$\exp: \quad \mathbb{C} \to \mathbb{C}\backslash 0, \quad z \mapsto e^z \tag{1.114}$$

auf der komplexen Ebene nicht injektiv: Addiert man $z \to z + 2\pi i$, so ändert sie ihren Wert nicht. Fährt man den Weg zwischen z und $z + 2\pi i$ kontinuierlich geradeaus ab, dann beschreibt man im Abbild e^z gerade einen ganzen Kreis um den Ursprung. Dies hat eine wichtige Konsequenz für die Bildung der Inversen $\exp^{-1} \sim \log$. Will man die inverse Funktion einer nicht-injektiven Funktion definieren, muss man sich entscheiden, welche der möglichen Werte im Urbild man als Inverse wählt. Hier könnte zum Beispiel $\log 1 = 0$ sein oder aber auch $\log 1 = 2\pi i$. Man wählt aus, indem man die Urbildmenge so einschränkt, dass die Funktion injektiv wird. Im Fall der Exponentialfunktion und des Logarithmus könnte man zum

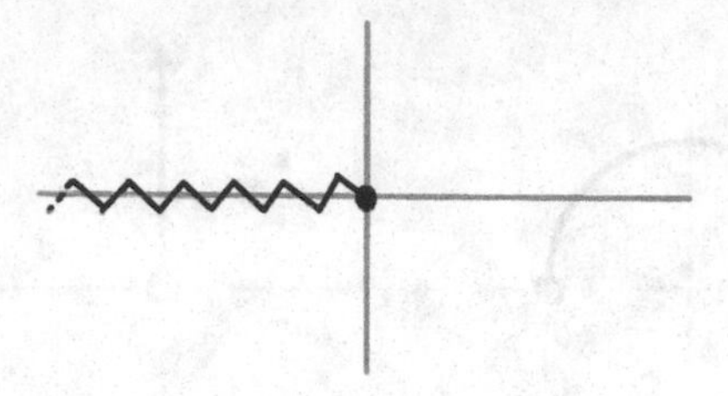

Abb. 1.4: Der *Branch-Cut* des Logarithmus nach der üblichen Definition. Der Sprung zwischen den Blättern geschieht auf der negativen reellen Achse. Bei $z = 0$ befindet sich eine wesentliche Singularität.

Beispiel entscheiden, die Urbildmenge von ganz $\mathbb{C}$ auf einen Streifen $\mathbb{R} + i(-\pi, \pi]$ einzuschränken und die Inverse dann so zu definieren:

$$\log : \quad \mathbb{C}\backslash 0 \to \mathbb{R} + i(-\pi, \pi]\,, \tag{1.115}$$

und damit $\log 1 = 0$. Diese Definition des komplexen Logarithmus nennt man den *Hauptzweig*. Sie hat einen kleinen Haken: Laufen wir nun im Urbild (also $\mathbb{C}\backslash 0$), angefangen bei der 1, einmal gegen den Uhrzeigersinn im Kreis um den Ursprung, so läuft der Hauptwert des log von 0 nach $i\pi$ und springt dann bei -1 plötzlich nach $-i\pi + \ldots$. Der Logarithmus ist also notwendigerweise unstetig! Die Situation ist in Abb. 1.3 illustriert. Man bezeichnet die (eigentlich beliebig gewählte) Linie, auf der man in der stetigen Fortsetzung zum nächsten Zweig (engl. *branch*) wechseln müsste, als *Branch-Cut*. Er wird üblicherweise als gezackte Linie eingezeichnet (siehe Abb. 1.4). Uns wird in Abschnitt 6.3 zum Beispiel das Integral

$$\int_0^1 dx \;\log\left(m^2 - sx(1-x) - i\epsilon\right) \tag{1.116}$$

begegnen, wobei, wie es der Zufall so will, ϵ gerade der Regulator aus der obigen Diskussion der Konturintegrale ist. Hier werden wir ausnutzen, dass nach unserer Definition des Branch-Cuts für $a > 0$ gilt:

$$\log(-a \pm i\epsilon) = \log(a) \pm i\pi\,. \tag{1.117}$$

Wir belassen es bei diesem Schnelldurchgang durch die Funktionentheorie, denn die Feldtheorie ruft!

Wichtige Themen, die wir hier aus Platzgründen vernachlässigt haben, sind Konturintegrale um Branch-Cuts herum und Details zu Diskontinuitäten wie in Gl. (1.117), wie sie im optischen Theorem und in den sogenannten Dispersionsrelationen auftauchen.

Teil I

Skalare Feldtheorie

2 Das klassische Skalarfeld

Übersicht

Die Theorie eines einzelnen Skalarfeldes ohne Wechselwirkungen ist die einfachste nicht-triviale Feldtheorie. Trotzdem können wir an diesem Beispiel viele grundlegende Prinzipien und Ideen besprechen, die auch für die komplizierteren (und realistischeren) Modelle von Feldern mit Spin noch gültig sein werden oder zumindest nur einer Ergänzung bedürfen. Auch für die Behandlung wechselwirkender Theorien werden unsere Erkenntnisse aus diesem Kapitel noch relevant sein, da wir einen störungstheoretischen Ansatz verfolgen, dem stets die wechselwirkungsfreie Theorie als Ausgangspunkt dient. Auf geht's also zu der Konstruktion unserer ersten Quantenfeldtheorie!

2.1 Lagrange- und Hamilton-Formalismus für Felder

Als Ausgangspunkt für die Konstruktion von Quantenfeldtheorien ist es naheliegend, klassische Feldtheorien zu untersuchen. In der sogenannten kanonischen Quantisierung (siehe Kapitel 3) werden dann die klassischen Felder zu Feld*operatoren* erhoben. In der funktionalen oder Pfadintegralquantisierung (siehe Abschnitt 5.1) werden wir sogar direkt mit den klassischen Feldern arbeiten. Die kanonische Quantisierung wird zunächst im Hamilton-Formalismus durchgeführt, während die funktionale Quantisierung im Endeffekt den Lagrange-Formalismus verwendet. Selbst wenn man im Hamilton-Formalismus quantisiert, ist es allerdings sehr praktisch, die Theorie selbst im Lagrange-Formalismus zu definieren, da man hier eine manifest Lorentz-kovariante Notation verwenden kann. In dieser wird sofort klar, welche Terme auftreten können und welche im Widerspruch zur speziellen Relativitätstheorie stehen. Im Hamilton-Formalismus hingegen ist die Zeit gegenüber den Ortskoordinaten ausgezeichnet, und diese Zusammenhänge sind versteckt („nicht manifest“). Wir werden daher mit dem Lagrange-Formalismus für Felder beginnen und dann durch Legendre-Transformation zum Hamilton-Formalismus übergehen.

2.1.1 Von der klassischen Mechanik zu klassischen Feldern

Man kann Feldtheorien als Grenzfall vieler einzelner gekoppelter Freiheitsgrade in der klassischen Mechanik ansehen. Die Wirkung in der Mechanik für N Freiheitsgrade q_i, $i = 1 \dots N$ ist zunächst ein Funktional der Koordinatenfunktionen $q_i(t)$:

$$S[\mathbf{q}] = \int_{t_1}^{t_2} dt\, L(q_1(t) \dots q_N(t), \dot{q}_1(t) \dots \dot{q}_N(t))\,, \tag{2.1}$$

wobei L die Lagrange-Funktion ist, die wir ohne explizite Zeitabhängigkeit annehmen. In der klassischen Mechanik ist

$$L = T - V \tag{2.2}$$

die Differenz von kinetischer und potenzieller Energie, und dieser Zusammenhang wird sich leicht verändert auch in der Feldtheorie wiederfinden.

Bewegungsgleichungen aus der Wirkung Die Bewegungsgleichungen erhält man durch infinitesimale Variation der Wirkung nach den Koordinaten q_i, wobei $\dot{q}_i$ entsprechend mitvariiert wird:

$$q_i(t) \to q_i(t) + \delta q_i(t)\,. \tag{2.3}$$

Oft schreibt man

$$\delta q_i \equiv \epsilon h_i\,, \quad \delta \dot{q}_i \equiv \epsilon \dot{h}_i\,. \tag{2.4}$$

Dabei gibt h eine beliebige glatte Deformation unseres Pfades an, und ϵ ist ein kleiner Parameter. Daraus ergibt sich

$$q_i(t) \to q_i(t) + \epsilon h_i(t)\,, \quad \dot{q}_i(t) \to \dot{q}_i(t) + \epsilon \dot{h}_i(t)\,. \tag{2.5}$$

Da wir die Bewegung zwischen zwei Punkten $q(t_1)$ und $q(t_2)$ betrachten, variieren wir den Ort zu diesen Zeiten nicht:

$$h_i(t_1) = h_i(t_2) = 0\,. \tag{2.6}$$

Der in der klassischen Mechanik physikalisch realisierte Pfad ist gerade jener, für den die Wirkung stationär unter kleinen Variationen weg von dieser klassischen Lösung ist.[1] Konkret bedeutet das, dass wir den Ansatz für die Variation Gl. (2.5) in die Wirkung Gl. (2.1) einsetzen und in ϵ entwickeln:

$$S[q + \delta q] = S[q + \epsilon h] = S[q] + \delta S + \mathcal{O}(\epsilon^2)\,. \tag{2.7}$$

Stationarität bedeutet dann einfach, dass die lineare Ordnung in ϵ (oder δq, $\delta \dot{q}$) verschwinden soll:

$$\delta S = 0\,. \tag{2.8}$$

In der Darstellung durch die Lagrange-Funktion kann man schreiben

$$\delta L = \text{Randterm} = \text{totale Zeitableitung}\,. \tag{2.9}$$

AUFGABE 12

Zeigt durch Variation der Wirkung, dass der physikalisch realisierte klassische Pfad der Bewegungsgleichung

$$\frac{d}{dt}\frac{\partial L}{\partial \dot{q}_i} = \frac{\partial L}{\partial q_i} \tag{2.10}$$

gehorcht. Das sind die *Euler-Lagrange-Gleichungen* für N Freiheitsgrade.

Für die Herleitung setzt man am besten die Darstellung der Wirkung durch die Lagrange-Funktion ein.

Wir betrachten die Variation der Lagrange-Funktion (und verwenden die Summenkonvention für doppelte Indizes):

$$L(q + \epsilon h, \dot{q} + \epsilon \dot{h}) = L(q, \dot{q}) + \frac{\partial L}{\partial q_i}\epsilon h_i + \frac{\partial L}{\partial \dot{q}_i}\epsilon \dot{h}_i + \mathcal{O}(\epsilon^2)\,. \tag{2.11}$$

Wir haben hier die Taylor-Entwicklung in ϵ durchgeführt, wobei uns der lineare Teil interessiert. Diese lineare Variation der Lagrange-Funktion kann man durch partielles Integrieren (bzw. die Produktregel) umschreiben zu

$$\frac{\partial L}{\partial q_i}\epsilon h_i + \frac{\partial L}{\partial \dot{q}_i}\epsilon \dot{h}_i = \frac{\partial L}{\partial q_i}\epsilon h_i + \frac{d}{dt}\left(\frac{\partial L}{\partial \dot{q}_i}\epsilon h_i\right) - \epsilon h_i \frac{d}{dt}\frac{\partial L}{\partial \dot{q}_i}\,. \tag{2.12}$$

Die totale Zeitableitung wird im Wirkungsintegral zu

$$\int_{t_1}^{t_2} dt\,\frac{d}{dt}\left(\frac{\partial L}{\partial \dot{q}_i}\epsilon h_i\right) = \frac{\partial L}{\partial \dot{q}_i}\epsilon h_i\Big|_{t_1}^{t_2} \tag{2.13}$$

[1] In der Behandlung der Quantentheorie durch Pfadintegrale wird klar, wieso der klassische Limes gerade diese Eigenschaft hat.

und verschwindet damit, wegen $h_i(t_1) = h_i(t_2) = 0$. Aus dem Rest kann man ϵh_i ausklammern und erhält damit in linearer Ordnung in ϵ:

$$\delta S = \int_{t_1}^{t_2} dt\, \epsilon h_i(t) \left[\frac{\partial L}{\partial q_i} - \frac{d}{dt} \frac{\partial L}{\partial \dot{q}_i} \right] \stackrel{!}{=} 0\,. \tag{2.14}$$

Da die Variation h beliebig war, folgen die Euler-Lagrange-Gleichungen.

Feldtheorie auf einem diskreten Raumgitter In der Feldtheorie werden die Koordinaten q_i nicht mit Raumkoordinaten, sondern mit Werten der Felder identifiziert. Die Korrespondenz lautet

$$q_i(t) \longleftrightarrow \phi(\mathbf{x}_i, t)\,. \tag{2.15}$$

Der Wert des Feldes ϕ an jeder Stelle $\mathbf{x}_i$ im Raum entspricht also der abstrakten Koordinate eines mechanischen Freiheitsgrades, und der Index i, der im mechanischen Bild die Koordinaten durchzählt, wird in der Feldtheorie zum Index, der die Raumpunkte $\mathbf{x}$ markiert. Dieses Bild kommt genau so in vielen Mechaniklehrbüchern vor, wenn Kontinuumsmechanik (zum Beispiel die schwingende Saite) im Lagrange-Formalismus behandelt wird. Die linearisierte Version der schwingenden Saite wird dann auch exakt einer freien skalaren Feldtheorie in einer Raumdimension entsprechen, wobei – wie gesagt – die Auslenkung der Saite dem Wert des Feldes an dem entsprechenden Punkt im Raum entspricht. Man erhält die Lagrange-Funktion für die schwingende Saite, indem man benachbarte Massenpunkte durch eine Kraft koppelt, die proportional zur relativen Auslenkung $q_i - q_{i-1}$ ist. Im Hamilton- oder im Lagrange-Formalismus ergibt sich dies automatisch, wenn man einen Term $\propto (q_i - q_{i-1})^2$ in das Potenzial schreibt. Diese Kopplung benachbarter Freiheitsgrade hat die Form einer Differenz benachbarter Auslenkungen und wird im Kontinuumslimes daher zu einer *Ableitung.* Wir können also schon erahnen, dass im Kontinuumslimes Ableitungen für die Propagation von Wellen durch den Raum verantwortlich sind.

Der Nachteil der Diskretisierung ist, dass die Lorentz-Symmetrien, die wir unserer relativistischen Feldtheorie zugrunde legen wollen, von einem diskreten Gitter nicht beherzigt werden können. Im Grenzwert Gitterabstand $a \to 0$ gewinnt man aber mit etwas Zutun wieder eine vollständig Lorentz-symmetrische Theorie. Am einfachsten macht man sich das Prinzip in einer Raumdimension klar. Wir zählen die äquidistanten Gitterpunkte x_i mit $i \in \mathbb{Z}$. Dabei ist der Gitterabstand $x_i - x_{i-1} = a$, und $x_0 = 0$. Die Auslenkung des Massenpunktes am Ort x_i zum Zeitpunkt t schreiben wir als $\phi(x_i, t)$. Die kinetische Energie jedes einzelnen Massenpunktes ist (im Lagrange-Formalismus) einfach gegeben durch

$$\frac{1}{2} m v^2 = \frac{1}{2} m \dot{\phi}^2(x_i, t)\,, \tag{2.16}$$

und die gesamte kinetische Energie ist

$$T = \sum_i \frac{1}{2} m\dot{\phi}^2(x_i,t)\,. \tag{2.17}$$

Das Potenzial ist, wie oben motiviert:

$$V = \sum_i \frac{1}{2} k(\phi(x_i,t) - \phi(x_{i-1},t))^2\,. \tag{2.18}$$

Die sich daraus ergebende Lagrange-Funktion $L = T - V$ beschreibt eine eindimensionale Kette unendlich vieler durch eine lineare Kraft an ihre Nachbarn gekoppelte Massenpunkte. Da die Kraft nur Unterschiede zwischen Nachbarn berücksichtigt, kann diese Kette beliebig von $\phi = 0$ wegdriften, da es keine Rückstellkraft für die einzelnen Elemente gibt. Diese können wir nun noch durch einen weiteren Potenzialterm $\propto \phi^2$ einführen und erhalten

$$V = \sum_i \frac{1}{2} \left[k(\phi(x_i,t) - \phi(x_{i-1},t))^2 + \tilde{k}\phi^2(x_i)\right]\,. \tag{2.19}$$

Mit diesem quadratischen Potenzial für jeden Massenpunkt erhalten wir ein System *gekoppelter harmonischer Oszillatoren*. Diese Tatsache wird später sehr wichtig, da wir freie Felder genau in Analogie zum harmonischen Oszillator quantisieren können.

Um zum Kontinuumslimes überzugehen, müssen wir allerlei Größen so skalieren, dass sie im Grenzwert $a \to 0$ endlich bleiben. Zum Beispiel müssen wir die Summen in der Kombination $\sum_i a$ schreiben, damit wir $\sum_i a \to \int dx$ erhalten. Beginnen wir mit dem Differenzenterm. Er lässt sich zu einem Differenzenquotienten umschreiben

$$\sum_i \frac{1}{2} k(\phi(x_i,t) - \phi(x_{i-1},t))^2 = \sum_i a^2 \frac{1}{2} k \left(\frac{\phi(x_i,t) - \phi(x_{i-1},t)}{a}\right)^2. \tag{2.20}$$

Um die Summe in der Form $\sum_i a$ zu bringen, können wir einen Faktor $\sqrt{a}$ in die Definition des Feldes ziehen. Den Faktor k absorbieren wir gleich mit:

$$\phi \longrightarrow \phi/\sqrt{ak} \tag{2.21}$$

und erhalten als Zwischenschritt

$$T = \sum_i \frac{1}{2} \frac{m}{ak} \dot{\phi}^2(x_i,t) \tag{2.22}$$

$$V = \sum_i a \frac{1}{2} \left[\left(\frac{\phi(x_i,t) - \phi(x_{i-1},t)}{a}\right)^2 + \frac{\tilde{k}}{a^2 k}\phi^2(x_i)\right]\,. \tag{2.23}$$

Es fällt auf, dass uns der kinetische Energieterm T im Kontinuumslimes um die Ohren fliegt. Das ist aber auch kein Wunder, denn wir haben jedem einzelnen Massenpunkt eine fixe Masse m gegeben, und im Grenzwert $a \to 0$ erhalten wir so eine unendliche Massendichte! Was wir aber physikalisch wollen (siehe Gitarrensaite) ist eine konstante Massendichte. Wir müssen daher die *Masse pro Länge* konstant halten:

$$\rho = \frac{m}{a} = \text{const.} \tag{2.24}$$

Aber auch die „Federspannungen" k und $\tilde{k}$ müssen skaliert werden. Im Fall von $\tilde{k}$ ist das besonders einsichtig, da sonst bei einer gegebenen Auslenkung ϕ jeder Massenpunkt einen endlichen Anteil zur potenziellen Energie beiträgt und im Grenzwert $a \to 0$ wiederum beliebig viele Massenpunkte pro Längeneinheit vorhanden sind. Wir schreiben $k = k_0/a$ und $\tilde{k} = \tilde{k}_0 a$ und erhalten

$$T = \sum_i a \, \frac{1}{2} \frac{\rho}{k_0} \dot{\phi}^2(x_i, t) \tag{2.25}$$

$$V = \sum_i a \, \frac{1}{2} \left[\left(\frac{\phi(x_i, t) - \phi(x_{i-1}, t)}{a} \right)^2 + \frac{\tilde{k}_0}{k_0} \phi^2(x_i) \right] . \tag{2.26}$$

Wir nehmen endlich den Grenzwert $a \to 0$ und schreiben die Summen zu Integralen um. Das Ergebnis ist

$$T = \int dx \, \frac{1}{2} \frac{\rho}{k_0} \dot{\phi}^2(x, t)$$

$$V = \int dx \, \frac{1}{2} \left[\left(\frac{\partial \phi}{\partial x}(x, t) \right)^2 + \frac{\tilde{k}_0}{k_0} \phi^2(x, t) \right] . \tag{2.27}$$

Hier haben die Zeitableitungen und Ortsableitungen noch unterschiedliche Vorfaktoren. Wollen wir zu einer einfachen relativistischen Notation in natürlichen Einheiten übergehen, müssen wir die Zeitvariable so skalieren, dass der (einheitenlose!) Vorfaktor $\rho/k_0 \to 1$ wird. Es war ja auch nicht zu erwarten, dass mit beliebigen Anfangsparametern genau die Grenzgeschwindigkeit $c = 1$ resultiert. Wir nehmen $t' = t/\sqrt{\rho/k_0}$, und in der neuen Zeitvariable geschrieben verschwindet so der Vorfaktor des Terms $\dot{\phi}^2$, und die Grenzgeschwindigkeit ist $c = 1$. Nach diesen Manipulationen können wir tatsächlich schreiben:

$$L = T - V = \int dx \, \frac{1}{2} \left[\partial_\mu \phi \partial^\mu \phi - M^2 \phi^2 \right] , \tag{2.28}$$

wobei wir die Konstante $M^2 = \tilde{k}_0/k_0$ eingeführt haben und eine zweidimensionale Metrik

$$g_{\mu\nu} = \begin{bmatrix} 1 & \\ & -1 \end{bmatrix} \tag{2.29}$$

verwenden, die einfach eine gekürzte Version von Gl. (1.53) ist.

Aufgemerkt! **Wir betrachten lokale Feldtheorien**

Eine wichtige Sache fällt uns auf: Die Integranden sind im Kontinuumslimes *lokal* im Feld und seiner Ableitung, das heißt, sie hängen nur von den Feldern und deren Ableitungen bei *einer* Zeit- und Ortskoordinate ab. Wir können daher den Integranden in der Lagrange-Funktion L als Funktion des Feldes und seiner Ableitung an einem Raumzeitpunkt x^μ schreiben und führen dazu die *Lagrange-Dichte* $\mathcal{L}$ mit

$$S = \int dt\, L = \int dt \int dx\, \mathcal{L} \equiv \int d^2x\, \mathcal{L} \tag{2.30}$$

ein. In unserem Beispiel lautet sie

$$\mathcal{L} = \frac{1}{2}\partial_\mu\phi\partial^\mu\phi - \frac{1}{2}M^2\phi^2\,. \tag{2.31}$$

Es handelt sich also um einen Lorentz-Skalar der, über die Raumzeit integriert, die Wirkung ergibt. Wir haben somit durch geschicktes Skalieren der Parameter aus einem System gekoppelter Massenpunkte eine relativistische Feldtheorie in $1+1$ Dimensionen gewonnen.

In der Feldtheorie bezeichnet man üblicherweise $\frac{1}{2}\partial_\mu\phi\partial^\mu\phi$ insgesamt als *kinetischen Term*. Aus der Sicht der Lagrange-Funktion ist aber der räumliche Anteil $\partial_i\phi\partial^i\phi$ streng genommen ein Potenzialterm, während $\frac{1}{2}\dot{\phi}^2$ der kinetischen Energie entspricht. Dies wird deutlich, wenn wir die Hamilton-Dichte Gl. (2.70) herleiten.

AUFGABE 13

Welche Energieeinheiten haben S, L, $\mathcal{L}$, ∂_μ, ϕ und M in dieser Feldtheorie in $1+1$ Dimensionen? Wie ist die Situation in d Dimensionen?

Die Wirkung S ist immer einheitenlos, da wir $\hbar = 1$ setzen. Das Zeitintegral $\int dt$ hat $[dt] = -1$. Damit ist $[L] = 1$, was auch so sein muss, wegen $L = T - V$. Das Raumzeitintegral hat $[d^dx] = -d$, und damit hat die Lagrange-Dichte $[\mathcal{L}] = d$. Die Raumzeit-Ableitung hat immer $[\partial_\mu] = 1$. Da der Term $\partial_\mu\phi\partial^\mu\phi$ in der Lagrange-Dichte ohne einheitenbehafteten Vorfaktor auftaucht, hat $[\phi^2] = d-2$ und $[\phi] = d/2 - 1$. Auffällig ist, dass das Feld ϕ in $d = 2$ einheitenlos ist. In $d = 4$ hat das Feld Einheiten der Energie. M muss die gleichen Einheiten besitzen wie ∂_μ, also $[M] = 1$. Dieser Parameter spielt die Rolle einer Masse. Achtung: Diese Masse M entspricht dem Massenparameter der Wellengleichung und damit später der Masse der resultierenden Teilchen, und hat nichts mit der Masse der gekoppelten Massenpunkte in unserer mechanischen Konstruktion zu tun.

Man kann den Übergang vom diskreten System zur Feldtheorie ganz genau so in 3+1 Dimensionen vollziehen. Die Form der Lagrangedichte ändert sich dabei nicht, nur zählt nun $\mu = 0 \ldots 3$ und der volle metrische Tensor kommt zum Einsatz. Die Skalierung der verschiedenen Faktoren, Felder und Integrale wird sich bei der Herleitung ändern. Wir überlassen es dem geneigten Leser, dies auszuprobieren. Als Anhaltspunkt kann die Energiedimension der Felder dienen, die wir gerade allgemein ermittelt haben.

Wechselwirkungen Die Bewegungsgleichungen, die aus einer in den Feldern quadratischen Wirkung wie Gl. (2.31) resultieren, sind linear. Damit gilt das Superpositionsprinzip: Zwei Wellenpakete können sich ungestört treffen, durchlaufen und wieder trennen. Das ändert sich, sobald wir zu den harmonischen Oszillatoren z. B. einen Potenzialterm $V \sim \phi^4$ hinzufügen. Generell bezeichnet man daher Terme in der Lagrange-Dichte mit mehr als zwei Feldern als Wechselwirkungsterme. Die Vorstellung von sich kreuzenden Wellen, die sich gegenseitig stören, überträgt sich leicht verändert in die Quantentheorie: Kommen höhere Potenzen von Feldern in der Lagrange-Dichte vor, so können Teilchen miteinander wechselwirken. In manchen Fällen ist es nützlich, Terme mit einem oder zwei Feldern als Wechselwirkung aufzufassen. Darauf werden wir bei der Besprechung der Renormierung (Abschnitt 6) näher eingehen.

> Treffen sich zwei Photonen...
>
> Habt ihr auch in der Schule gelernt, dass sich Lichtstrahlen im Vakuum kreuzen, ohne sich gegenseitig zu beeinflussen? Das ist tatsächlich nicht ganz richtig, da das elektromagnetische Feld Teil einer wechselwirkenden Feldtheorie, der Quantenelektrodynamik, ist. Der Effekt ist aber bei Radiowellen und dem sichtbaren Licht so klein, dass man ihn im Alltag und bei vielen technischen Anwendungen komplett vernachlässigen kann.

Oberflächenterme Das Prinzip der stationären Wirkung überträgt sich fast unverändert auf die Feldtheorie. Wir wollen aber die Lagrange-Dichte $\mathcal{L}$ in Gl. (2.31) statt der Lagrange-Funktion L als Ausgangspunkt nehmen. Die Feldvariation hat nun eine Raumzeitabhängigkeit

$$\phi(\mathbf{x}, t) \longrightarrow \phi(\mathbf{x}, t) + \epsilon\eta(\mathbf{x}, t)\,. \tag{2.32}$$

Wir werden dann wieder durch partielles Integrieren die Ableitungen von der Variation η wegschaffen. Statt totaler Zeitableitungen tauchen dabei Viererdivergenzen[2] auf, z. B.

$$(\partial^\mu f)(\partial_\mu g) = \underbrace{\partial^\mu (f \partial_\mu g)}_{\text{Viererdiv.}} - f \Box g \,. \tag{2.33}$$

Raumzeitintegrale über Divergenzen in 4 Dimensionen entsprechen gemäß dem Gauß'schen Gesetz gerade vierdimensionalen Randtermen (Oberflächenterme)

$$\int_{\partial V} dn_\mu F^\mu = \int_V d^4x \, \partial_\mu F^\mu . \tag{2.34}$$

Hier bezeichnet ∂V den Rand des Raumzeit-Volumens und dn_μ ein infinitesimales Oberflächenelement, welches in Richtung des Normalenvektors zeigt. Da wir die Raumzeit nicht begrenzen, handelt es sich hier aber um Oberflächenterme in der Unendlichkeit, sowohl räumlich als auch zeitlich gesehen. Diese werden wir wieder vernachlässigen. Warum dies erlaubt ist, ist eine etwas subtile Frage. Die physikalische Intuition erscheint klar – die Randbedingungen an unendlich weit entfernten Punkten sollten die Bewegungsgleichungen für beobachtbare Vorgänge in einer lokalen relativistischen Theorie nicht beeinflussen. Man kann also annehmen, dass man in jeder Berechnung einer theoretischen Vorhersage Wellenpakete endlicher Ausdehnung verwendet und Vorhersagen in endlichen Zeiträumen berechnet. Wenn wir später die Felder im Zuge der kanonischen Quantisierung zu Feldoperatoren machen, kann man aber nicht sinnvoll davon sprechen, dass die Operatoren einen räumlich oder zeitlich beschränkten Träger haben und außerhalb verschwinden. Hier kann man nur davon ausgehen, dass *Erwartungswerte* von Viererdivergenzen vernachlässigt werden können und damit Oberflächenterme zwar nicht unbedingt auf Operatorlevel, aber doch für alle betrachteten Zustände verschwinden.

Das starke CP-Problem

Eine wichtige Ausnahme tritt in der Quantenchromodynamik auf, in der die Topologie der Eichgruppe $SU(3)$ Vakuumlösungen mit überall nicht-verschwindendem $\langle A_\mu \rangle$ erlaubt, in die das Vakuum unvermeidlich hineintunnelt. Diese Tatsache führt zu dem sogenannten *starken CP-Problem.* Abhilfe könnten die (noch) hypothetischen *Axionen* schaffen. Diese Teilchen tragen im Falle ihrer Existenz auch zur Dunklen Materie bei.

[2] Divergenz ist hier nicht im Sinne einer Polstelle oder Unendlichkeit zu verstehen, sondern als relativistische Verallgemeinerung der Divergenz in der Vektoranalysis $\operatorname{div} \mathbf{v} = \nabla \cdot \mathbf{v}$.

Lange Rede, kurzer Sinn: Wir werden von jetzt an, mit ganz wenigen Ausnahmen, Oberflächenterme und Viererdivergenzen in der Lagrange-Dichte vernachlässigen.

Euler-Lagrange-Gleichungen für Felder Nach dieser Vorrede wollen wir nun das Variationsprinzip anwenden, um die Bewegungsgleichungen aus der Lagrange-Dichte zu gewinnen. Bevor wir zu unserem konkreten Beispiel des freien Skalarfeldes kommen, wollen wir aber erst die allgemeinen Euler-Lagrange-Gleichungen für Felder aus der Lagrange-Dichte herleiten. Dabei wollen wir nur annehmen, dass die Lagrange-Dichte eine Funktion von ϕ und $\partial_\mu \phi$ ohne höhere Ableitungen ist. Die Herleitung ist damit fast identisch mit jener in der klassischen Mechanik.

AUFGABE 14

■ Leitet aus dem Variationsprinzip $\delta S = 0$ die Bewegungsgleichungen für eine allgemeine Lagrange-Dichte $\mathcal{L}$ her.

● Geht davon aus, dass die Feldvariation $\delta\phi = \epsilon\eta$ auf dem Rand des betrachteten Volumens verschwindet.

► Wir fordern wieder $\delta\mathcal{L} = 0$, bis auf Viererdivergenzen. Es ist

$$\delta\mathcal{L}(\phi, \partial_\mu\phi) = \frac{\partial\mathcal{L}}{\partial\phi}\epsilon\eta + \frac{\partial\mathcal{L}}{\partial(\partial_\mu\phi)}\epsilon\partial_\mu\eta\,. \tag{2.35}$$

Partielles Integrieren ergibt

$$\delta\mathcal{L}(\phi, \partial_\mu\phi) = \frac{\partial\mathcal{L}}{\partial\phi}\epsilon\eta + \partial_\mu\left(\frac{\partial\mathcal{L}}{\partial(\partial_\mu\phi)}\epsilon\eta\right) - \epsilon\eta\partial_\mu\frac{\partial\mathcal{L}}{\partial(\partial_\mu\phi)}\,. \tag{2.36}$$

Der zweite Term ist eine Viererdivergenz und wird unter dem Integral zu einem Oberflächenterm $\propto \eta$. Da laut Annahme η auf dem Rand des Volumens verschwindet, kann er vernachlässigt werden. Soll die Variation nun für beliebige η innerhalb des Volumens verschwinden, folgt die Bedingung

$$\frac{\partial\mathcal{L}}{\partial\phi} - \partial_\mu\frac{\partial\mathcal{L}}{\partial(\partial_\mu\phi)} = 0\,. \tag{2.37}$$

Dies ist die Euler-Lagrange-Gleichung für das reelle Skalarfeld.

Aufgemerkt!

Die Euler-Lagrange-Gleichung für ein reelles Skalarfeld lautet

$$\frac{\partial\mathcal{L}}{\partial\phi} - \partial_\mu\frac{\partial\mathcal{L}}{\partial(\partial_\mu\phi)} = 0\,. \tag{2.38}$$

Voraussetzung für ihre Anwendung ist, dass keine höheren Ableitungen von ϕ in $\mathcal{L}$ vorkommen. Sollte das der Fall sein, kann einfach direkt das Variationsprinzip $\delta S = 0$ angewendet werden, oder man schreibt $\mathcal{L}$ vorher durch partielles Integrieren um. Achtung: Stehen die Indizes der Ableitung anders als die im Ausdruck, wird dennoch abgeleitet:

$$\frac{\partial}{\partial(\partial_\mu \phi)}(\partial_\nu \phi) = \delta^\mu_\nu\,, \tag{2.39}$$

aber auch

$$\frac{\partial}{\partial(\partial_\mu \phi)}(\partial^\nu \phi) = \frac{\partial}{\partial(\partial_\mu \phi)}(g^{\nu\rho}\partial_\rho \phi) = g^{\nu\mu}\,. \tag{2.40}$$

AUFGABE 15

■ Leitet durch Variation des Feldes Gl. (2.32) die Bewegungsgleichung von ϕ aus der Lagrange-Dichte Gl. (2.31) „von Hand" her. Hier kann man $\delta S = 0$ oder, wie wir oben gesehen haben, $\delta\mathcal{L} = 0$ bis auf Viererdivergenzen fordern. Ermittelt dann zum Vergleich die Bewegungsgleichungen anhand der Euler-Lagrange-Gleichung.

▶ Wir setzen

$$\mathcal{L}(\phi, \partial_\mu \phi) \to \mathcal{L}(\phi + \epsilon\eta, \partial_\mu \phi + \epsilon\partial_\mu \eta) = \mathcal{L}(\phi, \partial_\mu \phi) + \delta\mathcal{L} + \mathcal{O}(\epsilon^2)\,, \tag{2.41}$$

und konkret eingesetzt bedeutet das

$$\delta\mathcal{L} = \epsilon\partial_\mu \eta \partial^\mu \phi - \epsilon M^2 \eta\phi\,. \tag{2.42}$$

Partielles Integrieren (bzw. eigentlich die Anwendung der Produktregel) ergibt

$$\delta\mathcal{L} = \partial_\mu(\epsilon\phi\partial^\mu \eta) - \epsilon\eta\partial_\mu \partial^\mu \phi - \epsilon M^2 \eta\phi\,. \tag{2.43}$$

Der erste Term ist eine Viererdivergenz und wird vernachlässigt. Es bleibt

$$\delta\mathcal{L} \sim -\epsilon\eta(\Box + M^2)\phi \stackrel{!}{=} 0\,. \tag{2.44}$$

Wir finden also die *Klein-Gordon-Gleichung*

$$(\Box + M^2)\phi = 0\,, \tag{2.45}$$

die wir bereits in der Einführung kennengelernt hatten. Vergleichen wir nun mit der Euler-Lagrange-Gleichung: Es ist

$$\frac{\partial\mathcal{L}}{\partial\phi} = -M^2\phi\,, \qquad \frac{\partial\mathcal{L}}{\partial(\partial_\mu \phi)} = \partial^\mu \phi\,. \tag{2.46}$$

Die Euler-Lagrange-Gleichung lautet also $-M^2\phi = \partial_\mu \partial^\mu \phi$, und wir erhalten wieder die Klein-Gordon-Gleichung.

Aufgemerkt!

Die freie Lagrange-Dichte für ein reelles Skalarfeld

$$\mathcal{L} = \frac{1}{2}\partial_\mu \phi \partial^\mu \phi - \frac{1}{2}M^2\phi^2 \tag{2.47}$$

ergibt als Bewegungsgleichung für das Feld ϕ die Klein-Gordon-Gleichung

$$(\Box + M^2)\phi = 0\,. \tag{2.48}$$

Verallgemeinerung auf mehrere und auf komplexe Felder Die Formulierung der Feldtheorie eines reellen Skalarfeldes lässt sich ohne viel Aufhebens auf beliebig viele unterschiedliche Felder $\phi_r, r = 1 \ldots N$ verallgemeinern.

AUFGABE 16

Gegeben sei die Lagrange-Dichte einer Feldtheorie von N reellen Skalarfeldern,

$$\mathcal{L}(\phi_1, \partial_\mu \phi_1, \ldots, \phi_N, \partial_\mu \phi_N)\,. \tag{2.49}$$

Zeigt anhand des Variationsprinzips, dass die Euler-Lagrange-Gleichungen für diese Felder durch die N Gleichungen

$$\frac{\partial \mathcal{L}}{\partial \phi_r} - \partial_\mu \frac{\partial \mathcal{L}}{\partial(\partial_\mu \phi_r)} = 0\,, \qquad r = 1 \ldots N \tag{2.50}$$

gegeben sind.

Die Variation kann dabei für alle Felder simultan, aber unabhängig, durchgeführt werden, d. h. $\phi_r \to \phi_r + \epsilon\eta_r$ für beliebige η_r.

Wir entwickeln wieder

$$S[\phi{+}\epsilon\eta] = \int d^4x\, \mathcal{L}(\phi_1{+}\epsilon\eta_1, \partial_\mu\phi_1{+}\epsilon\partial_\mu\eta_1, \ldots, \phi_N{+}\epsilon\eta_N, \partial_\mu\phi_N{+}\epsilon\partial_\mu\eta_N) \tag{2.51}$$

in linearer Ordnung in ϵ und fordern Invarianz. Es ist

$$S[\phi + \epsilon\eta] = S[\phi] + \epsilon \int d^4x \sum_{r=1}^{N} \left(\frac{\partial \mathcal{L}}{\partial \phi_r}\eta_r + \frac{\partial \mathcal{L}}{\partial(\partial_\mu \phi_r)}\partial_\mu \eta_r \right). \tag{2.52}$$

Wir können in jedem Summanden partiell integrieren, Oberflächenterme wegwerfen und erhalten so für die Variation der Wirkung

$$\epsilon \int d^4x \sum_{r=1}^{N} \eta_r \left(\frac{\partial \mathcal{L}}{\partial \phi_r} - \partial_\mu \frac{\partial \mathcal{L}}{\partial(\partial_\mu \phi_r)} \right) \stackrel{!}{=} 0\,. \tag{2.53}$$

Sind die η_r aber unabhängig und beliebig gewählt, dann muss die Klammer für jedes r getrennt verschwinden, und wir erhalten das Ergebnis.

Interessant sind für uns auch komplexwertige Felder, die einfach eine kompakte Schreibweise von zwei reellen Feldern darstellen:

$$\phi = \frac{1}{\sqrt{2}}(\phi_1 + i\phi_2). \tag{2.54}$$

Hier gibt es eine praktische (aber vielleicht etwas überraschende) Vereinfachung: Man kann das Feld ϕ und sein komplex Konjugiertes $\phi^\dagger$ als unabhängige Freiheitsgrade variieren bzw. separate Euler-Lagrange-Gleichungen für sie aufstellen. Wir wollen jetzt zeigen, dass diese Vorgehensweise äquivalent dazu ist, Imaginär- und Realteil zu variieren. Wir definieren dabei die Ableitungen nach komplexen Feldern $\phi = \frac{1}{\sqrt{2}}(\phi_1 + i\phi_2)$ durch (vgl. Gl. (1.95))

$$\frac{\partial}{\partial \phi} = \frac{1}{2}\left(\frac{\partial}{\partial \phi_1} - i\frac{\partial}{\partial \phi_2}\right), \quad \frac{\partial}{\partial \phi^\dagger} = \frac{1}{2}\left(\frac{\partial}{\partial \phi_1} + i\frac{\partial}{\partial \phi_2}\right), \tag{2.55}$$

die insbesondere

$$\frac{\partial}{\partial \phi}\phi = 1, \quad \frac{\partial}{\partial \phi}\phi^\dagger = 0 \quad \text{etc.} \tag{2.56}$$

erfüllen und somit ϕ und $\phi^\dagger$ wie unterschiedliche Variablen behandeln. Wir betrachten also die (reelle) Lagrange-Dichte

$$\mathcal{L}(\phi, \partial_\mu \phi, \phi^\dagger, \partial_\mu \phi^\dagger). \tag{2.57}$$

AUFGABE 17

Zeigt, dass die Euler-Lagrange-Gleichungen für den Real- und den Imaginärteil ϕ_1, ϕ_2 als

$$\frac{\partial \mathcal{L}}{\partial \phi} = \partial_\mu \frac{\partial \mathcal{L}}{\partial(\partial_\mu \phi)}, \quad \frac{\partial \mathcal{L}}{\partial \phi^\dagger} = \partial_\mu \frac{\partial \mathcal{L}}{\partial(\partial_\mu \phi^\dagger)} \tag{2.58}$$

geschrieben werden können.

Ausschreiben mit der Definition Gl. (2.55) ergibt

$$\frac{\partial \mathcal{L}}{\partial \phi_1} - i\frac{\partial \mathcal{L}}{\partial \phi_2} = \partial_\mu \frac{\partial \mathcal{L}}{\partial(\partial_\mu \phi_1)} - i\partial_\mu \frac{\partial \mathcal{L}}{\partial(\partial_\mu \phi_2)} \tag{2.59}$$

$$\frac{\partial \mathcal{L}}{\partial \phi_1} + i\frac{\partial \mathcal{L}}{\partial \phi_2} = \partial_\mu \frac{\partial \mathcal{L}}{\partial(\partial_\mu \phi_1)} + i\partial_\mu \frac{\partial \mathcal{L}}{\partial(\partial_\mu \phi_2)}. \tag{2.60}$$

Somit sind Gl. (2.59)±Gl. (2.60) gerade die Bewegungsgleichungen für ϕ_1 und ϕ_2.

Es ist sehr angenehm, einfach mit Feldern und ihren komplex Konjugierten rechnen zu können, als wären es unabhängige Freiheitsgrade.

2.1.2 Der Hamilton-Formalismus für Felder

Der Hamilton-Formalismus in der klassischen Mechanik Wir wollen uns zunächst an die Gegebenheiten in der klassischen Mechanik erinnern und die Feldtheorie dann analog aufziehen. In der klassischen Mechanik ist die Hamilton-Funktion eine Funktion der Koordinaten $q_i(t)$ und der kanonisch konjugierten Impulse $p_i(t)$. Hat man eine Lagrange-Funktion $L(q,\dot{q})$ vorgegeben, kann man die Ausdrücke für die Impulse über

$$p_i = p_i(q,\dot{q}) = \frac{\partial L(q,\dot{q})}{\partial \dot{q}_i} \tag{2.61}$$

ermitteln. Die Hamilton-Funktion ist dann durch die Legendre-Transformierte

$$H(q,p) = p\dot{q} - L(q,\dot{q})\Big|_{\dot{q}(p,q)} \tag{2.62}$$

gegeben. Die Bewegungsgleichungen in den neuen Variablen sind nun die sogenannten kanonischen Gleichungen

$$\dot{p} = -\frac{\partial H(q,p)}{\partial q}\,, \quad \dot{q} = \frac{\partial H(q,p)}{\partial p}\,. \tag{2.63}$$

Sie sind das Hamilton-Äquivalent zur Euler-Lagrange-Gleichung. Man kann nun die Zeitentwicklung beliebiger Funktionen von p und q sehr kompakt über die *Poisson-Klammer*

$$\{A,B\} = \frac{\partial A}{\partial q}\frac{\partial B}{\partial p} - \frac{\partial A}{\partial p}\frac{\partial B}{\partial q} \tag{2.64}$$

schreiben, denn es gilt einfach

$$\dot{A} = \{A,H\} + \frac{\partial A}{\partial t}\,. \tag{2.65}$$

Dies ist das klassische Analogon zur Heisenberg-Gleichung. Insbesondere gilt

$$\{q,p\} = 1\,. \tag{2.66}$$

AUFGABE 18

■ Zeigt, dass für eine differenzierbare Funktion $A(q,p,t)$ die Relation Gl. (2.65) aus den kanonischen Gleichungen Gl. (2.63) folgt.

● Man beginnt am einfachsten damit, dass man das totale Zeitdifferenzial von $A(q,p,t)$ aufschreibt.

► Gegeben sei eine Funktion $A(q,p,t)$. Es ist

$$\frac{dA}{dt} = \frac{\partial A}{\partial q}\dot{q} + \frac{\partial A}{\partial p}\dot{p} + \frac{\partial A}{\partial t}\,. \tag{2.67}$$

Setzt man nun die kanonischen Gleichungen für $\dot{q}$ und $\dot{p}$ ein, so erhält man

$$\frac{dA}{dt} = \frac{\partial A}{\partial q}\frac{\partial H}{\partial p} - \frac{\partial A}{\partial p}\frac{\partial H}{\partial q} + \frac{\partial A}{\partial t} = \{A, H\} + \frac{\partial A}{\partial t}\,. \tag{2.68}$$

Der Hamilton-Formalismus für klassische Felder Gehen wir nun wieder zu Lagrange-Dichten und Feldern über, dann können wir einen kanonisch konjugierten Impuls (eigentlich die Impulsdichte)

$$\Pi = \Pi(\phi, \partial_\mu \phi) = \frac{\partial \mathcal{L}(\phi, \partial_\mu \phi)}{\partial \dot{\phi}} \tag{2.69}$$

definieren. Die Argumente $(\mathbf{x}, t)$ sind hier bei allen Feldern gleich und deshalb nicht ausgeschrieben. Daraus können wir durch Legendre-Transformation eine lokale Größe, die *Hamilton-Dichte*

$$\mathcal{H}(\phi, \nabla\phi, \Pi) = \Pi\dot{\phi} - \mathcal{L}(\phi, \partial_\mu\phi)\Big|_{\dot{\phi}(\phi,\Pi)} \tag{2.70}$$

definieren. Bemerkenswert ist hier, dass nur die Zeitableitung $\dot{\phi}$ durch den kanonischen Impuls ersetzt wird. Die Abhängigkeit von Ortsableitungen $\nabla\phi$ (oder $\partial_i\phi$) bleibt weiterhin bestehen. Die Hamilton-*Funktion* ist wie bei der Lagrange-Funktion wieder das Raumintegral der Hamilton-Dichte:

$$H[\phi, \Pi] = \int d^3x\, \mathcal{H}(\phi, \nabla\phi, \Pi)\,. \tag{2.71}$$

Sie ist also eigentlich ein Hamilton*funktional* von $\phi(\mathbf{x})$ und $\Pi(\mathbf{x})$, da sie nicht nur von den Feldern an einem bestimmten Punkt, sondern von den Feldern als Funktion abhängt. Damit das Ganze nicht zu abstrakt bleibt, wollen wir es jetzt einfach anhand unserer Feldtheorie aus Gl. (2.31) durchspielen.

AUFGABE 19

■ Ermittelt den kanonischen Impuls Π aus der Lagrange-Dichte Gl. (2.31). Drückt dann die Zeitableitung $\dot{\phi}$ als Funktion von ϕ und Π aus.

▶ Wir betrachten nur den Term mit Ableitungen. Es ist

$$\frac{1}{2}\partial_\mu\phi\partial^\mu\phi = \frac{1}{2}\dot{\phi}^2 - \frac{1}{2}(\nabla\phi)^2\,, \tag{2.72}$$

wobei das Vorzeichen aus der Metrik kommt. Somit ist

$$\Pi = \frac{\partial}{\partial\dot{\phi}}\left(\frac{1}{2}\partial_\mu\phi\partial^\mu\phi\right) = 2\frac{1}{2}\dot{\phi} = \dot{\phi}\,. \tag{2.73}$$

Umgekehrt gilt also einfach

$$\dot{\phi}(\phi, \Pi) = \Pi\,. \tag{2.74}$$

Mit dieser Information können wir jetzt die Hamilton-Dichte aufschreiben.

AUFGABE 20

Berechnet $\mathcal{H}(\phi, \nabla\phi, \Pi)$ und $H[\phi, \Pi]$ aus Gl. (2.31). Vergleicht die so erhaltene Hamilton-Funktion mit den Ausdrücken für die kinetische und die potenzielle Energie $T + V$ in Gl. (2.27), die wir zu Beginn aufgestellt hatten.

Es ist

$$\mathcal{H} = \Pi\dot{\phi} - \mathcal{L}\Big|_{\dot{\phi}=\Pi} = \Pi\dot{\phi} - \frac{1}{2}\dot{\phi}^2 + \frac{1}{2}(\nabla\phi)^2 + \frac{1}{2}M^2\phi^2\Big|_{\dot{\phi}=\Pi}$$
$$= \frac{1}{2}\Big(\Pi^2 + (\nabla\phi)^2 + M^2\phi^2\Big). \tag{2.75}$$

Damit folgt

$$H = \int d^3x\, \frac{1}{2}\Big(\Pi^2 + (\nabla\phi)^2 + M^2\phi^2\Big). \tag{2.76}$$

Mit $\Pi = \dot{\phi}$ entspricht das (bis auf die Anzahl der Raumdimensionen) gerade der Summe aus kinetischer und potenzieller Energie Gl. (2.27) von zuvor (nach allen Reskalierungen):

$$T + V = \int dx\, \frac{1}{2}\left[\dot{\phi}^2 + (\nabla\phi)^2 + M^2\phi^2\right]. \tag{2.77}$$

Die Hamilton-Dichte kann also als eine Energiedichte des Feldes interpretiert werden. Sowohl die örtliche als auch die zeitliche Variation trägt zur Energiebilanz bei. Die Auslenkung des Feldes trägt zur Energiedichte bei, wenn ein Massenterm vorhanden ist. Ist $M^2 > 0$, dann ist also $\phi(x, t) = \text{const.} = 0$ die energetisch günstigste Konfiguration mit $H = 0$.

Verallgemeinerung auf mehrere Felder Auch hier ist die Verallgemeinerung auf mehrere Felder recht offensichtlich. Haben wir Felder $\phi_r, r = 1 \dots N$, so sind die N kanonisch konjugierten Impulse gegeben durch

$$\Pi_r = \frac{\partial\mathcal{L}(\phi_1, \partial_\mu\phi_1, \dots, \phi_N, \partial_\mu\phi_N)}{\partial\dot{\phi}_r}. \tag{2.78}$$

Hier kann es lediglich aufwändiger sein, dieses Gleichungssystem zu invertieren um $\dot{\phi}_r(\phi_1 \dots \Pi_1 \dots)$ zu bestimmen. Die Legendre-Transformierte lautet

$$\mathcal{H} = \left(\sum_r \Pi_r\dot{\phi}_r\right) - \mathcal{L}\Big|_{\dot{\phi}_r=\dot{\phi}_r(\phi_1\dots\Pi_1\dots)}. \tag{2.79}$$

2.1.3 Das Nötigste zu Funktionalableitungen

Allgemeines In den bisherigen Herleitungen mussten wir bei Ableitungen *nach Feldern*, wie beispielsweise $\partial\mathcal{L}/\partial\phi$, immer davon ausgehen, dass alle vorkommenden Felder die gleichen Argumente $(\mathbf{x}, t)$ haben, da die Ableitung sonst schlichtweg nicht definiert ist. Wir haben die Felder quasi als normale Variablen aufgefasst und ignoriert, dass sie ein Raumzeit-Argument tragen. Somit ist es auch nicht möglich, *Funktionale* wie die Wirkung $S = \int d^4x\,\mathcal{L}$, die Lagrange-Funktion $L = \int d^3x\,\mathcal{L}$ oder die Hamilton-Funktion $H = \int d^3x\,\mathcal{H}$ auf herkömmliche Art nach Feldern abzuleiten, da in ihnen Felder zu verschiedenen Orten oder Zeiten vorkommen.

Man kann sich allerdings eine Ableitung nach Funktionen (und damit auch nach Feldern) definieren, die dieses Problem umgeht, die sogenannte *Funktionalableitung*

$$\frac{\delta}{\delta f(\dots)}\,. \tag{2.80}$$

Man kann sie als eine kontinuierliche Verallgemeinerung der Richtungsableitung auffassen. Zur Erinnerung: liegt eine Funktion $g(\mathbf{v})$ vor, die als Argument einen Vektor aufnimmt, so kann man die infinitesimale Änderung der Funktion in Richtung eines infinitesimalen Vektors $\mathbf{r}$ schreiben als

$$g(\mathbf{v}+\mathbf{r}) - g(\mathbf{v}) = \sum_i r_i \frac{\partial g(\mathbf{v})}{\partial v_i}\,. \tag{2.81}$$

Nun gehen wir von Vektoren v_i zu Funktionen $f(x)$ über, indem wir sie als Vektoren mit einem kontinuierlichen Index x auffassen. Liegt nun ein Funktional $F[f]$ vor, können wir uns fragen, wie sich der Wert des Funktionals ändert, wenn wir uns ein infinitesimales Stück $r(x)$ *im Funktionenraum* von $f(x)$ weg bewegen. Der zu Gl. (2.81) analoge Ausdruck lautet

$$F[f+r] - F[f] = \int dx\, r(x) \frac{\delta F[f]}{\delta f(x)} \tag{2.82}$$

wobei

$$\frac{\delta F}{\delta f(x)} \tag{2.83}$$

die Funktionalableitung des Funktionals F nach der Funktion f am Ort x ist. Es gibt eine sehr einfache Möglichkeit, diese Funktionalableitung aus einem gegebenen Funktional konkret zu berechnen, falls das Funktional als Integral über die Funktion f und ihre Ableitungen vorliegt:

Aufgemerkt! Die Funktionalableitung von Funktionen

Man kann sich mithilfe der Dirac-Delta-Distribution eine Funktionalableitung von Funktionen nach Funktionen definieren:

$$\frac{\delta f(x_1, \ldots, x_d)}{\delta f(y_1, \ldots, y_d)} = \delta(x_1 - y_1) \times \cdots \times \delta(x_d - y_d) . \tag{2.84}$$

Dieser Zusammenhang ist für unsere Zwecke äquivalent zu der Definition der Funktionalableitung in Gl. (2.82) und ist sehr nützlich, um sie explizit zu berechnen.

Betrachtet man zum Beispiel Felder $\phi(\mathbf{x}, t)$, kann man schreiben:

$$\frac{\delta \phi(\mathbf{x}, t)}{\delta \phi(\mathbf{y}, t')} = \delta^3(\mathbf{x} - \mathbf{y})\delta(t - t') \tag{2.85}$$

oder, durch Vierervektoren ausgedrückt:

$$\frac{\delta \phi(x)}{\delta \phi(y)} = \delta^4(x - y) . \tag{2.86}$$

Man kann eine Art gemischte Kettenregel anwenden, wenn man die Funktionalableitung auf lokale Funktionen von Feldern wie die Lagrange-Dichte anwendet (d. h. alle Feldargumente innerhalb der Funktion sind gleich). Daher kann man schreiben

$$\frac{\delta}{\delta \phi(y)} f(\phi(x)) = \frac{\partial f(\phi(x))}{\partial \phi(x)} \frac{\delta}{\delta \phi(y)} \phi(x) = \frac{\partial f(\phi(x))}{\partial \phi(x)} \delta^4(x - y) . \tag{2.87}$$

Damit folgt automatisch, dass die Funktionalableitung die Produktregel beherzigt, z. B.

$$\frac{\delta}{\delta \phi(x)} (\phi(y))^2 = 2\phi(y)\delta^4(x - y) . \tag{2.88}$$

Funktionalableitungen von Ableitungstermen Man kann nun auch Funktionalableitungen nach ϕ von Termen der Form $\partial_\mu \phi$ definieren. Das kann man sich in einer Dimension klar machen, wenn man die Ableitung als Differenzenquotient schreibt:

$$f'(x_1) = \frac{f(x_1 + \epsilon) - f(x_1)}{\epsilon} + \mathcal{O}(\epsilon^2) . \tag{2.89}$$

Damit ist mit Gl. (2.84)

$$\frac{\delta f'(x_1)}{\delta f(y_1)} = \frac{\delta(x_1 + \epsilon - y_1) - \delta(x_1 - y_1)}{\epsilon} + \mathcal{O}(\epsilon^2) . \tag{2.90}$$

Im Grenzfall $\epsilon \to 0$ kann man die rechte Seite als Ableitung der Delta-Distribution definieren und daher schreiben

$$\frac{\delta f'(x_1)}{\delta f(y_1)} = \frac{\partial}{\partial x_1} \delta(x_1 - y_1) . \tag{2.91}$$

Vollzieht die Schritte von Gl. (2.89)-Gl. (2.91) nach. Hier muss man aufpassen, nach welcher Variablen die Distribution abgeleitet wird, da man sonst Vorzeichenfehler macht.

Man kann diese Definition einfach auf beliebige Dimensionen verallgemeinern und erhält für Vierervektoren

$$\frac{\delta}{\delta\phi(y)}\partial_\mu\phi(x) = \frac{\partial}{\partial x^\mu}\delta^4(x-y) \tag{2.92}$$

sowie für herkömmliche dreidimensionale Vektoren

$$\frac{\delta}{\delta\phi(\mathbf{y})}\partial_i\phi(\mathbf{x}) = \frac{\partial}{\partial x^i}\delta^3(\mathbf{x}-\mathbf{y}) \,. \tag{2.93}$$

Funktionalableitungen von Funktionalen Jetzt können wir problemlos Funktionalableitungen von Funktionalen wie z. B. der Wirkung berechnen. Dabei kann die Funktionalableitung am Integral vorbeigezogen und mit den bekannten Regeln auf den Integranden angewendet werden. Die dabei entstehenden Delta-Distributionen erlauben es dann in der Regel, das Integral einfach auszuführen.

AUFGABE 21

Berechnet

$$\frac{\delta}{\delta f(x)}\int d^4y\, f(y) \,. \tag{2.94}$$

Wir leiten einfach den Integranden ab:

$$\frac{\delta}{\delta f(x)}\int d^4y\, f(y) = \int d^4y\, \frac{\delta}{\delta f(x)} f(y) = \int d^4y\, \delta^4(x-y) = 1 \,. \tag{2.95}$$

Das Variationsprinzip Wir haben nun ein Werkzeug, um die Herleitung der Bewegungsgleichung durch Variation der Wirkung besonders kompakt aufzuschreiben. Wir betrachten wie zuvor die Variation der Wirkung unter einer kleinen Feldvariation

$$S[\phi] \to S[\phi + \epsilon\eta] = S[\phi] + \delta S \,. \tag{2.96}$$

Setzen wir die Definition der Funktionalableitung aus Gl. (2.82) ein, erhalten wir

$$\delta S = \int d^4x\, \epsilon\eta(x)\frac{\delta S[\phi]}{\delta\phi(x)} \,. \tag{2.97}$$

Die Forderung, dass für beliebige Variationen der Felder die Variation der Wirkung verschwindet, lässt sich also ganz kurz so schreiben:

$$\frac{\delta S[\phi]}{\delta\phi(x)} = 0 \,. \tag{2.98}$$

Wir wollen einmal explizit ausprobieren, ob das wirklich funktioniert!

AUFGABE 22

Es sei

$$S[\phi] = \int d^4x \left(\frac{1}{2} \partial_\mu \phi \partial^\mu \phi - \frac{1}{2} M^2 \phi^2 \right) \tag{2.99}$$

die Wirkung des freien Skalarfeldes. Zeigt, dass

$$\frac{\delta S[\phi]}{\delta \phi(x)} = -(\Box + M^2)\phi(x) \,. \tag{2.100}$$

Achtung: Die Integrationsvariable muss anders als das Argument der Funktionalableitung heißen!

Wir betrachten zunächst die Funktionalableitung des Integranden:

$$\begin{aligned} &\frac{\delta}{\delta \phi(x)} \left(\frac{1}{2} \frac{\partial}{\partial y^\mu} \phi(y) \frac{\partial}{\partial y_\mu} \phi(y) - \frac{1}{2} M^2 \phi(y)^2 \right) \\ =& \frac{1}{2} 2 \frac{\partial}{\partial y^\mu} \phi(y) \frac{\partial}{\partial y_\mu} \delta^4(y-x) - \frac{1}{2} M^2 2 \phi(y) \delta^4(y-x) \,. \end{aligned} \tag{2.101}$$

Die Ableitungen auf Delta-Distributionen können wir unter dem Integral durch partielles Integrieren auf die Felder umschaufeln. Die resultierenden Oberflächenterme verschwinden:

$$\begin{aligned} \frac{\delta S[\phi]}{\delta \phi(x)} &= \int d^4y \Big(\frac{\partial}{\partial y^\mu} \phi(y) \frac{\partial}{\partial y_\mu} \delta^4(y-x) - M^2 \phi(y) \delta^4(y-x) \Big) \\ &= \int d^4y \Big(-\delta^4(y-x) \frac{\partial}{\partial y_\mu} \frac{\partial}{\partial y^\mu} \phi(y) - \delta^4(y-x) M^2 \phi(y) \Big) \\ &= -(\Box + M^2)\phi(x) \,. \end{aligned} \tag{2.102}$$

Das ist aber gerade der Klein-Gordon-Operator! Man kann also statt der Stationarität der Wirkung $\delta S = 0$ unter kleinen Variationen des Feldes einfach fordern, dass die Funktionalableitung nach dem Feld verschwindet.

Aufgemerkt!

Durch die Funktionalableitung ausgedrückt, lautet das Variationsprinzip

$$\frac{\delta S[\phi]}{\delta \phi(x)} = 0 \,. \tag{2.103}$$

Poisson-Klammern für Felder Anhand der Funktionalableitung können wir die kanonischen Bewegungsgleichungen für Felder mit einer Poisson-Klammer schreiben. Wir haben hier ein kleines Notationsproblem: Alle Größen sollen auch von demselben Zeitparameter t abhängen, und wir wollen im Sinne der Funktionalableitung daher nur den Raumanteil $\mathbf{y}$ berücksichtigen. Wir trennen die beiden Arten von Variablen mit einem Semikolon (;) ab:

$$\frac{\delta\phi(\mathbf{x};t)}{\delta\phi(\mathbf{y};t)} = \delta^3(\mathbf{x}-\mathbf{y})\,. \tag{2.104}$$

Seien A und B Funktionale von ϕ und dem kanonischen Impuls Π oder Funktionen *an unterschiedlichen Orten* $A(\phi(\mathbf{x}_1;t),\Pi(\mathbf{x}_1;t))$ und $B(\phi(\mathbf{x}_2;t),\Pi(\mathbf{x}_2;t))$ zur selben Zeit. Wir definieren

$$\{A,B\} = \int d^3y \left(\frac{\delta A}{\delta\phi(\mathbf{y};t)}\frac{\delta B}{\delta\Pi(\mathbf{y};t)} - \frac{\delta A}{\delta\Pi(\mathbf{y};t)}\frac{\delta B}{\delta\phi(\mathbf{y};t)}\right). \tag{2.105}$$

Dann ist

$$\{\phi(\mathbf{x}_1),\Pi(\mathbf{x}_2)\} = \delta^3(\mathbf{x}_1-\mathbf{x}_2) \tag{2.106}$$

bzw., wenn wir die Zeitabhängigkeit wieder ausschreiben:

$$\{\phi(\mathbf{x}_1;t),\Pi(\mathbf{x}_2;t)\} = \delta^3(\mathbf{x}_1-\mathbf{x}_2)\,. \tag{2.107}$$

Die Relation $\{q,p\}=1$ liefert das direkte Vorbild für die kanonische Quantisierung der Mechanik durch die Heisenberg'schen Vertauschungsrelationen $[\hat{q},\hat{p}]=i$. Ebenso wird Gl. (2.107) später als direktes Vorbild für die kanonische Feldquantisierung dienen.

2.2 Das Noether-Theorem und Erhaltungsgrößen

Das Noether-Theorem besagt, dass eine 1:1-Korrespondenz zwischen kontinuierlichen Symmetrien einer Theorie und ihren Erhaltungsgrößen besteht. Dieser Zusammenhang ist vielleicht das wichtigste Prinzip der theoretischen Physik im Allgemeinen und der Quantenfeldtheorie im Besonderen. Besonders leicht sieht man dies im Hamilton-Formalismus in der Quantenmechanik. Seien $\hat{H}$ und $\hat{A}$ der Hamilton-Operator und ein weiterer hermitescher Operator, beide ohne explizite Zeitabhängigkeit. Für die beiden Operatoren soll gelten

$$[\hat{H},\hat{A}] = \hat{H}\hat{A} - \hat{A}\hat{H} = 0\,. \tag{2.108}$$

Diese Vertauschungsrelation hat nun zwei Konsequenzen. Einerseits ist

$$\hat{A}(t) = e^{i\hat{H}t}\hat{A}(0)e^{-i\hat{H}t} = A(0)\,, \tag{2.109}$$

da wir das Exponential einfach an $\hat{A}$ vorbei kommutieren können. Die Observable $\hat{A}$ ist also eine zeitliche Erhaltungsgröße. Gleichzeitig gilt aber auch

$$\hat{H}' = e^{i\hat{A}\alpha}\hat{H}e^{-i\hat{A}\alpha} = \hat{H}\,, \tag{2.110}$$

wobei $\alpha \in \mathbb{R}$ ein kontinuierlicher Parameter ist. Solche Transformationen von Operatoren und damit auch die entsprechenden Transformationen auf Zustände

$$|\psi\rangle \to e^{-i\hat{A}\alpha}|\psi\rangle \tag{2.111}$$

sind somit Symmetrien der durch $\hat{H}$ definierten Theorie. Dieses Argument ist so allgemein, dass es sich unverändert auf allgemeinere quantisierte Systeme wie Feldtheorien übertragen lässt.

Dank der Formulierung durch Poisson-Klammern sieht man die Analogie zum klassischen Fall unmittelbar. Es gelte für eine Funktion $A(p,q)$ der Koordinaten und Impulse:

$$\{A, H\} = 0\,. \tag{2.112}$$

Man kann nun $\{A, H\}$ als infinitesimale Transformation von A durch den Generator H ansehen und damit, wie in Gl. (2.65) gezeigt, als Zeitentwicklung. Umgekehrt kann man die Klammer aber auch als infinitesimale Transformation von H durch den Generator A lesen. Da die Poisson-Klammer $\{A, \cdot\}$ durch Ableitungen auf die eingesetzte Funktion wirkt, kann man die von ihr generierten Transformationen auch als Transformationen der Koordinaten und Impulse q_i und p_i auffassen, mit $\delta q_i \propto \{A, q_i\}$ und $\delta p_i \propto \{A, p_i\}$. Bekannte Beispiele sind Energie und Impuls, die Raumzeit-Translationen generieren, und die Drehimpulse, die Drehungen generieren.

Aufgemerkt!

Zeitlich erhaltene Observable sind Generatoren von Symmetrien.

Erhaltene Ströme im Lagrange-Formalismus Das Hauptaugenmerk liegt in diesem Buch aber auf Symmetrien und Erhaltungsgrößen im Lagrange-Formalismus. Wir wollen dabei sofort eine skalare Feldtheorie betrachten ohne uns mit der klassischen Mechanik aufzuhalten. In Feldtheorien betrachtet man oft nicht direkt die Erhaltungsgrößen, sondern Viererstromdichten $j^\mu(x)$, die an jedem Punkt im Raum der Kontinuitätsgleichung

$$\partial_\mu j^\mu(x) = 0 \tag{2.113}$$

gehorchen. Diese Darstellung durch lokale (statt über den Raum integrierte) Größen ist möglich, da die Wirkung der Feldtheorie das Integral einer lokalen Lagrange-Dichte ist, die nur von Feldern und Ableitungen an einem Ort abhängt. Die eigentliche Erhaltungsgröße ist dann das Raumintegral

$$Q = \int d^3x\, j^0\,. \tag{2.114}$$

Gilt Gl. (2.113), dann nennt man j^μ einen *erhaltenen Strom*. Anschaulich kann man sich diesen Zusammenhang zwischen j und Q leicht klar machen, z. B. anhand der elektrischen Ladung. Die Ladungsdichte j^0 an einem bestimmten Ort ist sicherlich nicht immer zeitlich konstant. Die Kontinuitätsgleichung stellt aber sicher, dass der Strom, der aus einem infinitesimalen Raumvolumen heraus fließt, gerade der zeitlichen Abnahme der Ladungsdichte an diesem Ort entspricht und umgekehrt. Damit bleibt die Gesamtmenge erhalten, da sich die Ladungsmenge in jedem Volumenelement nur durch Strom aus benachbarten Volumenelementen ändern kann und die Bilanz sich gerade ausgleicht. Was man nun als Ladungsdichte und was als Stromdichte interpretiert, hängt allerdings von dem gewählten Bezugssystem ab.

AUFGABE 23

Zeigt, dass Q eine Erhaltungsgröße ist, falls j die Kontinuitätsgleichung erfüllt.

Wir schreiben zunächst

$$\frac{d}{dt}Q = \int d^3x \frac{d}{dt} j^0\,. \tag{2.115}$$

Wir können jetzt die Kontinuitätsgleichung anwenden, denn es gilt ja $d/dt j^0 = \partial_0 j^0 = -\partial_i j^i$. Damit ist

$$\frac{d}{dt}Q = -\int d^3x\, \partial_i j^i\,. \tag{2.116}$$

Dies ist aber gerade ein dreidimensionales Oberflächenintegral. Anwendung des Gauß'schen Satzes ergibt

$$\frac{d}{dt}Q = -\int_{\partial V} dn_i j^i\,, \tag{2.117}$$

wobei dn^i ein infinitesimales Oberflächenelement ist, das in Normalenrichtung zeigt. Dies ist ganz anschaulich der Fluss in die Oberfläche des Raumvolumens hinein. Wählen wir nun den Rand des Raumvolumens unendlich weit weg, indem wir über den gesamten Raum integrieren, verschwindet dieser Oberflächenbeitrag, und wir erhalten

$$\frac{d}{dt}Q = 0\,. \tag{2.118}$$

Noether-Ströme Wir wollen nun ermitteln, welcher erhaltene Strom für eine bestimmte Symmetrietransformation resultiert. Die Herleitungen in der Literatur hierzu sind unterschiedlich detailliert, und manche davon erscheinen etwas magisch. Eine sehr populäre, aber trügerisch einfache Variante findet sich in [3]. Vorsichtigere Herleitungen kann man in [4] und [5] nachlesen.

Kurze Herleitung Gegeben sei eine Feldtheorie mit N Feldern ϕ_i. Wir betrachten eine Transformation der Felder

$$\phi_i(x) \to \phi_i(x) + \eta_i(x)\,, \tag{2.119}$$

wobei die infinitesimale Transformation η_i explizit von x und von ϕ_j abhängen darf. Wollen wir eine Raumzeit-Symmetrie realisieren, können wir dies tun, indem wir infinitesimale Koordinatentransformationen $x \to x + r(x)$ durch Taylor-Entwicklung in r als Ableitungsoperatoren schreiben:

$$\phi(x+r) = \phi(x) + r^\mu \partial_\mu \phi(x) + \mathcal{O}(r^2)\,. \tag{2.120}$$

Hier wäre dann $\eta = r^\mu \partial_\mu \phi$.

Man kann nun zwei Ausdrücke für die Variation der Lagrange-Dichte vergleichen: Liegt eine Symmetrie vor, darf sich einerseits die Lagrange-Dichte nur um eine Viererdivergenz

$$\delta\mathcal{L} = \partial_\mu X^\mu \tag{2.121}$$

transformieren, wobei X^μ passend gewählt ist. Andererseits kann man die Variation der Lagrange-Dichte unter Variation der Felder in linearer Ordnung als

$$\delta\mathcal{L} = \frac{\partial\mathcal{L}}{\partial\phi_i}\eta_i + \frac{\partial\mathcal{L}}{\partial(\partial_\mu\phi_i)}\partial_\mu\eta_i \tag{2.122}$$

schreiben (über doppelte Indizes i wird summiert). Wir setzen die Euler-Lagrange-Gleichungen für den ersten Term ein und erhalten

$$\delta\mathcal{L} = \left(\partial_\mu \frac{\partial\mathcal{L}}{\partial(\partial_\mu\phi_i)}\right)\eta_i + \frac{\partial\mathcal{L}}{\partial(\partial_\mu\phi_i)}\partial_\mu\eta_i = \partial_\mu\left(\frac{\partial\mathcal{L}}{\partial(\partial_\mu\phi_i)}\eta_i\right)\,. \tag{2.123}$$

Der Vergleich von Gl. (2.121) und Gl. (2.123) ergibt

$$\partial_\mu\left(\frac{\partial\mathcal{L}}{\partial(\partial_\mu\phi_i)}\eta_i - X^\mu\right) = 0\,. \tag{2.124}$$

Wir haben somit den erhaltenen Strom

$$j^\mu = \frac{\partial\mathcal{L}}{\partial(\partial_\mu\phi_i)}\eta_i - X^\mu \tag{2.125}$$

gefunden.

Lange Herleitung Das obige Argument verschleiert verschiedene Dinge ein wenig, z. B. die Rolle der Oberflächenterme, die wir während der Herleitung der Euler-Lagrange-Gleichungen verworfen (und hier ignoriert) haben. Da wir in der obigen Herleitung die Euler-Lagrange-Gleichungen verwendet haben, gehen wir sowieso davon aus, dass Variationen von ϕ die Wirkung invariant lassen. Man könnte beim ersten Hinsehen also meinen, dass die Wirkung sowieso trivial invariant ist, egal ob es sich um eine Symmetrietransformation handelt oder nicht. Außerdem ist X nur bis auf Beiträge erhaltener Ströme festgelegt. Woher wissen wir, dass unsere Rechnung nicht trivial ist und immer $j = 0$ gilt?

Aufgemerkt!

Wie wir gleich sehen werden, liegt der Hund in der Variation der Felder an der Oberfläche unseres Volumens begraben. Bei der Herleitung der Euler-Lagrange-Gleichungen verschwindet diese – bei den hier betrachteten Symmetrietransformationen aber nicht.

Wir betrachten jetzt eine kombinierte Transformation der Felder und der Koordinaten. Einerseits soll

$$x \to x' = x + r(x) \tag{2.126}$$

sein, wobei r wieder klein sein soll und nur in linearer Ordnung berücksichtigt wird. Gibt es keine weitere innere Transformation der Felder, so ist $\phi'_i(x') = \phi_i(x)$, das heißt, die Felder ϕ' sind in ihrer Form gerade so verschoben, dass das neue Feld in neuen Koordinaten wieder denselben Wert hat wie das alte Feld an alten Koordinaten. Wir wollen jetzt noch eine *innere* Transformation zulassen und schreiben

$$\Delta\phi_i \equiv \phi'_i(x') - \phi_i(x)\,. \tag{2.127}$$

Hier wird $\Delta\phi$ ebenfalls als beliebig klein angenommen und in linearer Ordnung berücksichtigt. Sehr wichtig für diese Herleitung ist die Änderung des Feldes *an einem festen Ort*:

$$\begin{aligned}\delta\phi_i \equiv \phi'_i(x) - \phi_i(x) &= \phi'_i(x') - r^\mu \partial_\mu \phi'_i(x) - \phi_i(x) \\ &= \Delta\phi_i - r^\mu \partial_\mu \phi_i(x)\,.\end{aligned} \tag{2.128}$$

Im letzten Schritt haben wir $r^\mu \partial_\mu \phi'(x) = r^\mu \partial_\mu \phi(x) + \mathcal{O}(\delta^2)$ verwendet.

Wann liegt nun eine Symmetrie der Theorie vor? Wir schreiben dazu die Lagrange-Dichte, als Funktion von x aufgefasst:

$$\mathcal{L}(x) = \mathcal{L}(\phi(x), \partial_\mu \phi(x))\,. \tag{2.129}$$

Der Einfachheit halber nehmen wir an, dass keine explizite Ortsabhängigkeit vorliegt. Wir verlangen von einer Symmetrietransformation, dass gilt:

$$\delta S = \int_{V'} d^4x'\, \mathcal{L}'(x') - \int_V d^4x\, \mathcal{L}(x) = 0\,. \tag{2.130}$$

Die Wirkung der Lagrange-Dichte in transformierten Feldern und in transformierten Koordinaten soll dieselbe sein. Hier schreiben wir wieder $\Delta\mathcal{L} = \mathcal{L}'(x') - \mathcal{L}(x)$. Wie bei den Feldern schreiben wir

$$\Delta\mathcal{L} = \delta\mathcal{L} + r^\mu \partial_\mu \mathcal{L}(x) \tag{2.131}$$

wobei $\delta\mathcal{L} = \mathcal{L}'(x) - \mathcal{L}(x)$ die Veränderung an einem festen Ort ist. Die linke Seite von Gl. (2.130) variiert aber zusätzlich noch aufgrund der Transformation des Differenzials $\int d^4x \to \int d^4x'$. Der Jakobi-Faktor der Transformation, also der Betrag der Determinante der Transformation $x' = x + r$, ist linear genähert gerade $1 + \partial_\mu r^\mu$. Dieser Beitrag spielt immer eine Rolle, wenn Koordinaten durch die Transformation nicht nur verschoben sondern auch gestreckt werden. Lorentz-Transformationen haben zum Beispiel $\det \Lambda = 1$ und daher $\partial_\mu r^\mu = 0$. Wir nehmen diesen Faktor also hinzu und gehen damit in die alten Koordinaten zurück:

$$\begin{aligned} \int_{V'} d^4x' \mathcal{L}'(x') &= \int_V (1 + \partial_\mu r^\mu) d^4x (\mathcal{L}(x) + \Delta\mathcal{L}) \\ &= \int_V d^4x\, \mathcal{L}(x) + \int_V d^4x \Big((\partial_\mu r^\mu) \mathcal{L}(x) + \Delta\mathcal{L} \Big) . \end{aligned} \tag{2.132}$$

Terme, die quadratisch in der Variation sind, haben wir hier wieder verworfen. Nun teilen wir $\Delta\mathcal{L}$ wieder auf in die Veränderung $\delta\mathcal{L}$ an einem festen Punkt und die Veränderung aufgrund der Ortsverschiebung. Einsetzen ergibt

$$\begin{aligned} \delta S &= \int_V d^4x \, ((\partial_\mu r^\mu)\mathcal{L}(x) + r^\mu \partial_\mu \mathcal{L}(x) + \delta\mathcal{L}) \\ &= \int_V d^4x \, (\partial_\mu (r^\mu \mathcal{L}(x)) + \delta\mathcal{L}) . \end{aligned} \tag{2.133}$$

Jetzt fehlt nur noch ein wichtiger Schritt: Wir können die Änderung der Lagrange-Dichte an einem festen Ort durch Nachdifferenzieren schreiben als

$$\delta\mathcal{L} = \frac{\partial\mathcal{L}}{\partial\phi_i}\delta\phi_i + \frac{\partial\mathcal{L}}{\partial(\partial_\mu\phi_i)}\delta\partial_\mu\phi_i \, . \tag{2.134}$$

Da $\delta(\partial_\mu\phi)$ die Änderung an einem festen Ort ist, können wir die Ableitung nach vorn ziehen. Wir ergänzen den ersten Term zu einer Euler-Lagrange-Gleichung und erhalten

$$\begin{aligned} \delta\mathcal{L} &= \delta\phi_i \left(\frac{\partial\mathcal{L}}{\partial\phi_i} - \partial_\mu \frac{\partial\mathcal{L}}{\partial(\partial_\mu\phi_i)} \right) + \delta\phi_i \, \partial_\mu \frac{\partial\mathcal{L}}{\partial(\partial_\mu\phi_i)} + \frac{\partial\mathcal{L}}{\partial(\partial_\mu\phi_i)} \partial_\mu \delta\phi_i \\ &= \delta\phi_i \left(\frac{\partial\mathcal{L}}{\partial\phi_i} - \partial_\mu \frac{\partial\mathcal{L}}{\partial(\partial_\mu\phi_i)} \right) + \partial_\mu \left(\frac{\partial\mathcal{L}}{\partial(\partial_\mu\phi_i)} \delta\phi_i \right) . \end{aligned} \tag{2.135}$$

Wir setzen alles ein und erhalten als Variation der Wirkung

$$\delta S = \int_V d^4x \left[\delta\phi_i \left(\frac{\partial\mathcal{L}}{\partial\phi_i} - \partial_\mu \frac{\partial\mathcal{L}}{\partial(\partial_\mu\phi_i)} \right) + \partial_\mu \left(r^\mu \mathcal{L}(x) + \frac{\partial\mathcal{L}}{\partial(\partial_\mu\phi_i)} \delta\phi_i \right) \right] . \tag{2.136}$$

In der ersten Klammer stehen die Euler-Lagrange-Gleichungen, und der zweite Term lässt sich mit dem Gauß'schen Satz als Oberflächenintegral über den Rand von V schreiben. Allerdings verschwindet $\delta\phi$ hier auf dem Rand von V nicht. In der Herleitung der Euler-Lagrange-Gleichungen hatten wir im Gegensatz dazu aber nur Variationen $\delta\phi$ verwendet, die auf dem Rand verschwinden. Damit ist nicht klar, ob die Euler-Lagrange-Gleichungen auf dem Rand so gelten. Um dieses Problem zu umgehen, wählen wir das Volumen V nun kleiner als jenes, welches wir bei der Herleitung der Euler-Lagrange-Gleichungen verwenden. Damit gelten die Euler-Lagrange-Gleichungen auch sicher auf dem Rand ∂V und wir können den ersten Term gleich 0 setzen. Wir drücken nun noch $\delta\phi$ durch $\Delta\phi$ aus und erhalten als Endergebnis

$$\delta S = \int_V d^4x\, \partial_\mu \underbrace{\left(r^\mu \mathcal{L}(x) - \frac{\partial \mathcal{L}}{\partial(\partial_\mu \phi_i)} r^\nu \partial_\nu \phi_i(x) + \frac{\partial \mathcal{L}}{\partial(\partial_\mu \phi_i)} \Delta\phi_i \right)}_{\equiv j^\mu} . \tag{2.137}$$

Da das Volumen beliebig gewählt ist, folgt insbesondere aus $\delta S = 0$, dass der Ausdruck in der Klammer ein erhaltener Strom ist.

Aufgemerkt!

Mit der Definition des *Energie-Impuls-Tensors*

$$T^{\mu\nu} = \frac{\partial \mathcal{L}}{\partial(\partial_\mu \phi_i)} \partial^\nu \phi_i - g^{\mu\nu} \mathcal{L} \tag{2.138}$$

können wir schreiben:

$$j^\mu = \frac{\partial \mathcal{L}}{\partial(\partial_\mu \phi_i)} \Delta\phi_i - T^\mu{}_\nu r^\nu . \tag{2.139}$$

Hier wird über den Index $i = 1 \ldots N$ summiert.

Ein Vergleich dieses Ergebnisses mit Gl. (2.125) beleuchtet die Bedeutung des Beitrags X^μ im Fall von gemischten inneren und äußeren Transformationen. Im Sonderfall $r = 0$, wenn wir also nur eine innere Transformation der Felder vornehmen, ist hier $X = 0$. Im Grenzfall einer reinen Raumzeit-Transformation $\Delta\phi = 0$ ist die Erhaltungsgröße eine Funktion des Energie-Impuls-Tensors.

Dass der Energie-Impuls-Tensor tatsächlich etwas mit der Energie des Feldes zu tun hat, sieht man am besten an der T^{00}-Komponente:

Aufgemerkt!

Die T^{00}-Komponente ist gerade

$$T^{00} = \frac{\partial \mathcal{L}}{\partial(\partial_0 \phi_i)} \partial^0 \phi_i - \mathcal{L} = \mathcal{H}|_{\Pi = \Pi(\phi, \dot{\phi})} \,. \tag{2.140}$$

Sie ist also gerade die Hamilton-Dichte $\mathcal{H}$ in anderen Variablen geschrieben, und entspricht damit der klassischen Energiedichte. Die übrigen Komponenten T^{0i} können als der Raumanteil des Energieflusses interpretiert werden und die raumartigen Komponenten T^{ij} als der Impulsfluss.

Schreibweise für komplexe Felder Wir hatten bei der Herleitung der Euler-Lagrange-Gleichungen gezeigt, dass man die Bewegungsgleichungen für die Komponenten eines komplexen Skalarfeldes direkt durch Ableitungen nach den komplexen Feldern ausdrücken kann. Dementsprechend kann man auch problemlos Gl. (2.138) und Gl. (2.139) umschreiben:

Aufgemerkt!

Für komplexe Felder ϕ_i können wir den Energie-Impuls-Tensor als

$$T^{\mu\nu} = \frac{\partial \mathcal{L}}{\partial(\partial_\mu \phi_i)} \partial^\nu \phi_i + \frac{\partial \mathcal{L}}{\partial(\partial_\mu \phi_i^\dagger)} \partial^\nu \phi_i^\dagger - g^{\mu\nu} \mathcal{L} \tag{2.141}$$

schreiben, und damit ist

$$j^\mu = \frac{\partial \mathcal{L}}{\partial(\partial_\mu \phi_i)} \Delta\phi_i + \frac{\partial \mathcal{L}}{\partial(\partial_\mu \phi_i^\dagger)} \Delta\phi_i^\dagger - T^\mu{}_\nu r^\nu \,. \tag{2.142}$$

Hier werden gemäß Gl. (2.56) die Felder ϕ und $\phi^\dagger$ wie unabhängige Freiheitsgrade behandelt.

Wir wollen jetzt ein paar Beispiele für Symmetrien betrachten.

Translationssymmetrie Das typische und einfachste Beispiel einer äußeren Symmetrie ist die *Translationssymmetrie* der Lagrange-Dichte. Hier ist also $\Delta\phi = 0$ und $r = \text{const.}$ Wir erhalten sofort

$$j^\mu = T^\mu{}_\nu r^\nu \,. \tag{2.143}$$

Ist r beliebig gewählt, dann sind also alle vier Komponenten des Energie-Impuls-Tensors erhaltene Ströme, und wir erhalten die Kontinuitätsgleichung

$$\partial_\mu T^{\mu\nu} = 0 \,. \tag{2.144}$$

AUFGABE 24

Wie lautet der Energie-Impuls-Tensor eines freien reellen Skalarfeldes? Überprüft explizit, dass Gl. (2.144) gilt, sofern ϕ die Bewegungsgleichungen erfüllt.

Achtet dabei auf die Klammersetzung bei den Ableitungen, z. B. $(\partial_\mu\phi)(\partial^\mu\phi)$ statt $\partial_\mu\phi\partial^\mu\phi$, da wir Viererdivergenzen in T im Gegensatz zu jenen in der Lagrange-Dichte nicht vernachlässigen dürfen.

Es ist

$$\mathcal{L} = \frac{1}{2}(\partial_\mu\phi)(\partial^\mu\phi) - \frac{1}{2}m^2\phi^2 \tag{2.145}$$

und damit

$$T^{\mu\nu} = (\partial^\mu\phi)(\partial^\nu\phi) - \frac{1}{2}g^{\mu\nu}((\partial_\rho\phi)(\partial^\rho\phi) - m^2\phi^2)\,. \tag{2.146}$$

Wie steht es um die Kontinuitätsgleichung? Wir finden

$$\begin{aligned}\partial_\mu T^{\mu\nu} &= (\Box\phi)\partial^\nu\phi + (\partial^\mu\phi)(\partial_\mu\partial^\nu\phi) - ((\partial_\mu\phi)(\partial^\nu\partial^\mu\phi) - m^2\phi\partial^\nu\phi) \\ &= (\Box\phi + m^2\phi)\partial^\nu\phi \overset{\text{K.G.}}{=} 0\,.\end{aligned} \tag{2.147}$$

Damit verschwindet die Divergenz tatsächlich, sobald ϕ die Klein-Gordon-Gleichung erfüllt!

Skalensymmetrie und die Spur des Energie-Impuls-Tensors Eine der Translation ähnliche Transformation ist die Skalensymmetrie. Wir wollen eine Streckung der dimensionsbehafteten Koordinaten und Felder um den Faktor σ^{-d} gemäß ihrer Energiedimension d durchführen. Da $[\phi] = 1$ und $[x] = -1$, schreiben wir

$$x \to x' = \sigma\, x\,, \quad \phi(x) \to \phi'(x') = \sigma^{-1}\phi(x)\,. \tag{2.148}$$

Wir betrachten der Einfachheit halber infinitesimale Transformation $\sigma = 1 + \epsilon$ und $\sigma^{-1} = 1 - \epsilon$.

AUFGABE 25

Angenommen, eine Theorie sei translationssymmetrisch. Was ist der Noether-Strom der Transformation Gl. (2.148)? Berechnet dann $\partial_\mu j^\mu$.

Ermittelt zunächst $r(x)$ und $\Delta\phi$. Beachtet dazu die Definition in Gl. (2.127).

Wir können direkt $r = \epsilon x$ setzen. Außerdem ist $\phi'(x') = (1+\epsilon)^{-1}\phi(x) = (1-\epsilon)\phi(x)$. Damit ist $\Delta\phi = -\epsilon\phi$. Daraus folgt

$$j^\mu = -\epsilon\left(\frac{\partial\mathcal{L}}{\partial(\partial_\mu\phi)}\phi + T^\mu{}_\nu x^\nu\right). \tag{2.149}$$

Wir normieren j^μ um und erhalten

$$j^\mu = \frac{\partial\mathcal{L}}{\partial(\partial_\mu\phi)}\phi + T^\mu{}_\nu x^\nu\,. \tag{2.150}$$

Damit lautet die Kontinuitätsgleichung

$$\partial_\mu j^\mu = \left(\partial_\mu \frac{\partial \mathcal{L}}{\partial(\partial_\mu \phi)}\right)\phi + \left(\frac{\partial \mathcal{L}}{\partial(\partial_\mu \phi)}\right)\partial_\mu \phi + (\partial_\mu T^\mu{}_\nu)x^\nu + T^\mu{}_\mu \,. \tag{2.151}$$

Den ersten Term können wir über die Euler-Lagrange-Gleichungen vereinfachen. Der dritte Term verschwindet dank Gl. (2.144), wenn wir Translationsinvarianz annehmen, und wir erhalten

$$\partial_\mu j^\mu = \frac{\partial \mathcal{L}}{\partial \phi}\phi + \frac{\partial \mathcal{L}}{\partial(\partial_\mu \phi)}\partial_\mu \phi + T^\mu{}_\mu \,. \tag{2.152}$$

AUFGABE 26

■ Berechnet die Divergenz des Noether-Stromes Gl. (2.152) explizit für die Lagrange-Dichte

$$\mathcal{L} = \frac{1}{2}(\partial_\mu \phi)(\partial^\mu \phi) - \frac{1}{2}m^2\phi^2 - \lambda\phi^4 \,. \tag{2.153}$$

Wann ist der Strom erhalten? Diskutiert das Ergebnis.

● Ihr könnt direkt das Ergebnis Gl. (2.152) verwenden oder weiter vorn ansetzen und explizit rechnen. Dann muss aber erst noch die Bewegungsgleichung für diese Lagrange-Dichte bestimmt werden, die ja erfüllt sein soll.

▶ Wir bestimmen zunächst anhand von Gl. (2.138) die Spur des Energie-Impuls-Tensors:

$$\begin{aligned} T^\mu{}_\mu &= (\partial_\mu \phi)(\partial^\mu \phi) - 2(\partial_\mu \phi)(\partial^\mu \phi) + 2m^2\phi^2 + 4\lambda\phi^4 \\ &= -(\partial_\mu \phi)(\partial^\mu \phi) + 2m^2\phi^2 + 4\lambda\phi^4 \,. \end{aligned} \tag{2.154}$$

Einsetzen in Gl. (2.152) ergibt damit

$$\begin{aligned} \partial_\mu j^\mu &= -m^2\phi^2 - 4\lambda\phi^4 + (\partial_\mu \phi)(\partial^\mu \phi) - (\partial_\mu \phi)(\partial^\mu \phi) + 2m^2\phi^2 + 4\lambda\phi^4 \\ &= m^2\phi^2 \,. \end{aligned} \tag{2.155}$$

Ihr habt euch nicht verrechnet, hier bleibt tatsächlich ein einsamer Massenterm stehen, obwohl alles andere sich „magisch“ weggehoben hat:

Aufgemerkt!

Für Skalentransformationen der Form Gl. (2.148) in der ϕ^4-Theorie mit Lagrange-Dichte Gl. (2.153) gilt

$$\partial_\mu j^\mu = m^2\phi^2 \,. \tag{2.156}$$

Es gibt eine recht intuitive Erklärung für dieses Ergebnis: Die Transformation Gl. (2.148) skaliert – wie schon erwähnt – die dimensionsbehafteten Koordinaten und Felder entsprechend ihrer Energiedimension. Es gibt aber genau ein weiteres dimensionsbehaftetes Objekt in dieser Theorie, die Masse m. Ist $m = 0$, dann enthält die Theorie keinerlei dimensionsbehaftete Größe, die als Maßstab gelten könnte, und die Physik ist auf allen Skalen gleich. Sobald aber ein Massenterm auftaucht, gibt es eine absolute Bezugsgröße, anhand der in der Theorie Längen gemessen werden können, und der Spuk ist vorbei. Wie wir später in den Kapiteln zur Renormierung (Abschnitt 6.2.6) sehen werden, enthält der eigentlich dimensionslose Parameter λ in der *Quantentheorie* eine indirekte Skalenabhängigkeit (*anomale Dimension* genannt), die auch im masselosen Fall nur eine näherungsweise Skaleninvarianz zulässt. Dieser Effekt kann mit einem Beitrag zur Spur $T^{\mu}{}_{\mu}$ in Verbindung gebracht werden, der *Spuranomalie.*

Was ist die allgemeinste Lagrangedichte eines reellen Skalarfeldes, bei der diese Skalentransformationen einen erhaltenen Strom ergeben? Was ändert sich in 1+1 Dimensionen (Raum+Zeit)?

Skaleninvariante Theorien

Obwohl die Naturgesetze offenbar keine exakte Skaleninvarianz aufweisen, spielt diese Symmetrie eine vielfältige Rolle in der theoretischen Physik. Mit klassisch skaleninvarianten Modellen, die eine schwache Skalenabhängigkeit durch Quanteneffekte erhalten, wird beispielsweise versucht, die Leichtigkeit des Higgs-Bosons zu erklären.

Die Skaleninvarianz der Lagrangedichte wird aber nicht immer durch Quanteneffekte zerstört. In bestimmten Quantenfeldtheorien verschwinden die anomalen Dimensionen der dimensionslosen Parameter generell oder an bestimmten Fixpunkten. Solche Theorien sind dann exakt skaleninvariant. Das berühmteste Beispiel für eine stets skaleninvariante Theorie ist die sogenannte $\mathcal{N} = 4$ Super-Yang-Mills-Lagrangedichte.

Eng verwandt mit der Skalensymmetrie ist die größere *Konforme Symmetrie.* Die sogenannte AdS/CFT-Korrespondenz, eine seit ihrer Entdeckung Ende der 1990er Jahre sehr populäre und einflussreiche Idee der Feld- und Stringtheorie, basiert auf diesen Prinzipien. Sie stellt einen Zusammenhang zwischen konformen Feldtheorien und bestimmten Gravitationstheorien in höheren Raumdimensionen her. Dadurch stellte sie neue Werkzeuge zur Verfügung, Berechnungen in Feldtheorien durchzuführen, die vorher kaum möglich waren. Seitdem wurde mit viel Eifer versucht, diese Korrespondenz auf ganz unterschiedlichen Gebieten der Physik anzuwenden, in denen näherungsweise konform-invariante physikalische Systeme vorkommen – so zum Beispiel in der Festkörperphysik.

Kontinuierliche innere Symmetrien Einige wichtige Symmetrien, *innere* Symmetrien genannt, involvieren nur unitäre (oder orthogonale) Transformationen der Felder ohne Raumzeit-Anteil. Die einfachste Möglichkeit sind $U(1)$-Phasentransformationen eines komplexen Skalarfeldes:

$$\phi \longrightarrow e^{-i\alpha}\phi\,. \tag{2.157}$$

AUFGABE 27

Zeigt, dass Gl. (2.157) eine Symmetrie der Lagrangedichte

$$\mathcal{L} = \partial_\mu\phi^\dagger\partial^\mu\phi - m^2\phi^\dagger\phi - \lambda(\phi^\dagger\phi)^2\,. \tag{2.158}$$

ist. Wie lautet der Noether-Strom dieser Symmetrietransformation?

Wegen $\phi^\dagger \to \phi^\dagger e^{i\alpha}$ ist die Kombination $\phi^\dagger\phi$ invariant, und damit auch Gl. (2.158). Für eine infinitesimale Transformation haben wir

$$\Delta\phi = e^{-i\alpha}\phi - \phi = -i\alpha\phi + \mathcal{O}(\alpha^2)\,, \tag{2.159}$$

und $\Delta\phi^\dagger = i\alpha\phi^\dagger + \mathcal{O}(\alpha^2)$, und damit folgt direkt der erhaltene Strom (wobei man per Konvention den Parameter α herauszieht):

$$\alpha j^\mu = \frac{\partial\mathcal{L}}{\partial(\partial_\mu\phi)}\Delta\phi + \frac{\partial\mathcal{L}}{\partial(\partial_\mu\phi^\dagger)}\Delta\phi^\dagger = -i\alpha(\partial^\mu\phi^\dagger)\phi + i\alpha(\partial^\mu\phi)\phi^\dagger = i\alpha\phi^\dagger\overleftrightarrow{\partial}^\mu\phi\,, \tag{2.160}$$

mit $\overleftrightarrow{\partial}^\mu = \overrightarrow{\partial}^\mu - \overleftarrow{\partial}^\mu$. In der (Quanten-)Elektrodynamik sind es solche Phasentransformationen, die die Erhaltung der elektrischen Ladung sicherstellen.

AUFGABE 28

Wir betrachten eine Lagrange-Dichte zweier komplexer Skalarfelder,

$$\mathcal{L} = \partial_\mu\phi_1^\dagger\partial^\mu\phi_1 + \partial_\mu\phi_2^\dagger\partial^\mu\phi_2 - \lambda(\phi_1\phi_1\phi_2 + \phi_1^\dagger\phi_1^\dagger\phi_2^\dagger)\,. \tag{2.161}$$

Zeigt, dass diese Lagrange-Dichte eine kontinuierliche Phasensymmetrie hat. Wie lautet der Noether-Strom dieser Symmetrietransformation?

Die kinetischen Terme sind unter beliebigen individuellen Phasentransformationen der beiden Felder invariant. Nur der Potenzialterm $\phi_1\phi_1\phi_2$ verbindet die beiden Felder. Die Phasentransformation von ϕ_2 muss gerade die Phasentransformation von $\phi_1\phi_1$ kompensieren. Also muss gelten:

$$\phi_1 \to e^{-i\alpha}\phi_1\,, \quad \phi_2 \to e^{2i\alpha}\phi_2\,. \tag{2.162}$$

Damit ist $\Delta\phi_1 = -i\alpha\phi_1$ und $\Delta\phi_2 = -i\alpha(-2)\phi_2$. Man nennt die Vorfaktoren 1 und -2 oft *Ladungen* und schreibt $Q_1 = 1$, $Q_2 = -2$. Für die Gruppe $U(1)$ sind nur die relativen Ladungen wirklich definiert, da man immer einen Faktor in den Parameter α absorbieren kann. Dieser Ladungsbegriff ist verwandt, aber nicht identisch, mit der Erhaltungsgröße $Q = \int d^3x j^0$, die ebenfalls als Ladung bezeichnet wird. Wie oben haben wir

$$j^\mu = Q_1 i\phi_1^\dagger \overleftrightarrow{\partial}^\mu \phi_1 + Q_2 i\phi_2^\dagger \overleftrightarrow{\partial}^\mu \phi_2\,. \tag{2.163}$$

Die Felder tragen also proportional zu ihrer Ladung Q_i zu dem Strom bei. Wir werden auf diesen Begriff der Ladung genauer im Rahmen der Eichtheorien und der kanonischen Quantisierung komplexer Felder eingehen.

AUFGABE 29

■ Wir betrachten noch einmal die Lagrange-Dichte Gl. (2.161). Berechnet die Viererdivergenz der beiden Noether-Ströme j_n^μ für $n = 1, 2$ zu der Phasentransformation

$$\phi_n \to e^{-iQ_n\alpha}\phi_n, Q_1 = 1, Q_2 = -2, \tag{2.164}$$

separat, wobei das jeweils andere Feld festgehalten wird. Wendet dann die Bewegungsgleichungen für ϕ_n an, um Ableitungen aus den Ausdrücken für $\partial_\mu j^\mu$ zu eliminieren.

● Die Summe der beiden Ströme sollte erhalten sein. Die einzelnen Ströme sollten im Grenzfall $\lambda \to 0$ erhalten sein. Ist λ klein genug (abhängig von der Anwendung), können die näherungsweise vorhandenen Einzelsymmetrien und die entsprechenden *näherungsweise erhaltenen Ströme* immer noch nützlich sein.

▶ Die beiden Noether-Ströme lauten

$$j_n^\mu = iQ_n\phi_n^\dagger \overleftrightarrow{\partial}^\mu \phi_n \quad (n = 1, 2, \text{ keine Summe über } n)\,. \tag{2.165}$$

Die Divergenz ist

$$\begin{aligned} \partial_\mu j_n^\mu &= iQ_n\left(\partial_\mu(\phi_n^\dagger\partial^\mu\phi_n) - \partial_\mu(\phi_n\partial^\mu\phi_n^\dagger)\right) \\ &= iQ_n\left((\partial_\mu\phi_n^\dagger)(\partial^\mu\phi_n) + \phi_n^\dagger\Box\phi_n - (\partial_\mu\phi_n)(\partial^\mu\phi_n^\dagger) - \phi_n\Box\phi_n^\dagger\right) \\ &= iQ_n\left(\phi_n^\dagger\Box\phi_n - \phi_n\Box\phi_n^\dagger\right)\,. \end{aligned} \tag{2.166}$$

Die Bewegungsgleichungen für ϕ_1 und ϕ_2 können wir aus den Euler-Lagrange-Gleichungen oder durch Feldvariation ermitteln und erhalten

$$\begin{aligned} \Box\phi_1 &= -2\lambda(\phi_1^\dagger\phi_2^\dagger) \\ \Box\phi_2 &= -\lambda\phi_1^\dagger\phi_1^\dagger\,. \end{aligned} \tag{2.167}$$

Die Bewegungsgleichung für $\phi_n^\dagger$ ist natürlich einfach die komplex konjugierte. Einsetzen ergibt für die Viererdivergenzen

$$\begin{aligned} \partial_\mu j_1^\mu &= -2\lambda i(\phi_1^\dagger\phi_1^\dagger\phi_2^\dagger - \phi_1\phi_1\phi_2) \\ \partial_\mu j_2^\mu &= +2\lambda i(\phi_1^\dagger\phi_1^\dagger\phi_2^\dagger - \phi_1\phi_1\phi_2)\,. \end{aligned} \tag{2.168}$$

Der relative Faktor 2 in den Ladungen kompensiert dabei gerade den Faktor 2 in den Bewegungsgleichungen.

Zum Abschluss wollen wir noch eine nicht-Abel'sche Symmetrie betrachten. Wir wollen eine Lagrange-Dichte mit N komplexen Skalarfeldern ϕ_i,

$$\mathcal{L} = \partial_\mu\phi_i^\dagger\partial^\mu\phi_i - m^2\phi_i^\dagger\phi_i\,, \tag{2.169}$$

untersuchen. Oft ist es üblich, das Feld ϕ als komplexen Vektor

$$\Phi = \begin{pmatrix} \phi_1 \\ \vdots \\ \phi_N \end{pmatrix} \tag{2.170}$$

aufzufassen und einfach

$$\mathcal{L} = \partial_\mu\Phi^\dagger\partial^\mu\Phi - m^2\Phi^\dagger\Phi \tag{2.171}$$

zu schreiben. Da wir für die Konjugation vorher schon † verwendet hatten, ändert sich nichts an der Notation.

AUFGABE 30

■ Zeigt, dass die Lagrange-Dichte Gl. (2.169) eine $U(N)$-Symmetrie hat. Schreibt die entsprechenden Transformationen als Exponentialdarstellung, ermittelt Ausdrücke für die infinitesimalen Transformationen $\Delta\Phi$ und gebt für die einzelnen Generatoren die jeweiligen Noether-Ströme an.

● Beachtet Gl. (1.41).

▶ Transformieren wir den komplexen Vektor Φ mit einer unitären $(N \times N)$-Matrix U, so erhalten wir

$$\Phi^\dagger\Phi \longrightarrow (U\Phi)^\dagger U\Phi = \Phi^\dagger U^\dagger U\Phi = \Phi^\dagger\Phi. \tag{2.172}$$

Der Massenterm ist also invariant. Die Ableitung kann einfach an der Transformationsmatrix vorbei gezogen werden, da U hier nicht von x abhängt. Damit ist auch der kinetische Term invariant. Wir können (siehe Gl. (1.41)) die $U(N)$-Transformation schreiben als

$$U = e^{-i\varphi} e^{-i\theta^a T^a}, \tag{2.173}$$

wobei T^a Generatoren der $SU(N)$ sind und über $a = 1 \dots N^2 - 1$ summiert wird. Der Noether-Strom für die von φ parametrisierte $U(1)$-Symmetrie ist identisch mit dem in den vorherigen Beispielen:

$$j^\mu_{U(1)} = i\Phi^\dagger \overleftrightarrow{\partial}^\mu \Phi. \tag{2.174}$$

Für die $SU(N)$-Transformationen ist

$$\Delta\Phi = -i\theta^a T^a \Phi, \tag{2.175}$$

und für das hermitesch konjugierte Feld ist

$$\Delta\Phi^\dagger = i\theta^a \Phi^\dagger T^a. \tag{2.176}$$

Wichtig ist hier die relative Stellung von $\Phi^\dagger$ und den Generatoren. Der erhaltene Strom ist damit

$$j^\mu_{SU(N)} = -i(\partial^\mu \Phi^\dagger)\theta^a T^a \Phi + i\Phi^\dagger \theta^a T^a \partial^\mu \Phi = \theta^a \, i\Phi^\dagger \overleftrightarrow{\partial}^\mu T^a \Phi. \tag{2.177}$$

Wir können die Drehparameter θ^a herausziehen und schreiben: $j^\mu_{SU(N)} = \theta^a j^{a\mu}_{SU(N)}$, mit

$$j^{a\mu}_{SU(N)} = i\Phi^\dagger \overleftrightarrow{\partial}^\mu T^a \Phi. \tag{2.178}$$

Wir kennen nun einige Konsequenzen kontinuierlicher Symmetrien der klassischen Lagrange-Dichte. Diese Ergebnisse lassen sich im Pfadintegral-Formalismus relativ gut auf quantisierte Theorien verallgemeinern. Wir werden das in Kapitel 9 für die Quantenelektrodynamik tun.

2.3 Lösungen der Klein-Gordon-Gleichung

2.3.1 Lösungen der homogenen Klein-Gordon-Gleichung

Wir haben in den vorigen Kapiteln gesehen, dass reelle skalare Felder für die einfache Lagrange-Dichte Gl. (2.47) der Klein-Gordon-Gleichung (KG-Gleichung)

$$(\Box + m^2)\phi = 0$$

gehorchen. Das wird nicht mehr der Fall sein, sobald wir weitere Terme wie zum Beispiel ϕ^3 oder ϕ^4 zur Lagrange-Dichte hinzunehmen. Dennoch werden die Lösungen der Klein-Gordon-Gleichung auch dann noch nützlich sein, solange wir diese höheren Terme als kleine Störung auffassen können. Also wollen wir versuchen, die allgemeinste Lösung zu konstruieren. Wie oft bei linearen Wellengleichungen hilft uns hier ein Fourier-Ansatz der Form

$$f(x) = \int d^4k \, \left[e^{-ikx} c_k + c.c.\right] . \tag{2.179}$$

Der Nutzen des Ansatzes liegt darin, dass er die Differenzialgleichung in eine algebraische Gleichung (d. h. eine Gleichung ohne Differenzialoperatoren) unter dem Integral überführt:

$$(\Box + m^2) f(x) = \int d^4k \, \left[(m^2 - k^2) e^{-ikx} c_k + c.c.\right] = 0 . \tag{2.180}$$

Um die Gleichung zu lösen, sollte $c_k(m^2 - k^2)$ für alle k verschwinden. Dazu muss $c_k \propto \delta(m^2 - k^2)$ sein. Diese δ-Distribution legt k_0 bis auf das Vorzeichen zu $k_0 = \pm\sqrt{\mathbf{k}^2 + m^2}$ fest. Wir führen zwei neue Koeffizienten ein um diese beiden Beiträge mitzunehmen, und schreiben:

$$c_k = \frac{\delta(m^2 - k^2)}{(2\pi)^3} \left(\theta(k_0) c^+_{\mathbf{k}} + \theta(-k_0) c^-_{\mathbf{k}}\right) \tag{2.181}$$

(die Normierung mit $(2\pi)^3$ ist Geschmacksache); zudem setzen wir in den Ansatz Gl. (2.179) ein.

AUFGABE 31

Setzt Gl. (2.181) in den Ansatz Gl. (2.179) ein. Zeigt, dass die resultierende Lösung der KG-Gleichung in die Form

$$f(x) = \int \frac{d^3k}{(2\pi)^3 2E_{\mathbf{k}}} \left[e^{i\mathbf{kx}} e^{-iE_{\mathbf{k}}t} (c^+_{\mathbf{k}} + (c^-_{-\mathbf{k}})^*) + c.c.\right] \tag{2.182}$$

gebracht werden kann.

▶ Einsetzen der Definition von c_k in den Ansatz für f liefert

$$\int d^4k \left[e^{-ikx} \frac{\delta(m^2 - k^2)}{(2\pi)^3} \left(\theta(k_0) c^+_{\mathbf{k}} + \theta(-k_0) c^-_{\mathbf{k}}\right) + c.c.\right] . \tag{2.183}$$

Wir können einfach eines der Integrale dank der Delta-Distribution ausführen und wählen $\int k_0$. Es gibt zwei Nullstellen bei $k_0 = \pm E_{\mathbf{k}}$, die wir beide mitnehmen müssen. Der Betrag der Ableitung des Koeffizienten ist an beiden Stellen $2|k_0| = 2E_{\mathbf{k}}$, und wir erhalten

$$\int d^3k \left[e^{-iE_{\mathbf{k}}t+i\mathbf{x}\mathbf{k}} \frac{1}{2E_{\mathbf{k}}} \frac{1}{(2\pi)^3} c_{\mathbf{k}}^+ + c.c. \right] \tag{2.184}$$

$$+ \int d^3k \left[e^{+iE_{\mathbf{k}}t+i\mathbf{x}\mathbf{k}} \frac{1}{2E_{\mathbf{k}}} \frac{1}{(2\pi)^3} c_{\mathbf{k}}^- + c.c. \right] . \tag{2.185}$$

Wir schreiben nun im zweiten Ausdruck nur das komplex Konjugierte explizit aus und ersetzen unter dem Integral $\mathbf{k} \to -\mathbf{k}$, um zweimal den gleichen Exponenten $-iE_{\mathbf{k}}t + i\mathbf{k}\mathbf{x}$ zu erhalten:

$$\int d^3k \left[e^{-iE_{\mathbf{k}}t+i\mathbf{x}\mathbf{k}} \frac{1}{2E_{\mathbf{k}}} \frac{1}{(2\pi)^3} (c_{\mathbf{k}}^+ + (c_{-\mathbf{k}}^-)^*) + c.c. \right] . \tag{2.186}$$

AUFGABE 32

Zeigt, dass das Integralmaß $\frac{d^3k}{(2\pi)^3 2E_{\mathbf{k}}}$ Lorentz-invariant ist.

Man kann zunächst zeigen, dass man das Integralmaß als

$$\int \frac{d^4k}{(2\pi)^4} (2\pi)\delta(k^2 - m^2) \Big|_{k_0 \geq 0} \tag{2.187}$$

schreiben kann. Betrachtet dann die Jacobi-Determinante der Lorentz-Transformation von k.

Ausgehend von Gl. (2.187) kann man $\int dk_0$ durch Anwendung der üblichen Regeln für δ-Distributionen ausintegrieren und erhält den gewünschten Ausdruck. Nun wollen wir die Invarianz von Gl. (2.187) zeigen.

Das Integralmaß d^4k ist invariant unter eigentlichen orthochronen Lorentz-Transformationen (LTs), da diese $\det \Lambda = 1$ erfüllen. Die δ-Distribution hängt nur vom Produkt $k^2 = k_\mu k_\nu \eta^{\mu\nu}$ ab, das per Konstruktion unter Lorentz-Transformationen unverändert bleibt. Allein die Bedingung $k_0 \geq 0$ bedarf einer genaueren Betrachtung: Alle Werte von k_μ, für die dieses Integral überhaupt Beiträge liefern kann, erfüllen aufgrund der δ-Distribution die Beziehung $k^2 = m^2$ und damit $|k_0| \geq |\vec{k}|$. Solche licht- oder zeitartigen (aber nie raumartigen) Vierervektoren mit $k_0 \geq 0$ gehen unter eigentlichen orthochronen LTs wieder in licht- bzw. zeitartige Vierervektoren mit $k_0 \geq 0$ über. Beiträge mit $k_0 \geq 0$ werden somit unter LTs nie zu solchen mit $k_0 < 0$, und wir können Letztere konsistent weglassen, ohne die Lorentz-Invarianz zu zerstören.

Aufgemerkt!

Neben den (dank $\det \Lambda = 1$) automatisch Lorentz-Invarianten vierdimensionalen Integralmaßen d^4x, d^4p gibt es noch eine wichtige Familie invarianter Integralmaße über drei Impulsdimensionen

$$\frac{d^3k}{(2\pi)^3 2E_{\mathbf{k}}}, \quad E_{\mathbf{k}} = \sqrt{\mathbf{k}^2 + m^2}. \tag{2.188}$$

Hier wird die Tatsache, dass eine der Raumdimensionen im Integral fehlt, durch das Transformationsverhalten des Faktors $E_{\mathbf{k}}^{-1}$ kompensiert. Die Faktoren $2(2\pi)^3$ sind Konvention, ergeben sich aber wie in der Aufgabe oben gezeigt auf sehr natürliche Weise.

Da in unserer Lösung nur eine Kombination der Koeffizienten $c^{\pm}$ vorkommt, definieren wir uns $a_{\mathbf{k}} = c_{\mathbf{k}}^{+} + (c_{-\mathbf{k}}^{-})^*$ und bekommen so aus Gl. (2.182) direkt unser vereinfachtes Endergebnis:

Aufgemerkt!

Die allgemeine Lösung der homogenen Klein-Gordon-Gleichung lautet

$$\phi(x) = \int \frac{d^3k}{(2\pi)^3 2E_{\mathbf{k}}} \left[e^{-ikx} a_{\mathbf{k}} + e^{ikx} a_{\mathbf{k}}^*\right]\Big|_{k_0 = E_{\mathbf{k}}}. \tag{2.189}$$

Überprüft, dass Gl. (2.189) die Klein-Gordon-Gleichung löst!

2.3.2 Green'sche Funktionen der Klein-Gordon-Gleichung

Nun wollen wir die Lösungen der inhomogenen Klein-Gordon-Gleichung

$$(\Box + m^2)\phi(x) = j(x) \tag{2.190}$$

konstruieren, denn früher oder später soll das Feld von anderen Feldern oder Quellen angeregt werden. Dazu benötigen wir die Ergebnisse zur Funktionentheorie in Abschnitt 1.3.4. Es ist schwierig, die analytische Lösung direkt für eine allgemeine Quellfunktion $j(x)$ zu konstruieren. Man behilft sich hier eines Tricks: Man löst stattdessen die einfachere Gleichung

$$(\Box + m^2)G(x) = -\delta^4(x) \tag{2.191}$$

und baut dann die Lösung für allgemeines $j(x)$ daraus zusammen:

$$\phi(x) = \phi_0(x) - \int d^4y\, G(x-y)j(y)\,, \tag{2.192}$$

wobei ϕ_0 eine beliebige Lösung der homogenen Klein-Gordon-Gleichung ist.

Überzeugt euch davon, dass Gl. (2.192) tatsächlich Gl. (2.190) löst.

Also müssen wir jetzt nur noch die Lösungen $G(x-y)$ von Gl. (2.191) finden und haben dann unser Ziel erreicht! Solche Funktionen G nennt man *Green'sche Funktionen* des Klein-Gordon-Operators. Wir werden feststellen, dass es sich bei diesen Funktionen eigentlich um Distributionen handelt - diesen Umstand haben wir der distributionswertigen rechten Seite der Gleichung zu verdanken.

Eine anschauliche Erklärung der Gleichung Gl. (2.191) und der Green'schen Funktionen könnte so aussehen: $\delta^4(x)$ beschreibt einen unendlich kurzen Anregungsimpuls am Ort $\vec{x} = 0$ zum Zeitpunkt $t = 0$. $G(x)$ beschreibt dann die Reaktion des Feldes ϕ am Raumzeitpunkt x auf diese Anregung. Die Funktion $G(y-x)$ beschreibt also so etwas wie die Propagation eines Signals vom Raumzeitpunkt x zum Raumzeitpunkt y, wobei man hier vorsichtig dabei sein muss, wenn man von kausalen Zusammenhängen zwischen Feld und Quelle spricht (dazu später mehr). Im Folgenden werden wir die Green'schen Funktionen der Bewegungsgleichungen meist *Propagatoren* nennen.

Der Schlüssel zur Lösung von Gl. (2.191) ist, wie im homogenen Fall auch schon, die Fourier-Transformation. Die Idee ist, beide Seiten der Gleichung als Fourier-Integral zu schreiben und die Koeffizienten zu vergleichen. Dazu definieren wir

$$G(x) = \int \frac{d^4p}{(2\pi)^4}\, e^{-ipx}\tilde{G}(p) \tag{2.193}$$

und benutzen außerdem die Darstellung der δ-Distribution

$$\delta^d(x) = \int \frac{d^dp}{(2\pi)^d} e^{-ipx} \tag{2.194}$$

für $d = 4$. Man könnte ohne große Übertreibung sagen, dass Gl. (2.194) eigentlich alles ist, was man für unsere Zwecke über Fourier-Transformationen wissen muss. Fast alles andere kann man sich mit ein bisschen Überlegen herleiten. Falls nicht schon geschehen, diese Darstellung merken! Am besten auf einen Zettel schreiben und an den Badspiegel kleben.

AUFGABE 33

■ Zeigt, dass sich Gl. (2.191) mithilfe von Gl. (2.193) und Gl. (2.194) umschreiben lässt zu

$$\int \frac{d^4p}{(2\pi)^4}\, e^{-ipx}\Big((m^2-p^2)\tilde{G}(p) + 1\Big) = 0\,. \tag{2.195}$$

▶ Einsetzen des Ansatzes Gl. (2.193) für G und der Darstellung Gl. (2.194) für $\delta^4(x)$ liefert

$$(\Box + m^2) \int \frac{d^4p}{(2\pi)^4} e^{-ipx} \tilde{G}(p) = - \int \frac{d^4p}{(2\pi)^4} e^{-ipx} \, 1 \,, \tag{2.196}$$

und Anwenden des Differenzialoperators auf die Exponentialfunktion ergibt

$$\int \frac{d^4p}{(2\pi)^4} (-p^2 + m^2) e^{-ipx} \tilde{G}(p) = - \int \frac{d^4p}{(2\pi)^4} e^{-ipx} \, 1 \,. \tag{2.197}$$

Will man Gl. (2.195) lösen, ist man versucht, einfach zu fordern, dass alle Fourier-Koeffizienten verschwinden, dass also $(m^2 - p^2)\tilde{G}(p) + 1 = 0$ ist. Das ist auch *fast* richtig. Löst man nach $\tilde{G}$ auf, bekommt man aus dieser Forderung sofort so etwas wie eine Green'sche Funktion im Impulsraum:[3]

$$i\tilde{G}(p) = \frac{i}{p^2 - m^2} \,.$$

Warum ist diese Lösung nur *fast* richtig? Setzt man die resultierende Lösung in den Ansatz Gl. (2.193) ein, stößt man auf Pole im Integrationsweg! Hier macht sich bemerkbar, dass wir es mit Distributionen zu tun haben anstatt mit schönen Funktionen. Zieht man die Raum- und Zeitintegrale aus Gl. (2.193) auseinander,

$$G(x) = \int \frac{d^3p}{(2\pi)^4} e^{i\mathbf{p}\mathbf{x}} \int dp_0 \, \frac{e^{-ip_0x_0}}{p_0^2 - E_{\mathbf{p}}^2} \,, \quad E_{\mathbf{p}} = \mathbf{p}^2 + m^2 \,, \tag{2.198}$$

dann sieht man sofort, dass der Integrand für $p_0 \to \pm E_{\mathbf{p}}$ divergiert. An dieser Stelle brauchen wir die Tricks aus der Funktionentheorie, um den beiden Polen im Integrationsweg von p_0 in der komplexen Ebene auszuweichen. Diese Situation erinnert euch hoffentlich an die Diskussion um Gl. (1.111).[4] Das „Problem“ dabei ist, dass diese Prozedur nicht eindeutig ist – man kann die Integration über oder unter dem ersten oder dem zweiten Pol vorbeiführen. Es gibt also überhaupt nicht *die* Green'sche Funktion für die Klein-Gordon-Gleichung. Dieser Mangel an Eindeutigkeit ist aber nicht schlimm, sondern sogar notwendig! Ihr wisst vielleicht noch aus der Elektrodynamik, dass es für die Maxwell-Gleichungen bei gegebenen

---

[3] Man kann zu dieser Lösung noch beliebige Beiträge der Form $\delta(p^2 - m^2)\tilde{h}(p)$ hinzuaddieren, die Lösungen der homogenen Bewegungsgleichung entsprächen. Wir setzen $\tilde{h}(p) = 0$, da wir wollen, dass der homogene Teil der Lösung unabhängig von der Quelle j definiert sein soll.

[4] Da man einen kleinen Parameter ϵ einführen muss, der parametrisiert, wie weit der Integrationsweg an den Polen vorbei verläuft, und man den Grenzwert $\epsilon \to 0$ erst nehmen darf, *nachdem* man alle Integrale ausgeführt hat, hat man es hier mit einer Distribution zu tun.

Strom- und Ladungsverteilungen mehrere Lösungen gibt, die sich darin unterscheiden, welche Randbedingungen erfüllt werden sollen. Die beiden berühmten Beispiele für den freien Raum sind die *avancierten* und die *retardierten* Potenziale, die beide eine Lösung des elektromagnetischen Feldes für die gleiche Quelle, aber mit unterschiedlichen Randbedingungen darstellen. Genau so ist es hier – wir werden jetzt die avancierte und die retardierte Lösung für das Skalarfeld konstruieren, und dann, mit Hinblick auf spätere Anwendungen, eine Mischform namens *Feynman*([faɪnmən])-*Propagator*. Diese verschiedenen Lösungen werden sich nur dadurch unterscheiden, welche *Pol-Vorschrift* wir bei der Konstruktion unserer Distribution verwenden, d. h. auf welcher Seite unser Integrationsweg in der komplexen Ebene den Polen des Integranden ausweicht.

Der retardierte Propagator Der retardierte Propagator $D_R(x)$ soll verschwinden, wenn $x_0 < 0$ ist, da die Anregung des Feldes erst mit dem δ-Impuls zum Zeitpunkt $x_0 = 0$ beginnen soll. Hier ist es wichtig, den Übergang von Integralen über die reelle Achse zu geschlossenen Integrationskonturen zu verstehen. Wir wollen die Pole in unserem Integranden so legen, dass für $x_0 < 0$ die Integrationskontur so geschlossen werden *muss*, dass keine Pole von ihr umlaufen werden und das Integral daher verschwindet.

AUFGABE 34

Wir beginnen wieder mit dem „falschen" Integral in Gl. (2.198),

$$\int_{-\infty}^{\infty} dp_0 \, \frac{e^{-ip_0 x_0}}{p_0^2 - E_{\mathbf{p}}^2} \, ,$$

dessen Wert nicht wohldefiniert ist, da Pole auf dem Integrationsweg liegen. Ermittelt eine modifizierte Version des Integranden, in der die Pole von der reellen Achse so weg bewegt werden, dass sie für $x_0 < 0$ nicht in der Integrationskontur liegen. Führt dazu analog zur Diskussion in Abschnitt 1.3.4 eine Variable ϵ ein. Gebt einen Ausdruck für den retardierten Propagator an (ohne den Grenzwert $\epsilon \to 0$ zu nehmen).

Zunächst stellen wir fest, dass der Integrand für $x_0 < 0$ in der unteren komplexen Halbebene exponentiell wächst und wir daher die Integrationskontur nach oben schließen müssen. Um das Integral in diesem Fall verschwinden zu lassen, müssen wir also *beide* Pole in die *untere* Halbebene bewegen. Das kann man bewerkstelligen, indem man die Variable p_0 im Nenner durch $p_0 + i\epsilon$ ersetzt, und so

$$\int_{-\infty}^{\infty} dp_0 \, \frac{e^{-ip_0 x_0}}{(p_0 + i\epsilon)^2 - E_{\mathbf{p}}^2}$$

erhält. Dieses Integral verschwindet also im Grenzfall $\epsilon \to 0$ für $x_0 < 0$. Wir haben damit bereits eine mögliche Darstellung des retardierten Propagators gefunden:

$$-iD_R(x) = \int \frac{d^4p}{(2\pi)^4} \frac{e^{-ipx}}{(p_0 + i\epsilon)^2 - E_{\mathbf{p}}^2}. \tag{2.199}$$

Noch einmal zur Erinnerung: Der Grenzwert $\epsilon \to 0$ darf erst genommen werden, nachdem eventuelle Integrale über x ausgeführt wurden – die Funktion in Gl. (2.199) stellt eine regularisierte Version der eigentlichen Propagator-Distribution dar, die wie $\delta(x)$ eigentlich keine Funktion ist, sondern nur darüber definiert ist, wie sie sich unter einem Integral auswirkt. Da wir diese Wirkung im Fall der Dirac-δ-Distribution gut kennen (Auswertung des restlichen Integranden am Punkt 0), wird üblicherweise keine regularisierte Version $\delta_\epsilon(x)$ hingeschrieben. Man tut meist so, als wäre $\delta(x)$ eine reguläre Funktion. Problematisch wird diese Vorgehensweise, wenn Produkte mehrerer Distributionen auftreten, beispielsweise $\delta(x)^2$.

Der avancierte Propagator Der avancierte Propagator $D_A(x)$ ist direkt mit dem retardierten Propagator verwandt – er soll verschwinden, wenn $x_0 > 0$ ist. Wir können also einfach $D_A(x) \equiv D_R(-x)$ definieren und sind bereits fertig.

AUFGABE 35

Zeigt, dass gilt:

$$-iD_R(-x) = \int \frac{d^4p}{(2\pi)^4} \frac{e^{-ipx}}{(p_0 - i\epsilon)^2 - E_{\mathbf{p}}^2}, \tag{2.200}$$

und damit die Polvorschrift vorsieht, die man von einem avancierten Propagator erwartet.

Einsetzen der Definition von D_R ergibt zunächst

$$-iD_R(-x) = \int \frac{d^4p}{(2\pi)^4} \frac{e^{+ipx}}{(p_0 + i\epsilon)^2 - E_{\mathbf{p}}^2}. \tag{2.201}$$

Wir betrachten das Integral über p_0: Für negative x^0 muss die Integrationskontur nach unten ($-i\infty$) geschlossen werden. Da beide Pole unterhalb der reellen Achse liegen, werden sie im Uhrzeigersinn umlaufen, und es gibt einen nicht-verschwindenden Beitrag, wie vom avancierten Propagator zu erwarten ist. Wir wechseln die Integrationsvariable $p \to -p$:

$$-iD_R(-x) = \int \frac{d^4p}{(2\pi)^4} \frac{e^{-ipx}}{(-p_0 + i\epsilon)^2 - E_{\mathbf{p}}^2} \tag{2.202}$$

und erhalten den gesuchten Ausdruck.

Der Feynman-Propagator Wir haben jetzt die beiden Propagatoren konstruiert, die daraus resultieren, dass beide Pole entweder oberhalb oder unterhalb des Integrationsweges gelegt werden. Es gibt noch zwei weitere Möglichkeiten, von denen eine, die sogenannte *Feynman-Vorschrift*, eine wichtige Rolle spielen wird. Sie sieht vor, den Pol bei $Re(p_0) < 0$ *über* den Integrationsweg zu legen, den anderen darunter. Das ist genau der Fall (Überraschung!), den wir bereits als einführendes Beispiel in Gl. (1.110) zu Konturintegralen besprochen haben. Das Resultat für das Integral über p_0 steht in Gl. (1.113), wenn man in Gl. (1.110) $\omega \to p_0$ ersetzt.

Aufgemerkt!

Man kann sich durch Vergleich mit den vorigen beiden Beispielen leicht davon überzeugen, dass die volle vierdimensionale Darstellung des *Feynman-Propagators* die Form

$$D_F(x-y) \equiv \int \frac{d^4p}{(2\pi)^4} \frac{i}{p^2 - m^2 + i\epsilon} e^{-ip(x-y)} \tag{2.203}$$

hat. Der Feynman-Propagator D_F und insbesondere seine Darstellung im Impulsraum,

$$D_F(p) = \frac{i}{p^2 - m^2 + i\epsilon}, \tag{2.204}$$

sind für unsere Zwecke die wichtigste der Green'schen Funktionen der Klein-Gordon-Gleichung.

Der Feynman-Propagator entspricht den „Linien" in Feynman-Graphen und wird unser ständiger Begleiter in den nächsten Abschnitten sein. Die Notation von D_F bzw. $\tilde{D}_F$ ist im Kontext klar, und wir schreiben im Folgenden immer D_F.

Selbst Felder, die eigentlich anderen Bewegungsgleichungen, wie z. B. der Maxwell- oder der Dirac-Gleichung, gehorchen, lösen *auch* die Klein-Gordon-Gleichung, da diese die relativistische Relation $p^2 = m^2$ zwischen Energie, Impuls und Masse vorgibt. Ihre Propagatoren werden daher immer eine Abwandlung des einfachen Feynman-Propagators sein.

Zusammenfassung zum klassischen Skalarfeld

- Euler-Lagrange-Gleichung für ein reelles Skalarfeld:

$$\frac{\partial \mathcal{L}}{\partial \phi} - \partial_\mu \frac{\partial \mathcal{L}}{\partial(\partial_\mu \phi)} = 0 \tag{2.38}$$

- Freie Lagrange-Dichte für ein reelles Skalarfeld:

$$\mathcal{L} = \frac{1}{2}\partial_\mu \phi \partial^\mu \phi - \frac{1}{2} M^2 \phi^2 \tag{2.47}$$

- Klein-Gordon-Gleichung für reelle skalare Felder:

$$(\Box + m^2)\phi = 0 \tag{2.48}$$

- Funktionalableitung auf Funktionen:

$$\frac{\delta f(x_1, \ldots, x_d)}{\delta f(y_1, \ldots, y_d)} = \delta(x_1 - y_1) \times \cdots \times \delta(x_d - y_d) \tag{2.84}$$

- Variationsprinzip durch Funktionalableitung ausgedrückt:

$$\frac{\delta S[\phi]}{\delta \phi(x)} = 0 \tag{2.103}$$

- Poisson-Klammer für Felder:

$$\{A, B\} = \int d^3y \left(\frac{\delta A}{\delta \phi(\mathbf{y}; t)} \frac{\delta B}{\delta \Pi(\mathbf{y}; t)} - \frac{\delta A}{\delta \Pi(\mathbf{y}; t)} \frac{\delta B}{\delta \phi(\mathbf{y}; t)} \right) \tag{2.105}$$

- Allgemeine Lösung der homogenen Klein-Gordon-Gleichung:

$$\phi(x) = \int \frac{d^3k}{(2\pi)^3 2E_{\mathbf{k}}} \left[e^{-ikx} a_{\mathbf{k}} + e^{ikx} a^*_{\mathbf{k}} \right] \Big|_{k_0 = E_{\mathbf{k}}} \tag{2.189}$$

- Feynman-Propagator für ein freies reelles Skalarfeld (Ortsraum):

$$D_F(x - y) \equiv \int \frac{d^4p}{(2\pi)^4} \frac{i}{p^2 - m^2 + i\epsilon} e^{-ip(x-y)} \tag{2.203}$$

- Feynman-Propagator für ein freies reelles Skalarfeld (Impulsraum):

$$D_F(p) = \frac{i}{p^2 - m^2 + i\epsilon} \tag{2.204}$$

3 Kanonische Quantisierung

Übersicht

In diesem Kapitel gehen wir endlich von der klassischen Feldtheorie zur Quantenfeldtheorie über. Wir werden die klassischen zahlwertigen Felder aus Abschnitt 2.3.1 zu Operatoren „befördern" und Kommutatorrelutionen für sie fordern. In der freien Theorie hat die Hamilton-Dichte, wie bereits in Abschnitt 2.1 gezeigt, die Form vieler gekoppelter harmonischer Oszillatoren. Im Impulsraum entkoppelt dieses System zu unabhängigen harmonischen Oszillatoren für jede Fourier-Mode. Fordert man nun nicht-triviale Vertauschungsrelationen für die Felder und ihre kanonischen Impulse, dann vertauschen auch die Fourier-Koeffizienten von Gl. (2.189) nicht mehr. Sie werden zu Auf- und Absteigern, die man mit Teilchenerzeugern und -vernichtern identifizieren kann. Diese Schritte wollen wir nun nachvollziehen.

3.1 Vertauschungsrelationen

Von der Poisson-Klammer zum Kommutator Beim kanonischen Übergang von der klassischen Mechanik zur Quantenmechanik erhebt man die Koordinaten und ihre konjugierten Impulse zu Operatoren:

$$\mathbf{q}, \mathbf{p} \longrightarrow \hat{\mathbf{q}}, \hat{\mathbf{p}}. \tag{3.1}$$

Während die klassischen Koordinaten und Impulse einfache Zahlen sind und daher ganz trivial

$$q_i p_j = p_j q_i$$

gilt, sind sie im Rahmen der Hamilton-Mechanik doch Teil einer komplizierteren Phasenraumgeometrie, die man anhand der Poisson-Klammer einfach durch Gl. (2.66), also

$$\{q_i, p_j\} = \delta_{ij}\,, \tag{3.2}$$

ausdrücken kann. Hieraus generiert man durch die Vorschrift

$$\{\cdot,\cdot\} \to i\hbar[\cdot,\cdot] \tag{3.3}$$

die kanonischen Vertauschungsrelationen

$$[\hat{q}_i, \hat{p}_j] = \hat{q}_i\hat{p}_j - \hat{p}_j\hat{q}_i = i\hbar\delta_{ij}\,, \tag{3.4}$$

was zunächst ein Postulat ist. Entwickelt man die Kommutatorrelationen allgemeinerer Observablen $\hat{A}(\hat{\mathbf{p}}, \hat{\mathbf{q}}), \hat{B}(\hat{\mathbf{p}}, \hat{\mathbf{q}})$ nun in $\hbar$, so gewinnt man in führender Ordnung die Poisson-Klammer zurück, was die Vorgehensweise legitimiert. Der Weg von den klassischen Koordinaten zu den Operatoren ist allerdings nicht eindeutig, denn in klassischen „Observablen", die einfach Funktionen $A(\mathbf{p}, \mathbf{q})$ der Koordinaten und Impulse sind, ist keine Ordnung von $\mathbf{p}$ und $\mathbf{q}$ festgelegt, da diese egal ist. Setzt man nun Operatoren ein, muss man sich für eine Anordnung entscheiden, und diese wird uns von der klassischen Theorie nicht verraten – sie ist ein Postulat. Wenn wir später eine Alternative zur kanonischen Quantisierung, die Quantisierung mit Pfadintegralen, angehen, müssen wir beim Übergang ebenfalls solch eine Entscheidung über die Operatorordnung treffen.

Davon lassen wir uns jetzt aber nicht aufhalten, sondern führen das analoge Programm für Felder durch, das aus historischen Gründen „zweite Quantisierung" genannt wird.[1] Die Poisson-Klammer für klassische Felder und ihre kanonischen Impulse hatten wir bereits bei Gl. (2.107) besprochen. Völlig analog zum quantenmechanischen Fall lassen wir uns von ihnen direkt inspirieren, kleben ein $i\hbar$ an und schreiben

$$[\phi(\mathbf{x},t), \Pi(\mathbf{y},t)] = i\hbar\delta^3(\mathbf{x}-\mathbf{y}) \tag{3.5a}$$

$$[\phi(\mathbf{x},t), \phi(\mathbf{y},t)] = [\Pi(\mathbf{x},t), \Pi(\mathbf{y},t)] = 0\,. \tag{3.5b}$$

Die Faktoren $\hbar = 1$ lassen wir ab hier wieder fallen und verzichten auch auf $\hat{\cdot}$ für die Feldoperatoren. An dieser Stelle sollten wir noch einmal darauf hinweisen, dass die kanonischen Impulse und Felder hier wie in der Poisson-Klammer *gleichzeitig*, also zur selben Zeit t angenommen werden. Wir werden uns im Laufe dieses Abschnitts auch mit nicht-gleichzeitigen Feldern und Kommutatoren beschäftigen.

[1] Diese Benennung ist eigenartig, denn die zweite Quantisierung ersetzt die herkömmliche „erste Quantisierung".

Zur Erinnerung: $\Pi(\mathbf{x}, t)$ ist der kanonische Impuls, der analog zur (Kontinuums-)Mechanik als Ableitung der Lagrange-Dichte nach der Zeitableitung des Feldes definiert ist:

$$\Pi(x) = \frac{\partial \mathcal{L}}{\partial \dot{\phi}}. \tag{3.6}$$

Das freie Skalarfeld und harmonische Oszillatoren Wir hatten in Aufgabe 19 bereits den kanonisch konjugierten Impuls für die freie Lagrange-Dichte

$$\mathcal{L} = \frac{1}{2}\left(\partial_\mu \phi(\mathbf{x}, t)\partial^\mu \phi(\mathbf{x}, t) - m^2\phi^2(\mathbf{x}, t)\right) \tag{3.7}$$

ermittelt:

$$\Pi(x) = \dot{\phi}(x). \tag{3.8}$$

Damit können wir die gleichzeitige Kommutatorrelation aus Gl. (3.5a) nur durch das Feld ϕ und seine Zeitableitung auszudrücken:

$$[\phi(\mathbf{x}, t), \dot{\phi}(\mathbf{y}, t)] = \imath\delta^3(\mathbf{x} - \mathbf{y}). \tag{3.9}$$

In Analogie zum harmonischen Oszillator wollen wir im Folgenden die Vertauschungsrelation für die Fourier-Koeffizienten aus Gl. (2.189) herleiten und damit die Hamilton-Funktion ausdrücken. Mit deren Hilfe kann man einen Anzahloperator für Teilchen definieren und Zustände im Fock-Raum konstruieren.

Wir gehen von den allgemeinen Lösungen der klassischen Bewegungsgleichungen aus, siehe Gl. (2.189),

$$\begin{aligned}\phi(x) &= \int \frac{d^3k}{(2\pi)^3 2E_\mathbf{k}}\left(a(\mathbf{k})e^{-ikx} + a^\dagger(\mathbf{k})e^{ikx}\right)\\ kx &= k_\mu x^\mu = E_\mathbf{k}t - \mathbf{k}\cdot\mathbf{x}, \quad E_\mathbf{k} = \sqrt{\mathbf{k}^2 + m^2},\end{aligned} \tag{3.10}$$

und den dafür postulierten Vertauschungsrelationen in Gl. (3.9), wobei wir die Fourier-Koeffizienten zu Operatoren befördert und ihnen $\dagger$ spendiert haben. Nun können wir die Kommutatoren für $a, a^\dagger$ in mehreren Schritten berechnen:

Eigentlich ist das Ziel, die Felder ϕ und Π nach den Koeffizienten $a, a^\dagger$ aufzulösen und so von Gl. (3.9) auf deren Vertauschungsrelationen zu schließen. Das Fourier-Integral in Gl. (3.10) hindert uns allerdings daran, $\phi(\mathbf{x}, t)$ direkt nach $a(\mathbf{k})$ aufzulösen. Wir müssen es also durch eine Rücktransformation von $\phi(\mathbf{x}, t)$ in den Impulsraum loswerden. Dann ermitteln wir die Vertauschungsrelationen von $\tilde{\phi}$ und $\tilde{\Pi}$ und sind fertig.

AUFGABE 36

Drückt zunächst a und $a^\dagger$ durch die konjugierten Felder ϕ und Π aus.

Wir beginnen also mit der Fourier-Transformation von $\phi(\mathbf{x}, t)$ in den Impulsraum:

$$\begin{aligned}\widetilde{\phi}(\mathbf{p}, t) &= \int d^3x\, e^{i\mathbf{px}} \int \frac{d^3k}{(2\pi)^3 2E_\mathbf{k}} \left(a(\mathbf{k})e^{-ikx} + a^\dagger(\mathbf{k})e^{ikx}\right) \\ &= \int d^3x \int \frac{d^3k}{(2\pi)^3 2E_\mathbf{k}} \\ &\quad \times \left(a_\mathbf{k} e^{-ik_0t} e^{i(\mathbf{p}+\mathbf{k})\mathbf{x}} + a_\mathbf{k}^\dagger e^{ik_0t} e^{i(\mathbf{p}-\mathbf{k})\mathbf{x}}\right), \qquad (3.11)\end{aligned}$$

wobei wir beachtet haben, dass die beiden hinteren Exponentialfunktionen in der ersten Zeile Skalarprodukte aus Viererimpulsen enthalten. In der zweiten Zeile haben wir deswegen die 0-Komponente ik_0t abgespaltet. Außerdem werden wir aber hier immer $a(\mathbf{k}) = a_\mathbf{k}$ abkürzen.

Im Folgenden bezeichnet eine Tilde über einem Feld oder einem Impuls die jeweilige Größe im Impulsraum. Jetzt können wir das Integral aus der Transformation, d^3x, ausführen und erhalten

$$\widetilde{\phi}(\mathbf{p}, t) = (2\pi)^3 \int \frac{d^3k}{(2\pi)^3 2E_\mathbf{k}} \left(a_\mathbf{k} e^{-ik_0t}\delta^3(\mathbf{p}+\mathbf{k}) + a_\mathbf{k}^\dagger e^{ik_0t}\delta^3(\mathbf{p}-\mathbf{k})\right), \qquad (3.12)$$

wobei wir wieder die Fourier-Darstellung der δ-Distribution Gl. (2.194) (mit $d = 3$),

$$\int d^dk e^{i\mathbf{kx}} = (2\pi)^d \delta^d(\mathbf{x}), \qquad (3.13)$$

verwendet haben. Diese zusätzliche δ-Distribution erlaubt es jetzt, das Integral $d^3k/(2\pi)^3 2E_\mathbf{k}$ auszuführen:

$$\widetilde{\phi}(\mathbf{p}, t) = \frac{1}{2E_p} \left(a_{-\mathbf{p}} e^{-iE_pt} + a_\mathbf{p}^\dagger e^{iE_pt}\right). \qquad (3.14)$$

Beachtet hier, dass k_0 aus Gl. (3.12) mit $k_0 = E_k = \sqrt{\mathbf{k}^2 + m^2}$ festgelegt ist. Durch die Ausführung des Integrals wird damit $E_k = E_p$. Da die Fourier-Transformation die Zeitableitung aus Gl. (3.8) nicht beeinflusst, können wir $\widetilde{\Pi}(\mathbf{p}, t)$ direkt aus der Zeitableitung von Gl. (3.14) berechnen und erhalten

$$\widetilde{\Pi}(\mathbf{p}, t) = \frac{-i}{2} \left(a_{-\mathbf{p}} e^{-iE_pt} - a_\mathbf{p}^\dagger e^{iE_pt}\right). \qquad (3.15)$$

Nun können wir Gl. (3.14) und Gl. (3.15) nach $a_\mathbf{p}$ und $a_{-\mathbf{p}}^\dagger$ auflösen und erhalten jetzt a und $a^\dagger$ in Abhängigkeit von $\tilde{\phi}$ und $\widetilde{\Pi}$:

$$\begin{aligned}a_{-\mathbf{p}} &= e^{iE_pt}\left(E_p\,\widetilde{\phi}(\mathbf{p}, t) + i\widetilde{\Pi}(\mathbf{p}, t)\right) \\ a_\mathbf{p}^\dagger &= e^{-iE_pt}\left(E_p\,\widetilde{\phi}(\mathbf{p}, t) - i\widetilde{\Pi}(\mathbf{p}, t)\right). \qquad (3.16)\end{aligned}$$

AUFGABE 37

Um die Vertauschungsrelationen für $a, a^\dagger$ herzuleiten, benötigen wir nun noch die aus Gl. (3.5) folgenden Kommutatorrelationen für die Fourier-Transformierten $\widetilde{\phi}$ und $\widetilde{\Pi}$. Ermittelt diese!

Wir setzen in den Kommutator die Definition der Fourier-Transformierten Gl. (3.11) ein und ziehen die Integrale vor den Kommutator:

$$\begin{aligned}\left[\widetilde{\phi}_p, \widetilde{\phi}_k\right] &= \left[\int d^3x e^{i\mathbf{px}}\phi(\mathbf{x},t), \int d^3y e^{i\mathbf{ky}}\phi(\mathbf{y},t)\right] \\ &= \iint d^3x d^3y e^{i\mathbf{px}} e^{i\mathbf{ky}} \left[\phi(\mathbf{x},t), \phi(\mathbf{y},t)\right] \overset{Gl.\,(3.5)}{=} 0\,, \end{aligned} \tag{3.17}$$

wodurch wir die Vertauschungsrelation auf Gl. (3.5) zurückführen. Analog leitet man

$$\left[\widetilde{\Pi}_p, \widetilde{\Pi}_k\right] = 0 \tag{3.18}$$

ab. Es bleibt die Vertauschungsrelation von $\widetilde{\phi}_p$ und $\widetilde{\Pi}_l$:

$$\begin{aligned}\left[\widetilde{\phi}_p, \widetilde{\Pi}_{-k}\right] &= \left[\int d^3x e^{i\mathbf{px}}\phi(\mathbf{x},t), \int d^3y e^{-i\mathbf{ky}}\Pi(\mathbf{y},t)\right] \\ &= \iint d^3x d^3y e^{i\mathbf{px}} e^{-i\mathbf{ky}} \left[\phi(\mathbf{x},t), \Pi(\mathbf{y},t)\right] \\ &= \iint d^3x d^3y e^{i\mathbf{px}} e^{-i\mathbf{ky}} i\delta^3(\mathbf{x}-\mathbf{y}) = i\int d^3x\, e^{i(\mathbf{p}-\mathbf{k})\mathbf{x}} \\ &= (2\pi)^3 i\delta^3(\mathbf{p}-\mathbf{k})\,. \end{aligned} \tag{3.19}$$

AUFGABE 38

Zeigt, ausgehend von den Kommutatorrelationen in Gl. (3.5), die Vertauschungsrelationen $[a_\mathbf{p}, a_\mathbf{k}]$, $[a^\dagger_\mathbf{p}, a^\dagger_\mathbf{k}]$ und $[a_\mathbf{k}, a^\dagger_\mathbf{p}]$.

Wir benutzen unsere Zwischenergebnisse aus Gl. (3.16), (3.17), (3.18) sowie (3.19) und berechnen den Kommutator:

$$\begin{aligned}&[a_{-\mathbf{p}}, a_{-\mathbf{k}}] = \\ &= e^{i(E_\mathbf{p}+E_\mathbf{k})t}\left\{(E_\mathbf{p}\widetilde{\phi}_\mathbf{p} + i\widetilde{\Pi}_\mathbf{p})(E_\mathbf{k}\widetilde{\phi}_\mathbf{k} + i\widetilde{\Pi}_\mathbf{k}) - (E_\mathbf{k}\widetilde{\phi}_\mathbf{k} + i\widetilde{\Pi}_\mathbf{k})(E_\mathbf{p}\widetilde{\phi}_\mathbf{p} + i\widetilde{\Pi}_\mathbf{p})\right\} \\ &= e^{i(E_\mathbf{p}+E_\mathbf{k})t}\left\{E_\mathbf{p}E_\mathbf{k}\left[\widetilde{\phi}_\mathbf{p}, \widetilde{\phi}_\mathbf{k}\right] - iE_\mathbf{k}\left[\widetilde{\phi}_\mathbf{k}, \widetilde{\Pi}_\mathbf{p}\right] + \left[\widetilde{\Pi}_\mathbf{k}, \widetilde{\Pi}_\mathbf{p}\right] - iE_\mathbf{p}\left[\widetilde{\Pi}_\mathbf{k}, \widetilde{\phi}_\mathbf{p}\right]\right\} \\ &= (2\pi)^3 e^{i(E_\mathbf{p}+E_\mathbf{k})t}(E_\mathbf{p} - E_\mathbf{k})\,\delta^3(\mathbf{p}+\mathbf{k}) = [a_\mathbf{p}, a_\mathbf{k}] = 0\,. \end{aligned} \tag{3.20}$$

Wir haben hier zuerst $a_\mathbf{p}, a_\mathbf{k}$ durch die konjugierten Felder im Impulsraum ausgedrückt und dann ihre Vertauschungsrelation benutzt. Die δ-Distribution in der letzten Zeile verknüpft die Dreierimpulse $\mathbf{k} = -\mathbf{p}$. Da die Energie nur vom Betrag des Impulses abhängt, sind die beiden Energien $E_\mathbf{p} = E_\mathbf{k}$ gleich, und $a_\mathbf{p}$ und $a_\mathbf{k}$ kommutieren. Den Kommutator der hermitesch konjugierten Operatoren erhält man analog, und es ergibt sich:

$$\left[a_\mathbf{p}^\dagger, a_\mathbf{k}^\dagger\right] = 0\,. \tag{3.21}$$

Nun wollen wir natürlich den verbliebenen, spannenderen Fall für die Vertauschung von $a, a^\dagger$ lösen. Wir können schon einmal vermuten, dass sie nicht vertauschen, was auch die explizite Rechnung bestätigt:

$$\begin{aligned}
\left[a_\mathbf{k}, a_\mathbf{p}^\dagger\right] &= \left[e^{iE_\mathbf{k}t}\left(E_\mathbf{k}\widetilde{\phi}_{-\mathbf{k}} + i\widetilde{\Pi}_{-\mathbf{k}}\right), e^{-iE_\mathbf{p}t}\left(E_\mathbf{p}\widetilde{\phi}_\mathbf{p} - i\widetilde{\Pi}_\mathbf{p}\right)\right] \\
&= e^{i(E_\mathbf{k}-E_\mathbf{p})t}\Big(E_\mathbf{k}E_\mathbf{p}\left[\widetilde{\phi}_{-\mathbf{k}}, \widetilde{\phi}_\mathbf{p}\right] + \left[\widetilde{\Pi}_{-\mathbf{k}}, \widetilde{\Pi}_\mathbf{p}\right] \\
&\quad + iE_\mathbf{p}\left[\widetilde{\Pi}_{-\mathbf{k}}, \widetilde{\phi}_\mathbf{p}\right] + iE_\mathbf{k}\left[\widetilde{\Pi}_\mathbf{p}, \widetilde{\phi}_{-\mathbf{k}}\right]\Big) \\
&= e^{i(E_\mathbf{k}-E_\mathbf{p})t}(E_\mathbf{p} + E_\mathbf{k})(2\pi)^3\delta^3(\mathbf{p}-\mathbf{k}) \\
&= (2\pi)^3(2E_\mathbf{p})\delta^3(\mathbf{p}-\mathbf{k})\,.
\end{aligned} \tag{3.22}$$

Wir sehen nun, dass $a, a^\dagger$ ähnliche Vertauschungsregeln wie die Leiteroperatoren des quantenmechanischen harmonischen Oszillators haben!

Aufgemerkt!

Die Fourier-Koeffizienten des quantisierten freien Skalarfeldes entsprechen für jede Mode $\mathbf{k}$ den Auf- und Absteigern eines harmonischen Oszillators:

$$\begin{aligned}
&[a_\mathbf{p}, a_\mathbf{k}] = [a_\mathbf{p}^\dagger, a_\mathbf{k}^\dagger] = 0 \\
\text{und } &[a_\mathbf{k}, a_\mathbf{p}^\dagger] = (2\pi)^3(2E_\mathbf{p})\delta^3(\mathbf{p}-\mathbf{k})\,.
\end{aligned} \tag{3.23}$$

Man nennt daher $a^\dagger$ einen Erzeuger und a einen Vernichter (von Teilchen).

3.2 Operatoren aus Feldern

3.2.1 Erzeuger und Vernichter

Wir wollen nun eine physikalische Interpretation für die operatorwertigen Fourier-Koeffizienten $a_\mathbf{k}, a_\mathbf{k}^\dagger$ finden. Dazu ist es hilfreich, sich an die Aufsteiger- und

Absteigeroperatoren $a, a^\dagger$ des harmonischen Oszillators der Quantenmechanik zu erinnern, für welche die Vertauschungsrelation

$$[a, a^\dagger] = 1 \tag{3.24}$$

gilt. In der Quantenmechanik bildet der Absteiger a den Grundzustand auf den Nullvektor ab:

$$a|0\rangle = \mathbf{0}\,. \tag{3.25}$$

Man kann außerdem einen Besetzungszahloperator

$$N = a^\dagger a \tag{3.26}$$

konstruieren. Wir können also die Operatoren $a_\mathbf{k}, a_\mathbf{k}^\dagger$ für jede Mode $\mathbf{k}$ als Aufsteiger- und Absteigeroperatoren für die Quantenfeldtheorie interpretieren. Man nennt sie Erzeuger- bzw. Vernichteroperatoren, da sie, angewandt auf Zustände, Teilchen erzeugen oder vernichten: Lässt man jetzt, analog zum Fall in der Quantenmechanik, den Absteiger auf den Grundzustand (hier: das Vakuum) wirken,

$$a_\mathbf{k}|0\rangle = \mathbf{0}, \tag{3.27}$$

so erhält man für *jeden* beliebigen Impulsvektor $\mathbf{k}$ den Nullvektor $\mathbf{0}$. Mit dieser Interpretation als Erzeuger- bzw. Vernichteroperator kann man analog zur Quantenmechanik nützliche Operatoren, wie den Energieoperator oder einen Teilchenzahloperator (statt Besetzungszahl), konstruieren. Die Zustände, die wir durch wiederholtes Anwenden des Erzeugers $a_\mathbf{k}^\dagger$ auf das Vakuum $|0\rangle$ erhalten, können wir damit als $(1, 2, 3\ldots)$-Teilchenzustände interpretieren. Die Energieniveaus des herkömmlichen harmonischen Oszillators entsprechen hier also der Teilchenanzahl zu einem bestimmten Impuls $\mathbf{k}$.

Der Nullvektor und das Vakuum Wir wollen hier noch kurz ein paar Worte über den Unterschied zwischen dem Nullvektor $\mathbf{0}$ und dem Vakuum $|0\rangle$ verlieren, da es zu Verwirrung zwischen beiden kommen kann. Wie wir in Gl. (3.27) gesehen haben, wirkt ein Absteiger auf das Vakuum und erzeugt den Nullvektor. Der Nullvektor entspricht keinem physikalischen Zustand, und man kann aus ihm auch durch Anwendung eines Aufsteigers keinen Zustand erzeugen, denn $a_\mathbf{k}^\dagger \mathbf{0} = \mathbf{0}$. Im Gegensatz dazu kann aus dem Vakuum $|0\rangle$ allerdings durch Anwendung des Aufsteigers ein Ein-Teilchen-Zustand erzeugt werden! Das Vakuum ist ein normierter Zustand $\langle 0|0\rangle = 1$, der Nullvektor hingegen nicht: $\mathbf{0}^\dagger\mathbf{0} = 0$. Den Nullvektor erreicht man auch durch Multiplikation eines Zustands mit einer skalaren Null: $0\cdot|\psi\rangle = \mathbf{0}$, während das Vakuum durch Anwendung des Absteigers a erreicht wird. Im Folgenden werden wir den Nullvektor mit „0“ bezeichnen, obwohl er eigentlich ein (Fock-Raum-)Vektor ist.

Hamilton-Funktion aus Erzeugern und Vernichtern Ähnlich wie in der Quantenmechanik wollen wir jetzt auch den Hamilton-Operator als Funktion der Aufsteiger- und der Absteigeroperatoren $a_{\mathbf{k}}$, $a_{\mathbf{k}}^\dagger$ schreiben. Dazu betrachten wir den Hamilton-Operator aus Gl. (2.70)

$$H = \int d^3x\, \mathcal{H} = \int d^3x\, \left(\Pi(\mathbf{x})\dot{\phi}(\mathbf{x}) - \mathcal{L}\right). \tag{3.28}$$

Wir berechnen den Hamilton-Operator für ein freies Teilchen,

$$H = \frac{1}{2}\int d^3x\, \left(\dot{\phi}^2 + (\nabla\phi)^2 + m^2\phi^2\right), \tag{3.29}$$

durch Einsetzen der Lagrange-Dichte desselben in Gl. (3.7). Wenn wir jetzt die die Lösungen der Bewegungsgleichung $\phi(\mathbf{x}, t)$ aus Gl. (3.10) benutzen, können wir H in Abhängigkeit von $a, a^\dagger$ schreiben. Wir demonstrieren das im Folgenden an einem Term, nämlich $\int(\nabla\phi)^2\, d^3x$.

AUFGABE 39

■ Bestimmt $\int(\nabla\phi)^2 d^3x$ als Funktion von $a, a^\dagger$.

▶ Wir bilden die räumliche Ableitung von Gl. (3.10) und quadrieren:

$$\begin{aligned}
\nabla\phi &= \int \frac{d^3k}{(2\pi)^3 2E_{\mathbf{k}}}\, (i\mathbf{k})\left(a_{\mathbf{k}}e^{-ikx} - a_{\mathbf{k}}^\dagger e^{ikx}\right) \\
(\nabla\phi)^2 &= \iint \frac{d^3k}{(2\pi)^3 2E_{\mathbf{k}}}\frac{d^3p}{(2\pi)^3 2E_{\mathbf{p}}}(-\mathbf{k}\cdot\mathbf{p})\left(a_{\mathbf{k}}a_{\mathbf{p}}e^{-i(k+p)x} + a_{\mathbf{k}}^\dagger a_{\mathbf{p}}^\dagger e^{i(k+p)x}\right. \\
&\quad \left. - a_{\mathbf{k}}a_{\mathbf{p}}^\dagger e^{-i(k-p)x} - a_{\mathbf{k}}^\dagger a_{\mathbf{p}} e^{i(k-p)x}\right).
\end{aligned} \tag{3.30}$$

Um den Überblick zu behalten, sollten wir uns hier noch einmal daran erinnern, welche Objekte Dreier- und welche Vierervektoren sind. Im Exponenten der Lösung für das freie Teilchen $\phi(\mathbf{x}, t)$ steht der Viererimpuls k als Produkt $kx = k_0 t - \mathbf{k}\cdot\mathbf{x}$. Wir leiten hier natürlich nur die räumlichen Koordinaten ab, weswegen wir ein relatives Vorzeichen in den Summanden der ersten Zeile von Gl. (3.30) bekommen. Nun können wir das Raumintegral d^3x aus Gl. (3.29) ausführen:

$$\begin{aligned}
H_\nabla &= \frac{1}{2}\int d^3x\, (\nabla\phi)^2 \\
&= \frac{1}{2}\iint \frac{d^3k}{(2\pi)^3 2E_{\mathbf{k}}}\frac{d^3p}{(2\pi)^3 2E_{\mathbf{p}}}(-\mathbf{k}\cdot\mathbf{p})(2\pi)^3 \\
&\quad \times\left(a_{\mathbf{k}}a_{\mathbf{p}}\delta^3(\mathbf{k}+\mathbf{p})e^{-i(E_{\mathbf{k}}+E_{\mathbf{p}})t} + a_{\mathbf{k}}^\dagger a_{\mathbf{p}}^\dagger\delta^3(\mathbf{k}+\mathbf{p})e^{i(E_{\mathbf{k}}+E_{\mathbf{p}})t}\right. \\
&\quad \left. - a_{\mathbf{k}}^\dagger a_{\mathbf{p}}\delta^3(\mathbf{k}-\mathbf{p})e^{-i(E_{\mathbf{k}}-E_{\mathbf{p}})t} - a_{\mathbf{k}}a_{\mathbf{p}}^\dagger\delta^3(\mathbf{k}-\mathbf{p})e^{+i(E_{\mathbf{k}}-E_{\mathbf{p}})t}\right) \\
&= \frac{1}{2}\int \frac{d^3k}{(2\pi)^3 2E_{\mathbf{k}}}\frac{\mathbf{k}^2}{2E_{\mathbf{k}}}\left(a_{\mathbf{k}}a_{-\mathbf{k}}e^{-i2E_{\mathbf{k}}t} + a_{\mathbf{k}}^\dagger a_{-\mathbf{k}}^\dagger e^{i2E_{\mathbf{k}}t} + a_{\mathbf{k}}^\dagger a_{\mathbf{k}} + a_{\mathbf{k}}a_{\mathbf{k}}^\dagger\right).
\end{aligned} \tag{3.31}$$

Dabei hat uns das d^3x-Integral über Gl. (3.13) die nötigen Delta-Distributionen geliefert, um das Impulsraumintegral $\frac{d^3p}{(2\pi)^3 2E_\mathbf{p}}$ auszuführen. Wir sehen jetzt, dass dieser Teil des Hamilton-Operators nur noch von $a_\mathbf{k}^{(\dagger)}$ und $a_{-\mathbf{k}}^{(\dagger)}$ abhängt.

Die restlichen Teile des Hamilton-Operators in Gl. (3.29) löst man mit derselben Herangehensweise. Wir empfehlen das wärmstens als Fingerübung und wollen hier nur das Ergebnis angeben:

Aufgemerkt!

Der Hamilton-Operator des freien Skalarfeldes lautet, durch Erzeuger und Vernichter ausgedrückt:

$$H = \int \frac{d^3k}{(2\pi)^3 2E_\mathbf{k}} \frac{E_\mathbf{k}}{2} \left(a_\mathbf{k}^\dagger a_\mathbf{k} + a_\mathbf{k} a_\mathbf{k}^\dagger \right). \qquad (3.32)$$

Dass ihr richtig gerechnet und die vielen verschiedenen Vorzeichen korrekt aufgesammelt habt, seht ihr daran, dass in der Summe die Zeitabhängigkeit wegfällt und nur Terme übrig bleiben, in denen ein Erzeuger mit einem Vernichter gepaart ist. Man sieht hier schön, dass beliebige aus ϕ und Π zusammengesetze Operatoren im Allgemeinen eine Zeitabhängigkeit tragen, und diese sich nur bei bestimmten Kombinationen, die gerade Erhaltungsgrößen entsprechen, weghebt.

Dass nur die Kombinationen $a_\mathbf{k}^\dagger a_\mathbf{k}$ und $a_\mathbf{k} a_\mathbf{k}^\dagger$ auftauchen, bedeutet aber auch, dass die *Anzahl* der Teilchen sich durch den Hamilton-Operator (also durch die Zeitentwicklung in der freien Theorie) nicht verändert. Wir werden im nächsten Abschnitt noch einmal auf den sogenannten Anzahloperator N eingehen, der daher mit dem Hamilton-Operator vertauscht. Es gilt also Teilchenzahlerhaltung. Da wir uns in einer freien Theorie ohne Wechselwirkungen befinden, durch die neue Teilchen erzeugt oder vernichtet werden könnten, ist das irgendwie einleuchtend. Fügt man aber zum Beispiel einen Störterm ϕ^3 zur Lagrange-Dichte oder zur Hamilton-Dichte hinzu, ergibt sich z. B. ein $a^\dagger a^\dagger a$-Term im Hamilton-Operator, der dann im Zuge der Zeitentwicklung zwei Teilchen aus einem Teilchen entstehen lässt. Das alles ist aber nicht so einfach, da mit dem neuen Term die Felder im Allgemeinen keine Lösungen eines gekoppelten harmonischen Oszillators mehr sind, und daher der Ansatz mit Auf- und Absteigern nicht ohne weiteres Zutun anwendbar ist. Wir wollen diesen Punkt daher jetzt beiseite lassen und ihn nur als kleinen Vorgeschmack auf Kapitel 4 geben.

Vakuumenergie und Normalordnung Es wäre nett, wenn der Vakuumeigenwert unseres Hamilton-Operators (den wir gerne als Energieoperator des physikalischen Systems interpretieren würden) endlich, am besten 0, wäre. Dann hätte der leere

Raum ohne Teilchen verschwindende Energie, und das Vakuum wäre im Schrödinger-Bild zeitunabhängig. Dem ist leider nicht so, denn der quantenmechanische harmonische Oszillator besitzt eine nicht-verschwindende Grundzustandsenergie, und wie wir gleich sehen werden, enthält unsere Theorie unendlich viele davon - sogar unendlich viele pro Raumvolumen!

Um das besser zu sehen, ordnen wir zuerst die Erzeuger und Vernichter im Hamilton-Operator so, dass auf der rechten Seite ein Absteiger steht. Durch Anwendung der hergeleiteten Vertauschungsrelation Gl. (3.22) erhalten wir

$$H = \int \frac{d^3k}{(2\pi)^3 2E_{\mathbf{k}}} E_{\mathbf{k}} \left\{ E_{\mathbf{k}} (2\pi)^3 \delta^3(\mathbf{k}-\mathbf{k}) + a^\dagger_{\mathbf{k}} a_{\mathbf{k}} \right\}. \tag{3.33}$$

Für alle, die sich jetzt wundern: Die eigenartige Delta-Distribution mit Argument $\mathbf{k}-\mathbf{k}$ ist kein Tippfehler! Damit sehen wir hier gleich zwei Probleme: Während der zweite Summand in Gl. (3.33), $(a^\dagger_{\mathbf{k}} a_{\mathbf{k}})$, auf das Vakuum angewendet, wie gewünscht 0 ergibt, ist der erste Teil allerdings gleich „doppelt" unendlich: Erstens hat die Delta-Distribution $\delta^3(\mathbf{0})$ einen unendlichen Wert, zweitens divergiert das Integral $\frac{d^3k}{(2\pi)^3 2E_{\mathbf{k}}}$ für einen Integranden $\propto E^2_{\mathbf{k}}$ ebenfalls stark, da wir über ein unendliches Volumen im Impulsraum integrieren.

Um den Ursprung und die physikalische Bedeutung dieser unendlichen Größen zu verstehen, interpretieren wir die Delta-Distribution über die übliche Fourierdarstellung

$$(2\pi)^3\delta^3(\mathbf{0}) = \lim_{V\to\infty} \int_V d^3x\, e^0 = \lim_{V\to\infty} V \tag{3.34}$$

als Volumen des Raumes. Für $V \to \infty$ erhalten wir die erste Unendlichkeit wieder. Die zweite Unendlichkeit wollen wir folgendermaßen umschreiben:

$$\int \frac{d^3k}{(2\pi)^3 2E_{\mathbf{k}}} E^2_{\mathbf{k}} \propto \int d^3k \sqrt{\mathbf{k}^2+m^2} \overset{|\mathbf{k}|\gg m}{\approx} \int d^3k\, |\mathbf{k}| \propto \int d|\mathbf{k}|\, |\mathbf{k}|^3 . \tag{3.35}$$

Integrieren wir jetzt nur zu einem maximalen Wert $|\mathbf{k}| = \Lambda$, so ergibt sich

$$\mathcal{E}_0 = \int \frac{d^3k}{(2\pi)^3 2E_{\mathbf{k}}} E^2_{\mathbf{k}} \propto \Lambda^4 \tag{3.36}$$

Der Hamilton-Operator wird somit zu

$$H = \mathcal{E}_0 \cdot V + \int \frac{d^3k}{(2\pi)^3 2E_{\mathbf{k}}} E_{\mathbf{k}} \left\{ a^\dagger_{\mathbf{k}} a_{\mathbf{k}} \right\}, \tag{3.37}$$

und der erste Term, $\mathcal{E}_0 \cdot V$, divergiert für $V \to \infty$ und $\Lambda \to \infty$. Im ersten Fall spricht man von einer infraroten Divergenz, da sie für kleine Energien (große Abstände bzw. Volumina) divergiert. Im zweiten Fall spricht man von einer ultravioletten Divergenz, da diese für große Energien ($\Lambda \to \infty$, und damit bei kleinen Abständen) auftritt. Solche Divergenzen werden uns noch öfter begegnen. Die Methode, einen Obergrenze (Cut-Off) Λ einzuführen, um damit die Divergenz auszudrücken, nennt man Regularisierung, und die Cut-Off-Skala Λ wird als Regulator bezeichnet. All dies werden wir systematischer in Kapitel 6 diskutieren.

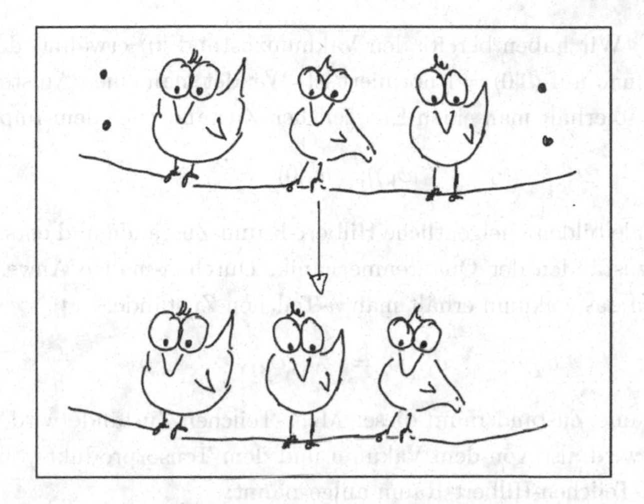

Da der Term $\mathcal{E}_0 V$ auch beiträgt, wenn der Hamilton-Operator auf das Vakuum wirkt, entspricht er einer Vakuumenergie ($\mathcal{E}_0$ ist dann die entsprechende Vakuumenergiedichte). Da wir aber immer nur Energiedifferenzen messen können, braucht man sich an diesem unendlichen Term nicht weiter zu stören.[2] Man umgeht dieses Problem formal, indem man die sogenannte Normalordnung $: X :$ einführt: Man ordnet alle Erzeuger- und Vernichteroperatoren so um, dass erstere links, letztere rechts stehen, *ohne* dass man die Vertauschungsrelationen anwendet:

$$: a_{\mathbf{k}} a_{\mathbf{k}}^\dagger : = a_{\mathbf{k}}^\dagger a_{\mathbf{k}} . \tag{3.38}$$

Indem man den Hamilton-Operator aus Gl. (3.32) normalordnet, entgeht man der divergenten δ-Distribution und kann schreiben:

$$: H : \; = \; : \int \frac{d^3k}{(2\pi)^3 2E_{\mathbf{k}}} \frac{E_k}{2} \left\{ a_{\mathbf{k}}^\dagger a_{\mathbf{k}} + a_{\mathbf{k}} a_{\mathbf{k}}^\dagger \right\} : \; = \int \frac{d^3k}{(2\pi)^3 2E_{\mathbf{k}}} E_k \left\{ a_{\mathbf{k}}^\dagger a_{\mathbf{k}} \right\} . \tag{3.39}$$

Als nächstes wollen wir untersuchen, wie der Hamilton-Operator auf Zustände wirkt. Davor sollten wir allerdings ein paar Worte über den Raum verlieren, in dem diese Zustände leben.

[2]Das ist nicht mehr der Fall, wenn man versucht, die allgemeine Relativitätstheorie und die Quantenfeldtheorie zu verbinden, um die Gravitation zu beschreiben. Dann spielt die Vakuumenergie die Rolle einer kosmologischen Konstante und liefern somit einen (meist viel zu großen) Beitrag zur Dunklen Energie.

Fock-Raum Wir haben bereits den Vakuumzustand $|0\rangle$ erwähnt, der kein Teilchen enthält und auf $\langle 0|0\rangle = 1$ normiert ist. Wendet man einen Aufsteiger auf das Vakuum an, so erhält man einen Ein-Teilchen-Zustand[3] mit dem Impuls $\mathbf{k}$:

$$|\phi_{\mathbf{k}}\rangle := a^\dagger_{\mathbf{k}}|0\rangle. \tag{3.40}$$

Diese Zustände bilden uneigentliche Hilbert-Raum-Zustände und entsprechen den Impulseigenzuständen der Quantenmechanik. Durch n-malige Anwendung eines Erzeugers auf das Vakuum erhält man n-Teilchen-Zustände:

$$a^\dagger_{\mathbf{k}_1} a^\dagger_{\mathbf{k}_2} \dots a^\dagger_{\mathbf{k}_n}|0\rangle = |\phi_{\mathbf{k}_1}, \phi_{\mathbf{k}_2}, \dots, \phi_{\mathbf{k}_n}\rangle\,. \tag{3.41}$$

Der gemeinsame Zustandsraum dieser Mehr-Teilchen-Zustände wird Fock-Raum genannt. Er wird also von dem Vakuum und dem Tensorprodukt von Zuständen aus dem Ein-Teilchen-Hilbert-Raum aufgespannt:

$$\mathcal{F} = \mathcal{H}^{(0)} + \bigoplus_i^n \mathcal{H}^{(i)}, \tag{3.42}$$

$$\mathcal{H}^n = \underbrace{\mathcal{H}^1 \otimes \mathcal{H}^1 \dots \otimes \mathcal{H}^1}_{n\times}. \tag{3.43}$$

Wenn man in der Quantenmechanik Mehr-Teilchen-Zustände aus Ein-Teilchen-Zuständen konstruieren will, muss man darauf achten, dass sie korrekt symmetrisiert sind (symmetrisch für Bosonen und antisymmetrisch für Fermionen). In der Quantenfeldtheorie ist das automatisch der Fall, da die Erzeuger miteinander (anti)vertauschen. Ein Mehr-Teilchen-Zustand zerlegt sich in Tensorprodukte von Ein-Teilchen-Zuständen:

$$|\phi_{\mathbf{k}_1}, \phi_{\mathbf{k}_2}, \dots, \phi_{\mathbf{k}_n}\rangle = \frac{1}{\sqrt{n!}}\left(|\phi_{\mathbf{k}_1}\rangle \dots |\phi_{\mathbf{k}_n}\rangle \pm \text{alle Permutationen}\right). \tag{3.44}$$

3.2.2 Noch mehr Operatoren

Hier wollen wir zwei wichtige Operatoren besprechen, die wir aus den Erzeugern und Vernichtern basteln können.

Energieoperator Der normalgeordnete Hamilton-Operator, den wir in Gl. (3.39) konstruiert haben, spielt die Rolle des Energieoperators, da er im Sinne der Relativitätstheorie die Energie der Teilchen eines Zustands liefert:

$$\begin{aligned} :H:|0\rangle &= 0 \\ :H:|\phi_{\mathbf{k}}\rangle &= E_{\mathbf{k}}|\phi_{\mathbf{k}}\rangle. \end{aligned} \tag{3.45}$$

---

[3] Beide Schreibweisen in Gl. (3.40) sind gleichwertig und können benutzt werden.

Im Fall des Vakuums ergibt sich der Nullvektor, da zuerst ein Absteiger $a_{\mathbf{k}}$ auf das Vakuum trifft. Dieser Operator ordnet also dem Vakuum den Energieeigenwert $E = 0$ zu. Angewandt auf einen Zustand $|\phi_{\mathbf{k}}\rangle$ ergibt der normalgeordnete Hamilton-Operator die Energie $E_{\mathbf{k}} = \sqrt{\mathbf{k}^2 + m^2}$ des Ein-Teilchen-Zustands.

AUFGABE 40

Zeigt, dass der Ein-Teilchen-Zustand $a^\dagger_{\mathbf{p}}|0\rangle$ ein Eigenzustand des normalgeordneten Hamilton-Operators ist, und berechnet den Eigenwert.

Wir nehmen den normalgeordneten Hamilton-Operator und erhalten nach Vertauschung der hinteren beiden Erzeugungs- und Vernichtungsoperatoren:

$$\begin{aligned} :H:\, a^\dagger_{\mathbf{p}}|0\rangle &= \int \frac{d^3k}{(2\pi)^3 2E_{\mathbf{k}}}\, E_{\mathbf{k}}\, a^\dagger_{\mathbf{k}} a_{\mathbf{k}} a^\dagger_{\mathbf{p}}|0\rangle \\ &\overset{Gl.\,(3.22)}{=} \int \frac{d^3k}{(2\pi)^3 2E_{\mathbf{k}}}\, E_{\mathbf{k}}\, a^\dagger_{\mathbf{k}} \left(a^\dagger_{\mathbf{p}} a_{\mathbf{k}} + (2\pi)^3 (2E_{\mathbf{k}}) \delta^3(\mathbf{p}-\mathbf{k}) \right) |0\rangle . \end{aligned}$$

Wegen $a_{\mathbf{k}}|0\rangle = 0$ verschwindet der vordere Teil. Wir können den zweiten Teil integrieren und erhalten

$$:H:\, a^\dagger_{\mathbf{p}}|0\rangle = E_{\mathbf{p}} a^\dagger_{\mathbf{p}}|0\rangle , \tag{3.46}$$

und der Eigenwert ist – wie gewünscht – die Energie des Ein-Teilchen-Zustands $a^\dagger_{\mathbf{p}}|0\rangle$.

Teilchenzahloperator Wir definieren analog zum Besetzungszahloperator für den harmonischen Oszillator einen Teilchenzahloperator N:

$$N := \int \frac{d^3k}{(2\pi)^3 2E_{\mathbf{k}}}\, a^\dagger_{\mathbf{k}} a_{\mathbf{k}} . \tag{3.47}$$

Dieser Operator bildet ebenfalls das Vakuum auf 0 ab, da wie oben ein Vernichter auf den Vakuumzustand trifft:

$$N|0\rangle = \int \frac{d^3k}{(2\pi)^3 2E_{\mathbf{k}}}\, a^\dagger_{\mathbf{k}} a_{\mathbf{k}}|0\rangle = 0 . \tag{3.48}$$

Wenden wir nun den Teilchenzahloperator N auf einen Zustand an, so erhalten wir als Eigenwert die Anzahl der Teilchen in diesem Zustand. Für einen Ein-Teilchen-Zustand $a^\dagger_{\mathbf{p}}|0\rangle = |\phi_{\mathbf{p}}\rangle$ ergibt sich

$$\begin{aligned} N\, |\phi_{\mathbf{p}}\rangle &= \int \frac{d^3k}{(2\pi)^3 2E_{\mathbf{k}}}\, a^\dagger_{\mathbf{k}} a_{\mathbf{k}} a^\dagger_{\mathbf{p}}|0\rangle \\ &= \int \frac{d^3k}{(2\pi)^3 2E_{\mathbf{k}}} \left((2\pi)^3 (2E_{\mathbf{k}}) \delta^3(\mathbf{p}-\mathbf{k}) \right) a^\dagger_{\mathbf{k}}\, |0\rangle = 1 \cdot |\phi_{\mathbf{p}}\rangle . \end{aligned} \tag{3.49}$$

AUFGABE 41

Beweist durch Induktion, dass $N|\phi^{(n)}\rangle = n|\phi^{(n)}\rangle$ ist, wobei mit $|\phi^{(n)}\rangle$ ein n-Teilchen-Zustand $|\phi_{\mathbf{k}_1}, \phi_{\mathbf{k}_2}, \ldots, \phi_{\mathbf{k}_n}\rangle$ gemeint ist.

Für $n = 0$ haben wir die Aussage in Gl. (3.48) gezeigt und für $n = 1$ in Gl. (3.49). Für $n + 1$ ist

$$
\begin{aligned}
N|\phi^{(n+1)}\rangle &= N\, a^\dagger_{\mathbf{k}_{n+1}}|\phi^{(n)}\rangle = \int \frac{d^3p}{(2\pi)^3 2E_\mathbf{p}}\, a^\dagger_\mathbf{p} a_\mathbf{p}\, a^\dagger_{\mathbf{k}_{n+1}}|\phi^{(n)}\rangle \\
&= \int \frac{d^3p}{(2\pi)^3 2E_\mathbf{p}}\, a^\dagger_{\mathbf{k}_{n+1}} a^\dagger_\mathbf{p} a_\mathbf{p}|\phi^{(n)}\rangle \\
&\quad + \int \frac{d^3p}{(2\pi)^3 2E_\mathbf{p}} (2\pi)^3 (2E_\mathbf{p}) \delta^3(\mathbf{p} - \mathbf{k}_{n+1}) a^\dagger_\mathbf{p}|\phi^{(n)}\rangle \\
&= a^\dagger_{\mathbf{k}_{n+1}} n|\phi^{(n)}\rangle + a^\dagger_{\mathbf{k}_{n+1}}|\phi^{(n)}\rangle = (n+1)|\phi^{(n+1)}\rangle\,, \qquad (3.50)
\end{aligned}
$$

womit wir die Behauptung bewiesen haben.

Der Energieoperator und der Teilchenzahloperator unterscheiden sich nur um einen Faktor $E_\mathbf{p}$ unter dem Integral. N zählt die Teilchen im Zustand, der Energieoperator gewichtet den Beitrag jedes Teilchens noch mit dessen Energie $E_\mathbf{p}$.

Überzeugt euch, dass $[: H :, N] = 0$ gilt!

3.2.3 Feldoperatoren im Heisenberg-Bild und die klassische Lösung

Wir hatten in den vorigen Abschnitten die Felder $\phi(\mathbf{x}, t)$ quantisiert, indem wir ihnen gleichzeitige Vertauschungsrelationen $[\phi(\mathbf{x}, t), \dot{\phi}(\mathbf{y}, t)]$ etc. zugewiesen haben. Als Ansatz für ϕ musste dabei unsere Lösung der klassischen Klein-Gordon-Gleichung zu einem beliebigen (aber festen) Zeitpunkt herhalten. Zu diesem Zeitpunkt hatten wir dann die Kommutatorrelationen vorgegeben. Wir haben uns dabei etwas um eine wichtige Frage herumgedrückt: Wir benötigen die Zeitableitung $\dot{\phi}$, um den kanonischen Impuls zu berechnen, und benutzten dafür die Zeitabhängigkeit, die uns von der Lösung der Klein-Gordon-Gleichung vorgegeben wird. Dieses Vorgehen ist aber nur konsistent, wenn unsere klassische Lösung für die Zeitabhängigkeit von ϕ mit der quantenmechanischen Zeitentwicklung übereinstimmt. Die Frage ist also: Löst das Quantenfeld im Heisenberg-Bild noch die Klein-Gordon-Gleichung? Mit anderen Worten: Ergibt sich für unser freies Feld die Klein-Gordon-Gleichung aus der Heisenberg-Gleichung? Die Antwort ist ja, und diesen glücklichen Umstand verdanken wir der Tatsache, dass wir die Vertauschungsrelationen direkt von den klassischen Poisson-Klammern übernommen haben.

Um diesen Punkt etwas klarer zu sehen, kann man z. B. aus den klassischen Feldern, Gl. (3.10), bei $t = 0$ zunächst Operatoren im Schrödinger-Bild machen, die keinerlei Zeitabhängigkeit tragen, und dann für diese die kanonischen Vertauschungsrelationen fordern:

$$\begin{aligned}\phi(\mathbf{x},0) \to \phi_S(\mathbf{x}) &= \int \frac{d^3k}{(2\pi)^3 2E_{\mathbf{k}}} \left(a_{\mathbf{k}} e^{i\mathbf{kx}} + a^\dagger_{\mathbf{k}} e^{-i\mathbf{kx}}\right) \\ \Pi(\mathbf{x},0) \to \Pi_S(\mathbf{x}) &= -i \int \frac{d^3k}{(2\pi)^3 2E_{\mathbf{k}}} E_{\mathbf{k}} \left(a_{\mathbf{k}} e^{i\mathbf{kx}} - a^\dagger_{\mathbf{k}} e^{-i\mathbf{kx}}\right) \end{aligned} \tag{3.51}$$

sowie

$$[\phi_S(\mathbf{x}), \Pi_S(\mathbf{y})] = \delta^3(\mathbf{x}-\mathbf{y}) . \tag{3.52}$$

Hier sind jetzt sowohl die Felder ϕ_S, Π_S als auch die Auf- und Absteiger a, $a^\dagger$ zeitunabhängige Operatoren im Schrödinger-Bild. Letztere erfüllen wieder die Vertauschungsrelationen in Gl. (3.22).

Man kann jetzt das im Schrödinger-Bild quantisierte Feld ϕ_S ins Heisenberg-Bild bringen:

$$\phi(\mathbf{x},t) = e^{iHt} \phi_S(\mathbf{x}) e^{-iHt} , \tag{3.53}$$

um seine Zeitentwicklung in der Quantentheorie zu ermitteln. Man kann sich leicht davon überzeugen, dass diese Lösung gerade der klassischen Lösung Gl. (3.10) entspricht, wenn man für die Fourier-Koeffizienten in Gl. (3.10) die zeitunabhängigen Aufsteiger- und Absteigeroperatoren $a_{\mathbf{k}}, a^\dagger_{\mathbf{k}}$ aus Gl. (3.51) einsetzt. Uns hat die kanonische Quantisierung also eine Lorentz-kovariante Lösung für das Quantenfeld $\phi(\mathbf{x}, t)$ beschert, obwohl der Formalismus Zeit und Raum getrennt behandelt und damit nicht manifest Lorentz-kovariant ist. Das funktioniert unabhängig davon, ob wir für H den normalgeordneten Operator benutzen oder nicht.[4] Unser Vorgehen bei der kanonischen Quantisierung war also konsistent.

Zeigt, dass das freie Quantenfeld im Heisenberg-Bild in Gl. (3.53) die Klein-Gordon-Gleichung löst.

---

[4]Die Vakuumenergie trägt nur eine konstante Phase zu e^{iHt} bei, die man an ϕ_S vorbei kommutieren kann.

3.3 Der Feynman-Propagator des freien Skalarfeldes

Wir wollen den Feynman-Propagator des freien Skalarfeldes durch die Quantenfelder ausdrücken. Um dies zu tun, müssen wir jetzt anders als im vorigen Abschnitt Produkte nicht-gleichzeitiger Felder betrachten. Wir konzentrieren uns zunächst auf den Kommutator $[\phi(x), \phi(y)]$, da uns dieser dem Ausdruck für den Propagator näher bringt. Bevor wir diesen bestimmen, wollen wir uns noch einem Problem am Rande zuwenden.

Die Sache mit der Kausalität Gl. (3.5) gilt nur für Felder zum selben Zeitpunkt t. Wollen wir eine solche Kommutatorgleichung für *nicht-gleichzeitige* Operatoren zu den Zeitpunkten x^0 und y^0 berechnen, dann stellt sich die Frage nach der Kausalität: Das reelle Skalarfeld ist ein hermitescher Operator und kann somit als quantenmechanische Observable aufgefasst werden, anhand der man Zustände präparieren und messen kann. Nehmen wir an, wir wollen an zwei Raumzeitpunkten $\mathbf{x}, x^0$ und $\mathbf{y}, y^0$ dasselbe Feld ϕ messen oder präparieren. Wäre der Kommutator $[\phi(\mathbf{x}, x^0), \phi(\mathbf{y}, y^0)] \neq 0$ für zwei Raumzeitpunkte mit *raumartigem* Abstand, d. h. $|\mathbf{x} - \mathbf{y}| > |x^0 - y^0|$, könnte durch quantenmechanische Messungen Information zwischen diesen Raumzeitpunkten ausgetauscht werden. Damit wäre Signalübertragung mit Überlichtgeschwindigkeit möglich. Für den Fall, dass die Raumzeitpunkte zeitartigen oder lichtartigen Abstand $|\Delta x| \leq |\Delta t|$ haben, muss der Kommutator allerdings nicht verschwinden, denn hier handelt es sich um ganz normalen Informationsaustausch mit Unterlichtgeschwindigkeit, und die beiden Messungen dürfen sich ohne konzeptionelle Probleme gegenseitig beeinflussen. Wir wollen nun also überprüfen, dass $[\phi(\mathbf{x}, x^0), \phi(\mathbf{y}, y^0)] = 0$ für alle raumartigen Abstände gilt.

Wir wissen dies bereits für eine spezielle Gruppe raumartig getrennter Punktepaare, nämlich die gleichzeitigen: Zwischen verschiedenen Raumzeit-Punkten $(t, \mathbf{x})$ und $(t, \mathbf{y})$ liegt schließlich immer ein raumartiger Abstand. Aus der kanonischen Quantisierungsvorschrift folgt aber schon, dass für $x^0 = y^0 = t$ der Kommutator verschwindet: $[\phi(\mathbf{x}, t), \phi(\mathbf{y}, t)] = 0$.

Ist dieses Ergebnis vielleicht schon ausreichend, um es auf eine Aussage über *alle* raumartigen Abstände zu verallgemeinern? Wir könnten beispielsweise versuchen, für alle nicht-gleichzeitigen Ereignisse mit raumartigem Abstand gerade in jenes Bezugssystem zu wechseln, in dem diese gleichzeitig sind – daraufhin würde man in diesem Bezugssystem die gleichzeitige Quantisierungsrelation von oben anwenden können und hätte gezeigt, dass der Kommutator verschwindet. Noch einmal explizit: Wir versuchen zu argumentieren, dass wir aus einem raumartigen Abstand $\mathbf{x} \neq \mathbf{y}$, $x^0 = y^0$ durch Bezugssystemwechsel $x \to \Lambda x$, $y \to \Lambda y$ jede gewünschte Zeitdifferenz $x^0 - y^0$ erhalten können, und umgekehrt. Wissen wir, dass $\phi(x) \to \phi(\Lambda x)$ unter Lorentz-Transformationen, dann sind wir damit eigentlich fertig. Dazu müssten wir uns aber darauf verlassen können, dass die Darstellungen der Lorentz-Gruppe auf die *Operatoren* $\phi(x)$ eine entsprechend triviale Darstellung besitzen. Um diese Subtilität zu umgehen, werten wir jetzt den Kommutator explizit für beliebige Raumzeitpunkte aus. Es wird sich ergeben, dass der Kommutator, obwohl er aus Operatoren aufgebaut ist, als Operator trivial wirkt und mit einer komplex-zahlenwertigen Funktion identifiziert werden kann.

Um den Kommutator nicht-gleichzeitiger Felder kompakt auszudrücken, bietet es sich an, die Propagatorfunktion

$$D(x-y) = \langle 0|\phi(x)\phi(y)|0\rangle \tag{3.54}$$

zu definieren.

AUFGABE 42

Überzeugt euch davon, dass Gl. (3.54) zu

$$D(x-y) = \int \frac{d^3k}{(2\pi)^3 2E_\mathbf{k}} e^{-i(x-y)k} \tag{3.55}$$

führt!

Dabei ist wieder wichtig zu beachten, dass die Vertauschungsrelationen für Erzeuger und Vernichter unabhängig von der Zeit sind und damit immer noch benutzt werden können!

Die Lösung verläuft wie bei vorhergehenden Berechnungen. Von den vier resultierenden Kombinationen von Erzeugern und Vernichtern verschwinden drei wegen $\langle 0|a_\mathbf{k}^\dagger = 0$ oder $a_\mathbf{k}|0\rangle = 0$. Die nicht-verschwindende Kombination $\langle 0|a_\mathbf{k}a_\mathbf{p}^\dagger|0\rangle$ wird über die entsprechende Vertauschungsrelation für Erzeuger und Vernichter ersetzt (die unabhängig von Gleichzeitigkeit oder Nichtgleichzeitigkeit immer gilt), sodass man schließlich eines der beiden Phasenraumintegrale ausintegrieren kann.

Wir wollen nun den Kommutator für nicht-gleichzeitige Felder $[\phi(x), \phi(y)]$ berechnen, was dem geneigten Leser als Übung empfohlen sei. Da die Rechnung geradlinig ist wie die vorige, werden wir nur einige Kommentare dazu geben. Wir setzen die Felddefinition Gl. (3.10) in den Kommutator ein und erhalten eine Summe von Vertauschungsrelationen von $a_\mathbf{k}, a_\mathbf{p}$. Wir erhalten damit

$$\begin{aligned}[\phi(x), \phi(y)] &= \int \frac{d^3k}{(2\pi)^3 2E_\mathbf{k}} \int \frac{d^3p}{(2\pi)^3 2E_\mathbf{p}} \\ &\quad \times \left(e^{-i(kx-py)}[a_\mathbf{k}, a_\mathbf{p}^\dagger] - e^{i(kx-py)}[a_\mathbf{k}, a_\mathbf{p}^\dagger] \right) .\end{aligned} \tag{3.56}$$

Im Vergleich zur vorigen Aufgabe ist es hier interessant zu sehen, dass sich viele Erzeuger- und Vernichterrelationen zwischen den beiden Produkten des Kommutators wegheben. In obiger Aufgabe dagegen haben sich diese Produkte erst durch Anwendung auf $|0\rangle$ weggehoben. Wir wissen jetzt, dass der Kommutator $[\phi(x), \phi(y)]$ ein zahlenwertiges Objekt ist, das trivial auf den Fock-Raum wirkt. Das ist die wichtigste Lehre aus dieser Rechnung. Nach Ausführung des einen Impulsraumintegrals erhalten wir konkret

$$[\phi(x), \phi(y)] = \int \frac{d^3k}{(2\pi)^3 2E_{\mathbf{k}}} \left(e^{-i(x-y)k} - e^{i(x-y)k} \right) = D(x-y) - D(y-x) \,, \tag{3.57}$$

wobei wir jetzt Gl. (3.55) verwendet haben. Hier angekommen, können wir jetzt sorglos das oben angedachte Argument verwenden und damit zeigen, dass der Kommutator für raumartige Abstände immer verschwindet: Für raumartige Abstände $(x-y)^2 < 0$ gibt es eine Lorentz-Transformation Λ mit $\Lambda(x-y) = (y-x)$. Da $D(x-y)$ Lorentz-invariant ist, können wir für Gl. (3.57) bei raumartigen Abständen schreiben:

$$[\phi(x), \phi(y)] = D(\Lambda(x-y)) - D(y-x) = D(y-x) - D(y-x) = 0 \,. \tag{3.58}$$

Wir sehen, dass damit der Kommutator für raumartige Abstände immer verschwindet und die Kausalität damit gewahrt ist. Für lichtartige und zeitartige Abstände $(x-y) \geq 0$ gibt es keine solche Lorentz-Transformation, und der Kommutator verschwindet im Allgemeinen nicht. Damit haben wir also unsere anfängliche Sorge (oder Hoffnung?) zerstreut, ein nicht-gleichzeitiger nicht-verschwindender Kommutator könnte auftreten, der im Fall von raumartigen Abständen die Kausalität verletzt und Informationsfluss mit Überlichtgeschwindigkeit erlaubt.

Der Feynman-Propagator des quantisierten Skalarfeldes In Abschnitt 2.3.2 hatten wir den Feynman-Propagator als eine Green'sche Funktion der Klein-Gordon-Gleichung kennengelernt, die eine spezielle Randbedingung erfüllt: Für positive oder negative Frequenzen entspricht sie der retardierten *oder* der avancierten Green'schen Funktion Gl. (2.203). Wir werden sehen, dass der Feynman-Propagator eine relativ intuitive Darstellung durch unsere quantisierten Skalarfelder besitzt.

Wir beginnen mit der Propagatorfunktion Gl. (3.55). Die zeitliche Reihenfolge der auf das Vakuum wirkenden Felder ist hier (noch) nicht festgelegt. Zwar wird $\phi(y)$ zuerst auf $|0\rangle$ angewandt, aber das Argument muss damit nicht zeitlich vor $\phi(x)$ sein! Um die daraus folgenden Probleme zu umgehen, werden wir den zeitgeordneten Erwartungswert

$$\langle 0|T\{\phi(x)\phi(y)\}|0\rangle \tag{3.59}$$

einführen. T ist der sogenannte *Zeitordnungsoperator*. Er stellt sicher, dass die Felder in $\{\ldots\}$ so geordnet sind, dass die zeitlich *früheren* rechts, die späteren links stehen:

$$T\{\phi(x)\phi(y)\} = \theta(x^0 - y^0)\phi(x)\phi(y) + \theta(y^0 - x^0)\phi(y)\phi(x) \,. \tag{3.60}$$

Damit ergibt sich

$$x^0 > y^0: \qquad D_F(x-y) = D(x-y) = \int \frac{d^3k}{(2\pi)^3 2E_{\mathbf{k}}}\, e^{-i(x-y)k} \qquad (3.61)$$

$$x^0 < y^0: \qquad D_F(x-y) = D(y-x) = \int \frac{d^3k}{(2\pi)^3 2E_{\mathbf{k}}}\, e^{i(x-y)k}. \qquad (3.62)$$

Aus der Diskussion in Abschnitt 2.3.2 und Gl. (1.113) wird klar, dass es sich hierbei um den Feynman-Propagator aus Gl. (2.203) handelt:

$$D_F(x-y) \equiv \int \frac{d^4p}{(2\pi)^4} \frac{i}{p^2 - m^2 + i\epsilon} e^{-ip(x-y)}. \qquad (3.63)$$

Überprüft das!

Aufgemerkt!

Der Feynman-Propagator lässt sich als zeitgeordneter Vakuumerwartungswert zweier freier Skalarfelder schreiben:

$$D_F(x-y) = \langle 0|T\{\phi(x)\phi(y)\}|0\rangle\,. \qquad (3.64)$$

Dieser Zusammenhang zwischen der Feynman-Polvorschrift und der zeitlichen Ordnung von Ereignissen wird uns wiederholt begegnen. So wird in unserer Herleitung der Streuamplitude aufgrund der Forderung, einlaufende und auslaufende Teilchen zu unterscheiden, automatisch die Zeitordnung, und damit auch der Feynman-Propagator, auftauchen (siehe z.B. die Argumente nach Gl. (4.79)).

3.4 Der komplexe Skalar

Bis jetzt haben wir nur die Quantisierung des reellen (bzw. hermiteschen) Skalarfeldes mit $\phi^\dagger(x,t) = \phi(x,t)$ betrachtet. Nach der kanonischen Quantisierung der freien Felder wurden hier die Fourier-Koeffizienten zu Erzeugern und Vernichtern, und die zueinander hermitesch konjugierten Koeffizienten $a, a^\dagger$ stellten sicher, dass der Feldoperator ϕ selbst hermitesch war. Wie verallgemeinert sich diese Situation für komplexe Skalarfelder?

Wie wir im Abschnitt 2.2 zum Noether-Theorem gesehen hatten, kommen sie z. B. in Theorien vor, in denen die Teilchen Ladungen (elektrische Ladungen, Farbladungen, ...) unter *unitären* Transformationen tragen. Wir werden sehen, dass ein einziges komplexes Skalarfeld zwei unterschiedliche Teilchenarten beschreibt, die man als Teilchen und Antiteilchen interpretieren kann (aber nicht muss).

Ein zahlenwertiges komplexes Skalarfeld ϕ kann immer in zwei reelle Skalare $\phi_1 = \sqrt{2}Re[\phi] = (\phi+\phi^\dagger)/\sqrt{2}$ und $\phi_2 = \sqrt{2}\,\mathrm{Im}[\phi] = -i(\phi-\phi^\dagger)/\sqrt{2}$ zerlegt werden. In dieser Schreibweise lässt sich das ohne weiteres auf den hermiteschen und antihermiteschen Anteil von Feldoperatoren verallgemeinern. Wie bereits erwähnt, sind komplexe Skalarfelder ohne weitere Eigenschaften einfach eine kompakte Schreibweise für zwei reelle Skalarfelder. Erst das Vorhandensein von Symmetrien bzw. Ladungen, die die beiden Felder in Beziehung setzen, geben den Komponenten eine physikalische Interpretation z. B. als Teilchen bzw. Antiteilchen. Beide reellen Skalare sind Lösungen der klassischen Klein-Gordon-Bewegungsgleichung und können somit wie in Gl. (3.10) durch Erzeuger und Vernichter ausgedrückt werden.

Aufgemerkt!

Wir schreiben den komplexen Skalar als Summe zweier reeller Skalare:

$$\phi = \frac{1}{\sqrt{2}}(\phi_1 + i\phi_2) \tag{3.65}$$

und daraus folgend

$$\phi(x,t) = \int \frac{d^3k}{(2\pi)^3 2E_{\mathbf{k}}}\Big\{ \underbrace{\left(\frac{a_{\mathbf{k}} + ib_{\mathbf{k}}}{\sqrt{2}}\right)}_{:= c_{\mathbf{k}}} e^{-ikx} + \underbrace{\left(\frac{a^\dagger_{\mathbf{k}} + ib^\dagger_{\mathbf{k}}}{\sqrt{2}}\right)}_{:= d^\dagger_{\mathbf{k}}} e^{ikx}\Big\}. \tag{3.66}$$

Hier sind $a, a^\dagger$ $(b, b^\dagger)$ die Ab- und Aufsteiger von ϕ_1 (ϕ_2), aus denen wir zwei *unterschiedliche* Ab- und Aufsteiger c bzw. $d^\dagger$ erhalten. Beim reellen Skalar waren diese beiden voneinander abhängig, und es galt $c^\dagger = d^\dagger$ und damit $c = d$. Hier sind diese Operatoren aber unabhängig voneinander und vernichten jetzt jeweils eine andere Art von Teilchen. Geben wir dem komplexen Feld eine Ladung unter einer unitären Transformation, z. B.

$$\phi \longrightarrow e^{iQ\alpha}\phi\,, \tag{3.67}$$

und ist diese Transformation eine Symmetrie von $\mathcal{L}$ und $\mathcal{H}$, so tragen die Vernichter $c_{\mathbf{k}}$ und $d_{\mathbf{k}}$ (und damit die entsprechenden Teilchen) entgegengesetzte erhaltene Ladungen:

$$c_{\mathbf{k}} \longrightarrow e^{iQ\alpha}c_{\mathbf{k}}, \quad d_{\mathbf{k}} \longrightarrow e^{-iQ\alpha}d_{\mathbf{k}}\,, \tag{3.68}$$

und die Symmetrie stellt sicher, dass die beiden Teilchenarten auch die gleiche Masse besitzen, da nur Massenterme der Form $\phi^\dagger\phi \propto \phi_1^2 + \phi_2^2$ erlaubt sind. Dies sind die Eigenschaften, die üblicherweise von Teilchen und ihren Antiteilchen verlangt werden. Die Gleichheit der Masse von Teilchen und Antiteilchen kann ganz allgemein und für kompliziertere Theorien anhand des CPT-Theorems gezeigt werden.

Aufgemerkt!

Wir legen in diesem Fall nun fest, dass das Feld ϕ ein Teilchen vernichtet und ein Antiteilchen erzeugt. Damit erzeugt das Feld $\phi^\dagger$ ein Teilchen und vernichtet ein Antiteilchen. Damit haben wir die folgende Wahl getroffen:

$$\begin{aligned} &c: \text{Vernichter für Teilchen} && c^\dagger: \text{Erzeuger für Teilchen} \\ &d: \text{Vernichter für Antiteilchen} && d^\dagger: \text{Erzeuger für Antiteilchen} \end{aligned} \tag{3.69}$$

Falls der hermitesche und antihermitesche Anteil des Feldoperators nicht durch irgendeine Symmetrietransformation in Beziehung gesetzt werden, ist es nicht unbedingt sinnvoll, die beiden Komponenten als Teilchen und Antiteilchen zu bezeichnen. Insbesondere gibt es dann keine erhaltene Ladung, unter der die beiden Teilchenarten entgegengesetzt geladen sind, und sie müssen auch nicht dieselbe Masse haben.

Da wir als Ansatz für das komplexe Feld zwei reelle Skalare benutzt haben, können wir nun die Kommutatorrelationen der Erzeuger und Vernichter einfach aus den Kommutatoren für reelle Skalare ausrechnen.

AUFGABE 43

Zeigt folgende Kommutatorrelationen: $[c_{\mathbf{p}}, c_{\mathbf{k}}] = [c^\dagger_{\mathbf{p}}, c^\dagger_{\mathbf{k}}] = [d_{\mathbf{p}}, d_{\mathbf{k}}] = [d^\dagger_{\mathbf{p}}, d^\dagger_{\mathbf{k}}] = 0$
$[c_{\mathbf{p}}, c^\dagger_{\mathbf{k}}] = [d_{\mathbf{p}}, d^\dagger_{\mathbf{k}}] = (2\pi)^3(2E_p)\delta^3(\mathbf{p}-\mathbf{k})$
$[c_{\mathbf{p}}, d_{\mathbf{k}}] = [c^\dagger_{\mathbf{p}}, d^\dagger_{\mathbf{k}}] = [c_{\mathbf{p}}, d^\dagger_{\mathbf{k}}] = 0.$

Durch Einsetzen von $c = (a+ib)/\sqrt{2}$, $c^\dagger = (a^\dagger - ib^\dagger)/\sqrt{2}$ und $d^\dagger = (a^\dagger + ib^\dagger)/\sqrt{2}$, $d = (a-ib)/\sqrt{2}$ sowie Anwenden der bereits bekannten Kommutatorrelationen für die Erzeuger und Vernichter der reellen Skalare, a, $a^\dagger$ aus Abschnitt 3.1, erhalten wir die gewünschten Kommutatorrelationen für den komplexen Skalar.

Was sieht man nun an diesen Kommutatoren? Wir erkennen, dass beide Teilchenarten (Teilchen und Antiteilchen) unabhängig voneinander erzeugt und vernichtet werden, da die gemischten Erzeuger und Vernichter, z. B. $[c, d]$, miteinander vertauschen. Wir werden später im Kapitel über Quantenelektrodynamik den Teilchen elektrische Ladungen geben, und zwar den (dann fermionischen) Teilchen die Ladung $Q = -1$ und den Antiteilchen die Ladung $Q = +1$ und sie als Elektronen bzw. Positronen bezeichnen. Welches von beiden dabei das Teilchen und welches das Antiteilchen ist, ist reine Konvention. Man könnte auch das Teilchen mit der Ladung $Q = +1$ „Teilchen“ nennen und jenes mit $Q = -1$ „Antiteilchen“. Dass die Benennung so ist, wie sie ist, liegt nur daran, dass wir uns den negativen Elektronen mehr verbunden fühlen!

Zusammenfassung zur kanonischen Quantisierung

- Analog zur Poissonklammer wählt man die gleichzeitigen Vertauschungsrelationen

$$[\phi(\mathbf{x},t), \Pi(\mathbf{y},t)] = i\hbar\delta^3(\mathbf{x}-\mathbf{y})$$
$$[\phi(\mathbf{x},t), \phi(\mathbf{y},t)] = [\Pi(\mathbf{x},t), \Pi(\mathbf{y},t)] = 0\,. \tag{3.5}$$

- Das quantisierte freie reelle Skalarfeld löst die Klein-Gordon-Gleichung und lässt sich wie das klassische Feld als Fourierzerlegung

$$\phi(x) = \int \frac{d^3k}{(2\pi)^3 2E_{\mathbf{k}}} \left(a_{\mathbf{k}} e^{-ikx} + a^\dagger_{\mathbf{k}} e^{ikx} \right)$$
$$kx = k_\mu x^\mu = E_{\mathbf{k}} t - \mathbf{k}\cdot\mathbf{x}, \quad E_{\mathbf{k}} = \sqrt{\mathbf{k}^2 + m^2}\,, \tag{3.10}$$

schreiben. Hier sind a und $a^\dagger$ Operatoren.

- Die Fourierkoeffizienten eines quantisierten freien Skalarfeldes erfüllen die Vertauschungsrelationen

$$[a_{\mathbf{p}}, a_{\mathbf{k}}] = [a^\dagger_{\mathbf{p}}, a^\dagger_{\mathbf{k}}] = 0$$
$$\text{und } [a_{\mathbf{k}}, a^\dagger_{\mathbf{p}}] = (2\pi)^3 (2E_{\mathbf{p}}) \delta^3(\mathbf{p}-\mathbf{k}) \tag{3.23}$$

Damit handelt es sich um Auf- und Absteiger harmonischer Oszillatoren, die als Teilchenerzeuger $a^\dagger$ und Teilchenvernichter a interpretiert werden.

- Die Normalordnung von Erzeuger- und Vernichteroperatoren ordnet alle Operatoren so, dass rechts die Vernichter und links die Erzeuger stehen:

$$: a_{\mathbf{k}} a^\dagger_{\mathbf{k}} : \; = a^\dagger_{\mathbf{k}} a_{\mathbf{k}} \tag{3.38}$$

- Der Hamiltonoperator und der Teilchenzahloperator, durch Vernichter und Erzeuger ausgedrückt, lauten

$$H = \int \frac{d^3k}{(2\pi)^3 2E_{\mathbf{k}}} \frac{E_{\mathbf{k}}}{2} \left(a^\dagger_{\mathbf{k}} a_{\mathbf{k}} + a_{\mathbf{k}} a^\dagger_{\mathbf{k}} \right), \tag{3.32}$$

$$N = \int \frac{d^3k}{(2\pi)^3 2E_{\mathbf{k}}} \, a^\dagger_{\mathbf{k}} a_{\mathbf{k}}\,. \tag{3.47}$$

- Der teilchenlose Grundzustand der Theorie ohne Wechselwirkungen ist durch das freie Vakuum $|0\rangle$ gegeben, das durch alle Vernichter auf

$$a_{\mathbf{k}}|0\rangle = \mathbf{0} \tag{3.27}$$

abgebildet wird. Die n-fache Anwendung des Erzeugers auf das Vakuum ergibt Zustände mit n Teilchen, z.B.

$$|\phi_{\mathbf{k}}\rangle := a_{\mathbf{k}}^{\dagger}|0\rangle. \tag{3.40}$$

- Der Zeitordnungsoperator ordnet alle Felder so, dass die zeitlich früheren rechts und die späteren links stehen:

$$T\{\phi(x)\phi(y)\} = \theta(x^0 - y^0)\phi(x)\phi(y) + \theta(y^0 - x^0)\phi(y)\phi(x) \tag{3.60}$$

- Der Feynman-Propagator als zeitgeordneter Vakuumerwartungswert zweier freier Skalarfelder:

$$D_F(x - y) = \langle 0|T\{\phi(x)\phi(y)\}|0\rangle \tag{3.64}$$

- Der komplexe Skalar kann als die Summe zweier reeller Skalare aufgefasst werden:

$$\phi = \frac{\phi_1 + i\phi_2}{\sqrt{2}}$$

$$\phi(x,t) = \int \frac{d^3k}{(2\pi)^3 2E_{\mathbf{k}}} \Big\{ \underbrace{\left(\frac{a_{\mathbf{k}} + ib_{\mathbf{k}}}{\sqrt{2}}\right)}_{:= c_{\mathbf{k}}} e^{-ikx} + \underbrace{\left(\frac{a_{\mathbf{k}}^{\dagger} + ib_{\mathbf{k}}^{\dagger}}{\sqrt{2}}\right)}_{:= d_{\mathbf{k}}^{\dagger}} e^{ikx} \Big\} \tag{3.66}$$

- Die Vernichter und Erzeuger eines komplexen Skalarfeldes können mit Teilchen und Antiteilchen identifiziert werden:

$$\begin{aligned} &c : \text{Vernichter für Teilchen} && c^{\dagger} : \text{Erzeuger für Teilchen} \\ &d : \text{Vernichter für Antiteilchen} && d^{\dagger} : \text{Erzeuger für Antiteilchen} \end{aligned} \tag{3.69}$$

4 Wechselwirkungen

Übersicht

In den vorigen Abschnitten haben wir die Eigenschaften der skalaren Quantenfeldtheorie *ohne Wechselwirkungen* ausgearbeitet. Insbesondere haben wir gesehen, dass man die kanonisch quantisierten Felder als Erzeuger und Vernichter von Teilchen interpretieren kann. Dabei ergab sich, dass der zugehörige Zustandsraum von dem Vakuum, 1-Teilchen-Zuständen, 2-Teilchen-Zuständen etc., aufgespannt wird. Wollen wir jetzt eine Feldtheorie mit Wechselwirkungen beschreiben, haben wir also zwei Probleme: Erstens kennt man mit wenigen Ausnahmen keine analytische Beschreibung der Quantenfelder, und es ist zweitens auch nicht zu erwarten, dass der Zustandsraum so einfach gestrickt sein wird wie bei der freien Theorie.

Das erste Problem können wir umschiffen, falls Wechselwirkungen schwach genug sind, um sie als Störung der freien Theorie behandeln zu können. Die Störungsreihe werden wir mithilfe der Feynman-Graphen darstellen. Zum Glück ist das Standardmodell der Teilchenphysik in weiten Bereichen „perturbativ", d. h. störungstheoretisch behandelbar. Auf dieser Tatsache beruht ein Großteil seiner grandiosen Erfolge in Form präziser Vorhersagen. Die Behandlung von Quantenfeldtheorien jenseits des perturbativen Bereichs ist eine harte Nuss, an der ebenfalls intensiv geforscht wird, auf die wir aber in diesem Buch nur begrenzt eingehen. Im Rahmen der funktionalen Quantisierung mit Pfadintegralen werden wir zum Beispiel einige „exakte" Ergebnisse erhalten, die nicht auf einer Störungsentwicklung beruhen. Um Streuprozesse zu berechnen, muss man allerdings in der Regel die Störungstheorie bemühen.

Das zweite Problem werden wir lösen, indem wir bei Streuprozessen die Anfangs- und die Endzustände auf Zustände der freien Theorie zurückführen. Im weiteren Verlauf des Buches werden wir dann lernen, die Umrechnungsfaktoren $\sqrt{R}$, die dabei auftreten, störungstheoretisch zu berechnen.

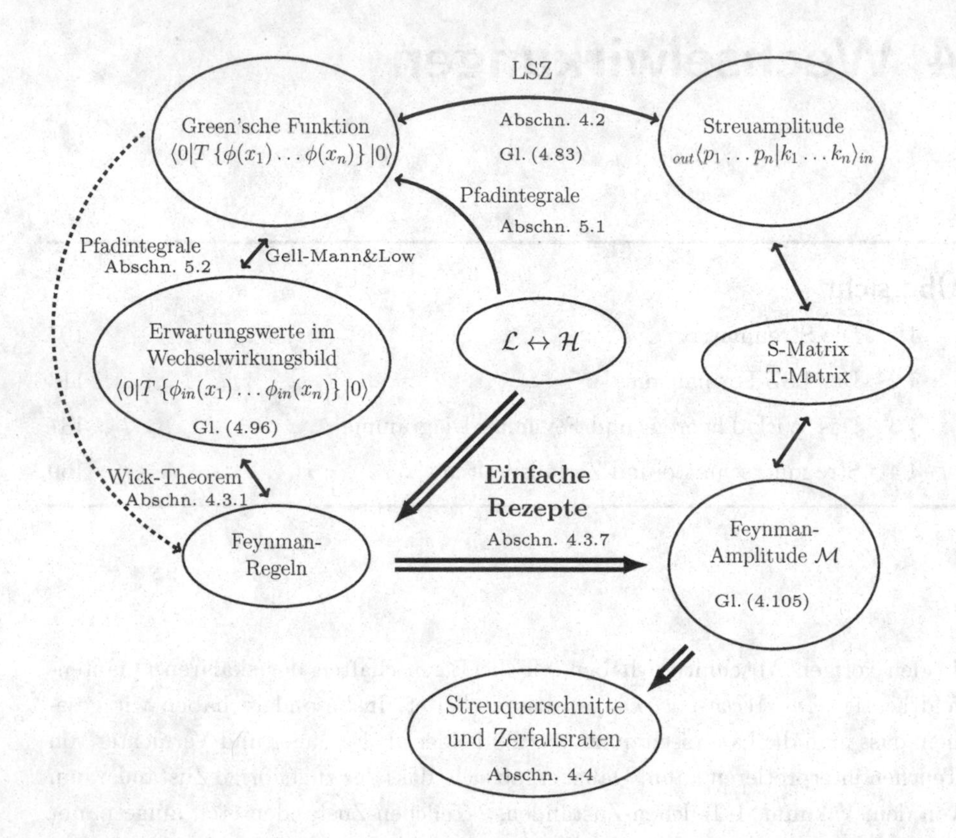

Abb. 4.1: Ein Versuch, die Zusammenhänge zwischen den etwas unübersichtlichen theoretischen Entwicklungen in diesem Kapitel graphisch darzustellen. Auch wenn hier einiges eingesetzt und gewählt wird, sind Ähnlichkeiten mit existierenden Regierungssystemen rein zufällig. Man achte auf die drei doppelten Pfeile: Das ist der Weg, den man in der Praxis fast immer geht, wenn man an der störungstheoretischen Berechnung von Streuprozessen interessiert ist. Spätestens wenn man über die führende Ordnung der Störungstheorie hinaus will, ist der schon steinig genug.

In diesem Kapitel entwickeln wir einen Formalismus, anhand dessen man den Weg von wechselwirkenden Feldtheorien zu Green'schen Funktionen und Streuamplituden gehen kann. Hat man das einmal verstanden, gibt es für gewisse Standardaufgaben (beispielsweise die Berechnung von Streuquerschnitten in führender Ordnung) vergleichsweise einfache „Rezepte", wie man von der Lagrange-Dichte zu physikalischen Ergebnissen kommt, ohne alle formalen Geschütze auffahren zu müssen. Wir haben diese Zusammenhänge in Abbildung 4.1 zusammengefasst. Die Vorschriften, wie man von einer vorgegebenen Lagrange-Dichte zu Feynman-Regeln und dann zu Streuamplituden und Querschnitten gelangt, lassen sich in

Computeralgorithmen übersetzen, und es existieren diverse spezialisierte Softwarepakete, z. B. [6, 7, 8, 9], die alle diese Schritte zumindest in führender Ordnung der Störungstheorie automatisieren. Die Automatisierung der nächsten Ordnung ist ebenfalls größtenteils erreicht. Vor allem die Berechnung der Feynman-Amplituden in höheren Ordnungen oder mit vielen beteiligten Teilchen kann aber sehr anspruchsvoll sein, und die Anzahl der Feynman-Graphen kann sehr groß werden, sodass nur aufwändige teils jahrelange computergestützte Rechnungen zum Ziel führen. Ein einfaches Ergebnis in führender Ordnung kann man aber oft in ein paar Minuten aufschreiben.

Dieses Kapitel ist also wie folgt aufgebaut: Zunächst werden wir den Zeitentwicklungsoperator von Anfangs- zu Endzuständen im Wechselwirkungsbild formulieren, die Streumatrix. Ab da werden wir einen etwas anderen Weg[1] beschreiten als viele Einführungen in die QFT, nämlich direkt die sogenannte LSZ-Formel verwenden. Sie stellt den Zusammenhang zwischen Green'schen Funktionen und Streuamplituden her. Mithilfe der Streumatrix, der Gell-Mann-Low-Formel und des Wick-Theorems werden wir dann die Green'schen Funktionen und damit auch die Streuamplituden durch Feynman-Graphen darstellen. Zum Abschluss besprechen wir dann, wie man die Streuamplituden in Streuquerschnitte und Zerfallsraten übersetzt.

4.1 Die Streumatrix

4.1.1 Eine einfache Feldtheorie mit Wechselwirkungen

Wir betrachten als Einstieg die einfachste wechselwirkende Theorie eines reellen skalaren Feldes, die sogenannte ϕ^4-Theorie:[2]

$$\mathcal{L}_{\phi^4} = \frac{1}{2}\partial_\mu\phi\partial^\mu\phi - \frac{m^2}{2}\phi^2 - \lambda\phi^4 \,. \tag{4.1}$$

Da die Lagrange-Dichte die Energiedimension E^4 hat, ist der Parameter λ (die „Kopplungskonstante") einheitenlos. Für die folgende Diskussion werden wir öfter

---

[1] Oft wird der Weg von der Streumatrix zu Feynman-Graphen zuerst direkter beschritten und die sogenannte LSZ-Reduktion später „nachgereicht". Da wir im Folgenden sehr viel mit Green'schen Funktionen arbeiten werden, finden wir den Einstieg so etwas steiler, aber lehrreicher.

[2] Die vielleicht naheliegende Wahl $\kappa\phi^3$ wollen wir hier ausklammern, da die Energie in diesem Fall nicht nach unten beschränkt ist. Zudem ist die Kopplungskonstante einheitenbehaftet, was einige interessante konzeptionelle Fragen aufwirft, die hier aber zu weit führen würden. Oft wird in der Literatur ein Faktor 1/4! im Wechselwirkungsterm hinzugenommen. Dies werden wir später auch ab und an tun – es entspricht einfach einer Redefinition der Konstante λ.

die Lagrange-Dichte und die Hamilton-Dichte in einen „freien" und einen „wechselwirkenden" Teil auftrennen:

$$\mathcal{L} = \mathcal{L}_{frei} + \mathcal{L}_{int} \tag{4.2}$$

$$\mathcal{H} = \mathcal{H}_{frei} + \mathcal{H}_{int} . \tag{4.3}$$

In unserem Fall ist $\mathcal{L}_{frei} = \frac{1}{2}\partial_\mu\phi\partial^\mu\phi - \frac{m^2}{2}\phi^2$ und $\mathcal{L}_{int} = -\lambda\phi^4$. Grob gesprochen stecken wir alle zusätzlichen Teile der Lagrange-Dichte, die von unserer freien Theorie abweichen, in $\mathcal{L}_{int}$. Bei der ϕ^4-Theorie ist es besonders einfach, zum Hamilton-Formalismus überzugehen, da *keine Ableitungen* im Wechselwirkungsterm $\mathcal{L}_{int} = -\lambda\phi^4$ stehen. Damit ergibt sich nach der Legendre-Transformation einfach

$$\mathcal{H}_{int} = -\mathcal{L}_{int} = \lambda\phi^4 . \tag{4.4}$$

Wechselwirkungen mit Ableitungstermen tauchen zum Beispiel in der Quantenchromodynamik und der schwachen Wechselwirkung auf. Sie sind wesentlich eleganter im Pfadintegral-Formalismus zu behandeln, da man dort alle Berechnungen direkt im Lorentz-kovarianten Lagrange-Formalismus durchführen kann und nicht die umständliche Umrechnung aus der Hamilton-Funktion vornehmen muss. Es wird sich erfreulicherweise herausstellen, dass alle Formeln, die wir herleiten, trotzdem noch gültig sein werden, wenn Ableitungen in der Wechselwirkung auftreten. Im kanonischen Formalismus würde man dies sehen, wenn man die Wirkung der Ableitung auf den Zeitordnungsoperator berücksichtigt.

Im Zuge der kanonischen Quantisierung hatten wir schon kurz angemerkt, wie man sich ganz grob die physikalische Bedeutung von Termen mit höheren Feldpotenzen in der Hamiltondichte veranschaulichen kann: Fasst man $\mathcal{H}_{int}$ als kleine Störung auf, kann man in erster Näherung die freien Feldoperatoren mit Erzeugern und Vernichtern beibehalten. Setzt man diese in den Wechselwirkungs-Hamiltonian $\lambda\phi^4$ ein, erhält man alle möglichen Produkte von vier Erzeuger- und Vernichteroperatoren wie z. B. $a\,a\,a^\dagger a^\dagger$ oder $a^\dagger a^\dagger a^\dagger a$. Man sieht hier also schon, dass durch das Auftauchen des Wechselwirkungsterms Teilchen im Zuge der Zeitentwicklung produziert und vernichtet werden können. Im Folgenden wollen wir diesen Zusammenhang vorsichtiger ausarbeiten und insbesondere die Störungsentwicklung systematisch betreiben.

AUFGABE 44

■ Berechnet anhand der Euler-Lagrange-Gleichungen, direkt durch das Variationsprinzip und anhand der Funktionalableitung die Bewegungsgleichungen von ϕ für die Lagrange-Dichte Gl. (4.1).

▶ Die Euler-Lagrange-Gleichung lautet

$$\frac{\partial\mathcal{L}}{\partial\phi} = \partial_\mu \frac{\partial\mathcal{L}}{\partial(\partial_\mu\phi)} . \tag{4.5}$$

Für unsere ϕ^4-Lagrange-Dichte bedeutet das konkret

$$-m^2\phi - 4\lambda\phi^3 = \partial_\mu\partial^\mu\phi \tag{4.6}$$

oder etwas kompakter

$$\Box\phi + m^2\phi + 4\lambda\phi^3 = 0\,. \tag{4.7}$$

Es handelt sich also um die Klein-Gordon-Gleichung mit einem zusätzlichen Quellterm $\propto \phi^3$, mit dem das Feld sich selbst speist. Nun wollen wir die gleiche Herleitung „zu Fuß" versuchen: Wir müssen fordern, dass die Wirkung unter einer Feldvariation invariant bleibt, d. h. dass $\delta S = 0$ ist. Die Variation von $\mathcal{L}$ unter einer Variation des Feldes $\phi \to \phi + \delta\phi$ ist gegeben durch

$$\delta\mathcal{L} = \partial_\mu\phi\partial^\mu\delta\phi - m^2\phi\delta\phi - 4\lambda\phi^3\delta\phi\,. \tag{4.8}$$

Wir verwenden die Produktregel (d.h. integrieren partiell unter dem Wirkungsintegral) und schieben damit die Ableitung von $\delta\phi$ weg:

$$\delta\mathcal{L} = \partial^\mu(\partial_\mu\phi\delta\phi) - \delta\phi\Box\phi - m^2\phi\delta\phi - 4\lambda\phi^3\delta\phi\,. \tag{4.9}$$

Wir vernachlässigen den ersten Term, eine Viererdivergenz, und die Forderung, dass ϕ die Wirkung unabhängig von der Feldvariation $\delta\phi$ minimieren soll, liefert uns:

$$\Box\phi + m^2\phi + 4\lambda\phi^3 = 0\,. \tag{4.10}$$

Die Herleitung anhand der Funktionalableitung der Wirkung,

$$\frac{\delta S[\phi]}{\delta\phi(x)} \stackrel{!}{=} 0\,, \tag{4.11}$$

verläuft völlig analog. Wir erhalten

$$S[\phi] = \int d^4y \left[\frac{1}{2}\partial_\mu^{(y)}\phi(y)\partial^{(y)\mu}\phi(y) - \frac{m^2}{2}\phi(y)^2 - \lambda\phi(y)^4\right] \tag{4.12}$$

und damit

$$\begin{aligned}
&\frac{\delta S[\phi]}{\delta\phi(x)} = \\
&= \int d^4y \Big[\partial_\mu^{(y)}\delta^4(x-y)\partial^{(y)\mu}\phi(y) - m^2\delta^4(x-y)\phi(y) - 4\lambda\delta^4(x-y)\phi(y)^3\Big] \\
&= -\partial_\mu\partial^\mu\phi(x) - m^2\phi(x) - 4\lambda\phi(x)^3 = 0\,.
\end{aligned} \tag{4.13}$$

Im letzten Schritt haben wir zuerst partiell integriert, um die Ableitung von der Delta-Distribution wegzuschieben, den Oberflächenterm verworfen und dann das Integral ausgeführt.

4.1.2 S-Matrix und Wechselwirkungsbild

Wir haben nun gesehen, wie man die freie Lagrange- oder Hamilton-Funktion erweitern kann, um Wechselwirkungen einzuführen. Nun wollen wir die sogenannte Streumatrix S berechnen, welche die Zeitentwicklung eines Anfangszustands $|\psi\rangle$ in Anwesenheit von Wechselwirkungen beschreibt. Das Ergebnis dieser Zeitentwicklung kann man dann auf Endzustände projizieren. Die resultierende Zahl $\langle\psi'|S|\psi\rangle$ ist nichts anderes als eine Streuamplitude. Etwas subtil ist dabei die korrekte Definition der Anfangs- und der Endzustände – dazu werden wir bei der Herleitung der LSZ-Formel mehr sagen.

Bis hierher haben wir, wie in Abschnitt 3.2.3 schon erwähnt, im Heisenberg-Bild gearbeitet. Hier sind alle Zustände $|\psi\rangle$ zeitunabhängig, während die gesamte Zeitentwicklung in den Operatoren steckt. In Abschnitt 3.2.3 haben wir weiterhin diskutiert, dass unsere Herangehensweise für die freie Theorie im Heisenberg-Bild konsistent ist und die zeitentwickelten Operatoren die Klein-Gordon-Gleichung lösen. Wir werden jetzt von der freien Theorie weggehen und auch kurz das Heisenberg-Bild verlassen, um die Streumatrix einfacher aufschreiben zu können. Diese Herleitung findet sich so ähnlich in fast allen QFT-Büchern.

Wechselwirkungsbild Sobald wir Wechselwirkungen $\mathcal{H}_{int}$ einführen, bietet es sich an, im Wechselwirkungsbild zu arbeiten. Es dürfte aus der regulären Quantenmechanik bekannt sein, wir stellen es hier aber der Vollständigkeit halber kurz vor. Wir betrachten dazu die Zeitentwicklung des Erwartungswerts eines Operators $\mathcal{O}$ bezüglich eines beliebigen Zustandes $|\phi\rangle$:

$$\langle\phi|\mathcal{O}|\phi\rangle \stackrel{t}{\to} \langle\phi|e^{iHt}\mathcal{O}e^{-iHt}|\phi\rangle. \tag{4.14}$$

Im Allgemeinen ist hier $|\phi\rangle$ kein Zustand mit einer bestimmten Teilchenzahl. Man kann nun die beiden Exponentiale dem Zustand (Schrödinger-Bild) oder dem Operator (Heisenberg-Bild) zuordnen. Letzteres entspricht der Zeitentwicklung eines Operators $\mathcal{O} \to e^{iHt}\mathcal{O}e^{-iHt}$ anhand der Heisenberg-Gleichung, ersteres der Zeitentwicklung des Zustands $|\phi\rangle \to e^{-iHt}|\phi\rangle$ anhand der Schrödinger-Gleichung.

Wir führen jetzt Wechselwirkungen ein, sodass

$$H = H_0 + H_{int} = \int d^3x\, \mathcal{H}_{frei} + \int d^3x\, \mathcal{H}_{int} \tag{4.15}$$

ist. Vor allem, wenn H_0 einfach zu lösen ist, H aber nicht, kann es sinnvoll sein, einen Mittelweg zwischen Schrödinger- und Heisenberg-Bild zu gehen – das Wechselwirkungs- oder Dirac-Bild. Dazu fügen wir zwei Einsen ein:

$$\langle\phi|e^{iHt}\underbrace{e^{-iH_0t}e^{iH_0t}}_{1}\mathcal{O}\underbrace{e^{-iH_0t}e^{iH_0t}}_{1}e^{-iHt}|\phi\rangle \tag{4.16}$$

und fassen nun $e^{iH_0t}e^{-iHt}|\phi\rangle$ zu einem zeitentwickelten Zustand $|\phi, t\rangle$ und $e^{iH_0t}\mathcal{O}e^{-iH_0t}$ zum zeitentwickelten Operator $\mathcal{O}(t)$ zusammen. Diese ist die Aufteilung der Zeitentwicklung auf Zustand und Operator im Wechselwirkungsbild. Sie ist dadurch motiviert, dass Feldoperatoren so immer noch die freie Klein-Gordon-Gleichung lösen. Das erlaubt es uns, weiterhin für die Feldoperatoren die einfache Darstellung mit Erzeugern und Vernichtern aus der kanonischen Quantisierung der freien Theorie zu verwenden, während die großen Komplikationen, die aus den Wechselwirkungen resultieren, nur die Zustände betreffen.

Später wollen wir in einer Störungstheorie arbeiten, in der der wechselwirkende (Störungs-)Term klein ist. Für $H_{int} \to 0$ erhalten wir damit wieder zeitunabhängige Zustände. Die Zustände erfahren quasi nur eine Änderung, wenn etwas „Interessantes" passiert.

Operatoren im Wechselwirkungsbild (und insbesondere Feldoperatoren im Wechselwirkungsbild) werden also genau wie im Heisenberg-Bild der *freien* Theorie zeitentwickelt, und zwar mit dem freien Hamiltonian

$$\mathcal{O}(t) = e^{iH_0t}\mathcal{O}(0)e^{-iH_0t}. \quad (4.17)$$

Der wechselwirkende Anteil des Hamiltonians wird dagegen in die Zeitentwicklung des Zustands gezogen,

$$|\phi, t\rangle = e^{iH_0t}e^{-iHt}|\phi, 0\rangle. \quad (4.18)$$

Man könnte jetzt versucht sein, e^{-iHt} in $e^{-iH_0t}e^{-iH_{int}t}$ aufzuteilen und den freien Hamiltonian einfach herauszukürzen. Allerdings vertauschen H_0 und H_{int} nicht, sodass dieser Schritt falsch ist. Im Moment wollen wir auf diesen Punkt nur hinweisen, wir werden allerdings gleich genauer darauf eingehen.

Aufgemerkt!

Achtung: Die Handhabung der (nicht-)Zeitabhängigkeit der verschiedenen Hamilton-Operatoren ist in diesen Herleitungen oft etwas verwirrend. Im Folgenden schreiben wir den zeitabhängigen Wechselwirkungs-Hamiltonian im Wechselwirkungsbild

$$H_{int}^{(t)} = e^{iH_0t}H_{int}e^{-iH_0t} \quad (4.19)$$

mit einem hochgestellten Zeitparameter, um eine Verwechslung der Notation von Zeitparametern und der Multiplikationen von konstanten Operatoren mit Zeitdifferenzen, wie beispielsweise $H_0(t_2 - t_1)$, zu vermeiden.

Diese Zeitabhängigkeit erhält man auch einfach, indem man H_{int} aus den zeitabhängigen freien Wechselwirkungsbild-Feldoperatoren $\phi(t, \mathbf{x})$ zusammensetzt.

Streumatrix S Den Übergang eines Zustands am Zeitpunkt t_1 zum Zeitpunkt t_2 berechnen wir in zwei Schritten:

$$|\phi, t_2\rangle = e^{iH_0t_2}e^{-iHt_2}|\phi, 0\rangle \tag{4.20}$$

$$|\phi, 0\rangle = (e^{iH_0t_1}e^{-iHt_1})^{-1}|\phi, t_1\rangle \tag{4.21}$$

$$\longrightarrow |\phi, t_2\rangle = e^{iH_0t_2}e^{-iHt_2} \cdot (e^{iH_0t_1}e^{-iHt_1})^{-1}|\phi, t_1\rangle \tag{4.22}$$

$$= \underbrace{e^{iH_0t_2}e^{-iH(t_2-t_1)}e^{-iH_0t_1}}_{:=U(t_2,t_1)}|\phi, t_1\rangle . \tag{4.23}$$

Dieser unitäre Operator $U(t_2, t_1)$ ist die Streumatrix oder S-Matrix und beschreibt den Übergang eines Zustands am Zeitpunkt t_1 zum Zeitpunkt t_2 (oft ist allerdings mit der S-Matrix oder dem S-Operator jene Version für $t_{1/2} \to \mp\infty$ gemeint). Nun müssen wir beachten, dass $[H_0, H_{int}] \neq 0$ ist. Für nicht-vertauschende Operatoren gilt die Baker-Campbell-Hausdorff-Formel (siehe z. B. [3]):

$$e^A e^B = e^{C(A,B)} \tag{4.24}$$

$$\text{mit } C(A,B) = \underbrace{A+B}_{(1)} + \underbrace{\frac{1}{2}[A,B] + \frac{1}{12}[A,[A,B]]}_{(2)} + \cdots . \tag{4.25}$$

Wir wollen unsere Exponenten so umparametrisieren, dass die Terme ab (2) in Gl. (4.25) manifest unterdrückt sind und im Grenzwert beliebig kleiner Zeitschritte vernachlässigt werden können. Dazu brauchen wir einen geeigneten Entwicklungsparameter und drücken

$$e^{-iH(t_2-t_1)} = \left(e^{-iH\delta}\right)^n$$

mithilfe von $\delta = (t_2 - t_1)/n$ aus. Da n beliebig groß werden kann, kann δ beliebig klein werden, und wir können es als Entwicklungsparameter benutzen. Wir wollen aber betonen, dass wir keine physikalische Störungsnäherung in δ machen, sondern den Parameter nur als Trick verwenden, um die Zeitentwicklung umzuschreiben. Am Ende nehmen wir den Grenzwert $\delta \to 0$ und erhalten das exakte Ergebnis zurück.

Wir ersetzen zunächst den entsprechenden Term in der S-Matrix

$$U(t_2, t_1) = e^{iH_0t_2}e^{-iH(t_2-t_1)}e^{-iH_0t_1} \tag{4.26}$$

$$= e^{iH_0t_2}\underbrace{e^{-iH\delta}\ldots e^{-iH\delta}}_{n\times}e^{-iH_0t_1} \tag{4.27}$$

und fügen zusätzlich noch n Einsen ein:

$$U(t_2, t_1) = e^{iH_0t_2}e^{iH\delta}\underbrace{e^{-iH_0(t_2-\delta)}e^{iH_0(t_2-\delta)}}_{1} \tag{4.28}$$

$$\times e^{-iH(t_2-t_1)}\underbrace{e^{-iH_0(t_2-2\delta)}e^{iH_0(t_2-2\delta)}}_{1}e^{-iH(t_2-t_1)} \tag{4.29}$$

$$\times \ldots \underbrace{e^{-iH_0(t_2-n\delta)}e^{iH_0(t_2-n\delta)}}_{1}e^{-iH_0t} . \tag{4.30}$$

Wir nehmen uns die ersten drei Terme der ersten Zeile heraus und formen um:

$$e^{iH_0t_2}e^{iH\delta}e^{-iH_0(t_2-\delta)} = e^{iH_0t_2}e^{i(H_{int}+H_0)\delta}e^{-iH_0t_2}e^{iH_0\delta} . \quad (4.31)$$

An diesem Punkt angelangt, benötigen wir Gl. (4.25) und können damit die Exponentialfunktion auseinanderziehen:

$$e^{iH_0t_2}e^{i(H_{int}\delta)}e^{iH_0\delta}e^{i[H_{int}\delta,H_0\delta]/2+\dots}e^{-iH_0t_2}e^{iH_0\delta} . \quad (4.32)$$

Der Kommutator $[H_{int}\delta, H_0\delta]$ ist von der Ordnung δ^2, während alle anderen Exponentialfunktionen maximal von der Ordnung δ sind. Entwickeln wir somit die zugehörige Exponentialfunktion in δ, so erhalten wir $(1 + \mathcal{O}(\delta^2))$. Da wir δ beliebig klein wählen können, interessiert uns hier nur die führende Ordnung in δ, und wir vernachlässigen Terme ab $[H_{int}, H_0]\delta^2$. Es ist wichtig, an dieser Stelle einzusehen, dass wir nicht den Kommutator $[H_{int}, H_0]$ vernachlässigen, sondern erst der Entwicklungsparameter δ es möglich macht, diese Terme höherer Ordnung loszuwerden! Um sicherzugehen, dass wir immer in der führenden Ordnung in δ bleiben, wollen wir kurz $\mathcal{O}(\delta^2)$ beibehalten.

So wird also Gl. (4.32) zu

$$e^{iH_0t_2}e^{i(H_{int}\delta)}e^{-iH_0t_2} + \mathcal{O}(\delta^2) = e^{iH_{int}^{(t_2)}\delta} + \mathcal{O}(\delta^2) \quad (4.33)$$

und enthält damit die zeitabhängige Wechselwirkungsbild-Variante des Wechselwirkungs-Hamiltonian H_{int} zum Zeitpunkt t_2. Für die nächsten drei Terme in Gl. (4.27) erhalten wir mit derselben Herangehensweise

$$e^{iH_0(t_2-\delta)}e^{-iH(t_2-t_1)}e^{-iH_0(t_2-2\delta)} = e^{iH_{int}^{(t_2-\delta)}\delta} + \mathcal{O}(\delta^2) . \quad (4.34)$$

Somit erhalten wir für alle Terme

$$U(t_2, t_1) = e^{-iH_{int}^{(t_2)}\delta}e^{-iH_{int}^{(t_2-\delta)}\delta}\dots e^{-iH_{int}^{(t_1)}\delta} + \mathcal{O}(\delta^2) . \quad (4.35)$$

Dieses Produkt ist zeitgeordnet, wegen $t_2 > t_2 - \delta > \dots > t_1$. Das bedeutet, wir können die Exponentialfunktionen zusammenfassen, da eine Zeitordnung der Operatoren alle Kommutatoren $[X(t_1), X(t_2)]$ verschwinden lässt. Einen entsprechenden Operator haben wir bereits in Gl. (3.60) kennengelernt. Damit gilt also für $t_2 > t_1$:

$$e^{X(t_2)}e^{X(t_1)} = T\{\left(e^{X(t_1)+X(t_2)}\right)\} , \quad (4.36)$$

und wir finden die kompakte Form

$$\begin{aligned} U(t_2, t_1) &= e^{-iH_{int}^{(t_2)}\delta}e^{-iH_{int}^{(t_2-\delta)}\delta}\dots e^{-iH_{int}^{(t_1)}\delta} + \mathcal{O}(\delta^2) \\ &= T\{\exp\left(-i\delta(H_{int}^{(t_2)} + H_{int}^{(t_2-\delta)} + H_{int}^{(t_2-2\delta)} + \dots + H_{int}^{(t_1)}\right)\} \\ &\overset{\delta\to 0}{=} T\{\exp\left(-i\int_{t_1}^{t_2} H_{int}^{(\tau)}d\tau\right)\}. \end{aligned} \quad (4.37)$$

Das ist unser Endergebnis:

Aufgemerkt! Zeitentwicklung im Wechselwirkungsbild

Teilt man die Hamilton-Funktion in einen quadratischen freien und einen wechselwirkenden Teil auf, dann lässt sich die Zeitentwicklung in diesem Wechselwirkungsbild zwischen den Zeitpunkten $t_1 \to t_2$ mithilfe der Zeitordnung als

$$U(t_2, t_1) = T\{\exp\left(-i\int_{t_1}^{t_2} H_{int}^{(\tau)} d\tau\right)\} \quad (4.38)$$

schreiben. Die Zeitordnung ist notwendig, da $H_{int}^{(\tau)}$ nicht mit sich selbst zu verschiedenen Zeitpunkten vertauscht.

Aufgemerkt! Störungstheorie

Die Störungstheorie, die wir in den folgenden Kapiteln häufig anwenden werden, entspricht gerade einer Entwicklung des Exponentials in Gl. (4.38) in Potenzen der Kopplungskonstante λ!

Rechnet die Herleitungen von Gl. (4.26) bis Gl. (4.37) nach!

4.2 Der LSZ-Formalismus

4.2.1 Feldnormierung und -redefinitionen

Bevor wir weitermachen, wollen wir kurz auf die Bedeutung von Normierungskonstanten und Feldredefinitionen eingehen.

Normierungskonstanten in der Lagrange-Dichte Wir haben bisher angenommen, dass insbesondere der „freie" quadratische Teil der Lagrange-Dichte in der Form

$$\mathcal{L} = \frac{1}{2}\partial_\mu\phi\partial^\mu\phi - \frac{1}{2}m^2\phi^2 \quad (4.39)$$

vorliegt, in der vor dem kinetischen und dem Massenterm der Vorfaktor $\frac{1}{2}$ steht. Das ist aber lediglich eine Konvention, die oft als *kanonische Normierung* bezeichnet wird[3]. Wenn wir später die Renormierung von Feldtheorien besprechen,

[3]Bei komplexen Feldern steht in der kanonischen Normierung einfach ein Faktor 1.

werden wir von Lagrange-Dichten mit beliebigen Vorfaktoren ausgehen, da in diese Vorfaktoren Divergenzen der Theorie absorbiert werden müssen. Wir wollen daher kurz darauf eingehen, wie sich der Propagator und die physikalischen Massen ändern, wenn man von der kanonischen Normierung weggeht und

$$\mathcal{L} = \frac{1}{2} Z_\phi \, \partial_\mu \phi \partial^\mu \phi - \frac{1}{2} Z_\phi Z_m m^2 \phi^2 \tag{4.40}$$

als Ausgangspunkt nimmt. Die Benennung der Konstanten wählen wir so, wie sie später wieder im Kapitel zur Renormierung von uns verwendet werden wird. Die resultierende modifizierte Klein-Gordon-Gleichung lautet einfach

$$(Z_\phi \Box + Z_\phi Z_m m^2)\phi = 0\,, \tag{4.41}$$

und die Bewegungsgleichung für den Propagator ist

$$(Z_\phi \Box + Z_\phi Z_m m^2) D_F(x) = -i\delta^4(x)\,. \tag{4.42}$$

Zieht man die Herleitung des Feynman-Propagators mit dieser Bewegungsgleichung durch, dann erhält man

$$\tilde{D}_F(p) = \frac{i}{Z_\phi p^2 - Z_\phi Z_m m^2 + i\epsilon}\,. \tag{4.43}$$

Was sind jetzt die tatsächlichen „physikalischen“ Parameter? In der freien Theorie liegt der Pol des Propagators jetzt (für $\epsilon \to 0$) bei

$$m^2_{pol,frei} = p^2 = m^2 Z_m\,. \tag{4.44}$$

Die globale Normierungskonstante Z_ϕ wurde so gewählt, dass sie sich hier herauskürzt. Man sieht aber auch, dass Veränderungen nur des kinetischen Terms $\propto \partial_\mu \phi \partial^\mu \phi$ die physikalische Masse durchaus beeinflussen. Zu diesem Propagator mit freien Normierungskonstanten Gl. (4.43) werden später noch Beiträge aus höheren Ordnungen der Störungstheorie hinzukommen.

Es ist also keinesfalls so, dass man die Lagrange-Dichte immer in die kanonische Form bringen muss, um mit ihr zu arbeiten. Wenn wir später Formeln für Streuamplituden herleiten, werden wir sehen, dass diese von der Feldnormierung unabhängig sind.

Ein Ort, an dem die Feldnormierung sich rechnerisch vor allem niederschlägt, ist das *Residuum des Propagators*. Fasst man p^2 als komplexe Variable auf und untersucht damit die Polstruktur des Propagators, Gl. (4.43), findet man wie gesagt, dass er für $\epsilon \to 0$ einen Pol bei $p^2 = m^2 Z_m$ hat. Das Residuum des Pols bei der physikalischen Masse ist dabei in der freien Theorie gerade

$$Res_{(m^2_{pol,frei})}(\tilde{D}_F) = iZ_\phi^{-1} \equiv iR\,. \tag{4.45}$$

Wieder werden hier noch höhere Ordnungen der Störungstheorie hinzukommen, die dieses Residuum verschieben (siehe Gl. (6.74)). Da wir aber die Konstante Z_ϕ frei wählen können, ist es möglich, das Residuum auch dann noch auf einen gewünschten Wert zu setzen.

Aufgemerkt! Residuum des Propagators

In Lehrbüchern wird das Residuum des Propagators am Pol $p^2 = m_{pol}^2$ oft mit Z benannt. Um Verwechslungen mit den Renormierungskonstanten Z_ϕ etc. zu vermeiden, verwenden wir (inspiriert von dem exzellenten Buch [10]) den Buchstaben R. Dieser Faktor R wird uns gleich in der Herleitung der LSZ-Formel begegnen, wo er eine zentrale Rolle spielt.

Redefinitionen der Felder Feldreskalierungen um eine Konstante sollten die Physik nicht ändern, da sie nichts anderes als einfache Variablenwechsel sind. Das wird im Rahmen der Pfadintegralquantisierung noch klarer werden. Nehmen wir an, wir skalieren das Feld ϕ mit

$$\phi \longrightarrow \sqrt{Z_\phi}\phi\,. \tag{4.46}$$

Die kanonisch normierte Lagrange-Dichte mit Wechselwirkungen

$$\mathcal{L} = \frac{1}{2}\partial_\mu\phi\partial^\mu\phi - \frac{1}{2}m^2\phi^2 - \lambda\phi^4 \tag{4.47}$$

geht nun über zu

$$\mathcal{L} = \frac{1}{2}Z_\phi\partial_\mu\phi\partial^\mu\phi - \frac{1}{2}Z_\phi m^2\phi^2 - Z_\phi^2\lambda\phi^4\,. \tag{4.48}$$

Beide Lagrange-Dichten beschreiben die gleiche Physik, obwohl die Kopplungskonstante in den Bewegungsgleichungen sich unterscheidet ($Z_\phi\lambda$ statt λ). Das liegt daran, dass sich die Interpretation des Feldes ϕ geändert hat. Das Residuum des Propagators ändert sich um den Faktor $R \to Z_\phi^{-1}R$.

4.2.2 Die Källén-Lehmann-Darstellung

Bisher hatten wir den Feynman-Propagator als Green'sche Funktion der Klein-Gordon-Gleichung, also der Bewegungsgleichung der freien Theorie, kennengelernt. Um verschiedene Residuen des Propagators diskutieren zu können, hatten

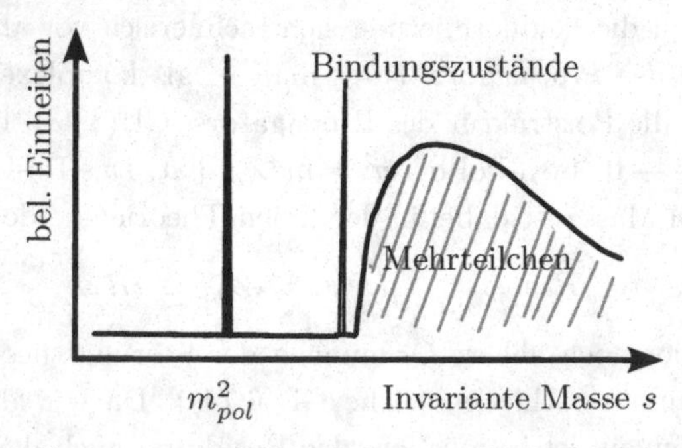

Abb. 4.2: Skizze einer Källén-Lehmann-Spektraldichte $\rho(s)$.

wir Propagatoren nicht kanonisch normierter Lagrange-Dichten verwendet und nebulös darauf verwiesen, dass diese Propagatoren in wechselwirkenden Theorien aber noch weitere Beiträge erhalten. Wir werden in den Abschnitten 6.2.2 und 6.2.3 konkret besprechen, wie diese Korrekturen in der Störungstheorie behandelt werden. In den folgenden Abschnitten werden wir aber schon die Green'schen Funktionen wechselwirkender Theorien diskutieren, und um das zu vereinfachen, ist es sehr nützlich, die sogenannte Källén-Lehmann-Darstellung des *exakten* Propagators, also der Green'schen Zweipunkt-Funktion $G(x-y)$ der vollen Theorie, einzuführen. Wir werden sie einfach nur angeben und kurz motivieren. Für hübsche Herleitungen siehe z. B. [3] oder [11]. Man schreibt für zwei Felder im Heisenberg-Bild

$$\langle 0|T\{\phi(x)\phi(y)\}|0\rangle = \int_0^\infty \frac{ds}{2\pi}\rho(s)\int \frac{d^4p}{(2\pi)^4}\frac{i}{p^2-s+i\epsilon}e^{-ip(x-y)} . \tag{4.49}$$

Hier nennt man $\rho(s)$ die *Spektraldichte.* Ihre Form ist in Abb. 4.2 vereinfacht skizziert. Man schreibt also den exakten Propagator als eine Summe vieler Einzelpropagatoren unterschiedlicher Polpositionen, jeweils gewichtet mit der Spektraldichte.

AUFGABE 45

Bestimmt die Spektraldichte des freien Skalarfeldes mit

$$\mathcal{L} = \frac{1}{2}Z_\phi\partial_\mu\phi\partial^\mu\phi - \frac{1}{2}Z_\phi m^2\phi^2 . \tag{4.50}$$

Verwendet Gl. (4.43).

Der entsprechende Feynman-Propagator lautet

$$D_F^Z(x-y) = \int \frac{d^4p}{(2\pi)^4}\frac{i}{Z_\phi p^2 - Z_\phi m^2 + i\epsilon}e^{-ip(x-y)} = Z_\phi^{-1}D_F(x-y) . \tag{4.51}$$

Damit brauchen wir nur einen Beitrag bei $s=m^2$ und finden daher

$$\rho(s) = Z_\phi^{-1}\,2\pi\delta(s-m^2) . \tag{4.52}$$

Das Residuum des Propagators ist wieder $iR = iZ_\phi^{-1}$.

Geht man davon aus, dass auch in der wechselwirkenden Theorie noch isolierte Teilchen existieren, wie man es in störungstheoretisch behandelbaren Theorien erwarten würde, enthält auch hier die spektrale Dichte einen Anteil $\propto \delta(s - m_{pol}^2)$. Ihn kann man aus der Darstellung isolieren und schreiben

$$\langle 0|T\{\phi(x)\phi(y)\}|0\rangle = \int \frac{d^4p}{(2\pi)^4} \frac{iR}{p^2 - m_{pol}^2 + i\epsilon} e^{-ip(x-y)} + \int_{M_{min}}^{\infty} \frac{ds}{2\pi} \rho(s) \int \frac{d^4p}{(2\pi)^4} \frac{i}{p^2 - s + i\epsilon} e^{-ip(x-y)} . \quad (4.53)$$

Dabei wäre naiv M_{min} gerade $\gtrsim 2m_{pol}$, da ab hier 2-Teilchen-Zustände als Zwischenzustände auftauchen können. Bindungszustände können aber eine etwas niedrigere Energie als ihre Konstituenten haben (siehe z. B. das Wasserstoffatom mit $E_0 \sim m_p + m_e - 13.6$ eV). Daher wird im Allgemeinen M_{min} etwas unter $2m_{pol}$ liegen. Wichtig für den weiteren Verlauf unserer Argumentation ist vor allem, dass ein Pol bei der Masse m_{pol} vorliegt und das Residuum dort iR ist. Dieser R-Faktor wird uns ab jetzt ständig begleiten. Auf die Bestimmung von m_{pol} und R werden wir im Rahmen der Störungstheorie in Abschnitt 6.2.2 zurückkommen.

4.2.3 Die LSZ-Reduktion

Wir haben in den vorigen Abschnitten Green'sche Funktionen der Klein-Gordon-Gleichung (und damit der Theorie eines freien Skalarfeldes) kennengelernt, die die Propagation eines Teilchens von einem Raumzeitpunkt x_1 zu einem Raumzeitpunkt x_2 beschreiben. Insbesondere interessierte uns die zeitgeordnete Zwei-Punkt-Green-Funktion der freien Theorie, der Feynman-Propagator

$$G(x_2, x_1) = \langle 0|T\{\phi(x_2)\phi(x_1)\}|0\rangle . \quad (4.54)$$

Dieses Konzept der Green'schen Funktionen lässt sich in mehrerlei Hinsicht verallgemeinern: Wir können die Green'sche Funktion von mehr als zwei Feldern betrachten, und wir können Wechselwirkungen einschalten. Die resultierenden Green'schen Funktionen haben dann die Form

$$G(x_n, \ldots, x_1) = \langle 0|T\{\phi(x_n) \ldots \phi(x_1)\}|0\rangle , \quad (4.55)$$

wobei es sich um wechselwirkende Heisenberg-Felder und Vakua handelt. Die LSZ-Reduktionsformel, die wir jetzt herleiten wollen, liefert den Zusammenhang zwischen solchen verallgemeinerten Green'schen Funktionen und S-Matrixelementen, d.h. Streuamplituden. Die Herleitung der Reduktionsformel ist etwas länglich und unübersichtlich und enthält einige konzeptionelle Subtilitäten. Wir werden daher am Ende, wenn der Nebel sich gelichtet hat, noch einmal die wichtigen Ergebnisse zusammenfassen. Diese sind zum Glück wesentlich schöner als die Herleitungen, und vergleichsweise einfach in der Anwendung. Einen Überblick liefert Abb. 4.1.

Asymptotisches Teilchen auf dem Selbstfindungstrip

In- und Out-Zustände Der wichtigste und vielleicht am schwersten zu verstehende Teil der Argumentation ist der Folgende: Man will eine Situation beschreiben, in der sich individuelle Teilchen aufeinander zu bewegen und wechselwirken und die produzierten Teilchen wieder individuell den Ort der Streuung verlassen. Die Mehr-Teilchen-Zustände, die wir vor der Kollision in unserem Beschleuniger präparieren, und jene, die wir nach der Kollision in unserem Detektor registrieren, sind nach wie vor Zustände der wechselwirkenden Theorie. Schließlich ist „in der Natur" der wechselwirkende Teil der Lagrange Dichte immer vorhanden. Dennoch sind die Teilchen im Anfangs- und im Endzustand in einem gewissen Sinn frei, denn wir präparieren sie so, dass sie aufgrund ihrer räumlichen Separation nicht miteinander wechselwirken. Wir werden in unserer Herleitung hier zwar mit einfachen Impulseigenzuständen arbeiten, die so ermittelten Matrix-Elemente dann aber in Abschnitt 4.4 mit lokalisierten Wellenpaketen falten, um Streuquerschnitte zu berechnen. Daher, so die Argumentation, können wir die sogenannten *asymptotischen Zustände* in der fernen Vergangenheit und Zukunft anhand freier Feldtheorien beschreiben. Allerdings müssen die Parameter dieser freien Theorien den Einfluss der Selbstwechselwirkungen auf die Normierung der Felder und die Masse des Teilchens berücksichtigen. Diese freien Theorien der asymptotischen Zustände sind also nicht einfach durch den quadratischen Teil der vollen Lagrangedichte gegeben, sondern besitzen im Allgemeinen verschobene Koeffizienten.

Sei $\phi(\mathbf{x}, t)$ das Feld der wechselwirkenden Theorie im *Heisenberg-Bild*, d. h. mit der vollen Zeitentwicklung in den Operatoren. Den oben motivierten Zusammenhang der wechselwirkenden Zustände mit Zuständen der freien Theorie kann man nun herstellen, indem man die Identifikation

$$\begin{aligned}\lim_{t\to\infty} \phi(\mathbf{x},t) &\sim \sqrt{R} \quad \lim_{t\to\infty} \phi_{out}(\mathbf{x},t) \\ \lim_{t\to-\infty} \phi(\mathbf{x},t) &\sim \sqrt{R} \quad \lim_{t\to-\infty} \phi_{in}(\mathbf{x},t)\end{aligned} \tag{4.56}$$

vornimmt.[4] Die Felder ϕ_{in} und ϕ_{out} gehören jetzt zu freien Theorien, mit denen wir die isolierten Teilchen vor und nach der Streuung beschreiben. Der Massenparameter dieser freien Theorien, $m = m_{pol}$, entspricht der physikalischen Masse der Teilchen in der wechselwirkenden Theorie und unterscheidet sich daher im Allgemeinen vom Massenparameter m in $\mathcal{L}_{frei}$ und, wie wir später sehen werden, in höheren Ordnungen der Störungstheorie auch von dem sog. renormierten Massenparameter in der Lagrange-Dichte. Die freien Felder ϕ_{in} und ϕ_{out} können wir wie gewohnt mittels Erzeugungs- und Vernichtungsoperatoren darstellen, und unsere asymptotischen Zustände sind Fock-Raum-Zustände ohne Zeitentwicklung.

Die beiden freien Theorien für $t \to \pm\infty$ haben zwar die gleichen Parameter, aber die zugehörigen Fock-Raum-Zustände $|\phi_{\mathbf{k}_1}\phi_{\mathbf{k}_2}\cdots\rangle_{in}$ und $|\phi_{\mathbf{k}_1}\phi_{\mathbf{k}_2}\cdots\rangle_{out}$ entsprechen sich nicht – sie unterscheiden sich durch einen Basiswechsel, der gerade durch die Zeitentwicklung im Wechselwirkungsbild von $-\infty \to \infty$ gegeben ist:

$$|\phi_{\mathbf{k}_1}\phi_{\mathbf{k}_2}\cdots\rangle_{in} = S|\phi_{\mathbf{k}_1}\phi_{\mathbf{k}_2}\cdots\rangle_{out}\,. \tag{4.57}$$

Sollen einlaufende und auslaufende Teilchen in der jeweiligen n-Teilchen-Basis der beiden freien Theorien stehen, ist das S-Matrixelement also einfach gegeben durch

$$S_{fi} = {}_{out}\langle\phi_{\mathbf{p}_1}\phi_{\mathbf{p}_2}\ldots|\phi_{\mathbf{k}_1}\phi_{\mathbf{k}_2}\ldots\rangle_{in}\,. \tag{4.58}$$

Das sieht überraschend einfach aus, denn alle Information darüber, was bei der Streuung geschieht, steckt in dem Basiswechsel von *in* zu *out*. Wollen wir ein- und auslaufende Teilchen bezüglich der gleichen Fock-Raum-Basis (z. B. der *out*-Zustände) beschreiben, müssen wir einfach Gl. (4.57) in Gl. (4.58) einsetzen und erhalten

$$S_{fi} = {}_{out}\langle\phi_{\mathbf{p}_1}\phi_{\mathbf{p}_2}\ldots|S|\phi_{\mathbf{k}_1}\phi_{\mathbf{k}_2}\ldots\rangle_{out}\,. \tag{4.59}$$

Das wollen wir aber zunächst nicht – wir werden jetzt Gl. (4.58) auswerten, indem wir die $|\ldots\rangle_{in}$- und $|\ldots\rangle_{out}$-Zustände anhand der Felder ϕ_{in} und ϕ_{out} konstruieren. Die Felder $\phi_{in/out}$ werden dann über die Relation Gl. (4.56) in wechselwirkende Felder ϕ konvertiert, und wir erhalten einen Ausdruck der Form $\langle 0|\phi\ldots\phi|0\rangle$, also eine Green'sche Funktion (die Gleichung, die am Ende diesen Zusammenhang beschreibt, ist gerade die LSZ-Reduktionsformel).

Dazu besorgen wir uns als erstes die Auf- und Absteiger $a_{in/out}$ und $a^\dagger_{in/out}$ bezüglich der beiden Fock-Raum-Basen als Funktion der Felder $\phi_{in/out}$. Die entsprechenden Relationen haben wir bereits in Gl. (3.16) ausgearbeitet.

---

[4] Die Tilden in Gl. (4.56) sollen ausdrücken, dass keine Gleichheit auf Operatorlevel gilt, sondern dass diese Identifikation nur für Matrixelemente gemacht werden darf, d. h. nur für Operatoren, die zu beiden Seiten auf Zustandsvektoren wirken, $\langle\psi|\mathcal{O}|\psi'\rangle$. Man spricht hier von einer *schwachen Bedingung*. Würde man hier wirklich Gleichheit der Operatoren fordern, wäre ϕ das Feld einer freien Theorie, und wir hätten das Kind mit dem Bade ausgeschüttet.

AUFGABE 46

Sei ϕ ein freies Skalarfeld im Heisenberg-Bild. Zeigt, dass für ein *beliebiges* $t = x_0$ die Auf- und Absteiger gegeben sind durch

$$a_{\mathbf{p}}^{\dagger} = -i \int d^3x \, e^{-ipx} \overleftrightarrow{\partial_t} \phi \,, \tag{4.60}$$

mit $p_0 = \sqrt{\mathbf{p}^2 + m_{pol}^2}$ und $f \overleftrightarrow{\partial_t} g \equiv f \partial_t g - (\partial_t f) g$.

Wir benutzen die Darstellung der freien Felder durch Auf- und Absteiger, Gl. (3.10):

$$\begin{aligned} \phi(x) &= \int \frac{d^3k}{(2\pi)^3 2E_{\mathbf{k}}} \left(a_{\mathbf{k}} e^{-ikx} + a_{\mathbf{k}}^{\dagger} e^{ikx} \right), \\ k_0 &= E_{\mathbf{k}} = \sqrt{\mathbf{k}^2 + m_{pol}^2}, \end{aligned} \tag{4.61}$$

und erhalten

$$\begin{aligned} e^{-ipx} \overleftrightarrow{\partial_t} \phi &= e^{-ipx} (ip_0 + \partial_t) \phi \\ &= \int \frac{d^3k}{(2\pi)^3 2E_{\mathbf{k}}} \left(a_{\mathbf{k}} \underbrace{(ip_0 - ik_0)}_{=0} e^{-i(k+p)x} + a_{\mathbf{k}}^{\dagger} (ip_0 + ik_0) e^{-i(-k+p)x} \right) \\ &= i \int \frac{d^3k}{(2\pi)^3 2E_{\mathbf{k}}} \left(a_{\mathbf{k}}^{\dagger} (E_{\mathbf{p}} + E_{\mathbf{k}}) e^{-i(-k+p)x} \right). \end{aligned} \tag{4.62}$$

Weil hier ja nur der Exponent von $\mathbf{x}$ abhängt, ergibt nun eine Integration über $-i \int d^3x \, e^{-i(-\mathbf{k}+\mathbf{p})\mathbf{x}}$ eine Delta-Distribution $-i(2\pi)^3 \delta^3(\mathbf{k} - \mathbf{p})$, und eine Exponentialfunktion $e^{-i(-k_0+p_0)x^0}$ bleibt stehen. Da jetzt aber $\mathbf{k} = \mathbf{p}$ ist, gilt auch $p_0 = E_{\mathbf{p}} = E_{\mathbf{k}} = k_0$, und die verbliebene Exponentialfunktion ist gleich 1. Wir können die Integration über $\mathbf{k}$ ausführen und erhalten direkt das gesuchte Ergebnis.

Wendet man die Relation Gl. (4.60) auf ϕ_{in} und ϕ_{out} an, erhält man die Erzeuger $a_{in}^{\dagger}$ und $a_{out}^{\dagger}$. Wir können jetzt die asymptotischen Zustände konstruieren:

$$\begin{aligned} |\phi_{\mathbf{k}_1}, \phi_{\mathbf{k}_2}, \ldots\rangle_{in} &= a_{\mathbf{k}_1,in}^{\dagger} a_{\mathbf{k}_2,in}^{\dagger} \cdots |0\rangle \\ |\phi_{\mathbf{p}_1}, \phi_{\mathbf{p}_2}, \ldots\rangle_{out} &= a_{\mathbf{p}_1,out}^{\dagger} a_{\mathbf{p}_2,out}^{\dagger} \cdots |0\rangle \,. \end{aligned} \tag{4.63}$$

Wir haben hier nicht zwischen $|0\rangle_{in}$ und $|0\rangle_{out}$ unterschieden, da das Vakuum in den beiden freien Theorien bis auf eine frei wählbare komplexe Phase dasselbe ist. Insbesondere ist wieder $\langle 0|0\rangle = 1$.

Wir haben jetzt die nötige Vorarbeit geleistet, um die Verbindung von Green'schen Funktionen und Streuamplituden herzustellen – die LSZ-Reduktionsformel. Wir beginnen also mit dem Matrixelement

$$S_{fi} = {}_{out}\langle \phi_{\mathbf{p}_1}, \phi_{\mathbf{p}_2} \dots | \phi_{\mathbf{k}_1}, \phi_{\mathbf{k}_2} \dots \rangle_{in} \,. \tag{4.64}$$

Wir werden jetzt eines nach dem anderen die Teilchen des *in*-Zustands über *in*-Erzeuger schreiben, diese in *out*-Erzeuger umwandeln und die dabei auftretenden Beiträge aufsammeln. Dabei stellen wir fest, dass in unserem Matrixelement einige Beiträge mitgenommen werden, die man als *nicht-zusammenhängend* bezeichnet.

LSZ-Formel, die Erste Beginnen wir, indem wir das erste der einlaufenden Teilchen durch einen $a^\dagger_{in}$-Erzeuger und dann durch ϕ_{in} ausdrücken:

$$\begin{aligned} S_{fi} &= {}_{out}\langle \phi_{\mathbf{p}_1}, \phi_{\mathbf{p}_2} \dots | a^\dagger_{\mathbf{k}_1,in} | \phi_{\mathbf{k}_2} \dots \rangle_{in} \\ &= -i \int d^3x \, e^{-iE_{\mathbf{k}}t + i\mathbf{k}_1\mathbf{x}} \overleftrightarrow{\partial_t} \, {}_{out}\langle \phi_{\mathbf{p}_1}, \phi_{\mathbf{p}_2} \dots | \phi_{in}(\mathbf{x}, t) | \phi_{\mathbf{k}_2} \dots \rangle_{in} \,. \end{aligned} \tag{4.65}$$

Da unsere Definition der asymptotischen Erzeuger und Vernichter für beliebige Werte des Parameters t gilt (die Zeitentwicklung in ϕ_{in} wird durch den Vorfaktor $e^{-iE_k t}$ kompensiert), können wir nun den Grenzwert sehr großer Zeiten $t \to \pm\infty$ betrachten, ohne dass sich der Ausdruck ändert.[5] Wir können also mit Gl. (4.56) schreiben

$$\begin{aligned} S_{fi} &= -i \lim_{t \to -\infty} \int d^3x \, e^{-ik_1 x} \overleftrightarrow{\partial_t} \, {}_{out}\langle \phi_{\mathbf{p}_1}, \phi_{\mathbf{p}_2} \dots | \phi_{in}(\mathbf{x}, t) | \phi_{\mathbf{k}_2} \dots \rangle_{in} \\ &= -iR^{-\frac{1}{2}} \lim_{t \to -\infty} \int d^3x \, e^{-ik_1 x} \overleftrightarrow{\partial_t} \, {}_{out}\langle \phi_{\mathbf{p}_1}, \phi_{\mathbf{p}_2} \dots | \phi(\mathbf{x}, t) | \phi_{\mathbf{k}_2} \dots \rangle_{in} \,, \end{aligned} \tag{4.66}$$

wobei wir der Übersichtlichkeit halber wieder zur Vierervektor-Notation im Exponenten übergegangen sind.

Wenn wir an dieser Stelle den Grenzwert in die andere Richtung nehmen würden, bekämen wir ein ϕ_{out}-Feld und daraus einen $a^\dagger_{out}$-Operator, von dem wir genau wissen, wie er auf *out*-Zustände wirkt. Es stellt sich tatsächlich heraus, dass man einen nützlichen Ausdruck erhält, wenn man den Grenzwert umkehrt, und den „Fehler", den man dabei macht, hinzuaddiert.

AUFGABE 47

Überzeugt euch zuerst davon, dass gilt:

$$\int d^4x \, \partial_t f(x) = \lim_{t \to \infty} \int d^3x \, f(x) - \lim_{t \to -\infty} \int d^3x \, f(x) \,. \tag{4.67}$$

[5] Wir wollen zunächst nicht wirklich den Grenzwert $t \to \pm\infty$ nehmen, sondern nutzen aus, dass wir den Parameter t so wählen können, dass sich ϕ_{in} beliebig nahe an $\phi/\sqrt{R}$ annähert.

Zeigt dann, dass damit aus Gl. (4.66) folgt:

$$\begin{aligned} S_{fi} &= {}_{out}\langle\phi_{\mathbf{p}_1},\phi_{\mathbf{p}_2}\dots|a^\dagger_{\mathbf{k}_1,out}|\phi_{\mathbf{k}_2}\dots\rangle_{in} \\ &+ iR^{-\frac{1}{2}}\int d^4x\,\partial_t\Big[e^{-ik_1x}\overleftrightarrow{\partial_t}\,{}_{out}\langle\phi_{\mathbf{p}_1},\phi_{\mathbf{p}_2}\dots|\phi(\mathbf{x},t)|\phi_{\mathbf{k}_2}\dots\rangle_{in}\Big] \quad (4.68) \end{aligned}$$

▶ Die erste Relation folgt einfach aus dem Fundamentalsatz der Analysis $\int_a^b f'(x)dx = f(b)-f(a)$ für $a,b\to\pm\infty$. Wir nutzen diese Relation nun, um den Grenzwert $\lim_{t\to-\infty}$ in Gl. (4.66) in einen Grenzwert $\lim_{t\to\infty}$ umzuwandeln, wobei wir

$$f = e^{-ik_1x}\overleftrightarrow{\partial_t}\,{}_{out}\langle\phi_{\mathbf{p}_1},\phi_{\mathbf{p}_2}\dots|\phi(\mathbf{x},t)|\phi_{\mathbf{k}_2}\dots\rangle_{in} \quad (4.69)$$

verwenden. Wir erhalten

$$\begin{aligned} S_{fi} &= -iR^{-\frac{1}{2}}\lim_{t\to\infty}\int d^3x\,e^{-ik_1x}\overleftrightarrow{\partial_t}\,{}_{out}\langle\phi_{\mathbf{p}_1},\phi_{\mathbf{p}_2}\dots|\phi(\mathbf{x},t)|\phi_{\mathbf{k}_2}\dots\rangle_{in} \\ &+ iR^{-\frac{1}{2}}\int d^4x\,\partial_t\Big[e^{-ik_1x}\overleftrightarrow{\partial_t}\,{}_{out}\langle\phi_{\mathbf{p}_1},\phi_{\mathbf{p}_2}\dots|\phi(\mathbf{x},t)|\phi_{\mathbf{k}_2}\dots\rangle_{in}\Big] \quad (4.70) \end{aligned}$$

Im ersten Term gehen wir anhand der Relation in Gl. (4.56) zurück zu dem Feld ϕ_{out}:

$$\begin{aligned} S_{fi} &= -i\lim_{t\to\infty}\int d^3x\,e^{-ik_1x}\overleftrightarrow{\partial_t}\,{}_{out}\langle\phi_{\mathbf{p}_1},\phi_{\mathbf{p}_2}\dots|\phi_{out}(\mathbf{x},t)|\phi_{\mathbf{k}_2}\dots\rangle_{in} \\ &+ iR^{-\frac{1}{2}}\int d^4x\,\partial_t\Big[e^{-ik_1x}\overleftrightarrow{\partial_t}\,{}_{out}\langle\phi_{\mathbf{p}_1},\phi_{\mathbf{p}_2}\dots|\phi(\mathbf{x},t)|\phi_{\mathbf{k}_2}\dots\rangle_{in}\Big] \quad (4.71) \end{aligned}$$

und ersetzen das Feld ϕ_{out} mithilfe von Gl. (4.60) durch den Erzeuger $a^\dagger_{out}$.

Vor allem der zweite Ausdruck sieht noch nicht besonders hübsch aus. Der Eindruck täuscht aber, denn wenn man die beiden Zeitableitungen etwas umordnet und partiell integriert, erhält man den Klein-Gordon-Operator!

AUFGABE 48

■ Zeigt, dass gilt:

$$\begin{aligned} &iR^{-\frac{1}{2}}\int d^4x\,\partial_t\Big[e^{-ik_1x}\overleftrightarrow{\partial_t}\,{}_{out}\langle\phi_{\mathbf{p}_1},\phi_{\mathbf{p}_2}\dots|\phi(\mathbf{x},t)|\phi_{\mathbf{k}_2}\dots\rangle_{in}\Big] \\ &= iR^{-\frac{1}{2}}\int d^4x\,e^{-ik_1x}[\Box+m^2_{pol}]\,{}_{out}\langle\phi_{\mathbf{p}_1},\phi_{\mathbf{p}_2}\dots|\phi(\mathbf{x},t)|\phi_{\mathbf{k}_2}\dots\rangle_{in}\,. \quad (4.72) \end{aligned}$$

▶ Die Rechnung ist unabhängig davon, auf welche Funktion die Differenzial-

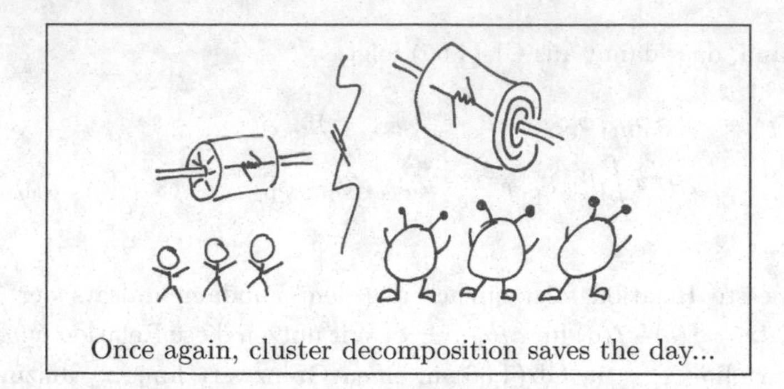

Once again, cluster decomposition saves the day...

operatoren wirken. Wir nutzen lediglich die Tatsache, dass die Viererimpulse k_i auf der Massenschale sind, d. h. dass $k_{i,0}^2 = \mathbf{k}_i^2 + m_{pol}^2$ ist. Es ist

$$\begin{aligned}\partial_t e^{-ikx} \overleftrightarrow{\partial_t} &= e^{-ikx}(-ik_0 + \partial_t)\overleftrightarrow{\partial}_t \\ &= e^{-ikx}(-ik_0 + \partial_t)(\partial_t + ik_0) = e^{-ikx}(\partial_t^2 + (k_0)^2) \\ &= e^{-ikx}(\partial_t^2 + \mathbf{k}^2 + m_{pol}^2) \\ &= e^{-ikx}(m_{pol}^2 + \partial_t^2) + (\partial_i \partial^i e^{-ikx}) \,. \end{aligned} \tag{4.73}$$

Jetzt müssen wir nur noch unter dem Integral die beiden Ableitungen $\partial_i\partial^i$ durch partielles Integrieren auf das Feld statt die Exponentialfunktion wirken lassen, wobei die dabei auftauchenden Oberflächenterme vernachlässigt werden. Wir erhalten den Operator $\partial_i\partial^i + \partial_t^2 + m_{pol}^2 = \Box + m_{pol}^2$. Man beachte dabei das Vorzeichen aus der Metrik aufgrund der Indexstellung in $\partial_i\partial^i$.

Damit folgt dann also aus Gl. (4.68)

$$\begin{aligned} S_{fi} &= {}_{out}\langle \phi_{\mathbf{p}_1}, \phi_{\mathbf{p}_2} \dots | a^\dagger_{\mathbf{k}_1,out} | \phi_{\mathbf{k}_2} \dots \rangle_{in} \\ &+ iR^{-\frac{1}{2}} \int d^4x \; e^{-ik_1x} [\Box + m_{pol}^2] \, {}_{out}\langle \phi_{\mathbf{p}_1}, \phi_{\mathbf{p}_2} \dots | \phi(\mathbf{x}, t) | \phi_{\mathbf{k}_2} \dots \rangle_{in} \,. \end{aligned} \tag{4.74}$$

Damit haben wir etwas sehr Wichtiges erreicht, nämlich eine Schreibweise unseres Matrixelements, die zumindest im für uns wichtigeren zweiten Teil wieder Lorentz-kovariant ist. Der Erwartungswert am Ende der Gl. (4.74) sieht schon ein bisschen mehr wie eine Green'sche Funktion aus, und man kann schon erahnen, dass man einen direkten Zusammenhang zwischen dem Matrixelement S_{fi} und Green'schen Funktionen $\langle \phi_1 \dots \phi_n \rangle$ erhält, wenn man die eben durchgeführte Prozedur für alle Teilchen der *in*- und der *out*-Zustände wiederholt.

Bevor wir noch die verbliebenen Teilchen in den Zuständen auf diese Weise umschreiben, sollten wir kurz inne halten und etwas zur physikalischen Interpretation der beiden Beiträge zum Matrixelement in Gl. (4.74) sagen.

Zusammenhängende und nicht-zusammenhängende Beiträge Der Ursprung des **ersten Teils** von Gl. (4.74) war ja die direkte Umwandlung des *in*-Erzeugers in einen *out*-Erzeuger, der auf den Bra-*out*-Zustand wie ein Vernichter wirkt. Dieser Ausdruck trägt nur bei, wenn eines der Teilchen im *out*-Zustand gerade den Impuls k_1 hat. Es handelt sich also um den Teil des Matrixelements, bei dem das Teilchen mit dem Impuls k_1 einfach durch den Streuprozess „hindurchgeflogen" ist, ohne je mit den anderen Teilchen in Wechselwirkung zu treten, also von dem Restprozess isoliert ist. Wenn wir $a^\dagger_{\mathbf{k}_1,out}$ auf den *out*-Zustand wirken lassen, erhalten wir Beiträge $\propto \delta^3(\mathbf{p}_1 - \mathbf{k}_1), \delta^3(\mathbf{p}_2 - \mathbf{k}_1), \ldots$, die das einlaufende Teilchen mit Impuls k_1 jeweils mit einem anderen auslaufenden Teilchen identifizieren. Betrachten wir beispielhaft den ersten dieser Terme näher,

$$\sim (2\pi)^3 2E_{\mathbf{p}_1} \delta^3(p_1 - k_1)_{out}\langle \phi_{\mathbf{p}_2} \ldots | \phi_{\mathbf{k}_2} \ldots \rangle_{in}, \tag{4.75}$$

sehen wir, dass wir mit der Amplitude $_{out}\langle \phi_{\mathbf{p}_2} \ldots | \phi_{\mathbf{k}_2} \ldots \rangle_{in}$ das LSZ-Programm von vorn beginnen können. So erhalten wir dann alle möglichen Beiträge zu Matrixelementen, in denen *zumindest* ein Teilchen mit $k_1 = p_1$ (aber vielleicht auch weitere) isoliert bleibt. Ist die Anzahl der Teilchen im Anfangs- und Endzustand gleich, wird es einen Beitrag dieses Typs geben, in dem *alle* einlaufenden Teilchen ohne Streuung genau mit den auslaufenden Teilchen identifiziert werden. Man kann ihn als

$$_{out}\langle \phi_{\mathbf{p}_1} \cdots | \phi_{\mathbf{k}_1} \cdots \rangle_{out} \tag{4.76}$$

schreiben. Ein Vergleich mit Gl. (4.59) zeigt, dass dies einem Teil der Matrix S entspricht, der wie eine Einheitsmatrix wirkt. Wir werden ihn später abtrennen und schreiben dann

$$S = 1 + iT\,. \tag{4.77}$$

Neben diesem trivialen Beitrag $\propto 1$, in dem alle Teilchen isoliert den Prozess durchqueren, gibt es aber noch Beiträge mit $1, 2, \ldots$ isolierten Teilchen, in denen die restlichen Teilchen aber an Wechselwirkungen teilnehmen. Diese werden von T beschrieben.

Der zweite Teil von Gl. (4.74) beschreibt all jene Beiträge zum Matrixelement, in denen das einlaufende Teilchen mit dem Impuls $\mathbf{k}_1$ an einer Wechselwirkung mit anderen äußeren Teilchen teilnimmt. Diesen Ausdruck werden wir uns nun näher ansehen.

Amputieren Dass wir erst noch mit einem Klein-Gordon-Operator $\Box + m^2_{pol}$ auf das Feld wirken müssen, um das Matrixelement zu bekommen, sagt an dieser Stelle schon etwas Wichtiges über das Verhältnis der Green'schen Funktionen zu Matrixelementen aus: Green'sche Funktionen beinhalten noch Propagatoren der äußeren Teilchen mit Polen bei der physikalischen Masse, die wir durch Anwendung der Bewegungsgleichung „wegkürzen" und auf die Massenschale setzen müssen, um das Matrixelement zu erhalten. Diese Vorgehensweise nennt man etwas makaber

Amputation. Darauf werden wir in Abschnitt 4.3.5 genauer eingehen, wenn die LSZ-Formel komplett ist.

LSZ-Formel, die Zweite Wenn wir jetzt alle in den *in-* und den *out*-Zuständen steckenden Teilchen durch Aufsteiger und Absteiger ausdrücken, ist die LSZ-Formel komplett.

Wir übergehen jetzt erst einmal den nicht-zusammenhängenden Beitrag, den wir oben gefunden haben (der sehr wohl noch nicht-triviale Streuung von Teilchen beinhaltet!), und widmen uns dem verbleibenden Teil:

$$_{out}\langle\phi_{\mathbf{p}_1}, \phi_{\mathbf{p}_2}\dots|\phi(\mathbf{x},t)|\phi_{\mathbf{k}_2}\dots\rangle_{in}\,. \tag{4.78}$$

Wir wollen jetzt zur Veranschaulichung noch ein Teilchen aus dem *out*-Zustand entfernen und als Feld ϕ schreiben. Dazu benutzen wir wieder Gl. (4.63) und die komplex konjugierte Version von Gl. (4.60). Das ergibt

$$\begin{aligned}
&_{out}\langle\phi_{\mathbf{p}_1}, \phi_{\mathbf{p}_2}\dots|\phi(\mathbf{x},x^0)|\phi_{\mathbf{k}_2}\dots\rangle_{in} = {}_{out}\langle\phi_{\mathbf{p}_2}\dots|a_{\mathbf{p}_1,out}\,\phi(\mathbf{x},x^0)|\phi_{\mathbf{k}_2}\dots\rangle_{in}\\
&= i\int d^3y\, e^{ip_1y}\overleftrightarrow{\partial}_{y^0}\, {}_{out}\langle\phi_{\mathbf{p}_2}\dots|\phi_{out}(\mathbf{y},y^0)\phi(\mathbf{x},x^0)|\phi_{\mathbf{k}_2}\dots\rangle_{in}\\
&= iR^{-\frac{1}{2}}\lim_{y^0\to\infty}\int d^3y\, e^{ip_1y}\overleftrightarrow{\partial}_{y^0}\, {}_{out}\langle\phi_{\mathbf{p}_2}\dots|\phi(\mathbf{y},y^0)\phi(\mathbf{x},x^0)|\phi_{\mathbf{k}_2}\dots\rangle_{in}\,.
\end{aligned} \tag{4.79}$$

Wenn wir jetzt einfach wieder die Identität Gl. (4.67) benutzen und dann für den nicht-zusammenhängenden Teil Gl. (4.60) anwenden wollen, haben wir das Problem, dass bereits ein anderes Feld $\phi(\mathbf{x}, x^0)$ im Erwartungswert steht, an dem wir nicht einfach einen Absteiger in Richtung *in*-Zustand vorbeiziehen können. Hier behilft man sich eines Tricks – man benutzt den *Zeitordnungsoperator*. Er war ja so definiert, dass Felder mit *späteren* Zeitparametern *links* stehen. Da ist der *out*-Zustand, das passt also zusammen. Solange der Grenzwert $\lim_{y^0\to\infty}$ noch vor unserem Ausdruck steht, können wir davon ausgehen dass die Zeit y^0 später ist als alle anderen in Feldargumenten vorkommende Zeiten. Da das Feld $\phi(\mathbf{y}, y^0)$ in Gl. (4.79) schon links steht, können wir die Zeitordnung hinzunehmen, ohne dass sich etwas ändert:

$$\begin{aligned}
&_{out}\langle\phi_{\mathbf{p}_1}, \phi_{\mathbf{p}_2}\dots|\phi(\mathbf{x},x^0)|\phi_{\mathbf{k}_2}\dots\rangle_{in}\\
&= iR^{-\frac{1}{2}}\lim_{y^0\to\infty}\int d^3y\, e^{ip_1y}\overleftrightarrow{\partial}_{y^0}\, {}_{out}\langle\phi_{\mathbf{p}_2}\dots|T\{\phi(\mathbf{y},y^0)\phi(\mathbf{x},x^0)\}|\phi_{\mathbf{k}_2}\dots\rangle_{in}\,.
\end{aligned} \tag{4.80}$$

Jetzt können wir die Identität in Gl. (4.67) verwenden, und die Zeitordnung, die im Gegensatz zu Gl. (4.80) in den Endausdrücken dann etwas Nicht-triviales tun wird, stellt sicher, dass alles passt:

$$\begin{aligned}
&{}_{out}\langle\phi_{\mathbf{p}_1},\phi_{\mathbf{p}_2}\dots|\phi(\mathbf{x},x^0)|\phi_{\mathbf{k}_2}\dots\rangle_{in}\\
&=iR^{-\frac{1}{2}}\lim_{y^0\to\infty}\int d^3y\, e^{ip_1y}\overleftrightarrow{\partial}_{y^0}\,{}_{out}\langle\phi_{\mathbf{p}_2}\dots|T\{\phi(\mathbf{y},y^0)\phi(\mathbf{x},x^0)\}|\phi_{\mathbf{k}_2}\dots\rangle_{in}\\
&=iR^{-\frac{1}{2}}\lim_{y^0\to-\infty}\int d^3y\, e^{ip_1y}\overleftrightarrow{\partial}_{y^0}\,{}_{out}\langle\phi_{\mathbf{p}_2}\dots|T\{\phi(\mathbf{y},y^0)\phi(\mathbf{x},x^0)\}|\phi_{\mathbf{k}_2}\dots\rangle_{in}\\
&+iR^{-\frac{1}{2}}\int d^4y\,\partial_{y^0}\left[e^{ip_1y}\overleftrightarrow{\partial}_{y^0}\,{}_{out}\langle\phi_{\mathbf{p}_2}\dots|T\{\phi(\mathbf{y},y^0)\phi(\mathbf{x},x^0)\}|\phi_{\mathbf{k}_2}\dots\rangle_{in}\right].
\end{aligned}\tag{4.81}$$

Im ersten Term hat sich jetzt y^0 in die ferne Vergangenheit verschoben – wir können also die Zeitordnung fallen lassen, wenn wir $\phi(\mathbf{y},y^0)$ nach rechts verschieben. Dort können wir das Feld dann wieder in einen Absteiger umschreiben und bekommen unseren nächsten nicht-zusammenhängenden Beitrag. Dazu ist es günstig, dass die Zeitordnung weg ist, da wir ihre Wirkung auf Erzeuger und Vernichter nicht definiert haben. Der zweite Term aber kann wieder mithilfe von Gl. (4.72) umgeschrieben werden. Das Ergebnis sieht dann so aus:

$$\begin{aligned}
&{}_{out}\langle\phi_{\mathbf{p}_1},\phi_{\mathbf{p}_2}\dots|\phi(\mathbf{x},x^0)|\phi_{\mathbf{k}_2}\dots\rangle_{in}\\
&={}_{out}\langle\phi_{\mathbf{p}_2}\dots|\phi(\mathbf{x},x^0)a_{\mathbf{p}_1,in}|\phi_{\mathbf{k}_2}\dots\rangle_{in}\\
&+iR^{-\frac{1}{2}}\int d^4y\, e^{ip_1y}[\Box_y+m_{pol}^2]\,{}_{out}\langle\phi_{\mathbf{p}_2}\dots|T\{\phi(\mathbf{y},y^0)\phi(\mathbf{x},x^0)\}|\phi_{\mathbf{k}_2}\dots\rangle_{in}.
\end{aligned}\tag{4.82}$$

Der Boxoperator wirkt jetzt auf die Variable y. Beim Vergleich dieses Ergebnisses mit Gl. (4.74) fällt auf, dass sowohl für einlaufende als auch für auslaufende Teilchen fast dasselbe passiert – nur das Vorzeichen im Exponenten der Exponentialfunktion ist umgekehrt. Das ist nicht überraschend: Impulserhaltung gilt ja gerade dann, wenn die *Differenz* einlaufender und auslaufender Impulse verschwindet.

LSZ-Formel, die n-te Man kann diese Prozedur so oft wiederholen, bis nur noch Vakuumzustände ${}_{out}\langle 0|$ und $|0\rangle_{in}$ übrig sind. Wie man aus dem ersten und dem zweiten Schritt mit etwas Arbeit verallgemeinern kann (und hier muss man insbesondere die unzusammenhängenden Beiträge vorsichtig aufsammeln), sieht dieser Ausdruck so aus:

Aufgemerkt! LSZ-Reduktionsformel im Ortsraum

$$\begin{aligned} S_{fi} &= {}_{out}\langle \phi_{\mathbf{p}_1}, \phi_{\mathbf{p}_2} \dots | \phi_{\mathbf{k}_1}, \phi_{\mathbf{k}_2} \dots \rangle_{in} \\ &= \left(\prod_i \int d^4 y_{(i)} \right) \left(\prod_j \int d^4 x_{(j)} \right) \exp\left[i \Big(\sum_i p_{(i)} y_{(i)} - \sum_j k_{(j)} x_{(j)} \Big) \right] \\ &\quad \times (iR^{-\frac{1}{2}})^{n_{in}+n_{out}} \prod_i \left[\Box_{y_{(i)}} + m_{pol}^2 \right] \prod_j \left[\Box_{x_{(j)}} + m_{pol}^2 \right] \\ &\quad \times \langle 0 | T\{\phi(x^{(1)}) \dots \phi(y^{(n_{out})})\} | 0 \rangle + \text{isol.} \end{aligned} \tag{4.83}$$

Dies ist die *LSZ-Reduktionsformel*, das Ziel dieses Abschnitts!

Die mit „isol." zusammengefassten Beiträge enthalten

$$n_{iso} = 1 \dots \min(n_{in}, n_{out}) \tag{4.84}$$

Teilchen, die den Streuprozess ohne jegliche Wechselwirkung durchlaufen. Die Wechselwirkung der übrigen Teilchen wird dann völlig analog zum Hauptteil der LSZ-Formel aus der entsprechenden Green'schen Funktion mit $n_{in} + n_{out} - 2n_{iso}$ statt $n_{in} + n_{out}$ äußeren Feldern ermittelt.

In der Praxis spielt bei der Berechnung von Matrixelementen für Streuprozesse aber fast immer nur der komplett zusammenhängende Teil eine Rolle.

Hierin sind die Viererimpulse im Exponenten so gemeint: Die „raumartigen" Komponenten $\mathbf{k}_{(j)}$ und $\mathbf{p}_{(i)}$ sind bis auf Impulserhaltung frei wählbar, und die „zeitartigen" Komponenten sind durch die Massenschalenbedingungen $k^0_{(j)} = \sqrt{\mathbf{k}^2_{(j)} + m^2_{pol}}$ etc. festgelegt.

Rekapitulation statt Kapitulation Wenn man die LSZ-Reduktionsformel zum ersten Mal sieht, sieht sie vielleicht etwas unübersichtlich aus, aber wenn man sie erst einmal etwas einsinken lässt, man kann ein relativ einfaches Rezept ablesen:

- Will man ein S-Matrixelement aus Green'schen Funktionen ableiten, muss für jedes äußere Teilchen („äußere Beinchen") mit dem Normierungsfaktor $R^{-\frac{1}{2}}$ multipliziert werden.

  Dieser ist identisch mit dem Normierungsfaktor R in Abschnitt 4.2.1 und stellt gerade sicher, dass die physikalischen Ergebnisse nicht von der Normierungskonvention abhängen. Normiert man die Lagrange-Dichte kanonisch, so ist für Berechnungen in führender Ordnung der Störungstheorie immer $R = 1$, und der Vorfaktor kann ignoriert werden. Geht man zu höheren Ordnungen der Störungstheorie über, hängt es vom benutzten *Renormierungsschema* ab, welchen Wert R hat. Auch dazu später mehr.

- Auf jede äußere Koordinate wirkt die freie Bewegungsgleichung. Diese kürzt genau einen Pol bei der *physikalischen* Masse (die „Polmasse", im Gegensatz zum Massenparameter in der Lagrange-Dichte) $p^2 = m_{pol}^2$ weg.
  Das Matrixelement enthält also im Gegensatz zur Green'schen Funktion keine äußeren Propagatoren mehr – im Gegensatz zu voll trunkierten Green'schen Funktionen wohl aber noch einen Überrest des äußeren Propagators in Form des Residuums iR. Dazu mehr in unserer Diskussion der Amputation in Abschnitt 4.3.5.
- Nun wird vom Ortsraum in den Impulsraum Fourier-transformiert und jedes äußere Teilchen auf die Massenschale gesetzt.

Zwei Bemerkungen wollen wir noch loswerden:

- Betrachtet man die Streuung von $2 \to 2$ Teilchen, sind die nicht zusammenhängenden Beiträge schon durch die 1 in $S = 1 + iT$ gegeben.
- Der Hauptteil der Formel mit der Green'schen Funktion enthält zwar ebenfalls unzusammenhängende Beiträge, beschreibt aber nur jene Beiträge zum S-Matrixelement, in denen alle Teilchen an einer Wechselwirkung mit mindestens einem anderen äußeren Teilchen teilnehmen, also kein Teilchen völlig isoliert bleibt. Wie wir gleich sehen werden, enthält die Green'sche Funktion zwar noch solche Beiträge, diese entsprechen allerdings exakten Propagatoren $G^{(2)}$ (wie dies zustande kommt, wird im Abschnitt zur Dyson-Resummation erläutert). Sie tragen in der LSZ-Formel nicht bei, da sie nur einen einfachen Pol für zwei äußere Teilchen besitzen und damit nach der Amputation verschwinden, wenn man die äußeren Teilchen auf die Massenschale setzt.
- Die Behandlung instabiler Teilchen in Anfangs- und Endzuständen birgt konzeptionelle Komplikationen, die wir hier nicht im Detail besprechen können. Es ist einleuchtend, dass unsere Konstruktion asymptotischer Zustände mit $t \to \pm\infty$ problematisch ist, wenn Teilchen zerfallen können. Siehe dazu auch den Abschnitt 6.3 zum optischen Theorem.

Crossing-Symmetrie Definiert man alle Impulse vom Vorzeichen her als einlaufend, stellt man fest, dass in der LSZ-Reduktionsformel auf der rechten Seite ein- und auslaufende Teilchen völlig gleichberechtigt auftauchen! Dieselbe Green'sche Funktion beschreibt die Streuung von z. B. $2 \to 4$ Teilchen und auch von $3 \to 3$ oder $4 \to 2$ Teilchen etc. Diese fundamentale Eigenschaft von Amplituden in der Quantenfeldtheorie nennt man *Crossing-Symmetrie.* Sie wird sich später in unserer Darstellung durch Feynman-Graphen widerspiegeln: Dieselben Feynman-Graphen beschreiben verschiedene Streu- oder Zerfallsprozesse, je nachdem, wie man das Papier hält!

LSZ-Formel im Impulsraum Die Klein-Gordon-Operatoren haben nach der Fourier-Transformation einfach die Form $(-p_{(i)}^2 + m_{pol}^2)$ bzw. $(-k_{(j)}^2 + m_{pol}^2)$ für die

Felder der ein- und der auslaufenden Teilchen. Transformieren wir die Green'sche Funktion

$$G(x^{(1)}, \ldots, y^{(n_{out})}) = \langle 0|T\{\phi(x^{(1)}) \ldots \phi(y^{(n_{out})})\}|0\rangle \tag{4.85}$$

in den Impulsraum

$$\tilde{G}(k^{(1)}, \ldots, -p^{(n_{out})}) = \left(\prod_i \int d^4 y_{(i)}\right)\left(\prod_j \int d^4 x_{(j)}\right) e^{i\left(\sum_i p_{(i)} y_{(i)} - \sum_j k_{(j)} x_{(j)}\right)} G(x^{(1)}, \ldots, y^{(n_{out})}) \tag{4.86}$$

und fügen die Bewegungsgleichungen ein, so erhalten wir die

Aufgemerkt! **LSZ-Formel im Impulsraum**

$$S_{fi} = \lim_{p^2, k^2 \to m^2_{pol}} \left(\prod_l \frac{1}{\sqrt{R}} \frac{p^2_{(l)} - m^2_{pol}}{i}\right)\left(\prod_j \frac{1}{\sqrt{R}} \frac{k^2_{(j)} - m^2_{pol}}{i}\right) \tilde{G}(k_{(1)}, .., -p_{(n_{out})}) + \text{isol.} \tag{4.87}$$

Wir müssen aus den Green'schen Funktionen im Impulsraum also wahrhaftig nur die äußeren Pole eliminieren, für jedes äußere Feld die Normierungsfaktoren $1/\sqrt{R}$ anbringen und die Impulse auf die Massenschale setzen.

Darstellung im Wechselwirkungsbild Der praktischen Anwendung dieser wichtigen Formel steht uns noch etwas im Weg: Sie beinhaltet wechselwirkende Felder im Heisenberg-Bild. Wie stellt man konkrete Berechnungen mit diesen kompliziert transformierenden Objekten an? Es gibt eine relativ einfache Möglichkeit, diese Felder in freie Felder (bzw. Felder im Wechselwirkungsbild) umzuschreiben. Wenn wir dies erreicht haben, können wir die Maschinerie anwenden, die wir in den vorigen Kapiteln für freie Felder im Wechselwirkungsbild entwickelt haben.

Wir können den Zusammenhang zwischen dem Heisenberg-Feld ϕ (das alle Wechselwirkungen in seiner Zeitentwicklung trägt), und dem Feld im Wechselwirkungsbild ϕ_{in} (das im Prinzip ein freies Feld ist), durch die S-Matrix aus Gleichung Gl. (4.38) herstellen: Man kann mithilfe der S-Matrix ein Wechselwirkungsbild-Feld mit einer zusätzlichen Zeitentwicklung „verzieren“, um es zu einem vollen Heisenberg-Feld zu machen:

$$\phi(x) = U^{-1}(t)\phi_{in}(x)U(t)\,, \tag{4.88}$$

mit

$$U(t) = U(t, -\infty) = T\{\exp\left[-i\int_{-\infty}^{t} d\tau \int d^3x\, \mathcal{H}^{(\tau)}_{int}\right]\}. \tag{4.89}$$

Dass wir hier die S-Matrix $U(t, -\infty)$ benutzen, die die Zeitentwicklung von der fernen Vergangenheit $t_0 = -\infty$ zum endlichen Zeitpunkt t macht, liegt einfach daran, dass wir uns entschieden haben, das *in*-Feld ϕ_{in} und den zugehörigen Fock-Raum für unser Wechselwirkungsbild zu verwenden. Achtung, nicht vergessen: Auch $\mathcal{H}_{int}^{(\tau)} \equiv \mathcal{H}_{int}(\phi_{in}(\tau, \mathbf{x}))$ ist eine Funktion der Wechselwirkungsbild-Felder ϕ_{in}! Jetzt können wir im Prinzip mit der Green'schen Funktion mit Heisenberg-Feldern anfangen und mit dem Umschreiben loslegen. Wir müssen aber vorher eine wichtige Eigenschaft der Zeitordnung beachten:

Aufgemerkt!

Innerhalb der Zeitordnungsvorschrift $T\{\dots\}$ hat die tatsächliche Anordnung, in der die Feldoperatoren wirken, nichts mit der Anordnung der Symbole auf dem Papier zu tun – sie wird komplett durch die Werte der Zeitparameter vorgegeben! Daher kann man innerhalb des Zeitordnungssymbols Felder vertauschen, als wären es normale Funktionen.

Vorsicht: Das bedeutet nicht, dass wir einfach alle U-Operatoren an Feldern vorbei kommutieren und dann miteinander verrechnen dürfen (was das triviale Ergebnis $U^{-1}(t_1)U(t_1)\dots U^{-1}(t_n)U(t_n) = 1$ ergäbe). Da wir nicht wissen, ob für die Zeiten $t_1 \dots t_n$ nach Anwendung der Zeitordnung die Us und die U^{-1}s noch nebeneinander stehen, können wir sie nicht einfach wie benachbarte Operatoren zu 1 zusammenfassen. Schlimmer noch: $U(t)$ enthält ein Zeitintegral zwischen $-\infty$ und t, d. h. Teile von $U(t)$ stehen nach der Zeitordnung unter Umständen an einer anderen Stelle als andere Teile von $U(t)$. Das Einzige, was hier weiterhilft, ist, einmal eine Zeitanordnung für die äußeren Koordinaten festzulegen, das Ergebnis auszurechnen, und dann das Ergebnis entsprechend für beliebige Zeitanordnungen zu verallgemeinern – was hier trivial sein wird.

Also fangen wir wieder mit $\langle 0|T\{\phi(x_1)\phi(x_2)\dots\phi(x_n)\}|0\rangle$ an, legen uns aber zunächst auf $t_1 > \dots > t_n$ fest. Die Anordnung ist so gewählt, dass wir die Zeitordnungsvorschrift einfach fallen lassen können:

$$\langle 0|T\{\phi(x_1)\phi(x_2)\dots\phi(x_n)\}|0\rangle \overset{t_1>\dots>t_n}{=} \langle 0|\phi(x_1)\phi(x_2)\dots\phi(x_n)|0\rangle \tag{4.90}$$

Jetzt fügen wir die S-Matrixelemente ein, um gemäß Gl. (4.88) zu *in*-Feldern zu wechseln:

$$\begin{aligned}&\langle 0|\phi(x_1)\phi(x_2)\dots\phi(x_n)|0\rangle = \\ &\langle 0|U(t_1)^{-1}\phi_{in}(x_1)U(t_1)U(t_2)^{-1}\phi_{in}(x_2)U(t_2)\dots U(t_n)^{-1}\phi_{in}(x_n)U(t_n)|0\rangle\end{aligned} \tag{4.91}$$

und nutzen aus, dass $U(t_1)U(t_2)^{-1} = U(t_1, t_2)$ ist. Dann erhalten wir

$$\langle 0|U(t_1)^{-1}\phi_{in}(x_1)U(t_1, t_2)\phi_{in}(x_2)U(t_2, t_3)\dots U(t_{n-1}, t_n)\phi_{in}(x_n)U(t_n)|0\rangle \tag{4.92}$$

Da z. B. der Zeitentwicklungsoperator $U(t_1, t_2)$ nur Felder zu den Zeiten zwischen t_1 und t_2 enthält, können wir jetzt *fast* die Zeitordnung wieder einführen, ohne dass sich etwas verändert. Was noch stört, sind die Operatoren am Rand: $U(t_1)^{-1}$ z. B. enthält Felder, die zu beliebig frühen Zeiten ausgewertet werden und daher eigentlich nach rechts sortiert werden müssten. Um das zu beheben, müssen wir vorher noch die asymptotische Zeitentwicklung abspalten, indem wir beliebig groß wählbare Zeitpunkte t und $-t$ einführen, sodass $t > t_1$ und $-t < t_n$ ist. Nun können wir die Zeitentwicklungsoperatoren am Rand schreiben als

$$\begin{aligned} U^{-1}(t_1) &= U^{-1}(t)U(t, t_1) \\ U(t_n) &= U(t_n, -t)U(-t) \end{aligned} \tag{4.93}$$

und in Gl. (4.92) einsetzen. Was haben wir dadurch erreicht? Die auftretenden Zeitentwicklungsoperatoren $U(.,.)$ enthalten nun alle Felder, die in separaten Zeitintervallen ausgewertet werden, und stehen bereits zusammen mit den Feldern ϕ_{in} in der richtigen zeitgeordneten Reihenfolge. Nur der Operator $U(t)^{-1}$ am linken Rand verletzt diese Regel, weil in ihm beliebig große negative Zeiten $t_1 \cdots - \infty$ vorkommen. Da die äußeren Operatoren aber auf das Vakuum wirken und wir annehmen, dass das Vakuum unter Zeitentwicklung eben das Vakuum bleibt, ist:

$$\lim_{t\to\infty} \langle 0|U^{-1}(t) = \lim_{t\to\infty} \langle 0|U^{-1}(t)|0\rangle\langle 0| = \lim_{t\to\infty} \frac{1}{\langle 0|U(t)|0\rangle}\langle 0| \,. \tag{4.94}$$

Dieser Zusammenhang und $\lim\limits_{t\to\infty} U(-t) \sim 1$ erlauben es uns, weiter umzuformen:

$$\begin{aligned} &\lim_{t\to\infty} \langle 0|U(t)^{-1}U(t,t_1)\phi_{in}(x_1)U(t_1,t_2)\dots U(t_{n-1},t_n)\phi_{in}(x_n)U(t_n,-t)U(-t)|0\rangle \\ &= \lim_{t\to\infty} \frac{\langle 0|U(t,t_1)\phi_{in}(x_1)U(t_1,t_2)\dots U(t_{n-1},t_n)\phi_{in}(x_n)U(t_n,-t)|0\rangle}{\langle 0|U(t)|0\rangle} \\ &= \lim_{t\to\infty} \frac{\langle 0|T\Big\{U(t,t_1)\phi_{in}(x_1)U(t_1,t_2)\dots U(t_{n-1},t_n)\phi_{in}(x_n)U(t_n,-t)|0\rangle\Big\}}{\langle 0|U(t)|0\rangle} \\ &= \lim_{t\to\infty} \frac{\langle 0|T\Big\{\phi_{in}(x_1)\dots\phi_{in}(x_n)U(t,t_1)U(t_1,t_2)\dots U(t_{n-1},t_n)U(t_n,-t)|0\rangle\Big\}}{\langle 0|U(t)|0\rangle} \,. \end{aligned} \tag{4.95}$$

Hier haben wir im letzten Schritt unter der wieder eingeführten Zeitordnung die Symbole wieder so umgestellt, dass die Zeitentwicklungsoperatoren zusammengruppiert stehen. Dies ist hauptsächlich ein kosmetischer Schritt, um besser zu sehen, dass wir die Operatoren unter Berücksichtigung des Grenzwerts zu einem Integral über die ganze Raumzeit zusammenfassen können – auf das freilich weiterhin die Zeitordnung wirkt! Das Ergebnis ist eine sehr wichtige Formel:

Aufgemerkt! Gell-Mann-Low-Formel

Green'sche Funktionen aus Heisenberg-Feldern der wechselwirkenden Theorie lassen sich durch die *Gell-Mann-Low-Formel für Green'sche Funktionen*

$$\langle 0|T\{\phi(x_1)\dots\phi(x_n)\}|0\rangle = \frac{\langle 0|T\{\phi_{in}(x_1)\dots\phi_{in}(x_n)\exp(-i\int d^4x\,\mathcal{H}_{int}^{(x^0)})\}|0\rangle}{\langle 0|T\{\exp(-i\int d^4x\,\mathcal{H}_{int}^{(x^0)})\}|0\rangle} \tag{4.96}$$

in das Wechselwirkungsbild übertragen. Die Green'sche Funktion, die auf der linken Seite mit Feldern im Heisenberg-Bild geschrieben ist, wird auf der rechten Seite nur durch Erwartungswerte von *freien Feldern* im Wechselwirkungsbild ausgedrückt. Das stellt eine gewaltige Vereinfachung dar, denn die freien Felder können wir durch Erzeuger und Vernichter ausdrücken und deren Eigenschaften bei der Berechnung ausnutzen.

Wir haben also nach dieser theoretischen Durststrecke das Problem gelöst, das wir am Anfang des Abschnitts bereits erwähnt hatten (dass es schwer ist, mit Feldern im Heisenberg-Bild zu arbeiten)! Besonders nützlich ist dies, wenn wir den Exponenten der Exponentialfunktionen als kleine Störung auffassen können und die Exponentialreihe nur bis zu endlichen Ordnungen summieren – dies ist genau die mächtige störungstheoretische Näherung, auf der viele der erfolgreichen Berechnungen in der Quantenelektrodynamik und im Standardmodell der Teilchenphysik fußen. Die berühmten Feynman-Graphen, die wir in den nächsten Abschnitten einführen, sind ein Werkzeug, um diese Störungsreihe systematisch und anschaulich darzustellen.

4.2.4 Die Störungstheorie

Wie eben schon erwähnt, können in vielen wichtigen Quantenfeldtheorien wie dem Standardmodell der Teilchenphysik die Wechselwirkungen oft als kleine Störungen aufgefasst werden, da die Vorfaktoren im Wechselwirkungsteil der Lagrange-Dichte (und damit der Hamilton-Dichte) klein genug sind. Unsere bisherigen Herleitungen der Streumatrix sowie der LSZ- und der Gell-Mann-Low-Formeln waren noch exakt. Um aus ihnen konkrete Ergebnisse für Streuprozesse zu erhalten, werden wir jetzt eine systematische Störungsentwicklung durchführen. Sie besteht im Grunde einfach darin, die Exponentialfunktionen in Gl. (4.96) in ihrem Exponenten zu entwickeln.

Starke Wechselwirkungen auf dem Gitter

In der starken Wechselwirkung der Quantenchromodynamik funktioniert das bei niedrigen Energien nicht mehr, sodass man mit anderen Methoden arbeiten muss, um direkt aus der fundamentalen Theorie zu Ergebnissen zu gelangen. Typische Problemstellungen sind z. B. die Berechnung der Eigenschaften von Hadronen, den Bindungszuständen der Quarks. Eine Möglichkeit besteht darin, die Feldtheorie auf einem vierdimensionalen Raumzeit-Gitter zu diskretisieren und computergestützt Korrelationsfunktionen (Green'sche Funktionen) durch statistische Methoden zu berechnen. Der Rechenaufwand explodiert regelrecht, sobald man feinere Raumgitter oder größere Volumina simulieren will, weswegen es vieler raffinierter Tricks bedurfte, um mit den aktuell verfügbaren Großrechnern physikalisch relevante Ergebnisse zu erzielen. Diese Methoden gehen leider über den Rahmen dieses Buches (und das Wissen der Autoren) hinaus, sind aber aus der modernen Hochenergiephysik nicht mehr wegzudenken.

Nehmen wir nun also an, die Wechselwirkungs-Lagrange-Dichte habe die Form $\mathcal{H}_{int} = -\mathcal{L}_{int} = \lambda\phi^4$. Wie klein λ sein muss damit die Störungstheorie funktioniert, werden wir besser verstehen, sobald wir uns die Struktur der höheren Ordnungen der Störungstheorie anschauen. Entscheidend ist, dass λ so klein ist, dass höhere Ordnungen nicht größere Beiträge zu Streuamplituden liefern als niedrigere, und man die Potenzreihe

$$T\{e^{-i\int d^4x\mathcal{H}_{int}}\} = T\{\sum_{n=0}^{\infty}\left(-i\int d^4x\,\mathcal{H}_{int}\right)^n/n!\} \tag{4.97}$$

sinnvoll bei endlichem n abbrechen lassen kann. Wir erhalten dann nur Terme mit endlich vielen Feldern ϕ_{int}. In unserem Beispiel, und für l äußere Felder, haben sie die Form

$$\frac{(-i\lambda)^n}{n!}\int d^4y_1\ldots\int d^4y_n T\{\phi_{in}(x_1)\ldots\phi_{in}(x_l)\phi_{in}^4(y_1)\ldots\phi_{in}^4(y_n)\}\,. \tag{4.98}$$

Wie man Ausdrücke dieser Form explizit auswertet, wird im nächsten Abschnitt über das Wick-Theorem gezeigt.

Aufgemerkt!

Von nun an werden wir es mit (freien) Feldern im Wechselwirkungsbild zu tun haben, aber den Zusatz $_{in}$ der Übersichtlich halber weglassen. Diese Felder dürfen aber nicht mit den Feldern im Heisenberg-Bild in der Diskussion des LSZ-Formalismus verwechselt werden!

4.2.5 Von der S-Matrix zum invarianten Matrixelement

Bevor wir weitergehen, müssen wir noch ein paar Definitionen vorwegnehmen. Betrachten wir noch einmal die S-Matrix U, die aus dem zeitgeordneten Produkt des Wechselwirkungs-Hamiltonians berechnet wird:

$$U(t',t) = T\left\{\exp\left((-i\int_t^{t'} d\tau H_{int}(\tau))\right)\right\}. \tag{4.99}$$

Um zu freien Teilchen zu gelangen, betrachten wir – wie im vorigen Abschnitt beschrieben – die Zeit $t, t' \to \pm\infty$:

$$S := \lim_{\substack{t\to-\infty \\ t'\to+\infty}} U(t,t') = \lim_{\substack{t\to-\infty \\ t'\to+\infty}} T\left\{\exp\left((-i\int_t^{t'} d\tau H_{int}(\tau))\right)\right\}. \tag{4.100}$$

Diesen Ausdruck nennt man S-Matrix für asymptotische Zustände. Falls es an einem Punkt zu Verwechslung mit U kommen könnte, weisen wir darauf hin. Erinnern wir uns an den Zusammenhang zwischen der Wechselwirkungs-Hamilton- und der Lagrange-Dichte in Abwesenheit von Ableitungskopplungen:

$$H_{int}(\tau) = \int d^3x \mathcal{H}_{int}(\mathbf{x},\tau) = -\int d^3x \mathcal{L}_{int}(\mathbf{x},\tau),$$

und setzen das in die Definition der S-Matrix Gl. (4.100) ein, so erhalten wir:

$$S = T\left\{\exp\left(i\int d^4x\, \mathcal{L}_{int}\right)\right\}. \tag{4.101}$$

Oben haben wir die LSZ-Formel für S-Matrixelemente hergeleitet,

$$S_{fi} = {}_{out}\langle\phi_{\mathbf{p}_1}\cdots\phi_{\mathbf{p}_n}|\phi_{\mathbf{k}_1}\cdots\phi_{\mathbf{k}_m}\rangle_{in} = {}_{out}\langle\phi_{\mathbf{p}_1}\cdots\phi_{\mathbf{p}_n}|S|\phi_{\mathbf{k}_1}\cdots\phi_{\mathbf{k}_m}\rangle_{out}. \tag{4.102}$$

Wenn wir die Exponentialfunktion als Reihe im Exponenten darstellen, können wir die nullte Ordnung abspalten,

$$S = 1 + \underbrace{iT}_{\mathcal{O}(\lambda)}, \tag{4.103}$$

und erhalten so einen „trivialen" konstanten Teil und die T-Matrix (von englisch *transition matrix*) oder auf Deutsch Übergangsmatrix[6]. Dies ist der Teil der S-Matrix, in dem die echte Streuung durch Wechselwirkung der Felder beschrieben wird. Für das S-Matrixelement kann man dieselbe Aufteilung vornehmen und erhält

$$\underbrace{S_{fi}}_{\langle\ldots|S|\ldots\rangle} = \underbrace{\tilde{\delta}_{fi}}_{\langle\ldots|\ldots\rangle} + \underbrace{iT_{fi}}_{\langle\ldots|iT|\ldots\rangle}. \tag{4.104}$$

[6] Achtung: nicht mit dem Zeitordnungssymbol zu verwechseln!

Der Ausdruck $\tilde{\delta}_{fi}$ steht hier symbolisch für die Orthogonalitätsrelation zwischen Anfangs- und Endzustand. Der Term $\tilde{\delta}_{fi}$ kann also nur dann $\neq 0$ werden, wenn der einlaufende und der auslaufende Teilcheninhalt genau gleich sind, da Zustände mit unterschiedlichen Teilchenzahlen immer orthogonal sind. Wie wir später sehen werden, spielt diese „Vorwärtsstreuung" im Rahmen des optischen Theorems eine wichtige Rolle. Insbesondere trägt aber auch T zur Vorwärtsstreuung bei.

Was wir in Zukunft für die Berechnung von Streuquerschnitten brauchen, ist das sogenannte *invariante Matrixelement* oder die *Feynman-Amplitude* $\mathcal{M}_{fi}$, welche über die Übergangsmatrix T_{fi} definiert wird. Da die Matrixelemente in T_{fi} immer eine Delta-Funktion enthalten, welche die Impulserhaltung der gesamten Wechselwirkung garantiert, zieht man diesen Faktor gern heraus und definiert auf diese Weise das invariante Matrixelement $\mathcal{M}_{fi}$:

$$iT_{fi} = i\mathcal{M}_{fi} \cdot (2\pi)^4 \delta^4 \left(\sum_{initial} p_i - \sum_{final} k_f \right). \tag{4.105}$$

Aufgemerkt!

Wie wir bei der Herleitung der LSZ-Formel angemerkt hatten, kann T durchaus nicht-zusammenhängende Komponenten enthalten, denn diese stecken nur im Sonderfall der $2 \to 2$-Streuung in der „1", die wir von T abgespaltet haben. Dennoch kann man nicht zusammenhängende Matrixelemente so umschreiben, dass sie die gewünschte Delta-Distribution für den Gesamtimpuls enthalten. Liegt zum Beispiel der Teil einer $2 \to 4$-Amplitude mit zwei Zusammenhangskomponenten vor, hat man von Haus aus $\delta^4(p_1 - k_1 - k_2)\delta^4(p_2 - k_3 - k_4)$. Dies lässt sich aber durch Nulladdition im ersten Argument zu $\delta^4(p_1 - k_1 - k_2 + p_2 - k_3 - k_4)\delta^4(p_2 - k_3 - k_4)$ umschreiben, und wir können wie in Gl. (4.105) faktorisieren.

Im Folgenden (insbesondere bei der Anwendung der Feynman-Regeln) werden wir meistens direkt $i\mathcal{M}$ berechnen. All diese Ausdrücke werden in unserer Herleitung des Streuquerschnitts explizit zum Einsatz kommen. Wir werden den Streuquerschnitt letztlich direkt durch $|\mathcal{M}|^2$ ausdrücken.

Will man nun die ganze Maschinerie anwenden, um eine konkrete Streuamplitude $i\mathcal{M}$ zu berechnen, sieht man sich mit der Aufgabe konfrontiert, gemäß der Gell-Mann-Low-Formel Gl. (4.96) einen zeitgeordneten Erwartungswert von freien Feldern

$$\langle 0|T\{\phi_{in}(x_1)\ldots\phi_{in}(x_n)\}|0\rangle \tag{4.106}$$

zu berechnen. Will man das komplett von Hand machen, indem man für die Felder Erzeuger und Vernichter einsetzt, wird man dabei nicht glücklich. Hier kommt das Wick-Theorem zur Hilfe, welches wir im nächsten Abschnitt betrachten wollen.

4.3 Das Wick-Theorem und Feynman-Diagramme

In diesem Abschnitt wollen wir uns mit dem Wick-Theorem und endlich auch mit den berühmt-berüchtigten Feynman-Diagrammen beschäftigen. Unser Ziel ist es dabei, Feynman-Regeln im Impulsraum aufzustellen, anhand derer man rezeptartig die Amplitude $i\mathcal{M}$ berechnen kann. Wir verwenden in diesem Buch je nach Laune für die selbe Sache die Begriffe Feynman-Diagramm oder Feynman-Graph.

4.3.1 Das Wick-Theorem

Inspiriert von den vorigen Kapiteln wollen wir uns jetzt also mit Ausdrücken der Form

$$\langle 0|T\{\phi(x_1)\phi(x_2)\ldots\phi(x_n)\}|0\rangle$$

beschäftigen, wobei die Feldoperatoren $\phi(x)$ hier wie auf der rechten Seite von Gl. (4.90) freie Felder im Wechselwirkungsbild sind, und wir das Subskript $_{in}$ wieder haben fallen lassen da wir in diesem Kapitel zunächst keinen Feldern im Heisenberg-Bild begegnen werden. Setzen wir nur zwei Felder ein, so ist dieser Ausdruck einfach der Feynman-Propagator aus Gl. (3.64):

$$\langle 0|T\{\phi(x_1)\phi(x_2)\}|0\rangle = D_F(x_1 - x_2)\,. \tag{4.107}$$

Dieser Ausdruck ist für einen oder zwei Feldoperatoren noch relativ einfach auszuwerten, aber wenn wir es mit mehreren Operatoren zu tun haben, wird diese Rechnung unangemessen langwierig. Deswegen wollen wir den Ausdruck in eine einfachere Form bringen. Dabei werden wir das zeitgeordnete Produkt komplett durch normalgeordnete Produkte und Propagatoren ausdrücken. Die Propagatoren werden in diesem Kontext aus historischen Gründen *Kontraktionen* oder *Wick-Kontraktionen* genannt. Lasst uns als einfachen Fall das obige Beispiel mit nur zwei Feldoperatoren betrachten. Wir wollen der Einfachheit halber zunächst $x_1^0 > x_2^0$ festlegen, sodass $\phi(x_1)$ immer *zeitlich nach* $\phi(x_2)$ ausgewertet wird. Um die Übersicht zu bewahren, wollen wir $\phi(x_1) = \phi_n$ (nach) und $\phi(x_2) = \phi_v$ (vor) abkürzen. Wir wollen die Normalordnung anwenden und zerlegen hierzu die Feldoperatoren aus Gl. (4.107) in die Anteile mit Erzeuger und Vernichter, wie in Gl. (3.10):

$$\phi(x) = \phi^V(x) + \phi^E(x) \tag{4.108}$$

$$\phi^V = \int \frac{d^3p}{(2\pi)^3 2E_{\mathbf{p}}} a_{\mathbf{p}} e^{-ipx} \quad \text{und} \quad \phi^E = \int \frac{d^3p}{(2\pi)^3 2E_{\mathbf{p}}} a_{\mathbf{p}}^\dagger e^{ipx}. \tag{4.109}$$

Wir erinnern uns, dass die Normalordnung – angewendet auf eine beliebige Reihenfolge von Feldoperatoren – die Vernichter ϕ^V nach rechts und die Erzeuger ϕ^E nach links verschiebt:

$$:\phi^V\phi^E\phi^V: \;= \phi^E\phi^V\phi^V.$$

Wir drücken nun die zeitgeordneten Operatoren aus dem Feynman-Propagator Gl. (4.107) durch die Erzeuger- und Vernichterfelder aus:

$$T\{\phi_v\phi_n\} = \phi_n\phi_v = \left(\phi_n^E + \phi_n^V\right)\left(\phi_v^E + \phi_v^V\right). \qquad (4.110)$$

Nach Ausmultiplikation und Addition einer Null können wir die resultierende Summe durch eine normalgeordnete Summe und einen Kommutator ausdrücken:

$$\begin{aligned} T\{\phi_v\phi_n\} &= \phi_n^E\phi_v^E + \phi_n^E\phi_v^V + \phi_v^E\phi_n^V + \phi_n^V\phi_v^V \\ &\quad + \left[\phi_n^V, \phi_v^E\right]. \end{aligned} \qquad (4.111)$$

Die Ausdruck $\phi_n^E\phi_v^E + \phi_n^E\phi_v^V + \phi_v^E\phi_n^V + \phi_n^V\phi_v^V$ in der ersten Zeile ist gerade das normalgeordnete Produkt von $\phi_v\phi_n$.

Vollzieht die Schritte von Gl. (4.110) bis Gl. (4.111) explizit nach!

Nun berechnen wir den Vakuumerwartungswert von Gl. (4.111):

$$\begin{aligned} \langle 0|T\{\phi_v\phi_n\}|0\rangle &= \underbrace{\langle 0|\phi_n^E\phi_v^E + \phi_n^E\phi_v^V + \phi_v^E\phi_n^V + \phi_n^V\phi_v^V|0\rangle}_{(1)} + \underbrace{\langle 0|\left[\phi_n^V, \phi_v^E\right]|0\rangle}_{(2)} \\ &\stackrel{!}{=} D_F(x-y). \end{aligned} \qquad (4.112)$$

Die Terme (1) verschwinden, da sie normalgeordnet sind und immer ein Vernichtungsoperator (Erzeugungsoperator) von links (rechts) auf das Vakuum wirkt: $\langle 0|\,\phi^E = 0$ bzw. $\phi^V\,|0\rangle = 0$. Der nicht-verschwindende Kommutator in (2) ist damit also gleich dem Feynman-Propagator:

$$\langle 0|\left[\phi_n^V, \phi_v^E\right]|0\rangle = D_F(x_2 - x_1), \qquad (4.113)$$

wobei x_2 noch zeitlich vor x_1 liegt. Wir werden mit diesem Resultat sofort weiterarbeiten. Lasst uns nur hier einen kurzen Einschub machen und die *Kontraktion* bzw. das Kontraktionssymbol für Feldoperatoren definieren:

$$\overbracket{\phi(x)\phi(y)} = D_F(x-y). \qquad (4.114)$$

Im Prinzip ist das nur eine andere Schreibweise für den Feynman-Propagator in Gl. (4.113). Man kann durch die Einführung des Kontraktionssymbols aber sehr gut den Überblick behalten, wenn in Produkten mehrere Propagatoren vorkommen.

Wir wollen noch einmal kurz zusammenfassen, was wir bisher gemacht haben: Wir haben für zwei zeitgeordnete Felder gesehen, wie sich ihr Produkt in Einzelprodukte von Vernichtern und Erzeugern und einen Kommutator ausdrücken lässt, der schließlich der Feynman-Propagator zwischen den beiden Orten x_1, x_2 ist. Man kann diese Rechnung verallgemeinern für n Felder $\phi(x_1)\dots\phi(x_n)$ und erhält wieder ein Produkt von normalgeordneten Feldern und zusätzlichen Propagatoren. Das Wick-Theorem beschreibt diesen Zusammenhang für beliebig viele Felder[7]:

> Aufgemerkt! **Wick-Theorem**
>
> Das Wick-Theorem für reelle Skalarfelder stellt einen Zusammenhang zwischen dem zeitgeordneten Produkt von n Feldern und den normalgeordneten Kontraktionen dieser Felder her:
>
> $$\begin{aligned} T\{\phi(x_1)\dots\phi(x_n)\} &= :\phi(x_1)\dots\phi(x_n): \\ &\quad + \Big(\text{alle Kontraktionsmöglichkeiten von } :\phi(x_1)\dots\phi(x_n):\Big). \end{aligned} \tag{4.115}$$

Hier sind beliebige mögliche Mehrfach-Kontraktionen mitzunehmen, insbesondere auch alle Möglichkeiten, wie manche der Felder unkontrahiert stehen bleiben können. Dabei sind Kontraktionen von Feldern *in der Normalordnung* so gemeint, dass sie zu Feynman-Propagatoren werden, die nicht operatorwertig sind. Daher sind sie von der Normalordnung nicht mehr betroffen und können aus dem $:\cdots:$ heraus gezogen werden. Sind alle Felder in einer Normalordnung kontrahiert, macht diese nichts mehr und kann weggelassen werden.

Das ist etwas kryptisch und schreit nach einem Beispiel, z. B. für vier Felder. Wir kürzen $\phi(x_i) = \phi_i$ ab und schreiben die Vorschrift des Wick-Theorems einfach aus:

$$\begin{aligned} T\{\phi_1\phi_2\phi_3\phi_4\} &=: \phi_1\phi_2\phi_3\phi_4 : \\ &+ \Big(:\contraction{}{\phi_1}{}{\phi_2}\phi_1\phi_2\phi_3\phi_4: + :\contraction{\phi_1}{\phi_2}{}{\phi_3}\phi_1\phi_2\phi_3\phi_4: + :\contraction{\phi_1\phi_2}{\phi_3}{}{\phi_4}\phi_1\phi_2\phi_3\phi_4: + :\contraction{}{\phi_1}{\phi_2\phi_3}{\phi_4}\phi_1\phi_2\phi_3\phi_4: \\ &+ :\contraction{\phi_1}{\phi_2}{\phi_3}{\phi_4}\phi_1\phi_2\phi_3\phi_4: + :\contraction{}{\phi_1}{\phi_2}{\phi_3}\phi_1\phi_2\phi_3\phi_4: \Big) \\ &+ \Big(:\contraction{}{\phi_1}{}{\phi_2}\contraction{\phi_1\phi_2}{\phi_3}{}{\phi_4}\phi_1\phi_2\phi_3\phi_4: + :\contraction{}{\phi_1}{\phi_2}{\phi_3}\contraction[2ex]{\phi_1}{\phi_2}{\phi_3}{\phi_4}\phi_1\phi_2\phi_3\phi_4: + :\contraction{}{\phi_1}{\phi_2\phi_3}{\phi_4}\contraction[2ex]{\phi_1}{\phi_2}{}{\phi_3}\phi_1\phi_2\phi_3\phi_4: \Big). \end{aligned} \tag{4.116}$$

[7] Aus Platzgründen beweisen wir das Theorem nicht, sondern springen gleich zu den Anwendungen und verweisen auf das entsprechende Kapitel von beispielsweise [3].

Hier sehen wir auch, wieso es Sinn macht, die Kontraktionsklammer zwischen zwei Feldern einzuführen: Man erkennt dadurch sehr leicht, welche Kombinationen auftreten können. Würden wir an dieser Stelle Propagatoren schreiben, sähe alles viel unübersichtlicher aus und würde nur zusätzliche Verwirrung stiften. Alle kontrahierten Felder in Gl. (4.115) bzw. Gl. (4.116) werden erst am Ende durch den entsprechenden Propagator $D_F(x-y)$ ersetzt, *und zwar auch dann, wenn sie nicht direkt nebeneinander stehen*!

Schauen wir uns in der dritten Zeile von Gl. (4.116) den ersten Term an. Er lässt sich wie folgt ausdrücken:

$$\wick{: \phi_1 \c1\phi_2 \phi_3 \c1\phi_4 :} = D_F(x_2 - x_4) \times \; : \phi_1 \phi_3 : \tag{4.117}$$

Interessiert uns nur der Vakuumerwartungswert, so fallen solche Terme weg, da noch normalgeordnete Felder übrig sind, die den Zustand $|0\rangle$ auf 0 abbilden!

> Aufgemerkt!
>
> Im Vakuumerwartungswert tragen nur Terme bei, in denen *alle* Felder zu Propagatoren kontrahiert sind!

Anwendung auf ein Beispiel mit vier Feldern Jetzt können wir das Wick-Theorem auf den Ausdruck am Anfang des Kapitels, $\langle 0|T\{\phi(x_1)\phi(x_2)\dots\phi(x_n)\}|0\rangle$, anwenden:

$$\begin{aligned}\langle 0|T\{\phi(x_1)\phi(x_2)\dots\phi(x_n)\}|0\rangle &= \underbrace{\langle 0| : \phi(x_1)\dots\phi(x_n) : |0\rangle}_{=0} \\ &+ \langle 0|\Big(\text{alle Kontraktionen von} : \phi(x_1)\dots\phi(x_n) : \Big)|0\rangle \\ &= \langle 0|\Big(\text{alle Felder in} : \phi(x_1)\dots\phi(x_n) : \text{kontrahiert}\Big)|0\rangle\,. \end{aligned} \tag{4.118}$$

Für das Beispiel mit vier Feldern bedeutet das also:

$$\begin{aligned}\langle 0|T\{\phi_1\phi_2\phi_3\phi_4\}|0\rangle &= \langle 0| \wick{: \c1\phi_1 \c1\phi_2 \c2\phi_3 \c2\phi_4 :} + \wick{: \c1\phi_1 \c2\phi_2 \c1\phi_3 \c2\phi_4 :} + \wick{: \c1\phi_1 \c2\phi_2 \c2\phi_3 \c1\phi_4 :} |0\rangle \\ &= D_F(x_1 - x_2)D_F(x_3 - x_4) + D_F(x_1 - x_3)D_F(x_2 - x_4) \\ &+ D_F(x_1 - x_4)D_F(x_2 - x_3)\,. \end{aligned} \tag{4.119}$$

> Aufgemerkt!
>
> Anhand des Wick-Theorems, welches ein zeitgeordnetes Produkt von Feldoperatoren in eine Summe von normalgeordneten Produkten überführt, ist es möglich, Ausdrücke der Form $\langle 0|T\{\phi(x_1)\phi(x_2)\dots\phi(x_n)\}|0\rangle$ in Produkte von Feynman-Propagatoren umzuschreiben! Hier wird auch deutlich, weshalb die

Green'schen Funktionen äußere Propagatoren besitzen, die in der LSZ-Formel weggekürzt werden müssen: Äußere Felder werden grundsätzlich durch Kontraktion, also über einen Propagator, mit den übrigen Wechselwirkungen verbunden.

Es ist klar, dass man damit die Berechnung der Green'schen Funktionen, und per LSZ auch die der S-Matrixelemente, ungemein vereinfachen kann.

4.3.2 Feynman-Diagramme im Ortsraum

Wir wollen uns nun das Leben mit Bildern, den Feynman-Diagrammen, versüßen. Beim ersten Hinsehen scheinen sie eine recht naive anschauliche Darstellung davon zu sein, wie Teilchen sich treffen und wechselwirken. In der Tat sind sie aber eine exakte Darstellung der Störungsreihe, und jeder ihrer Teile entspricht einem mathematischen Objekt. Sie sind also vollwertige Stellvertreter der analytischen Ausdrücke für die Streuamplitude, die es durch ihre anschauliche Form erlauben, visuell über feldtheoretische Prozesse nachzudenken und zu diskutieren. Sie liefern eine Anleitung, wie die Streuamplitude zusammenzusetzen ist. Die Vorschriften, welche Terme für bestimmte Linien oder Eckteile (Vertizes) dabei in die Amplitude eingetragen werden müssen, und einige zusätzliche Regeln, die man beim Zusammensetzen beachten muss, nennt man die *Feynman-Regeln* einer Theorie. Meist werden für ein bestimmtes feldtheoretisches Modell einfach nur noch die Terme für die Linien und Vertizes angegeben, da die allgemeinen Regeln, wie Graphen aufzubauen sind, immer gleich bleiben.

Sind die Feynman-Regeln gegeben, berechnet man eine Streuamplitude oder Green'sche Funktion, indem man alle möglichen Graphen des gewünschten Streuprozesses in einer bestimmten Ordnung der Störungstheorie zeichnet und die den einzelnen Graphen entsprechenden Ausdrücke aufschreibt und addiert.

Zunächst diskutieren wir die Feynman-Diagramme in Ortsraum. Transformiert man die Green'schen Funktionen und Streuamplituden dann in den Impulsraum, kann man ein ebenso einfaches Rezept angeben, wie man von der Lagrange-Dichte zu den Feynman-Regeln für Green'sche Funktionen oder Streuamplituden im Impulsraum kommt.

Freie Theorie Zu Beginn wollen wir das Resultat von Gl. (4.119) für die Vier-Punkt-Green-Funktion der freien Theorie graphisch darstellen. Dazu zeichnen wir für jede als Feldargument auftretende Raumzeitkoordinate x_i einen Punkt:

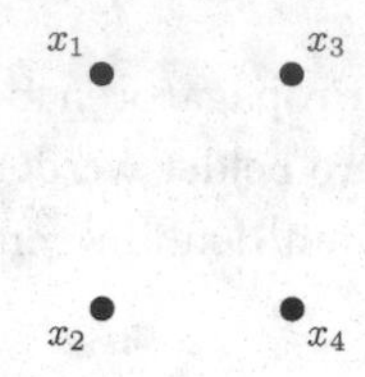

Die Punkte stellen damit Felder zu vier Raumzeitpunkten dar, die dort jeweils ein Teilchen erzeugen oder vernichten. Verbindet man zwei dieser Punkte x_i, x_j gemäß den Wick-Kontraktionen durch einen Feynman-Propagator, so beschreibt er, wie der Name schon sagt, die Propagation eines Teilchens zwischen den beiden Punkten. Aufgrund der Zeitordnung hängt es von der zeitlichen Anordnung von x_i^0 und x_j^0 ab, welches der Ursprungsort und welches der Zielort ist. Diese Verbindung zweier Punkte durch den Feynman-Propagator beschreibt man graphisch durch eine einfache Verbindungslinie (sind mehrere Felder in der Theorie vorhanden, so kann man versuchen, sie durch unterschiedliche Linienstile zu kennzeichnen).

So ergeben sich für vier Punkte nach Gl. (4.119) drei verschiedene Verknüpfungsmöglichkeiten, nämlich:

$$\langle 0|T\{\phi(x_1)\phi(x_2)\phi(x_3)\phi(x_4)\}|0\rangle = \quad + \quad + \quad .$$

Wir zeichnen in diesem Buch für Endpunkte von Propagatoren immer Punkte ein. Im zweiten Graph kreuzen sich die beiden Propagatoren also nur, *ohne* zu wechselwirken! Der erste Graph entspricht dem Propagatorprodukt $D_F(x_1 - x_2)D_F(x_3 - x_4)$, der Rest ist analog. Diese Graphen bezeichnen wir jetzt als *Feynman-Graphen im Ortsraum*. Später wollen wir die Ausdrücke dafür in den Impulsraum transformieren. Die analogen Graphen dazu werden dann typischerweise als Feynman-Graphen oder -Diagramme (im Impulsraum) bezeichnet.

Diese Theorie ist noch sehr langweilig. Deswegen wollen wir jetzt Wechselwirkungen einschalten!

Wechselwirkende Theorie Wir wollen nun getrennt den Nenner und den Zähler der rechten Seite der Gell-Mann-Low-Formel Gl. (4.96) durch diese Graphen ausdrücken. Wir werden dann sehen, dass man den Nenner nicht extra zu berechnen braucht, sondern einfach nur im Zähler alle nicht mit den äußeren Linien verbundenen Teile der Graphen weglassen muss. Da wir in Gl. (4.96) mit Feldern im Wechselwirkungsbild arbeiten, die sich wie freie Felder verhalten, ändert sich wenig an der Vorgehensweise bei der freien Theorie von eben. Die Entwicklung des Exponentials $\exp(-i\int d^4x\mathcal{H}_{int})$ liefert jetzt aber Potenzen von Feldern, über deren Ortskoordinaten integriert wird. Diese Ortskoordinaten entsprechen *inneren Punkten* oder Wechselwirkungspunkten des Graphs.

Wir wollen hier keine formale Herleitung liefern, wie man Feynman-Regeln ableitet, sondern ein paar Beispiele besprechen und auf den allgemeinen Fall schließen. Die Graphen, wie wir sie am Beispiel der freien Theorie besprochen haben, entsprechen hier nun der niedrigsten (trivialen) Ordnung der Störungstheorie, und sind insbesondere nicht zusammenhängend im Sinne von LSZ.

Die einfachste Feldtheorie mit Wechselwirkungen wurde ja schon im Detail in Abschnitt 4.1.1 besprochen. Natürlich wollen wir die Welt jetzt auch einfach halten und betrachten wieder die ϕ^4-Wechselwirkung gemäß Gl. (4.1):

$$\mathcal{L} = \frac{1}{2}\partial_\mu\phi\,\partial^\mu\phi - \frac{m}{2}\phi^2 - \lambda\phi^4\,. \tag{4.120}$$

Damit ist $\mathcal{H}_{int} = \lambda\phi^4$.

Zwei äußere Felder Fangen wir mit einem einfachen Beispiel zweier äußerer Felder an. Dann lautet der Zähler der Gell-Mann-Low-Formel, Gl. (4.96):

$$\langle 0|T\{\phi(x_1)\ldots\phi(x_2)\exp\left(-i\int d^4x\mathcal{H}_{int}\right)\}|0\rangle\,. \tag{4.121}$$

Entwickelt in der Kopplungskonstante λ erhalten wir die Reihe

$$\langle 0|T\{\phi(x_1)\ldots\phi(x_2)\} - iT\{\phi(x_1)\ldots\phi(x_2)\int d^4x\;\lambda\;\phi(x)^4\} + \mathcal{O}(\lambda^2)|0\rangle\,. \tag{4.122}$$

Wir betrachten jetzt nur Störungen zur Ordnung $\mathcal{O}(\lambda)$, also die ersten zwei Summanden.

AUFGABE 49

■ Schreibt die Vakuumamplitude Gl. (4.122) für zwei äußere Felder auf, wendet das Wick-Theorem an und zeichnet die zugehörigen Feynman-Graphen!

▶ Wir setzen einfach nur zwei äußere Felder ein (und kürzen wieder $\phi(x_i)$ mit ϕ_i ab!):

$$\langle 0|T\{\phi_1\phi_2\} - iT\{\phi_1\phi_2\int d^4x\;\lambda\;\phi^4\}|0\rangle\,. \tag{4.123}$$

Für den ersten Summanden können wir wie gewohnt das Wick-Theorem anwenden und erhalten $\contraction{}{\phi_1}{}{\phi_2}\phi_1\phi_2$. Für den zweiten Teil machen wir genau dasselbe, nur ziehen wir das Integral nach vorn:

$$
\begin{aligned}
&\contraction{}{\phi_1}{}{\phi_2}\phi_1\phi_2 - i\lambda \int d^4x\, \langle 0|T\{\phi_1\phi_2\phi^4\}|0\rangle \\
&= \contraction{}{\phi_1}{}{\phi_2}\phi_1\phi_2 \\
&\quad - i\lambda \int d^4x \left(\contraction{}{\phi_1}{}{\phi_2}\phi_1\phi_2 \times \text{alle möglichen anderen Kontraktionen von } [\phi\phi\phi\phi] \right. \\
&\quad \left. + \contraction{}{\phi_1}{\phi_2}{\phi}\contraction[2ex]{\phi_1}{\phi_2}{\phi}{\phi}\contraction{\phi_1\phi_2\phi\phi}{\phi}{}{\phi}\phi_1\phi_2\phi\phi\phi\phi + \phi_1\phi_2\phi\phi\phi\phi + \text{alle möglichen anderen Kontraktionen} \right).
\end{aligned}
$$

Hier betrachten wir wieder nur alle Beiträge, in denen *alle* Felder mit anderen kontrahiert sind, da – wie oben erklärt – verbliebene normalgeordnete Felder keinen Beitrag zum Vakuumerwartungswert liefern. Wir erhalten also zunächst all jene Ausdrücke, in denen ϕ_1 und ϕ_2 miteinander kontrahiert sind, sowie alle möglichen Kontraktionen von ϕ^4 (also drei Stück). Dann folgen die Möglichkeiten, wie man ϕ_1 und ϕ_2 mit einem Feld in ϕ^4 kontrahieren kann, wofür es insgesamt 12 Möglichkeiten gibt. Da alle Felder in ϕ^4 gleichberechtigt sind, sind all diese Kontraktionsmöglichkeiten gleichwertig und ergeben nur einen kombinatorischen Faktor. Hier ergibt sich zum Beispiel

$$
\begin{aligned}
D_F(x_1 - x_2) - i\lambda \int d^4x \Big(3 \cdot D_F(x_1 - x_2) \cdot D_F(x - x)^2 + \\
12 \cdot D_F(x_1 - x) D_F(x_2 - x) D_F(x - x)\Big). \quad (4.124)
\end{aligned}
$$

In Feynman-Graphen übersetzt, sehen diese Ausdrücke so aus:

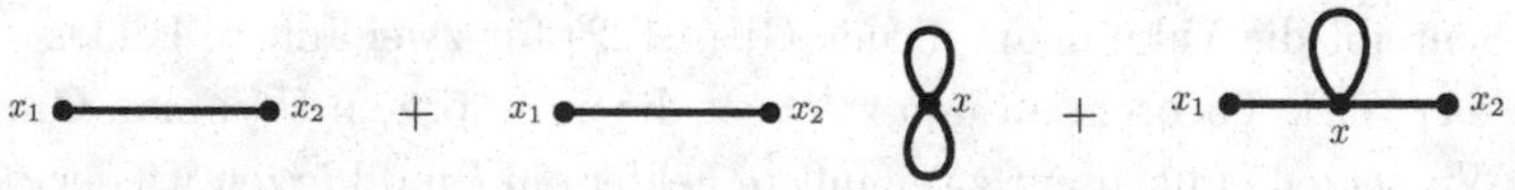

x_1 —— x_2 + x_1 —— x_2 8 x + x_1 —— x —— x_2

Hier ist wichtig, zu erwähnen, dass die Beiträge von Feynman-Graphen, die wie im zweiten Summanden isoliert voneinander gezeichnet sind, einfach multipliziert werden. Wie die kombinatorischen Vorfaktoren 3 und 12 an den Feynman-Graphen abgelesen werden können, sehen wir im Abschnitt über Symmetriefaktoren.

Graphen wie die frei schwebende 8 im zweiten Summanden, die keinerlei Verbindung mit äußeren Punkten der Green'schen Funktion haben, nennt man Vakuumblasen oder Vakuumdiagramme. Gerade diese Beiträge werden durch Kürzen mit dem Nenner von Gl. (4.96) eliminiert, wie wir in Abschnitt 4.3.6 sehen werden. Der dritte Summand stellt einen Beitrag zur sogenannten Selbstenergie dar.

Wir verwenden für die Feynman-Graphen im Ortsraum die folgende einfache Nomenklatur:

Aufgemerkt!

Durchgezogene Linien mit Endpunkten bezeichnet man wie die mathematischen Ausdrücke, für die sie stehen, als *Propagatoren*. Punkte, in denen sich mehrere Linien treffen, in unserem Beispiel 4 Stück, bezeichnet man als *Vertizes*. Wie wir gesehen haben, entsprechen sie Wechselwirkungspunkten von Teilchen.

Vier äußere Felder Wir wollen uns nun den nächst-schwierigeren Fall anschauen, nämlich die Green'sche Funktion vier äußerer Felder $\phi_1\phi_2\phi_3\phi_4$. Hier verwenden wir wieder die Abkürzung $\phi(x_i) \to \phi_i$, wobei es sich immer um das *gleiche* Feld an unterschiedlichen Orten handelt. Später werden wir auch den Fall betrachten, dass mehrere *unterschiedliche* Felder vorkommen. Wir betrachten wieder den Zähler von Gl. (4.96):

$$\langle 0|T\{\phi_1\phi_2\phi_3\phi_4\} \exp\left(\int d^4x\, (-i\lambda\phi_x^4)\right)|0\rangle\,. \tag{4.125}$$

Die Ordnung λ^0 haben wir ja bereits im Rahmen der freien Theorie berechnet, Gl. (4.119), und auch die entsprechenden Graphen gezeichnet. Die erste Ordnung in λ ist

$$(-i\lambda)\int d^4x\, \langle 0|T\{\phi_1\phi_2\phi_3\phi_4\phi_x^4\}|0\rangle\,. \tag{4.126}$$

Schreibt man das aus, so findet man drei Klassen von Graphen:

1. Alle äußeren Felder werden direkt miteinander kontrahiert, während die Felder bei x eine Vakuumblase bilden:

$$3\cdot(-i\lambda)\int d^4x\; \overline{\phi_1\phi_3}\;\overline{\phi_x\phi_x}\;\overline{\phi_2\phi_4}\;\overline{\phi_x\phi_x} + \text{äußere Perm.} \leftrightarrow \tag{4.127}$$

x_1 x_3 x_2 x_4

Der Vorfaktor 3 in 4.127 stammt von den äquivalenten Möglichkeiten, die ϕ_x^4 zu einer ∞-Blase zu kontrahieren. Wie in der Ordnung λ^0 haben wir hier auch drei Möglichkeiten, die äußeren Punkte zu permutieren.

2. Es werden nur zwei äußere Felder direkt miteinander kontrahiert, und die zweite Linie enthält eine Selbstenergie:

$$12 \cdot (-i\lambda) \int d^4x \; \phi_1\phi_3 \; \phi_2\phi \; \phi_4\phi_x \; \phi_x\phi_x + \text{äußere Perm.} \leftrightarrow \tag{4.128}$$

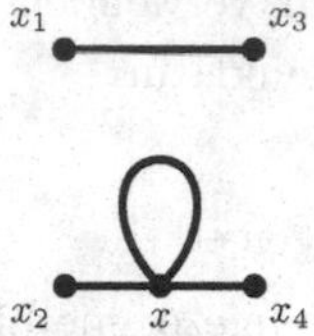

x_1 x_3 x_2 x x_4

Welche Permutationen der äußeren Punkte müssen hier noch addiert werden? Wie in Punkt 1 haben wir hier auch drei Permutationen für die äußeren Punkte. Zusätzlich kann jetzt aber an jeder Kontraktion noch die Schleife kleben. Damit gibt es also $(4!/2)/2 = 6$ verschiedene Graphen dieser Art. Man erhält sie, indem man in den drei Graphen aus der Ordnung λ^0 die Schleife jeweils an eine der Linien anklebt.

3. Die Vier-Punkt-Wechselwirkung, in der alle äußeren Punkte mit dem Wechselwirkungspunkt verbunden sind, sieht folgendermaßen aus:

$$(4!) \cdot (-i\lambda) \int d^4x \left(\phi_1\phi_x \; \phi_2\phi_x \; \phi_3\phi_x \; \phi_4\phi_x \right) \leftrightarrow \tag{4.129}$$

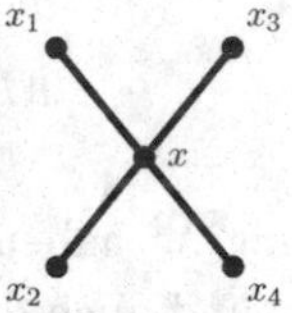

x_1 x_3 x x_2 x_4

Der Faktor 4! stammt von der Anzahl der Möglichkeiten, $\phi_1 \ldots \phi_4$ als Kontraktionspartner auf die vier Felder des Wechselwirkungspunktes zu verteilen. Hier sind alle äußeren Permutationen bereits berücksichtigt. Wir wollen diesen Graphen für später im Hinterkopf behalten, da er als Vorlage für unsere Vertex-Feynmanregel herhalten wird – insbesondere die Tatsache, dass er mit einem Faktor 4! ausgestattet ist. Er liefert auch den einzigen im Sinne der LSZ-Herleitung zusammenhängenden Beitrag in dieser Ordnung der Störungstheorie.

Die nächste Ordnung Jetzt wollen wir uns die Ordnung λ^2 ansehen, da hier einige neue Dinge auftreten. Man kann sich natürlich alle Graphen in ihrer vollen Schönheit hinmalen, wir wollen uns aber auf ein paar Repräsentanten beschränken, um die Idee zu vermitteln. Der Zähler von Gl. (4.96) lautet jetzt

$$\frac{(-i\lambda)^2}{2!} \int d^4x \int d^4y \; \langle 0|T\{\phi_1\phi_2\phi_3\phi_4\phi_x\phi_x\phi_x\phi_x\phi_y\phi_y\phi_y\phi_y\}|0\rangle \, .$$

Wir erhalten zum Beispiel Beiträge mit zwei Vakuumblasen, in denen die äußeren Felder direkt verbunden sind:

$$3^2 \cdot \frac{(-i\lambda)^2}{2!} \int d^4x \int d^4y \; \overline{\phi_1\phi_3}\,\overline{\phi_2\phi_4}\; \overline{\phi_x\phi_x}\,\overline{\phi_x\phi_x}\; \overline{\phi_y\phi_y}\,\overline{\phi_y\phi_y} \quad \longleftrightarrow \tag{4.130}$$

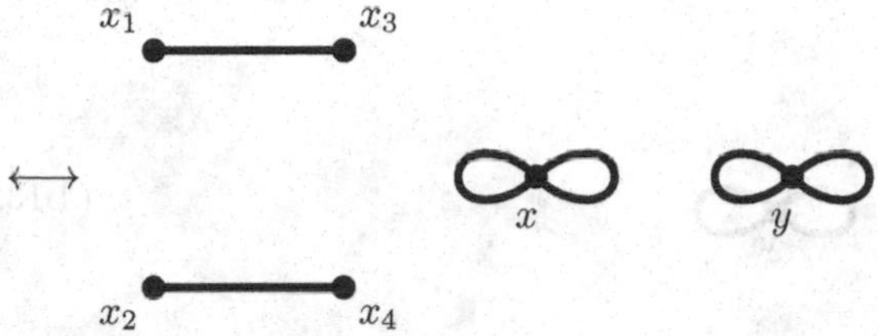

Hierbei erhalten wir einen Faktor 3^2, der die Möglichkeiten zählt, die Vakuumblasen zu bilden. Wie man diese Faktoren ausrechnet, besprechen wir genauer weiter unten im Rahmen der Symmetriefaktoren. Hier haben wir im Graphen noch eindeutig markiert, welche Vakuumblase zu welcher inneren Koordinate gehört, und zeigen damit nur eine von zwei äquivalenten Möglichkeiten. Zeichnen wir einfach nur Graphen, ohne die inneren Vertizes auszuzeichnen, gibt es diese Unterscheidung nicht, und wir erhalten einen weiteren Faktor 2:

$$\mathbf{2} \cdot 3^2 \cdot \frac{(-i\lambda)^2}{2!} \int d^4x \int d^4y \; \overline{\phi_1\phi_3}\,\overline{\phi_2\phi_4}\; \overline{\phi_x\phi_x}\,\overline{\phi_x\phi_x}\; \overline{\phi_y\phi_y}\,\overline{\phi_y\phi_y} \quad \longleftrightarrow \tag{4.131}$$

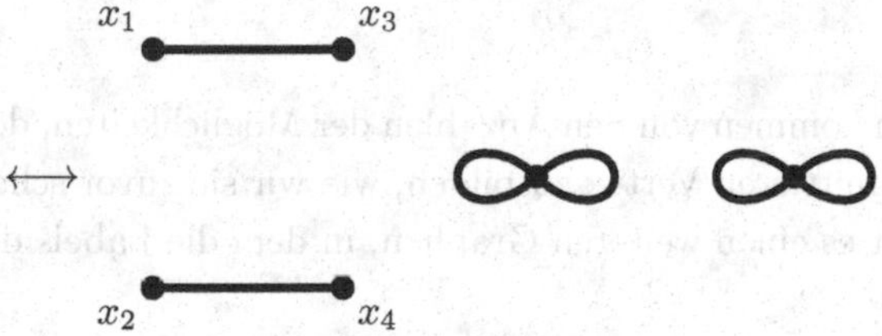

Dieser Unterschied ist zwar etwas subtil, kann aber in der Praxis zur Verwirrung führen, wenn man nicht aufpasst. Wir finden es daher nützlich, auf diesen kleinen Notationsunterschied hinzuweisen.

Wir erhalten weiterhin Beiträge mit einer Vakuumblase und wechselwirkenden äußeren Feldern:

$$3 \cdot 4! \cdot \frac{(-i\lambda)^2}{2!} \int d^4x \int d^4y \left(\phi_1 \phi_x \phi_2 \phi_x \phi_3 \phi_x \; \phi_4 \phi_x \; \phi_y \phi_y \phi_y \phi_y \right)$$

$$\longleftrightarrow \qquad (4.132)$$

Achtung: Hier gibt es wieder einen zweiten Graphen mit vertauschten Labels der Vertizes, der den gleichen Wert hat. Man gewinnt daher wieder einen zusätzlichen Faktor 2, wenn man sie im Graphen fallen lässt.

Zudem finden wir wechselwirkende Felder mit Selbstenergie-Beiträgen an den äußeren Propagatoren:

$$12 \cdot 4! \cdot \frac{(-i\lambda)^2}{2!} \int d^4x \int d^4y \left(\phi_1 \phi_x \phi_x \phi_x \phi_x \phi_y \; \phi_2 \phi_y \; \phi_3 \phi_y \phi_4 \phi_y \right)$$

$$\longrightarrow \qquad (4.133)$$

Die kombinatorischen Faktoren kommen von den Anzahlen der Möglichkeiten, den Selbstenergiegraphen und den mittleren Vertex zu bilden, wie wir sie zuvor schon angetroffen haben. Wieder gibt es einen weiteren Graphen, in dem die Labels der Vertizes vertauscht sind.

Es können auch zwei innere Propagatoren auftreten:

$$12 \cdot 4! \cdot \frac{(-i\lambda)^2}{2!} \int d^4x \int d^4y \left(\phi_1 \phi_y \phi_y \phi_3 \; \phi_x \phi_y \phi_x \phi_y \; \phi_2 \phi_x \phi_x \phi_4 \right)$$

$$\longrightarrow \qquad (4.134)$$

Eine wichtige Beobachtung, die man hier machen kann (und die durch die kombinatorischen Faktoren etwas verdeckt wird) ist, dass man die Feynman-Regeln aus diesen Graphen erraten kann. Jede einfache Verbindung zwischen zwei Punkten x und y geht mit einem Faktor

$$D_F(x-y) \tag{4.135}$$

und jede Wechselwirkung mit einem Faktor

$$(-i\lambda \cdot 4!) \int d^4x \tag{4.136}$$

einher. Der so erhaltene Ausdruck muss noch mit einem Symmetriefaktor multipliziert werden, den wir gleich besprechen werden. Das bedeutet für uns: Wir haben (bis auf den Symmetriefaktor) Regeln, um aus jedem Feynman-Diagramm einen analytischen Ausdruck zu bekommen, indem wir Folgendes einsetzen:

x_1 ——— x_2 $= D_F(x_1 - x_2)$

x $= (-i\lambda \cdot 4!) \int d^4x \quad (4.137)$

Noch einmal zur Erinnerung eine kurze Anmerkung zu den schwarzen Punkten, die den Abschluss von Feynman-Graphen, z. B. bei Gl. (4.132) bilden. Die schwarzen Punkte sollen hier andeuten, dass der entsprechende Ausdruck die Feynman-Propagatoren $D_F(x_1 - x)$ etc. noch enthält. Im Gegensatz dazu sind in Gl. (4.137) die schwarzen Punkte weggelassen, da hier wirklich nur die Feynman-Regel für den Vertex angegeben wird, welche die äußeren Propagatoren nicht beinhaltet.

4.3.3 Symmetriefaktoren

Wir haben uns jetzt auf den Vertex-Koeffizient 4! für die Feynman-Regel der Vier-Punkt-Wechselwirkung festgelegt, da er in dem einfachsten Wechselwirkungsdiagramm so auftrat. Wie wir an den obigen Beispielen gesehen haben, erhalten wir aus den Wick-Kontraktionen und den Koeffizienten der Exponentialreihe oft Vorfaktoren, die kleiner als 4! bzw. $4!^2$ sind. Wir wollen jetzt genau verstehen, woher dieser Unterschied kommt, um Feynman-Regeln zuverlässig anwenden zu können, ohne jedes mal die Wick-Kontraktionenen durchzuzählen. Schauen wir uns folgendes Beispiel an:

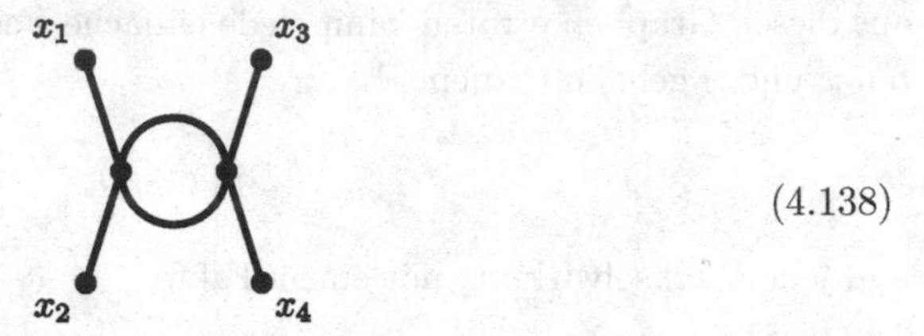

(4.138)

Hier haben wir die Labels der inneren Vertizes weggelassen und somit beide 2! Möglichkeiten berücksichtigt, wie die Vertizes bei x und y im Graphen platziert sein können. Dieser Faktor hebt genau den Faktor 1/2! aus der Exponentialreihe weg. Er wird in der Zählung, die wir gleich vornehmen, automatisch berücksichtigt, da wir alle Permutationen mitnehmen.

Der Graph hat seinen Ursprung in Ausdrücken der Form

$$\frac{(-i\lambda)^2}{2!} \int d^4x \int d^4y \; \phi_1\phi_x \;\; \phi_2\phi_x\phi_x\phi_y \;\; \phi_x\phi_y \;\; \phi_3\phi_y \;\; \phi_4\phi_y \, .$$

Wir merken uns jetzt in jedem Kontraktionsschritt, wie viele äquivalente Möglichkeiten es gegeben hätte, die Kontraktion durchzuführen. Diese Faktoren multiplizieren wir am Ende.

Das Feld ϕ_1 hat $\mathbf{2} \cdot \mathbf{4}$ mögliche Kontraktionspartner, denn entweder wird es mit einem der ϕ_x oder mit einem der ϕ_y kontrahiert. Genau hier haben wir die Unterscheidung der beiden Vertizes aufgehoben, sonst wären es nur 4 Möglichkeiten gewesen. Diese Zählung gilt also für Graphen, in denen die Vertizes nicht mehr mit x und y markiert sind. Wir können ohne Beschränkung der Allgemeinheit den ϕ_x-Block wählen. Das zweite ϕ_2 hat jetzt als Auswahl nur noch denselben ϕ_x-Block und darin nur noch **3** Möglichkeiten. Jetzt muss man das nächste der übrig gebliebenen ϕ_x nehmen und an eines der vier ϕ_y kontrahieren, hierfür gibt es **4** Möglichkeiten, und für die zweite ϕ_x-ϕ_y-Kontraktion wieder **3**. Übrig bleiben noch **2** Möglichkeiten, wie die zwei ϕ_y an das ϕ_3 bzw. ϕ_4 kontrahiert werden. Insgesamt ergibt sich also

$$\frac{2 \cdot 4 \cdot 3 \cdot 4 \cdot 3 \cdot 2}{2!} = 288 \, . \tag{4.139}$$

Der Faktor 1/2! kommt aus der Taylor-Entwicklung zur Ordnung λ^2. Das ist also der kombinatorische Vorfaktor für den Graphen in Abb. 4.138. Wir hatten den gleichen Graphen schon mit expliziter Unterscheidung der Vertizes in Gl. (4.134) angegeben, wo er daher den Vorfaktor 144 = 288/2 hatte.

Nun wollen wir den Vorfaktor gemäß den Feynman-Regeln in Gl. (4.137) bestimmen. Für jeden der beiden Vertizes bekommen wir einen Faktor 4!. Die Propagatoren bleiben ohne Vorfaktor. Somit folgt:

$$4! \cdot 4! = 576 \, . \tag{4.140}$$

„Bist Du Dir sicher, dass der Symmetriefaktor hier $-7i\pi$ ist?"

Das weicht natürlich von Gl. (4.139) ab, und zwar um einen Faktor $S = 1/2$. Das ist der sogenannte *Symmetriefaktor*. Diese Faktoren sind von Graph zu Graph unterschiedlich. Sie kommen daher, dass man mit der naiven Anwendung der Feynman-Regeln Graphen mehrfach zählt, die nicht nur den gleichen Wert liefern, sondern sogar exakt den gleichen Graphen darstellen. Das wollen wir hier kurz verdeutlichen. Der Faktor 4! beim einfachen Vertex kommt ja daher, dass es diese Anzahl an Möglichkeiten gibt, die vier äußeren Punkte mit den vier Linen des Wechselwirkungspunkts zu verbinden; siehe z. B. den Graphen in Gl. (4.129). Wenn wir jetzt zwei dieser Graphen miteinander verbinden, und alle diese 4! Möglichkeiten für *beide* Graphen beachten, zählen wir eine Möglichkeit zu viel (mit Bleistift auf Bierdeckel ausprobieren!). Wenn wir hier gleichzeitig die x_3 und x_4 vertauschen und im zweiten Graphen auch y_1 und y_2 vertauschen, so erhalten wir *dieselben Kontraktionen*, als wenn wir sie einfach belassen:

(4.141)

Also: Die Hälfte der Möglichkeiten, die Linien an den beiden Vertizes durchzutauschen, ergibt nicht einfach nur denselben Beitrag, sondern dieselben Kontraktionen der Felder. Sie existieren im vollen Graphen also nicht doppelt! Das beachtet die naive Anwendung der Feynman-Regel nicht, da sie für jeden Einzelvertex alle 4! Vertauschungsmöglichkeiten als unterschiedlich annimmt. Man muss deshalb in solchen Diagrammen noch einmal durch 2 teilen. Tun wir das für den Fall in Gl. (4.140), dann erhalten wir den richtigen Vorfaktor wie in Gl. (4.139).

In unserem Beispiel wird deutlich, dass der Symmetriefaktor tatsächlich mit der Anzahl der Symmetrien des Graphen in Verbindung steht.

Aufgemerkt! Symmetriefaktoren

Für jede Möglichkeit, Vertizes oder Linien zu permutieren, ohne einen anderen Graphen zu erhalten, muss durch die Anzahl der Elemente dieser Symmetriegruppe geteilt werden.

In unserem Beispiel Gl. (4.141) kann man die beiden inneren Linien vertauschen und erhält den identischen Graphen. Diese Vertauschung entspricht einer Permutationsgruppe mit 2 Elementen. Es gibt einige Rezepte, um Symmetriefaktoren zu ermitteln:

- Startet und endet eine Linie am selben Vertex, so muss man mit 1/2 multiplizieren.
- Werden zwei Vertizes über n interne Linien verbunden, erhält man einen Faktor 1/n!.
- Verändert sich das Diagramm unter N verschiedenen Vertauschungen zweier Vertizes nicht, erhält man einen Faktor 1/N.

Für mehr Details und eine systematische Behandlung bietet sich das exzellente neuere Lehrbuch [12] an. Wer will, kann sich die Veröffentlichungen [13][14] auf dem arXiv ansehen – dazu ist es allerdings empfehlenswert, zuvor unsere Kapitel über erzeugende Funktionale durchzuarbeiten.

Bestimmt die Symmetriefaktoren für die Beispiele in Tabelle 4.1. Ihr könnt z.B. die Wick-Kontraktionen abzählen, durch den Faktor in der Taylor-Entwicklung teilen und dies mit den naiven Feynman-Regeln vergleichen. Alternativ könnt ihr die Anzahl der Symmetrietransformationen des Graphen ermitteln. Beide Ergebnisse sollten übereinstimmen.

Später werden wir Felder mit gerichteten Propagatoren betrachten, insbesondere das Dirac-Fermion. Hier fallen viele Symmetriefaktoren weg, da Graphen mit unterschiedlichen Propagatorrichtungen nicht identisch sind. Ähnlich ist die Situation bei komplexen Skalarfeldern.

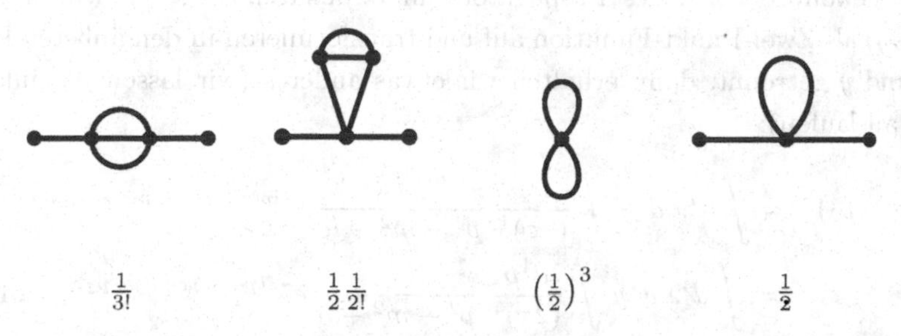

Tab. 4.1: Einige Feynman-Diagramme und ihre Symmetriefaktoren.

4.3.4 Feynman-Diagramme im Impulsraum

Die Feynman-Regeln in Gl. (4.137) sind Feynman-Regeln im Ortsraum. Jetzt wollen wir dieselbe Übung für Feynman-Regeln im Impulsraum durchführen, da diese Regeln am häufigsten Verwendung finden, z. B. bei der Berechnung von Streuquerschnitten und Zerfallsbreiten. Wir betrachten dazu die entsprechenden Green'schen Funktionen im Impulsraum und lesen daraus die entsprechenden Feynman-Regeln ab.

Da wir sie im Folgenden oft brauchen, wiederholen wir hier noch einmal die Fourier-Transformation einer allgemeinen Green'schen Funktion: Definieren wir alle Impulse als einlaufend, so ist:

$$\widetilde{G}(p_1, \ldots, p_n) = \int d^4x_1 \ldots \int d^4x_n e^{-ip_1x_1} \ldots e^{-ip_nx_n} G(x_1, \ldots x_n) . \tag{4.142}$$

Ist ein Impuls auslaufend definiert, dann wird mit $\exp(ipx)$ transformiert. Wir wollen jetzt wieder zwei Beispiele in führender Ordnung explizit durchrechnen.

Der Propagator im Impulsraum Fangen wir mit dem Propagator $D_F(x-y)$ an. Wir berechnen ihn am einfachsten aus der entsprechenden Korrelationsfunktion:

$$x \bullet\!\!-\!\!-\!\!\bullet\, y \tag{4.143}$$

Den Ausdruck hierfür im Ortsraum kennen wir bereits aus Gl. (2.203):

$$D_F(x-y) = \int \frac{d^4p}{(2\pi)^4} \frac{i}{p^2 - m^2 + i\epsilon} e^{-ip(x-y)} . \tag{4.144}$$

Wir können ihn einfach in den Impulsraum transformieren. Fassen wir nun zunächst D_F als Funktion einer Variablen auf, $D_F(x)$, können wir in dieser Fouier-transformieren. So erhalten wir

$$\begin{aligned} \widetilde{D}_F(q) &= \int d^4x \int \frac{d^4p}{(2\pi)^4} \frac{i}{p^2 - m^2 + i\epsilon} e^{-ipx} e^{-iqx} \\ &= \int \frac{d^4p}{(2\pi)^4} \frac{i}{p^2 - m^2 + i\epsilon} (2\pi)^4 \delta^4(p+q) = \frac{i}{q^2 - m^2 + i\epsilon} , \end{aligned} \tag{4.145}$$

also die gewohnte Form des Propagators im Impulsraum. Fassen wir hingegen $D_F(x-y)$ als Zwei-Punkt-Funktion auf und transformieren in den äußeren Punkten x und y getrennt, dann erhalten wir etwas anderes (wir lassen p_1 einlaufen und p_2 auslaufen):

$$\begin{aligned}\widetilde{D}_F(p_1,-p_2) &= \int d^4x\, d^4y \int \frac{d^4p}{(2\pi)^4} \frac{i}{p^2-m^2+i\epsilon} e^{-ip(x-y)} e^{-ip_1x+ip_2y} \\ &= \int d^4x\, d^4y \int \frac{d^4p}{(2\pi)^4} \frac{i}{p^2-m^2+i\epsilon} e^{-i(p+p_1)x+i(p+p_2)y} . \end{aligned} \tag{4.146}$$

Wir integrieren zuerst d^4x (die Reihenfolge ist egal):

$$\begin{aligned}\widetilde{D}_F(p_1,-p_2) &= (2\pi)^4\, d^4y \int \frac{d^4p}{(2\pi)^4} \frac{i}{p^2-m^2+i\epsilon} e^{i(p+p_2)}\delta^4(p+p_1) \\ &= (2\pi)^4 \int d^4p\, \frac{i}{p^2-m^2+i\epsilon} \delta^4(p+p_1)\delta^4(p+p_2) \\ &= (2\pi)^4\delta^4(p_2-p_1)\, \frac{i}{p_1^2-m^2+i\epsilon} . \end{aligned} \tag{4.147}$$

Das ist der Propagator $\widetilde{D}_F(p)$ im Impulsraum, verziert mit einer zusätzlichen Delta-Funktion

$$(2\pi)^4\delta^4(p_2-p_1) ,$$

die gerade die Impuls- und Energieerhaltung zwischen den beiden äußeren Punkten sicherstellt. Dieser Trend wird sich fortsetzen, denn wir werden generell aus Green'schen Funktionen einen Faktor

$$(2\pi)^4\delta^4\left(\sum_i \pm p_i\right) \tag{4.148}$$

herausziehen können, wenn wir in allen äußeren Koordinaten eine Fourier-Transformation durchführen. Die einzelnen Propagatoren in den Graphen werden aber zu ihren Feynman-Regeln im Impulsraum nicht jedes Mal erneut einen zusätzlichen Faktor $(2\pi)^4$ erhalten. Im Folgenden werden wir die Tilden über Impulsraum-Größen nicht konsequent setzen, sofern der Kontext klar ist.

Vier-Punkt-Wechselwirkung So, jetzt ist hoffentlich klar, was im Prinzip passiert. Viel Spaß bei der folgenden Aufgabe!

AUFGABE 50

■ Transformiert den zusammenhängenden Teil der Green'schen Funktion der Vier-Punkt-Wechselwirkung zur Ordnung $\mathcal{O}(\lambda^1)$, der in Gl. (4.129) gegeben ist, in den Impulsraum!

Der relevante Teil der Green'schen Funktion wird mit dem Wick-Theorem behandelt und in Propagatoren umgeschrieben (wie jetzt bekannt):

$$\begin{aligned}
&G(x_1,\dots x_4)|_{\text{zush.}}\\
&= (-i\,4!\,\lambda)\int d^4x\; D_F(x-x_1)\cdot D_F(x-x_2)\cdot D_F(x-x_3)\cdot D_F(x-x_4)\\
&= (-i\,4!\,\lambda)\int d^4x \int \frac{d^4q_1}{(2\pi)^4}\frac{ie^{-iq_1(x-x_1)}}{q_1^2-m^2+i\epsilon}\int\frac{d^4q_2}{(2\pi)^4}\frac{ie^{-iq_2(x-x_2)}}{q_2^2-m^2+i\epsilon}\\
&\times\int\frac{d^4q_3}{(2\pi)^4}\frac{ie^{-iq_3(x-x_3)}}{q_3^2-m^2+i\epsilon}\int\frac{d^4q_4}{(2\pi)^4}\frac{ie^{-iq_4(x-x_4)}}{q_4^2-m^2+i\epsilon}\,. \qquad (4.149)
\end{aligned}$$

Wir ignorieren hier die unzusammenhängenden Teile. Da wir unsere Impulse $p_1\dots p_4$ am Ende von links nach rechts stehen haben wollen, definieren wir die Felder in Gl. (4.129) für x_1, x_2 einlaufend (wir transformieren mit „–"), und für x_3, x_4 auslaufend (wir transformieren mit „+"):

$$\begin{aligned}
&G(p_1,p_2,-p_3,-p_4)|_{\text{zush.}}\\
&= \frac{(-i\,4!\,\lambda)}{(2\pi)^{16}}\underbrace{\int d^4x\int d^4q_1\dots\int d^4q_4\int d^4x_1\dots\int d^4x_4}_{\int dN}\\
&\times e^{-ip_1(x_1-x)-\dots+ip_4(x_4-x)}\frac{e^{-iq_1(x_1-x)}}{q_1^2-m^2+i\epsilon}\cdots\frac{e^{-iq_4(x_4-x)}}{q_4^2-m^2+i\epsilon}\,. \qquad (4.150)
\end{aligned}$$

Eine kleine Umsortierung:

$$\begin{aligned}
&G(p_1,p_2,-p_3,-p_4)|_{\text{zush.}}\\
&= \frac{(-i\,4!\,\lambda)}{(2\pi)^{16}}\int dN\frac{i}{q_1^2-m^2+i\epsilon}\cdot\frac{i}{q_2^2-m^2+i\epsilon}\cdot\frac{i}{q_3^2-m^2+i\epsilon}\cdot\frac{i}{q_4^2-m^2+i\epsilon}\\
&\times e^{-ix_1(p_1+q_1)}\cdot e^{-ix_2(p_2+q_2)}\cdot e^{-ix_3(q_3-p_3)}\cdot e^{-ix_4(q_4-p_4)}\cdot e^{-ix(q_1+q_2+q_3+q_4)}\,.
\end{aligned}$$

Wir gehen weiterhin wie beim einfachen Propagatorbeispiel vor und ersetzen zuerst die entsprechenden Integrale durch die zugehörigen Delta-Funktionen $\int d^4x\, e^{-ix(p+q)} \to (2\pi)^4\delta(p+q)$ und integrieren dann aus:

$$\begin{aligned}
&G(p_1,p_2,-p_3,-p_4)|_{\text{zush.}} = \frac{(-i\,4!\,\lambda)}{(2\pi)^{16}}\left((2\pi)^4\right)^5\int d^4q_1\dots d^4q_4\\
&\times\frac{i}{q_1^2-m^2+i\epsilon}\cdot\frac{i}{q_2^2-m^2+i\epsilon}\cdot\frac{i}{q_3^2-m^2+i\epsilon}\cdot\frac{i}{q_4^2-m^2+i\epsilon}\\
&\times\delta^4(p_1+q_1)\cdot\delta^4(p_2+q_2)\cdot\delta^4(p_3-q_3)\cdot\delta^4(p_4-q_4)\delta^4(q_1+q_2+q_3+q_4)\\
&= (-i\,4!\,\lambda)\frac{(i)^4(2\pi)^4\delta^4(p_1+p_2-p_3-p_4)}{(p_1^2-m^2+i\epsilon)\cdot(p_2^2-m^2+i\epsilon)\cdot(p_3^2-m^2+i\epsilon)\cdot(p_4^2-m^2+i\epsilon)}\,. \qquad (4.151)
\end{aligned}$$

Tatsächlich bleibt nur eine globale Delta-Funktion $(2\pi)^4\delta^4(\sum_i \pm p_i)$ übrig, welche die Energie- und Impulserhaltung beschreibt, außerdem vier Propagatoren für die äußeren Beinchen, um die wir uns im nächsten Abschnitt kümmern werden, und ein Vertexfaktor $(-i\,4!\,\lambda)$, der als Feynman-Regel für den Vertex im Impulsraum herhalten wird.

Um aus dem Ausdruck Gl. (4.151) das Matrixelement S_{fi} zu erhalten, müssen wir einfach nur die LSZ-Reduktionsformel im Impulsraum Gl. (4.87) anwenden. Da wir eine Rechnung in führender Ordnung der Störungstheorie durchgeführt haben, insbesondere keine Schleifenkorrekturen zu den Propagatoren betrachten, und die Lagrange-Dichte kanonisch normiert ist, ist hier $R = 1$.

Aufgemerkt!

In Berechnungen von Streuamplituden in führender Ordnung der Störungstheorie kann einfach $R = 1$ gesetzt werden, wenn die kanonisch normierte Lagrange-Dichte verwendet wird.

Wir erhalten sofort

$$S_{fi,zush.} = (-i\,4!\,\lambda)\,(2\pi)^4\delta^4(p_1 + p_2 - q_1 - q_2)\,. \tag{4.152}$$

Aufgemerkt! LSZ und die Störungsnäherung

Hier haben wir etwas getrickst. Die Green'sche Funktion Gl. (4.151) ist in einer festen Ordnung in λ berechnet. Daher stehen außen nun nicht die exakten Propagatoren mit allen Schleifenbeiträgen, die eigentlich im LSZ-Formalismus weggekürzt werden, sondern eben die Propagatoren in führender Ordnung. Will man aus diesem Ergebnis eine Streuamplitude berechnen, müsste man in der LSZ-Formel den Parameter m statt der Polmasse verwenden. Warum m nicht unbedingt der Polmasse entspricht, werden wir erst im Kapitel zur Renormierung wirklich klären können. Um aus der Störungstheorie heraus explizit zu sehen, dass an den äußeren Beinchen der Green'schen Funktion tatsächlich Propagatoren mit einer unter Umständen von m verschiedenen Position des Pols vorliegen, muss man die Dyson-Resummation aus Abschnitt 6.2.3 durchführen.

4.3.5 Amputation

Wenn man nur an der Streuamplitude interessiert ist, ist es unnötig umständlich, immer die vollen Green'schen Funktionen zu berechnen und dann die LSZ-Formel anzuwenden, um die äußeren Pole „von Hand“ zu entfernen. Hier gibt es eine einfache Vorgehensweise (welche wir in Abschnitt 4.2.3 schon kurz erwähnt haben), mit der man direkt die Streuamplitude berechnen kann, indem man nur Feynman-Graphen ohne äußere Propagatoren und Selbstenergien (trunkierte Diagramme) in Betracht zieht. Das ist vor allem im Impulsraum sehr unkompliziert. Man muss lediglich den R-Faktor korrekt behandeln. Das wollen wir jetzt kurz motivieren, bevor wir die allgemeinen Feynman-Regeln für Streuamplituden angeben.

Wir hatten ja bereits festgestellt (oder definiert), dass iR das Residuum des Propagators am Massenschalen-Pol ist. Was passiert nun, wenn wir gemäß der LSZ-Formel, Gl. (4.83), anhand der Bewegungsgleichungen den Pol eines exakten Propagators[8] D_F^{exakt} wegkürzen, der bei der physikalischen Polmasse ein Residuum $R \neq 1$ besitzt? Wir separieren den relevanten Teil der Green'schen Funktion ab:

$$G(x_1, \ldots, x_n) = \int d^4y D_F^{exakt}(x_1 - y) \times \cdots . \tag{4.153}$$

Hier ist jetzt x_1 die Koordinate eines beliebigen äußeren Beinchens, und D_F^{exakt} der äußere Propagator mit einem Residuum iR. Man kann den Propagator im Impulsraum in der Nähe des Pols bei $p^2 \sim m_{pol}^2$ durch eine Laurent-Reihe

$$D_F^{exakt}(p) = \frac{iR}{p^2 - m_{pol}^2 + i\epsilon} + \text{endlich} \tag{4.154}$$

darstellen, wie wir es durch die Källén-Lehmann-Darstellung 4.53 motiviert hatten. In der freien Theorie ist der Propagator bereits vollständig durch den Bruch gegeben, aber in wechselwirkenden Theorien kommen außer Beiträgen zum Residuum R noch endliche Teile hinzu. Lassen wir nun gemäß der LSZ-Reduktionsformel die Bewegungsgleichung $iR^{-1/2}(\Box_{x_1} + m_{pol}^2)$ auf die Green'sche Funktion wirken, so erhalten wir

$$\begin{aligned}
iR^{-1/2}(\Box_{x_1} + m_{pol}^2) &\int d^4y \int \frac{d^4p}{(2\pi)^4}\Big(\frac{iR}{p^2 - m_{pol}^2} + \text{endlich}\Big) e^{-ip(x_1-y)} \times \cdots \\
=iR^{-1/2} &\int d^4y \int \frac{d^4p}{(2\pi)^4}\Big(\frac{iR}{p^2 - m_{pol}^2} + \text{endlich}\Big)(-p^2 + m_{pol}^2) e^{-ip(x_1-y)} \times \cdots \\
=iR^{-1/2} &\int d^4y \int \frac{d^4p}{(2\pi)^4}\Big(- iR + \text{endlich} \times (-p^2 + m_{pol}^2)\Big) e^{-ip(x_1-y)} \times \cdots .
\end{aligned} \tag{4.155}$$

Schematisch sieht das so aus:

$$(\Box_x + m_{pol}^2) \; \bullet\!\!-\!\!\text{(exakt. Prop.)}\!\!-\!\!\| = -iR \; \|\!\!- \tag{4.156}$$

[8]Wir gehen hier von der Form des exakten Propagators der wechselwirkenden Theorie aus, wie sie im Abschnitt 4.2.2 zur Källén-Lehmann-Darstellung besprochen wurde.

Setzt man das äußere Beinchen nun durch Fourier-Transformation in x_1 auf den Impuls k und dann auf die Massenschale $k^2 = m_{pol}^2$, wie es in der LSZ-Formel vorgesehen ist, dann fallen die endlichen Teile weg, und nur der Beitrag des Propagatorpols bleibt bestehen:

$$\begin{aligned}
&iR^{-1/2} \int d^4x_1 e^{ikx_1} G(x_1, \dots, x_n)\Big|_{k^2=m_{pol}^2} \\
=&\frac{i}{\sqrt{R}} \int d^4x_1 \int d^4y \int \frac{d^4p}{(2\pi)^4} \Big(-iR + \text{endl.} \times (-p^2 + m_{pol}^2) \Big) e^{i(k-p)x_1} e^{ipy} \times \cdots \\
=&\frac{i}{\sqrt{R}} \int d^4y \int d^4p \Big(-iR + \text{endl.} \times (-p^2 + m_{pol}^2) \Big) \delta^4(k-p) e^{ipy} \times \cdots \\
=&\sqrt{R} \int d^4y \, e^{iky} \times \cdots . \qquad (4.157)
\end{aligned}$$

Im letzten Schritt fiel der endliche Anteil weg, da $p^2 = k^2 = m_{pol}^2$ gesetzt wurde. Wir sehen, dass wieder eine Fourier-Transformation stehen bleibt, jetzt aber in der Koordinate y; dies ist gerade die innere Koordinate, über die der äußere Propagator mit der restlichen Green'schen Funktion (Abb. 4.3) verbunden war. Weiterhin stellen wir fest, dass der Faktor $R^{-1/2}$ in der LSZ-Formel nicht einfach stehen bleibt, sondern sich immer mit dem übrig gebliebenen Residuum des äußeren Propagators zu einem Faktor $\sqrt{R}$ verbindet. Dies können wir zu einer allgemeinen Regel erheben:

Aufgemerkt! **Amputation, einfach**

Matrixelemente im Impulsraum kann man direkt berechnen, indem man nur Feynman-Graphen ohne äußere Propagatoren und Selbstenergien (trunkierte Diagramme) in Betracht zieht und für jedes äußere Teilchen („Beinchen") mit einem Faktor $\sqrt{R}$ multipliziert:

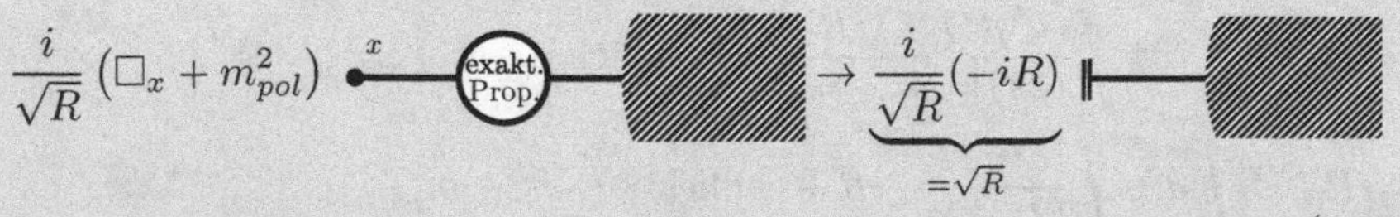

$$\frac{i}{\sqrt{R}} (\Box_x + m_{pol}^2) \; \overset{x}{\bullet}\!\!-\!\!\text{(exakt. Prop.)}\!\!-\!\!\blacksquare \;\rightarrow\; \underbrace{\frac{i}{\sqrt{R}}(-iR)}_{=\sqrt{R}} \Vdash\!\!-\!\!\blacksquare \qquad (4.158)$$

Die äußeren Impulse werden anschließend auf die Massenschale gesetzt. *Die LSZ-Formel ist damit schon implizit angewendet.* Der exakte Propagator und insbesondere das Residuum R können z. B. störungstheoretisch ermittelt werden. Darauf werden wir im Abschnitt zur Dyson-Resummation genauer eingehen. Das relevante Ergebnis steht in Gl. (6.74).

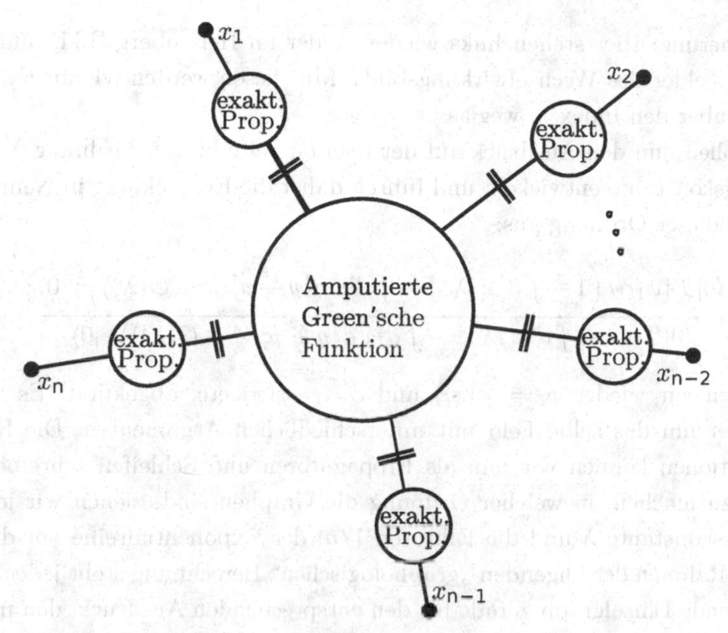

Abb. 4.3: Die äußeren Beinchen der Green'schen Funktion.

4.3.6 Wir kürzen Vakuumblasen

Wie wir schon auf Seite 144 angesprochen haben, müssen wir uns noch um die Vakuumblasen kümmern, die in wechselwirkenden Theorien auftreten. Dazu wollen wir ein explizites Beispiel durchrechnen. Wir wählen die Wechselwirkungs-Hamilton-Dichte der ϕ^4-Theorie, $\mathcal{H}_{int} = \lambda\phi^4$. Die Zwei-Punkt-Funktion wird mithilfe der Gell-Mann-Low-Formel Gl. (4.96) zu

$$\langle 0| T\{\phi(x_1)\phi(x_2)\} |0\rangle = \frac{\langle 0| T\{\phi_{in}(x_1)\phi_{in}(x_2)e^{-i\int d^4x \mathcal{H}_{int}}\} |0\rangle}{\langle 0| T\{e^{-i\int d^4x \mathcal{H}_{int}}\} |0\rangle} . \tag{4.159}$$

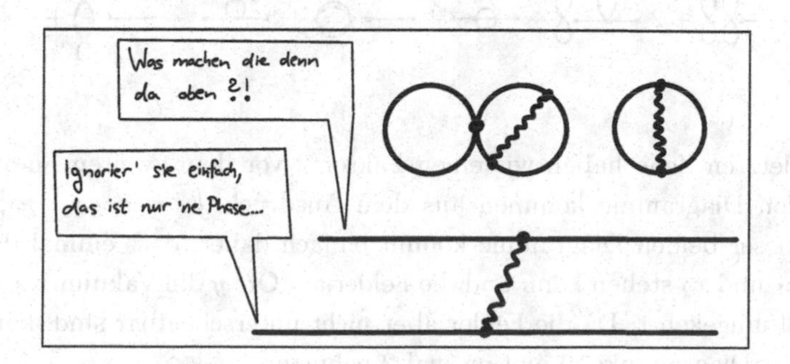

Zur Erinnerung: Hier stehen links wieder Felder im Heisenberg-Bild, und rechts die freien Felder des Wechselwirkungsbilds. Mit diesen werden wir im Folgenden arbeiten, aber den Index $_{in}$ weglassen.

Wir wollen nun den Ausdruck auf der rechten Seite bis zur Ordnung λ^2 in der Kopplungskonstante entwickeln und führen daher die Entwicklung in Nenner und Zähler zu dieser Ordnung aus:

$$\frac{\langle 0|\,T\{\phi_1\phi_2\left(1-\int d^4x\, i\lambda\phi_x^4-\int d^4x\, d^4y\,\frac{\lambda^2}{2}\phi_x^4\phi_y^4+\mathcal{O}(\lambda^3)\right)\}\,|0\rangle}{\langle 0|\,T\{\left(1-\int d^4x\, i\lambda\phi_x^4-\int d^4x\, d^4y\,\frac{\lambda^2}{2}\phi_x^4\phi_y^4+\mathcal{O}(\lambda^3)\right)\}\,|0\rangle}\,.$$

Hier haben wir wieder $\phi_i = \phi(x_i)$ und $\phi_x = \phi(x)$ etc. abgekürzt. Es handelt sich immer um das selbe Feld mit unterschiedlichen Argumenten. Die Korrelationsfunktionen können wir nun als Propagatoren und Schleifen schreiben. Um deutlich zu machen, in welcher Ordnung die Graphen sind, ziehen wir jetzt die Kopplungskonstante λ und die Faktoren $1/n!$ der Exponentialreihe *vor* die Graphen. Im Rahmen der folgenden „graphologischen" Berechnung steht jeder zusammenhängende Einzelgraph gerade für den entsprechenden Ausdruck, den man aus dem Wick-Theorem erhält, wenn man genau die zu dem Einzelgraphen passende Potenz an Feldern Wick-kontrahiert, inklusive aller möglichen Kontraktionen. Produkte zweier zusammenhängender Graphen können so einen nicht-trivialen Vorfaktor bekommen, wenn sie gemeinsam aus einem Ausdruck des Wick-Theorems entstehen, der mehr kombinatorische Möglichkeiten zulässt, als wenn man die Kontraktionen der Einzelgraphen für sich isoliert durchführt.

Wir trennen der Übersichtlichkeit halber den Zähler und den Nenner auf. Der Zähler ist

$$\langle 0|\,T\{\phi_1\phi_2\left(1-\int d^4x\, i\lambda\phi_x^4-\int d^4x\, d^4y\,\frac{\lambda^2}{2}\phi_x^4\phi_y^4+\mathcal{O}(\lambda^3)\right)\}\,|0\rangle =$$

$$= \quad - i\lambda\left[\quad + \quad\right]$$

$$-\frac{\lambda^2}{2}\left[\quad + 2 \quad + \quad + \quad + \quad + \quad + \quad\right]$$

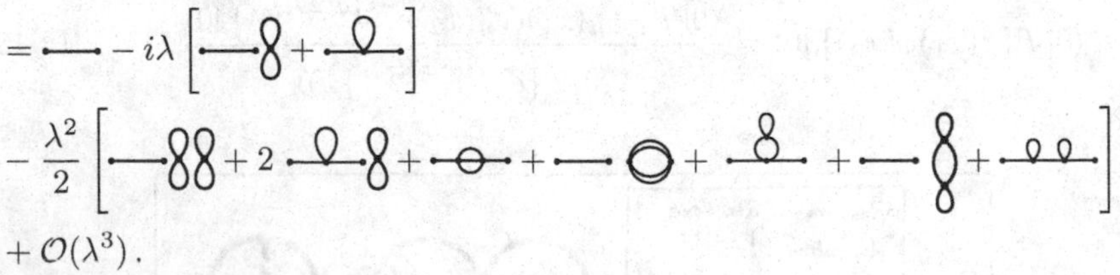

$$+\,\mathcal{O}(\lambda^3)\,.$$

In der vorletzten Zeile haben wir einen Faktor 2 vor dem zweiten Summanden. Diese beiden Diagramme kommen aus dem Ausdruck $\int d^4x\ d^4y\phi_1\phi_2\phi_x^4\phi_y^4$. Der Faktor 2 dieser beiden Diagramme kommt einfach daher, dass einmal der Ort x zwischen x_1 und x_2 stehen kann und die Felder am Ort y die Vakuumblase bilden, und einmal umgekehrt. Da die Felder aber nicht unterscheidbar sind, können wir einfach diese Diagrammkombination mal 2 nehmen.

Anders ist es bei dem sogenannten „Kaktusdiagramm", dem fünften Summanden in der zweiten Klammer. Bei diesem kann die Zuordnung der Orte x, y auch einmal zum oberen oder unteren Vertex sein. Nur ist dieser Faktor 2 schon im Ausdruck für den Feynman-Graphen enthalten, da die Vertauschung *innerhalb eines* Graphen passiert. Also brauchen wir hier keinen zusätzlichen Faktor mehr explizit in unserer graphologischen Rechnung zu berücksichtigen. Der Nenner wird dargestellt durch

$$\langle 0|\,T\{\Big(1 - \int d^4x\, i\lambda\phi_x^4 - \int d^4x\, d^4y\, \frac{\lambda^2}{2}\phi_x^4\phi_y^4 + \mathcal{O}(\lambda^3)\Big)\}\,|0\rangle$$

$$= 1 - i\lambda \underbrace{\quad}_{a} - \frac{\lambda^2}{2}\underbrace{\big[\quad + \quad + \quad\big]}_{b} + \mathcal{O}(\lambda^3)\,.$$

Um den kompletten Ausdruck auswerten zu können, entwickeln wir den Nenner bis zur zweiten Ordnung in λ. Wir nutzen hier also

$$\frac{1}{1 - i\lambda a - \lambda^2 b/2} + \mathcal{O}(\lambda^3) \sim 1 + ia\lambda + \lambda^2\left(\frac{b}{2} - a^2\right) + \mathcal{O}(\lambda^3) \tag{4.160}$$

(a und b sind im vorherigen Bild gekennzeichnet). Damit erhalten wir für das Produkt aus Zähler und Nenner:

$$\Big[\quad - i\lambda\big(\quad + \quad\big) - \frac{\lambda^2}{2}\big(\quad + 2\quad + \quad + \quad + \quad + \quad + \quad\big)\Big]$$
$$\times\Big[1 + i\lambda\quad + \lambda^2\Big(-\quad + \frac{1}{2}\big(\quad + \quad + \quad\big)\Big)\Big] + \mathcal{O}(\lambda^3)\,. \tag{4.161}$$

Es können sich immer nur Terme innerhalb derselben Ordnung von λ wegheben. Da wir nur an der Ordnung bis λ^2 interessiert sind, brauchen wir die Terme auch nur bis zur dieser Ordnung auszumultiplizieren. Damit erhalten wir

$$= \quad - i\lambda \quad - \frac{\lambda^2}{2}\Big(\quad + \quad + \quad\Big) + \mathcal{O}(\lambda^3)\,. \tag{4.162}$$

Was fällt uns auf? Alle Vakuumblasen haben sich weggekürzt, und übrig sind nur die Diagramme, in denen alle Vertizes mit äußeren Linien verbunden sind.

Aufgemerkt!

Was bedeutet dieses Ergebnis? Wir haben soeben für die ersten zwei Ordnungen in λ gezeigt, dass die Green'sche Funktion, Gl. (4.159), äquivalent ist zu allen Diagrammen (für die entsprechende Anzahl der Felder zur gegebenen Ordnung) ohne Vakuumblasen, da sich diese gerade wegkürzen. Man kann erstens

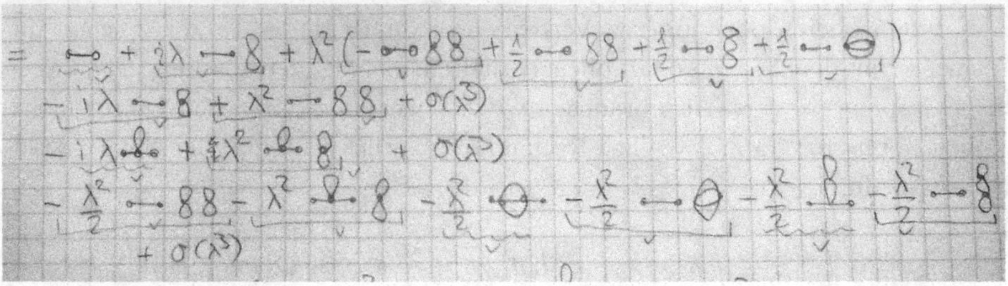

Irgendetwas haben wir vergessen...

zeigen, dass das nicht nur für die 2-Punkt-Korrelationsfunktion gilt, sondern für jede beliebige n-Punkt-Korrelationsfunktion. Zweitens gilt dieses Wegheben der Vakuumblasen Ordnung für Ordnung von λ in allen Ordnungen.

Das bedeutet für Rechnungen, in denen man Beiträge höherer Ordnung mitnimmt, z. B. in einem Streuprozess 2→2, dass man die Vakuumblasen schlicht nicht berücksichtigen muss, was die Rechnungen vereinfacht (nicht, dass sie dann wirklich einfach sind, aber einfach*er*).

4.3.7 Rezepte: von der Lagrange-Dichte zum Matrixelement

Hier wollen wir alles vorher Gelernte in zwei Rezepten zusammenfassen, die wir ohne formalen Beweis präsentieren.

Ein Rezept für Vertex-Feynman-Regeln aus der Lagrange-Dichte Die Feynman-Regel für Vertizes mit n Beinchen ergibt sich aus der Wirkung gerade durch n-faches funktionales Ableiten von

$$iS_{int} = i \int d^4x \mathcal{L}_{int} \tag{4.163}$$

nach den Feldern mit unterschiedlichen Raumzeit-Argumenten $x_1 \dots x_n$. Wer sich unsicher ist, wie das funktioniert – die Funktionalableitung hatten wir in Abschnitt 2.1.3 kurz eingeführt.

Im Anschluss werden alle verbleibenden Felder auf Null gesetzt, bzw. man verwendet von vornherein nur jene Teile der Lagrangedichte mit der passenden Anzahl an Feldern. Das Ergebnis wird in allen Argumenten in den Impulsraum transformiert, und die resultierende Delta-Funktion für die Impulserhaltung $(2\pi)^4\delta^4(\sum \pm p_i)$ wird verworfen. Das Ergebnis ist die Feynman-Regel für den n-Punkt-Vertex der entsprechenden Felder im Impulsraum.

In unserem Beispiel ist

$$\frac{\delta}{\delta\phi(x_1)}\frac{\delta}{\delta\phi(x_2)}\frac{\delta}{\delta\phi(x_3)}\frac{\delta}{\delta\phi(x_4)}\int d^4x(-i\lambda\phi(x)^4)$$
$$= -i\,4!\,\lambda\,\delta(x_4-x_1)\delta(x_4-x_3)\delta(x_4-x_2)\,. \qquad (4.164)$$

Hier haben wir nach Belieben beim Integrieren $\delta(x_4 - x)$ eliminiert und $x \to x_4$ gesetzt.

AUFGABE 51

■ Transformiert Gl. (4.164) in den Impulsraum, indem ihr in $x_1 \dots x_4$ Fourier-transformiert und alle Impulse als einlaufend definiert.

► Es ist

$$\int d^4x_1 \dots \int d^4x_4 e^{-ip_1x_1-ip_2x_2-ip_3x_3-ip_4x_4}$$
$$\times(-i\,4!\,\lambda)\delta(x_4-x_1)\delta(x_4-x_3)\delta(x_4-x_2)$$
$$= \int d^4x_4 e^{-i(p_1+p_2+p_3+p_4)x_4}(-i\,4!\,\lambda) = (-i\,4!\,\lambda)(2\pi)^4\delta^4(p_1+p_2+p_3+p_4)\,. \qquad (4.165)$$

Streicht man den Faktor $(2\pi)^4\delta$ weg, bleibt als Feynman-Regel $(-i\,4!\,\lambda)$ stehen.

Man kann diesen Ausdruck schneller erhalten, indem man einfach mit der Lagrange-Dichte $i\mathcal{L}_{int}$ beginnt und konventionell nach den Feldern ableitet. Die Herangehensweise mit Funktionalableitungen funktioniert aber auch ohne weitere Zusatzregeln im Fall von Ableitungskopplungen. Es gibt aber noch eine *weitere* einfache Vorschrift, die äquivalent zu diesen beiden Methoden ist:

- Man beginnt mit dem gewünschten Term in $i\mathcal{L}$. Jedes Feld entspricht zunächst einer äußeren Linie an dem Vertex. Jeder äußeren Linie ordnet man einen festen Impuls zu.
- Man ersetzt Ableitungen ∂_μ auf Felder durch $-ip_\mu$, wobei p_μ der einlaufende Impuls an der dem Feld entsprechenden Linie ist.
- Es wird über alle Permutationen äußerer Felder gleichen Typs summiert, insbesondere über deren sonstige Indizes und Impulse.
- Alle Felder werden aus dem Term gestrichen.

Hier sollte man sich am besten den Vertex aufzeichnen und – falls die Felder welche tragen – die äußeren Beinchen mit eindeutigen Indizes versehen. Im Fall von $i\mathcal{L}_{int} = -i\lambda\phi^4$ gibt es keine Ableitungen oder sonstige Indizes, und die Summation über die Permutationen von vier identischen Feldern ergibt gerade den Faktor 4!.

Rezept für das Aufstellen des Matrixelements aus den Feynman-Regeln Wir wollen jetzt ohne strikten Beweis aus den obigen Beispielen auf die Feynman-Regeln für zusammenhängende Streuamplituden im Impulsraum aus der Lagrange-Dichte

$$\mathcal{L} = \frac{1}{2}\partial_\mu\phi\partial^\mu\phi - \frac{1}{2}m^2\phi^2 - \lambda\phi^4 \tag{4.166}$$

schließen. Um den zusammenhängenden Teil des Matrixelements iT_{fi} zur Ordnung λ^n zu berechnen, geht man folgendermaßen vor:

1. Man zeichnet alle trunkierten zusammenhängenden Graphen ohne Vakuumblasen mit den gewünschten äußeren Teilchen und der gewünschten Anzahl an Schleifen bzw. n Vertizes. Hier ist zu beachten, dass keine äußeren Propagatoren und keine Selbstenergie-Korrekturen (also Schleifen) an den äußeren Beinchen angebracht werden! Diese wurden ja in der LSZ-Formel entfernt bzw. bei der Amputation durch den Faktor $\sqrt{R}$ berücksichtigt.

2. Die Impulse der äußeren Linien werden einmal für alle Graphen gleich festgelegt. Es gilt Impulserhaltung!

3. Nun wird für jedes Diagramm getrennt eine Amplitude aufgestellt.

4. Für jedes Diagramm werden unter Beachtung der Impulserhaltung an jedem Vertex die Impulse der inneren Linien festgelegt. Falls das Diagramm Schleifen beisitzt, bleibt für jede dieser Schleifen ein innerer Impuls unbestimmt, für den – zunächst symbolisch – ein Integral

$$\int \frac{d^4p}{(2\pi)^4} \tag{4.167}$$

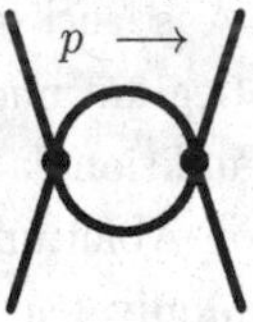

$p \longrightarrow$

eingeführt wird.

5. Äußere Skalare sind in der Amplitude nicht sichtbar. Für jeden skalaren Propagator wird mit einem Ausdruck

$$\tilde{D}_F(p) = \frac{i}{p^2 - m^2 + i\epsilon} \tag{4.168}$$

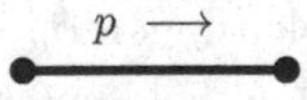

$p \longrightarrow$

multipliziert.

6. Jeder Vertex für die Wechselwirkung 4 skalarer (gleicher) Felder wird durch einen Faktor

$$-i\,4!\,\lambda \tag{4.169}$$

dargestellt.

7. Falls das Diagramm einen Symmetriefaktor besitzt, muss mit diesem noch multipliziert werden.

8. Für jedes äußere Beinchen wird zuletzt die Amplitude mit einem Faktor $\sqrt{R}$ multipliziert.

9. Die Amplituden für alle Einzeldiagramme werden summiert. Zudem gibt es immer einen globalen Faktor

$$(2\pi)^4 \delta^4 \left(\sum_{einlaufend} p_i - \sum_{auslaufend} p_j \right) .$$

In der Feynman-Amplitude $i\mathcal{M}$ lässt man diesen Faktor weg.

Die Entwicklung in der Kopplungskonstante und das Schleifen-Niveau Zusammenhängende Graphen, die keine geschlossenen Schleifen enthalten, nennt man Baumgraphen, und die entsprechende Ordnung der Störungstheorie heißt dementsprechend Baumniveau oder englisch *tree level*. In der ϕ^4-Theorie ist die niedrigste oder führende Ordnung (engl. *leading order* oder LO) jedes zusammenhängenden Streuprozesses immer durch die entsprechenden Baumgraphen gegeben. Aber das muss in anderen Feldtheorien nicht immer so sein (Gegenbeispiele sind z. B. die Licht-an-Licht-Streuung $\gamma\gamma \to \gamma\gamma$ in der QED oder die Produktion eines Higgs-Bosons aus Gluonen im Standardmodell, $gg \to h$, für die es keine Beiträge auf Baumniveau gibt). Man kann durch einfache graphentheoretische Formeln anhand der Anzahl der äußeren Beinchen und der Anzahl der Schleifen die Anzahl der Vertizes zählen und sieht, dass für eine feste Anzahl äußerer Beinchen und Vertizes die Anzahl der Schleifen eindeutig festgelegt ist. Insbesondere ist die Entwicklung in der Anzahl der Schleifen äquivalent zur Entwicklung in der Anzahl der Vertizes, und damit in Ordnungen der Kopplungskonstante.

Wir zeigen das jetzt konkret für die ϕ^4-Theorie. Betrachten wir zunächst zusammenhängende Graphen ohne äußere Beinchen. Man kann sich davon überzeugen, dass sie

$$L = V + 1 \tag{4.170}$$

geschlossene Schleifen besitzen, wenn V die Anzahl der Vertizes ist. Man kann das induktiv zeigen, indem man mit einem Vertex und der „8" mit zwei Schleifen beginnt und dann jeweils zwei Linien auftrennt, um sie mit einem neuen Vertex zu verbinden. Damit zerstört man zwei Schleifen und erhält drei neue. Will man aus diesen Vakuumgraphen äußere Beinchen erhalten, ohne dass der Graph auseinander fällt, muss man eine vorhandene Schleife auftrennen. Daraus ergibt sich, dass jeweils zwei äußere Beinchen eine Schleife kosten. Die vollständige Formel lautet

$$V = L + E/2 - 1 \,, \tag{4.171}$$

wobei E die Anzahl der äußeren Beinchen ist. Wir sehen also, dass nicht nur die Anzahl der Schleifen die Anzahl der Vertizes (und damit die Ordnung in λ) zählt, sondern auch das Hinzufügen von äußeren Beinchen immer die Ordnung erhöht.

Für Amplituden mit vier äußeren Beinchen ($E = 4$) gilt beispielsweise $V = L+1$, und damit haben zusammenhängende Diagramme die Ordnung $\lambda^V = \lambda^{L+1}$:

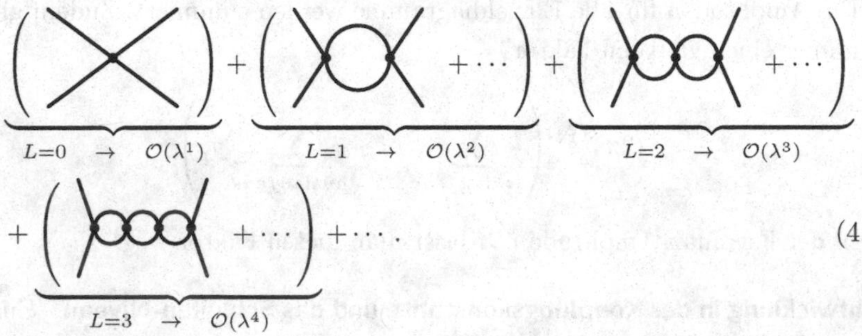

$L=0 \rightarrow \mathcal{O}(\lambda^1)$ + (… + ⋯) + (… + ⋯)
$L=1 \rightarrow \mathcal{O}(\lambda^2)$
$L=2 \rightarrow \mathcal{O}(\lambda^3)$

+ (… + ⋯) + ⋯ . (4.172)

$L=3 \rightarrow \mathcal{O}(\lambda^4)$

Entsprechend verallgemeinerte Formeln kann man für Theorien mit verschiedenen Feldern und Vertizes unterschiedlicher Ordnung aufstellen. Bei der Behandlung der infraroten Divergenzen in der QED werden wir feststellen, dass man in manchen Berechnungen höherer Ordnung der Störungstheorie sowohl eine höhere Schleifenordnung als auch zusätzliche äußere Beinchen mitnehmen muss. Außerdem hängen die Beiträge von zusätzlichen Schleifen und zusätzlichen äußeren Beinchen durch das optische Theorem zusammen.

4.3.8 Ein Beispiel mit zwei Skalaren

Nun nehmen wir uns ein explizites Beispiel vor und wollen die Feynman-Regel einmal auf dem langen Weg über die Gell-Mann-Low-Formel berechnen, und dann noch einmal über die Rezepte in Abschnitt 4.3.7. Wir betrachten jetzt eine Theorie mit zwei Skalaren ϕ_A und ϕ_B, mit den Massen $m_A \neq m_B$, und lassen diese über den Interaktionsterm $\mathcal{L}_{AB,int}$ wechselwirken. Die Lagrange-Dichte ist dafür:

$$\mathcal{L}_{AB} = \frac{1}{2}\partial_\mu\phi_A\partial^\mu\phi_A - \frac{1}{2}m_A^2\phi_A^2 + \frac{1}{2}\partial_\mu\phi_B\partial^\mu\phi_B - \frac{1}{2}m_B^2\phi_B^2 - \lambda_{AB}\phi_A^2\phi_B^2 . \quad (4.173)$$

AUFGABE 52

Bestimmt mit Gl. (4.173) den zusammenhängenden Teil der Ordnung λ_{AB}^1 der Green'schen Funktion im Ortsraum für zwei äußere ϕ_A- und zwei äußere

ϕ_B-Teilchen!

Die Green'sche Funktion im Ortsraum ist ja definiert durch Gl. (4.96):

$$
\begin{aligned}
&G(x_1, x_2, x_3, x_4) \equiv \\
&\langle 0|\, T\{\phi_A(x_1)\phi_A(x_2)\phi_B(x_3)\phi_B(x_4)\}\,|0\rangle = \\
&= \frac{\langle 0|\, T\{\phi_A(x_1)\phi_A(x_2)\phi_B(x_3)\phi_B(x_4)\} \exp\left(-i\lambda_{AB} \int d^4x (\phi_A(x)\phi_B(x))^2\right) |0\rangle}{\langle 0|\, T\left\{\exp\left(-i\lambda_{AB} \int d^4x (\phi_A(x)\phi_B(x))^2\right)\right\} |0\rangle} \\
&\overset{\lambda^1_{AB}}{\Longrightarrow} -4i\lambda_{AB} \int d^4x \left(\phi_A(x_1)\phi_A(x)\ \phi_A(x_2)\phi_A(x)\ \phi_B(x_3)\phi_B(x)\ \phi_B(x_4)\phi_B(x) \right) \\
&= -4i\lambda_{AB} \int d^4x\, D_F^A(x_1 - x)\ D_F^A(x_2 - x)\ D_F^B(x_3 - x)\ D_F^B(x_4 - x)\,.
\end{aligned}
$$

Wir erkennen die 4-Punkt-Wechselwirkung wieder, wie in der ϕ^4-Theorie mit einem Feld ϕ. Der Unterschied ist, dass wir einen anderen kombinatorischen Vorfaktor haben. Den Nenner haben wir hier ignoriert und dementsprechend die Vakuumblasen im Zähler weggelassen.

AUFGABE 53

Transformiert die Green'sche Funktion in den Impulsraum. Wählt dabei den Skalar ϕ_A als einlaufend und den Skalar ϕ_B als auslaufend.

Die beiden ϕ_A werden mit einem „−" (einlaufend) transformiert und die beiden ϕ_B mit einem „+" (auslaufend):

$$
\widetilde{G}(k_1, \ldots, -k_4) = \int d^4x_1 \ldots \int d^4x_4\, e^{-ik_1x_1} \ldots e^{+ik_4x_4} G(x_1 \ldots x_4) \quad (4.174)
$$

Wir setzen hier für die 2-Punkt-Funktionen $D_F^A(x_1 - x)\ldots$ die entsprechenden Propagatoren ein (beachtet, dass im Propagator die entsprechende Masse m_A oder m_B steht!) und integrieren wie im vorherigen Abschnitt die Ortskoordinaten aus:

$$
\begin{aligned}
&\widetilde{G}(k_1, \ldots, -k_4) = \mathit{trivial} + \mathit{loops} \\
&+ (-4i\lambda_{AB}) \frac{(i)^4 (2\pi)^4 \delta^4(k_1 + k_2 - k_3 - k_4)}{(k_1^2 - m_A^2 + i\epsilon)(k_2^2 - m_A^2 + i\epsilon)(k_3^2 - m_B^2 + i\epsilon)(k_4^2 - m_B^2 + i\epsilon)}\,.
\end{aligned}
\quad (4.175)
$$

AUFGABE 54

Bestimmt aus der soeben berechneten Green'schen Funktion das Matrixelement T_{fi}. Führt dazu einfach das Rezept zur Amputation aus, oder verwendet die LSZ-Formel. Dabei muss man allerdings aus den oben genannten Gründen davon ausgehen, dass in der hier verwendeten Näherung die Parameter m_A und

m_B den Polmassen entsprechen, und $R_A = R_B = 1$.

▶ Wir streichen die Propagatoren der äußeren Felder weg. Die Residuen der äußeren Beinchen sind $R^{1/2} = 1$, und wir erhalten

$$\widetilde{G}(k_1, \ldots, -k_4) \to iT_{fi} = (-4i\lambda_{AB})(2\pi)^4\delta^4(k_1 + k_2 - k_3 - k_4)\,. \tag{4.176}$$

Aufgemerkt!

Die Residuen R können sich für verschiedene Felder der gleichen Feldtheorie unterscheiden. Dementsprechend müssen die äußeren Beinchen in der LSZ-Reduktion und bei der Amputation immer mit dem $\sqrt{R}$-Faktor des entsprechenden Feldes versehen werden.

Wir können jetzt von Gl. (4.176) die Feynman-Regel für den Vier-Punkt-Vertex der Felder $\phi_A\phi_A\phi_B\phi_B$ ablesen, nämlich $(-i4\lambda_{AB})$. Man sieht hier, dass sich der numerische Vorfaktor von der 4! des ϕ^4 Vertex unterscheidet: Da wir nur jeweils zwei Felder gleichen Typs haben, gibt es weniger kombinatorische Kontraktionsmöglichkeiten.

AUFGABE 55

■ Leitet die Feynman-Regel für die Wechselwirkung in Gl. (4.173) mit dem Rezept über die Funktionalableitung von Abschnitt 4.3.7 ab.

▶ Die Feynman-Regel bestimmen wir aus $iS_{AB} = i\int d^4x\mathcal{L}_{AB}$ durch funktionales Ableiten nach den äußeren Feldern:

$$\begin{aligned}
&\frac{\delta}{\delta\phi_A(x_1)}\frac{\delta}{\delta\phi_A(x_2)}\frac{\delta}{\delta\phi_B(x_3)}\frac{\delta}{\delta\phi_B(x_4)}\int d^4x(-i\lambda_{AB}\phi_A^2(x)\phi_B^2(x))\\
&= (-4i\lambda_{AB})\int d^4x\delta(x_4 - x)\delta(x_3 - x)\delta(x_2 - x)\delta(x_1 - x)\\
&= (-4i\lambda_{AB})\delta(x_3 - x_4)\delta(x_2 - x_4)\delta(x_1 - x_4)\,,
\end{aligned} \tag{4.177}$$

wobei wir wieder die beliebige Wahl $x \to x_4$ getroffen haben. Nach Transformation in den Impulsraum erhalten wir einfach

$$(-4i\lambda_{AB})(2\pi)^4\delta^4(k_1 + k_2 - k_3 - k_4) \tag{4.178}$$

und damit die Feynman-Regel $(-4i\lambda_{AB})$, wie schon nach der ausführlichen Rechnung bei Gl. (4.176).

Achtung: Hier erhalten wir durch einfaches funktionales Ableiten der Wirkung S bereits einen Ausdruck Gl. (4.178), der identisch mit dem *Matrixelement* T_{fi} in Gl. (4.176) der vorherigen Aufgabe ist. Das funktioniert natürlich nicht immer so einfach. Hier ist es so, weil wir ein besonders einfaches Matrixelement mit nur einem Vertex auf Tree-Level betrachten. Dieser Zusammenhang wird klarer werden, wenn wir die effektive Wirkung $\Gamma[\phi]$ kennengelernt haben.

AUFGABE 56

■ Bestimmt die Feynman-Regel für die Wechselwirkung in Gl. (4.173) durch Wegstreichen der Felder wie in Abschnitt 4.3.7.

▶ Wir haben je zwei Möglichkeiten, die Felder ϕ_A bzw. ϕ_B zu permutieren, und bekommen also einen Faktor $2 \cdot 2 = 4$. Da wir keine sonstigen (Eich-)-Indizes oder Ableitungen haben, brauchen wir nur die Felder wegzustreichen und erhalten

$$(-i\lambda_{AB})\phi_A^2\phi_B^2 \to -4i\lambda_{AB}\,. \tag{4.179}$$

4.4 Streuquerschnitte und Zerfallsbreiten

4.4.1 Vom Matrixelement zum Streuquerschnitt

In diesem Abschnitt werden wir erarbeiten, wie man, ausgehend von der Streumatrix, Vorhersagen für Streuprozesse berechnet. Der physikalische Vorgang, den wir hier betrachten wollen, entspricht der Situation, die in Beschleunigerexperimenten vorliegt: Teilchen bzw. Gruppen von Teilchen werden aus entgegengesetzten Richtungen frontal miteinander kollidiert. Dabei werden die einlaufenden Teilchen entweder nur abgelenkt (elastische Streuung) oder vernichtet, und andere auslaufende Teilchen werden erzeugt. Es handelt sich also um Prozesse mit zwei Teilchen im Anfangszustand, und n Teilchen im Endzustand. Ein wichtiges Maß für die Häufigkeit, mit der eine bestimmte $(2 \to n)$-Reaktion geschieht, ist der Wirkungsquerschnitt der Streuung, also der Streuquerschnitt. Er hat die Einheiten einer Fläche, bzw. in natürlichen Einheiten Energie^{-2}, und ist eine Verallgemeinerung des Streuquerschnitts in der Mechanik und der Quantenmechanik. Interessant ist zunächst der *differenzielle Wirkungsquerschnitt* also der Streuquerschnitt $d\sigma$, der gegeben ist durch:

$$\frac{d\sigma}{d\Omega}(\theta,\phi) = \left(\frac{dN_{streu}}{d\Omega dt}\right) / \left(\frac{dN_{ein}}{dA\,dt}\right), \tag{4.180}$$

wobei hier $d\Omega = d\phi\, d\cos\theta$ das differenzielle Raumwinkelelement ist. Dabei entspricht $\int d\Omega\ 1 = \int_0^{2\pi} d\phi \int_{-1}^{1} d\cos\theta\ 1 = 4\pi$ der Oberfläche der Einheitskugel. Die Formel Gl. (4.180) hat eine anschauliche Bedeutung: Der Zähler entspricht der differenziellen Anzahl an Teilchen, die im differenziellen Zeitintervall dt in das differenzielle Raumwinkelelement $d\Omega$ gestreut wurden. Diese Größe wird noch normiert mit der differenziellen Anzahl an einlaufenden Teilchen, die im differenziellen Teilintervall dt durch das differenzielle Flächenelement dA geflogen sind. Integriert man diese Größe über $d\Omega$, erhält man den *totalen Wirkungsquerschnitt*

$$\sigma_{tot} = \int d\sigma = \int \frac{d\sigma}{d\Omega} d\Omega \,. \tag{4.181}$$

Wie bereits erwähnt, haben sowohl $d\sigma$ als auch σ_{tot} die Einheit Fläche bzw. Energie^{-2}.

Eine wichtige Eigenschaft des Streuquerschnitts ist die Invarianz unter Lorentz-Boosts in Richtung der Flugbahn der kollidierenden Teilchen (die idealisierte Streufläche erfährt keine Längenkontraktion durch Boosts, die senkrecht zu ihr wirken). Wir können daher für die Berechnung in ein besonders einfaches Bezugssystem gehen, z. B. in das Schwerpunktssystem des Teilchenpaares oder in das Ruhesystem eines der beiden Teilchen (solange es nicht masselos ist), ohne Umrechnungen vornehmen zu müssen. Lediglich in differenziellen Wirkungsquerschnitten müssen die Winkel- und Energieverteilungen der auslaufenden Teilchen in das Laborsystem umgerechnet werden.

Nicht immer ist der totale Wirkungsquerschnitt überhaupt eine endliche wohldefinierte Größe – wenn langreichweitige[9] Wechselwirkungen wie der Elektromagnetismus im Spiel sind, kann er unendlich sein, z. B. bei der Streuung $e^-e^- \to e^-e^-$. Das bedeutet aber nicht, dass die Theorie falsch ist! Das Problem ist vielmehr, dass man die falsche Frage stellt: In Anwesenheit einer langreichweitigen Kraft $\sim r^{-2}$ zwischen den streuenden Teilchen ist die effektive Ausdehnung des „streuenden Gebiets", so wie sie der totale Wirkungsquerschnitt σ_{tot} wiedergibt, nicht begrenzt. Der differenzielle Wirkungsquerschnitt hingegen ist bis auf die Streuung in Vorwärtsrichtung eine wohldefinierte endliche Größe, die man messen und mit den theoretischen Vorhersagen vergleichen kann.

Abstrahlung masseloser, energiearmer Teilchen

Ein weiteres Problem, auf das wir hier noch nicht im Detail eingehen wollen, tritt auf, wenn an einem Streuprozess beteiligte Teilchen weitere masselose Teilchen abstrahlen können. Diese können beliebig energiearm sein, und es existiert daher ein kontinuierlicher Übergang zu dem Prozess ohne Abstrahlung. Hier muss man die Abstrahlung energiearmer Teilchen und Beiträge virtueller Teilchen in Schleifendiagrammen korrekt miteinander verrechnen, und

[9]Langreichweitig in diesem Sinne sind Potenziale der Form $\propto 1/r$. Im Gegensatz dazu liefert der Austausch massiver Teilchen schnell abfallende Potenziale der Form $\propto e^{-mr}/r$.

nur die Summe beider Beiträge liefert ein aussagekräftiges endliches Ergebnis. Wenn diese Beiträge sehr groß werden, ist die Abstrahlung eines einzelnen masselosen Teilchens kein störungstheoretisch wohldefinierter Prozess mehr, und höhere Beiträge müssen systematisch aufsummiert werden. Zentrale Arbeiten, die dies behandeln, sind die von Bloch und Nordsieck, von Kinoshita, Lee und Nauenberg sowie von Yennie, Frautschi und Suura. Wir werden diese Prozesse in Abschnitt 11.6.3 ansprechen.

Aufgemerkt!

Der Streuquerschnitt ist mitnichten eine „künstlich" konstruierte Größe, die ausschließlich in der Interpretation von speziell präparierten Beschleunigerexperimenten ihre Verwendung findet. Viele teilchenphysikalische Vorgänge in der Natur werden durch den Streuquerschnitt mit zwei Teilchen im Anfangszustand beschrieben, zum Beispiel die thermische Erzeugung und Vernichtung von Teilchen im frühen Universum. Es existiert dann ein Bezugssystem, in dem diese Streuung frontal erfolgt und die oben angenommene Ausgangssituation vorliegt. Die Wahrscheinlichkeit, dass eine Wechselwirkung mit mehr als zwei Teilchen im Anfangszustand stattfindet, ist in der Regel zu gering, um eine Rolle zu spielen. Eine Ausnahme wird später durch zusätzliche einlaufende masselose Teilchen gegeben sein, die unter Umständen berücksichtigt werden müssen, da das Rechnen mit isolierten farb- oder elektrisch geladenen Teilchen zu den oben genannten soft-kollinearen Divergenzen führen kann (siehe wieder Abschnitt 11.6.3).

Wir haben ja bereits besprochen, wie man zumindest im Prinzip die S-Matrixelemente ausgehend von einer gegebenen Quantenfeldtheorie störungstheoretisch berechnet. Doch wie übersetzen sich diese Größen in Ausdrücke für den Wirkungsquerschnitt?

Die Notwendigkeit von Wellenpaketen Hier sind wir zunächst mit einem scheinbaren Widerspruch konfrontiert, dem wir eigentlich schon bei der Herleitung der LSZ-Reduktionsformel begegnet sind, aber etwas unter den Tisch gekehrt haben: Wir betrachten die Streuung von Teilchen in Impulseigenzuständen, gegeben durch Amplituden $\langle p_1 \dots p_n|S|k_1 k_2\rangle$, und wollen eine Situation modellieren, in der die einlaufenden Teilchen zunächst räumlich isoliert sind und dann aufeinander zu fliegen und wechselwirken. Teilchen in Impulseigenzuständen haben aber unendlich ausgedehnte nicht normierbare Wellenfunktionen, und können somit nicht räumlich voneinander separiert sein! Teilchen mit endlich ausgedehnten Wellenpaketen der Größe Δx haben nach den Gesetzen der Fourier-Analysis eine Impulsunschärfe $\Delta p \gtrsim 1/\Delta x$. Man löst diesen Widerspruch auf, indem man eine doppelte Hierarchie von Längenskalen voraussetzt und die entsprechenden Grenzwerte nimmt: Man betrachtet die Situation, in der die Impulsunschärfe Δp klein gegenüber dem Impuls p selbst ist, aber die daraus resultierende mindest-Ortsunschärfe Δx (also die Ausdehnung der Wellenpakete) immer noch vernachlässigbar gegenüber der (anfänglichen) Separation R der Wellenpakete bleibt:

$$R^{-1} \ll (\Delta x)^{-1} \sim \Delta p \ll p\,. \tag{4.182}$$

Statt der nicht normierbaren Anfangszustände $a^\dagger_{k_1} a^\dagger_{k_2}|0\rangle$ betrachten wir daher Wellenpakete

$$|\phi_A(\mathbf{k}_1)\phi_B(\mathbf{k}_2)\rangle = \\ = \int \frac{d^3q_A}{(2\pi)^3 2E_A} \int \frac{d^3q_B}{(2\pi)^3 2E_B}\, f_{\mathbf{k}_1}(\mathbf{q}_A) f_{\mathbf{k}_2}(\mathbf{q}_B) e^{i(\mathbf{r}+\mathbf{b})\mathbf{q}_B} a^\dagger_{\mathbf{q}_A} a^\dagger_{\mathbf{q}_B}|0\rangle\,, \tag{4.183}$$

wobei die Funktion $f_{\mathbf{k}_i}$ ein im Impulsraum um $\mathbf{k}_i$ lokalisiertes Paket (z. B. ein Gauß-Paket) mit einer Breite Δp darstellt. Hier haben wir die gleiche Impulsraumdarstellung für beide Pakete benutzt. Um die Pakete im Ortsraum voneinander zu separieren, geben wir ihnen die relative komplexe Phase $(\mathbf{r}+\mathbf{b})\mathbf{q}_B$, was das zweite Wellenpaket um den Ortsvektor $\mathbf{r}+\mathbf{b}$ relativ zum ersten verschiebt. Wir haben zwei Vektoren $\mathbf{r}||\mathbf{k}_2$ und $\mathbf{b}\perp\mathbf{k}_2$ eingeführt, um getrennt eine Separation in Flugrichtung $\mathbf{r}$ und einen Impaktparameter $\mathbf{b}$ senkrecht dazu einzuführen. Wir werden später ohne Beschränkung der Allgemeinheit annehmen, dass $\mathbf{k}_1, \mathbf{k}_2, \mathbf{r} \propto \mathbf{e}_z$ und damit $\mathbf{b} \propto \langle \mathbf{e}_x, \mathbf{e}_y\rangle$ ist. Also ist $\mathbf{e}_z$ unsere *Strahlachse.*

Des Weiteren kann man f so wählen, dass die Wellenpakete auf

$$\int \frac{d^3q}{(2\pi)^3 2E_q} |f_{\mathbf{k}}(\mathbf{q})|^2 = 1 \tag{4.184}$$

normiert sind und damit auch die Zustände $|\phi_A\phi_B\rangle$ normiert sind und eine direkte Wahrscheinlichkeitsinterpretation zulassen. Nachdem wir den $|\rangle$-Zustandsvektor jetzt in diese physikalisch wohldefinierte Form gebracht haben, können wir zur Projektion auf den Endzustand zunächst noch die den Impulseigenzuständen entsprechenden $\langle|$-Vektoren verwenden; die Amplitude ist also gegeben durch

$$\langle p_1 \ldots p_n|S|\phi_A\phi_B\rangle\,. \tag{4.185}$$

Wie hängt dies mit dem differenziellen Streuquerschnitt $d\sigma$ zusammen?

AUFGABE 57

■ Welche Energieeinheiten haben die Amplitude Gl. (4.185) und die quadrierte Amplitude?

► Aufgrund ihrer Vertauschungsrelationen haben die Erzeuger $[a^\dagger] = -1$. Damit ist $[|p_1 \ldots p_n\rangle] = [\langle p_1 \ldots p_n|] = -n$. Das Wellenpaket $|f^2|$ wurde bzgl.

des Integralmaßes $[\int d^3p/(2\pi)^3 2E] = 2$ auf eine einheitenlose Zahl normiert, und damit ist $[f] = -1$. Der normierte Zustand $|\phi_A\phi_B\rangle$ ist daher einheitenlos. Da die S-Matrix einheitenlos ist, ergibt sich also

$$[\langle p_1 \dots p_n|S|\phi_A\phi_B\rangle] = -n \qquad (4.186)$$

und damit

$$[|\langle p_1 \dots p_n|S|\phi_A\phi_B\rangle|^2] = -2n\,. \qquad (4.187)$$

Die auslaufenden Impulse p_i müssen also noch über das Lorentz-invariante Integralmaß $\int d^3p/(2\pi)^3 2E$ integriert werden, damit sich eine einheitenlose Streuwahrscheinlichkeit ergibt. Wir schreiben für die „differenzielle Streuwahrscheinlichkeit"

$$\left(\prod_i \frac{d^3p_i}{(2\pi)^3 2E_i}\right) |\langle p_1 \dots p_n|S|\phi_A\phi_B\rangle|^2\,. \qquad (4.188)$$

Der Ausdruck für die Streuwahrscheinlichkeitsdichte hängt noch von dem Impaktparameter $\mathbf{b}$ ab. Integrieren wir über ihn, so erhalten wir eine Fläche (Energieeinheiten $[d^2b] = -2$), die dem differenziellen Streuquerschnitt[10] entspricht:

$$d\sigma = \underbrace{\left(\prod_i \frac{d^3p_i}{(2\pi)^3 2E_i}\right)}_{\equiv d\mathrm{LIPS}} \int d^2b\, |\langle p_1 \dots p_n|S|\phi_A\phi_B\rangle|^2\,. \qquad (4.189)$$

Den summierten Wirkungsquerschnitt über einen beliebigen Impulsraumbereich V_p auslaufender Impulse erhalten wir durch Aufintegrieren:

$$\sigma = \int_{V_p} \left(\prod_i \frac{d^3p_i}{(2\pi)^3 2E_i}\right) \int d^2b\, |\langle p_1 \dots p_n|S|\phi_A\phi_B\rangle|^2\,. \qquad (4.190)$$

Es ist, wie bereits erwähnt, oft nicht möglich, über den gesamten Impulsraum zu integrieren, da der totale Querschnitt nicht endlich sein muss.

Wir können jetzt noch einige plausiblen Annahmen treffen, um die Abhängigkeit von der Wahl der Wellenpakete $f_{\mathbf{k}}$ wieder loszuwerden und den Zusammenhang zu den Streuamplituden und Feynman-Amplituden im Impulsraum herzustellen, die wir in den vorigen Abschnitten aus der Feldtheorie hergeleitet haben. Am Ende dieser unübersichtlichen Bemühungen wird eine recht einfache Formel stehen, welche die quadrierte Feynman-Amplitude in einen Streuquerschnitt übersetzt.

[10] LIPS = *Lorentz-invariant phasespace*, Lorentz-invarianter Phasenraum. Der Begriff Phasenraum ist nicht wie in der Hamilton-Mechanik als Raum der Koordinaten und Impulse des Systems zu verstehen.

Streuquerschnitt aus der Feynman-Amplitude Zunächst stellen wir die Streuamplitude in Abhängigkeit der (quadrierten) Feynman-Amplitude $\mathcal{M}_{fi}$ dar:

$$S_{fi} = \tilde{\delta}_{fi} + i(2\pi)^4\delta^4\Big(\sum p_i - (q_A + q_B)\Big)\mathcal{M}_{fi}\,, \tag{4.191}$$

und erhalten

$$\begin{aligned}\frac{d\sigma}{d\mathrm{LIPS}} = \int d^2b \int \frac{d^3q_A}{(2\pi)^3 2E_A} \int \frac{d^3q_B}{(2\pi)^3 2E_B} \int \frac{d^3q'_A}{(2\pi)^3 2E'_A} \int \frac{d^3q'_B}{(2\pi)^3 2E'_B} \\ \times f_{\mathbf{k}_A}(\mathbf{q}_A) f_{\mathbf{k}_B}(\mathbf{q}_B) \overline{f}_{\mathbf{k}_A}(\mathbf{q}'_A) \overline{f}_{\mathbf{k}_B}(\mathbf{q}'_B) e^{i(\mathbf{r}+\mathbf{b})(\mathbf{q}_B - \mathbf{q}'_B)} \\ \times(\mathcal{M}'^\dagger \mathcal{M})(2\pi)^8 \delta^4\Big(\sum p_i - (q_A + q_B)\Big)\delta^4\Big(\sum p_i - (q'_A + q'_B)\Big)\end{aligned} \tag{4.192}$$

wobei $\mathcal{M} = \mathcal{M}(\mathbf{q}_A, \mathbf{q}_B)$ und $\mathcal{M}' = \mathcal{M}(\mathbf{q}'_A, \mathbf{q}'_B)$. Das sieht etwas unübersichtlich aus, aber einige der Integrale können sofort ausgeführt werden. Das Integral $\int d^2b$ über die transversalen Richtungen liefert ein Dirac-Delta für die transversalen Komponenten von $q_B - q'_B$:

$$\int d^2b\, e^{i\mathbf{b}(\mathbf{q}_B - \mathbf{q}'_B)} = (2\pi)^2 \delta^2\Big((\mathbf{q}_B - \mathbf{q}'_B)_\perp\Big), \tag{4.193}$$

wobei sich das $\perp$ wie in der Definition von $\mathbf{b}$ auf die Komponenten senkrecht zu $\mathbf{k}_2 \propto \mathbf{e}_z$ bezieht. Damit haben wir

$$\begin{aligned}\frac{d\sigma}{d\mathrm{LIPS}} &= \int \frac{d^3q_A}{(2\pi)^3 2E_A} \int \frac{d^3q_B}{(2\pi)^3 2E_B} \int \frac{d^3q'_A}{(2\pi)^3 2E'_A} \int \frac{d^3q'_B}{(2\pi)^3 2E'_B} \\ &\quad \times f_{\mathbf{k}_A}(\mathbf{q}_A) f_{\mathbf{k}_B}(\mathbf{q}_B) \overline{f}_{\mathbf{k}_A}(\mathbf{q}'_A) \overline{f}_{\mathbf{k}_B}(\mathbf{q}'_B) e^{i\mathbf{r}(\mathbf{q}_B - \mathbf{q}'_B)} \\ &\quad \times(\mathcal{M}'^\dagger \mathcal{M})(2\pi)^8 \delta^4\Big(\sum p_i - (q_A + q_B)\Big)\delta^4\Big(\sum p_i - (q'_A + q'_B)\Big) \\ &\quad \times(2\pi)^2 \delta^2\Big((\mathbf{q}_B - \mathbf{q}'_B)_\perp\Big)\,. \end{aligned} \tag{4.194}$$

Wir betrachten jetzt zwei der Integrale und die letzten beiden Delta-Funktionen explizit und dröseln alles in Einzelkomponenten auf:

$$\begin{aligned}\frac{d\sigma}{d\mathrm{LIPS}} &= \int \frac{d^3q_A}{(2\pi)^3 2E_A} \int \frac{d^3q_B}{(2\pi)^3 2E_B} X\, f_{\mathbf{k}_A}(\mathbf{q}_A) f_{\mathbf{k}_B}(\mathbf{q}_B) \overline{f}_{\mathbf{k}_A}(\mathbf{q}'_A) \overline{f}_{\mathbf{k}_B}(\mathbf{q}'_B) \\ &\quad e^{i\mathbf{r}(\mathbf{q}_B - \mathbf{q}'_B)} (\mathcal{M}'^\dagger \mathcal{M})(2\pi)^8 \delta^4\Big(\sum p_i - (q_A + q_B)\Big), \end{aligned} \tag{4.195}$$

mit

$$\begin{aligned} X &= \int \frac{d^3q'_A}{(2\pi)^3 2E'_A} \int \frac{d^3q'_B}{(2\pi)^3 2E'_B} (2\pi)^2 \delta^2\Big((\mathbf{q}_B - \mathbf{q}'_B)_\perp\Big)\delta^4\Big(\sum_i p_i - q'_A - q'_B\Big) \\ &= \int \frac{d^3q'_A\, d^3q'_B}{(2\pi)^4 4E'_A E'_B} \delta(q^x_B - \underline{q'^x_B})\delta(q^y_B - \underline{q'^y_B})\delta(\sum E_i - E'_A - E'_B) \times \\ &\quad \delta(\sum_i p^x_i - \underline{q'^x_A} - q'^x_B)\delta(\sum_i p^y_i - \underline{q'^y_A} - q'^y_B)\delta(\sum_i p^z_i - q'^z_A - \underline{q'^z_B}). \end{aligned} \tag{4.196}$$

Hier haben wir aus „Buchhaltungsgründen“ in jeder Delta-Funktion genau einen Impuls unterstrichen, den wir ausintegrieren wollen, um sie zu eliminieren. In dieser Darstellung wird klar, dass nur das Integral über den Impuls $q_A'^z$ in Strahlrichtung stehen bleibt:

$$X = \int dq_A'^z \frac{1}{(2\pi)^4 4E_A' E_B'} \delta\Big(\sum E_i - E_A' - E_B'\Big). \tag{4.197}$$

Impulsrelationen Wir müssen allerdings ab hier sehr darauf achten, die Abhängigkeit der eliminierten Integrationsvariablen von den noch vorhandenen Variablen korrekt mitzunehmen. So ist z. B. wegen der eliminierten Delta-Funktionen:

$$q_B'^x = q_B^x, \qquad q_B'^y = q_B^y, \qquad q_B'^z = \sum_i p_i^z - q_A'^z \tag{4.198}$$

und

$$q_A'^x = \sum_i p_i^x - q_B^x, \qquad q_A'^y = \sum_i p_i^y - q_B^y. \tag{4.199}$$

Für die Energien gilt dementsprechend

$$\begin{aligned} E_A' &= \left(m_A^2 + \Big(\sum_i p_i^x - q_B^x\Big)^2 + \Big(\sum_i p_i^y - q_B^y\Big)^2 + (q_A'^z)^2\right)^{1/2} \\ E_B' &= \left(m_B^2 + (q_B^x)^2 + (q_B^y)^2 + \Big(\sum_i p_i^z - q_A'^z\Big)^2\right)^{1/2}. \end{aligned} \tag{4.200}$$

Beide Energien hängen also noch von der verbliebenen Integrationsvariable $q_A'^z$ ab. Um die Delta-Funktion in X zu eliminieren, benötigen wir wie üblich die Ableitung ihres Arguments nach der Integrationsvariablen, denn für eine Funktion F mit einfachen Nullstellen x_i gilt

$$\delta(F(x)) = \sum_i \frac{1}{|F'(x_i)|}\delta(x - x_i). \tag{4.201}$$

Hier ist $f(q_A'^z) = \sum E_i - E_A' - E_B'$, und es folgt

$$\left|\frac{\partial}{\partial q_A'^z}\Big(\sum_i E_i - E_A' - E_B'\Big)\right| = \left|-\frac{q_A'^z}{E_A'} + \frac{1}{E_B'}\Big(\sum_i p_i^z - q_A'^z\Big)\right| = \left|\frac{q_A'^z}{E_A'} - \frac{q_B'^z}{E_B'}\right|. \tag{4.202}$$

Damit ist

$$X = \int dq_A'^z \frac{1}{(2\pi)^4 4E_A' E_B'} \delta\Big(\sum E_i - E_A' - E_B'\Big) = \frac{1}{(2\pi)^4 4E_A' E_B'} \left|\frac{q_A'^z}{E_A'} - \frac{q_B'^z}{E_B'}\right|^{-1}. \tag{4.203}$$

Jetzt können wir X wieder zurück in Gl. (4.195) einsetzen:

$$\frac{d\sigma}{d\text{LIPS}} = \int \frac{d^3q_A}{(2\pi)^3 2E_A} \int \frac{d^3q_B}{(2\pi)^3 2E_B} \\ \times f_{\mathbf{k}_A}(\mathbf{q}_A) f_{\mathbf{k}_B}(\mathbf{q}_B) \overline{f}_{\mathbf{k}_A}(\mathbf{q}'_A) \overline{f}_{\mathbf{k}_B}(\mathbf{q}'_B) e^{i\mathbf{r}(\mathbf{q}_B - \mathbf{q}'_B)} \\ \times (\mathcal{M}'^\dagger \mathcal{M})(2\pi)^8 \delta^4\Big(\sum p_i - (q_A + q_B)\Big) \frac{1}{(2\pi)^4 4E'_A E'_B} \left| \frac{q'^z_A}{E'_A} - \frac{q'^z_B}{E'_B} \right|^{-1} . \quad (4.204)$$

Wir können jetzt noch einige Impulsvariablen aufgrund der vorhandenen und der eliminierten Delta-Funktionen durch Andere ersetzen. Es gilt

$$\mathbf{q}'_A + \mathbf{q}'_B = \sum \mathbf{p}_i = \mathbf{q}_A + \mathbf{q}_B \,, \quad (4.205)$$

und zusammen mit Gl. (4.198) und Gl. (4.199) können wir daraus folgern, dass $q'^{x,y}_B = q^{x,y}_B$ und $q'^{x,y}_A = q^{x,y}_A$ ist. Aufgrund der Energieerhaltung $E_A + E_B = \sum E_i = E'_A + E'_B$ bekommen wir noch zusätzlich $q'^z_A = q^z_A$, folglich $q'^z_B = q^z_B$, und damit letztlich

$$q_A = q'_A, \quad q_B = q'_B \,. \quad (4.206)$$

All diese Relationen dürfen wir natürlich nicht vor dem Integrieren *in* die Delta-Funktionen einsetzen, aus denen sie ermittelt wurden, sondern nur außerhalb. Jetzt vereinfacht sich der Ausdruck stark zu

$$\frac{d\sigma}{d\text{LIPS}} = \int \frac{d^3q_A}{(2\pi)^3 2E_A} \int \frac{d^3q_B}{(2\pi)^3 2E_B} |f_{\mathbf{k}_A}(\mathbf{q}_A)|^2 |f_{\mathbf{k}_B}(\mathbf{q}_B)|^2 |\mathcal{M}|^2 \\ \times (2\pi)^8 \delta^4\Big(\sum p_i - (q_A + q_B)\Big) \frac{1}{(2\pi)^4 4E_A E_B} \left| \frac{q^z_A}{E_A} - \frac{q^z_B}{E_B} \right|^{-1} . \quad (4.207)$$

Aufgemerkt!

Hier hat sich wegen $q_A = q'_A$ und $q_B = q'_B$ das Produkt $(\mathcal{M}'^\dagger \mathcal{M})$ zu $|\mathcal{M}|^2$ vereinfacht. Damit geht jede Information über die komplexe Phase (und insbesondere das Vorzeichen) von $\mathcal{M}$ verloren. Daher enthält der differenzielle Streuquerschnitt weniger physikalische Informationen als die Amplitude $\mathcal{M}$. So gibt es im Streuquerschnitt beispielsweise keine Unterscheidung zwischen Abstoßung und Anziehung streuender Teilchen mehr, da diese auf dem Vorzeichen des Potenzials basiert. Dieser Informationsverlust ist physikalisch plausibel, da es beispielsweise gerade das Integral über die Streuparameter $\mathbf{b}$ ist, das eine entsprechende Delta-Distribution erzeugt und gestrichene und ungestrichene transversale Impulse gleichsetzt. Mittelt man aber auf diese Weise über alle Werte des Streuparameters, ist die relative Anordnung der Wellenpakete im Anfangszustand nicht mehr eindeutig. Damit verliert man die Information darüber, ob die Ablenkung der Teilchen im Streuprozess aus einer gegenseitigen Annäherung oder Abstoßung resultiert ist.

Rückkehr zu Impulseigenzuständen, näherungsweise Gemäß unserer Konstruktion der Wellenpakete $f_{\mathbf{k}}$ zu Beginn ist der tatsächliche Impuls der einlaufenden Teilchen $\mathbf{q}_{A,B}$ unscharf um den Mittelwert $\mathbf{k}_{A,B}$ ausgeschmiert. Dabei ist das Wellenpaket $f_{\mathbf{k}}$ mit der Breite Δp so stark im Impulsraum lokalisiert gewählt, dass im Rahmen der Auflösung des Experiments die Teilchen genau den Impuls $\mathbf{k}$ tragen. Diese begrenzte Auflösung äußert sich in der Genauigkeit, mit der die auslaufenden Impulse p_i gemessen werden. Wir hatten die Wellenpakete in Gl. (4.184) bezüglich des Lorentz-invarianten Integralmaßes normiert und können sie daher im Grenzfall starker Lokalisierung als Delta-Funktion mit den entsprechenden Vorfaktoren approximieren:

$$|f_{\mathbf{k}_{A,B}}(\mathbf{q}_{A,B})|^2 \sim (2\pi)^3 2E_{A,B}\delta^3(\mathbf{k}_{A,B} - \mathbf{q}_{A,B}), \tag{4.208}$$

solange wir die auslaufenden $\mathbf{p}_i$ in Berechnungen immer über Bereiche $> \Delta p$ mitteln. Wir können dann die Tatsache nutzen, dass

$$\left|\frac{q_A^z}{E_A} - \frac{q_B^z}{E_B}\right| = \left|\frac{k_A^z}{E_A} - \frac{k_B^z}{E_B}\right| = |v_A - v_B| \tag{4.209}$$

die Differenz der Geschwindigkeiten der beiden einlaufenden Teilchen im Laborsystem ist, da sie sich nur in z-Richtung bewegen. Natürlich sind hier $\mathbf{k}_{A,B}$ eigentlich die mittleren Impulskomponenten der Wellenpakete, die wir gemäß der gewöhnlichen relativistischen Formeln in Teilchengeschwindigkeiten übersetzen. Für die Anwendung auf Beschleunigerexperimente ist in der Regel der ultrarelativistische Fall

$$v_A = -v_B = 1 \tag{4.210}$$

eine hervorragende Näherung, da Teilchen mit $E \gg m$ kollidiert werden. Hier können wir also $|v_A - v_B| = 2$ setzen. In anderen Szenarien wie der Annihilation von hypothetischen kalten Dunkle-Materie-Teilchen im frühen Universum oder in Galaxienzentren ist im Allgemeinen $v_A, v_B \ll 1$, und dieser Faktor spielt eine wichtige Rolle[11]. Hier darf man keinesfalls aus Versehen die ultrarelativistischen Näherungsformeln mit $|v_{A,B}| = 1$ bzw. $|\mathbf{p}_{A,B}| = E_{A,B}$ einsetzen, die oft in Formelsammlungen zur Beschleunigerphysik angegeben werden.

Aufgemerkt!

Damit vereinfacht sich unsere Formel für den differenziellen Streuquerschnitt noch einmal sehr stark:

$$\frac{d\sigma}{d\text{LIPS}} = |\mathcal{M}|^2(2\pi)^4\delta^4\Big(\sum p_i - (q_A + q_B)\Big)\frac{1}{4E_AE_B|v_A - v_B|}. \tag{4.211}$$

[11] Für die Berechnung der thermischen Reliktdichte der Dunklen Materie ist der thermische Mittelwert $\langle\sigma v\rangle_T$ ausschlaggebend. Hier wird der Faktor $v_A - v_B$ im Nenner gerade weggekürzt. Für Temperaturen $T \ll m$ wird dann oft in $v \ll 1$ entwickelt.

Dies ist das Endergebnis, von dem aus man Spezialfälle ableiten kann. Hat man $\mathcal{M}$ ermittelt, liegt eine gewisse Schwierigkeit darin, dLIPS auszuführen. Für bis zu drei Teilchen im Endzustand ist das gut von Hand machbar, dann wird es hart und man greift gerne zu numerischen Monte-Carlo-Integratoren. In den Abschnitten über das optische Theorem (6.3) und infrarote Divergenzen (11.6.3) werden wir sehen, wie dieses „Phasenraumintegral" mit den Strahlungskorrekturen der Quantenfeldtheorie in höheren Ordnungen der Störungstheorie zusammenhängt.

Befinden sich n ununterscheidbare Teilchen im Endzustand, muss noch durch den Faktor $n!$ geteilt werden, um zu berücksichtigen, dass wir nicht mehr über den gesamten Phasenraum integrieren müssen: Dies wurde schon durch die Mitnahme aller Permutationen der gleichen äußeren Felder in den Diagrammen abgedeckt.

4.4.2 Zerfallsbreiten

Nun wollen wir noch die Situation betrachten, dass ein einzelnes Teilchen in andere zerfällt. Wir beschreiben das „einlaufende" Teilchen wieder durch ein Wellenpaket $f_{\mathbf{k}}(\mathbf{p})$ und den entsprechenden Zustand

$$|\phi\rangle = \int \frac{d^3p}{(2\pi)^3 2E_{\mathbf{p}}} f_{\mathbf{k}}(\mathbf{p}) a_{\mathbf{p}}^{\dagger}|0\rangle \,. \tag{4.212}$$

Die entsprechende Wahrscheinlichkeit ist gegeben durch

$$w = \int d\text{LIPS} |\langle p_1 \dots p_n | S | \phi \rangle|^2 \,. \tag{4.213}$$

Wir werten wie zuvor aus, was sich hier wesentlich einfacher gestaltet. Es ist

$$\begin{aligned} w &= d\text{LIPS} \int \frac{d^3q}{(2\pi)^3 2E_{\mathbf{q}}} \frac{d^3q'}{(2\pi)^3 2E_{\mathbf{q}'}} f_{\mathbf{k}}(\mathbf{q}) \overline{f_{\mathbf{k}}}(\mathbf{q}') \\ &\quad \times (\mathcal{M}'^{\dagger} \mathcal{M})(2\pi)^8 \delta^4(\sum_i p_i - q) \delta(\sum_i E_i - E_{\mathbf{q}'}) \delta^3(\sum_i \mathbf{p}_i - \mathbf{q}') \\ &= d\text{LIPS} \int \frac{d^3q}{(2\pi)^3 2E_{\mathbf{q}}} \frac{1}{2E_{\mathbf{q}}} |f_{\mathbf{k}}(\mathbf{q})|^2 |\mathcal{M}|^2 (2\pi)^5 \delta^4(\sum_i p_i - q) \delta(\sum_i E_i - E_{\mathbf{q}}) \,. \end{aligned} \tag{4.214}$$

Jetzt nutzen wir wieder die starke Lokalisierung des Wellenpakets im Impulsraum aus und betrachten es wie zuvor in Gl. (4.208) als ausgeschmierte Delta-Funktion, die mit relativistischen Phasenraumfaktoren verziert ist. Wir setzen also $\mathbf{q} = \mathbf{k}$ und erhalten

$$w = d\text{LIPS} \frac{1}{2E_{\mathbf{k}}} |\mathcal{M}|^2 (2\pi)^5 \delta^4(\sum_i p_i - k) \delta(\sum_i E_i - E_{\mathbf{k}}) \,. \tag{4.215}$$

Die letzte Delta-Funktion ist redundant und damit divergent, da ihr Argument bereits durch die Vierer-Impulserhaltung in der ersten Delta-Funktion verschwindet. Wir interpretieren sie als Integral über die Zeit um:

$$2\pi\delta(E_1 - E_2) = \lim_{T\to\infty} \int_{-T/2}^{T/2} dt e^{-it(E_1-E_2)}, \tag{4.216}$$

teilen durch die Zeit und erhalten so eine endliche Größe, die einer Rate entspricht:

$$d\Gamma = w/T \;=\; d\text{LIPS}\frac{1}{2E_{\mathbf{k}}}|\mathcal{M}|^2(2\pi)^4\delta^4(\sum_i p_i - k)\,. \tag{4.217}$$

Um die totale Zerfallsbreite zu erhalten, müssen wir noch über alle auslaufenden Impulse dLIPS integrieren.

Man sieht insbesondere, dass unsere Formel Gl. (4.217) die relativistische Zeitdilatation automatisch berücksichtigt – schnell bewegte Teilchen leben länger, wenn man ihre mittlere Lebensdauer mit im Laborsystem synchronisierten Uhren misst: Da $\Gamma \propto 1/E_{\mathbf{k}}$ gilt und damit die mittlere Lebensdauer $\tau = \Gamma^{-1} \propto E_{\mathbf{k}}$ ist, folgt

$$\tau \propto E_{\mathbf{k}}/M = \frac{1}{\sqrt{1-v^2}}\,. \tag{4.218}$$

Das berühmteste Beispiel für diesen Effekt sind die von der kosmischen Strahlung erzeugten atmosphärischen Myonen. Üblicherweise ist mit Γ aber die eindeutige Zerfallsbreite im Ruhesystem des Teilchens gemeint, wo $E_{\mathbf{k}=0} = M$.

Wie z. B. [3] in ihrer kurzen Herleitung der Zerfallsbreite anmerken, ist diese Vorgehensweise, von Amplituden zu Zerfallswahrscheinlichkeiten überzugehen, etwas problematisch. Das Hauptproblem liegt darin, dass wir im LSZ-Formalismus mit asymptotischen Zuständen arbeiten, für die wir n-Teilchen-Zustände nach $t \to \pm\infty$ extrapolieren. Bei instabilen Teilchen ist nicht ohne Weiteres klar, was das bedeuten soll. Im Endeffekt liefert das optische Theorem die Berechtigung, Zerfallsbreiten so auszurechnen, wie wir es hier tun.

4.4.3 Häufig benötigte Formeln

Oft sind wir an differenziellen Zerfallsbreiten bzw. Streuquerschnitten von einem bzw. zwei Teilchen interessiert, beispielsweise an der Energie- oder Winkelverteilung der Ausgangsprodukte. Da wir in einigen folgenden Abschnitten diese differenziellen Zerfallsbreiten bzw. Streuquerschnitte öfter brauchen, sammeln wir hier die wichtigsten:

Aufgemerkt! Streuquerschnitte und Zerfallsbreiten

- Differenzielle Zerfallsbreite eines Teilchens mit Impuls $k = (E_{\mathbf{k}}, \mathbf{k})$ und Masse m in n Teilchen mit Impulsen p_i im Endzustand:

$$d\Gamma = \frac{(2\pi)^4 \delta^4(k - \sum p_i)}{2E_{\mathbf{k}}} \left(\prod_{i=1}^{n} \frac{d^3 p_i}{(2\pi)^3 2E_{\mathbf{p}_i}} \right) \left| \mathcal{M}_{(k \to \Sigma p_i)} \right|^2 \tag{4.219}$$

$$\overset{\text{COM}}{=} \frac{(2\pi)^4 \delta^4(k - \sum p_i)}{2m} \left(\prod_{i=1}^{n} \frac{d^3 p_i}{(2\pi)^3 2E_{\mathbf{p}_i}} \right) \left| \mathcal{M}_{(k \to \Sigma p_i)} \right|^2 \tag{4.220}$$

Hier steht COM für *Center of Mass* und bezeichnet das Ruhesystem des einlaufenden bzw. der auslaufenden Teilchen.

- Differenzieller Streuquerschnitt für zwei Teilchen $q_A = (E_A, \mathbf{q}_A)$ und $q_B = (E_B, \mathbf{q}_B)$ (Massen m_A und m_B) in n Teilchen mit Impulsen p_i:

$$d\sigma = \frac{(2\pi)^4 \delta^4(q_A + q_B - \sum_i p_i)}{4\sqrt{(q_A q_B)^2 - m_A^2 m_B^2}} \left(\prod_{i=1}^{n} \frac{d^3 p_i}{(2\pi)^3 2E_{\mathbf{p}_i}} \right) \left| \mathcal{M}_{(q_A, q_B \to \Sigma p_i)} \right|^2 \tag{4.221}$$

$$= \frac{(2\pi)^4 \delta^4(q_A + q_B - \sum_i p_i)}{4E_A E_B |v_A - v_B|} \left(\prod_{i=1}^{n} \frac{d^3 p_i}{(2\pi)^3 2E_{\mathbf{p}_i}} \right) \left| \mathcal{M}_{(q_A, q_B \to \Sigma p_i)} \right|^2 \tag{4.222}$$

wobei die Geschwindigkeit v der Teilchen über $E = \sqrt{m^2 + \mathbf{q}^2} = m/\sqrt{1 - v^2}$ bestimmt wird.

AUFGABE 58

■ Ermittelt aus Gl. (4.222) den Ausdruck für den differenziellen Streuquerschnitt von $2 \to 2$ Teilchen im Schwerpunktssystem. Dabei sollen zur Vereinfachung die beiden auslaufenden Teilchen die gleiche Masse $m_3 = m_4 = m$ haben. Das Ergebnis soll außerdem nur noch die Winkelintegrale $d\phi d\cos\theta$ enthalten!

● Schreibt beispielsweise nach dem Übergang zu Kugelkoordinaten das verbliebene Impulsbetragsintegral in ein Integral über die Energie eines auslaufenden Teilchens um.

▶ Für den konkreten Fall $(2 \to 2)$ erhalten wir aus Gl. (4.222) folgenden Ausdruck:

$$d\sigma = \frac{(2\pi)^4 \delta^4(p_1 + p_2 - p_3 - p_4)}{4E_1 E_2 |v_1 - v_2|} \frac{d^3 p_3}{2(2\pi)^3 E_3} \frac{d^3 p_4}{2(2\pi)^3 E_4} |\mathcal{M}|^2$$

$$= \frac{\delta(E_1 + E_2 - E_3 - E_4) \delta^3(\mathbf{p}_1 + \mathbf{p}_2 - \mathbf{p}_3 - \mathbf{p}_4)}{64\pi^2 (E_1 E_2 |v_1 - v_2|) E_3 E_4} d^3 p_3 d^3 p_4 |\mathcal{M}|^2 \,. \tag{4.223}$$

Wir haben hier eine Integration über 6 Impulse, von denen 4 durch die δ-Funktion festgelegt werden. Das bedeutet, dass das Integral in Kugelkoordinaten durch lediglich zwei Größen beschrieben werden kann. Wir wählen hier die Polar- und Azimutwinkel $d\phi$ bzw. $d\cos\theta$.

Wir eliminieren zuerst das Integral d^3p_4 mit der δ^3-Funktion. Übrig bleibt das Integral über d^3p_3, welches wir in Kugelkoordinaten umschreiben:

$$d^3p_3 = d\phi\, d\cos\theta\, |\mathbf{p}_3|^2\, d|\mathbf{p}_3|\,. \tag{4.224}$$

Anschließend schreiben wir das Impulsintegral in ein Energieintegral

$$E_3 dE_3 = |\mathbf{p}_3|\, d|\mathbf{p}_3| \tag{4.225}$$

um, damit wir die übrige δ-Funktion angenehm eliminieren können. Die Impulsbeträge der auslaufenden Teilchen sind im Schwerpunktssystem gleich da $\mathbf{p}_3 = -\mathbf{p}_4$, und damit ist

$$E_3 + E_4 = \sqrt{\mathbf{p}_3^2 + m^2} + \sqrt{\mathbf{p}_4^2 + m^2} = 2\sqrt{\mathbf{p}_3^2 + m^2}\,. \tag{4.226}$$

Im Schwerpunktssystem bei gleichen Massen gilt also $E_3 = E_4$. Umgekehrt ist

$$|\mathbf{p}_3| = \sqrt{\frac{(E_3 + E_4)^2}{4} - m^2}\,. \tag{4.227}$$

Es bietet sich an, das verbliebene Energieintegral nicht als dE_3, sondern als $d(E_3 + E_4)/2$ zu schreiben:

$$\begin{aligned} d\phi\, d\cos\theta\, d|\mathbf{p}_3||\mathbf{p}_3|^2 &= d\phi\, d\cos\theta\, E_3 dE_3 \sqrt{\frac{(E_3 + E_4)^2}{4} - m^2} = \\ &= d\phi\, d\cos\theta\, \frac{(E_3 + E_4)\, d(E_3 + E_4)}{4} \sqrt{\frac{(E_3 + E_4)^2}{4} - m^2}\,. \end{aligned} \tag{4.228}$$

Wir können das Energieintegral dank der Delta-Funktion auswerten und erhalten aus Gl. (4.223)

$$\begin{aligned} d\sigma &= d\phi\, d\cos\theta\, \frac{1}{64\pi^2 (E_1 E_2 |v_1 - v_2|)} \frac{(E_1 + E_2)\sqrt{(E_1 + E_2)^2/4 - m^2}}{4E_1 E_2} |\mathcal{M}|^2 \\ &= d\phi\, d\cos\theta\, \frac{1}{64\pi^2 (E_1 E_2 |v_1 - v_2|)} \frac{\sqrt{E_{COM}^2/4 - m^2}}{E_{COM}} |\mathcal{M}|^2\,. \end{aligned} \tag{4.229}$$

Öfter wird die Wurzel als $\sqrt{E_{COM}^2/4 - m^2} = |\mathbf{p}_3| = |\mathbf{p}_{out}|$ geschrieben. Beachtet hierbei, dass der Betrag dieses Impulses damit festgelegt ist.

AUFGABE 59

Schreibt den differenziellen Streuquerschnitt aus Aufgabe 58 für den einfacheren Fall $m_{in} = m_1 = m_2, m_{out} = m_3 = m_4$ um.

In diesem Fall ist $|v_1 - v_2| = 2|v| = \frac{4}{E_{COM}}\sqrt{E_{COM}^2/4 - m_{in}^2} = 4|\mathbf{p}_{in}|/E_{COM}$ und $E_1 E_2 = E_{COM}^2/4$, wodurch sich

$$d\sigma = d\phi\, d\cos\theta \frac{1}{64\pi^2 E_{COM}^2} \frac{|\mathbf{p}_{out}|}{|\mathbf{p}_{in}|} |\mathcal{M}|^2 \tag{4.230}$$

ergibt.

AUFGABE 60

Schreibt den differenziellen Streuquerschnitt aus Aufgabe 58 für den einfacheren Fall $m = m_1 = m_2 = m_3 = m_4$ um.

In diesem Fall ist $|v_1 - v_2| = 2|v| = \frac{4}{E_{COM}}\sqrt{E_{COM}^2/4 - m^2}$ und $E_1 E_2 = E_{COM}^2/4$, wodurch sich

$$d\sigma = d\phi\, d\cos\theta \frac{1}{64\pi^2 E_{COM}^2} |\mathcal{M}|^2 \tag{4.231}$$

ergibt.

Jetzt fehlt nur noch die differenzielle Zerfallsbreite im Ruhesystem des zerfallenden Teilchens. Wir werden uns das beim Zwei-Körper-Zerfall $p_1 \to q_1, q_2$ anschauen und die Zerfallsbreite ebenfalls wieder in Abhängigkeit von Azimut- und Polarwinkel ausdrücken.

AUFGABE 61

Berechnet die differenzielle Zerfallsbreite im Ruhesystem für den Zwei-Körper-Zerfall (wieder als Funktion der Azimut- und Polarwinkel)! Beide auslaufende Teilchen sollen die gleiche Masse m' haben, das zerfallende Teilchen die Masse m.

Aus Gl. (4.220) erhalten wir für den Zwei-Körper-Zerfall

$$d\Gamma_{(p \to q_1, q_2)} = \frac{(2\pi)^4 \delta^4(p - q_1 - q_2)}{2m} \frac{d^3 q_1}{(2\pi)^3 2E_1} \frac{d^3 q_2}{(2\pi)^3 2E_2} |\mathcal{M}|^2 .$$

Wir gehen genauso wie im Beispiel vorher vor und zerlegen die δ^4-Funktion, um sie dann auszuintegrieren:

$$\begin{aligned} d\Gamma_{(p \to q_1, q_2)} &= \frac{\delta(E - E_1 - E_2)\delta^3(\mathbf{p} - \mathbf{q}_1 - \mathbf{q}_2)}{32\pi^2 m E_1 E_2} d^3 q_1 d^3 q_2 |\mathcal{M}|^2 \\ &= \frac{\delta(m - E_1 - E_2)}{32\pi^2 m E_1 E_2} d^3 q_1 |\mathcal{M}|^2 . \end{aligned}$$

Das Differenzial drücken wir mit Gl. (4.224) mit Kugelkoordinaten aus, was es uns genauso wie oben wieder erlaubt, das Integral in ein Energieintegral

$dE_1 = d(E_1 + E_2)/2$ umzuwandeln. Nach Ausführung dieses Integrals mithilfe der δ-Funktion erhalten wir

$$d\Gamma = d\phi \, d\cos\theta \frac{1}{32\pi^2 m^2} \underbrace{\sqrt{m^2/4 - m'^2}}_{=|\mathbf{q}_1|=|\mathbf{q}_2|} |\mathcal{M}|^2 . \quad (4.232)$$

Wenn wir den Zerfall eines massiven Teilchens mit Masse m in zwei masselose Teilchen ($m' = 0$) betrachten, dann ist $|\mathbf{q}_1| = m/2$ und die Zerfallsbreite vereinfacht sich zu

$$d\Gamma = d\phi \, d\cos\theta \frac{1}{64\pi^2 m} |\mathcal{M}|^2 \quad (4.233)$$

Partialbreiten In der Teilchenphysik sind häufig die partiellen Zerfallsbreiten und die Verzweigungsverhältnisse wichtig. Ein Teilchen kann meistens in mehr als einen Endzustand zerfallen. Das Z-Boson beispielsweise kann in führender Ordnung in 11 mögliche Teilchenpaare zerfallen (wenn man die Farben der Quarks nicht getrennt zählt). Man spricht dann von 11 Zerfallskanälen. Die totale Zerfallsbreite ist die Summe aus all diesen einzelnen Zerfallsbreiten:

$$\Gamma_{tot} = \sum_{i=1}^{n} \Gamma_{part,i} \quad (4.234)$$

Die Wahrscheinlichkeit, mit der das Teilchen in einen bestimmten Endzustand i zerfällt, ist das Verzweigungsverhältnis (engl. *branching ratio*):

$$BR(i) = \frac{\Gamma_{part,i}}{\Gamma_{tot}} . \quad (4.235)$$

Die Summe aller Verzweigungsverhältnisse muss natürlich wieder 1 ergeben. Für das Higgs-Boson ist z. B. ein wichtiges Verzweigungsverhältnis der Zerfall zu zwei b Quarks mit $\sim 57\%$. Die mittlere Lebensdauer τ eines Teilchens ist wieder die Inverse der *totalen* Zerfallsbreite:

$$\tau = \frac{1}{\Gamma_{tot}} . \quad (4.236)$$

AUFGABE 62

Die (berechnete) totale Zerfallsbreite des Higgs-Boson für die gegebene Masse ist etwa $4 \cdot 10^{-3}$ GeV, siehe [15]. Berechnet daraus die Lebensdauer im Ruhesystem des Bosons!

Diese Aufgabe ist eigentlich sehr simpel, da $\tau = 1/\Gamma$. Das Umrechnen der natürlichen Einheiten ist die Hauptarbeit dabei. Man muss beachten, dass man in SI-Einheiten einen Faktor $1/\hbar$ einfügen muss:

$$\tau = 1/\Gamma = 1/(4 \cdot 10^6 \text{ eV}/\hbar) = 1.6 \cdot 10^{-22} \text{ s} . \quad (4.237)$$

Die Lebensdauer des Higgs-Bosons in seinem Ruhesystem beträgt also laut Standardmodell nur gut 10^{-22} s. Das erscheint sehr kurz, ist aber wesentlich länger als die Lebensdauer anderer Teilchen vergleichbarer Masse.

4.4.4 Mandelstam-Variablen

Die Mandelstam-Variablen erlauben eine praktische Lorentz-invariante Parametrisierung der äußeren Impulse in Streuprozessen mit vier äußeren Teilchen. Wir betrachten einen Streuprozess mit den hier angegebenen Impulsen und Massen

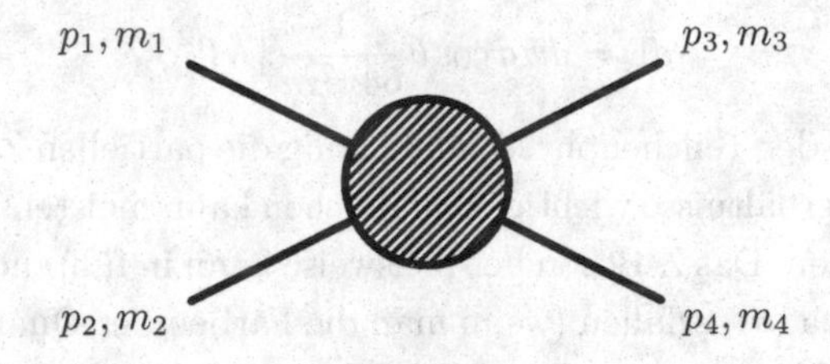

Dabei ist es an dieser Stelle irrelevant, welche Teilchen explizit streuen, und auch, wie der Streuprozess (der Feynman-Graph) aussieht. Wir definieren jetzt die drei Mandelstam-Variablen

$$\begin{aligned} s &:= (p_1 + p_2)^2 = (p_3 + p_4)^2 \\ t &:= (p_1 - p_3)^2 = (p_2 - p_4)^2 \\ u &:= (p_1 - p_4)^2 = (p_2 - p_3)^2 \end{aligned} \tag{4.238}$$

Da Impulserhaltung gilt und alle Teilchen auf der Massenschale sind, kann man eine der drei Variablen durch die anderen beiden ausdrücken.

AUFGABE 63

Zeigt, dass folgende Identität gilt:

$$s + t + u = \sum_{i=1}^{4} m_i^2 \tag{4.239}$$

Durch geschickte Wahl der Impulskombinationen aus den drei Beziehungen ab Gl. (4.238) können wir direkt einsetzen und ausrechnen:

$$\begin{aligned} s + t + u &= (p_1 + p_2)^2 + (p_1 - p_3)^2 + (p_1 - p_4)^2 \\ &= m_1^2 + m_2^2 + m_3^2 + m_4^2 + 2m_1^2 + 2p_1 \underbrace{(p_2 - p_3 - p_4)}_{=-p_1} = \sum_{i=1}^{4} m_i^2 \,. \end{aligned} \tag{4.240}$$

Die Identität Gl. (4.239) ist damit sehr nützlich, um eine der drei Variablen zu eliminieren. In der Literatur wird meistens u eliminiert, ohne weiteren Grund. Dass man also solche Streuprozesse durch nur zwei reelle Zahlen parametrisieren kann, ist oft eine deutliche Erleichterung.

Es gibt noch eine weitere nette Eigenschaft der Mandelstam-Variablen. So, wie sie in den drei Beziehungen ab Gl. (4.238) Gleichung definiert sind, ist der Propagator in Feynman-Graphen der Form

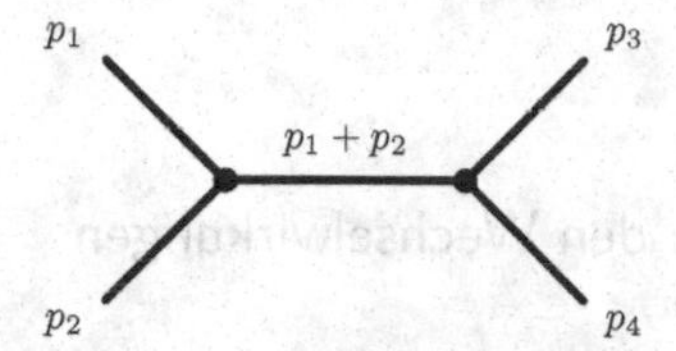

immer proportional zu $\frac{1}{s-m^2}$. Daher wird dieser Feynman-Graph bzw. der zugehörige „Kanal" auch s-Kanal genannt. Feynman-Graphen der Form

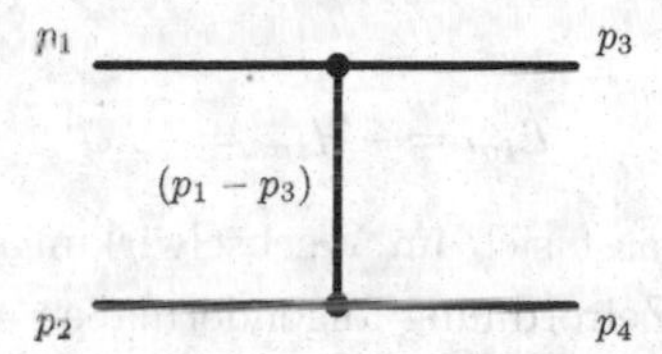

sind proportional zu $\frac{1}{t-m^2}$ und werden t-Kanal genannt. Natürlich fehlt noch der u-Kanal-Graph, der einfach die gekreuzten Beinchen relativ zum t-Kanal hat:

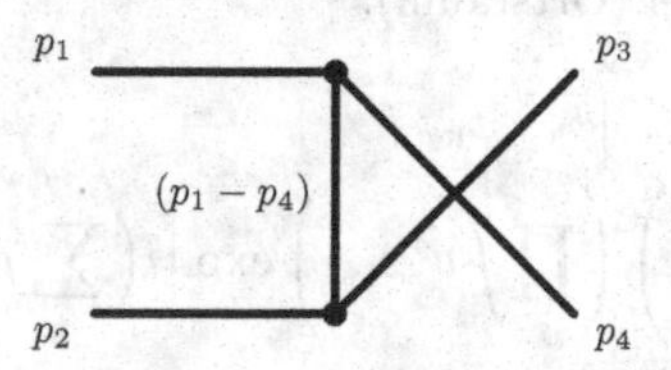

und proportional zu $\frac{1}{u-m^2}$ ist. Ein praktischer Check, ob man richtig gerechnet hat: Die quadrierte Amplitude eines Prozesses mit zwei gleichen Teilchen im Anfangs- oder Endzustand muss symmetrisch unter Austausch von t und u sein.

Aufgemerkt!

Es hat sich eingebürgert, die Schwerpunktsenergie eines Streuprozesses generell mit $\sqrt{s}$ zu bezeichnen.

Schreibt den Ausdruck für den differenziellen 2→2-Streuquerschnitt in Mandelstam-Variablen um und zeigt, dass im Schwerpunktsystem

$$\frac{d\sigma}{dt} = \frac{1}{64\pi s} \frac{1}{|\mathbf{p}_{in}|^2} |\mathcal{M}|^2, \tag{4.241}$$

nachdem man über $\int_0^{2\pi} d\phi$ integriert hat.

Zusammenfassung zu den Wechselwirkungen

- Lagrange-Dichte der ϕ^4-Theorie:

$$\mathcal{L}_{\phi^4} = \frac{1}{2}\partial_\mu \phi \partial^\mu \phi - \frac{m}{2}\phi^2 - \lambda\phi^4 . \tag{4.1}$$

Hier ist

$$\mathcal{L}_{int} = -\mathcal{H}_{int} = -\lambda\phi^4 . \tag{4.4}$$

- Die Zeitentwicklung lässt sich im Wechselwirkungsbild zwischen zwei Zeitpunkten mithilfe der Zeitordnung folgendermaßen schreiben:

$$U(t_2, t_1) = T\{\exp\left(-i\int_{t_1}^{t_2} H_{int}^{(\tau)} d\tau\right)\}. \tag{4.38}$$

- LSZ-Reduktionsformel (Ortsraum):

$$\begin{aligned} S_{fi} = {}& {}_{out}\langle \phi_{\mathbf{p}_1}, \phi_{\mathbf{p}_2} \ldots | \phi_{\mathbf{k}_1}, \phi_{\mathbf{k}_2} \ldots \rangle_{in} \\ &+ \left(\prod_i \int d^4 y_{(i)}\right) \left(\prod_j \int d^4 x_{(j)}\right) \exp\left[i\Big(\sum_i p_{(i)} y_{(i)} - \sum_j k_{(j)} x_{(j)}\Big)\right] \\ &\times (iR^{-\frac{1}{2}})^{n_{in}+n_{out}} \prod_i \left[\Box_{y_{(i)}} + m_{pol}^2\right] \prod_j \left[\Box_{x_{(j)}} + m_{pol}^2\right] \\ &\times \langle 0 | T\{\phi(x^{(1)}) \ldots \phi(y^{(n_{out})})\} | 0 \rangle + \text{isol.} \end{aligned} \tag{4.83}$$

- LSZ-Reduktionsformel (Impulsraum):

$$\begin{aligned} S_{fi} = {}& \lim_{p^2, k^2 \to m_{pol}^2} \left(\prod_l \frac{1}{\sqrt{R}} \frac{p_{(l)}^2 - m_{pol}^2}{i}\right) \left(\prod_j \frac{1}{\sqrt{R}} \frac{k_{(j)}^2 - m_{pol}^2}{i}\right) \\ &\times \tilde{G}(k_{(1)}, .., -p_{(n_{out})}) + \text{isol.} \end{aligned} \tag{4.87}$$

- Gell-Mann-Low-Formel für Green'sche Funktionen. So kann in wechselwirkenden Theorien sehr einfach mit freien Feldern im Wechselwirkungsbild gearbeitet werden:

$$\langle 0|T\{\phi(x_1)\dots\phi(x_n)\}|0\rangle = \frac{\langle 0|T\{\phi_{in}(x_1)\dots\phi_{in}(x_n)\exp(-i\int d^4x\,\mathcal{H}_{int}^{(x^0)})\}|0\rangle}{\langle 0|T\exp(-i\int d^4x\,\mathcal{H}_{int}^{(x^0)})|0\rangle} \tag{4.96}$$

- Vakuumblasen kürzen sich hier zwischen Zähler und Nenner aus den Green'schen Funktionen heraus!
- S-Matrix, Übergangsmatrix und invariante (Feynman)-Amplitude für zusammenhängende Prozesse:

$$S = 1 + iT \tag{4.103}$$

$$S_{fi} = \tilde{\delta}_{fi} + iT_{fi} \tag{4.104}$$

$$iT_{fi} = i\mathcal{M}_{fi}\cdot(2\pi)^4\delta^4\left(\sum_{initial} p_i - \sum_{final} k_f\right) \tag{4.105}$$

- Das Wick-Theorem verrät den Zusammenhang zwischen dem zeitgeordneten Produkt von Feldern und den normalgeordneten Kontraktionen dieser Felder:

$$T\{\phi(x_1)\dots\phi(x_n)\} =: \phi(x_1)\dots\phi(x_n): + \Big(\text{alle Kontraktionsmöglichkeiten von } :\phi(x_1)\dots\phi(x_n):\Big) \tag{4.115}$$

- Feynman-Regeln der ϕ^4-Theorie (Auszug):

$$\int\frac{d^4p}{(2\pi)^4} \tag{4.167}$$

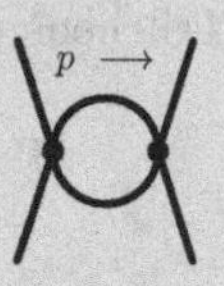

$$\tilde{D}_F(p) = \frac{i}{p^2 - m^2 + i\epsilon} \tag{4.168}$$

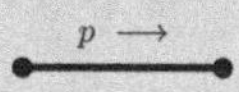

$$-i\,4!\,\lambda \tag{4.169}$$

- Streuquerschnitt:

$$\frac{d\sigma}{d\Omega}(\theta,\phi) = \left(\frac{dN_{streu}}{d\Omega dt}\right)\Big/\left(\frac{dN_{ein}}{dAdt}\right) \tag{4.180}$$

$$\frac{d\sigma}{d\text{LIPS}} = |\mathcal{M}|^2(2\pi)^4\delta^4\Big(\sum p_i - (q_A + q_B)\Big)\frac{1}{4E_AE_B|v_A - v_B|} \tag{4.211}$$

- Zerfallsbreite:

$$\frac{d\Gamma}{d\text{LIPS}} = \frac{1}{2E_{\mathbf{k}}}|\mathcal{M}|^2(2\pi)^4\delta^4(\sum_i p_i - k)\,. \tag{4.217}$$

- Mandelstam-Variablen:

$$\begin{aligned} s &:= (p_1 + p_2)^2 = (p_3 + p_4)^2 \\ t &:= (p_1 - p_3)^2 = (p_2 - p_4)^2 \\ u &:= (p_1 - p_4)^2 = (p_2 - p_3)^2 \end{aligned} \tag{4.238}$$

$$s + t + u = \sum_{i=1}^{4} m_i^2 \tag{4.239}$$

- Der Streuquerschnitt in Kugelkoordinaten für die $(2 \to 2)$-Streuung im Schwerpunktssystem und auslaufende Teilchen gleicher Masse m ist

$$d\sigma = d\phi\; d\cos\theta\; \frac{1}{64\pi^2(E_1 E_2 |v_1 - v_2|)} \frac{\sqrt{E_{COM}^2/4 - m^2}}{E_{COM}} |\mathcal{M}|^2 . \tag{4.229}$$

- Im Fall $m_1 = m_2, m_3 = m_4$ ergibt sich

$$d\sigma = d\phi\, d\cos\theta \frac{1}{64\pi^2 E_{COM}^2} \frac{|\mathbf{p}_{out}|}{|\mathbf{p}_{in}|} |\mathcal{M}|^2 \tag{4.230}$$

- Im Fall $m_1 = m_2 = m_3 = m_4$ ergibt sich

$$d\sigma = d\phi\; d\cos\theta \frac{1}{64\pi^2 E_{COM}^2} |\mathcal{M}|^2 . \tag{4.231}$$

- Die differenzielle Zerfallsbreite für den Zwei-Körper-Zerfall im Ruhesystem des zerfallenden Teilchens mit Masse m ist

$$d\Gamma = d\phi\, d\cos\theta \frac{|\mathbf{q}_1|}{32\pi^2 m^2} |\mathcal{M}|^2 . \tag{4.232}$$

5 Pfadintegrale für Skalarfelder

Übersicht

5.1 Pfadintegraldarstellung der Green'schen Funktionen

Bisher haben wir die Quantenfeldtheorie so weit im kanonischen Formalismus entwickelt, dass wir ausgehend von der Hamilton Dichte Streuamplituden berechnen können. Wir hatten dabei folgenden Zugang gewählt: Über die LSZ-Reduktionsformel werden Streuamplituden auf zeitgeordnete Green'sche Funktionen der wechselwirkenden Theorie,

$$G(x_1, \ldots, x_n) = \langle 0|T\{\phi(x_1) \ldots \phi(x_n)\}|0\rangle \,, \tag{5.1}$$

zurückgeführt, und diese werden dann über das Wick-Theorem in die Darstellung durch Feynman-Graphen gebracht. Die Hamilton-Dichte hatten wir dabei bei Bedarf aus der Lagrange-Dichte hergeleitet. Der wichtigste Nachteil dieser Vorgehensweise besteht darin, dass man den Lorentz-kovarianten Lagrange-Formalismus zu Gunsten des Hamilton-Formalismus verlassen muss. Letzterer zeichnet eine Zeitrichtung in der Raumzeit aus und versteckt damit die Lorentz-Kovarianz der Bewegungsgleichungen. Das Endresultat dieser Prozedur waren aber wieder Lorentz-kovariante Matrixelemente $\mathcal{M}$. Das Verlassen des manifest kovarianten Formalismus scheint also unnötig kompliziert. Wir hatten zum Beispiel gesehen, dass Ableitungen im Wechselwirkungsteil der Lagrange-Dichte dazu führen, dass $\mathcal{L}_{int} \neq -\mathcal{H}_{int}$ ist. Wir hatten daher (wie viele Einführungen in die QFT) solche Wechselwirkungen unter den Teppich gekehrt und hatten auf dieses Kapitel verwiesen.

Wir werden jetzt eine zweite, auf Feynman zurück gehende Quantisierungsvorschrift kennenlernen, die direkt mit der Lagrange-Dichte arbeitet und vollständig kovariant ist: die *Pfadintegralquantisierung*. Die Kernidee dieses Zugangs lässt sich ganz kurz durch seine zentrale Formel zusammenfassen: Man kann den Erwartungswert des Operators $\phi(x_1)\dots\phi(x_n)$ in einer Feldtheorie mit der Wirkung S auch berechnen, indem man das Produkt herkömmlicher zahlenwertiger Felder $\varphi(x_1)\dots\varphi(x_n)$, gewichtet mit der Phase $\exp(iS[\varphi])$, über alle Feldkonfigurationen φ mittelt,

$$\langle 0|T\{\phi(x_1),\dots,\phi(x_n)\}|0\rangle = \frac{\int \mathcal{D}\varphi\,\varphi(x_1)\dots\varphi(x_n)e^{iS}}{\int \mathcal{D}\varphi\, e^{iS}}\,. \tag{5.2}$$

Die Zeitordnung wird implizit umgesetzt, indem man in der Berechnung der Wirkung die Integralgrenzen des Zeitintegrals

$$\lim_{t\to\infty(1-i\epsilon)}\int_{-t}^{t} dx^0 \tag{5.3}$$

leicht in die komplexe Ebene verschiebt. Eine große mathematische Herausforderung besteht darin, die Integrale $\int \mathcal{D}\varphi$ über alle Feldkonfigurationen konsistent zu definieren. Wir umgehen dieses Problem zunächst, indem wir die Raumzeit diskretisieren und allerlei im Kontinuum divergente Ausdrücke durch anschließende Normierung loswerden, aber eine rigorose Behandlung des Kontinuumslimes ist nach wie vor Gegenstand der Forschung.

Die Formel Gl. (5.2) kann man als Ausgangspunkt für die Quantenfeldtheorie nehmen und erhält so eine (bis auf den infinitesmial verdrehten Integrationspfad für die Zeit) komplett kovariante Beschreibung durch die Lagrange-Dichte. Wer will, kann im Prinzip zur Formel Gl. (5.77) springen und sich sofort mit den Anwendungen des Pfadintegrals befassen. Obwohl der Pfadintegralformalismus eigenständig ist, werden wir ihn jetzt trotzdem wie üblich aus dem kanonischen Formalismus heraus motivieren, um einen konkreteren Anknüpfungspunkt zu dem bisher Gesagten zu haben.

Um die Argumentation so einfach und nachvollziehbar wie möglich zu halten, diskutieren wir bis zu einem gewissen Punkt die Herleitung des Pfadintegrals anhand der nicht-relativistischen Quantenmechanik eines Teilchens. In der Verallgemeinerung auf die Quantenfeldtheorie werden wir dann oft auf die direkt vergleichbaren Entwicklungen im nicht-relativistischen Fall verweisen. Zum Auffüllen der Lücken, die wir hier notwendigerweise lassen, ist die exzellente Behandlung des Pfadintegrals in [16] bestens geeignet.

Dieses Kapitel wird zunächst von langwierigen (aber durchaus anschaulichen) Herleitungen geprägt sein, die mit wenigen Aufgaben zum Mitrechnen aufgelockert sind. Die konkreten Anwendungen kommen aber im Anschluss!

5.1.1 Das Pfadintegral in der Quantenmechanik

Zunächst wollen wir zeigen, wie wir in der nicht-relativistischen Quantenmechanik eines einzelnen Teilchens Übergangsmatrixelemente mithilfe des Pfadintegralformalismus berechnen können. Betrachten wir die Wahrscheinlichkeitsamplitude $\mathcal{A}$ für den Übergang von zwei Zuständen im Heisenberg-Bild, $\langle\psi_0|$ und $\langle\psi_1|$:

$$\mathcal{A} = \langle\psi_1 \mid \psi_0\rangle$$

Da wir im Heisenberg-Bild sind, zerlegen wir die Zustände in Ortseigenzustände $|x,t\rangle$ des Ortsoperators $\hat{x}(t)$ zu den Zeiten t_0 und t_1.

Aufgemerkt!

Hier könnte es zu Verwechslungen mit ähnlichen Begriffen aus dem Schrödinger-Bild kommen. Wir meinen hier mit $|x,t_0\rangle$ jenen Zustand, der im Heisenberg-Bild gerade zum Zeitpunkt $t = t_0$ ein Eigenzustand des zeitabhängigen Ortsoperators $\hat{x}(t)$ ist (aber im Allgemeinen nicht davor oder danach). Wir können ihn so schreiben:

$$|x,t_0\rangle = e^{i\hat{H}t_0}\,|x\rangle\,. \tag{5.4}$$

Wir meinen *nicht* einen ehemaligen Ortseigenzustand im Schrödinger-Bild, der dann aber um das Zeitintervall t_0 gemäß der Schrödinger-Gleichung zeitentwickelt wurde und so ein wenig „zerlaufen" ist. Dieser wäre umgekehrt durch

$$e^{-i\hat{H}t_0}\,|x\rangle \tag{5.5}$$

gegeben.

Sei $\hat{x}$ der Ortsoperator im Schrödinger-Bild. Der Ortsoperator im Heisenberg-Bild ist dann durch

$$\hat{x}(t) = e^{i\hat{H}t}\hat{x}e^{-i\hat{H}t} \tag{5.6}$$

gegeben. Überzeugt euch, dass der oben angegebene $|x,t_0\rangle$ in der Tat zum gewünschten Zeitpunkt ein Eigenzustand von $\hat{x}(t)$ ist.

Wir wollen also einen beliebigen Zustand durch solche Heisenberg-Eigenzustände darstellen. Wir erhalten

$$|\psi_0\rangle = \int dx\;\psi_0(x)\,|x,t_0\rangle\,, \qquad \langle\psi_1| = \int dx\;\psi_1(x)^*\,\langle x,t_1|\,.$$

Hier sind $\psi_{0,1}(x)$ herkömmliche Ein-Teilchen-Wellenfunktionen. Wir können damit das Übergangsmatrixelement ausdrücken als

$$\mathcal{A} = \int dx_1\,dx_0\;\psi_1^*(x_1)\psi_0(x_0)\,\langle x_1,t_1 \mid x_0,t_0\rangle\,.$$

Um das verbleibende Matrixelement $\langle x_1,t_1 \mid x_0,t_0\rangle$ zu berechnen, betrachten wir zunächst ein infinitesimales Zeitintervall $t_1 = t_0+\Delta t$. Mithilfe der Zeitentwicklung erhalten wir

$$\langle x_1,t_0+\Delta t \mid x_0,t_0\rangle = \langle x_1,t_0|e^{-i\hat{H}\Delta t}|x_0,t_0\rangle\,. \tag{5.7}$$

Der Hamilton-Operator $\hat{H}$ ergibt sich durch kanonische Quantisierung aus einer Hamilton-Funktion

$$H(x,p) = \sum_{i,j} a_{ij} p^i x^j ,$$

wobei wir eine Standardordnung der Hamilton-Funktion annehmen wollen,[1] sodass Ortsoperatoren rechts stehen:

$$\hat{H} = H(\hat{x},\hat{p}) = \sum_{i,j} a_{ij} \hat{p}^i \hat{x}^j . \tag{5.8}$$

Aufgemerkt!

Die Strategie ist nun wie folgt: Durch Einfügen vieler Einheits-Operatoren aus Eigenzuständen zu beliebig kleinen Zeitabständen zwischen t_0 und t_1 wollen wir die wie oben geordneten Hamilton-Operatoren mithilfe der Eigenwertgleichungen zu Funktionen umschreiben, bis zum Schluss nur noch Integrale über zahlenwertige Ausdrücke verbleiben. Das Resultat ist das Pfadintegral.

Wir beginnen damit, in Gl. (5.7) eine Eins wie folgt einzuschieben:

$$\langle x_1, t_0 + \Delta t \mid x_0, t_0 \rangle = \int dp \; \langle x_1, t_0 \mid p, t_0 \rangle \, \langle p, t_0 | 1 - i\hat{H}\Delta t + \mathcal{O}\left(\Delta t^2\right) | x_0, t_0 \rangle . \tag{5.9}$$

Der erste Term ist einfach:

$$\langle x_1, t_0 \mid p, t_0 \rangle = e^{ipx_1} .$$

Da der Hamilton-Operator zeitunabhängig ist, haben wir die Freiheit, $\hat{x}$ und $\hat{p}$ zum Zeitpunkt t_0 auszuwerten, und mithilfe von Gl. (5.8) können wir dank der Operatorordnung direkt die Operatoren auf ihre Eigenzustände anwenden:

$$\begin{aligned} \langle p, t_0 | 1 - i\hat{H}\Delta t | x_0, t_0 \rangle &= \langle p, t_0 \mid x_0, t_0 \rangle \left(1 - iH(x_0,p)\Delta t\right) \\ &= e^{-i(px_0 + H(x_0,p))\Delta t} + \mathcal{O}\left(\Delta t^2\right) . \end{aligned} \tag{5.10}$$

Somit erhalten wir aus Gl. (5.9):

$$\langle x_1, t_0 + \Delta t \mid x_0, t_0 \rangle = \int dp \; \exp\left(i\left(p\frac{x_1 - x_0}{\Delta t} - H(x_0,p)\right)\Delta t\right) + \mathcal{O}\left(\Delta t^2\right). \tag{5.11}$$

[1] Wir können dies als eine bestimmte Wahl von $H(x,p)$ betrachten, die sich möglicherweise um Ordnungen des Quantisierungsparameters $\hbar$ von der „gewöhnlichen" Hamilton-Funktion der Mechanik unterscheidet.

Um das Übergangsmatrixelement zu berechnen, unterteilen wir nun das Zeitintervall $[t_0, t_1]$ in N kleine Intervalle der Länge Δt:

$$t_0 = \tau_0, \tau_1, \tau_2, \ldots, \tau_N = t_1 \qquad \text{mit} \qquad \tau_n = t_0 + n\,\Delta t \quad , \quad \Delta t = \frac{t_1 - t_0}{N}$$

und schieben zu jedem Zeitpunkt τ_n zwischen $n = 0$ und $n = N$ eine Eins in der Form

$$1 = \int dy_n\ |y_n, \tau_n\rangle\, \langle y_n, \tau_n|$$

ein. Somit erhalten wir (mit $x_0 = y_0$ und $x_1 = y_N$):

$$\langle x_1, t_1 \mid x_0, t_0\rangle = \int dy_1 \ldots dy_{N-1}$$
$$\langle y_N, \tau_N \mid y_{N-1}, \tau_{N-1}\rangle\, \langle y_{N-1}, \tau_{N-1} \mid y_{N-2}, \tau_{N-2}\rangle \ldots \langle y_1, \tau_1 \mid y_0, \tau_0\rangle \tag{5.12}$$

Für jedes der einzelnen Matrixelemente in dieser Gleichung können wir nun Gl. (5.11) einsetzen und erhalten so

$$\langle x_1, t_1 \mid x_0, t_0\rangle =$$
$$= \int \prod_{n-1}^{N} dx_n\, dp_n\, \exp\left(i \sum_{m=1}^{N} \left(p_m \frac{x_m - x_{m-1}}{\Delta t} - H(x_{m-1}, p_m)\right) \Delta t \right)$$
$$+ N\mathcal{O}\left(\Delta t^2\right) \tag{5.13}$$

Sehen uns wir nun Gl. (5.13) ein wenig näher an. Unsere Aufteilung des Zeitintervalls $[t_0; t_1]$ in N kurze Zeitintervalle der Länge Δt können wir als eine Diskretisierung des Intervalls in die Zeitpunkte τ_n interpretieren – die x_n und die p_n haben somit eine einfache Interpretation als Ort und Impuls des Teilchens zu den Zeitpunkten τ_n. Das ist der Grund, warum dieses Integral im Grenzfall $N \to \infty$ als Pfadintegral bezeichnet wird: Wir können das Integral als Integral über alle verschiedenen möglichen Pfade des Teilchens im Phasenraum verstehen. Dieser Grenzwert wird auch als Funktionalintegral bezeichnet, und wir schreiben das Integrationsmaß als

$$\prod_{n=1}^{N} dx_n\, dp_n \stackrel{N\to\infty}{\longrightarrow} \mathcal{D}x\, \mathcal{D}p\,.$$

Dabei ist zu beachten, dass $\mathcal{D}x$ und $\mathcal{D}p$ als Integrationen über die mit x und p bezeichneten *Funktionen* zu lesen sind.

Die Summe in der Exponentialfunktion in Gl. (5.13) ist die diskretisierte Form eines Integrals über die Zeit, und der Differenzenquotient in der Klammer wird im Grenzfall zur Zeitableitung von x:

$$\sum_{m=1}^{N} \left(p_m \frac{x_m - x_{m-1}}{\Delta t} - H(x_{m-1}, p_m)\right) \Delta t$$
$$\stackrel{N\to\infty}{\longrightarrow} \int dt\, \Big(p(t)\dot{x}(t) - H(x(t), p(t))\Big). \tag{5.14}$$

Für den Restterm gilt

$$N\mathcal{O}\left(\Delta t^2\right) = N\mathcal{O}\left(\frac{(t_1 - t_0)^2}{N^2}\right) \overset{N\to\infty}{\longrightarrow} 0\,.$$

Aufgemerkt!

Somit liefert uns der Limes eine Pfadintegraldarstellung des QM-Übergangsmatrixelements:

$$\langle x_1, t_1 \,|\, x_0, t_0 \rangle = \int \mathcal{D}x\, \mathcal{D}p\; e^{i \int dt\, (p\dot{x} - H(x,p))}\,, \tag{5.15}$$

wobei die Zeitabhängigkeit von x, p der Übersicht halber unterdrückt ist.

Die Lagrange-Dichte im Pfadintegral Besonders bemerkenswert an der Darstellung des Pfadintegrals in Gl. (5.15) ist, dass im Exponenten der Ausdruck $p\dot{x} - H$ steht. Das *wäre* die Lagrange-Funktion, wenn man für $p \to p_{kan}(x, \dot{x})$ gemäß den kanonischen Bewegungsgleichungen

$$\dot{x} = \frac{\partial H(x, p_{kan})}{\partial p_{kan}} \tag{5.16}$$

einsetzen würde. Im Pfadintegral $\mathcal{D}x\mathcal{D}p$ sind aber die Werte der Impulse p sowie der Koordinaten und der Geschwindigkeiten x, $\dot{x}$ noch völlig unabhängig, da auch Pfade integriert werden, die keine Ähnlichkeit mit den Lösungen der kanonischen Bewegungsgleichungen haben. Wir werden aber gleich sehen, dass unter relativ schwachen Annahmen über die Hamilton-Funktion nur jene Werte des Pfadintegrals $\mathcal{D}p$ beitragen, bei denen $p \sim p_{kan}(x, \dot{x})$ ist. Daher kann man auch in der Quantenmechanik zumindest für p exakt die klassische Relation einsetzen und bekommt eine Darstellung durch die Lagrange-Funktion

$$L(x, \dot{x}) = p\dot{x} - H(x, p)\Big|_{p = p_{kan}(x,\dot{x})}\,. \tag{5.17}$$

Das wollen wir jetzt etwas konkreter machen und das Integral $\mathcal{D}p$ explizit ausführen. *Das ist dann besonders einfach möglich, wenn H maximal quadratisch in p ist.* In den Quantenfeldtheorien, die uns hier interessieren, ist dies auch der Fall. Die Methode der stationären Phase (die komplexwertige Variante der Sattelpunktsnäherung) besagt, dass in Integralen der Form

$$I = \int dp\, e^{-iF(p)} \tag{5.18}$$

nur die Region um den stationären Punkt (hier das globale Minimum) von F zum Integral beiträgt, da überall sonst der Integrand schnell oszilliert und sich im Integral wegmittelt. Ist p_0 das Minimum, so ist

$$I \approx \left(\frac{2\pi}{iF''(p_0)} \right)^{1/2} e^{-iF(p_0)} . \tag{5.19}$$

Ist F quadratisch in p, so ist diese Näherung exakt.

AUFGABE 64

Zeigt, dass der stationäre Punkt in p des Integranden im Exponenten von Gl. (5.15),

$$p\dot{x} - H(x,p) \tag{5.20}$$

gerade dem kanonischen Impuls als Funktion von $\dot{x}$ und x, und die Minimumsbedingung der kanonischen Gleichung für $\dot{x}$ entspricht.

Es ist einfach

$$\frac{\partial}{\partial p}\Big(p\dot{x} - H(x,p)\Big) = \dot{x} - \frac{\partial H}{\partial p}(x,p) \stackrel{!}{=} 0 \tag{5.21}$$

woraus direkt

$$\dot{x} = \frac{\partial H}{\partial p}(x,p) \tag{5.22}$$

folgt. Löst man diese Gleichung nach p auf, erhält man per Definition $p_{kan} = p(x, \dot{x})$.

Dies ist der Grund, weshalb wir im Exponenten p auf den klassischen Wert $p_{kan}(x, \dot{x})$ setzen und zur Lagrange-Funktion Gl. (5.17) übergehen können. Dabei ist $F''(p_0) = \partial^2/\partial p^2 H$.

AUFGABE 65

Führt mithilfe der Ergebnisse dieses Abschnitts die Integration über p_m im diskretisierten Ausdruck Gl. (5.13) aus.

Wir können das Integral für jedes p_m unabhängig durchführen. Dazu ziehen wir die Summe über m als Produkt vor das Exponential. Da für jeden Wert m die Variable p_m nur in einem Faktor vorkommt, können wir alle Faktoren getrennt über p_m integrieren. Für ein festes m haben wir

$$\begin{aligned} &\int dp_m \exp\left(i\left(p_m \frac{x_m - x_{m-1}}{\Delta t} - H(x_{m-1}, p_m)\right)\Delta t\right) \\ &= \left(\frac{2\pi}{iF''}\right)^{1/2} \times \exp\left(i\left(p_{kan} \frac{x_m - x_{m-1}}{\Delta t} - H(x_{m-1}, p_{kan})\right)\Delta t\right), \end{aligned} \tag{5.23}$$

mit $p_{kan} = p_{kan}(x_{m-1}, \frac{x_m - x_{m-1}}{\Delta t})$ und $F'' = \partial^2 H(x_{m-1}, p)/\partial p^2|_{p=p_{kan}}$. Der Ausdruck im Exponenten wird im Kontinuumslimes zu

$$p_{kan} \frac{x_m - x_{m-1}}{\Delta t} - H(x_{m-1}, p_{kan}) \to p_{kan} \dot{x} - H(x, p_{kan}) = L(x, \dot{x}) \,. \quad (5.24)$$

Technische Komplikationen bei allgemeinen Wechselwirkungen

Trägt F'' noch eine x-Abhängigkeit, dann verkompliziert das den Kontinuumslimes. Man könnte versuchen, den Term durch Umschreiben zu

$$\left(\frac{1}{F''}\right)^{1/2} = \exp\left(-\frac{1}{2} \log\left(F''\right)\right) \quad (5.25)$$

in das Exponential zu hieven und als additiven divergenten Beitrag zur effektiven Wirkung aufzufassen. Wir wollen es uns ab hier etwas einfacher machen und davon ausgehen, dass

$$F'' \equiv \frac{\partial^2 H}{\partial p^2} = \text{const(x)}. \quad (5.26)$$

ist und damit der neue Faktor im Pfadintegral keine Abhängigkeit von der Koordinate x trägt. Zu den technischen Details dieses Problems siehe beispielsweise [16].

Unter der Annahme, dass F'' nicht von x abhängt (also der p^2-Term in der Hamilton-Funktion einen konstanten Vorfaktor hat), können wir jetzt also einfach zum kontinuierlichen Fall übergehen.

Aufgemerkt!

Wenn wir das Integral bis auf koordinatenunabhängige Konstanten (die im Kontinuumsgrenzwert durchaus divergent sein können) definieren, erhalten wir, etwas salopp aufgeschrieben:

$$\langle x_1, t_1 \mid x_0, t_0 \rangle = C \int \mathcal{D}x \; e^{i \int dt \; L(x, \dot{x})} = C \int \mathcal{D}x \; e^{iS[x]} \,. \quad (5.27)$$

Wir haben damit das Ziel erreicht, das Pfadintegral in den Lagrange-Formalismus zu überführen.

Wie oben erwähnt, werden wir uns immer für Verhältnisse von zwei Pfadintegralen dieser Form interessieren, was diese Konstanten unwichtig macht. Wer sich an dem divergenten Faktor C stört, kann sich vorstellen, das Verhältnis zweier

Pfadintegrale für beliebig hohe endliche N zu berechnen und dann den Grenzwert auszuführen.

5.1.2 Verallgemeinerung auf relativistische Felder

Die kanonischen Koordinaten in der Quantenfeldtheorie sind die Felder ϕ und Π. Die Zeitabhängigkeit dieser Felder im Hamilton-Formalismus ist völlig äquivalent zur Zeitabhängigkeit von x und p im quantenmechanischen Fall. Die gleichzeitigen Vertauschungsrelationen für unabhängige Koordinaten in der Quantenmechanik,

$$[\hat{x}_i(t), \hat{p}_j(t)] = i\delta_{ij}\,, \tag{5.28}$$

werden dabei ersetzt durch

$$[\phi(\mathbf{x}, t), \Pi(\mathbf{y}, t)] = i\delta^3(\mathbf{x} - \mathbf{y})\,. \tag{5.29}$$

Beide Relationen sind *gleichzeitig*. Das Ortsargument $\mathbf{x}, \mathbf{y}$ in der Feldtheorie entspricht also dem Index i, j in der quantenmechanischen Beschreibung, *nicht* der kanonischen Koordinate $\hat{x}$! In der Feldtheorie parametrisiert dieser Index lediglich ein Kontinuum von „Koordinaten" ϕ zum Zeitpunkt t. Um die Konstruktion des Pfadintegrals analog zum quantenmechanischen Fall durchzuführen, diskretisieren wir $\mathbf{x}$ auf einem Gitter beliebig kleinen Abstands. Dazu bietet es sich an, die Koordinaten und die Impulse vorübergehend zu einheitenlosen Größen zu machen, indem wir gemäß ihrer Energieeinheiten Potenzen des Gitterabstands in sie absorbieren,

$$\phi \to \phi/\delta a\,, \quad \Pi \to \Pi/\delta a^2\,. \tag{5.30}$$

Dann führen wir am Zeitpunkt t Eigenzustände der Koordinaten und der Impulse

$$\phi(\mathbf{x}, t)|\varphi, t\rangle \;=\; \varphi(\mathbf{x})|\varphi, t\rangle \tag{5.31}$$

$$\Pi(\mathbf{x}, t)|\varpi, t\rangle \;=\; \varpi(\mathbf{x})|\varpi, t\rangle \tag{5.32}$$

ein, für die in Analogie zu

$$\langle x, t|y, t\rangle = \delta(x - y) \tag{5.33}$$

die Orthogonalitätsrelationen

$$\begin{aligned}\langle\varphi, t|\varphi', t\rangle &= \prod_{\mathbf{x}} \delta(\varphi(\mathbf{x}) - \varphi'(\mathbf{x}))\\ \langle\varpi, t|\varpi', t\rangle &= \prod_{\mathbf{x}} \delta(\varpi(\mathbf{x}) - \varpi'(\mathbf{x}))\end{aligned} \tag{5.34}$$

gelten. Weiterhin gilt

$$1 = \left(\prod_{\mathbf{x}} \int d\varphi(\mathbf{x})\right) |\varphi, t\rangle\langle\varphi, t|, \quad 1 = \left(\prod_{\mathbf{x}} \int d\varpi(\mathbf{x})\right) |\varpi, t\rangle\langle\varpi, t|\,. \tag{5.35}$$

Hier muss für jeden Freiheitsgrad (also für jeden Punkt auf unserem Ortsgitter $\mathbf{x}$) integriert werden, damit die Vollständigkeitsrelation wirklich gilt.

AUFGABE 66

■ Überprüft anhand der Relationen in Gl. (5.34), dass Gl. (5.35) gilt.

● Wendet dazu der Einfachheit halber die Feldeigenzustände auf den ersten, bzw. die Impulseigenzustände auf den zweiten Operator an.

▶ Wir wenden den Feldeigenzustand $|\varphi', t\rangle$ auf den ersten Operator an:

$$\left(\left(\prod_{\mathbf{x}'} \int d\varphi(\mathbf{x}')\right) |\varphi, t\rangle\langle\varphi, t|\right) |\varphi', t\rangle \tag{5.36}$$

und setzen die Orthogonalitätsrelation ein:

$$\left(\prod_{\mathbf{x}'} \int d\varphi(\mathbf{x}')\right) |\varphi, t\rangle \prod_{\mathbf{x}} \delta(\varphi(\mathbf{x}, t) - \varphi'(\mathbf{x}, t)) \,. \tag{5.37}$$

Jeder Ort $\mathbf{x}$ auf dem Ortsraumgitter markiert ein eigenes Integral über φ. Hier liegt also einfach für jedes Integral $d\varphi(\mathbf{x}')$ eine Delta-Distribution vor, und wir erhalten als Ergebnis

$$|\varphi', t\rangle \,. \tag{5.38}$$

Die Herleitung funktioniert identisch für die Impulseigenzustände $|\varpi, t\rangle$.

Weiterhin gilt, wieder in Analogie zur quantenmechanischen Relation:

$$\langle\varphi, t|\varpi, t\rangle = \prod_{\mathbf{x}} \frac{1}{\sqrt{2\pi}} e^{i\varpi(\mathbf{x})\varphi(\mathbf{x})} \,. \tag{5.39}$$

AUFGABE 67

■ Überprüft als Konsistenzcheck anhand der Relationen in Gl. (5.34) und Gl. (5.39), dass Gl. (5.35) auch dann noch wie ein Einheitsoperator wirkt, wenn man Impulseigenzustände auf die Vollständigkeitsrelation aus Feldeigenzuständen anwendet.

▶ Wir lassen also den Zustand $|\varpi, t\rangle$ auf den Operator

$$\left(\prod_{\mathbf{x}} \int d\varphi(\mathbf{x})\right) |\varphi, t\rangle\langle\varphi, t| \tag{5.40}$$

wirken. Einsetzen liefert

$$\left(\prod_{\mathbf{x}'} \int d\varphi(\mathbf{x}')\right) |\varphi, t\rangle \prod_{\mathbf{x}} \frac{1}{\sqrt{2\pi}} e^{i\varpi(\mathbf{x})\varphi(\mathbf{x})} \,. \tag{5.41}$$

Hier handelt es sich um eine Fourier-Transformation vom Feldraum mit Variablen φ in den Impulsraum mit Variablen ϖ. Dass es sich dabei gerade um den Zustand $|\varpi, t\rangle$ handelt, kann man leicht überprüfen, indem man ihn auf $\langle \varpi', t|$ wirken lässt. Wir erhalten so

$$\begin{aligned}
&\left(\prod_{\mathbf{x}'} \int d\varphi(\mathbf{x}')\right)\left(\prod_{\mathbf{x}} \frac{1}{\sqrt{2\pi}} e^{i\varpi(\mathbf{x})\varphi(\mathbf{x})}\right)\langle \varpi', t|\varphi, t\rangle \\
&= \left(\prod_{\mathbf{x}'} \int d\varphi(\mathbf{x}')\right)\left(\prod_{\mathbf{x}} \frac{1}{\sqrt{2\pi}} e^{i\varpi(\mathbf{x})\varphi(\mathbf{x})} \frac{1}{\sqrt{2\pi}} e^{-i\varpi'(\mathbf{x})\varphi(\mathbf{x})}\right) \\
&= \left(\prod_{\mathbf{x}'} \int d\varphi(\mathbf{x}')\right)\left(\prod_{\mathbf{x}} \frac{1}{2\pi} e^{i(\varpi(\mathbf{x})-\varpi'(\mathbf{x}))\varphi(\mathbf{x})}\right) \\
&= \prod_{\mathbf{x}} \int d\varphi(\mathbf{x}) \frac{1}{2\pi} e^{i(\varpi(\mathbf{x})-\varpi'(\mathbf{x}))\varphi(\mathbf{x})} \\
&= \prod_{\mathbf{x}} \delta(\varpi(\mathbf{x}) - \varpi'(\mathbf{x}))\,.
\end{aligned} \tag{5.42}$$

Einige Worte zur Notation: Wir haben hier viele Klammern eingefügt, um klar zu machen, welche Teile der Terme von den Produktsymbolen betroffen sind und wo der Einzugsbereich endet. Es ist zum Beispiel wichtig, dass der Faktor $1/\sqrt{2\pi}$ *innerhalb* des Produkts steht und für jeden Faktor einmal vorkommt. Das Skalarprodukt $\langle \varpi', t|\varphi, t\rangle$ muss allerdings außerhalb stehen. Zwei Produktsymbole über die gleiche Variable können zu einem Produkt vereinigt werden, wenn alle Objekte vertauschen.

Wir wollen wieder Ausdrücke der Form

$$\langle \varphi_N, t_N|\varphi_0, t_0\rangle \tag{5.43}$$

berechnen, indem wir die Zeitentwicklung wieder in N Zeitintervalle der Länge $\Delta t = (t_N - t_0)/N$ aufteilen. Dies kann man erreichen, indem man für jedes $t_n \in \{t_1, \ldots, t_{N-1}\}$ eine Eins in der Form

$$1 = \left(\prod_{\mathbf{x}} \int d\varphi(\mathbf{x}, t_n)\right)|\varphi, t_n\rangle\langle\varphi, t_n| \tag{5.44}$$

einfügt. Hier haben wir den Integrationsvariablen noch ein Label t_n gegeben, um ihre Zugehörigkeit zu den Eigenzuständen zum Zeitpunkt t_n zu markieren. Im Kontinuumslimes wird dieses Label zur Zeitvariablen. Setzen wir die $N-1$ Vollständigkeitsrelationen zu den Zeiten $t_1 \dots t_{N-1}$ ein, dann erhalten wir einen Ausdruck

$$\left(\prod_{n=1}^{N-1}\prod_{\mathbf{x}}\int d\varphi_n(\mathbf{x},t_n)\right)$$
$$\times \langle\varphi_N,t_N|\varphi_{N-1},t_{N-1}\rangle\langle\varphi_{N-1},t_{N-1}|\dots|\varphi_1,t_1\rangle\langle\varphi_1,t_1|\varphi_0,t_0\rangle \tag{5.45}$$

aus N Einzelfaktoren. Diese wollen wir nun genauer betrachten.

AUFGABE 68

Zeigt, dass für ein kleines Zeitintervall Δt gilt:

$$\langle\varphi_1,t+\Delta t|\varphi_0,t\rangle =$$
$$= \int\prod_{\mathbf{x}}\frac{d\varpi(\mathbf{x})}{\sqrt{2\pi}}\langle\varphi_1,t|\exp\left[-i\hat{H}[\phi(t),\Pi(t)]\Delta t - i\varpi(\mathbf{x})\varphi_0(\mathbf{x})\right]|\varpi,t\rangle\,. \tag{5.46}$$

Hier haben wir nur die Zeitabhängigkeit der Operatoren explizit geschrieben, da $\hat{H}$ ein Funktional ist, in dem über $\mathbf{x}'$ integriert (bzw. in unserer diskreten Version summiert) wird.

Wichtig ist die Frage der Zeitabhängigkeit von ϕ und Π.

Wir schreiben zunächst die Zeitentwicklung explizit aus, wobei wieder zu beachten ist, dass $|\varphi,t+\delta\rangle$ nicht der um δ zeitentwickelte Zustand $|\varphi,t\rangle$ ist, sondern umgekehrt:

$$\langle\varphi_1,t+\Delta t|\varphi_0,t\rangle = \langle\varphi_1,t|e^{-i\hat{H}\Delta t}|\varphi_0,t\rangle\,. \tag{5.47}$$

Hier tritt jetzt folgendes Problem auf: Wir nehmen an, dass $\hat{H}$ zeitunabhängig ist. Das erlaubt es uns, einfach $e^{-i\hat{H}\Delta t}$ zu schreiben, statt die Zeitentwicklung als zeitgeordnetes Exponential darzustellen. Wenn wir nun aber $\hat{H}$ durch die kanonischen Variablen ϕ,Π darstellen wollen, stellen wir fest, dass diese zeitabhängig sind. Innerhalb des Hamilton-Operators können wir uns aber den Zeitparameter frei heraussuchen, also z. B. t wählen. Das erlaubt es uns,

$$\langle\varphi_1,t+\Delta t|\varphi_0,t\rangle = \langle\varphi_1,t|e^{-i\hat{H}[\phi(t),\Pi(t)]\Delta t}|\varphi_0,t\rangle \tag{5.48}$$

zu schreiben. Um später sowohl die Operatoren ϕ als auch die Operatoren Π loszuwerden, fügen wir ein weitere Eins in der Form

$$1 = \left(\prod_{\mathbf{x}}\int d\varpi(\mathbf{x})\right)|\varpi,t\rangle\langle\varpi,t| \tag{5.49}$$

rechts vom Exponential ein, und wir erhalten

$$\langle\varphi_1,t+\Delta t|\varphi_0,t\rangle =$$
$$\int\prod_{\mathbf{x}}d\varpi(\mathbf{x})\langle\varphi_1,t|\exp\left[-i\hat{H}[\phi(t),\Pi(t)]\Delta t\right]|\varpi,t\rangle\langle\varpi,t|\varphi_0,t\rangle\,. \tag{5.50}$$

Einsetzen der Relation Gl. (5.39) liefert das gewünschte Ergebnis, wenn wir die beiden Exponentiale zusammenfassen. Das ist aber erlaubt, da eines davon nur Zahlen enthält.

Was fangen wir nun mit dem Ausdruck

$$\langle\varphi_1, t|\exp\left[-i\hat{H}[\phi(t), \Pi(t)]\Delta t\right]|\varpi, t\rangle \tag{5.51}$$

an? Man ist versucht, einfach die Eigenzustände auf die Operatoren ϕ und Π wirken zu lassen und sie so durch die Zahlen φ, ϖ zu ersetzen. Das funktioniert auch, wenn der Ausdruck dazwischen linear in den Operatoren oder entsprechend geordnet ist. Das Exponential mischt aber die beiden Operatoren in ihrer Reihenfolge. Hier nutzen wir die Tatsache aus, dass das betrachtete Zeitintervall Δt beliebig kurz ist, und höhere Terme des Exponentials beliebig wenig beitragen. Damit können wir eine lineare Näherung ansetzen und erhalten unter der Annahme einer Operatorordnung mit rechts stehenden Feldimpulsen

$$\hat{H} \sim \sum \phi^n \Pi^m \tag{5.52}$$

dass

$$\begin{aligned}
&\langle\varphi_1, t|\exp\Big[-i\hat{H}[\phi(t), \Pi(t)]\Delta t\Big]|\varpi, t\rangle \qquad (5.53)\\
&= \langle\varphi_1, t|\exp\Big[-iH[\varphi_1, \varpi]\Delta t\Big]|\varpi, t\rangle + \mathcal{O}(\Delta t^2)\\
&= \frac{1}{\sqrt{2\pi}}\exp\Big[-iH[\varphi_1, \varpi]\Delta t + i\varpi(\mathbf{x})\varphi_1(\mathbf{x})\Big] + \mathcal{O}(\Delta t^2)\,. \qquad (5.54)
\end{aligned}$$

Es erscheint etwas fraglich, den Ausdruck überhaupt noch als Exponential stehen zu lassen, wenn man linear entwickelt hat. Hier dient diese Notation als Trick, um zu sehen, dass sich all die Δt-Stückchen später wieder zu einem großen Exponential kombinieren. Dazu muss aber gewährleistet sein, dass Δt schnell genug klein wird wenn die Integrationsvariablen ϖ groß werden. Über diese Feinheit wollen wir uns jetzt nicht sorgen und setzen das Ergebnis in Gl. (5.46) zurück ein. Damit erhalten wir den schönen Ausdruck

$$\begin{aligned}
&\langle\varphi_1, t+\Delta t|\varphi_0, t\rangle = \\
&\int\prod_{\mathbf{x}}\frac{d\varpi(\mathbf{x})}{2\pi}\exp\left[-i\left(H[\varphi_0, \varpi]\,\Delta t - \sum_{\mathbf{x}}(\varphi_1(\mathbf{x}) - \varphi_0(\mathbf{x}))\varpi(\mathbf{x})\right)\right] + \mathcal{O}(\Delta t^2)\,.
\end{aligned} \tag{5.55}$$

Jetzt können wir es wagen, wieder zu dem ganzen Zeitintervall $t_0 \dots t_N$ zurückzukehren, indem wir jeden Faktor von Gl. (5.45) dieser Behandlung unterziehen. Dazu geben wir zunächst der Integrationsvariable ϖ einen Zeitindex $\varpi(\mathbf{x}, t)$, der sie mit dem jeweiligen Zeitpunkt identifiziert, zu dem die in der Herleitung verwendeten Zustände, hier $|\varpi, t\rangle$, definiert sind. Die Beiträge der N Faktoren in

Gl. (5.45) können wir alle als Summe in das Exponential schreiben. Entscheidend ist hier, dass $N \propto \Delta t^{-1}$ ist. Damit liefern die N Stück $\mathcal{O}(\Delta t^2)$-Terme im simultanen Grenzwert $\Delta t \to 0, N \to \infty$ keinen Beitrag. Wir erhalten damit

$$\langle \varphi_N, t_N | \varphi_0, t_0 \rangle \approx \prod_{m=0}^{N-1} \left(\prod_{\mathbf{x}} \int \frac{d\varpi(\mathbf{x}, t_m)}{2\pi} \right) \left(\prod_{\mathbf{x}'} \int d\varphi(\mathbf{x}', t_m) \right) \times$$
$$\exp\left[-i \sum_{n=1}^{N} \left(H[\varphi(t_{n-1}), \varpi(t_{n-1})]\, \Delta t - \sum_{\mathbf{x}} (\varphi(\mathbf{x}, t_n) - \varphi(\mathbf{x}, t_{n-1})) \varpi(\mathbf{x}, t_{n-1}) \right) \right]. \tag{5.56}$$

Wir können jetzt $\varphi(t_n) - \varphi(t_{n-1})$ als Differenzenquotienten $\approx \dot{\varphi}(t_n)\Delta t$ interpretieren, und es folgt

$$\langle \varphi_N, t_N | \varphi_0, t_0 \rangle \approx \left(\prod_{m=0}^{N-1} \prod_{\mathbf{x}} \int \frac{d\varpi(\mathbf{x}, t_m)}{2\pi} \right) \left(\prod_{r=1}^{N-1} \prod_{\mathbf{x}'} \int d\varphi(\mathbf{x}', t_r) \right)$$
$$\times \exp\left[i \sum_{n=1}^{N} \Delta t \left(\sum_{\mathbf{x}} \dot{\varphi}(\mathbf{x}, t_n) \varpi(\mathbf{x}, t_{n-1}) - H[\varphi(t_{n-1}), \varpi(t_{n-1})] \right) \right]. \tag{5.57}$$

Man beachte als kleines technisches Detail, dass die Summationsgrenzen für die beiden Integrale nicht gleich sind, da sowohl $\varphi(t_0)$ als auch $\varphi(t_N)$ als Randbedingung vorgegeben sind und nicht integriert werden. Wir können jetzt zum Kontinuumslimes übergehen. Der Ausdruck $\sum_n \Delta t$ geht dabei in ein Zeitintegral $\int_{t_0}^{t_N} dt$ über. Wir ziehen den Gitterabstand wieder aus den Koordinaten und Impulsen heraus, $\varphi\varpi \to \delta a^3 \varphi\varpi$, und der Faktor δa^3 gibt uns mit der Summe zusammen ein Ortsintegral im Exponenten. Wir erhalten damit unsere erste Pfadintegralformel für Felder:

$$\langle \varphi_N, t_N | \varphi_0, t_0 \rangle = \left(\prod_{m=0}^{N-1} \prod_{\mathbf{x}} \int \frac{\delta a^2\, d\varpi(\mathbf{x}, t_m)}{2\pi} \right) \left(\prod_{r=1}^{N-1} \prod_{\mathbf{x}'} \int \delta a\, d\varphi(\mathbf{x}', t_r) \right)$$
$$\times \exp\left[i \int_{t_0}^{t_N} dt \left(\int d^3x\, \dot{\varphi}(\mathbf{x}, t) \varpi(\mathbf{x}, t) - H[\varphi, \varpi] \right) \right]. \tag{5.58}$$

Globale feldunabhängige Faktoren spielen wieder keine Rolle. Wir können Integrale über den Funktionenraum $\int \mathcal{D}f$ definieren und schreiben:

Aufgemerkt!

$$\langle \varphi_N, t_N | \varphi_0, t_0 \rangle \propto$$
$$\int_{\varphi_0}^{\varphi_N} \mathcal{D}\varphi \int \mathcal{D}\varpi \exp\left[i \int_{t_0}^{t_N} dt \left(\int d^3x\, \dot{\varphi}(\mathbf{x}, t) \varpi(\mathbf{x}, t) - H[\varphi, \varpi] \right) \right]. \tag{5.59}$$

Die Schreibweise der Integralgrenzen ist so gemeint: Da die Anfangs- und die Endwerte des Feldes durch die Zustände vorgegeben sind, tauchen sie als Randbedingungen im Pfadintegral auf. Es wird über alle Funktionen φ integriert, für die gilt: $\varphi(\mathbf{x}, t_0) = \varphi_0(\mathbf{x})$, $\varphi(\mathbf{x}, t_N) = \varphi_N(\mathbf{x})$. Wir sind jetzt wieder an dem Punkt angelangt, wo wir durch Ausintegrieren des Impulses ϖ zur Darstellung im Lagrange-Formalismus übergehen können. Die Annahmen sind wieder analog zum quantenmechanischen Fall: Die Hamilton-Funktion soll maximal quadratisch von den Impulsen ϖ abhängen, und der Vorfaktor des ϖ^2-Terms soll von den Feldern φ unabhängig sein. Dann können wir die Integrationsvariable anhand der Methode der stationären Phase wieder einfach durch den kanonischen Impuls

$$\varpi_{kan} = \frac{\partial \mathcal{L}}{\partial \dot{\phi}} \tag{5.60}$$

ersetzen; der Ausdruck im Exponenten wird wieder zur Lagrange-Funktion, und wir sammeln diverse feldunabhängige Vorfaktoren auf. Das Ergebnis unserer Mühen ist das folgende:

Aufgemerkt! **Das Pfadintegral für Amplituden**

$$\langle \varphi_N, t_N | \varphi_0, t_0 \rangle \propto \int_{\phi_0}^{\phi_N} \mathcal{D}\varphi \, \exp\left[i \int_{t_0}^{t_N} dt \int d^3x \, \mathcal{L} \right] = \int_{\phi_0}^{\phi_N} \mathcal{D}\varphi \, e^{iS[\varphi]} . \tag{5.61}$$

Die Übergangsamplitude zwischen zwei Feldeigenzuständen zu unterschiedlichen Zeiten kann also durch das Integral über alle möglichen Pfade im Feldraum, gewichtet mit einer entsprechenden Phase, ermittelt werden. Diese Formel ist nun im Vergleich zur Herleitung erstaunlich einfach und wird sich als sehr mächtig erweisen.

Die analog zum quantenmechanischen Fall beim Ausintegrieren von ϖ auftretenden Faktoren haben wir implizit in die Definition der Integrale $\mathcal{D}$ absorbiert. Sie spielen wie alle anderen solchen globalen Konstanten für unsere Zwecke keine Rolle.

Aufgemerkt! **Der klassische Pfad**

In Gl. (5.61) tragen solche zeitlichen Feldverläufe zwischen t_0 und t_N besonders stark bei, für die die Wirkung stationär unter kleinen Feldvariationen ist. Für alle anderen Beiträge oszilliert der Exponent nämlich schnell unter kleinen Veränderungen der Feldkonfiguration, und die Beiträge „benachbarter" Feldkonfigurationen heben sich daher ungefähr gegenseitig weg. So liefert das Pfadintegral eine tiefer liegende und halbwegs anschauliche Erklärung, warum in erster (klassischer) Näherung die Bewegungsgleichungen gerade durch

$$\frac{\delta S}{\delta \phi} = 0 \tag{5.62}$$

gegeben sind: Geht man von natürlichen Einheiten weg und führt $\hbar$ wieder ein, ist der Exponent im erzeugenden Funktional durch

$$e^{iS/\hbar} \tag{5.63}$$

gegeben. Im klassischen Grenzwert $\hbar \to 0$ werden alle Beiträge, die nicht genau stationären Punkten von S entsprechen, immer stärker durch den oszillierenden Exponenten unterdrückt, und nur die klassischen Pfade bleiben bestehen.

Ist S nur quadratisch in ϕ (also im Fall eines freien Skalarfeldes), kann man auch hier wieder die Methode der stationären Phase verwenden, und erhält auch für $\hbar \neq 0$ genau die klassischen Bewegungsgleichungen ohne weitere Korrekturen aus dem Pfadintegral. Dies werden wir später indirekt sehen, wenn wir die sogenannte effektive Wirkung der freien Theorie Gl. (5.113) betrachten.

5.1.3 Green'sche Funktionen aus Pfadintegralen

Wir wollen jetzt von Amplituden der Form $\langle \varphi', t' | \varphi, t \rangle$ zu Erwartungswerten der Form $\langle 0 | T\{\phi(x_N) \dots \phi(x_1)\} | 0 \rangle$ übergehen.[2] Dazu braucht es zwei Zutaten: wir müssen die bisherigen Ausdrücke auf solche mit äußeren Vakuumzuständen zurückführen und Feldoperatoren einfügen. Letzteres kann man sich relativ gut klar machen, wenn man die Herleitung des Pfadintegrals um Gl. (5.55) anschaut. Um das für ein einzelnes Feld zu veranschaulichen: In den Ausdruck

$$\langle \varphi_N, t' | \phi(y) | \varphi_0, t \rangle \tag{5.64}$$

[2] Hier haben die diskreten Raumzeitpunkte x_i nichts mit der Diskretisierung des Pfadintegrals zu tun, sondern stehen einfach wie zuvor schon für die Argumente der verallgemeinerten Green'schen Funktion.

kann man eine Eins einfügen, die mit Eigenzuständen von ϕ zum Zeitpunkt y^0 realisiert ist, also:

$$\begin{aligned}
&\langle\varphi_N, t_N|\phi(x)|\varphi_0, t_0\rangle \\
&= \left(\prod_{\mathbf{x}} \int d\varphi(\mathbf{x}, y^0)\right) \langle\varphi_N, t_N|\varphi, y^0\rangle\langle\varphi, y^0|\phi(y)|\varphi_0, t_0\rangle \\
&= \left(\prod_{\mathbf{x}} \int d\varphi(\mathbf{x}, y^0)\right) \langle\varphi_N, t_N|\varphi, y^0\rangle\langle\varphi, y^0|\varphi(y)|\varphi_0, t_0\rangle \\
&= \left(\prod_{\mathbf{x}} \int d\varphi(\mathbf{x}, y^0)\right) \varphi(y)\, \langle\varphi_N, t_N|\varphi, y^0\rangle\langle\varphi, y^0|\varphi_0, t_0\rangle\,.
\end{aligned} \tag{5.65}$$

Das Einfügen eines Feldes beim Zeitpunkt y^0 übersetzt sich also in der Herleitung des Pfadintegrals einfach in einen Faktor der Integrationsvariablen zum gegebenen Zeitpunkt. Man kann die übrige Diskretisierung und das Einfügen von N weiteren Einsen links und rechts unverändert durchziehen und erhält

$$\langle\varphi_N, t_N|\phi(y)|\varphi_0, t_0\rangle \propto \int_{\varphi_0}^{\varphi_N} \mathcal{D}\varphi\, \varphi(y) e^{iS[\varphi]}\,. \tag{5.66}$$

Interessant ist, was mit der Zeitordnung geschieht, wenn wir ein zweites Feld hinzufügen. Betrachten wir den Ausdruck

$$\langle\varphi_N, t_N|T\{\phi(y_1)\phi(y_2)\}|\varphi_0, t_0\rangle\,. \tag{5.67}$$

Nehmen wir zunächst an, dass $y_2^0 < y_1^0$ ist. Damit vereinfacht sich der Ausdruck nun zu

$$\langle\varphi_N, t_N|\phi(y_1)\phi(y_2)|\varphi_0, t_0\rangle\,. \tag{5.68}$$

Hier würde man exakt genau so vorgehen wie bei nur einem Feld. Da bereits $t_0 < t_N$ ist, ist die Diskretisierung, in der wir das Pfadintegral aus einzelnen Faktoren zusammenbauen, bereits so gelegt, dass rechts Eigenzustände von ϕ zu früheren Zeiten, links Eigenzustände von ϕ zu späteren Zeiten auftauchen. Man fügt also einfach links und rechts von $\phi(y_1)$ und $\phi(y_2)$ sowie insbesondere dazwischen die entsprechende Anzahl von Einsen so ein, dass einer der Zustände, auf den $\phi(y_1)$ trifft, gerade ein Eigenzustand von $\phi(y_1)$ ist, und genau so bei $\phi(y_2)$. Wir erhalten also einfach

$$\langle\varphi_N, t_N|\phi(y_1)\phi(y_2)|\varphi_0, t_0\rangle \propto \int_{\varphi_0}^{\varphi_N} \mathcal{D}\varphi\, \varphi(y_1)\varphi(y_2) e^{iS[\varphi]}\,. \tag{5.69}$$

Liegen die Zeiten umgekehrt, $y_2^0 > y_1^0$, dann fügen wir zwar in der diskretisierten Version des Pfadintegrals $\phi(y_1)$ rechts von $\phi(y_2)$ ein statt umgekehrt. An der Form des Pfadintegralausdrucks ändert sich aber nichts, da ja $\varphi(y_i)$ einfach vertauschende Funktionen sind. Das Pfadintegral, wie wir es hier definiert haben, *ist* also schon zeitgeordnet, und wir können schreiben:

Aufgemerkt!

$$\langle \varphi_N, t_N | T\{\phi(y_1) \ldots \phi(y_m)\} | \varphi_0, t_0 \rangle \propto \int_{\varphi_0}^{\varphi_N} \mathcal{D}\varphi \, \varphi(y_1) \ldots \varphi(y_m) e^{iS[\varphi]} \tag{5.70}$$

Nun verbleibt die Frage, wie wir Vakuumzustände als äußere Zustände bekommen können. Hier bedient man sich eines Tricks: Man verschiebt die Zeitachse leicht in Richtung der imaginären Achse:

$$\tau = t(1 - i\epsilon) \tag{5.71}$$

und nimmt den Grenzwert $t \to \infty$. Ausgehend von dem Ausdruck

$$\langle \varphi_N, t_N | \ldots | \varphi_0, t_0 \rangle$$

kann man nun schreiben

$$\langle \varphi_N, \tau | \ldots | \varphi_0, -\tau \rangle = \langle \varphi_N, t_N | e^{i\hat{H}\,(\tau - t_N)} \ldots e^{-i\hat{H}\,(\tau - t_0)} | \varphi_0, t_0 \rangle \,. \tag{5.72}$$

Weil aber gilt:

$$e^{-i\hat{H}\,\tau} = e^{-i\hat{H}\,t} e^{-\epsilon \hat{H}\,t} \,, \tag{5.73}$$

werden durch den zweiten Term alle Anteile des Zustands $|\varphi_0, t_0\rangle$ gemäß ihrer Energie exponentiell relativ zum Vakuumzustand unterdrückt. Hier muss man natürlich davon ausgehen, dass überhaupt ein Überlapp mit dem Vakuumzustand vorhanden ist. Da nun aber alles außer dem Vakuumzustand exponentiell unterdrückt wird, kann man die äußeren Zustände $|\varphi, \pm\tau\rangle$ bis auf einen Überlappfaktor durch den Vakuumzustand $|0\rangle$ ersetzen. Der Faktor, den wir hier einführen müssen, hängt sicher von ϵ und t ab und ist möglicherweise divergent im Grenzwert $t \to \infty$. Was bedeutet diese Prozedur für den Pfadintegralausdruck aus Gl. (5.70)? Wenn man von dem Überlappfaktor absieht, müssen nur zwei kleine Änderung vorgenommen werden. Einerseits muss das Integral im Exponenten von $-\infty(1 - i\epsilon)$ bis $\infty(1 - i\epsilon)$ geführt werden. Andererseits geben die äußeren Zustände $\langle 0|,|0\rangle$ nicht mehr die Randbedingungen $\varphi = \ldots$ der Integrale vor, da wir gesehen haben, dass alle intermediären Zustände auf den gleichen Vakuumzustand projiziert werden. Die Randbedingungen fallen also einfach weg. Die Zeitordnung wird weiterhin durch die Anwesenheit des komplexen Exponenten aufrechterhalten, und wir erhalten

$$\langle 0 | T\{\phi(x_1) \ldots \phi(x_m)\} | 0 \rangle \propto \lim_{t \to \infty} \int \mathcal{D}\varphi \, \varphi(x_1) \ldots \varphi(x_m) e^{i \int d^3x \int_{-\tau}^{\tau} d\tau \mathcal{L}} \,. \tag{5.74}$$

Wir können der Einfachheit halber die Integrationsvariable zu

$$t \to t(1 - i\epsilon) \tag{5.75}$$

wechseln und erhalten

$$\langle 0|T\{\phi(x_1)\dots\phi(x_m)\}|0\rangle \propto \lim_{t\to\infty(1-i\epsilon)} \int \mathcal{D}\varphi\, \varphi(x_1)\dots\varphi(x_m) e^{i\int d^4x \mathcal{L}}, \tag{5.76}$$

wobei hier jetzt $\int d^4x = \int d^3x \int_{-t}^{t} dx^0$ ist.

Aufgemerkt!

Wir normieren den Vakuumzustand $\langle 0|0\rangle = 1$ und erhalten einen Ausdruck für verallgemeinerte Green'sche Funktionen:

$$\langle 0|T\{\phi(x_1)\dots\phi(x_m)\}|0\rangle = \lim_{t\to\infty(1-i\epsilon)} \frac{\int \mathcal{D}\varphi\, \varphi(x_1)\dots\varphi(x_m) e^{i\int d^4x \mathcal{L}}}{\int \mathcal{D}\varphi\, e^{i\int d^4x \mathcal{L}}}. \tag{5.77}$$

Insbesondere steht hier jetzt aufgrund unserer Normierung ein Gleichheitszeichen! In diesem Endergebnis kürzen sich sämtliche *feldunabhängigen* Faktoren, die in der Herleitung des Pfadintegrals aufgetreten waren, heraus. Besonders hervorheben wollen wir an dieser Stelle die Ähnlichkeit dieser Pfadintegralformel für verallgemeinerte Green'sche Funktionen mit dem analogen Ergebnis im kanonischen Formalismus Gl. (4.96). Hier steht allerdings im Exponenten nicht nur der wechselwirkende Teil der Lagrange-Dichte, sondern die gesamte. Da es sich allerdings um gewöhnliche Funktionen handelt, ist es möglich, die beiden Teile einfach aufzutrennen:

$$e^{i\int d^4x \mathcal{L}} = e^{i\int d^4x \mathcal{L}_0} e^{i\int d^4x \mathcal{L}_{int}}. \tag{5.78}$$

Außerdem können wir nun in $\mathcal{L}$ zumindest eine Zeitableitung $\dot{\phi}$ im Wechselwirkungsteil zulassen (die im kanonischen Formalismus einem Impulsfeld entspricht), ohne uns zusätzliche Gedanken über $\mathcal{H}_{int} \neq \mathcal{L}_{int}$ machen zu müssen. Verwendet man Gl. (5.77) zur Definition der QFT, muss man im Prinzip nie von $\mathcal{H}_{int}$ sprechen. Allerdings ist dann mehr Arbeit vonnöten, um die S-Matrix, deren Unitarität und verwandte Konzepte herzuleiten, die wir ja im kanonischen Formalismus erarbeitet hatten (Stichwort: Cutkosky-Schnittregeln).

Wick-Rotation und Euklidische Feldtheorie

Man kann die Rotation der Zeitachse in der Wirkung noch weiter treiben und komplett zu einer imaginären Zeitrichtung $t = i\tau$ übergehen. Damit erhalten wir

$$e^{i\int_{-i\infty}^{i\infty} dt\dots} = e^{-\int_{-\infty}^{\infty} d\tau\dots}. \tag{5.79}$$

Dies hat zur Folge, dass der Exponent des Pfadintegrals die Form eines Boltzmann-Faktors

$$\int \mathcal{D}\varphi \, e^{-S_E[\varphi]} \tag{5.80}$$

bekommt und das Pfadintegral dieser „Euklidischen Feldtheorie" so die Form einer statistischen Zustandssumme hat. Man kann auf diese Weise viele Zusammenhänge zwischen Quantenfeldtheorien und der statistischen Physik finden und neue Zugänge zur Quantenfeldtheorie finden. Auf dieses spannende Thema können wir leider nicht näher eingehen. (Stichworte zum Weiterlesen: Osterwalder-Schrader, Gittereichtheorie)

5.1.4 Erzeugende Funktionale

Um der schönen Formel Gl. (5.77) konkrete Ergebnisse zu entlocken, ist es sehr nützlich, sich sogenannte erzeugende Funktionale zu definieren. Die Grundidee ist einfach: Man führt eine sogenannte *Quelle* J für das klassische Feld φ in die Wirkung ein:

$$S[\varphi] \longrightarrow S'[\varphi, J] = S[\varphi] + \int d^4x \, J(x)\varphi(x) , \tag{5.81}$$

die im (quanten)mechanischen Fall einer äußeren Kraft entsprechen würde. Dann kann man sich zunutze machen, dass gilt:

$$-i\frac{\delta}{\delta J(x_i)} e^{iS[\varphi,J]} = \varphi(x_i) e^{iS[\varphi,J]} . \tag{5.82}$$

AUFGABE 69

Zeigt Gl. (5.82).

Man muss vor allem darauf achten, die Integrationsvariablen umzubenennen, damit keine davon doppelt auftritt:

$$\begin{aligned}
&\frac{\delta}{\delta J(y)} \exp\left[i \int d^4x \, (\mathcal{L} + \varphi(x)J(x)) \right] \\
&\quad = \left(i \int d^4x' \varphi(x') \frac{\delta J(x')}{\delta J(y)} \right) \exp[\ldots] \\
&\quad = \left(i \int d^4x' \varphi(x') \delta^4(x' - y) \right) \exp[\ldots] = i\varphi(y) \exp[\ldots] .
\end{aligned} \tag{5.83}$$

Daraus folgt direkt

$$\langle 0|T\{\phi(x_1)\dots\phi(x_m)\}|0\rangle =$$
$$= \left(-i\frac{\delta}{\delta J(x_1)}\right)\dots\left(-i\frac{\delta}{\delta J(x_m)}\right)\lim_{t\to\infty(1-i\epsilon)}\frac{\int\mathcal{D}\varphi\, e^{iS[\varphi,J]}}{\int\mathcal{D}\varphi\, e^{iS[\varphi,0]}}\bigg|_{J=0}. \tag{5.84}$$

Zeigt Gl. (5.84).

Aufgemerkt!

Wir definieren uns nun das *erzeugende Funktional*

$$Z[J] \equiv \lim_{t\to\infty(1-i\epsilon)}\int\mathcal{D}\varphi\, e^{iS[\varphi,J]}. \tag{5.85}$$

Man könnte die Normierung $Z[0]^{-1}$ direkt in die Definition aufnehmen, aber wir unterlassen das der Übersichtlichkeit halber. Man sollte den Grenzwert hier unter Umständen als symbolisch auffassen – er wird erst zum Schluss ausgeführt.

Aufgemerkt!

Mit der Definition des erzeugenden Funktionals in Gl. (5.85) lassen sich Green'sche Funktionen kompakt als

$$\langle 0|T\{\phi(x_1)\dots\phi(x_m)\}|0\rangle = \left(-i\frac{\delta}{\delta J(x_1)}\right)\dots\left(-i\frac{\delta}{\delta J(x_m)}\right)\frac{Z[J]}{Z[0]}\bigg|_{J=0} \tag{5.86}$$

schreiben. Insbesondere ist so wieder $\langle 0|0\rangle = Z[0]^{-1}Z[0] = 1$.

Das erzeugende Funktional ist extrem mächtig – aus ihm lassen sich sämtliche Green'schen Funktionen und damit auch sämtliche Vorhersagen der vollen Quantenfeldtheorie ableiten. All diese Information steckt nur in der Abhängigkeit des Funktionals $Z[J]$ von (pro Feld) einer Funktion J!

Schreiben wir wieder kurz

$$G(x_1,\dots,x_n) \equiv \langle 0|T\{\phi(x_1)\dots\phi(x_n)\}|0\rangle\,, \tag{5.87}$$

so folgt aus Gl. (5.86), als Taylor-Koeffizienten aufgefasst, sofort als alternative Darstellung des erzeugenden Funktionals:

$$\frac{Z[J]}{Z[0]} = \sum_{n=0}^{\infty}\frac{i^n}{n!}\int d^4x_1\dots d^4x_n G(x_1,\dots,x_n)J(x_1)\dots J(x_n)\,. \tag{5.88}$$

Hier kompensiert der Faktor $1/n!$ gerade die $n!$ Terme, die man durch n-faches Ableiten nach den n Faktoren J erhält.

5.1.5 Der Feynman-Propagator und das Pfadintegral

Nach dieser langen Durstrecke mit teilweise gewagt anmutenden Herleitungen wollen wir die bezaubernde Formel Gl. (5.86) endlich konkret anwenden, um zu sehen dass es sich nicht nur um eine abstrakte Darstellung, sondern um ein konkretes Rechenwerkzeug handelt. Man muss nämlich mitnichten die Integration über den Funktionenraum explizit ausführen, um Green'sche Funktionen zu berechnen.

Dazu betrachten wir Funktionalableitungen des erzeugenden Funktionals der freien Theorie $Z_0[J]$. Wir gehen dazu von der Lagrange-Dichte

$$\mathcal{L}_{kin} = \frac{1}{2}\partial_\mu\varphi\partial^\mu\varphi - \frac{1}{2}m^2\varphi^2 \tag{5.89}$$

für ein freies reelles Skalarfeld aus.

Aufgemerkt!

Wir wissen bereits ohne nachzurechnen, dass gilt:

$$\left(-i\frac{\delta}{\delta J(x_1)}\right)\left(-i\frac{\delta}{\delta J(x_2)}\right)\frac{Z_0[J]}{Z_0[0]}\bigg|_{J=0} = D_F(x_1 - x_2)\,. \tag{5.90}$$

Wieso? In der freien Theorie ist, wie wir im kanonischen Formalismus bereits gezeigt hatten, gerade $D_F(x_1 - x_2) = \langle 0|T\{\phi(x_1)\phi(x_2)\}|0\rangle$. Mit Gl. (5.86) ergibt sich damit Gl. (5.90). Anhand dieser Relation können wir auch eine weitere wichtige Relation erraten, die die vorige beinhaltet, nämlich:

$$\left(-i\frac{\delta}{\delta J(x)}\right)Z_0[J] = \left(\int d^4y\, iJ(y)\, D_F(y-x)\right)Z_0[J]\,. \tag{5.91}$$

Aufgemerkt!

Wir führen für die Faltungsintegrale ab hier die Notation

$$\begin{aligned}[JD_F](x) &\equiv \int d^4y\, J(y)D_F(y-x)\,,\\ [JD_FJ] &\equiv \int d^4x \int d^4y\, J(y)D_F(y-x)J(x)\end{aligned} \tag{5.92}$$

ein, woraus folgt:

$$\frac{\delta}{\delta J(x)}[JD_F](y) = D_F(x-y)$$
$$\frac{\delta}{\delta J(x)}[JD_F J] = 2[JD_F](x)\,. \tag{5.93}$$

Hier haben wir die Symmetrie von D_F ausgenutzt.

AUFGABE 70

Zeigt, dass gilt:

$$(\Box + m^2)[JD_F](x) = -iJ(x)\,. \tag{5.94}$$

Es ist

$$(\Box_x + m^2)D_F(x-y) = -i\delta^4(x-y)\,. \tag{5.95}$$

Damit folgt

$$(\Box_x + m^2)\int d^4y D_F(x-y)J(y) = -i\int d^4y\delta^4(x-y)J(y) = -iJ(x)\,. \tag{5.96}$$

In dieser Notation lautet die Relation Gl. (5.91):

$$\left(-i\frac{\delta}{\delta J(x)}\right)Z_0[J] = i[JD_F](x)\,Z_0[J]\,. \tag{5.97}$$

Zumindest zur Ordnung J^1 muss der Ausdruck Gl. (5.97) so aussehen, um Gl. (5.90) zu reproduzieren, und ein konstanter Teil existiert nicht, da in der freien Theorie $\langle 0|\phi|0\rangle = 0$ ist. Höhere Ordnungen von J können nicht vor das Exponential gezogen werden, da die Wirkung nur quadratisch in φ ist. Damit ist aber auch klar, dass man $Z_0[J]$ umschreiben kann zu:

Aufgemerkt!

$$Z_0[J] = Z_0[0]\exp\left[-\frac{1}{2}[JD_F J]\right] \tag{5.98}$$

Diese Darstellung ist der Ausgangspunkt für alle folgenden störungstheoretischen Berechnungen.

5.1.6 Klassische Felder, zusammenhängende Green'sche Funktionen und die effektive Wirkung

Green'sche Funktionen mit Quelle Durch Ableitung des erzeugenden Funktionals $Z[J]/Z[0]$ nach der Quelle erhalten wir also beliebige Green'sche Funktionen im Vakuum. Die Green'schen Funktionen in Anwesenheit einer Quelle $J \neq 0$, die wir gleich benötigen werden, sind gegeben durch

$$\begin{aligned} G(x_1, \ldots x_m)_J &= \frac{\int \mathcal{D}\phi\, \phi(x_1) \ldots \phi(x_m) e^{iS[\phi,J]}}{\int \mathcal{D}\phi\, e^{iS[\phi,J]}} \\ &= \frac{1}{Z[J]} \left(-i \frac{\delta}{\delta J(x_1)}\right) \ldots \left(-i \frac{\delta}{\delta J(x_m)}\right) Z[J] . \end{aligned} \tag{5.99}$$

Der Unterschied zu $G(x_1, \ldots, x_m)$ ist also nur, dass wir nicht $J = 0$ setzen.

Zusammenhängende Green'sche Funktionen Es gibt weitere wichtige erzeugende Funktionale. Eines davon, $Z_c[J]$, liefert nur die *zusammenhängenden Teile* der Green'schen Funktionen. Man kann es schreiben als

$$\frac{Z[J]}{Z[0]} = \exp Z_c[J] . \tag{5.100}$$

In der Störungstheorie mit Feynman-Graphen heißt das nichts anderes, als dass man alle nicht-zusammenhängenden Graphen durch Kombination zusammenhängender Graphen erhalten kann, wobei der Faktor $1/n!$ im Exponential kompensiert, dass identische Kombinationen mehrfach auftreten. In der Berechnung von Streuquerschnitten hatten wir bereits mehrfach nicht-zusammenhängende Teile verworfen, und Z_c ist also das erzeugende Funktional, welches dieser Vorgehensweise entspricht.

Berechnet aus $Z_0[J]$ in Gl. (5.98) das erzeugende Funktional $Z_{c,0}[J]$ für die freie Theorie. Welche zusammenhängenden Green'schen Funktionen (ohne Quellen, d.h. bei $J = 0$) gibt es?

Das klassische Feld Wie wir gesehen haben, werden in der Quantentheorie Felder nicht einfach durch ihren numerischen Wert an jedem Ort bestimmt. Entweder macht man sie in der kanonischen Quantisierung zu Operatoren, oder man behandelt sie in der funktionalen Quantisierung weiterhin als Funktionen, muss dann aber mit der Wirkung gewichtet über alle Feldkonfigurationen mitteln. Es ist dennoch sehr nützlich, in der Quantentheorie das Konzept des klassischen Feldes einzuführen, und man meint damit den *Erwartungswert* des Feldes in Anwesenheit einer Quelle $J \neq 0$:

$$\phi_{cl}(x) = \langle 0|\phi(x)|0\rangle_J , \tag{5.101}$$

der durch die Ein-Punkt-Green-Funktion gegeben ist.

AUFGABE 71

■ Zeigt, dass man $G(x)_J = \langle 0|\phi(x)|0\rangle_J$ aus $Z_c[J]$ durch Ableiten nach J erhält.

▶ Wir können schreiben

$$Z_c[J] = \ln \frac{Z[J]}{Z[0]} . \tag{5.102}$$

Nach der Kettenregel folgt damit

$$-i\frac{\delta}{\delta J(x)} Z_c[J] = -i\frac{Z[0]}{Z[J]}\frac{\delta}{\delta J(x)}\frac{Z[J]}{Z[0]} = -i\frac{1}{Z[J]}\frac{\delta}{\delta J(x)} Z[J] = G(x)_J . \tag{5.103}$$

Aufgemerkt!

Damit kann also das klassische Feld durch das erzeugende Funktional ausgedrückt werden:

$$\phi_{cl} = -i\frac{\delta}{\delta J(x)} Z_c[J] \tag{5.104}$$

Die effektive Wirkung Die Quelle J und das klassische Feld ϕ_{cl} sind also in gewisser Weise konjugierte Variablen. Wir können nun durch Legendre-Transformation von $Z_c[J]$ ein Funktional des klassischen Feldes $\Gamma[\phi_{cl}]$ finden[3].

Aufgemerkt!

Man definiert die sogenannte *effektive Wirkung* durch

$$\Gamma[\phi_{cl}] = -\int d^4x J(x)\phi_{cl}(x) - iZ_c[J]\Big|_{J=J[\phi_{cl}]} . \tag{5.105}$$

Insbesondere muss hier J als Funktional von ϕ_{cl} geschrieben werden. In Analogie zur statistischen Physik kann man Z als die Zustandssumme ansehen, ferner $-Z_c$ als die Energie und Γ als die Legendre-Transformierte der Energie, also eine Wirkung, was den Namen rechtfertigt. Gleich werden wir den Zusammenhang mit der Wirkung S noch für ein Beispiel explizit sehen.

[3]Dies ist analog zum Wechsel zwischen verschiedenen thermodynamischen Potenzialen oder zwischen Hamilton- und Lagrangefunktion.

Aufgemerkt! 1PI-Graphen

Die effektive Wirkung ist wieder ein erzeugendes Funktional mit einer anschaulichen Bedeutung. Es erzeugt die Amplituden sogenannter *Ein-Teilchen-irreduzibler Graphen* oder 1PI-Graphen. Dabei handelt es sich um all jene zusammenhängenden Graphen, die nicht mittels Durchtrennen eines einzelnen Propagators in mehrere Teile zerfallen. In unseren späteren Überlegungen zur Renormierung werden sie eine wichtige Rolle spielen.

Insbesondere haben die 1PI-Graphen keine äußeren Propagatoren. Da solche Ein-Teilchen-irreduziblen Graphen gerade die Tree-Level-Vertizes und alle störungstheoretischen Korrekturen dazu enthalten, nennt man $\Gamma[\phi_{cl}]$ auch das *Vertex-Funktional*. Genau wie für die Green'schen Funktionen können wir wieder eine Reihendarstellung

$$\Gamma[\phi_{cl}] = \sum_{n=0}^{\infty} \frac{1}{n!} \int d^4x_1 \ldots d^4x_n \Gamma_n(x_1, \ldots, x_n)\phi_{cl}(x_1) \ldots \phi_{cl}(x_n) \tag{5.106}$$

verwenden. Hier sind die Γ_n die 1PI-Amplituden oder *Vertex-Funktionen*. Sie entsprechen den Amplituden, die man erhält, wenn man die Ein-Teilchen-irreduziblen Graphen mit n äußeren Beinchen (aber ohne äußere Propagatoren) berechnet. Aus dieser Darstellung folgt:

$$\Gamma_n(x_1, \ldots, x_n) = \frac{\delta}{\delta\phi_{cl}(x_1)} \ldots \frac{\delta}{\delta\phi_{cl}(x_n)} \Gamma[\phi_{cl}]\Big|_{\phi_{cl}=0} . \tag{5.107}$$

AUFGABE 72

■ Zeigt mithilfe von Gl. (5.104) und Gl. (5.105), dass gilt:

$$\frac{\delta}{\delta\phi_{cl}(x)} \Gamma[\phi_{cl}] = -J(x) . \tag{5.108}$$

● Verwendet dabei die Kettenregel für Funktionalableitungen und beachtet insbesondere die Abhängigkeit $J(x) = J[\phi_{cl}](x)$.

▶ Hier muss einfach abgeleitet und nachdifferenziert werden. Es ist

$$\begin{aligned} &\frac{\delta}{\delta\phi_{cl}(y)} \left(-\int d^4x J(x)\phi_{cl}(x) - iZ_c[J] \right) \\ &\quad = -\int d^4x \frac{\delta J(x)}{\delta\phi_{cl}(y)} \phi_{cl}(x) - \int d^4x J(x)\delta^4(x-y) - i\frac{\delta Z_c[J]}{\delta\phi_{cl}(y)} . \end{aligned} \tag{5.109}$$

Der letzte Term ist aber gerade

$$-i\frac{\delta Z_c[J]}{\delta\phi_{cl}(y)} = -i\int d^4z \, \frac{\delta Z_c[J]}{\delta J(z)} \frac{\delta J(z)}{\delta\phi_{cl}(y)} = \int d^4z \, \phi_{cl}(z) \frac{\delta J(z)}{\delta\phi_{cl}(y)} . \tag{5.110}$$

Damit heben sich der erste und der letzte Term weg; wir können das Integral also einfach ausführen und erhalten das gewünschte Ergebnis $-J(y)$.

Dieser Zusammenhang wird später sehr nützlich sein, um eventuell in Relationen auftretende Quellen durch klassische Felder auszudrücken. Solche Ausdrücke tauchen beispielsweise in der Behandlung der Ward-Identitäten in Kapitel 9 auf. Außerdem kann man so eine Bedingung für den klassischen Vakuumerwartungswert eines Feldes aufstellen:

$$\frac{\delta\Gamma[\phi_{cl}]}{\delta\phi_{cl}} = 0\,, \tag{5.111}$$

wie er im Higgs-Mechanismus auftaucht. Dies ist die Bestimmungsgleichung für den Vakuumerwartungswert $\langle 0|\phi|0\rangle_{J=0}$ des Feldes. Aus ihr kann man störungstheoretisch (anhand der 1PI-Graphen, die von Γ erzeugt werden) die Quantenkorrekturen zu diesem Vakuumerwartungswert berechnen. Für $\phi_{cl} = \text{const.}$ ist Gl. (5.111) die quantentheoretische Verallgemeinerung von

$$\frac{\partial V}{\partial\phi} = 0\,, \tag{5.112}$$

wobei V der Potenzialterm der Lagrange-Dichte ist.

Die effektive Wirkung des freien Skalarfeldes Im freien Fall ist die effektive Wirkung Γ, wie wir sie in Gl. (5.105) definiert haben, gerade identisch mit der klassischen Wirkung S. Somit kann $\Gamma[\phi_{cl}]$ als die Verallgemeinerung der klassischen Wirkung $S[\phi]$ in der Quantentheorie angesehen werden. Im Pfadintegral steht aber weiterhin einfach die klassische Wirkung S, und die Quanteneffekte kommen daher, dass über alle möglichen Feldkonfigurationen gemittelt wird.

AUFGABE 73

Zeigt für ein freies reelles Skalarfeld, dass gilt:

$$\Gamma[\phi_{cl}] = S[\phi_{cl}]. \tag{5.113}$$

Verwendet dazu z. B. die einfache Darstellung des freien erzeugenden Funktionals in Gl. (5.98). Zeigt als Zwischenschritt, dass ϕ_{cl} die inhomogene Klein-Gordon-Gleichung mit Quelle J löst, und drückt anhand dieses Zusammenhangs Γ durch das klassische Feld ϕ_{cl} aus.

Für den Fall

$$S = \int d^4x \left(\frac{1}{2}\partial_\mu\phi\partial^\mu\phi - \frac{1}{2}m^2\phi^2\right) \tag{5.114}$$

hatten wir ja schon gezeigt, dass gilt:

$$\frac{Z[J]}{Z[0]} = e^{-\frac{1}{2}[JD_FJ]} \equiv \exp\left[-\frac{1}{2}\int d^4x \int d^4y\; J(x)D_F(x-y)J(y)\right]. \tag{5.115}$$

Damit ist

$$Z_c[J] = -\frac{1}{2}\int d^4x \int d^4y \; J(x)D_F(x-y)J(y) \tag{5.116}$$

und somit auch

$$\phi_{cl}(x) = -i\frac{\delta}{\delta J(x)}Z_c[J] = i\int d^4y D_F(x-y)J(y)\,. \tag{5.117}$$

Damit wird aber deutlich, dass die beiden Beiträge zur effektiven Wirkung in Gl. (5.105) bis auf einen Faktor gleich sind, wegen

$$-iZ_c = \frac{i}{2}\int d^4x \int d^4y \; J(x)D_F(x-y)J(y) = \frac{1}{2}\int d^4x \, J(x)\phi_{cl}(x)\,. \tag{5.118}$$

Mit der Definition in Gl. (5.117) löst das klassische Feld tatsächlich die inhomogene Bewegungsgleichung, denn es ist:

$$\begin{aligned}(\Box + m^2)\phi_{cl}(x) &= i\int d^4y(\Box_x + m^2)D_F(x-y)J(y) \\ &= i\int d^4y(-i\delta^4(x-y))J(y) = J(x)\,.\end{aligned} \tag{5.119}$$

Jetzt können wir ausgehend von Gl. (5.105) die Legendre-Transformation explizit durchführen, indem wir Gl. (5.118) verwenden und die im Ausdruck vorkommende Quelle J gemäß der Bewegungsgleichung Gl. (5.119) durch das klassische Feld ausdrücken:

$$\begin{aligned}\Gamma &= \int d^4x\left(-J(x)\phi_{cl}(x) + \frac{1}{2}J(x)\phi_{cl}(x)\right) = \int d^4x\left(-\frac{1}{2}J(x)\phi_{cl}(x)\right) \\ &= \int d^4x\left(-\frac{1}{2}\Big((\Box + m^2)\phi_{cl}(x)\Big)\phi_{cl}(x)\right) \\ &= \int d^4x\left(\frac{1}{2}\partial_\mu\phi_{cl}\partial^\mu\phi_{cl} - \frac{1}{2}m^2\phi_{cl}^2\right) = S\,.\end{aligned} \tag{5.120}$$

Im letzten Schritt haben wir wieder partiell integriert und den Oberflächenterm vernachlässigt.

Ampituden aus der freien effektiven Wirkung Wir wollen uns noch am Beispiel des freien Skalars die Form der 1PI-Amplitude

$$\left.\frac{\delta\Gamma}{\delta\phi_{cl}\ldots\delta\phi_{cl}}\right|_{\phi_{cl}=0} \tag{5.121}$$

genauer ansehen. Da Γ im freien Fall quadratisch in den Feldern ist, gibt es wie bei Z_c nur eine einzige 1PI-Amplitude, nämlich

$$\begin{aligned}\Gamma^{\phi\phi}(x_1,x_2) &= \frac{\delta}{\delta\phi_{cl}(x_1)}\frac{\delta}{\delta\phi_{cl}(x_2)}\int d^4x\left(\frac{1}{2}\phi_{cl}(\Box+m^2)\phi_{cl}\right)\Bigg|_{\phi_{cl}=0}\\ &= \int d^4x\,(\delta^4(x-x_1)(-\Box_x-m^2)\delta^4(x-x_2))\\ &= (-\Box_{x_1}-m^2)\delta^4(x_1-x_2)\,. \end{aligned} \tag{5.122}$$

Das $\phi_{cl}\to 0$ zu setzen, erledigt sich hier von selbst, da es im Gegensatz zum Fall mit Wechselwirkungen keine höheren Terme in ϕ_{cl} gibt. Diese Zwei-Punkt-Vertex-Funktion ist nichts anderes als der Differenzialoperator der Bewegungsgleichung und damit der inverse Propagator. Das ist vielleicht nicht sehr erstaunlich, da wir im Prinzip einfach die Wirkung nach den Feldern variiert haben und damit den Differenzialoperator der Bewegungsgleichung erhalten. Dieser Zusammenhang lässt sich auch anhand der Amputationsregeln verstehen: Wir erhalten die 1PI-Zwei-Punkt-Funktion ja gerade, indem wir die zusammenhängende Zwei-Punkt-Green-Funktion $\sim D_F(x_1-x_2)$ an beiden äußeren Beinchen durch Anwenden des Differenzialoperators gemäß LSZ amputieren (allerdings ohne mit dem Residuum zu multiplizieren):

$$\sim(\Box_{x_1}+m^2)(\Box_{x_2}+m^2)D_F(x_1-x_2)\,. \tag{5.123}$$

Der erste der beiden Operatoren bewirkt

$$D_F(x_1-x_2)\longrightarrow i\delta(x_1-x_2)\,.$$

Der zweite bleibt stehen, und das Ergebnis ist $\propto\Gamma^{\phi\phi}$. Noch einmal in anderen Worten ausgedrückt: Wenn man aus dem Propagator zwei Propagatoren herauskürzt, dann bleibt ein inverser Propagator stehen.

Zum Abschluss schauen wir uns noch $\Gamma^{\phi\phi}$ im Impulsraum an, indem wir Fouriertransformieren. Wir betrachten dabei alle Impulse (nicht notwendigerweise die Teilchen) als einlaufend und schreiben

$$\begin{aligned}\Gamma^{\phi\phi}(p_1,p_2) &= \int d^4x_1\int d^4x_2\,e^{-ip_1x_1}e^{-ip_2x_2}(-\Box_{x_1}-m^2)\delta^4(x_1-x_2)\\ &= \int d^4x_1\int d^4x_2\,e^{-ip_2x_2}\delta^4(x_1-x_2)(-\Box_{x_1}-m^2)e^{-ip_1x_1}\\ &= \int d^4x_1\,e^{-ip_2x_1}(p_1^2-m^2)e^{-ip_1x_1}\\ &= (2\pi)^4\delta^4(p_1+p_2)\times(p_1^2-m^2)\,. \end{aligned} \tag{5.124}$$

Im ersten Schritt haben wir zweimal partiell integriert, um $\Box$ auf das Exponential wirken zu lassen. Wir sehen an dem Ergebnis etwas Wichtiges, nämlich dass die Vertex-Funktionen im Impulsraum $\Gamma^{\phi\cdots\phi}(p_1,\ldots,p_n)$ noch einen Faktor

$$(2\pi)^4\delta^4(\sum_i p_i) \tag{5.125}$$

beinhalten, der die Impulserhaltung sicherstellt. In unserem Beispiel muss $p_1 = -p_2$ sein, da wir sowohl p_1 als auch p_2 als einlaufend definieren.

Da die Vertex-Funktionen in Anwesenheit von Wechselwirkungen gerade die Terme der Wirkung *und* die Beiträge der Quantentheorie dazu widerspiegeln, werden sie später eine zentrale Rolle bei der Renormierung spielen.

5.1.7 Exkurs: Ausintegrieren von Feldern

Hilfsfelder Man kann in Lagrange-Dichten Felder einführen, die keinen kinetischen Term besitzen. Ein einfaches Beispiel für eine solche Feldtheorie ist

$$\mathcal{L} = \frac{1}{2}\partial_\mu\phi\partial^\mu\phi + \frac{1}{2}H^2 - \sqrt{2\lambda}\phi^2 H\,, \tag{5.126}$$

wobei $H(x)$ ein skalares Feld mit Einheiten Energie^2 sein soll. Solche Felder ohne kinetischen Term (und damit ohne eigene Dynamik) werden oft als *Hilfsfelder* bezeichnet. Sie tauchen beispielsweise in supersymmetrischen Theorien auf, da man diese so wesentlich eleganter formulieren kann.

Es gibt mindestens vier Alternativen, wie man mit einer solchen Lagrange-Dichte umgehen kann:

1. Die klassischen Bewegungsgleichungen für H lösen und zurück einsetzen. Damit wird H eliminiert.

2. Den Mischterm $\phi^2 H$ durch eine klassische Felddefinition eliminieren. Das Feld H entkoppelt damit komplett von der Theorie. Hier stellt sich die Frage, ob eine solche Feldredefinition in der quantisierten Theorie erlaubt ist. Um das zu sehen, kann man ...

3. im Pfadintegral (oder im erzeugenden Funktional $Z[J]$) das Funktionalintegral über H explizit durchführen. So wird H ebenfalls eliminiert. Daher kommt vermutlich der oft verwendete Begriff „ausintegrieren".

4. Feynman-Regeln für H aufstellen, als ob es ein normales Feld wäre. Man berechnet Streuamplituden einfach so, wie man es von normalen Feldern gewohnt ist. Der einzige Unterschied ist die besondere Form des Propagators für das Hilfsfeld.

Wir wollen jetzt alle vier Varianten ausprobieren, um uns davon zu überzeugen, dass das Ergebnis immer dasselbe ist.

AUFGABE 74

Löst die Bewegungsgleichungen für H durch das Variationsprinzip und setzt das Ergebnis zurück in die Lagrange-Dichte ein.

▶ Variieren von H liefert

$$\delta\mathcal{L} = H\delta H - \sqrt{2\lambda}\phi^2\delta H = 0 \Rightarrow H = \sqrt{2\lambda}\phi^2 . \tag{5.127}$$

Einsetzen ergibt also

$$\mathcal{L} = \frac{1}{2}\partial_\mu\phi\partial^\mu\phi + \lambda\phi^4 - 2\lambda\phi^4 = \frac{1}{2}\partial_\mu\phi\partial^\mu\phi - \lambda\phi^4 . \tag{5.128}$$

Zumindest die klassische Feldtheorie mit Hilfsfeld (die keine einfache Selbstwechselwirkung von ϕ enthält) ist also äquivalent zur herkömmlichen ϕ^4-Theorie eines reellen Skalarfeldes.

Noch einfacher ist es, eine Redefinition des Hilfsfeldes durchzuführen.

AUFGABE 75

■ Führt eine Redefinition des Feldes H (z. B. mithilfe einer quadratischen Ergänzung) durch, die den Mischterm $\phi^2 H$ eliminiert.

▶ Ähnlich wie in der Herleitung des Feynman-Propagators aus dem erzeugenden Funktional können wir schreiben

$$\begin{aligned}\mathcal{L} &= \frac{1}{2}\partial_\mu\phi\partial^\mu\phi + \frac{1}{2}H^2 - \sqrt{2\lambda}\phi^2 H \\ &= \frac{1}{2}\partial_\mu\phi\partial^\mu\phi + \frac{1}{2}(H - \sqrt{2\lambda}\phi^2)^2 - \frac{1}{2}2\lambda\phi^4 .\end{aligned} \tag{5.129}$$

Wir wählen $H \rightarrow H + \sqrt{2\lambda}\phi^2$ und erhalten wie zuvor

$$\mathcal{L} \rightarrow \frac{1}{2}\partial_\mu\phi\partial^\mu\phi + \frac{1}{2}H^2 - \lambda\phi^4 . \tag{5.130}$$

Das Feld H steht jetzt noch in der Lagrange-Dichte, entkoppelt aber komplett von der übrigen Physik und kann ignoriert werden. Löst man seine Bewegungsgleichung, wird es eh zu $H = 0$ gesetzt.

AUFGABE 76

■ Setzt die Lagrange-Dichte Gl. (5.126) in das erzeugende Funktional $Z[J]$ ein und eliminiert den Mischterm $\phi^2 H$ wieder durch eine Feldredefinition. Dann sollte es möglich sein, das Funktionalintegral über H zwischen Zähler und Nenner zu kürzen.

▶ Wir gehen im Kontext des Pfadintegrals wieder zur Notation φ über. Wir beginnen mit dem erzeugenden Funktional für die Felder φ und H:

$$\frac{Z[J]}{Z[0]} = \lim_{t\to\infty(1-i\epsilon)} \frac{\int\mathcal{D}\varphi\int\mathcal{D}H e^{iS[\varphi,H,J]}}{\int\mathcal{D}\varphi\int\mathcal{D}H e^{iS[\varphi,H,0]}} . \tag{5.131}$$

Für H haben wir keine Quelle J_H eingeführt, da wir keine externen Hilfsfelder betrachten. Der Unterschied zur vorigen Aufgabe besteht nur darin, dass nun H auch als Integrationsmaß $\mathcal{D}H$ auftaucht. Verschiebt man nun die Integrationsvariable $H \to H + \sqrt{2\lambda}\varphi^2$ wie in der vorigen Aufgabe, dann transformiert sich dieses aber zum Glück für ein festes φ trivial mit $\mathcal{D}H \to \mathcal{D}H$, und man erhält wie oben:

$$\mathcal{L} = \frac{1}{2}\partial_\mu\varphi\partial^\mu\varphi - \lambda\varphi^4 + \frac{1}{2}H^2\,. \tag{5.132}$$

Da keine Mischterme mehr vorhanden sind, faktorisiert der von H^2 abhängige Anteil des Exponentials einfach ab:

$$e^{iS[\varphi,H,J]} = e^{iS[\varphi,J]}e^{iS[H]}\,, \tag{5.133}$$

und damit fällt der gemeinsame Faktor $\mathcal{D}He^{iS[H]}$ durch die Normierung zwischen Nenner und Zähler weg. Das Ergebnis ist das erzeugende Funktional eines Skalarfeldes mit Selbstwechselwirkung φ^4:

$$\frac{Z[J]}{Z[0]} = \lim_{t\to\infty(1-i\epsilon)} \frac{\int\mathcal{D}\varphi e^{iS[\varphi,J]}}{\int\mathcal{D}\varphi e^{iS[\varphi,0]}}\,, \tag{5.134}$$

mit

$$S[\varphi] = \int d^4x\left[\frac{1}{2}\partial_\mu\varphi\partial^\mu\varphi - \lambda\varphi^4\right]. \tag{5.135}$$

Damit haben wir eine halbwegs saubere *quantentheoretische* Rechtfertigung für die klassische Rechnung in der vorigen Aufgabe.

Den wichtigsten Aspekt dieser Rechnung haben wir hier nur nebenbei zur Kenntnis genommen:

Aufgemerkt! **Anomalien**

Das Integralmaß $\int\mathcal{D}H$ ist *invariant* unter der Verschiebung $H \to H + \text{const.}$ Das ist der entscheidende Punkt, der uns sagt, dass die klassische Feldredefinition auch in der Quantentheorie ohne weitere Korrekturen erlaubt ist! Nicht immer ist das Integralmaß invariant unter Feldtransformationen. In solchen Fällen müssen entsprechende neue Terme in die Wirkung S aufgenommen werden, die eine nicht-triviale Transformation von $\int\mathcal{D}\ldots$ widerspiegeln. So können zum Beispiel Symmetrien der klassischen Theorie in der quantisierten Theorie abwesend sein. Diesen Effekt nennt man *Anomalie*. Anomalien spielen in der Hochenergiephysik ganz verschiedene, extrem wichtige Rollen, und wir werden in Abschnitt 9.3 kurz in einem Beispiel darauf zurückkommen.

Nun kommen wir zur „graphologischen" Herleitung. Wir behandeln dabei $\phi^2 H$ als herkömmlichen Wechselwirkungsterm. Die freie Bewegungsgleichung für das Hilfsfeld ist damit einfach $H = 0$. Die inhomogene Bewegungsgleichung ist damit

$$H(x) = j_H(x)\,, \tag{5.136}$$

und die Gleichung für die Green'sche Funktion lautet

$$G(x-y) = \delta^4(x-y)\,. \tag{5.137}$$

Die Green'sche Funktion für das Hilfsfeld im Ortsraum ist damit die Delta-Distribution. Das ergibt auch Sinn: Das Feld H propagiert nicht, da es keinen kinetischen Term besitzt, und seine „Wirkung" ist daher nur lokal. Der resultierende Propagator im Impulsraum ist damit schlicht und ergreifend

$$\tilde{D}_H(p) = i\,. \tag{5.138}$$

Neu ist auch der Vertex der H-ϕ-ϕ-Wechselwirkung:

$$-\,i2\sqrt{2\lambda}\,. \tag{5.139}$$

Der Propagator des Skalarfeldes ϕ ist, wie gehabt:

$$D_F(p) = \frac{i}{p^2 - m^2 + i\epsilon}\,. \tag{5.140}$$

AUFGABE 77

Zeichnet die Graphen in Ordnung $\mathcal{O}(\lambda^2)$ für die Streuamplitude

$$\mathcal{M}(\phi\phi \to \phi\phi)\,.$$

Stellt die Streuamplitude $\mathcal{M}$ auf. Vergleicht mit der entsprechenden Streuamplitude in der ϕ^4-Theorie.

Wir finden die Graphen

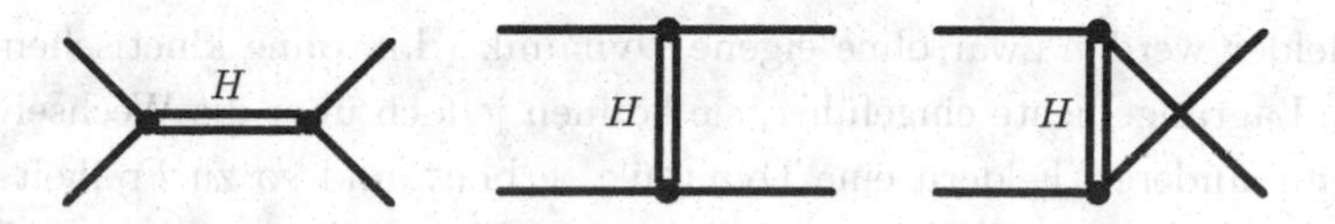

Sie tragen alle dieselbe Amplitude bei, da der Hilfsfeld-Propagator keine Impulsabhängigkeit trägt, und wir finden daher

$$i\mathcal{M} = 3 \times (-2i\sqrt{2\lambda})^2 \times i = -i(4!)\lambda\,. \tag{5.141}$$

Die Feynman-Regel für den Vertex in der ϕ^4-Theorie ist aber gerade $-i(4!)\lambda$, und damit ist auch hier $i\mathcal{M} = -i(4!)\lambda$. Die durch „Austausch" des Hilfsfeldes induzierten Selbstwechselwirkungen des Skalarfeldes ϕ sind also zumindest in dieser Ordnung der Störungstheorie äquivalent zu jenen der ϕ^4-Theorie. Graphisch ausgedrückt, bedeutet das:

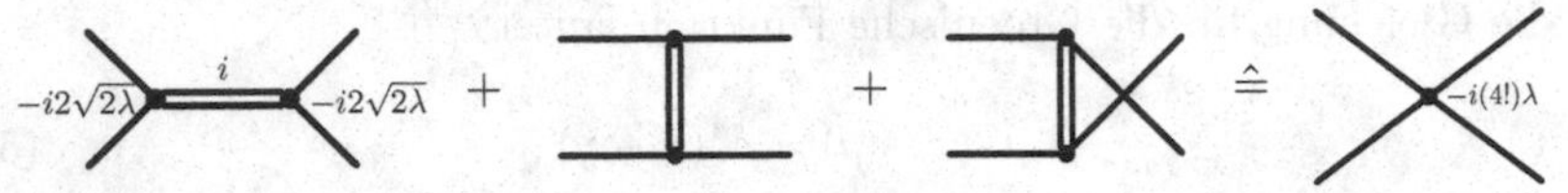

$-i2\sqrt{2\lambda}$ i $-i2\sqrt{2\lambda}$ + + $\hat{=}$ $-i(4!)\lambda$ (5.142)

Das graphische Zusammenziehen der Hilfsfeld-Propagatoren zu einem Punkt ist dabei eine überraschend akkurate und sehr anschauliche Beschreibung der Lokalität des Propagators $D_H \propto \delta^4(x-y)$.

Exakte Ergebnisse aus Pfadintegralen Zusammenfassend wollen an dieser Stelle noch einmal die Mächtigkeit des Pfadintegral-Formalismus betonen, die man an diesen vier einfachen Beispielen vielleicht schon etwas erahnen kann. Das Lösen klassischer Bewegungsgleichungen und die Berechnung von Feynman-Amplituden stellt zunächst immer eine Näherung dar. Oft ist nicht offensichtlich, ob die erhaltenen Ergebnisse in der quantisierten Theorie und insbesondere in allen Ordnungen der Störungstheorie gelten. Schlimmer noch, manche wichtigen Effekte der quantisierten Theorie tauchen in *keiner* Ordnung der Störungstheorie auf und können nur durch solche nicht-perturbativen Methoden untersucht werden (Stichwort: Instantons, Sphaleron). In manchen Situationen liefert das Pfadintegral ohne großen Aufwand das *exakte* Ergebnis, an das mit anderen Methoden nur sehr schwer oder gar nicht zu kommen ist. So können wir uns nicht ohne zusätzliche Arbeit sicher sein, ob die Methoden 1, 2 und 4 bereits die vollständigen Effekte des Hilfsfeldes liefern. Da wir in unserer Pfadintegral-Rechnung keine Störungsnäherung oder klassische Näherung gemacht haben, können wir aber davon ausgehen, dass das Ergebnis all diese Effekte berücksichtigt.

Nambu-Jona-Lasinio-Modell

Hilfsfelder werden zwar ohne eigene Dynamik (d.h. ohne kinetischen Term) in die Lagrangedichte eingeführt, sie können jedoch über die Wechselwirkungen mit anderen Feldern eine Dynamik „erben" und so zu Freiheitsgraden der Theorie werden. So kann man beispielsweise zusammengesetzte Teilchen beschreiben, die Operatoren mehrerer elementarer Felder entsprechen. Ein klassisches Beispiel für diese Vorgehensweise ist das sogenannte Nambu-Jona-

Lasinio-Modell, für das man allerdings Fermionfelder benötigt (siehe z.B. die Diskussion in [17]).

Massive Teilchen Auf das Ausintegrieren massiver Teilchen wollen wir nur kurz eingehen, da man hier beliebig tief in die fortgeschrittene QFT und die Behandlung effektiver Theorien einsteigen kann. In führender Ordnung der Störungstheorie ist die Diskussion aber halbwegs einfach.

Aufgemerkt!

Die Idee ist folgende: Ist die Masse eines Feldes χ viel größer als die Energien und Impulse, bei denen sich ein Streuprozess abspielt, so kann man den kinetischen Term $\frac{1}{2}\partial_\mu\chi\partial^\mu\chi$ gegenüber dem Massenterm $-\frac{1}{2}M^2\chi^2$ näherungsweise vernachlässigen.

Man erhält dann eine ähnliche Situation wie zuvor bei den Hilfsfeldern. Betrachten wir zum Beispiel die Lagrange-Dichte

$$\mathcal{L} = \frac{1}{2}\partial_\mu\phi\partial^\mu\phi + \frac{1}{2}\partial_\mu\chi\partial^\mu\chi - \frac{1}{2}m^2\phi^2 - \frac{1}{2}M^2\chi^2 - \lambda\chi\phi^3\,, \tag{5.143}$$

wobei $m \ll M$ sein soll. Dass diese Theorie etwas problematisch ist, da sie kein schönes, nach unten beschränktes Potenzial hat, wollen wir hier kurz ignorieren, da es darauf nicht ankommt. Beschränkt man sich auf Impulse $p \ll M$, dann kann man in der klassischen Theorie schreiben:

$$\mathcal{L} = \frac{1}{2}\partial_\mu\phi\partial^\mu\phi - \frac{1}{2}m^2\phi^2 - \frac{1}{2}M^2\chi^2 - \lambda\chi\phi^3 + \mathcal{O}\left(\frac{\Box}{M^2}\right). \tag{5.144}$$

Die klassischen Ansätze, die wir oben für das Hilfsfeld verwendet haben, greifen hier jetzt auch. Zum Beispiel lautet die klassische Bewegungsgleichung für χ nun

$$-M^2\chi - \lambda\phi^3 = 0\,, \tag{5.145}$$

und Zurückeinsetzen liefert

$$\mathcal{L} \approx \frac{1}{2}\partial_\mu\phi\partial^\mu\phi - \frac{1}{2}m^2\phi^2 + \frac{1}{2}\frac{\lambda^2}{M^2}\phi^6\,, \tag{5.146}$$

mit einem ebenso instabilen Potenzial für ϕ. Der Austausch eines schweren Teilchens induziert also wieder neue Wechselwirkungen. Bemerkenswert ist hier, dass die Kopplungskonstante λ^2/M^2 der neuen Wechselwirkung *negative Energiedimension* hat. Man nennt die so erhaltene Feldtheorie *effektive Feldtheorie*, abgekürzt EFT.

Ebenso kann man sich davon überzeugen, dass auf der Ebene der Feynman-Graphen zur Ordnung $\mathcal{O}(\lambda^2)$ dasselbe Ergebnis erzielt wird, wenn man analog zur obigen Aufgabe die Amplitude $\mathcal{M}(\phi\phi\phi \to \phi\phi\phi)$ in der vollen Theorie mit χ aufstellt und dann den Propagator des schweren Teilchens χ nähert, mit

$$\frac{i}{p^2 - M^2 + i\epsilon} = \frac{i}{-M^2 + i\epsilon} + \mathcal{O}\left(\frac{p^2}{M^4}\right). \tag{5.147}$$

Überprüft das! Welche Form hat der genäherte Propagator im Ortsraum?

Will man aber die quantentheoretischen Methoden von oben (insbesondere die 3.) in dieser Situation anwenden (oder alternativ in der graphologischen Herleitung auch Schleifengraphen mitnehmen), so trifft man auf ein konzeptionelles Problem: Im Pfadintegral und in Schleifengraphen treten beliebig hohe Viererimpulse auf, auch wenn die Energien und Impulse der äußeren Teilchen des Streuprozesses klein sind. Welche Auswirkungen das hat, wird durch das berühmte *Appelquist-Carazzone*-Theorem beschrieben [18]. Es sagt aus, dass man die Effekte schwerer Teilchen, wie eben in unserem Beispiel, komplett in Wechselwirkungen mit Kopplungen negativer Energiedimension stecken kann. Darüber hinaus muss man lediglich die übrigen Parameter der Theorie um sogenannte *Entkopplungskoeffizienten* korrigieren. Diese Koeffizienten kann man in der Regel störungstheoretisch berechnen. Sind die ausintegrierten Teilchen sehr schwer und hat man keine theoretische Vorhersage über die absolute Größe oder Verhältnisse von Parametern, so sieht man in Experimenten bei uns zugänglichen Energien unter Umständen überhaupt nicht mehr, dass bei hohen Massen noch weitere Teilchen lauern. Wenn man Glück hat, induzieren die Kopplungen negativer Energiedimension z. B. seltene Zerfälle, die man zum experimentellen Überprüfen der Theorie verwenden kann. Das AC-Theorem ist also sowohl ein Fluch, da es neue Teilchen hoher Massen vor uns versteckt, als auch ein Segen, da es sicherstellt, dass die Vorhersagekraft unserer Theorien nicht durch neue Phänomene bei unzugänglich hohen Energieskalen zerstört wird.

Einen Sonderfall stellen Feldtheorien mit dimensionsbehafteten Kopplungskonstanten dar (z. B. $\mu\chi\phi^2$), auf die wir hier noch nicht eingehen wollen.

5.2 Störungstheorie mit dem Pfadintegral

5.2.1 Eine praktische Darstellung des erzeugenden Funktionals

Wir hatten bereits gesehen, dass man beliebige Korrelationsfunktionen einfach durch Ableiten des Pfadintegrals nach Quellfeldern erzeugen kann. Das funktioniert so einfach, da in der Pfadintegral-Darstellung nur vertauschende Funktionen stehen. Diese Tatsache kann man auf ähnliche Weise ausnutzen, um aus dem erzeugenden Funktional der *freien* Theorie durch Ableiten nach Quelltermen ein erzeugendes Funktional der *wechselwirkenden* Theorie zu basteln. Diese Darstellung wird für die störungstheoretische Behandlung von Wechselwirkungen sehr nützlich. Außerdem wissen wir schon, dass Ableitungen des freien erzeugenden Funktionals einfach Feynman-Propagatoren ergeben. So erhalten wir das übliche Bild von Feynman-Graphen aus Vertizes und Propagatoren im Pfadintegral-Formalismus. Vereinfacht dargestellt nutzen wir dabei die folgende Beziehung aus:

$$\exp\left[\alpha\,\frac{\partial}{\partial j}\right] e^{xj} = e^{\alpha x} e^{xj}\,. \tag{5.148}$$

AUFGABE 78

Falls es euch nicht trivial erscheint, zeigt Gl. (5.148) mithilfe der Potenzreihendarstellung der Exponentialfunktion.

Hier gibt es nicht viel zu tun. Wir schreiben

$$\exp\left[\alpha\,\frac{\partial}{\partial j}\right] = \sum_{m=0}^{\infty} \frac{1}{m!}\left(\alpha^m \frac{\partial^m}{\partial j^m}\right)\,. \tag{5.149}$$

Da m-faches Ableiten der Exponentialfunktion einfach

$$\frac{\partial^m}{\partial j^m} e^{jx} = x^m e^{jx} \tag{5.150}$$

ergibt, erhalten wir sofort

$$\exp\left[\alpha\,\frac{\partial}{\partial j}\right] e^{xj} = \sum_{m=0}^{\infty} \frac{1}{m!}\left(\alpha^m x^m\right) e^{xj} = e^{\alpha x} e^{xj}\,. \tag{5.151}$$

Anhand dieses Ergebnisses sollte fast zu erraten sein, wie man aus dem Exponential der freien Wirkung mit Quelle,

$$\exp\left(iS_0[\varphi, J]\right) = \exp\left[i\int d^4x\left(\frac{1}{2}\partial_\mu\varphi\partial^\mu\varphi - \frac{1}{2}m^2\varphi^2 + \varphi J\right)\right]\,, \tag{5.152}$$

durch Ableiten nach J das Exponential der Wirkung mit Wechselwirkung und Quelle

$$\exp\left(iS[\varphi, J]\right) = \exp\left[i\int d^4x\left(\frac{1}{2}\partial_\mu\varphi\partial^\mu\varphi - \frac{1}{2}m^2\varphi^2 - \lambda\varphi^4 + \varphi J\right)\right] \quad (5.153)$$

erhält. Dazu muss nur der obige Ausdruck für Funktionalableitungen verallgemeinert werden. Wir können uns an Gl. (5.82) orientieren.

AUFGABE 79

■ Wie erzeugt man durch Funktionalableitungen nach $J(y)$ aus der Wirkung Gl. (5.152) die Wirkung Gl. (5.153)?

● Versucht zuerst, einfach den Ausdruck $i(-\lambda\varphi^4)$ vor dem Exponential zu produzieren, und integriert und exponentiert ihn dann.

▶ Vierfaches Ableiten nach $J(y)$ ergibt gemäß Gl. (5.82)

$$\left(-i\frac{\delta}{\delta J(y)}\right)^4 \exp\left(iS_0[J]\right) = \varphi(y)^4 \exp\left(iS_0[J]\right). \quad (5.154)$$

Demnach ist

$$i\int d^4y(-\lambda)\left(-i\frac{\delta}{\delta J(y)}\right)^4 \exp\left(iS_0[J]\right) = i\int d^4y(-\lambda\varphi(y)^4)\exp\left(iS_0[J]\right). \quad (5.155)$$

Jetzt müssen wir nur noch exponentieren:

$$\exp\left[i\int d^4y(-\lambda)\left(-i\frac{\delta}{\delta J(y)}\right)^4\right]\exp\left(iS_0[J]\right) = e^{i\int d^4y(-\lambda\varphi(y)^4)}\exp\left(iS_0[J]\right). \quad (5.156)$$

Das ist aber gerade $\exp(iS[J])$. Es fällt auf, dass im ersten Exponential einfach der Wechselwirkungsteil der Wirkung steht, in dem das Feld φ durch die Ableitung $-i\delta/\delta J$ ersetzt wurde! Das können wir allgemein schreiben:

Aufgemerkt!

Es gilt

$$\exp\left(iS[\varphi, J]\right) = \exp\left[iS_{int}[-i\frac{\delta}{\delta J}]\right]\exp\left(iS_0[\varphi, J]\right). \quad (5.157)$$

Mit diesem Ausdruck lässt sich das freie erzeugende Funktional genauso umschreiben zu

Aufgemerkt!

$$Z[J] = \exp\left[iS_{int}[-i\frac{\delta}{\delta J}]\right] Z_0[J], \tag{5.158}$$

wobei $Z[J]$ das erzeugende Funktional der wechselwirkenden und $Z_0[J]$ jenes der freien Theorie ist. Setzen wir die Form Gl. (5.98) für Z_0 ein, erhalten wir

$$Z[J] = Z_0[0] \exp\left[iS_{int}[-i\frac{\delta}{\delta J}]\right] \exp\left[-\frac{1}{2}[JD_F J]\right]. \tag{5.159}$$

Damit ergibt sich aus Gl. (5.86) für Green'sche Funktionen der erstaunliche Ausdruck

$$\langle 0|T\{\phi(x_1)\dots\phi(x_m)\}|0\rangle =$$
$$= (-i)^m \frac{\frac{\delta}{\delta J(x_1)}\cdots\frac{\delta}{\delta J(x_m)} \exp\left(iS_{int}[-i\frac{\delta}{\delta J}]\right)\exp\left[-\frac{1}{2}[JD_F J]\right]}{\exp\left(iS_{int}[-i\frac{\delta}{\delta J}]\right)\exp\left[-\frac{1}{2}[JD_F J]\right]}\Bigg|_{J=0} \tag{5.160}$$

Wieso finden wir dieses Ergebnis erstaunlich? Wir müssen nun offenbar überhaupt kein Funktionalintegral mehr betrachten, um explizite Ausdrucke für Green'sche Funktionen der wechselwirkenden Theorie zu ermitteln! Man muss eigentlich nur ableiten können. Das Exponential $\exp(iS_{int})$ können wir nun im Exponenten entwickeln, um die Störungsreihe zu erhalten, die wir bereits im kanonischen Formalismus kennengelernt haben. Man kann dann Gl. (5.160) einfach als eine Anleitung ansehen, wie man Propagatoren D_F und Integrale $\int d^4x$ in jeder Ordnung der Störungstheorie zusammenkleben muss, um beliebige Green'sche Funktionen der wechselwirkenden Theorie zu erhalten.

Für jede Potenz φ^n (bzw. $(-i\delta/\delta J(y))^n$) in S_{int} werden n Propagatoren erzeugt, die an einem Punkt (nämlich der Integrationsvariablen y) zusammenlaufen. Dies entspricht einem n-Punkt-Vertex. Wir erhalten erneut die Feynman-Graphen für die verallgemeinerten Green'schen Funktionen im Ortsraum. Dies wollen wir jetzt an einem einfachen Beispiel ausprobieren und das so erhaltene Ergebnis mit dem Ergebnis aus dem kanonischen Formalismus vergleichen.

5.2.2 Green'sche Funktionen im Ortsraum, die Zweite

Wir können nun problemlos alle Ergebnisse, die wir bereits im kanonischen Formalismus hergeleitet haben, im Pfadintegral-Formalismus identisch reproduzieren.

Als Einstieg und zum Wiederholen der bisherigen Erkenntnisse wollen wir in der ϕ^4-Theorie

$$\mathcal{L} = \frac{1}{2}\partial_\mu\phi\partial^\mu\phi - \frac{1}{2}m^2\phi^2 - \lambda\phi^4 \tag{5.161}$$

die Green'sche Funktion

$$\langle 0|T\{\phi(x_1)\phi(x_2)\phi(x_3)\phi(x_4)\}|0\rangle \tag{5.162}$$

bis zur Ordnung λ^1 berechnen. Dabei ist $\mathcal{L}_{int} = -\lambda\phi^4$.

AUFGABE 80

■ Schreibt $\langle 0|T\{\phi(x_1)\phi(x_2)\phi(x_3)\phi(x_4)\}|0\rangle$ mithilfe von Gl. (5.158) sowie Gl. (5.86) als Funktionalableitungen von $Z_0[J]$ und entwickelt $\exp(iS_{int})$ bis zur Ordnung λ.

▶ Zunächst sagt uns Gl. (5.86), dass gilt:

$$\begin{aligned}&\langle 0|T\{\phi(x_1)\phi(x_2)\phi(x_3)\phi(x_4)\}|0\rangle = \\ &= (-i)^4 \frac{\delta}{\delta J(x_1)}\frac{\delta}{\delta J(x_2)}\frac{\delta}{\delta J(x_3)}\frac{\delta}{\delta J(x_4)}\frac{Z[J]}{Z[0]}\bigg|_{J=0} .\end{aligned} \tag{5.163}$$

Nun trennen wir $Z[J]$ gemäß Gl. (5.158) auf. Es ist

$$\exp\left(iS_{int}[-i\frac{\delta}{\delta J}]\right) = 1 - i\lambda\int d^4y\,\frac{\delta^4}{\delta J(y)^4} + \mathcal{O}(\lambda^2) . \tag{5.164}$$

Damit erhalten wir das gewünschte Ergebnis:

$$\begin{aligned}&\langle 0|T\{\phi(x_1)\phi(x_2)\phi(x_3)\phi(x_4)\}|0\rangle \\ &= \frac{Z_0[0]^{-1}\frac{\delta}{\delta J(x_1)}\frac{\delta}{\delta J(x_2)}\frac{\delta}{\delta J(x_3)}\frac{\delta}{\delta J(x_4)}\left[1 - i\lambda\int d^4y\,\frac{\delta^4}{\delta J(y)^4}\right] Z_0[J]\Big|_{J=0}}{Z_0[0]^{-1}\left[1 - i\lambda\int d^4y\,\frac{\delta^4}{\delta J(y)^4}\right] Z_0[J]\Big|_{J=0}} \\ &\quad + \mathcal{O}(\lambda^2) .\end{aligned} \tag{5.165}$$

Um die getrennte Berechnung von Nenner und Zähler einfacher zu machen, haben wir hier mit $Z_0[0]^{-1}$ erweitert.

Das sind recht viele Funktionalableitungen, und es gibt dementsprechend viele kombinatorische Möglichkeiten, sie auf Z_0 anzuwenden. Jede Paarung von Ableitungen ergibt aber einen Feynman-Propagator und entspricht damit genau einer Wick-Kontraktion von zwei Feldern im kanonischen Formalismus.

Wichtig ist hier, dass der Nenner gerade Beiträgen von Vakuumgraphen entspricht. Genau wie in unserer kanonischen Herleitung kürzen sich diese Vakuumgraphen in jeder Ordnung in λ zwischen Zähler und Nenner weg. Wir wollen hier alle Beiträge explizit ausrechnen, um dies noch einmal zu demonstrieren. In der

Praxis kann man aber einfach jene Beiträge weglassen, die Vakuumgraphen ohne Verbindung zu äußeren Punkten beinhalten.

Wenden wir uns zunächst der trivialen Streuung in Ordnung λ^0 zu.

AUFGABE 81

■ Berechnet Gl. (5.165) in Ordnung λ^0 explizit. Hier kommen insbesondere die Relationen Gl. (5.93) und Gl. (5.97) sehr gelegen.

● Man kann alle Ableitungen auf Z_0 ignorieren, die mehr Potenzen von J generieren, als von den folgenden Ableitungen weggekürzt werden können, da am Ende alle Beiträge mit einem übrigen J mit $J = 0$ verschwinden. Der Nenner trägt hier nicht bei.

► Wir wollen also

$$\frac{\delta}{\delta J(x_1)} \frac{\delta}{\delta J(x_2)} \frac{\delta}{\delta J(x_3)} \frac{\delta}{\delta J(x_4)} \frac{Z_0[J]}{Z_0[0]}\bigg|_{J=0} \tag{5.166}$$

berechnen. Führen wir die erste der (vertauschenden!) Ableitungen aus, dann erhalten wir

$$= \frac{\delta}{\delta J(x_1)} \frac{\delta}{\delta J(x_2)} \frac{\delta}{\delta J(x_3)} ([JD_F](x_4)) \frac{Z_0[J]}{Z_0[0]}\bigg|_{J=0} . \tag{5.167}$$

Die nächste Ableitung kann nun auf Z_0 oder auf $[JD_F]$ wirken. Wir erhalten die beiden Beiträge

$$= \frac{\delta}{\delta J(x_1)} \frac{\delta}{\delta J(x_2)} (-D_F(x_4 - x_3) + [JD_F](x_3)[JD_F](x_4)) \frac{Z_0[J]}{Z_0[0]}\bigg|_{J=0} . \tag{5.168}$$

Ab hier ignorieren wir alle Ableitungen auf Z_0, die mehr Potenzen von J generieren, als von den folgenden Ableitungen weggekürzt werden können:

$$\begin{aligned} \sim \frac{\delta}{\delta J(x_1)} \Big(& D_F(x_4 - x_3)[JD_F](x_2) + D_F(x_3 - x_2)[JD_F](x_4) + \\ & + [JD_F](x_3) D_F(x_4 - x_2) \Big) \times \frac{Z_0[J]}{Z_0[0]}\bigg|_{J=0} . \end{aligned} \tag{5.169}$$

Die letzte Ableitung kürzt die verbliebenen J weg, und das Ergebnis ist

$$\begin{aligned} \frac{\delta}{\delta J(x_1)} \frac{\delta}{\delta J(x_2)} \frac{\delta}{\delta J(x_3)} \frac{\delta}{\delta J(x_4)} \frac{Z_0[J]}{Z_0[0]}\bigg|_{J=0} = & \\ = & D_F(x_2 - x_1) D_F(x_4 - x_3) \\ & + D_F(x_3 - x_2) D_F(x_4 - x_1) \\ & + D_F(x_3 - x_1) D_F(x_4 - x_2) . \end{aligned} \tag{5.170}$$

Das ist, wie erhofft, genau das Ergebnis, das wir in Gl. (4.119) bereits aus dem kanonischen Formalismus hergeleitet hatten. Die Teilchen propagieren zwischen den Koordinaten $x_1 \ldots x_4$ ohne Wechselwirkung.

Jetzt steht uns nichts mehr im Weg, um auch die Ordnung λ^1 zu berechnen. Man handelt sich lediglich mehr (mechanische) Schreibarbeit ein, die man durch Vorüberlegungen minimieren kann.

AUFGABE 82

■ Berechnet den Nenner und Zähler von Gl. (5.165) in Ordnung λ^1. Ordnet den 10 resultierenden Termen in Nenner und Zähler Feynman-Diagramme zu. Welche Beiträge sind nicht-zusammenhängend? Welche Anteile kürzen sich zwischen Nenner und Zähler weg? Kann man von vornherein überlegen, welche Konstellationen von Ableitungen nicht-zusammenhängende Beiträge liefern?

● Berechnet zunächst

$$\frac{\delta}{\delta J(x_1)}\frac{\delta}{\delta J(x_2)}\frac{\delta}{\delta J(x_3)}\frac{\delta}{\delta J(x_4)}\frac{Z_0[J]}{Z_0[0]} \tag{5.171}$$

für beliebiges J.

► Wir beginnen wieder bei Gl. (5.168), nehmen aber alle Terme mit. Das Ergebnis ist

$$\begin{aligned} = \Big(& D_{F12}D_{F34} + D_{F13}D_{F24} + D_{F14}D_{F23} \\ & - [JD_F]_1[JD_F]_2D_{F34} - [JD_F]_1[JD_F]_3D_{F24} - [JD_F]_1[JD_F]_4D_{F23} \\ & - [JD_F]_2[JD_F]_3D_{F14} - [JD_F]_2[JD_F]_4D_{F13} - [JD_F]_3[JD_F]_4D_{F12} \\ & + [JD_F]_1[JD_F]_2[JD_F]_3[JD_F]_4\Big)\frac{Z_0[J]}{Z_0[0]}\,. \end{aligned} \tag{5.172}$$

Hier zeichnet sich ein System ab. Wir sehen alle möglichen Terme mit 2, 3 bzw. 4 Propagatoren, und die jeweils nicht direkt durch Propagatoren verbundenen äußeren Punkte x_i werden durch einen Propagator mit einer Quelle verbunden.

Auf diesen Ausdruck müssen wir nun mit $\delta^4/\delta J^4(y)$ wirken.

1. Beginnen wir mit der letzten Zeile. *Nur hier können die zusammenhängenden Graphen entstehen, da in den anderen Zeilen bereits äußere Punkte direkt durch Propagatoren verbunden sind.*

   Hier sind bereits 4 Quellen vorhanden, und eine weitere Ableitung auf Z_0 würde ein überschüssiges J liefern, das nicht mehr weggekürzt werden kann. Es müssen also alle vier Ableitungen auf den Term $[JD_F][JD_F][JD_F][JD_F]$ wirken. Viermal nach $J(y)$ ableiten ergibt einen kombinatorischen Faktor 4!, und es bleiben Propagatoren stehen, die alle zu der Koordinate y führen:

$$4!\, D_F(x_1-y)D_F(x_2-y)D_F(x_3-y)D_F(x_4-y)\,. \tag{5.173}$$

Mit dem Integral und den verbliebenen Faktoren aus dem Exponential erhalten wir den zusammenhängenden Beitrag zur Green'schen Funktion:

$$\begin{aligned}&\langle 0|T\{\phi(x_1)\phi(x_2)\phi(x_3)\phi(x_4)\}|0\rangle_{con.}\\&= -i4!\lambda \int d^4y\, D_F(x_1-y)D_F(x_2-y)D_F(x_3-y)D_F(x_4-y)\\&\quad + \mathcal{O}(\lambda^2)\,.\end{aligned} \tag{5.174}$$

Wir können die Feynman-Regel im Ortsraum für den Vier-Punkt-Vertex ablesen: $-i\,4!\,\lambda \int d^4y$.

2. In der zweiten und der dritten Zeile stehen in jedem Term zwei Quellen. Hier müssen also zwei Ableitungen auf Z_0 wirken, die anderen beiden auf die bereits vorhandenen Quellen. Hier kann man wieder eine kleine kombinatorische Überlegung anstellen, bevor man alle 72 Beiträge einzeln ausrechnet. Zunächst müssen wir nur einen der 6 Terme auswerten, da die anderen sich durch physikalisch unterschiedliche Permutationen der Argumente $x_1 \ldots x_4$ ergeben. Es gibt 6 Möglichkeiten, zwei von vier Ableitungen auszuwählen, die auf Z_0 wirken sollen.

   Zweifaches Ableiten von $[JD_F][JD_F]$ ergibt einen weiteren kombinatorischen Faktor $2 \times D_F D_F$. Wir erhalten also einen Vorfaktor $6 \times 2 = \frac{1}{2}\,4!$

   Zweimal Z_0 ableiten liefert $-D_F(y-y) + \mathcal{O}(J) = -D_F(0) + \mathcal{O}(J)$. Wir erhalten also Ausdrücke der Form $\frac{1}{2}4!\, D_{F34}D_{F1y}D_{F2y}D_{F0}$, und das mit allen 6 unterschiedlichen Permutationen der äußeren Beinchen. Das Ergebnis ist also

$$\begin{aligned}&-i\lambda\,\frac{1}{2}\,4!\,D_F(0)\int d^4y\,(D_F(x_3-x_4)D_F(x_1-y)D_F(x_2-y))\\&\quad + \text{Permutationen } 3412 \to 1234, 1324, 1423, 2314, 2413\,.\end{aligned} \tag{5.175}$$

   Bemerkenswert ist der Propagator $D_F(0)$, der in sich selbst mündet und somit keine Abhängigkeit von äußeren Impulsen trägt. Der Vorfaktor $\frac{1}{2}$ ist gerade der Symmetriefaktor dieser Schleife in den entsprechenden Feynman-Graphen.

3. In der ersten Zeile sind bereits alle äußeren Punkte $x_1 \ldots x_4$ durch Propagatoren verbunden. Dieser Ausdruck reproduziert exakt das Ergebnis der Ordnung λ^0, und es sind keine Quellen vorhanden. Es müssen also alle vier Ableitungen auf Z_0 wirken. Damit wird ein Vakuumgraph produziert, der frei schwebend ohne Verbindung zu äußeren Punkten ist. Mathematisch äußert sich das dadurch, dass die Green'sche Funktion komplett zwischen dem λ^0-Anteil und dem Vakuumbeitrag faktorisiert. Das erlaubt es uns auch, die Vakuumbeiträge zwischen Nenner und Zähler herauszukürzen.

Vier Ableitungen auf Z_0 erzeugen, abgekürzt geschrieben:

$$\begin{aligned} Z_0 &\to -[JD_F]Z_0 \to [JD_F][JD_F]\, Z_0 - D\, Z_0 \\ &\to 2[JD_F]\, D\, Z_0 + [JD_F]\, D\, Z_0 \to 3D\, D\, Z_0\,, \end{aligned} \tag{5.176}$$

mit $D \sim D_F(0)$. Das Ergebnis ist somit

$$\Big(Gl.\,(5.170)\Big) \times -i\lambda\frac{1}{8}\, 4! \int d^4y\, D_F(0) D_F(0)\,. \tag{5.177}$$

Diese Vakuumgraphen sind hochgradig divergent, liefern aber ohnehin keinen Beitrag zu unserer Green'schen Funktion.

4. Den Nenner erhalten wir wie im letzten Teil:

$$1 - i\lambda\frac{1}{8}\, 4! \int d^4y\, D_F(0) D_F(0)\,. \tag{5.178}$$

Wegen

$$\frac{\Big(Gl.\,(5.170)\Big) + \Big(Gl.\,(5.177)\Big)}{Gl.\,(5.178)} = \Big(Gl.\,(5.170)\Big) \tag{5.179}$$

erhalten wir als Endergebnis für die Green'sche Funktion

$$\begin{aligned} &\langle 0|T\{\phi(x_1)\phi(x_2)\phi(x_3)\phi(x_4)\}|0\rangle \\ &= \Big(Gl.\,(5.170)\Big) + \Big(Gl.\,(5.175)\Big) + \Big(Gl.\,(5.174)\Big) + \mathcal{O}(\lambda^2)\,. \end{aligned} \tag{5.180}$$

Für Streuamplituden ist aber nur der zusammenhängende Teil, Gl. (5.174), interessant.

Der Übergang zu amputierten Streuamplituden im Impulsraum gestaltet sich genauso wie im kanonischen Formalismus.

Zusammenfassung zu Green'schen Funktionen und Pfadintegralen

- Verallgemeinerte Green'sche Funktionen im Pfadintegralformalismus:

$$\langle 0|T\{\phi(x_1)\ldots\phi(x_m)\}|0\rangle = \lim_{t\to\infty(1-i\epsilon)} \frac{\mathcal{D}\varphi\,\varphi(x_1)\ldots\varphi(x_m)e^{i\int d^4x\mathcal{L}}}{\mathcal{D}\varphi\, e^{i\int d^4x\mathcal{L}}} \tag{5.77}$$

- Erzeugendes Funktional für Skalare:

$$Z[J] \equiv \lim_{t\to\infty(1-i\epsilon)} \int \mathcal{D}\varphi\, e^{iS[\varphi,J]} \tag{5.85}$$

- Green'sche Funktion aus dem erzeugenden Funktional:

$$\langle 0|T\{\phi(x_1)\dots\phi(x_m)\}|0\rangle = \left(-i\frac{\delta}{\delta J(x_1)}\right)\dots\left(-i\frac{\delta}{\delta J(x_m)}\right)\frac{Z[J]}{Z[0]}\Big|_{J=0} \quad (5.86)$$

- Erzeugendes Funktional der zusammenhängenden Green'schen Funktionen:

$$\frac{Z[J]}{Z[0]} = \exp Z_c[J] \quad (5.100)$$

- Das klassische Feld:

$$\phi_{cl} = -i\frac{\delta}{\delta J(x)} Z_c[J]. \quad (5.104)$$

- Effektive Wirkung:

$$\Gamma[\phi_{cl}] = -\int d^4x J(x)\phi_{cl}(x) - iZ_c[J]\Big|_{J=J[\phi_{cl}]} \quad (5.105)$$

In der freien Theorie finden wir

$$\Gamma[\phi_{cl}] = S[\phi_{cl}]. \quad (5.113)$$

- Konstruktion des wechselwirkenden erzeugenden Funktionals aus dem freien erzeugenden Funktional:

$$Z[J] = \exp\left[iS_{int}[-i\frac{\delta}{\delta J}]\right] Z_0[J], \quad (5.158)$$

und damit

$$Z[J] = Z_0[0]\exp\left[iS_{int}[-i\frac{\delta}{\delta J}]\right]\exp\left[-\frac{1}{2}[JD_FJ]\right]. \quad (5.159)$$

Wechselwirkende Green'sche Funktionen können damit allein durch Funktionalableitungen geschrieben werden:

$$\langle 0|T\{\phi(x_1)\dots\phi(x_m)\}|0\rangle =$$

$$= (-i)^m \frac{\frac{\delta}{\delta J(x_1)}\cdots\frac{\delta}{\delta J(x_m)}\exp\left[iS_{int}[-i\frac{\delta}{\delta J}]\right]\exp\left[-\frac{1}{2}[JD_FJ]\right]}{\exp\left[iS_{int}[-i\frac{\delta}{\delta J}]\right]\exp\left[-\frac{1}{2}[JD_FJ]\right]}\Bigg|_{J=0}. \quad (5.160)$$

6 Regularisierung und Renormierung

Übersicht

Bisher haben wir uns bei der störungstheoretischen Berechnung von konkreten Streuamplituden auf Graphen ohne Schleifen beschränkt oder haben die Integrale über freie Schleifenimpulse mehr oder weniger kommentarlos stehen lassen. Wie auf Seite 165 erklärt, ist die niedrigste Ordnung der Störungstheorie für einen Prozess in der ϕ^4-Theorie durch die Graphen auf Baumniveau gegeben, und Schleifen treten erst in der nächsten Ordnung der Störungstheorie auf. Aufgrund der Schleifenintegrale erhalten wir in höheren Ordnungen der Störungstheorie unterschiedliche Divergenzen, die wir im Folgenden kurz skizzieren wollen.

Erinnern wir uns zum Beispiel an die Selbstenergie des Skalarfeldes zur Ordnung $\mathcal{O}(\lambda)$. Wenn wir die Amplitude für solch eine Schleife in der ϕ^4-Theorie aufschreiben, erhalten wir

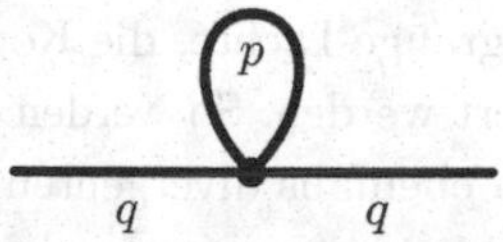

$$\propto \int \frac{d^4p}{(2\pi)^4} \frac{i}{p^2 - m^2 + i\epsilon}\,. \tag{6.1}$$

Als Abschätzung für das Verhalten bei großen Schleifenimpulsen können wir die Masse vernachlässigen, das Impulsintegral in die imaginäre Zeitrichtung rotieren, um zu sog. euklidischen Variablen mit einer trivialen Metrik überzugehen (da sich das Vorzeichen aufgrund des Faktors i^2 umkehrt), und schreiben $ip_E^0 = p^0$, $id^4p_E = d^4p$. Das erlaubt es uns, in Kugelkoordinaten überzugehen, $d^4p_E \propto d|p_E|\,p_E^3$, und die Obergrenze des Integrals vorläufig bei $|p_E| \leq \Lambda$ festzulegen. Damit erhalten wir

$$\sim \lim_{\Lambda\to\infty} \int^{\Lambda} d^4p_E\, \frac{1}{p_E^2} \sim \lim_{\Lambda\to\infty} \int^{\Lambda} d|p_E|\, \frac{p_E^3}{p_E^2} \sim \lim_{\Lambda\to\infty} \Lambda^2\,. \tag{6.2}$$

Führt man das Integral also bis zu einer maximalen Energieskala Λ (dem sogenannten *Cut-Off*) aus und lässt diese dann beliebig groß werden um das volle Impulsraumintegral $\int d^4p$ zu erhalten, sieht man, dass dieses Integral in der Region $|p| \to \infty$ quadratisch divergiert.

Das Higgs-Hierarchieproblem

In Theorien wie der Quantenelektrodynamik treten, wie wir später sehen werden, logarithmische Divergenzen $\log \Lambda$ auf. Die quadratischen Divergenzen sind eine Spezialität der Skalarfelder wie des Higgs-Bosons. Sie werden als philosophisch problematisch angesehen, da aus ihnen eine extreme Sensitivität der Theorie gegenüber dem Cut-Off Λ folgt. Diesen Umstand kann man im Fall des Higgs-Teilchens als extreme Feineinstellung seines Massenparameters auffassen. Theoretische Ideen wie die Supersymmetrie oder ein aus Fermionen zusammengesetztes Higgs-Teilchen würden hier Abhilfe schaffen. Zum Zeitpunkt der Veröffentlichung dieses Buches war jedoch nicht klar, ob die Natur das auch so sieht.

Diese Art von Divergenzen (egal ob quartisch, quadratisch oder logarithmisch) nennt man ultraviolette oder UV-Divergenz, da es sich um einen Effekt bei hohen Energieskalen handelt. Sie waren uns bereits im Zuge der kanonischen Quantisierung in Gl. (3.36) als quartische Divergenz der Vakuumenergiedichte begegnet, suchen nun aber auch physikalisch beobachtbare Prozesse heim. Diese Divergenzen der Störungstheorie ließen die frühen Entwickler der Quantenfeldtheorie sehr an der Konsistenz dieses gesamten Ansatzes zweifeln. Mit der Zeit wurde erkannt, dass man dieses Problem lösen kann, indem man diese Divergenzen zunächst durch einen Regulator wie z. B. den Cut-Off Λ parametrisiert. Dieser Vorgang heißt *Regularisierung*. Hat man diese bewerkstelligt, können in jeder Ordnung der Störungstheorie die in dem Regulator divergenten Teile der 1PI-Graphen in die eigentlich unbeobachtbaren Größen der Lagrange-Dichte, die Kopplungskonstanten, Massenparameter und Felder, absorbiert werden. So werden alle divergenten 1PI-Graphen mit dem dazu passenden, nun ebenfalls divergenten Tree-Level-Vertex der gleichen äußeren Felder gepaart, und beide gemeinsam sind endlich. Dieser Vorgang heißt *Renormierung*. Man kann sich nun fragen, ob man die Dinge damit nicht noch schlimmer gemacht hat: Nun mag der veränderte Tree-Level-Vertex die ursprüngliche Divergenz des 1PI-Graphen wegheben, doch dieser 1PI-Graph besteht doch wiederum auch aus denselben Vertizes – wurde er nun nicht *noch* „divergenter", nämlich in noch höherer Ordnung des Regulators? Hier nutzt man aus, dass diese neuen Divergenzen zu einer höheren Ordnung der Störungstheorie gehören, die man hier noch nicht endlich gemacht hat, sich aber auch nicht weiter daran stört: Man kann die *renormierte Störungstheorie* nur Ordnung für Ordnung endlich machen.

Um am Ende des Tages Zahlenwerte für die nun eigentlich unendlichen „nackten“ Kopplungskonstanten und Massenparameter m_0, λ_0 angeben zu können, mit denen man rechnen kann, spaltet man nach einer bestimmten Vorschrift die divergenten Teile von den Parametern und Feldern ab, z. B. $\lambda_0 = Z_\lambda \lambda$, um endliche *renormierte* Größen λ zu erhalten, mit denen gerechnet werden kann. Dieser Vorgang heißt (multiplikative) *Renormierung*. Der Faktor Z_λ muss den divergenten Teil der Feynman-Graphen kompensieren, ist aber nur bis auf einen endlichen Teil festgelegt. Wenn man will, kann man die durch die Renormierung zur Lagrangedichte hinzukommenden Beiträge als neue Terme hinzuaddieren, statt sie multiplikativ als Vorfaktoren vor existierende Terme zu schreiben. Die neu hinzugekommenen Terme in der Lagrangedichte nennt man dann *Counter-Terme*, da sie quasi den Divergenzen der 1PI-Graphen Kontra geben.

Hier besteht die Freiheit, ein Subtraktions- oder Renormierungsschema zu wählen. Daher sind im Endeffekt die numerischen Werte der renormierten Parameter in der Lagrange-Dichte abhängig von dem Renormierungsschema. Schaut man zum Beispiel im Particle Data Booklet [19] gemessene Werte für die Quarkmassen oder die starke Kopplungskonstante α_s nach, wird man sie immer unter Angabe eines Renormierungsschemas finden, z. B. $\alpha_s^{\overline{MS}}$.

Das alles klingt vielleicht etwas zweifelhaft, wenn man diese Vorgehensweise nicht gewohnt ist.

Aufgemerkt!

Kann man denn überhaupt noch Vorhersagen ausrechnen, wenn man Unendlichkeiten nach beliebig gewählten Schemata unter den Teppich kehrt? Die Antwort ist Ja, denn das Geheimnis liegt darin, dass es in sogenannten *renormierbaren Theorien* unabhängig von der Ordnung der Störungstheorie nur eine feste Anzahl an Divergenzen gibt, die man loswerden muss. Hat man einmal die endlichen Teile der Parameter, in die sie absorbiert werden (die renormierten Parameter), experimentell unter Verwendung des gewählten Renormierungsschemas bestimmt, muss lediglich die Berechnung weiterer Vorhersagen im selben Renormierungsschema geschehen, und alles ist in Butter.

In anderen Worten ausgedrückt: Man berechnet beobachtbare Größen mithilfe anderer beobachtbarer Größen, und Renormierung und Regularisierung sind Methoden, um die auf diesem Weg verwendeten Parameter in der Lagrange-Dichte endlich zu machen.

6.1 Regularisierung

6.1.1 Dimensionale Regularisierung

Um mit Divergenzen richtig rechnen zu können, wurden einige mathematische Tricks erfunden, um sie geschickt durch einen Regulator zu parametrisieren. Für endliche Werte des Regulators sind dann alle Integrale UV-endlich. Im Wesentlichen wird die Divergenz auf diese Weise systematisch vom Rest des Schleifenintegrals getrennt. Wie oben schon angedeutet kann man z. B., statt das Integral bis ∞ auszuführen, nur bis zu einem bestimmten Cut-Off Λ integrieren. Diese Vorgehensweise scheint einsichtig, da man seiner Feldtheorie sowieso nicht bis zu beliebig hohen Skalen trauen kann – spätestens bei der Planck-Skala wird sie voraussichtlich zusammenbrechen. Eine etwas praktischere Variante als der einfache Cut-Off ist die Pauli-Villars-Regularisierung. Rührt eine Divergenz von einem bestimmten Teilchen in der Schleife her, so wird ein zweites, massives fiktives Teilchen eingeführt, dessen Beitrag aber *ein umgekehrtes Vorzeichen* bekommt. Im UV-Regime bei großen Schleifenimpulsen sind beide Massen vernachlässigbar, und die Divergenz hebt sich zwischen dem physikalischen und dem Regularisierungs-Schleifenbeitrag weg. Der Regulator ist hier die Masse dieses Hilfsteilchens: Lässt man die Masse gegen unendlich gehen, verschwindet das Hilfsteilchen aus der Theorie, und man bekommt die ursprüngliche Divergenz wieder zurück. Diese Methode bricht die Eichinvarianz nicht-Abel'scher Eichtheorien und kann deshalb im Standardmodell nur unter Schmerzen angewendet werden. Für die Quantenelektrodynamik und die ϕ^4-Theorie ist sie aber durchaus geeignet.

Wir wollen hier jedoch sofort mit einer Regularisierungsmethode einsteigen, die für alle von uns betrachteten Feldtheorien geeignet ist und gleichzeitig sehr effizient durchführbar ist: die *dimensionale Regularisierung*. Ihr größter Nachteil ist, dass sie im Vergleich zum Cut-Off weniger intuitiv ist. Das ist aber Gewöhnungssache, und ihre zahlreichen anderen Vorteile wiegen dies mehr als auf.

Aufgemerkt!

Die Idee der dimensionalen Regularisierung ist, dass man in 4 Dimensionen divergente Schleifenintegrale zunächst in beliebigen ganzzahligen Dimensionen $d = 4 - \varepsilon$ schreibt:

$$\int \frac{d^4 q}{(2\pi)^4} \longrightarrow \int \frac{d^d q}{(2\pi)^d} \,. \tag{6.3}$$

Man setzt diese dann zu nicht-ganzzahligen, komplexen d fort, so dass man am Ende die Divergenz als Pole beispielsweise in $1/\varepsilon$ einfangen kann. Bei welcher Dimensionalität eine Divergenz auftaucht, hängt vom Grad der Divergenz und der Ordnung der Störungstheorie ab. Logarithmische Divergenzen der vierdimensionalen Theorie treten als Pol der Form $1/\varepsilon = 1/(4-d)$ auf, quadratische hingegen bei $4 - d - 2/L'$, wobei L' Werte zwischen 1 und der Schleifenordnung L annimmt.

In d Dimensionen ist die Metrik d-dimensional:

$$g^{\mu\nu} g_{\mu\nu} = d, \qquad \mu, \nu = 0, 1, \dots d - 1 . \tag{6.4}$$

Für ganzzahlige Werte von d ist das leicht einzusehen, aber was ist mit nicht-ganzzahligen Werten? In diesem Fall haben wir auch keine weiteren Probleme damit, da wir am Ende der Rechnungen immer den Limes $d \to 4$ nehmen. Die Divergenzen, die wir aufsammeln, kommen (wie wir später sehen werden) aus Γ-Funktionen. Wie genau man die Relationen der Metrik in komplex-d Dimensionen fortsetzt, wird damit Teil der Konvention des Renormierungsschemas.

Wir werden jetzt das nötige Werkzeug einführen, um mit dieser Methode Schleifenintegrale auszuwerten und auf bekannte Funktionen zurückzuführen. Danach werden wir uns mit der Renormierung der so gewonnenen Ausdrücke beschäftigen. Eine Theorie kann – je nachdem, wie sie gebaut ist – super-renormierbar, renormierbar oder nicht-renormierbar sein. Super Renormierbarkeit bedeutet, dass es in der Theorie nur eine endliche Anzahl divergenter 1PI-Graphen gibt. Renormierbarkeit bedeutet, dass man nur eine endliche Anzahl von Counter-Termen braucht, um alle Prozesse zu renormieren. Damit braucht man auch nur eine endliche Anzahl von Parametern und hat deshalb eine vorhersagekräftige Theorie. In einer nicht-renormierbaren Theorie braucht man eine unendliche Anzahl von Counter-Termen und damit auch eine unendliche Anzahl von Parametern, was die Vorhersagekraft der Theorie zunächst zerstört.[1] Das Standardmodell der Teilchenphysik, die QED und die ϕ^4-Theorie in 4 Dimensionen, sind renormierbare Theorien. Die ϕ^3-Theorie in 4 Dimensionen ist eine super-renormierbare Theorie. Nicht-renormierbare Feldtheorien sind z. B. die ϕ^6-Theorie, die meisten Feldtheorien in mehr als 4 Dimensionen und, last but not least, die Einbettung des Standardmodells in die Allgemeine Relativitätstheorie.

[1] Nicht-renormierbare Theorien können trotzdem noch Vorhersagekraft haben, falls für die betrachteten Prozesse oder Energien nur eine endliche Anzahl dieser Parameter stark beiträgt. Dies nutzt man in sogenannten Effektiven Theorien aus.

Einheiten-Zählen Man kann an der Lagrange-Dichte im Prinzip durch Abzählen der Einheiten feststellen, ob eine Theorie renormierbar ist oder nicht. Wir wissen, dass die Wirkung in natürlichen Einheiten dimensionslos ist, da $[S] = [\hbar] = 0$ ist. Wegen

$$S = \int d^4x \, \mathcal{L} \tag{6.5}$$

und weil das Differenzial dx Energieeinheiten -1 hat, muss die Lagrange-Dichte in vier Dimensionen $[\mathcal{L}] = 4$ haben.

AUFGABE 83

■ Bestimmt die Energieeinheiten der Parameter und der Felder in der ϕ^4-Theorie in vier Dimensionen!

► Die Lagrange-Dichte für die ϕ^4-Theorie ist ja

$$\mathcal{L}_{\phi^4} = \frac{1}{2}\partial_\mu\phi\partial^\mu\phi - \frac{1}{2}m^2\phi^2 - \lambda\phi^4 \,. \tag{6.6}$$

Da immer $[\partial_\mu] = 1$ gilt, kann man am kinetischen Term sehen, dass $[\phi^2] = 2$ ist. Damit ist $[\phi^4] = 4$ und die Kopplung λ somit einheitenlos. Der Massenparameter hat wie erwartet $[m] = 1$.

In einer renormierbaren Theorie muss die Kopplungskonstante immer $[\lambda] \geq 0$ sein, darf also keine negative Energiedimension besitzen. In der Allgemeinen Relativitätstheorie hat die Gravitationskonstante leider $[G] = -2$.

AUFGABE 84

■ Betrachtet die ϕ^4-Theorie in d Dimensionen. Leitet die Dimensionen der Felder und der Kopplung ab.

► Da die Wirkung einheitenlos bleibt, ist wegen $S = \int d^dx \, \mathcal{L}$ die Lagrange-Dichte $[\mathcal{L}] = d$. Für die Ableitungen gilt weiterhin $[\partial_\mu] = 1$, womit sich $[\phi] = d/2 - 1$ und $[\lambda] = 4 - d$ ergibt. Es gilt ebenfalls weiterhin $[m] = 1$.

6.1.2 Rechenmethoden

Ein-Schleifenintegrale Da Ein-Schleifenintegrale immer ähnlich gestrickt sind, kann man sie auf ein paar Grundintegrale zurückführen. Wir wollen ein paar davon angeben, die wir im Folgenden benötigen und die man für die niedrigste Schleifenordnung öfter braucht.

Aufgemerkt!

Wir benötigen folgende Formeln für d-dimensionale Integrale:

$$\int \frac{d^dp}{(2\pi)^d}\frac{1}{(p^2-\Delta)^n} = i\frac{(-1)^n}{(4\pi)^{d/2}}\frac{\Gamma(n-d/2)}{\Gamma(n)}\left(\frac{1}{\Delta}\right)^{n-d/2} \tag{6.7}$$

$$\int \frac{d^dp}{(2\pi)^d}\frac{p^2}{(p^2-\Delta)^n} = i\frac{d}{2}\frac{(-1)^{n-1}}{(4\pi)^{d/2}}\frac{\Gamma(n-d/2-1)}{\Gamma(n)}\left(\frac{1}{\Delta}\right)^{n-d/2-1} \tag{6.8}$$

$$\int \frac{d^dp}{(2\pi)^d}\frac{p^\mu p^\nu}{(p^2-\Delta)^n} = i\frac{g^{\mu\nu}}{2}\frac{(-1)^{n-1}}{(4\pi)^{d/2}}\frac{\Gamma(n-d/2-1)}{\Gamma(n)}\left(\frac{1}{\Delta}\right)^{n-d/2-1} \tag{6.9}$$

Eine vollständigere Behandlung und weitere Formeln kann man zum Beispiel in [3] finden. Wir wollen Gl. (6.7) für $n = 2$ nachrechnen. Um das Integral

$$\int \frac{d^dp}{(2\pi)^d}\frac{1}{(p^2-\Delta)^2} \tag{6.10}$$

auszuführen, werden wir zuerst in euklidische Koordinaten gehen. Dazu wenden wir einen Trick an, nämlich die sogenannte Wick-Rotation, die es schließlich erlaubt, das Integral in sphärischen Koordinaten auszuführen. Wir hatten diese Methode schon zu Beginn des Kapitels verwendet, ohne genauer darauf einzugehen. Wir definieren uns wieder einen euklidischen Vierervektor p_E mit $p^0 \equiv ip_E^0$ und $\mathbf{p} = \mathbf{p}_E$:

$$p^2 = (p^0)^2 - \mathbf{p}^2 = (ip_E^0)^2 - \mathbf{p_E}^2 = -p_E^2\,. \tag{6.11}$$

Damit ändert sich das Integral zu

$$\int \frac{d^dp}{(2\pi)^d}\frac{1}{(p^2-\Delta)^2} \equiv i(-1)^2\int \frac{d^dp_E}{(2\pi)^d}\frac{1}{(p_E^2+\Delta)^2} \tag{6.12}$$

$$= i\int \frac{d\Omega_d}{(2\pi)^d}\cdot\int_0^\infty dp_E\frac{p_E^{d-1}}{(p_E^2+\Delta)^2}\,. \tag{6.13}$$

In der letzten Zeile haben wir das Integralmaß in den „Radialanteil“ $dp_Ep_E^{d-1}$ und den sphärischen Anteil $d\Omega_d$ aufgeteilt. Der sphärische Anteil liefert einfach die Kugeloberfläche in d Dimensionen,

$$\int d\Omega_d = \frac{\pi^{d/2}d}{\Gamma(d/2+1)} = \frac{2\pi^{d/2}}{\Gamma(d/2)} \tag{6.14}$$

da der Integrand nicht winkelabhängig ist. Den Radialanteil des Integrals in Gl. (6.13) substituieren wir zuerst mit $q_E = p_E^2$:

$$i\int \frac{d\Omega_d}{(2\pi)^d}\cdot\int_0^\infty dp_E\frac{p_E^{d-1}}{(p_E^2+\Delta)^2}$$

$$= \frac{2i}{\Gamma(d/2)(4\pi)^{d/2}}\cdot\int_0^\infty \frac{1}{2}dq_E\frac{q_E^{d/2-1}}{(q_E+\Delta)^2} \tag{6.15}$$

und nun noch mit $t = \Delta/(q_E + \Delta)$:

$$(6.15) = \frac{i}{\Gamma(d/2)(4\pi)^{d/2}} \cdot \int_0^1 dt\, \frac{\Delta}{t^2} \frac{\Delta^{d/2-1}\left(\frac{1-t}{t}\right)^{d/2-1}}{\Delta^2/t^2} \tag{6.16}$$

$$= \frac{i}{\Gamma(d/2)(4\pi)^{d/2}} \Delta^{d/2-2} \cdot \int_0^1 dt\, (1-t)^{d/2-1}\, t^{1-d/2}\,. \tag{6.17}$$

Dieses Integral ist gerade die Definition der Euler'schen Beta-Funktion[2]:

$$B(a,b) = \int_0^1 dt (1-t)^{a-1} t^{b-1} = \frac{\Gamma(a)\Gamma(b)}{\Gamma(a+b)}. \tag{6.18}$$

Damit können wir das Integral auf Standardfunktionen zurückführen und erhalten

$$(Gl.\,(6.17)) = \frac{i}{(4\pi)^{d/2}} \frac{\Gamma\left(2-\frac{d}{2}\right)}{\Gamma(2)} \left(\frac{1}{\Delta}\right)^{2-d/2}. \tag{6.19}$$

Die Γ-Funktion Wie wir bereits gesehen haben, werden wir die Γ-Funktion häufig brauchen. Wir wollen sie hier in dieser Definition benutzen:

$$\Gamma(x) = \int_0^\infty dt\; e^{-t} t^{x-1}\,. \tag{6.20}$$

Diese Funktion ist meromorph und hat Pole bei $0, -1, -2, -3, \ldots$ Für uns sind folgende Eigenschaften wichtig:

1. $\Gamma(1) = \Gamma(2) = 1$
2. $\Gamma(n) = (n-1)!$ für $n = 1, 2, 3, \ldots$
3. $\Gamma(x+1) = x\Gamma(x)$
4. $\left.\frac{d\Gamma(x)}{dx}\right|_{x=1} = -\gamma_E$, wobei γ_E die Euler-Mascheroni-Konstante ist.
5. Wir benötigen im Folgenden häufig die Laurent-Entwicklung um die 0:

$$\Gamma(x) = \frac{1}{x} - \gamma_E + \mathcal{O}(x)\,. \tag{6.21}$$

Davon wollen wir jetzt zwei Punkte explizit nachrechnen:

[2] Nicht zu verwechseln mit den β-Funktionen einer Quantenfeldtheorie, welche die Skalenabhängigkeit der Parameter angeben!

AUFGABE 85

Zeigt, dass $\Gamma(x+1) = x\Gamma(x)$ ist. Evtl. hilft partielles Integrieren.

Wir setzen ein und integrieren partiell:

$$\Gamma(x+1) = \int_0^\infty dt\, e^{-t} t^{x+1-1} = -e^{-t} t^x \Big|_0^\infty + x \int_0^\infty dt\, t^{x-1} e^{-t} = x\Gamma(x)\,. \quad (6.22)$$

Das ausintegrierte Produkt ist nach Einsetzen der Integrationsgrenzen gleich null.

AUFGABE 86

Zeigt die Gleichung Gl. (6.21)

Den Vorfaktor des divergenten Teils $1/x$ berechnen wir, indem wir die Funktion mit x multiplizieren und den Grenzwert $x \to 0$ nehmen:

$$\lim_{x\to 0} x\Gamma(x) \overset{3.}{=} \lim_{x\to 0} \Gamma(x+1) = 1! = 1 \quad (6.23)$$

Den Vorfaktor des ersten endlichen, konstanten Teils (der nicht proportional zu x ist) erhalten wir, indem wir den Pol von der Funktion abziehen und dann den Grenzwert bilden:

$$\lim_{x\to 0} \Gamma(x) - \frac{1}{x} = \lim_{x\to 0} \frac{x\Gamma(x) - \Gamma(1)}{x} = \lim_{x\to 0} \frac{\Gamma(x+1) - \Gamma(1)}{x} = \left.\frac{d\Gamma(x)}{dx}\right|_{x=1}$$
$$\overset{4.}{=} -\gamma_E$$

Somit ergibt sich die Beziehung in Punkt 5.

Feynman-Parameter Bevor wir ans Regularisieren gehen, wollen wir noch die sogenannten Feynman-Parameter einführen. Ihr seht schon, Feynman war sehr aktiv in der Quantenfeldtheorie (und hatte gute Publicity). Bei Schleifenintegralen kommen häufig Terme der Art

$$\frac{1}{A_1 A_2} \quad (6.24)$$

vor, wobei A_1 und A_2 Funktionen von Impulsen sein können, über die schließlich integriert wird. Das ist in den meisten Integralen ohne weitere Umformung nicht einfach, und so benutzen wir einen Trick, solche Ausdrücke umzuschreiben, der auf Feynman zurückgeht [3]:

$$\frac{1}{A_1^{m_1} A_2^{m_2} \dots A_n^{m_n}}$$
$$= \int dx_1\, dx_2 \dots dx_n\, \delta\left(\sum_i x_i - 1\right) \frac{\Pi_i x_i^{m_i-1}}{\left(\sum_i x_i A_i\right)^{\sum m_i}} \frac{\Gamma(m_1 + m_2 + \dots m_n)}{\Gamma(m_1)\Gamma(m_2)\dots\Gamma(m_3)}. \tag{6.25}$$

Das sieht so allgemein aufgeschrieben etwas unübersichtlich aus, ist aber sehr nützlich! In Ein-Schleifenintegralen sind die Integranden gerade von dieser Form. Der Nenner des Integranden stammt nur von den Propagatoren, und damit ist der Integrand von der Art $1/A_1 \cdot A_2 \dots$ und kann mit dieser Formel umgeschrieben werden. Im Endeffekt hat man zwar durch Einführung dieser Parameter mindestens ein Integral mehr zu lösen, allerdings wird das (ursprüngliche) Impulsraumintegral wesentlich einfacher.

Aufgemerkt! Feynman-Parameter

Um Ausdrücke der Form $1/A_1 A_2 \dots$ zu vereinfachen, führt man die sogenannten Feynman-Parameter ein. Für ein einfaches Beispiel, welches aber bei Schleifenintegralen in der niedrigsten Ordnung häufig vorkommt, sieht diese Parametrisierung folgendermaßen aus:

$$\frac{1}{A_1 A_2} = \int_0^1 dx_1 \int_0^1 dx_2\, \delta(x_1 + x_2 - 1) \frac{\Gamma(2)}{\Gamma(1)\Gamma(1)} \frac{1}{(x_1 A_1 + x_2 A_2)^2}$$
$$= \int_0^1 dx_1 \frac{1}{(x_1 A_1 + (1 - x_1) A_2)^2}. \tag{6.26}$$

6.2 Regularisierung und Renormierung der ϕ^4-Theorie

Wie bereits gesagt, ist die Idee hinter der dimensionalen Regularisierung (DREG), Schleifenintegrale nicht in 4, sondern mit den oben erwähnten Methoden in d Dimensionen auszuführen. Die entsprechenden Integrale lassen sich zu komplexen kontinuierlichen d fortsetzen. Divergenzen tauchen als Pole der Form $\varepsilon^{-n} = (d - 4)^{-n}$ oder allgemein $(d - \dots)^{-n}$ auf und können im Falle renormierbarer Theorien in die Parameter der Lagrangedichte absorbiert werden. Auf 1-Schleifen-Ordnung finden wir für UV-Divergenzen immer einfache Pole. Wir wollen uns das jetzt am Beispiel der ϕ^4-Theorie konkret ansehen.

6.2.1 Regularisierung der 1PI-Graphen

In d Dimensionen schreiben wir die Lagrange-Dichte der ϕ^4-Theorie etwas um:

$$\mathcal{L}_{\phi^4,d} = \frac{1}{2}\partial_\mu\phi\partial^\mu\phi - \frac{1}{2}m^2\phi^2 - \mu^{4-d}\frac{\lambda}{4!}\phi^4 \,. \tag{6.27}$$

Wir haben hier durch den kombinatorischen Faktor 4! geteilt, damit er nicht ständig in der Feynman-Regel auftaucht.

Überzeugt euch, dass in dieser Normierungskonvention die Feynman-Regel für den Vertex durch $\mu^{4-d}(-i\lambda)$ gegeben ist!

Der Faktor μ^{4-d} stellt sicher, dass die Kopplungskonstante auch in d Dimensionen einheitenlos bleibt (im Gegensatz zu Aufgabe 84). Die Skala μ wird später eine wichtige Rolle spielen. Sie sollte zwar eigentlich als unphysikalische Hilfsgröße beliebig wählbar sein, wir werden aber feststellen, dass die Dinge insbesondere in der Störungstheorie komplizierter sind. In der klassischen Feldtheorie verschwindet offensichtlich im Grenzfall $d \to 4$ die Abhängigkeit der Kopplungsstärke von μ. Dies wird aufgrund der auftretenden Divergenzen in der Quantentheorie nicht mehr so sein.

Aufgemerkt! Die Divergenzen der ϕ^4-Theorie

In der ϕ^4-Theorie gibt es genau zwei divergente 1PI-Funktionen – jene mit zwei äußeren Beinchen $\delta^2\Gamma/\delta\phi\delta\phi$ und jene mit vieren, $\delta^4\Gamma/\delta\phi\delta\phi\delta\phi\delta\phi$. In der Zweipunkt-Funktion gibt es Divergenzen $\propto m^2$ und $\propto p^2$, und in der Vierpunkt-Funktion Divergenzen $\propto 1$. Das trifft sich gut, denn wir haben in der klassischen Wirkung S genau die korrespondierenden Terme $m^2\phi^2$, $\partial_\mu\phi\partial^\mu\phi$ und ϕ^4, in deren Koeffizienten wir diese drei Divergenzen absorbieren können. Auf 1-Schleifen-Ordnung tritt die p^2-Divergenz in der Zweipunkt-Funktion allerdings noch nicht auf.

Die 1-Schleifen-Beiträge zu diesen beiden 1PI-Amplituden, d.h. die entsprechenden 1PI-Graphen mit einer Schleife, werden wir jetzt berechnen und die Divergenzen identifizieren! Diese Ergebnisse werden wir dann im Anschluss verwenden, um die Theorie zu renormieren.

Die Selbstenergie In der Störungstheorie ist die Selbstenergie durch die Summe aller 1PI-Graphen mit zwei äußeren Beinchen gegeben. Wir bezeichnen die dem 1-Loop 1PI-Graphen entsprechende Amplitude (ohne Renormierung der äußeren Beinchen $\sqrt{R}$ etc.) als $i\Gamma^{(2)}_{\text{1-Loop}}$ oder $-i\Pi$ statt $i\mathcal{M}$.

In der ϕ^4-Theorie ist der einzige 1-Schleifenbeitrag durch

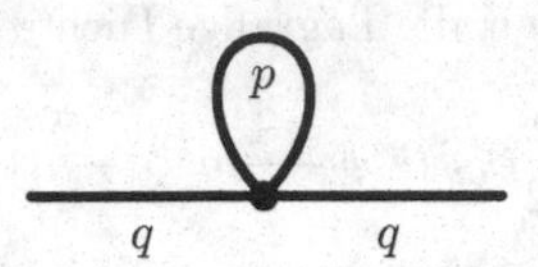

$$-i\Pi(q,m) = \frac{1}{2}(-i\lambda)\mu^{4-d}\int \frac{d^dp}{(2\pi)^d}\frac{i}{p^2-m^2+i\epsilon} \tag{6.28}$$

gegeben. Der Faktor $\frac{1}{2}$ ist der Symmetriefaktor, der sich wie in Abschnitt 4.3.3 besprochen aus der Spiegelsymmetrie der Schleife ergibt. Wir schreiben hier $\Pi(q,m)$, obwohl die Amplitude in diesem Fall nicht explizit von q abhängt. Da das nicht immer der Fall ist, behalten wir hier die allgemeine Schreibweise bei.

Wir können nun eines der d-dimensionalen Integrale, Gl. (6.7), für $n=1$ benutzen:

$$\int \frac{d^dp}{(2\pi)^d}\frac{1}{(p^2-\Delta)^n} = \frac{(-1)^n i}{(4\pi)^{d/2}}\frac{\Gamma(n-d/2)}{\Gamma(n)}\left(\frac{1}{\Delta}\right)^{n-d/2}. \tag{6.29}$$

Damit wird Gl. (6.28) zu

$$-i\Pi(q,m) = \frac{1}{2}(-i\lambda)\mu^{4-d}\frac{1}{(4\pi)^{d/2}}\frac{\Gamma(1-d/2)}{\Gamma(1)}m^{d-2}. \tag{6.30}$$

Wir sehen die Divergenz für $d\to 4$, denn dort hat $\Gamma(1-d/2)$ einen Pol. Weiterhin finden wir einen Pol bei $d\to 2$, da das Integral wie in Gl. (6.2) gezeigt in $d=4$ quadratisch divergent ist und daher auch in $d=2$ noch eine logarithmische Divergenz stehen bleibt. Um den Ausdruck entwickeln zu können, führen wir jetzt den oben schon kurz erwähnten Entwicklungsparameter $\varepsilon = 4-d$ ein:[3]

$$-i\Pi(q,m) = \frac{1}{2}(-i\lambda)\mu^{\varepsilon}\frac{\Gamma(\varepsilon/2-1)}{(4\pi)^{(4-\varepsilon)/2}}m^{2-\varepsilon}. \tag{6.31}$$

Die Γ-Funktion kann nun um $\varepsilon=0$ entwickelt werden:

$$\Gamma(\varepsilon/2-1) = -\frac{2}{\varepsilon} - 1 + \gamma_E + \frac{1}{24}(-12+12\gamma_E-6\gamma_E^2-\pi^2)\varepsilon + \mathcal{O}(\varepsilon^2),$$

mit der Euler-Mascheroni-Konstanten $\gamma_E \approx 0.577$.

[3] Verwechselt den dimensionalen Entwicklungsparameter ε nicht mit dem ϵ der Feynman-Polvorschrift! Manche Lehrbücher setzen übrigens auch $\varepsilon = (4-d)/2$.

Aufgemerkt! Wo kommen die kleinen Logarithmen her?

Wir verwenden im Folgenden zudem ständig die Entwicklung des Exponentials für kleine Exponenten

$$X^\delta = (e^{\log X})^\delta = e^{\delta \log X} = 1 + \delta \log X + \mathcal{O}(\delta^2)\,. \tag{6.32}$$

Vergesst nicht, auch $(4\pi)^{d/2}$ im Nenner entsprechend zu entwickeln!

Damit ergibt sich für Gl. (6.31):

$$\begin{aligned}
-i\Pi(q,m) &= -i\left(-\frac{2}{\varepsilon} - 1 + \gamma_E + \frac{1}{24}(-12 + 12\gamma_E - 6\gamma_E^2 - \pi^2)\varepsilon + \mathcal{O}(\varepsilon^2)\right)\\
&\quad\times\left(m^2 - \varepsilon\, m^2 \frac{1}{2}\log m^2 + \mathcal{O}(\varepsilon^2)\right)\left(\frac{\lambda}{64\pi^2}\left(2 + \varepsilon \log(4\pi\mu^2)\right) + \mathcal{O}(\varepsilon^2)\right)\\
&= \frac{im^2\lambda}{(4\pi)^2}\left(\frac{1}{\varepsilon} + \frac{1}{2}\left(1 - \gamma_E + \log 4\pi - \log\left(\frac{m^2}{\mu^2}\right)\right)\right) + \mathcal{O}(\varepsilon^2)\,.
\end{aligned} \tag{6.33}$$

Wir sehen, dass das Ergebnis aus einem divergenten Anteil $\propto \frac{1}{\varepsilon}$ und einem endlichen Anteil besteht. Wie zu Beginn erklärt, benötigen wir eine Vorschrift, welchen Teil der Divergenz man in die Parameter und Felder absorbieren will, und die dimensionale Regularisierung liefert uns eine schöne Möglichkeit, endliche und unendliche Teile eindeutig zu separieren. Durch das Auftreten der Divergenz $\frac{1}{\varepsilon}$ tragen auch damit multiplizierte Beiträge $\propto \varepsilon$, die aus naiver Sicht in unserer $d = 4$-Welt (also bei $\varepsilon = 0$) keine Rolle spielen sollten, zum endlichen Teil bei.

Beiträge zur Vierer-Vertexfunktion Nun wollen wir die Streuamplitude berechnen, die sich aus allen 1-Schleifen 1PI-Graphen mit vier äußeren Beinchen, aber ohne äußere Renormierung $\sqrt{R}$, ergibt. Die Graphen sind durch (Abb. 6.1) und die beiden gekreuzten Varianten gegeben. Wir müssen zunächst also nur diesen Graphen berechnen. Später können wir dann einfach das Ergebnis mit vertauschten äußeren Impulsen aufaddieren, um die beiden gekreuzten Graphen zu berücksichtigen, und erhalten so den vollen Ausdruck für die Vertexfunktion.

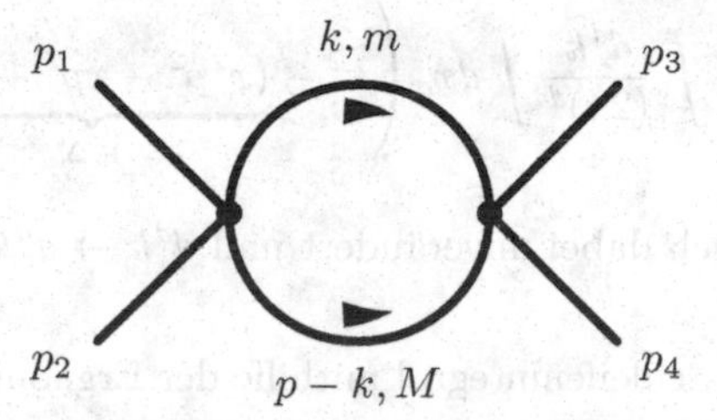

Abb. 6.1: Ein 1-Schleifen-Beitrag zur Vertexfunktion

AUFGABE 87

Stellt die Amplitude für den Graphen in Abb. 6.1 auf! Lest dabei die linken Beinchen als einlaufend, die rechten als auslaufend.

Wir wenden wieder die üblichen Feynman-Regeln an und erhalten

$$i\Gamma^{(4)}_{s,1\text{-Loop}} = \frac{1}{2}(-i\lambda)^2\left(\mu^{4-d}\right)^2 \int \frac{d^dk}{(2\pi)^d}\frac{i}{(k^2-m^2+i\epsilon)}\frac{i}{((p-k)^2-m^2+i\epsilon)} \tag{6.34}$$

wobei $p = p_1 + p_2 = p_3 + p_4$. Beachtet vor allem, dass die Kopplung wieder mit dem Vorfaktor μ^{4-d} auftritt, den wir hier mitnehmen müssen! Der Faktor $\frac{1}{2}$ ist wieder ein Symmetriefaktor, der aus der Spiegelsymmetrie des Graphen an der Horizontalen resultiert.

AUFGABE 88

Bringt das Integral aus Gl. (6.34) mithilfe der Feynman-Parameter auf die Form eines der Integrale in Abschnitt 6.1.2.

Anwendung von 6.26 gibt

$$\begin{aligned} i\Gamma_s &= \frac{\lambda^2}{2}\left(\mu^{4-d}\right)^2\int\frac{d^dk}{(2\pi)^d} \\ &\times \int dx\,\Big((1-x)(k^2-m^2+i\epsilon)+x(k^2-2pk+p^2-M^2+i\epsilon)\Big)^{-2}. \end{aligned} \tag{6.35}$$

Wir können die Vorfaktoren x bzw. $1-x$ so verteilen, wie es uns am günstigsten erscheint. Der kürzere Vorfaktor vor dem längeren Ausdruck ist schneller zu rechnen. Es ergibt sich

$$\frac{\lambda^2}{2}\left(\mu^{4-d}\right)^2\int\frac{d^dk}{(2\pi)^d}\int dx\,\left(k^2-m^2+xm^2-2pkx+xp^2-xm^2+i\epsilon\right)^{-2}.$$

Wir substituieren nun k so, dass es nur noch quadratisch vorkommt. Die Substitution ist hier $\widetilde{k} = k - xp$, und es folgt:

$$i\Gamma_s = \frac{\lambda^2}{2}\left(\mu^{4-d}\right)^2\int\frac{d^d\widetilde{k}}{(2\pi)^d}\int dx\left(\widetilde{k}^2 - \underbrace{(x^2p^2-xp^2+m^2)}_{\equiv\Delta} + i\epsilon\right)^{-2}. \tag{6.36}$$

Das Integralmaß blieb dabei unverändert und $d^dk \to d^d\widetilde{k}$.

Nun können wir das Schleifenintegral mithilfe der Ergebnisse in Abschnitt 6.1.2 auswerten.

AUFGABE 89

Wertet das Integral in Gl. (6.36) aus und entwickelt die Amplitude dann in ε zur Ordnung ε^0, d.h. nehmt die Divergenz und den konstanten Teil mit. Anteile $\mathcal{O}(\varepsilon^1)$ der Gesamtamplitude brauchen wir für unsere Zwecke hier nicht.

Zieht zuerst einen Faktor μ^ε nach vorne, ohne ihn zu entwickeln. So können die Divergenzen der Amplitude direkt mit der Wechselwirkungs-Lagrangedichte verglichen werden, in der ebenfalls ein Faktor μ^ε steht.

Aus Gl. (6.7) folgt für die Amplitude in Gl. (6.36):

$$
\begin{aligned}
i\Gamma_s &= \frac{\lambda^2}{2}\left(\mu^{4-d}\right)^2 \int \frac{d^d\widetilde{k}}{(2\pi)^d} \int dx \left(\widetilde{k}^2 - (m^2 + x^2p^2 - xp^2) + i\epsilon\right)^{-2} \\
&= \frac{\lambda^2}{2}\left(\mu^{4-d}\right)^2 \int_0^1 dx\, \frac{i}{(4\pi)^{d/2}} \frac{\Gamma\left(2-\frac{d}{2}\right)}{\Gamma(2)} \left(\frac{1}{m^2 + x^2p^2 - xp^2 - i\epsilon}\right)^{2-d/2} .
\end{aligned}
$$

Wir sehen die Divergenz in der Γ-Funktion für $d \to 4$. Deswegen führen wir jetzt wieder den Entwicklungsparameter $\varepsilon = 4 - d$ ein. Zusätzlich trennen wir den Faktor $\left(\mu^{4-d}\right)^2$ so auf, das wir einen energiebehafteten Vorfaktor μ^{4-d} haben, der die Energiedimension des Integrals trägt:

$$
i\Gamma_s = \frac{\lambda^2}{2}\mu^{4-d} \int_0^1 dx\, \frac{i}{(4\pi)^{d/2}} \frac{\Gamma\left(2-\frac{d}{2}\right)}{\Gamma(2)} \left(\frac{\mu^2}{m^2 + x^2p^2 - xp^2 - i\epsilon}\right)^{2-d/2} .
$$

Wir entwickeln nun die endlichen Terme um $\varepsilon = 0$ bis zur Ordnung ε^1, den divergenten Term bis zur Ordnung ε^0:

$$
\Gamma\left(2-\frac{d}{2}\right) = \Gamma(\epsilon/2) = \frac{2}{\varepsilon} - \gamma_E + \mathcal{O}(\varepsilon) \tag{6.37}
$$

$$
(4\pi)^{-d/2} = \frac{\varepsilon(2\log(2) + \log(\pi))}{32\pi^2} + \frac{1}{16\pi^2} + \mathcal{O}(\varepsilon^2) \tag{6.38}
$$

und

$$
\begin{aligned}
&\left(\frac{m^2 + x^2p^2 - xp^2 - i\epsilon}{\mu^2}\right)^{d/2-2=-\varepsilon/2} \\
&= 1 - \frac{1}{2}\varepsilon \log\left(\frac{m^2 - p^2x(1-x) - i\epsilon}{\mu^2}\right) + \mathcal{O}(\varepsilon^2) .
\end{aligned} \tag{6.39}
$$

Vorsicht: Das $-i\epsilon$ ist der infinitesimale Parameter aus der Feynman-Polvorschrift für den Propagator! Er wird wichtig, sobald $p^2 > 4m^2$. In diesem Fall kann das Argument des Logarithmus negativ und der Logarithmus damit komplexwertig werden. Das ϵ stellt sicher, dass man auf dem richtigen Ast des Logarithmus in der komplexen Ebene landet – im Kapitel zum optischen Theorem werden wir genauer sehen, was die physikalische Bedeutung dieser Entscheidung ist.

Damit ist dieser Beitrag zur Amplitude dann bis zur Ordnung $\mathcal{O}(\varepsilon^0)$:

$$i\Gamma_s = \frac{i\lambda^2\mu^\varepsilon}{16\pi^2\varepsilon} - \frac{i\lambda^2\mu^\varepsilon}{32\pi^2}\left(\gamma_E - \log(4\pi) + \int_0^1 dx\, A(m,p^2,x)\right), \quad (6.40)$$

$$\text{mit} \quad A(m,p^2,x) = \log\left(\frac{m^2 - p^2x(1-x) - i\epsilon}{\mu^2}\right). \quad (6.41)$$

6.2.2 Renormierte Störungstheorie

Wir müssen an dieser Stelle, wie in der Einleitung kurz erwähnt, zwischen renormierten und unrenormierten Größen unterscheiden. Die Parameter und die Felder der bisher behandelten Lagrange-Dichten fassen wir jetzt allesamt als die unrenormierten Größen auf, auch *nackte* Größen (nackte Massen, nackte Kopplungen) oder im Englischen *bare quantities (bare masses, bare couplings)* genannt. Wir bezeichnen im Folgenden alle nackten Größen mit dem Index „0" und die renormierten Massen ohne besonderen Index. Das ist nicht konsistent mit dem Rest des Buchs. Da aber in den vorigen Kapitelnimmer die unrenormierten Größen gemeint waren, haben wir dort nicht eigens an allen Größen einen Index „0" angebracht. Das wird in der QFT-Literatur meist auch so gehandhabt.

Wir haben im vorigen Abschnitt gesehen, dass die 1-Schleifen-Beiträge zur 1PI-Zwei- und Vierpunktsfunktion divergent sind. Mithilfe der DREG haben wir diese Divergenzen isolieren und als Pole im Regulator ε schreiben können. Die Renormierung der Störungstheorie besteht jetzt darin, diese Pole in die Kopplungskonstante, Masse und Felder zu absorbieren, sodass die Summe der Tree-Level-Beiträge und der 1-Schleifen-Beiträge zum Propagator und zur Vertexfunktion zur Ordnung λ^2 endlich ist.

Die in λ_0 absorbierte Divergenz taucht dann zwar wiederum in dem 1-Schleifen-Beitrag auf, ist dort aber dann $\mathcal{O}(\lambda^3)$ und wird in dieser Ordnung der Störungstheorie nicht mitgenommen. So kann man alle Divergenzen in jeder Ordnung der Störungstheorie in eine endliche Anzahl von Parametern absorbieren, wodurch für renormierbare Theorien die Anzahl der freien Parameter in allen Ordnungen der Störungstheorie gleich bleibt. Auf diese Weise behalten sie trotz der Freiheiten im Umgang mit den Divergenzen ihre volle Vorhersagekraft.

Renormierung mit Counter-Termen Wir wollen jetzt mit Counter-Termen renormieren. Dazu wollen wir uns noch einmal die unrenormierte Lagrange-Dichte in Erinnerung rufen:

$$\mathcal{L}_{bare} = \frac{1}{2}\partial_\mu\phi_0\partial^\mu\phi_0 - \frac{1}{2}m_0^2\phi_0^2 - \frac{\lambda_0}{4!}\phi_0^4\,. \quad (6.42)$$

Wir haben hier alle unrenormierten Größen mit einem Index „0" verziert. Wir gehen jetzt davon aus, dass wir alle Unendlichkeiten, die in die Größen m_0, λ_0 und ϕ_0 gesteckt werden um die Divergenzen der Schleifen zu kompensieren, in divergente Renormierungskonstanten abfaktorisieren können:

$$m_0^2 = Z_m m^2 = (1+\delta_m)m^2, \quad \lambda_0 = Z_\lambda \mu^\varepsilon \lambda = (1+\delta_\lambda)\mu^\varepsilon \lambda, \quad \phi_0 = \sqrt{Z_\phi}\phi. \quad (6.43)$$

Hier sind die Größen m, ϕ, λ ohne Index $_0$ die endlichen renormierten Größen. Wir haben hier die Renormierungskonstanten Z in der Kopplungskonstanten λ entwickelt, sodass $Z = 1 + \mathcal{O}(\lambda)$. Die renormierte Lagrange-Dichte in d Dimensionen ergibt sich dann zu:

$$\begin{aligned}\mathcal{L}_{renorm.} &= \frac{1}{2}Z_\phi \partial_\mu \phi \partial^\mu \phi - \frac{1}{2}Z_\phi Z_m m^2 \phi^2 - Z_\phi^2 Z_\lambda \frac{\mu^\varepsilon \lambda}{4!}\phi^4 \\ &= \frac{1}{2}Z_\phi \partial_\mu \phi \partial^\mu \phi - \frac{1}{2}Z_\phi (1+\delta_m) m^2 \phi^2 - Z_\phi^2 (1+\delta_\lambda) \frac{\mu^\varepsilon \lambda}{4!}\phi^4 . \end{aligned} \quad (6.44)$$

Die Selbstenergie der ϕ^4-Theorie auf 1-Schleifen Niveau besitzt keine p-Abhängigkeit; wir brauchen daher das Feld nicht zu renormieren und können (müssen aber nicht) $Z_\phi = 1$ setzen. Im Fall der Renormierung der QED in Abschnitt 11 werden wir nicht-triviale sogenannte Wellenfunktionsrenormierungen kennenlernen.

Was wir hier gemacht haben nennt sich *multiplikative* Renormierung. Das bedeutet, wir haben – ohne neue Terme zur ihr hinzuzufügen – die Lagrange-Dichte durch Einführung (multiplikativer) Renormierungskonstanten renormiert. Das funktioniert natürlich nur, wenn man bereits von vornherein alle möglichen Terme in die Lagrange-Dichte aufgenommen hat. Man sieht auch, dass es nicht möglich ist, Terme aus der Lagrange-Dichte völlig zu verbannen, die benötigt werden, um Divergenzen zu absorbieren.

Die Faktoren δ_m und δ_λ sind die sogenannten Counter-Terme, bzw. ihre Vorfaktoren. Diese wollen wir jetzt im Folgenden bestimmen. Dazu rechnen wir erst einmal stur die Feynman-Regeln für diese zusätzlichen Terme aus:

$$= -im^2\delta_m \,, \quad (6.45)$$

und auch für die Vierer-Wechselwirkung

$$= -i\mu^\varepsilon \lambda \delta_\lambda \,. \quad (6.46)$$

Die Selbstenergie in Minimaler Subtraktion Dabei behandeln wir den Counter-Term zur Zweipunktsfunktion formal als Vertex, statt ihn sofort in die freie Lagrangedichte zu absorbieren. Man kann das damit rechtfertigen, dass er eine Ordnung der Kopplungskonstante $\delta_m \propto \lambda$ tragen wird. Auf diese Weise kann man diese Feynman-Regel direkt mit der Schleifen-Amplitude $-i\Pi_{\text{1-Loop}}$ vergleichen.

Dazu wollen wir die Selbstenergie in dieser renormierten Theorie mit Counter-Termen zur Ordnung λ^1 berechnen. Dabei treten folgende Feynman-Diagramme auf:

$$-i\Pi_{\text{1-Loop+ct}} = \text{———●———} \tag{6.47}$$

$$= \text{———○———} + \text{———×———} \tag{6.48}$$

Ein paar Bemerkungen: Es handelt sich hier nicht um den Propagator. In unserer Definition der Selbstenergie gibt es keinen eigentlichen Tree-Level-Beitrag, lediglich den Counter-Term, der hier formal als 1-Schleifen-Ordnung zählt. Die volle Zweipunkt-Vertex-Funktion $i\Gamma^{(2)}$ enthält allerdings den Tree-Level-Beitrag $i(p^2 - m^2)$. Wir haben hier in die im letzten Abschnitt berechnete Amplitude schlicht die renormierte Masse und Kopplung eingesetzt. Wir hätten hier auch die nachten Grössen verwenden können, da der Unterschied formal höherer Ordnung ist. Wenn man zu 2-Loop rechnet, muss man hier genau aufpassen. Es fällt insbesondere auf, dass wir hier den Schleifengraphen mit einer Counter-Term-Einsetzung im Schleifenpropagator weggelassen haben, da er $\mathcal{O}(\lambda^2)$ ist. Hier sieht man, dass wir die Theorie wirklich nur zur nächsten Ordnung in λ renormieren.

Das Ergebnis von Gl. (6.33) bekommt damit lediglich den zusätzlichen Summanden aus dem Counter-Term-Beitrag. Die renormierte Selbstenergie auf 1-Schleifen-Niveau 6.47 ist damit

$$-i\Pi_{\text{1-Loop+ct}} = \frac{im^2\lambda}{(4\pi)^2}\left[\frac{1}{\varepsilon} + \frac{1}{2}\left(1 - \gamma_E + \log 4\pi - \log\frac{m^2}{\mu^2}\right)\right] - im^2\delta_m \tag{6.49}$$

Da wir darin frei sind, δ_m zu wählen, wie wir wollen, können wir den Faktor gerade so wählen, dass genau der Pol in ε wegfällt:

$$-i\delta_m^{\text{MS}} \equiv -\frac{i\lambda}{(4\pi)^2\varepsilon} \tag{6.50}$$

Diese Wahl des Counter-Terms in der dimensionalen Regularisierung entspricht dem sogenannten *Minimal Subtraction Scheme*, kurz MS-Schema. Es hat sich eingebürgert, das „modifizierte MS“ oder $\overline{\text{MS}}$-Schema zu verwenden, bei dem noch ein zusätzlicher endlicher Teil in den Counter-Term absorbiert wird:

Aufgemerkt!

$$-i\delta_m^{\overline{\text{MS}}} \equiv -\frac{i\lambda}{(4\pi)^2}\left(\frac{1}{\varepsilon} - \frac{1}{2}\left(\gamma_E - \log 4\pi\right)\right). \tag{6.51}$$

Das ist sinnvoll, da diese zwei Summanden unabhängig von der genauen Form der Schleife immer wieder in Schleifenintegralen auftreten. Unter Umständen verbessert man sogar das Verhalten der Störungsreihe, wenn man sie mit abzieht. Das $\overline{\text{MS}}$-renormierte Endergebnis ist dann

$$-i\Pi^{\overline{\text{MS}}}_{\text{1-Loop+ct}} = \frac{im^2\lambda}{2(4\pi)^2}\left(1 - \log\frac{m^2}{\mu^2}\right) . \tag{6.52}$$

Abhängigkeit der Konstanten vom Renormierungsschema

Das bedeutet insbesondere, dass alle im Experiment gemessenen Parameter der Lagrange-Dichte „nur" im Bezug auf ein bestimmtes Renormierungsschema gemessen und angegeben werden können, sobald man über Tree-Level hinausgeht. Man kann natürlich auch zwischen den verschiedenen Schemata wechseln, indem man dann die physikalische Größe umrechnet. Für den schwachen Mischungswinkel $\sin\theta_W$ beispielsweise ist der Wert für das sog. On-Shell-Schema 0.2231, während der Wert in $\overline{\text{MS}}$ 0.2312 ist. Manche Größen lassen sich in einem Schema viel genauer angeben als in einem anderen. Extrem ist beispielsweise der Unterschied in Wert und Fehlerbalken zwischen der Polmasse des Top-Quark bei $m_{t,pol} \approx 173.07 \pm 0.52 \pm 0.72$ GeV und $m_t^{\overline{MS}} \approx 160^{+5}_{-4}$ GeV; siehe [19]

Die Vierpunkt-Vertexfunktion in Minimaler Subtraktion Wir haben in Aufgabe 87 bzw. in Abb. 6.1 einen Schleifenbeitrag zur Vierpunkt-Vertexfunktion betrachtet und festgestellt, dass auch diese Schleife mit $\propto 1/\varepsilon$ divergent ist. Das lässt uns vermuten, dass auch die Kopplungskonstante λ_0 in der Wechselwirkungs-Lagrange-Dichte eine divergente unrenormierte Größe ist. Im Folgenden wollen wir diesen Counter-Term bestimmen.

Für die Vierpunkt-Vertexfunktion auf 1-Schleifen-Niveau in der renormierten Störungstheorie mit Counter-Termen müssen wir insgesamt folgende 1PI-Diagramme berücksichtigen:

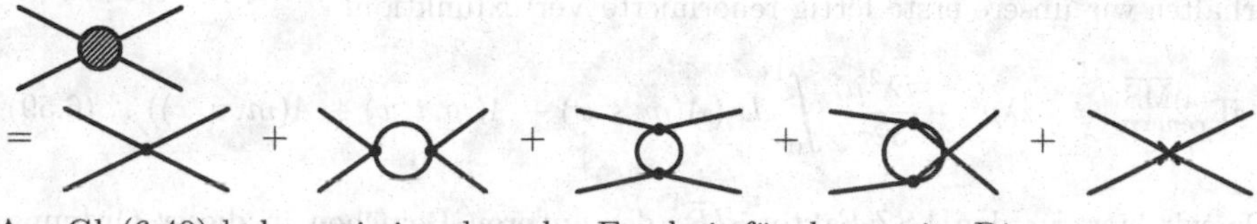

= + + + +

Aus Gl. (6.40) haben wir ja schon das Ergebnis für das zweite Diagramm,

$$i\Gamma_{\text{1-Loop},s} = \frac{i\lambda^2\mu^\varepsilon}{16\pi^2\varepsilon} - \frac{i\lambda^2\mu^\varepsilon}{32\pi^2}\left(\gamma_E - \log(4\pi) + \int_0^1 dx\ A(m,p,x)\right) , \tag{6.53}$$

$$\text{mit } A(m,p,x) = \log\left(\frac{m^2 - p^2x(1-x)}{\mu^2}\right) \tag{6.54}$$

in das wir wieder einfach die renormierten Parameter einsetzen. Wir erinnern uns, dass der Impuls p^2 die Summe der einlaufenden Impulse ist, $p^2 = (p_1 + p_2)^2 = s$. Die Mandelstam-Variablen s, t, u hatten wir in Gl. (4.238) definiert. Damit können wir diesen Beitrag zur Amplitude als

$$i\Gamma_{\text{1-Loop},s} = \frac{i\lambda^2\mu^\varepsilon}{16\pi^2\varepsilon} - \frac{i\lambda^2\mu^\varepsilon}{32\pi^2}\left(\gamma_E - \log(4\pi) + \int_0^1 dx\, A(m,s,x)\right), \tag{6.55}$$

$$\text{mit } A(m,s,x) = \log\left(\frac{m^2 - sx(1-x) - i\epsilon}{\mu^2}\right) \tag{6.56}$$

schreiben. Die restlichen 1-Schleifen-Beiträge bekommen wir durch Crossing $s \to t$ und $s \to u$, sodass wir die Gesamtamplitude der Vier-Punkt-Funktion schließlich als

$$\begin{aligned} i\Gamma_{\text{1-Loop+ct}}(p_1,p_2,p_3,m) &= -i\mu^\varepsilon\lambda - i\mu^\varepsilon\lambda\delta_\lambda + 3\cdot\frac{i\lambda^2\mu^\varepsilon}{16\pi^2\varepsilon} \\ -3\cdot\frac{i\lambda^2\mu^\varepsilon}{32\pi^2}&\left((\gamma_E - \log(4\pi)) + \frac{1}{3}\int_0^1 dx\,(A(m,s,x) + A(m,t,x) + A(m,u,x))\right) \end{aligned} \tag{6.57}$$

schreiben können. Nun ist wieder klar sichtbar, wie δ_λ gewählt sein muss, um die Amplitude 1-Loop-endlich zu machen und das MS- oder das $\overline{\text{MS}}$-Schema zu erfüllen:

Aufgemerkt!

$$-i\delta_\lambda^{\text{MS},\overline{\text{MS}}} = -i\frac{3\lambda}{16\pi^2}\Big(\frac{1}{\varepsilon} - \underbrace{\frac{1}{2}(\gamma_E - \log(4\pi))}_{\overline{\text{MS}}}\Big), \tag{6.58}$$

wobei der unterklammerte Term nur im $\overline{\text{MS}}$-Schema mit abgezogen wird.

Setzen wir das wieder in die Gesamtamplitude der Vier-Punkt-Funktion ein, so erhalten wir unsere erste fertig renormierte Vertexfunktion!

$$i\Gamma^{(4)\overline{\text{MS}}}_{renorm} = -i\lambda\mu^\varepsilon - \frac{i\lambda^2\mu^\varepsilon}{32\pi^2}\int_0^1 dx\,(A(m,s,x) + A(m,t,x) + A(m,u,x)). \tag{6.59}$$

Da wir hier für den LSZ-Faktor $\sqrt{R}^4$ der äußeren Beinchen in dieser Ordnung $R = 1$ annehmen können (dazu gleich mehr), ist dies auch der Ausdruck für die renormierte Streuamplitude (für $d \to 4$)

$$i\mathcal{M}^{\overline{\text{MS}}}_{1-Loop+ct} = -i\lambda - \frac{i\lambda^2}{32\pi^2}\int_0^1 dx\,(A(m,s,x) + A(m,t,x) + A(m,u,x)), \tag{6.60}$$

In der Tat – die Summe aus 1-Schleifen- und Counter-Term-Beiträgen ist endlich! Wir haben aber noch mehr erreicht: Mit unseren neuen Feynman-Regeln einschließlich der Counter-Terme sind nun beliebige Streuamplituden in der ϕ^4-Theorie auf 1-Schleifen-Niveau endlich!

Zeichnet die amputierten Feynman-Graphen (d.h. ohne äußere Selbstenergien oder Propagatoren, aber nicht notwendigerweise 1PI!) für den Streuprozess $\phi\phi \to \phi\phi\phi\phi$ auf 1-Loop inklusive der Counter-Term-Beiträge der gleichen Ordnung in λ (d.h. Counter-Terme zählen in dieser Entwicklung als eine Schleife). Alle auftretenden Schleifen sollten entweder von sich aus oder dank Counter-Termen endlich sein.

Andere Renormierungsschemata Die von uns hier verwendeten MS- und $\overline{\text{MS}}$-Renormierungsbedingungen sind vergleichsweise „unphysikalisch" in dem Sinne, dass sie keiner sehr anschaulichen Bedingung an die Streuamplitude entsprechen. Folglich besitzen auch unsere renormierten Parameter m^2 und λ keine sehr greifbare Interpretation – beispielsweise ist der renormierte Massenparameter m^{MS} nicht die Polmasse, und entspricht bei stabilen Teilchen auch nicht der Masse, die man fände, wenn man sie wöge. Dafür sind die MS-Bedingungen aber einfach zu formulieren. Sie bieten zudem den Vorteil, dass keine Massenabhängigkeit in den Counter-Termen der Parameter auftaucht, was immense technische Vorteile haben kann (Stichwort: mass independent renormalization scheme). MS bietet sich beispielsweise in der Quantenchromodynamik an, da man die Quarks sowieso nicht isoliert messen kann. In der Quantenelektrodynamik werden wir der Einfachheit halber wieder MS-renormieren, hier bieten sich aber auch andere Schemata an, in denen der Massenparameter wirklich der „gewogenen" Masse des Elektrons, und die elektromagnetische Kopplungskonstante wirklich der Coulomb-Anziehung entspricht.

Aufgemerkt! Ein anderes Renormierungsschema

Wer in [3] das Kapitel zur renormierten ϕ^4-Störungstheorie nachliest, wird dort für die beiden divergenten 1PI-Funktionen der ϕ^4-Theorie die Renormierungsbedingungen

$$i\Gamma|_{s=4m^2,t=u=0} = -i\lambda\,, \quad \Pi(p^2)\Big|_{p^2=m^2} = 0\,, \quad \frac{d\Pi(p^2)}{dp^2}\Big|_{p^2=m^2} = 0 \qquad (6.61)$$

vorfinden, die sich von MS oder $\overline{\text{MS}}$ unterscheiden. Da die unrenormierte Selbstenergie $-i\Pi$ auf 1-Loop keine p^2-Abhängigkeit besitzt, ist die letzte Bedingung in dieser Ordnung automatisch erfüllt – zumindest, solange wir nicht von Hand einen endlichen Counter-Term $\propto \partial_\mu\phi\partial^\mu\phi$ hinzunehmen, der eine p^2-Abhängigkeit in Π einführen würde. Wir werden also dazu aufgefordert, in dieser Ordnung $Z_\phi = 1$ zu belassen.

Die physikalische Interpretation dieser Renormierungsbedingungen ist klarer als für die MS: Der renormierte Massenparameter m ist nun wirklich die Polmasse, da die Selbstenergie verschwindet, und die Wechselwirkung ist gerade an der Produktionsschwelle $\sqrt{s} = 2m$ durch den Tree-Level-Vertex mit Kopplungsparameter λ gegeben, der in dieser speziellen kinematischen Situation keine Strahlungskorrekturen auf 1-Loop erfährt (Schleifengraphen und Counter-Term heben sich genau gegenseitig weg). Bei höheren Energien und anderen Streuwinkeln ist aber $\Gamma \neq -\lambda$, und gerade in dieser Abweichung liegt bei diesem einfachen Streuprozess die nichttriviale, von der Renormierungskonvention unabhängige Vorhersage der renormierten Störungstheorie. Auf die Bedeutung der Bedingung $Z_\phi = 1$ kommen wir in unserer Diskussion der Dyson-Resummation zu sprechen.

Eine etwas anspruchsvollere Frage zum Nachdenken und Ausprobieren: Wie lautet in der hier betrachteten 1-Schleifen-Näherung die Umrechnungsvorschrift zwischen unseren renormierten Parametern λ, m^2 im $\overline{\text{MS}}$-Schema und jenen in dem in Gl. (6.61) angegebenen Schema?

Zur Bedeutung der Skala μ in Amplituden In Abschnitt 6.2.1, Gl. (6.27), haben wir den Faktor μ als unphysikalische Hilfsgröße eingeführt, damit die Kopplung λ auch in der d-dimensionalen Lagrange-Dichte einheitenlos bleibt. Nun stellt sich aber heraus, dass aufgrund der Divergenzen unsere Streuamplitude Gl. (6.60), und damit auch der Streuquerschnitt, immer noch formal von μ abhängig sind. Was ist also die Bedeutung dieses Parameters?

Zunächst müssen wir die Massen und die Kopplungskonstanten ja durch den Vergleich einer Vorhersage mit dem Experiment bestimmen. Unsere $\overline{\text{MS}}$-renormierte Streuamplitude, Gl. (6.60), kann zum Beispiel dafür herhalten. Hier müssen wir uns nun für einen Wert von μ entscheiden, bevor wir λ an die fiktiven Messdaten unseres $\phi\phi$-Beschleunigers fitten können. Das Ergebnis unseres Fits würden wir dann als $\lambda_{1-Loop}^{\overline{MS}}(\mu = \dots)$ publizieren. Aber welchen Wert von μ nehmen wir?

Wir befinden uns in einer Störungstheorie mit dem Entwicklungsparameter λ, und insbesondere gehen wir davon aus, dass Reihenglieder höherer Ordnungen in λ weniger wichtig werden, sodass unsere störungstheoretische Rechnung zur gewählten Ordnung gültig ist. Wir sehen im Fall von Gl. (6.60), dass der Koeffizient des zweiten Terms durch den Faktor $1/32\pi^2$ (nach dem Quadrieren der Amplitude $\sim 1/16\pi^2$) schon von Haus aus im Verhältnis zum ersten Term unterdrückt ist, solange $\lambda \ll 4\pi$ ist. Allerdings haben wir ja noch die Logarithmen mit dem μ^2 im Nenner. Betrachten wir Gl. (6.60) in der Näherung $m = 0$, finden wir

$$\mathcal{M}^{\text{1-Loop}} \propto \log \frac{-s}{\mu^2} + \log \frac{-t}{\mu^2} + \log \frac{-u}{\mu^2} \,. \tag{6.62}$$

Würden wir jetzt einen extremen Wert für μ wählen, beispielsweise $\mu \gg s$ oder $\mu \gg |t|$, könnten diese Logarithmen so große Beiträge liefern, dass die Störungsreihenentwicklung ungültig wird. Deshalb will man den Beitrag der Logarithmen klein gegenüber dem Tree-Level-Beitrag halten. Dies erreicht man, wenn $\mu^2 \sim s, |t|, |u|$ ist, also nahe der Schwerpunktsenergie dieses Prozesses. In Produktionsquerschnitten von massiven Teilchen tritt ein $\log m^2/\mu^2$ auf, sodass man hier oft $\mu^2 \sim m^2$ wählt. Man sieht aber auch, dass man für extreme kinematische Konfigurationen von s, t, u die perturbative Kontrolle verlieren kann. Dies ist für aufintegrierte Querschnitte oft kein Problem, doch interessiert man sich für die genaue differenzielle Verteilung, muss man hier zusätzliche Tricks anwenden. Weiterhin kann es Probleme geben, falls sehr unterschiedliche Massenskalen $m \ll M$ in einem Prozess auftauchen, da man dann schwerlich gleichzeitig $\log(m/\mu)$ und $\log(M/\mu)$ klein machen kann. Ist man auf hohe Präzision aus, dann ist das Gift. Hier kann man Teilchen, die wesentlich leichter als die Energieskala sind, formal masselos werden lassen, und solche, die wesentlich schwerer sind, aus der Theorie ausintegrieren. Weiterhin gibt es unter dem Begriff *Resummation* zusammengefasste Techniken, wie man gezielt Teile der Störungsreihe (insb. Potenzen von großen Logarithmen) zu allen Ordnungen analytisch aufsummieren kann, um die Stabilität der Ergebnisse zu verbessern. Wie man das korrekt bewerkstelligt, ist wiederum eine Wissenschaft für sich.

Die Tatsache, dass wir die Renormierungsskala μ der Prozessenergie anpassen müssen, um die Kontrolle über die Störungstheorie zu behalten, hat eine ganz tiefgreifende Konsequenz: Die renormierte Kopplungskonstante λ wird im Allgemeinen unterschiedliche Werte haben, abhängig davon, mit welchem μ wir sie messen, und dementsprechend wird sie in der Störungstheorie zwangsläufig von der Prozessenergie abhängen, bei der die Messung stattfindet. Was passiert aber nun, wenn wir λ bei der einen Energieskala gemessen haben und nun eine Vorhersage bei einer wesentlich verschiedenen Skala machen wollen? Wie man $\lambda(\mu)$ bei der neuen, weit entfernten Energieskala bestimmt, ohne neu messen zu müssen, und so die Vorhersagekraft der Störungstheorie retten kann, behandeln wir in Abschnitt 6.2.6.

Hätten wir den Streuquerschnitt zu allen Ordnungen der Störungstheorie vorliegen, dann wäre er unabhängig von μ. Der Grund dafür ist einfach der, dass die Vorhersage für eine physikalische Messgröße nicht von der Rechenmethode abhängen kann, wenn sie exakt ist. Bricht man aber vorher ab, z. B. wie wir hier nach einer Schleife, so bleibt dieser Faktor noch als Relikt des Regularisierungsschemas übrig und muss für eine Berechnung auf einen Wert gesetzt werden. Diese Abhängigkeit wird idealerweise kleiner, je höher die berechnete Ordnung ist. Oft wird die Variation des berechneten Querschnitts unter Variation von μ (bei gleichzeitiger Variation der Parameter $\lambda(\mu)$ etc.) verwendet, um eine Fehlerabschätzung der Störungsnäherung zu bekommen.

Im Abschnitt 6.2.6 werden wir also untersuchen, wie sich λ mit der Variation von μ verändert. Man bezeichnet diese Eigenschaft als Renormierungsgruppenlaufen. Da sich die eigentlich dimensionslose Größe mit der Energieskala verändert, sagt man, sie erhält eine *anomale Dimension.*

6.2.3 Die Dyson-Resummation, die Polmasse und das Residuum

Als Einschub wollen wir jetzt den Zusammenhang zwischen der Selbstenergie des Skalars und dem sogenannten Dyson-resummierten Propagator besprechen. Diese Vorgehensweise liefert eine etwas andere (aber völlig äquivalente) Sicht auf die Renormierung der Selbstenergie und gibt uns explizite Ausdrücke für die Polmasse und – endlich! – den rätselhaften Faktor $\sqrt{R}$, den wir in den vergangenen Abschnitten immer mitgeschleppt hatten.

Dazu benötigen wir eine spezielle Aufteilung der Störungsreihe: Der exakte störungstheoretische Propagator, als Green'sche Funktion aufgefasst, ist die Summe aller Diagramme mit zwei äußeren Beinchen und äußeren Propagatoren. Hier unterscheiden wir jetzt zwischen 1-Teilchen-irreduziblen (1PI) und reduziblen Diagrammen. Noch einmal zur Erinnerung: 1-Teilchen-irreduzibel bedeutet, dass man Diagramme nicht durch Schneiden *einer* Linie in zwei Diagramme zerfallen lassen kann. Demnach bedeutet 1-Teilchen-reduzibel, dass man das kann. Der Propagator kann als eine Summe von Ketten von $0, 1, 2, \ldots$ 1PI-Diagrammen dargestellt werden, die jeweils durch einen einfachen Propagator verbunden sind:

Alle 1-Teilchen-irreduziblen Diagramme beinhalten aber selbst wieder alle Ordnungen der Störungstheorie:

$$= + + + ct. + \ldots \qquad (6.63)$$

Die 1-Teilchen-reduziblen natürlich auch:

$$= + + ct. + \ldots \qquad (6.64)$$

Die Selbstenergie ist die Summe aller 1-Teilchen-irreduziblen Diagramme ohne äußere Propagatoren (hier, im Gegensatz zu dem Graph in Gl. (6.63) *ohne* die äußeren Punkte dargestellt):

$$\text{—●—} = -i\Pi(p^2)\,. \tag{6.65}$$

Damit ist dann der exakte Propagator $G^{(2)}(p)$ die Summe über die Selbstenergien, die immer von zwei Tree-Level-Propagatoren $D_F^{(0)}(p) = \frac{i}{p^2-m^2}$ umrahmt sind:

$$\bullet\text{—●—}\bullet = \frac{i}{p^2-m^2} + \frac{i}{p^2-m^2}\underbrace{\left(-i\Pi(p^2)\right)}_{\text{—●—}}\frac{i}{p^2-m^2}$$

$$+\frac{i}{p^2-m^2}\underbrace{\left(-i\Pi(p^2)\right)}_{\text{—●—}}\frac{i}{p^2-m^2}\underbrace{\left(-i\Pi(p^2)\right)}_{\text{—●—}}\frac{i}{p^2-m^2}+\dots \tag{6.66}$$

Hier lassen wir die Polvorschrift $i\epsilon$ der Übersichtlichkeit halber weg. Wir können diese Summe über Ketten von Diagrammen als geometrische Reihe

$$\sum_{n=0}^{\infty} x^n = \frac{1}{1-x}\,, \quad x = \left(-i\Pi(p^2)\right)\frac{i}{p^2-m^2} \tag{6.67}$$

auffassen und erhalten

$$G^{(2)}(p) = \frac{i}{p^2-m^2}\times\frac{1}{1-\frac{\Pi(p^2)}{p^2-m^2}} = \frac{i}{p^2-m^2-\Pi(p^2)} \tag{6.68}$$

wobei wir die quadratischen Counter-Terme (d.h. alle Abweichungen der freien Lagrangedichte von der kanonischen Normierung) in das endliche Π gesteckt haben. Enthält Π die 1PI-Graphen aller Ordnungen der Störungstheorie, so ist dieses Objekt im Prinzip $G^{(2)}(p) = D_F^{exakt}(p)$, sofern keine nicht-perturbativen Effekte eine Rolle spielen, die von diesem Zugang nicht berücksichtigt werden. Wir können anhand dieser Darstellung nun ein Kriterium für die Position des Massenschalenpols aufstellen. Dazu kann man z. B. mit der Källén-Lehmann-Darstellung (Seite 116) des exakten Propagators vergleichen:

$$G^{(2)}(p) = \frac{iR}{p^2-m_{pol}^2} + \int_{m_1^2}^{\infty} dm'^2\rho(m'^2)D_F(x-y,m'^2)\,, \tag{6.69}$$

welchen wir jetzt mit der rechten Seite von Gl. (6.68) gleichsetzen können:

$$\frac{iR}{p^2-m_{pol}^2} + \int_{m_1^2}^{\infty} dm'^2\rho(m'^2)D_F(x-y,m'^2) = \frac{i}{p^2-m^2-\Pi(p^2)} \tag{6.70}$$

Das Dichteintegral trägt nicht zur Polstruktur bei $p^2 \sim m_{pol}^2$ bei und kann vernachlässigt werden.

Aufgemerkt!

Dann legt folgende Gleichung die Polmasse m_{pol}^2 implizit fest:

$$m_{pol}^2 = m^2 + \Pi(p^2)\big|_{p^2=m_{pol}^2} . \tag{6.71}$$

Nun ist auch klar, weshalb in dem Renormierungsschema Gl. (6.61) die renormierte Masse gleich der Polmasse ist - verschwindet am Renormierungspunkt $\Pi(m^2)$, so ist m automatisch die Polmasse!

Leitet Gleichung (6.71) aus Gleichung (6.70) her!

Wir sehen also, dass wir in der renormierten Störungstheorie die endliche „physikalische“ Polmasse m_{pol} aus der durch Counter-Terme endlich gemachten Selbstenergie $\Pi(p^2)$ und der renormierten Masse bestimmen können!

Eine weitere Größe, die wir jetzt aus der Selbstenergie bestimmen können, ist das Residuum des Propagators am Pol. Das ist gerade der R-Faktor, den wir uns im Zuge der LSZ-Reduktion eingehandelt hatten. Das werden wir in der nächsten Aufgabe tun.

AUFGABE 90

Entwickelt die Selbstenergie $\Pi(p^2)$ in linearer Ordnung in p^2 um $p^2 = m_{pol}^2$ und bestimmt mithilfe der Polmasse in Gleichung (6.71) und der Propagatorgleichung (6.70) den R-Faktor!

Wir entwickeln zuerst die Selbstenergie um $p^2 = m_{pol}^2$:

$$\begin{aligned}\Pi(p^2) &= \Pi(p^2)\big|_{p^2=m_{pol}^2} + \left.\frac{d\Pi(p^2)}{dp^2}\right|_{p^2=m_{pol}^2} (p^2 - m_{pol}^2) + \mathcal{O}\left((p^2 - m_{pol}^2)^2\right) \\ &= \Pi(m_{pol}^2) + \Pi'(m_{pol}^2)(p^2 - m_{pol}^2) + \mathcal{O}\left((p^2 - m_{pol}^2)^2\right) .\end{aligned} \tag{6.72}$$

Damit ergibt sich aus der Propagatorgleichung:

$$\begin{aligned}R &= \lim_{p^2\to m_{pol}^2} \frac{p^2 - m_{pol}^2}{p^2 - m_{pol}^2 - \Pi'(m_{pol}^2)(p^2 - m_{pol}^2) + \mathcal{O}\left((p^2 - m_{pol}^2)^2\right)} \\ &\longleftrightarrow R^{-1} = 1 - \Pi'(m_{pol}^2) ,\end{aligned} \tag{6.73}$$

und wir haben somit eine Gleichung für den R-Faktor.

Aufgemerkt!

Der R-Faktor lässt sich aus der Ableitung der Selbstenergie bestimmen:

$$R^{-1} = 1 - \left.\frac{d\Pi(p^2)}{dp^2}\right|_{p^2=m_{pol}^2} = 1 - \Pi'(m_{pol}^2)\,. \quad (6.74)$$

Hier gehen wir davon aus, dass die freie Lagrangedichte ohne Counter-Terme kanonisch normiert ist und alle Abweichungen davon gemäß $Z_\phi = 1 + \delta_\phi$ als Counter-Terme aufgefasst und in Π gesteckt wurden. Falls die Selbstenergie unabhängig vom Impuls p^2 ist (wie es z. B. in der ϕ^4-Theorie auf 1-Schleifen-Niveau der Fall ist, falls man $\delta_\phi = 0$ wählt), so ist für die kanonisch normierte Lagrange-Dichte $R = 1$. In führender Ordnung der Störungstheorie in kanonischer Normierung ist $\Pi = 0$ und automatisch $R = 1$.

Die Dyson-Resummation bricht mit der herkömmlichen Philosophie der Störungstheorie, alle Größen stur bis zu einer festen Ordnung auszurechnen – wir summieren beliebig hohe Potenzen der 1PI-Diagramme auf, nehmen diese selbst aber nur zu einer festen Schleifenordnung mit. Wollte man einfach die Beiträge zur Zweipunkts-Funktion bis zu einer festen Schleifenordnung ausrechnen, würde man die Dyson-Reihe nach dem entsprechenden Term abbrechen. In solch einer strikt störungstheoretischen Behandlung sähe man aber beispielsweise nie die Auswirkungen der Strahlungskorrekturen auf die Position des Pols. Was wir hier machen, liefert uns hingegen einen Propagator, der dem Inversen der Vertexfunktion $\Gamma^{(2)}$ auf der entsprechenden Schleifenordnung entspricht. Somit haben wir zumindest in einem gewissen Sinne zu einer definierten Ordnung gerechnet.

6.2.4 Renormierbar oder nicht renormierbar, das ist hier die Frage

Nicht renormierbare Theorien Den tiefen Grund, weshalb Kopplungskonstanten negativer Energiedimension so problematisch sind, können wir hier leider nicht rigoros diskutieren. Man kann aber die Grundidee halbwegs einfach motivieren: Betrachten wir die (1PI)-Feynman-Graphen zu Amplituden, so haben diese für eine fest vorgegebene Anzahl äußerer Beinchen eine bestimmte Energiedimension, z. B. $[\mathcal{M}] = 0$ für 4 äußere Bosonen. Hat nun die Kopplungskonstante negative Energiedimension, muss dies durch eine dimensionsbehaftete Größe kompensiert werden. So treten höhere Potenzen der Schleifenimpulse auf, die zu neuen UV-Divergenzen führen, die neue Counter-Terme und damit neue Parameter nach sich ziehen. Man kann dieses *Power Counting* zu einem systematischen Beweis ausbauen. Wir hatten auf Seite 165 einen einfachen graphentheoretischen Zusammenhang zwischen äußeren Beinchen, Schleifen und Vertizes hergestellt. Auf ähnliche Weise kann man den oberflächlichen Divergenzgrad von Diagrammen berechnen und so zeigen, dass z. B. die ϕ^4-Theorie renormierbar bleibt. Hier wollen wir den gegenteiligen Fall kurz anhand einer ϕ^5-Theorie illustrieren:

Statten wir unsere ϕ^4-Theorie mit dem zusätzlichen Wechselwirkungsterm

$$-\frac{1}{\Lambda}\phi^5, \tag{6.75}$$

aus, dann gibt es den ersten gezeigten 1PI-Graphen mit 6 Beinchen (und diverse gekreuzte Versionen), und er ist logarithmisch divergent. Das nötigt uns dazu, einen Term

$$-\frac{c_6}{\Lambda^2}\phi^6 \tag{6.76}$$

einzuführen, in den wir diese Divergenz absorbieren können. Haben wir diese Wechselwirkung aufgenommen, gibt es jedoch den dritten Graphen, der wiederum logarithmisch divergent ist. Das nötigt uns dazu, einen Term

$$-\frac{c_8}{\Lambda^4}\phi^8 \tag{6.77}$$

in die Lagrange-Dichte aufzunehmen, um den entsprechenden Counter-Term schreiben zu können. Man sieht schon, dass man hier in einer Art Teufelskreis gefangen ist. Es gibt jedoch Hoffnung: Die neuen höherdimensionalen Operatoren sind mit steigenden Potenzen der Skala Λ unterdrückt. Sind die renormierten Koeffizienten $c_6, c_8 \cdots \sim \mathcal{O}(1)$, bleiben diese unendlich vielen Operatoren unwichtig, solange man sich bei Prozessenergien $E \ll \Lambda$ befindet, und die fehlende Renormierbarkeit stört die Vorhersagekraft der Theorie nicht wesentlich. Um konzeptionell besser zu verstehen, warum diese Hoffnung begründet ist, kann man sich mit der Wilson'schen Renormierungsgruppe vertraut machen. Ein wichtiges Beispiel für eine solche Feldtheorie ist die Erweiterung des Standardmodells durch die allgemeine Relativitätstheorie, wo $\Lambda = M_{Pl} \sim 10^{19}$ GeV in sicherer Entfernung von jeglichen Experimenten liegt. Man muss jetzt aber zwei Störungsentwicklungen betreiben: eine in der Schleifenordnung und eine in E/Λ. Diese Herangehensweise heißt effektive Feldtheorie (EFT). Die Feldtheoretiker der alten Schule vertraten oft den Standpunkt, dass nicht-renormierbare Theorien unsinnig und „krank" seien. Diese Einstellung hat sich inzwischen stark gewandelt – dass EFTs mit einem energetischen „Ablaufdatum" Λ ausgeliefert werden, mag ein Nachteil sein, heißt aber lediglich, dass solche Theorien nicht bis zu beliebig hohen Energieskalen gültig sein können. Aber von welcher Theorie, renormierbar oder nicht, kann man das schon behaupten? EFTs sind heute außerdem ein wichtiges Hilfsmittel, um Präzisionsrechnungen durchzuführen. Wir hatten oben erwähnt, dass man in DREG gezwungen ist, schwere Teilchen auszuintegrieren, um die Störungstheorie nicht zu gefährden. Die Effekte dieser schweren Teilchen kann man systematisch in Form von höherdimensionalen Operatoren mitnehmen.

In der ϕ^4-Theorie ist man aber auf der sicheren Seite: Sobald man einen 1PI-Graphen mit mehr als 4 Beinchen betrachtet, hat die zugehörige Amplitude $\mathcal{M}$ negative Energiedimension, und aus Dimensionsgründen kann kein divergentes Schleifenintegral mehr übrig sein, wenn man alle 1PI-Graphen mit weniger Beinchen bereits endlich gemacht hat. Diese Zusammenhänge sind nicht mehr offensichtlich, wenn man in höhere Schleifenordnungen geht, wo in oberflächlich konvergent aussehenden Graphen divergente Untergraphen auftreten können. Wer wissen will, wie man hier systematisch verstehen und beweisen kann, dass alle Divergenzen rekursiv durch Einsatz endlich vieler Counter-Terme entfernt werden können, muss sich das BPHZ-Schema, die sogenannte R-Operation und die *Forest*-Formel (oder Waldformel) ansehen. Dazu empfiehlt sich [20].

Lokalität In unserer Herleitung der Feldtheorie aus der schwingenden Saite hatten wir erfreut festgestellt, dass die Wirkung lokal ist, und daher als Integral über eine Lagrangedichte $\mathcal{L}(t, \mathbf{x})$ geschrieben werden kann, die nur von den Feldern und deren Ableitung an einem Ort abhängt. Will man nun renormierte Störungstheorie betreiben, muss man sich darauf verlassen können, dass die aus Schleifen kommenden und in der Lagrangedichte zu absorbierenden UV-Divergenzen ebenfalls *lokal* sind, d.h. wieder nur von den Feldern und ihrer Ableitung an einem einzigen Ort der Raumzeit abhängen. Insbesondere dürfen keine Divergenzen der Form

$$\frac{1}{\varepsilon} \log(p^2/\mu^2), \quad \frac{1}{\varepsilon} e^{p^2/\mu^2}, \ldots \tag{6.78}$$

auftreten, da $p_\mu \sim i\partial_\mu$ der Translationsgenerator ist, und die entsprechenden Potenzreihen beliebig hohe Potenzen davon beinhalten. Warum dies aber nicht auftritt, kann man sich oberflächlich heuristisch veranschaulichen:

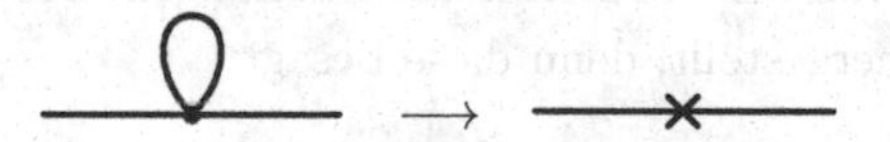

Da die Divergenz aus dem ultravioletten Bereich des Schleifenintegrals kommt, stammt sie ausschließlich von Beiträgen beliebig hoher Frequenzen und Wellenzahlen. Damit hängt die Physik dieser Divergenzen nicht von langreichweitigen (in der Raumzeit) Phänomenen ab, die gemäß Fourier durch niedrige Wellenzahlen und Frequenzen vermittelt werden. Für eine anständige Diskussion der Lokalität von Counter-Termen und der Theoreme von Weinberg, Hahn und Zimmermann, siehe z.B. wieder [20].

6.2.5 Das Renormierungsverhalten verschiedener Objekte

Das Hin- und Herschieben von Divergenzen zwischen verschiedenen Schleifenordnungen im Zuge der renormierten Störungstheorie mit Counter-Termen verschleiert ein wenig, dass viele der von uns behandelten Objekte sich relativ einfach unter Renormierung verhalten. Betrachtet man beispielsweise (divergente) Green'sche Funktionen der nackten Felder $\langle 0|T\{\phi_0 \ldots \phi_0\}|0\rangle$, so hängen diese allein durch eine multiplikative Feldrenormierung mit den renormierten Green'schen Funktionen zusammen,

$$\langle 0|T\{\phi_0 \cdots \phi_0\}|0\rangle = Z_\phi^{n/2} \underbrace{\langle 0|T\{\phi \cdots \phi\}|0\rangle}_{\text{renormierte GF}} . \tag{6.79}$$

Bemerkenswert ist, dass die Renormierungskonstanten Z_λ, Z_m hier nicht auftauchen - sie werden benötigt, um die Parameter endlich zu machen, nicht die Green'schen Funktionen. Da Propagatoren als Green'sche Funktionen mit $n = 2$ Punkten demzufolge mit $D_{F,bare} = Z_\phi D_{F,renorm}$ skalieren, skaliert das Residuum ebenso mit

$$R_{bare} = Z_\phi R_{renorm} . \tag{6.80}$$

Diesen Zusammenhang hatten wir beim Umnormieren der Felder für den freien Propagator bereits in Gl. (4.45) entdeckt.

Umgekehrt verhält es sich bei den Green'schen Funktionen mit gekappten äußeren Propagatoren (trunkierte GF), die einfach Feynman-Graphen ohne äußere Propagatoren oder Selbstenergien entsprechen. Da die weggekürzten n Propagatoren mit Z_ϕ^n skalierten, gilt für den trunkierten Rest $G^{(n)}_{trunk,bare} = Z_\phi^{-n} Z_\phi^{n/2} G^{(n)}_{trunk,renorm}$. Die 1PI-Vertexfunktionen sind ein Sonderfall hiervon, und daher gilt ebenfalls

$$\Gamma^{(n)}_{bare} = Z_\phi^{-n/2} \Gamma^{(n)}_{renorm} . \tag{6.81}$$

Amplituden $i\mathcal{M}$ hingegen sollten idealerweise als physikalische Beobachtungsgrößen überhaupt nicht von der Feldnormierung abhängen. Dies wird durch die LSZ-Formel Gl. (4.83) sichergestellt, denn diese besagt

$$\mathcal{M} \sim R^{-n/2} G^{(n)} \tag{6.82}$$

bzw. äquivalent dazu gemäß unserer vereinfachten Amputationsregel Gl. (4.158)

$$\mathcal{M} \sim R^{n/2} G^{(n)}_{trunc} . \tag{6.83}$$

Es ist aber

$$R_{bare}^{-n/2} G^{(n)}_{bare} = Z_\phi^{-n/2} R_{renorm}^{-n/2} Z_\phi^{n/2} G^{(n)}_{renorm} = R_{renorm}^{-n/2} G^{(n)}_{renorm} . \tag{6.84}$$

Amplituden sind also auch vor der Renormierung schon formal endlich – allerdings nutzt uns das wenig, wenn dabei alle Parameter und R-Faktoren unendlich sind.

Beispiel Wir wollen das oben Gesagte kurz am Skalierungsverhalten von $i\Gamma^{(2)}$ verdeutlichen. Schreibt man die ersten beiden Schleifenordnungen schlicht mit unrenormierten Größen auf, erhält man

$$i\Gamma^{(2)}_{bare} = i(p^2 - m_0^2) + \frac{-i\lambda_0}{2} \int \frac{d^dp}{(2\pi)^d} \frac{i}{p^2 - m_0^2} + \ldots . \tag{6.85}$$

Führt man die Feldrenormierung $\phi \to \sqrt{Z_\phi}\phi$ durch und wiederholt die Rechnung, erhält man

$$i\Gamma^{(2)}_{renorm} = iZ_\phi(p^2 - m_0^2) + \frac{-i\lambda_0 Z_\phi^2}{2} \int \frac{d^dp}{(2\pi)^4} \frac{i}{Z_\phi(p^2 - m_0^2)} + \cdots = Z_\phi i\Gamma^{(2)}_{bare} . \tag{6.86}$$

Insbesondere sieht man hier, wie die Reskalierung der Kopplung und des inneren Propagators konspirieren, um das korrekte Skalierungsverhalten des zweiten Terms sicherzustellen. Die Renormierung der Parameter m_0 und λ_0 ist „von außen" nicht sichtbar, denn sie betrifft nur die Form des analytischen Ausdrucks für Γ, nicht dessen Wert. Entwickelt man nun $Z_\phi = 1 + \delta_\phi$, $m_0^2 = (1 + \delta_m)m^2$ und $\lambda_0 = (1 + \delta_\lambda)\mu^\varepsilon\lambda$ und sortiert alles nach Ordnungen in λ, erhält man wieder das übliche Bild der renormierten Störungstheorie mit Counter-Termen

6.2.6 Renormierungsgruppen-Gleichungen

Wir hatten im Abschnitt 6.2.2 gesehen, dass man den Wert des unphysikalischen Parameters μ als die Energieskala auffassen kann, an welcher die renormierte Streuamplitude und die darin vorkommendenden Größen definiert sind. Hebt man nun beispielsweise die Skala μ und wiederholt die Bestimmung der Parameter durch eine Messung bei entsprechend höherer Energie, so stellt man – wie oben erwähnt – fest, dass sich damit auch die Größen $\lambda(\mu)$ und $m(\mu)$ ändern. Allerdings liefert auch die Theorie eine *Vorhersage* über die Abhängigkeit der Parameter von μ. Um deren theoretische Bestimmung geht es jetzt. Die Idee ist dabei folgende: Wir suchen uns eine Größe, die zwar eine Funktion der Parameter ist, die aber sicher invariant unter einer Variation der unphysikalischen Skala μ ist,

$$\mu \frac{d}{d\mu} \mathcal{O}(m, \lambda, \mu, \ldots) = 0 . \tag{6.87}$$

Aus dieser Bedingung gewinnen wir dann Differenzialgleichungen für die Parameter.

Physikalische Beobachtungsgrößen dürfen beispielsweise nicht von der unphysikalischen Skala abhängen – zumindest sollte diese Skalenabhängigkeit verschwinden, wenn man exakte Größen oder die Störungstheorie zu allen Ordnungen betrachtet. Wir werden hier stattdessen als erstes Beispiel die unrenormierten 1PI-Vertexfunktionen $\Gamma^{(n)}_{bare}$ verwenden. Da wir für die unrenormierte Theorie noch gar kein Regularisierungsschema und damit kein μ eingeführt haben, leuchtet ein, dass sie unabhängig von μ sind, solange wir bei der Variation von μ die bare-Parameter festhalten. Wir können also den folgenden Ansatz machen:

$$\mu \frac{\partial}{\partial \mu} \Gamma_{bare}(p, m_0, \lambda_0) = 0 . \tag{6.88}$$

Wie in Gl. (6.81) gezeigt, hängt die unrenormierte mit der renormierten Vertexfunktion folgendermaßen zusammen:

$$\Gamma^{(n)}_{bare}(p, m_0, \lambda_0) = Z_\phi^{-n/2} \Gamma^{(n)}_{renorm}(p, \lambda, m, \mu) . \tag{6.89}$$

Die Größen m und λ auf der rechten Seite hängen implizit von μ ab. Wir schreiben diese Abhängigkeit explizit aus, und Einsetzen in Gl. (6.88) ergibt

$$\mu \frac{\partial}{\partial \mu} \Big(Z_\phi^{-n/2}(\mu) \Gamma^{(n)}_{renorm}(p, \lambda(\mu), m(\mu), \mu) \Big) = 0 . \tag{6.90}$$

Aufgemerkt!

Partielles Ableiten und Nachdifferenzieren ergibt die Renormierungsgruppen-Gleichung :

$$\left[\underbrace{-n\, \mu \frac{d}{d\mu} \log Z_\phi^{1/2}}_{:=\gamma_\phi(\lambda)} + \mu \frac{\partial}{\partial \mu} + \underbrace{\mu \frac{\partial m}{\partial \mu}}_{:=m\gamma(\lambda)} \frac{\partial}{\partial m} + \underbrace{\mu \frac{\partial \lambda}{\partial \mu}}_{:=\beta(\lambda)} \frac{\partial}{\partial \lambda} \right] \Gamma^{(n)}_{renorm}(p, \lambda, m, \mu) = 0 . \tag{6.91}$$

Wir haben nach dem Nachdifferenzieren einen gemeinsamen Faktor $Z_\phi^{-n/2}$ weggekürzt.

Überzeugt euch, dass Gl. (6.91) und Gl. (6.90) äquivalent sind!

Hier haben wir die sogenannte β-Funktion und die sogenannte anomale Dimension γ definiert.

Aufgemerkt!

$$\beta(\lambda) \equiv \mu \frac{\partial \lambda}{\partial \mu}, \quad \gamma(\lambda) \equiv \frac{\mu}{m} \frac{\partial m}{\partial \mu} . \tag{6.92}$$

Sie beschreiben die μ-Abhängigkeit der Kopplung bzw. der Masse. Wir könnten sie im Prinzip aus der Bedingung, dass der Gesamtausdruck Gl. (6.91) für konkrete Vertexfunktionen verschwinden soll, berechnen.

Die β-Funktion aus dem Counter-Term Allerdings gibt es einen wesentlich einfacheren Weg, sich β und γ in der Störungstheorie zu besorgen: Man geht davon aus, dass die nackten Parameter λ_0, m_0 ebenfalls unabhängig von μ sind – so können wir die gesuchten Koeffizienten direkt aus den Counter-Termen bestimmen. Das wollen wir jetzt machen! Wir verwenden dazu der Einfachheit halber die MS-Counter-Terme ohne endlichen Anteil, die Vorgehensweise und Ergebnisse sind aber die gleichen für $\overline{\text{MS}}$.

AUFGABE 91

Zeigt, dass die β-Funktion der rekursiven Relation

$$\beta = -\varepsilon\lambda - \lambda\beta \frac{1}{Z_\lambda}\frac{dZ_\lambda}{d\lambda} \tag{6.93}$$

gehorcht. Verwendet dazu die Definition $\lambda = \lambda_0\mu^{-\varepsilon}Z_\lambda^{-1}$ aus unserer Renormierung der Lagrangedichte.

Beginnt damit, $\mu\frac{d\lambda}{d\mu}$ zu berechnen. Z_λ hängt nur über λ von μ ab.

Durch einfaches Anwenden der Produktregel findet man

$$\begin{aligned}
\beta = \mu\frac{d\lambda}{d\mu} &= \lambda_0\left(\mu\frac{d\mu^{-\varepsilon}}{d\mu}Z_\lambda^{-1} + \mu\mu^{-\varepsilon}\frac{d}{d\mu}Z_\lambda^{-1}\right) \\
&= \lambda_0\left(-\varepsilon\mu^{-\varepsilon}Z_\lambda^{-1} - \mu\mu^{-\varepsilon}\frac{dZ_\lambda}{d\mu}Z_\lambda^{-2}\right) \\
&= \lambda_0\left(-\varepsilon\mu^{-\varepsilon}Z_\lambda^{-1} - \mu\mu^{-\varepsilon}\frac{dZ_\lambda}{d\lambda}\frac{d\lambda}{d\mu}Z_\lambda^{-2}\right).
\end{aligned} \tag{6.94}$$

Einsetzen der Definitionen von λ, β ergibt das gewünschte Ergebnis!

Nun entwickeln wir in der Kopplungskonstante,

$$\beta = b_0\lambda + b_1\lambda^2 + \mathcal{O}(\lambda^3)\,, \quad Z_\lambda = 1 + \lambda\frac{Z_\lambda^{(1)}}{\varepsilon} + \mathcal{O}(\lambda^2)\,, \tag{6.95}$$

und setzen ein. Durch Koeffizientenvergleich der Ordnungen in λ erhalten wir so allerlei Relationen. Insbesondere sind wir an dem eigentlichen 1-Schleifen-Koeffizienten b_1 interessiert.

AUFGABE 92

Setzt Gl. (6.95) in Gl. (6.93) ein und bestimmt zuerst b_0 und dann b_1. Wie lautet β zur führenden Ordnung in $d = 4$?

Der Faktor Z_λ im Nenner ist $1 + \mathcal{O}(\lambda)$. Entwickelt den Bruch in λ.

Wir erhalten

$$b_0\lambda + b_1\lambda^2 + \cdots = -\varepsilon\lambda - \lambda\left(b_0\lambda + b_1\lambda^2 + \ldots\right)\frac{Z_\lambda^{(1)}}{\varepsilon}\left(1 - \mathcal{O}(\lambda)\right). \tag{6.96}$$

Die Ordnung λ gibt uns $b_0 = -\varepsilon$. Setzen wir dies auf der rechten Seite ein, gibt uns die Ordnung λ^2 sogleich

$$b_1\lambda^2 = -\lambda(-\varepsilon\lambda)\frac{Z_\lambda^{(1)}}{\varepsilon} = \lambda^2 Z_\lambda^{(1)}\,. \tag{6.97}$$

Der Koeffizient b_0 verschwindet in $d = 4$ und wir erhalten mit Gl. (6.58)

$$Z_\lambda^{\mathrm{MS}} = 1 + \frac{3\lambda}{(4\pi)^2}\frac{1}{\varepsilon} + \mathcal{O}(\lambda^2)\,. \tag{6.98}$$

Das Ergebnis unserer Bemühungen ist

$$\beta_{1-Loop} = \lambda^2 Z_\lambda^{(1)} = \frac{3\lambda^2}{(4\pi)^2} \tag{6.99}$$

Der 1-Schleifen-Koeffizient kann also unmittelbar am Counter-Term abgelesen werden!

Die Lösung der Differenzialgleichung

$$\mu\frac{d\lambda}{d\mu} = \lambda^2\,\frac{3}{(4\pi)^2} \tag{6.100}$$

für den Anfangswert $\lambda|_{\mu_0} = \lambda(\mu_0)$ ist

$$\lambda(\mu) = \frac{\lambda(\mu_0)}{1 - \frac{3}{(4\pi)^2}\lambda(\mu_0)\log\frac{\mu}{\mu_0}}\,. \tag{6.101}$$

Man nennt $\lambda(\mu)$ die *laufende Kopplung* (in MS). Analog findet man in MS laufende Massenparameter $m(\mu)$ aus der anomalen Dimension γ. Hier konspiriert dann das Laufen der renormierten Masse $m(\mu)$ mit der expliziten μ-Abhängigkeit der Selbstenergie, und das Ergebnis ist eine μ-unabhängige Polmasse.

RG-verbesserte Störungstheorie Nun wollen wir unser Ergebnis für die laufende Kopplung Gl. (6.101) noch verwenden, um zu überprüfen, ob beobachtbare Größen nun wirklich unabhängig von μ werden. Dazu setzen wir die laufende Kopplung Gl. (6.101) in unsere renormierte Streuamplitude Gl. (6.60) ein. Um Arbeit zu sparen (insbesondere haben wir γ nicht berechnet), setzen wir die Masse $m \to 0$.

AUFGABE 93

■ Setzt Gl. (6.101) in unsere renormierte Streuamplitude Gl. (6.60) ein und entwickelt die Amplitude in $\lambda(\mu_0)$ bis zur Ordnung $\lambda(\mu_0)^2 + \mathcal{O}(\lambda^3)$. Überprüft, dass die Variation von $i\mathcal{M}$ unter Veränderungen der Skala μ von der Ordnung

λ^3 ist!

▶ Einsetzen in Gl. (6.60) ergibt

$$
\begin{aligned}
i\mathcal{M}(\lambda(\mu),\mu) &= -i\left(\frac{\lambda(\mu_0)}{1-\frac{3}{(4\pi)^2}\lambda(\mu_0)\log\frac{\mu}{\mu_0}}\right) \\
&\quad - \frac{i\lambda^2}{32\pi^2}\int_0^1 dx\,(A(0,s,x)+A(0,t,x)+A(0,u,x)) \\
&= -i\left(\lambda(\mu_0)+\frac{3}{(4\pi)^2}\lambda^2(\mu_0)\log\frac{\mu}{\mu_0}\right)+\mathcal{O}(\lambda^3) \\
&\quad - \frac{i\lambda^2(\mu_0)}{32\pi^2}\int_0^1 dx\,(A(0,s,x)+A(0,t,x)+A(0,u,x))+\mathcal{O}(\lambda^3)\,.
\end{aligned}
$$

Wir überprüfen nun die Abhängigkeit von μ. Mit $A(m,p^2,x) = -2\log\mu + \ldots$ ist

$$
\mu\frac{d(i\mathcal{M})}{d\mu} = -i\left(\frac{3}{(4\pi)^2}\lambda^2(\mu_0)\right) - \frac{i\lambda^2(\mu_0)}{32\pi^2}(-2-2-2) + \mathcal{O}(\lambda^3) = 0 + \mathcal{O}(\lambda^3)\,. \tag{6.102}
$$

Die Abhängigkeit verschwindet also tatsächlich bis zur von uns hier berechneten Ordnung λ^2. Analog hätten wir auch prüfen können, dass $\Gamma^{(2)}$ bzw. $\Gamma^{(4)}$ die Renormierungsgruppen-Gleichung Gl. (6.91) zu dieser Ordnung lösen.

Aufgemerkt! Variation der Renormierungsskala

Verwendet man laufende Kopplungen $\lambda(\mu)$, verschwindet die μ-Abhängigkeit der Streuamplitude $\mathcal{M}(\lambda(\mu),\mu)$ bis zur berechneten Ordnung in λ. In unserem 1-Schleifen-Beispiel kompensiert das Laufen der Kopplung des Tree-Level-Beitrags gerade die explizite μ-Abhängigkeit des 1-Schleifen-Beitrags – allerdings nicht exakt, sondern nur bis zur Ordnung λ^2.

Die Restabhängigkeit physikalischer Observablen von μ wird bei Präzisionsrechnungen gerne verwendet, um den aus der Störungnäherung resultierenden Fehlerbalken abzuschätzen. Ist die Streuenergie $\sqrt{s}$, wird dazu beispielsweise $\mu = \sqrt{s}/2\ldots 2\sqrt{s}$ variiert. Hier handelt es sich aber nicht um eine strenge Fehlerabschätzung, sondern eher um ein Werkzeug, um ein Gefühl für die Güte der Störungsnäherung zu bekommen. Idealerweise beobachtet man, dass die μ-Abhängigkeit im relevanten Bereich von Ordnung zu Ordnung weniger wird.

Asymptotische Freiheit Wir sehen insbesondere, dass die β-Funktion > 0 ist. Damit wächst die laufende Kopplung Gl. (6.101) für große μ an. Für ein bestimmtes λ_0 oder ein bestimmtes μ läuft die Kopplungsstärke $\lambda(\mu)$ sogar in einen Pol, denn der Nenner von Gl. (6.101) verschwindet!

Die Skala μ, an der die Kopplungsstärke divergiert, nennt man den Ort eines *Landau-Pols* der Theorie. Die Theorie wird dann *infrarot-frei*: Legt man $\lambda(\mu_0)$ bei einer Skala μ_0 auf einen endlichen Wert fest, so wird $\lambda(\mu)$ bei niedrigen (infraroten) Skalen $\mu \ll \mu_0$ beliebig klein.

In der Nähe des Landau-Pols bricht die Störungsreihe zusammen, und man kann so mit unserer Methode keine verlässlichen Aussagen über die „wahre" Stärke der Wechselwirkung jenseits oder in der unmittelbaren Nähe dieses Punktes machen. Die ϕ^4-Theorie hat einen solchen Pol, ebenso die Eichgruppe $U(1)_Y$ des Standardmodells. Dieser liegt aber jenseits der Planck-Skala und bereitet den meisten Leuten keine Kopfschmerzen.

Aufgemerkt!

Theorien, bei denen die Kopplungsstärken g bei großen Skalen μ (oder alternativ bei kleinen Abständen) gegen den UV-Fixpunkt

$$g(\mu \to \infty) = 0$$

laufen, bezeichnet man als asymptotisch frei.

Die ϕ^4-Theorie ist also offenbar nicht asymptotisch frei. Nicht-Abel'sche Eichtheorien können aber asymptotisch frei sein, und das wichtigste Beispiel dafür ist die starke Wechselwirkung der Quantenchromodynamik (QCD) mit der Eichgruppe $SU(3)$:

Asymptotische Freiheit

Die β-Funktion für die Kopplung der QCD g_s ist für die niedrigste nichtverschwindende Ordnung

$$\beta(g_s) = \frac{g_s^3}{16\pi^2}\left(-11 + \frac{2n_f}{3}\right), \tag{6.103}$$

und ihre Lösung lautet

$$g_s^2 = \frac{g_0^2}{1 + g_0^2 \frac{11-2n_f/3}{8\pi^2} \log \frac{\mu}{\mu_0}}. \tag{6.104}$$

Beides ist abhängig von n_f, der Anzahl der Quarks, die an der Wechselwirkung teilnehmen. Ist $n_f > 16$, so wird die β-Funktion positiv, g_s wird mit wachsendem μ größer, und die asymptotische Freiheit geht verloren. Im Standardmodell haben wir oberhalb der Skala $\mu = m_t$ die Quarks u, d, s, c, b, t, und damit $n_f = 6$, sodass die Theorie asymptotisch frei bleibt. In einer asymptotisch freien Theorie wird die Tree-Level-Näherung mit steigender Energie immer besser.

Dank dieses Effekts können wir störungstheoretisch Streuprozesse von Quarks und Gluonen in Collidern berechnen, obwohl bei Skalen jenseits des Protonradius (und damit $\mu \lesssim$ GeV) die Wechselwirkung so stark ist, dass nur Bindungszustände der farbgeladenen Teilchen existieren. Die Entdeckung der asymptotischen Freiheit der QCD durch 't Hooft sowie Gross, Wilczek und Politzer war aufgrund ihrer Wichtigkeit im Jahre 2004 einen Nobelpreis für die drei letztgenannten Forscher wert.

Wir sehen allerdings auch, dass ein Landau-Pol bei einer *kleinen* Skala $\mu = \Lambda_{QCD}$ auftaucht! Dies hat wichtige physikalische Konsequenzen. Versucht man z. B. die beiden Quarks eines Mesons aufzutrennen, wird bei größeren Abständen (kleineren Energien) die Kopplungsstärke g_s stärker, und es bildet sich ein regelrechter Faden aus stark wechselwirkenden Gluonen zwischen den beiden. Wird der Abstand groß genug, dann werden aus dieser Bindungsenergie neue Quarkpaare gebildet, die wieder farbneutrale Bindungszustände, also Hadronen, mit den beiden getrennten Quarks bilden. Man bezeichnet diesen Vorgang als Hadronisierung. Erzeugt man Quarkpaare an Beschleunigern mit sehr hohem Relativimpuls, so wiederholt sich dieser Prozess mehrfach, wodurch ein Schauer neuer Teilchen, ein sogenannter *Jet*, entsteht.

6.3 Das optische Theorem

Da wir nun wissen, wie man durch Renormierung Streuamplituden mit Schleife(n) auswertet, können wir zum Abschluss dieses Teils einen sehr wichtigen Zusammenhang untersuchen: Das sogenannte *optische Theorem* stellt eine direkte Verbindung zwischen dem Imaginärteil einer Streuamplitude und dem totalen Wirkungsquerschnitt her. Um uns das Leben einfacher zu machen, gehen wir hier davon aus, dass wir das Renormierungsschema so gewählt haben, dass das Residuum $R = 1$ ist. Erinnern wir uns an die S-Matrix in Abschnitt 4.2.5, Gl. (4.100). Die S-Matrix ist die Streumatrix für asymptotische Zustände und wird aus der Wechselwirkungs-Lagrange-Dichte berechnet. Wir haben in diesem Kapitel auch die T-Matrix eingeführt, deren Zusammenhang mit der S-Matrix der Folgende ist:

$$S = 1 + iT\,. \tag{6.105}$$

Die T-Matrix beschreibt hier den Anteil, der durch die Wechselwirkungen der Felder beschrieben wird. Wir wissen, dass die S-Matrix unitär ist: $S^\dagger S = 1$. Wenn wir sie durch die T-Matrix ausdrücken, erhalten wir

$$S^\dagger S = 1 \quad \Leftrightarrow \quad (1 - iT^\dagger)(1 + iT) = 1 \quad \Leftrightarrow \quad T^\dagger T = i(T^\dagger - T)\,. \tag{6.106}$$

Multipliziert mit Anfangs- und Endzuständen i bzw. f bedeutet das:

$$\langle f|\, i(T^\dagger - T)\,|i\rangle = \langle f|\, T^\dagger T\,|i\rangle\,, \tag{6.107}$$

$$\langle f|\, i(T^\dagger - T)\,|i\rangle = \sum_j \left(\prod_{l\in j}\int \frac{d^3k_l}{(2\pi)^3\, 2E_l}\right)\langle f|\, T^\dagger\,|j\rangle\langle j|\, T\,|i\rangle\,, \tag{6.108}$$

wobei wir auf der rechten Seite in der letzten Zeile eine Eins

$$1 = \sum_j \left(\prod_{l\in j}\int \frac{d^3k_l}{(2\pi)^3\, 2E_l}\right)|j\rangle\langle j| \tag{6.109}$$

mit Zwischenzuständen j, integriert über den jeweiligen Lorentz-invarianten Phasenraum, eingefügt haben. Dabei soll l formal über alle Teilchen des Zwischenzustands j laufen. Wir schreiben jetzt die Matrixelemente von T in das Matrixelement $\mathcal{M}$ um (siehe Gl. 4.105). Die Anzahlen der einlaufenden bzw. der auslaufenden Teilchen sind nicht festgelegt, und wir schreiben allgemein

$$\langle f|\, T\,|i\rangle = T_{fi} = (2\pi)^4\delta^4\left(\sum_{r\in i} p_r - \sum_{s\in f} q_s\right)\mathcal{M}_{(i\to f)}\,, \tag{6.110}$$

und damit

$$\langle f|\, i(T^\dagger - T)\,|i\rangle = i(2\pi)^4\delta^4\left(\sum_{r\in i} p_r - \sum_{s\in f} q_s\right)\left(\mathcal{M}^\dagger_{(i\to f)} - \mathcal{M}_{(i\to f)}\right). \tag{6.111}$$

Für das Produkt $T^\dagger T$ erhalten wir

$$\begin{aligned}\langle f|T^\dagger T|i\rangle &= \sum_j \left(\prod_{l\in j}\int \frac{d^3k_l}{(2\pi)^3\, 2E_l}\right)\langle f|\, T^\dagger\,|j\rangle\langle j|\, T\,|i\rangle \\ &= \sum_j \left(\prod_{l\in j}\int \frac{d^3k_l}{(2\pi)^3\, 2E_l}\right)(2\pi)^4\delta^4\left(\sum_{r\in i} p_r - \sum_{s\in j} k_s\right)(2\pi)^4\delta^4\left(\sum_{r\in j} k_r - \sum_{s\in f} q_s\right) \\ &\quad\times \mathcal{M}^\dagger_{(j\to f)}\mathcal{M}_{(i\to j)}\,. \end{aligned} \tag{6.112}$$

Die Unitarität sagt uns, dass die Ausdrücke in (6.111) und (6.112) gleich sind:

$$\begin{aligned} &i\left(\mathcal{M}^\dagger_{(i\to f)} - \mathcal{M}_{(i\to f)}\right) \\ &= \sum_j \left(\prod_{l\in j}\int \frac{d^3k_l}{(2\pi)^3\, 2E_l}\right)(2\pi)^4\delta^4\left(\sum_{r\in i} p_r - \sum_{s\in j} k_s\right)\mathcal{M}^\dagger_{(j\to f)}\mathcal{M}_{(i\to j)}\,. \end{aligned} \tag{6.113}$$

Wir haben hier die Distribution $(2\pi)^4\delta^4(\sum p - \sum q)$ auf beiden Seiten wegkürzen können, da wegen der beiden δ-Distributionen in Gl. (6.112) auch $\sum k = \sum p$ ist.

Wir wollen jetzt den Fall der Vorwärtsstreuung betrachten: Hier sind der Teilcheninhalt und die Impulse des einlaufenden Zustands gleich denen des auslaufenden Zustands:

$$\text{aus (6.111):} \quad i\left(\mathcal{M}^{\dagger}_{(i\to i)} - \mathcal{M}_{(i\to i)}\right) = 2\,\mathrm{Im}\left(\mathcal{M}_{(i\to i)}\right)$$

$$\text{aus (6.112):} \quad \sum_j (2\pi)^4 \left(\prod_{l\in j}\int \frac{d^3k_l}{(2\pi)^3\,2E_l}\right)\delta^4\left(\sum_{r\in i} p_r - \sum_{s\in j} k_s\right)\left|\mathcal{M}_{(i\to j)}\right|^2 ,$$

und das Produkt aus Matrixelementen in der zweiten Zeile wird für $i = f$ gerade zum quadrierten Matrixelement.

Aufgemerkt!

Damit ergibt sich aus der Unitarität $S^{\dagger}S = 1$:

$$2\,\mathrm{Im}(\mathcal{M}_{(i\to i)}) = \sum_j \left(\prod_{l\in j}\int \frac{d^3k_l}{(2\pi)^3\,2E_l}\right)(2\pi)^4\delta^4\left(\sum_{r\in i} p_r - \sum_{s\in j} k_s\right)\left|\mathcal{M}_{(i\to j)}\right|^2 . \tag{6.114}$$

Dieser Zusammenhang wird *optisches Theorem* genannt. Mit Feynman-Graphen skizziert sieht das so aus:

$$2\,\mathrm{Im}\left(\text{Loops}\right) = \sum_j \int dLIPS_j^{\delta}\left(\cdots\right) \tag{6.115}$$

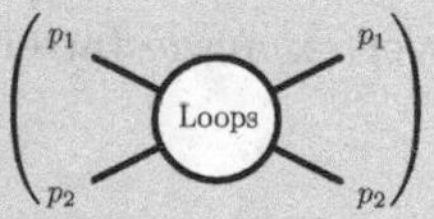

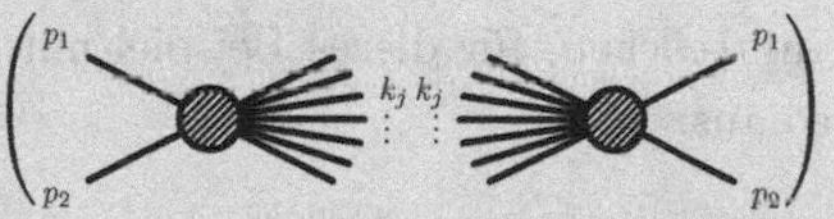

Hier haben wir das Produkt aus dem (Lorentz-invarianten) Phasenraumintegral und der $(2\pi)^4\delta$-Funktion $\int dLIPS_j^{\delta}$ genannt. Bemerkenswert ist, dass das optische Theorem einen Zusammenhang zwischen verschiedenen Ordnungen der Störungstheorie einer Amplitude herstellt, da rechts die quadrierte Amplitude steht. Hat man die Vorwärts-Amplitude und die Quadrierten Amplituden störungstheoretisch berechnet, muss das optische Theorem per Koeffizientenvergleich für jede Ordnung der beiden Seiten in der Kopplungskonstante getrennt gelten.

Das optische Theorem für einen Ein-Teilchen-Anfangs- und -Endzustand Wir wollen nun das optische Theorem für den einfachsten Fall ausprobieren. Den komplexen Anteil von $1 \to 1$-Amplituden sieht man in unserer Konstruktion der Matrixelemente per LSZ allerdings nicht ohne weitere technische Klimmzüge, und in der bisher behandelten ϕ^4-Theorie gibt es keine echten Zerfälle. Wir lassen uns davon aber hier nicht abschrecken, berechnen einfach die Selbstenergie aus Feynman-Graphen und schauen, wie weit wir kommen. Wer genaueres zu den Hintergründen wissen will, kann sich z.B. in [3] den Abschnitt zum optischen Theorem und den *Cutkosky-Schnittregeln* ansehen.

Wir setzen $|i\rangle$ auf einen Ein-Teilchen-Zustand $|p_1\rangle$. Die rechte Seite des optischen Theorems wird damit zu

$$\sum_j (2\pi)^4 \left(\prod_{l \in j} \int \frac{d^3 k_l}{(2\pi)^3\, 2E_l} \right) \delta^4 \left(p_1 - \sum_{s \in j} k_s \right) \left| \mathcal{M}_{(p_1 \to j)} \right|^2 , \qquad (6.116)$$

was uns an Gl. (4.220) erinnert, die Zerfallsbreite eines Teilchens, summiert über all seine Endzustände mit Impulsen k_s:

$$\sum_j (2\pi)^4 \left(\prod_j \int \frac{d^3 k_j}{(2\pi)^3\, 2E_j} \right) \delta^4(p_1 - \Sigma k_s) \left| \mathcal{M}_{(p_1 \to \Sigma k_j)} \right|^2 = 2m_1 \sum_j \Gamma(p_1 \to j).$$

Damit haben wir eine alternative Möglichkeit, die Zerfallsrate eines Teilchens zu berechnen. Denn wir erhalten aus Gl. (6.114) folgende Relation:

$$\mathrm{Im}\mathcal{M}_{p_1 \to p_1} = m_1 \sum_j \Gamma(p_1 \to j) . \qquad (6.117)$$

Auf der linken Seite steht der Imaginärteil der Selbstenergie p_1, und auf der rechten Seite steht die totale Zerfallsbreite des Teilchens p_1 in alle seine möglichen Endzustände. Graphologisch in führender Ordnung sieht das optische Theorem für ein Teilchen, für dieses Beispiel mit einem Dreipunkt-Vertex ausgestattet, dann so aus:

$$\mathrm{Im}\left(\text{—}\!\bigcirc_{j}\!\text{—} \right) = m_1 \sum_j \Gamma \left(\text{—}\!<^{j}_{j} \right) . \qquad (6.118)$$

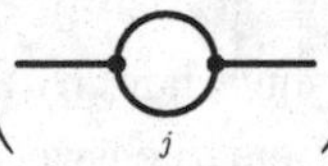

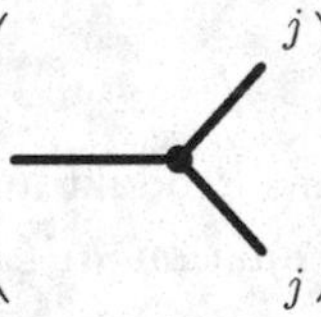

Man muss hier wirklich über alle Endzustände, die kinematisch erlaubt sind, summieren. Kinematisch verbotene Endzustände der rechten Seite kommen natürlich auch in Schleifen vor, aber – und das ist der entscheidende Punkt – sie tragen nicht zur linken Seite bei. Nur, wenn in der Schleife gleichzeitig alle Teilchen auf die Massenschale gehen können, taucht ein Imaginärteil im Schleifenintegral auf. Wir werden gleich anhand eines Streuprozesses explizit ausrechnen, wie er ins Spiel kommt. Da in der ϕ^4-Theorie nur eine Teilchensorte mit einer Masse existiert, gibt es keine Zerfälle - das obige Theorem kann aber trotzdem noch angewendet werden, wenn man zu unphysikalischen äußeren Impulsen des einlaufenden Teilchens $p^2 > m^2$ geht, bis ein Imaginärteil auftaucht. Warum es erlaubt ist, Amplituden in den Impulsen jenseits des physikalischen Bereichs fortzusetzen, sprengt den Rahmen dieses Buchs.

Optisches Theorem als Rechentrick

Wenn man einen Prozess mit vielen Teilchen im Endzustand (z. B. $1 \to n$) berechnen will, dann ist es unter Umständen leichter, den Imaginärteil der Schleife auf der linken Seite von Gl. (6.118) auszurechnen, als einen n-Teilchen-Phasenraum zu integrieren. Das ist aber stark davon abhängig, wie viele Skalen man in dem Prozess hat, also Massen und (äußere) Impulse.

Das optische Theorem für die $(2 \to 2)$-Streuung Jetzt ein konkretes Beispiel, in dem wir unsere vorherigen Ergebnisse aus Abschnitt 6.2 nutzen können.

AUFGABE 94

Schreibt das optische Theorem konkret mit 2 Teilchen im Anfangs- und im Endzustand. Zeichnet die zugehörigen 1-Schleifengraphen zur Ordnung λ^2 der ϕ^4-Theorie. Hier werden die 1-Schleifengraphen der Ordnung λ^2 dann mit dem quadrierten Baumgraphen der Ordnung λ in Beziehung gesetzt.

Wir haben jeweils zwei Teilchen im Anfangs- und Endzustand und nennen ihre Impulse p_1, p_2. Das optische Theorem lautet damit

$$2\,\mathrm{Im}\mathcal{M}_{(p_1,p_2\to p_1,p_2)} = (2\pi)^4 \iint \frac{d^3k_1}{(2\pi)^3 2E_1}\frac{d^3k_2}{(2\pi)^3 2E_2}\delta^4(p_1+p_2-k_1-k_2)\left|\mathcal{M}_{(p_1p_2\to k_1k_2)}\right|^2 \tag{6.119}$$

Da wir in ϕ^4 arbeiten, gibt es auf dieser Schleifenordnung nur einen Zwischenzustand, nämlich den mit zwei Skalaren ϕ mit Impulsen k_1, k_2. Gäbe es in der Theorie verschiedene mit ϕ wechselwirkende Skalare ϕ_1, ϕ_2, so müsste man auch die Endzustände $\phi\phi \to \phi_1\phi_1$, $\phi\phi \to \phi_2\phi_2$ und $\phi\phi \to \phi_1\phi_2$ betrachten (solange sie kinematisch erlaubt sind).
Die Graphen zur Ordnung λ^2 sind jeweils

$$2\,\mathrm{Im}\left(\quad + \quad + \quad \right) = \int dLIPS^\delta(k1,k2)\left(\quad \right). \tag{6.120}$$

Auf der linken Seite werden alle Feynman-Diagramme, die wir schon auf Seite 253 kennengelernt haben, zusammengezählt. Wir werden aber später sehen, dass in diesem Beispiel nur eines von ihnen einen Beitrag zum Imaginärteil liefert. Auf der rechten Seite haben wir nur die einfache $(2 \to 2)$-Streuung, da dies die einzige Möglichkeit in ϕ^4 ist, diese Teilchen in der Ordnung λ^2 zu verbinden.

Jetzt wollen wir mit unserem Ergebnis für die Streuung von $\phi\phi \to \phi\phi$ auf Ein-Schleifen-Niveau, Gl. (6.57), und mit dem Tree-Level-Ergebnis für diesen Prozess die Identität in Gl. (6.119) nachrechnen.

AUFGABE 95

■ Zeigt für unser Beispiel, dass Gl. (6.119) in der Ordnung λ^2 gilt.

● Beachtet dabei die Argumente der Logarithmen, und insbesondere deren Imaginärteil! Dabei spielt der Parameter ϵ aus der Feynman-Polvorschrift eine zentrale Rolle.

► Die für Gl. (6.119) relevante Amplitude haben wir bereits in Gl. (6.60) in $\overline{\text{MS}}$ ausgerechnet:

$$\begin{aligned}
&\mathcal{M}(p_1, p_2, p_3, m) \\
&\quad = -\lambda - \frac{\lambda^2}{32\pi^2}\left[\int_0^1 dx\,(A(m,s,x) + A(m,t,x) + A(m,u,x))\right], \\
&\text{mit}\;\; A(m,p^2,x) = \log\left(\frac{m^2 - p^2x(1-x) - i\epsilon}{4\pi\mu^2}\right).
\end{aligned}$$

Der Imaginärteil $\text{Im}(\mathcal{M})$ steckt nur im Logarithmus, weswegen wir uns auf diese Teile konzentrieren. Die Mandelstam-Variablen sind in der Vorwärtsstreuung folgendermaßen definiert: $s = (p_1 + p_2)^2$, $t = (p_1 - q_1)^2 = (p_1 - p_1)^2 = 0$ und $u = 4m^2 - s$. Damit ist $\int A(m,t,x)$ im Grenzwert $\epsilon \to 0$ reell. Für den Term aus dem u-Kanal gilt

$$\int_0^1 dx\; A(m,u,x) = \int_0^1 dx\;\log\left(\frac{m^2 - (4m^2 - s)x(1-x) - i\epsilon}{4\pi\mu^2}\right). \tag{6.121}$$

Für den Integralbereich ist das Argument des Logarithmus immer positiv, weswegen dieser Term auch nur reelle Beiträge liefert. Der s-Kanal kann jedoch komplex werden:

$$\text{Im}\left[-\frac{\lambda^2}{32\pi^2}\int_0^1 dx\;\log\left(\frac{m^2 - sx(1-x) - i\epsilon}{4\pi\mu^2}\right)\right] \neq 0, \tag{6.122}$$

wenn der Realteil des Arguments des Logarithmus negativ wird. Wir befinden uns auf dem gewohnten Blatt des Logarithmus mit $\log 1 = 0$, das für positiv-reelle Argumente einen reellen Wert liefert. Der Parameter ϵ zieht uns nun auf unserem Weg von positiven zu negativen Realteilen des Arguments infinitesimal unterhalb des Ursprungs vorbei zu negativen Argumenten mit einem kleinen negativen Imaginärteil. In diesem Fall kann man den Logarithmus ausdrücken durch

$$\log(-|a| - i\epsilon) = \log|a| - i\pi\,. \tag{6.123}$$

Hier zur Illustration des Falls $a = 2$ die Skizze einer möglichen stetigen Fortsetzung von $\log 1 = 0$ bei ① um den Branch Cut herum über $\log(-i) = -i\pi/2$ bei ② und $\log(-1 - i\epsilon) = -i\pi$ bei ③ zu $\log(-2 - i\epsilon) = \log 2 - i\pi$ bei ④:

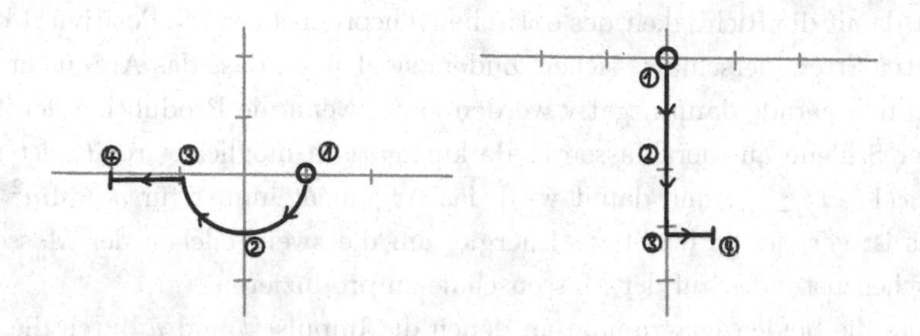

Der Imaginärteil ist netterweise in unserem Integranden nur eine Konstante $-i\pi$, was die weitere Berechnung stark vereinfacht! Für uns sind also von Gl. (6.122) nur der konstante Vorfaktor und der Integralbereich, in dem das Argument des Logarithmus negativ wird, interessant. Dessen Grenzen sind durch $m^2 - sx(1 - x) = 0$ bestimmt, sodass der Imaginärteil des Integrals gerade

$$\mathrm{Im}\,\mathcal{M} = \frac{\lambda^2}{32\pi^2}\int_{x_u}^{x_o} dx\, \pi, \quad x_u = \frac{s - \sqrt{s^2 - 4m^2 s}}{2s}; \; x_o = \frac{s + \sqrt{s^2 - 4m^2 s}}{2s}$$

$$2\,\mathrm{Im}(\mathcal{M}_{p_1,p_2 \to p_1,p_2}) = \frac{\lambda^2}{16\pi}\frac{\sqrt{s - 4m^2}}{\sqrt{s}}. \tag{6.124}$$

wird. Nun zur linken Seite von Gl. (6.119). Diese steht in Relation mit dem $(2 \to 2)$-Streuquerschnitt auf Tree-Level. Den Streuquerschnitt haben wir in Gl. (4.229) bestimmt und können die linke Seite von Gl. (6.119) durch ihn ausdrücken:

$$(2\pi)^4 \iint \frac{d^3k_1}{(2\pi)^3 2E_1}\frac{d^3k_2}{(2\pi)^3 2E_2}\delta^4(p_1 + p_2 - k_1 - k_2)\left|\mathcal{M}_{(p_1p_2 \to k_1k_2)}\right|^2$$
$$= E_{COM}\sqrt{E_{COM}^2/4 - m^2}\,\sigma_{tot}(p_1, p_2). \tag{6.125}$$

Den Querschnitt haben wir in Aufgabe 58 ausgerechnet, sodass sich mit $E_{COM} = \sqrt{s}$ ergibt:

$$E_{COM}\sqrt{E_{COM}^2/4 - m^2}\,\sigma_{tot}(p_1, p_2) = \frac{1}{16\pi}\frac{\sqrt{s/4 - m^2}}{\sqrt{s}}\lambda^2. \tag{6.126}$$

Das quadrierte Matrixelement ist im Fall des einzigen Graphen (Vier-Skalar-Vertex) einfach $|\mathcal{M}|^2 = \lambda^2$, und damit ist $\sigma_{tot} = \lambda^2/(16\pi E_{COM}^2)$. Somit stimmt Gl. (6.124) mit Gl. (6.126) überein.

Aufgemerkt! Wann tauchen Imaginärteile auf?

Hier wird besonders deutlich, wie die Feynman-Polvorschrift sich auf das Verhalten der Theorie auswirkt. Sie bestimmt das Vorzeichen des Imaginärteils und stellt damit die Richtigkeit des optischen Theorems bzw. die Positivität des quadrierten Streuquerschnitts sicher. Zudem sieht man, dass das Argument des Logarithmus gerade dann negativ werden kann, wenn die Produktion der Teilchen in der Schleife auf der Massenschale kinematisch möglich wird. Es ist nämlich $0 \leq x(1-x) \leq \frac{1}{4}$, und damit wird das Argument immer für $s \geq 4m^2$ negativ – das ist gerade die benötigte Energie, um die zwei Teilchen der Masse m des Zwischenzustandes auf der Massenschale zu produzieren.

Dass die beiden Diagramme, in denen die Impulse t und u durch die Schleife fließen, hier nicht beitragen, ist auch optisch sehr intuitiv verständlich: Schneidet man die s-Kanal-Schleife in der Mitte von oben nach unten durch, erhält man die beiden Baumdiagramme aus der quadrierten Amplitude – die Bildung des Imaginärteils entspricht hier der Ersetzung der inneren Propagatoren durch δ-Distributionen, welche die Teilchen auf die Massenschale zwingen. Bei den t- und u-Diagrammen ist dies nicht möglich. Wieder sei für eine systematische Behandlung auf die Cutkosky-Schnittregeln verwiesen.

Man kann dieses Theorem auch für Feynman-Diagramme zeigen, in denen die Teilchen im Loop nicht alle die gleiche Masse haben. Wen das genauer interessiert, der sei auf [3] verwiesen.

Zusammenfassung zur Regularisierung und Renormierung

- Divergente Schleifenintegrale werden in $d = 4 - \varepsilon$ Dimensionen ausgedrückt:

$$\int \frac{d^4 q}{(2\pi)^4} \longrightarrow \int \frac{d^d q}{(2\pi)^d} \tag{6.3}$$

- Schleifenintegral in d Dimensionen (skalares Integral):

$$\int \frac{d^d p}{(2\pi)^d} \frac{1}{(p^2 - \Delta)^n} = i \frac{(-1)^n}{(4\pi)^{d/2}} \frac{\Gamma(n - d/2)}{\Gamma(n)} \left(\frac{1}{\Delta}\right)^{n-d/2} \tag{6.7}$$

- Feynman-Parameter (einfacher Fall):

$$\frac{1}{A_1 A_2} = \int_0^1 dx_1 \, \frac{1}{(x_1 A_1 + (1 - x_1) A_2)^2} \tag{6.26}$$

- Wir verwenden in diesem Kapitel den kombinatorisch normierten Wechselwirkungsterm, und die renormierte Lagrangedichte in DREG lautet damit

$$\begin{aligned}\mathcal{L}_{renorm.} &= \frac{1}{2}Z_\phi \partial_\mu \phi \partial^\mu \phi - \frac{1}{2}Z_\phi Z_m m^2 \phi^2 - Z_\phi^2 Z_\lambda \frac{\mu^\varepsilon \lambda}{4!}\phi^4 \\ &= \frac{1}{2}Z_\phi \partial_\mu \phi \partial^\mu \phi - \frac{1}{2}Z_\phi (1+\delta_m) m^2 \phi^2 - Z_\phi^2 (1+\delta_\lambda) \frac{\mu^\varepsilon \lambda}{4!}\phi^4 . \end{aligned} \quad (6.44)$$

Der 1-Schleifen-Counter-Term der ϕ^4-Selbstenergie in $\overline{\text{MS}}$ lautet

$$-i\delta_m^{\overline{\text{MS}}} \equiv -\frac{i\lambda}{(4\pi)^2}\left(\frac{1}{\varepsilon} - \frac{1}{2}(\gamma_E - \log 4\pi)\right), \quad (6.51)$$

während $\delta_\phi = Z_\phi - 1$ in dieser Ordnung verschwindet. Der Ausdruck für die renormierte Selbstenergie lautet dann

$$-i\Pi^{\overline{\text{MS}}}_{\text{1-Loop+ct}} = \frac{im^2\lambda}{2(4\pi)^2}\left(1 - \log\frac{m^2}{\mu^2}\right). \quad (6.52)$$

Der 1-Schleifen-Counter-Term der ϕ^4-Vertexkorrektur in $\overline{\text{MS}}$ lautet

$$-i\delta_\lambda^{\overline{\text{MS}}} = -i\frac{3\lambda}{16\pi^2}\left(\frac{1}{\varepsilon} - \frac{1}{2}(\gamma_E - \log(4\pi))\right), \quad (6.58)$$

und daraus erhalten wir die renormierte Vertexfunktion in $\overline{\text{MS}}$,

$$i\Gamma^{(4)\overline{\text{MS}}}_{renorm} = -i\lambda\mu^\varepsilon - \frac{i\lambda^2\mu^\varepsilon}{32\pi^2}\int_0^1 dx\,(A(m,s,x) + A(m,t,x) + A(m,u,x)) . \quad (6.59)$$

- Der volle Propagator eines Skalars nach Dyson-Resummation:

$$D_F^{exakt}(p) \sim G^{(2)}(p) = \frac{i}{p^2 - m^2 - \Pi(p^2)} \quad (6.68)$$

- Zusammenhang zwischen Polmasse und renormierter Masse:

$$m^2 + \Pi(p^2)\big|_{p^2=m^2_{pol}} = m^2_{pol} \quad (6.71)$$

- Zusammenhang zwischen R-Faktor und Selbstenergie:

$$R^{-1} = 1 - \left.\frac{d\Pi(p^2)}{dp^2}\right|_{p^2=m^2_{pol}} = 1 - \Pi'(m^2_{pol}) \quad (6.74)$$

- Renormierungsgruppen-Gleichung für Vertexfunktionen:

$$\left[\underbrace{-n\,\mu\frac{d}{d\mu}\log Z_\phi^{1/2}}_{:=\gamma_\phi(\lambda)} + \mu\frac{\partial}{\partial\mu} + \underbrace{\mu\frac{\partial m}{\partial\mu}}_{:=m\gamma(\lambda)}\frac{\partial}{\partial m} + \underbrace{\mu\frac{\partial\lambda}{\partial\mu}}_{:=\beta(\lambda)}\frac{\partial}{\partial\lambda}\right]\Gamma^{(n)}_{renorm}(p,\lambda,m,\mu) = 0 . \quad (6.91)$$

Die entsprechende β-Funktion auf 1-Schleifen-Niveau lautet

$$\beta_{1-Loop} = \lambda^2 Z_\lambda^{(1)} = \frac{3\lambda^2}{(4\pi)^2} \tag{6.99}$$

- Optisches Theorem:

$$2\,\mathrm{Im}\left(\begin{matrix} p_1 & & p_1 \\ & \text{Loops} & \\ p_2 & & p_2 \end{matrix} \right) = \sum_j \int dLIPS_j^\delta \left(\begin{matrix} p_1 & & & & p_1 \\ & & k_j \; k_j & & \\ p_2 & & & & p_2 \end{matrix} \right) \tag{6.115}$$

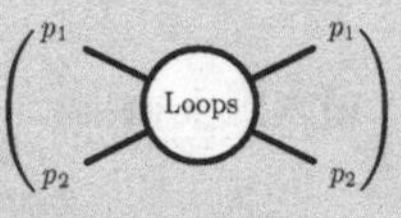

$$2\,\mathrm{Im}(\mathcal{M}_{(i\to i)}) =$$

$$\sum_j \left(\prod_{l\in j} \int \frac{d^3k_l}{(2\pi)^3\,2E_l} \right) (2\pi)^4 \delta^4 \left(\sum_{r\in i} p_r - \sum_{s\in j} k_s \right) \left| \mathcal{M}_{(i\to j)} \right|^2 . \tag{6.114}$$

Teil II

Felder mit Spin

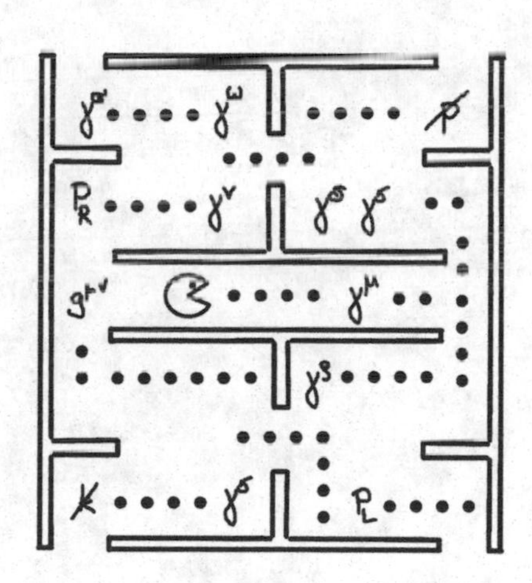

7 Das Dirac-Feld

Übersicht

In diesem Kapitel werden wir kurz den Zusammenhang zwischen dem Spin und Darstellungen der Lorentz-Gruppe besprechen und für den Fall $s = \frac{1}{2}$ im Detail ausarbeiten. Das führt uns zur Dirac-Algebra, zu Spinoren, zur Dirac-Lagrange-Dichte und zur Dirac-Gleichung. Zu guter Letzt werden wir auf den Weyl-van-der-Waerden-Formalismus eingehen, mit dem man Teilchen mit halbzahligem Spin sehr flexibel beschreiben kann.

7.1 Einführung

Der Spin eines Teilchens ist sein Drehimpuls in Ruhe. Im Fall von masselosen Teilchen, die sich ja gezwungenermaßen mit Lichtgeschwindigkeit bewegen, ist diese Definition nicht nützlich. Hier hilft man sich mit dem Konzept der Helizität – sie ist die Projektion des Drehimpulses auf die Bewegungsrichtung. Gemäß dem Noether-Theorem sind die Operatoren, die den Spin eines Teilchens messen, gleichzeitig jene, die die zugehörige Symmetrie generieren, in diesem Fall die Drehungen. Da wir spezielle Relativitätstheorie betreiben, betrachten wir die Drehungen aber nicht isoliert, sondern eingebettet in die Lorentz-Transformationen. Kurzum: Der Spin eines Teilchens in der QFT wird dadurch festgelegt, wie sich der zugehörige Zustand oder das erzeugende Feld unter Lorentz-Transformationen verhalten. Bisher hatten wir nur Skalarfelder betrachtet, deren Argument sich zwar unter Lorentz-

Transformationen wie ein Vierervektor verhält, die selbst aber keine zusätzlichen Transformationen erfahren:

$$\Lambda: \quad \phi(x) \to \phi(\Lambda x)\,. \tag{7.1}$$

Die Transformation von ϕ selbst ist also trivial, $e^{-i\omega^{\mu\nu}M^{\phi}_{\mu\nu}} = 1$, und der Generator ist daher $M^{\phi}_{\mu\nu} = 0$. Seine Eigenwerte sind also gleich Null – und damit auch der Spin des Teilchens.

Das wird sich nun ändern, denn wir wollen Fermionen mit halbzahligem Spin beschreiben, insbesondere Leptonen und Quarks. Dazu führen wir jetzt ohne große Umwege die relevante Darstellung der Lorentz-Gruppe ein.

7.2 Die Dirac-Algebra und Spinoren

Die Lorentz-Gruppe (der eigentlichen, orthochronen Lorentz-Transformationen) ist eine Verwandte der orthogonalen Gruppe $SO(4)$. Eine kurze Darstellung dieser Zusammenhänge findet sich in den Abschnitten 1.3.2 und 1.3.3. Diese Darstellung der Lorentz-Gruppe durch die Transformationsmatrizen Λ wird aufgrund der Eigenwerte der enthaltenen Drehgeneratoren $\lambda = 1, 0, -1$ als Spin-1-Darstellung bezeichnet. Aus ihr kann man durch Tensorprodukte Darstellungen mit beliebigen ganzzahligen Spins konstruieren, indem man Felder mit mehreren Lorentz-Indizes einführt. Wie man diese Darstellungen klassifiziert, ist jenseits dessen was wir hier machen wollen, kann aber in jedem guten Buch über Lie-Algebren nachgelesen werden, z. B. in [2]. Die Frage, die uns jetzt beschäftigen soll, ist eine andere: gibt es auch Darstellungen der Lorentz-Gruppe mit halbzahligen Eigenwerten der enthaltenen Drehgeneratoren?

Aus der quantenmechanischen Beschreibung des Elektrons mit Spin (also aus der Pauli-Gleichung) wisst ihr schon, dass die Pauli-Matrizen σ^i, oder genauer genommen die Matrizen $\tau^i = \sigma^i/2$, eine Darstellung der räumlichen Drehungen mit halbzahligem Spin generieren: Die τ^i erfüllen die Drehimpulsalgebra

$$[\tau^i, \tau^j] = i\epsilon^{ijk}\tau^k \tag{7.2}$$

und haben die Eigenwerte $\lambda = \pm\frac{1}{2}$.

Die Drehgruppen $SU(2)$ und $SO(3)$

Wie wir im Kapitel zu Lie-Gruppen schon erwähnt hatten, sind τ^i genau genommen die Generatoren der definierenden Darstellung der Gruppe $SU(2)$, die nicht identisch mit, sondern eine doppelte Überlagerung der $SO(3)$ ist. Man kann dies daran sehen, dass $e^{-i\theta^a\tau^a}$ und $-e^{-i\theta^a\tau^a}$ demselben Element der $SO(3)$ entsprechen. Man muss daher Spinoren berühmterweise zweimal um 360° drehen, um wieder die triviale Transformation zu erhalten. Man erhält aber auch nach 360° schon einen physikalisch äquivalenten Spinor, der lediglich eine Phase -1 trägt. Für unsere Zwecke ist die Unterscheidung zwischen $SO(3)$ und $SU(2)$ zunächst nicht sehr wichtig. Die globale Geometrie dieser Gruppen, und damit die Unterscheidung zwischen $SU(2)$ und $SO(3)$ etc., ist für manche weiterführenden Anwendungen in der QFT allerdings von zentraler Bedeutung.

Wir suchen also eine Darstellung der Lorentz-Transformationen, die solche Darstellungen der Drehgruppe mit halbzahligem Spin enthält. Ein Trick, um diese zu finden, besteht darin, eine sogenannte *Clifford-Algebra* zu finden, und zwar (ohne Beweis) so:

- Ermittelt vier Matrizen $\gamma^\mu \in \mathbb{C}^{4\times 4}$, die die *Anti*-Vertauschungsrelation[1]

$$\{\gamma^\mu, \gamma^\nu\} \equiv \gamma^\mu \gamma^\nu + \gamma^\nu \gamma^\mu = 2g^{\mu\nu} I_{4\times 4} \tag{7.3}$$

  erfüllen. Dabei sei γ^0 hermitesch und γ^i antihermitesch.
- Die sechs Matrizen, die wir aus der *Vertauschungsrelation*

$$S^{\mu\nu} = \frac{i}{4}[\gamma^\mu, \gamma^\nu] \tag{7.4}$$

  bekommen, sind jetzt Spin-$\frac{1}{2}$-Generatoren der Lorentz-Transformationen[2]. Das war ja einfach!

Warum wir gerade genau (4×4)-Matrizen benötigen, wäre noch zu zeigen. Dass ihre Dimension gerade gleich der Anzahl der Raumzeit-Dimensionen ist, ist übrigens Zufall, denn in $d = 6$ benötigt man z. B. (8×8)-Matrizen. Die Wahl der sogenannten *Dirac-Matrizen* γ^μ für die Lorentz-Gruppe ist trotzdem nicht eindeutig, und die verschiedenen Komponenten der Felder, die unter $S^{\mu\nu}$ transformieren, ändern mit dieser Wahlfreiheit ihre Bedeutung. Die Physik, die durch die Dirac-Matrizen beschrieben wird, bleibt aber dieselbe. Für viele Anwendungen ist es völlig unwichtig, welche Wahl für die γ^μ getroffen wurde, da man die meisten Rechnungen durchziehen kann, indem man verschiedene Eigenschaften und Identitäten ausnutzt, ohne die Matrizen jemals explizit auszuschreiben. Wir werden gleich sehen,

[1]Achtung: Die Notationen der Poisson-Klammern und des Antikommutators $\{A, B\} = AB + BA$ sind leider identisch. Oft wird die Notation $[A, B]_+$ für den Antikommutator verwendet, um Eindeutigkeit zu schaffen. Der Übersichtlichkeit und Gewohnheit halber bleiben wir dennoch bei $\{A, B\}$, da im Kontext gelesen keine Verwechslungsgefahr bestehen sollte.

[2]genauer gesagt, einer reduziblen Darstellung der $SL(2, \mathbb{C})$ – dazu gleich mehr!

wie viel man aus nur wenigen allgemeinen Forderungen an die γ^μ ableiten kann. Zuvor wollen wir noch kurz über die Objekte reden, auf die wir die durch $S^{\mu\nu}$ generierten Transformationen anwenden wollen, die sogenannten *Spinoren*. Da $S^{\mu\nu}$ (4×4)-Matrizen sind, sind die zugehörigen Spinoren 4-komponentige Objekte:

$$\psi = \begin{bmatrix} \psi_1 \\ \psi_2 \\ \psi_3 \\ \psi_4 \end{bmatrix}, \tag{7.5}$$

wobei die 4 Komponenten unabhängig sind. Wir nennen sie *Dirac-Spinoren*, um sie von anderen Typen von Spinoren abzugrenzen, die uns später begegnen werden. Unter Lorentz-Transformationen mit Parametern $\omega_{\mu\nu}$ transformieren sich Dirac-Spinoren also mit

$$\psi \longrightarrow \Lambda_S \psi \equiv \exp\left(-i\omega_{\mu\nu} S^{\mu\nu}\right) \psi\,. \tag{7.6}$$

Die physikalische Interpretation der 4 Komponenten ist noch nicht offensichtlich, und hängt davon ab welche Darstellung der Dirac-Matrizen wir wählen. Insbesondere stehen sie nicht direkt mit den vier Raumzeit-Dimensionen in Verbindung.

Aufgemerkt! **Sind die Dirac-Matrizen Vierervektoren?**

Da die γ^μ einen Lorentz-Index tragen, ist diese Schlussfolgerung beim ersten Blick naheliegend. Andererseits sind ihre Einträge fest vorgegebene, vom Bezugssystem unabhängige Zahlen. Insbesondere haben die Dirac-Matrizen ja noch zwei weitere Indizes, γ^μ_{ab}, und da liegt der Hund begraben: Sie sind invariant unter einer *simultanen* Transformation der Spin-Indizes a und b und des Lorentz-Index μ:

$$\Lambda^\mu{}_\nu \gamma^\nu = \Lambda_S^{-1} \gamma^\mu \Lambda_S\,. \tag{7.7}$$

Somit sind die Einträge der γ^μ die Clebsch-Gordan-Koeffizienten, welche zwei Spin-$\frac{1}{2}$-Darstellungen in eine Spin-1-Darstellung übersetzen. Die Antwort auf die Frage ist also: Nein, aber – Ausdrücke, welche Dirac-Matrizen γ^μ oder Produkte von Dirac-Matrizen wie $\gamma^\mu\gamma^\nu\gamma^\rho$ etc. enthalten, werden zu Lorentz-Vierervektoren oder -Tensoren, wenn die Matrizen auf beiden Seiten stets von Spinoren multipliziert werden, die sich mit Λ_S^{-1} und Λ_S transformieren. Wir werden in den folgenden Abschnitten viele solche Objekte kennenlernen.

Schreibt man alle Indizes explizit aus, lautet Gl. (7.7)

$$\Lambda^\mu{}_\nu \gamma^\nu_{ij} = (\Lambda_S^{-1})_{ik} \gamma^\mu_{kl} (\Lambda_S)_{lj}\,, \tag{7.8}$$

wobei für die inneren Spin-Indizes k, l die Summenkonvention gilt.

7.2.1 Eigenschaften der Dirac-Matrizen

Zunächst wollen wir noch einmal die wichtigste, definierende Relation der Dirac-Algebra wiederholen,

$$\{\gamma^\mu, \gamma^\nu\} = 2g^{\mu\nu} I_{4\times 4} . \tag{7.9}$$

Senkt man im metrischen Tensor einen Index, erhält man das Kronecker-Delta. Daher ist die Dirac-Algebra für Dirac-Matrizen mit gemischten Indizes:

$$\{\gamma^\mu, \gamma_\nu\} = 2\delta^\mu_\nu I_{4\times 4} . \tag{7.10}$$

Im Folgenden schreiben wir der Übersichtlichkeit halber $I_{4\times 4}$ als 1 und lassen die Einheitsmatrix implizit, wenn klar ist, dass es sich bei dem gegebenen Ausdruck um eine Matrix im Spin-Raum handelt. Es folgt also insbesondere: $\gamma^0\gamma^0 = 1$ und $\gamma^i\gamma^i = -1$ (keine Summe).

Aus den allgemeinen Forderungen an die Dirac-Matrizen folgt, wie angekündigt, eine beachtliche Liste an Identitäten und Relationen, die wir nun herleiten wollen.

AUFGABE 96

■ Seien also γ^0 hermitesch und γ^i antihermitesch. Beweist, dass mit dieser Konvention die Spin-$\frac{1}{2}$-Drehmatrizen unitär sind.

▶ Die Spin-$\frac{1}{2}$-Drehmatrizen sind gegeben durch $U = \exp(-i\omega_{ij}S^{ij})$, denn die Drehgeneratoren sind

$$S^{ij} = \frac{i}{4}[\gamma^i, \gamma^j] . \tag{7.11}$$

Da γ^i antihermitesch ist, ist auch der Kommutator $[\gamma^i, \gamma^j]$ antihermitesch, wegen

$$(\gamma^i\gamma^j - \gamma^j\gamma^i) = \gamma^{j\dagger}\gamma^{i\dagger} - \gamma^{i\dagger}\gamma^{j\dagger} = -(\gamma^i\gamma^j - \gamma^j\gamma^i) .$$

Der zusätzliche Faktor i hebt sich mit dem Faktor $-i$ im Exponenten weg, und somit ist U das Exponential einer antihermiteschen Matrix. Daher ist $U^\dagger U = e^{X^\dagger} e^X = e^{-X} e^X = 1$ und U damit unitär.

Aus dieser Konvention folgt eine weitere Eigenschaft, die wir ständig brauchen werden:

AUFGABE 97

■ Beweist, dass gilt:

$$\gamma^{\mu\dagger}\gamma^0 = \gamma^0\gamma^\mu . \tag{7.12}$$

▶ Für den Fall $\mu = 0$ ist $\gamma^{\mu\dagger} = \gamma^\mu = \gamma^0$, und die Gleichheit ist trivial. Für den Fall $\mu > 0$ verwenden wir die Beziehung $\gamma^{i\dagger} = -\gamma^i$ und erhalten

$$\gamma^{i\dagger}\gamma^0 = -\gamma^i\gamma^0 = -\underbrace{\{\gamma^i, \gamma^0\}}_{=2g^{i0}=0} + \gamma^0\gamma^i = \gamma^0\gamma^i \,.$$

Weil es so schön war, geht es gleich weiter!

AUFGABE 98

■ Berechnet die Ausdrücke $\gamma^\mu\gamma_\mu$, $\gamma^\mu\gamma^\nu\gamma_\mu$ und $\gamma^\mu\gamma^\nu\gamma^\rho\gamma_\mu$.

▶ Es ist $\gamma^\mu\gamma_\mu = \gamma^0\gamma_0 + \gamma^i\gamma_i = \gamma^0\gamma^0 - \sum_i \gamma^i\gamma^i = 1-(-1-1-1) = 4$. Der zweite Ausdruck lässt sich etwas umschreiben, um die erste Relation verwenden zu können: $\gamma^\mu\gamma^\nu\gamma_\mu = \gamma^\mu\{\gamma^\nu, \gamma_\mu\} - \gamma^\mu\gamma_\mu\gamma^\nu = \gamma^\mu 2\delta^\nu_\mu - 4\gamma^\nu = -2\gamma^\nu$. Analog dazu ist $\gamma^\mu\gamma^\nu\gamma^\rho\gamma_\mu = \gamma^\mu\gamma^\nu\{\gamma^\rho, \gamma_\mu\} - \gamma^\mu\gamma^\nu\gamma_\mu\gamma^\rho = \gamma^\mu\gamma^\nu 2\delta^\rho_\mu + 2\gamma^\nu\gamma^\rho = 2\gamma^\rho\gamma^\nu + 2\gamma^\nu\gamma^\rho = 4g^{\rho\nu}$.

Durch diese Identitäten zeichnet sich schon ab, dass viele Berechnungen durchgeführt werden können, ohne dass man die Einträge der Dirac-Matrizen im Detail kennen muss.

Die fünfte Matrix Ein weiteres nützliches Objekt, das wir definieren können, ist die Matrix[3]

$$\gamma^5 = i\gamma^0\gamma^1\gamma^2\gamma^3 \,. \tag{7.13}$$

Sie hat einige interessante Eigenschaften:

AUFGABE 99

■ Beweist, dass gilt: $\gamma^5\gamma^5 = 1$, $\gamma^{5\dagger} = \gamma^5$ und $\gamma^5\gamma^\mu = -\gamma^\mu\gamma^5$.

▶ Es ist $\gamma^5\gamma^5 = -\gamma^0\gamma^1\gamma^2\gamma^3\gamma^0\gamma^1\gamma^2\gamma^3$. Aufgrund der Antivertauschungsrelation wissen wir, dass wir beim Vertauschen verschiedener Dirac-Matrizen einfach ein Vorzeichen aufsammeln. Wir können diesen Ausdruck also auf eine Form bringen, in der gleiche Dirac-Matrizen nebeneinander stehen. Hierzu benötigen wir 6 Vertauschungen, und die aufgesammelten Vorzeichen heben sich weg. Wir erhalten

$$\gamma^5\gamma^5 = -(-1)^6\gamma^0\gamma^0\gamma^1\gamma^1\gamma^2\gamma^2\gamma^3\gamma^3 = -(1)(1)(-1)(-1)(-1) = 1 \,.$$

---

[3] Die „5" kann tatsächlich als Index einer fünften Dimension interpretiert werden, aber das geht über den Rahmen unseres Stoffes hinaus. Für unsere Zwecke ist γ^5 einfach eine historisch bedingte Bezeichnung.

Ähnlich erfolgt der zweite Beweis: $\gamma^{5\dagger} = -i\gamma^{3\dagger}\gamma^{2\dagger}\gamma^{1\dagger}\gamma^{0\dagger} = i\gamma^3\gamma^2\gamma^1\gamma^0$. Um die ursprüngliche Ordnung wiederherzustellen, benötigen wir wieder 6 Vertauschungen, und damit ist

$$\gamma^{5\dagger} = i(-1)^6\gamma^0\gamma^1\gamma^2\gamma^3 = \gamma^5 .$$

Die letzte Identität ist einfach einzusehen: Wir haben $\gamma^5\gamma^\mu = i\gamma^0\gamma^1\gamma^2\gamma^3\gamma^\mu$. Egal, welchen Wert μ annimmt, werden wir γ^μ einmal an sich selbst und dreimal an anderen Dirac-Matrizen vorbei kommutieren müssen. Wir sammeln also in jedem Fall drei Vorzeichen ein und erhalten

$$\gamma^5\gamma^\mu = (-1)^3 i\gamma^\mu\gamma^0\gamma^1\gamma^2\gamma^3 = -\gamma^\mu\gamma^5 .$$

Spurensuche... Eine weitere wichtige Klasse von Ausdrücken, die uns später begegnen werden, sind Spuren von Dirac-Matrizen. Mithilfe der bisher eingeführten und gezeigten Eigenschaften können wir viele Spuridentitäten beweisen.

AUFGABE 100

Beweist, dass gilt: $Tr[\gamma^\mu] = 0$.

Oberflächlich betrachtet, muss diese Relation wahr sein, denn das Objekt auf der linken Seite hat einen Lorentz-Index. Welcher Vierervektor sollte auf der rechten Seite stehen? Man kann, auf dieser Intuition aufbauend, tatsächlich einen Beweis konstruieren, indem man eine 1 aus Lorentz-Transformationen in der Spur einführt und eine von ihnen an γ^μ vorbeikommutiert. Einfacher geht es, indem wir das Objekt γ^5 verwenden. Wir multiplizieren mit einer $1 = \gamma^5\gamma^5$ und verwenden zuerst die Vertauschungsrelation und dann die zyklische Eigenschaft der Spur:

$$Tr[\gamma^\mu] = Tr[\gamma^\mu\gamma^5\gamma^5] \overset{vert.}{=} -Tr[\gamma^5\gamma^\mu\gamma^5] \overset{zykl.}{=} -Tr[\gamma^\mu\gamma^5\gamma^5] = -Tr[\gamma^\mu] .$$

Damit ist die Aussage bewiesen.

AUFGABE 101

Analog zu dem einfachen Fall lässt sich zeigen, dass für jede *ungerade* Anzahl n gilt:

$$Tr[\gamma^{\mu_1}\dots\gamma^{\mu_n}] = 0, \tag{7.14}$$

wobei hier $\mu_i = 0 \ldots 3$ ist. Das Objekt γ^5 muss natürlich gemäß Definition als eine gerade Anzahl Dirac-Matrizen gezählt werden!

▶

$$\begin{aligned} Tr[\gamma^{\mu_1}\ldots\gamma^{\mu_n}] &= Tr[\gamma^{\mu_1}\ldots\gamma^{\mu_n}\gamma^5\gamma^5] \overset{n\,vert.}{=} -Tr[\gamma^5\gamma^{\mu_1}\ldots\gamma^{\mu_n}\gamma^5] \\ &\overset{zykl.}{=} -Tr[\gamma^{\mu_1}\ldots\gamma^{\mu_n}\gamma^5\gamma^5] = -Tr[\gamma^{\mu_1}\ldots\gamma^{\mu_n}]\,. \end{aligned} \tag{7.15}$$

AUFGABE 102

■ Beweist folgende Spuridentitäten:

$$Tr[\gamma^\mu\gamma^\nu] = 4g^{\mu\nu} \tag{7.16}$$

$$Tr[\gamma^\mu\gamma^\nu\gamma^\rho\gamma^\delta] = 4(g^{\mu\nu}g^{\rho\delta} - g^{\mu\rho}g^{\nu\delta} + g^{\mu\delta}g^{\nu\rho}) \tag{7.17}$$

$$Tr[\gamma^5] = Tr[\gamma^\mu\gamma^\nu\gamma^5] = 0 \tag{7.18}$$

$$Tr[\gamma^5\gamma^\mu\gamma^\nu\gamma^\rho\gamma^\delta] = -4i\epsilon^{\mu\nu\rho\delta}. \tag{7.19}$$

▶ Die erste Identität folgt sofort aus der zyklischen Eigenschaft der Spur und der Dirac-Algebra: $Tr[\gamma^\mu\gamma^\nu] = \frac{1}{2}Tr[\gamma^\mu\gamma^\nu + \gamma^\nu\gamma^\mu] = \frac{1}{2}Tr[2g^{\mu\nu}I_{4\times4}] = g^{\mu\nu}Tr[I_{4\times4}] = 4g^{\mu\nu}$.

Die zweite Identität benötigt etwas mehr Arbeit. Wir kommutieren die ganz rechts stehende Matrix bis nach links und sammeln unter Ausnutzung der Dirac-Algebra die resultierenden Terme auf. Die Reihenfolge ist dann bis auf zyklisches Vertauschen identisch mit der Anfangsreihenfolge, und wir können das Ergebnis ablesen:

$$\begin{aligned} Tr[\gamma^\mu\gamma^\nu\gamma^\rho\gamma^\delta] &= Tr[\gamma^\mu\gamma^\nu 2g^{\rho\delta}] - Tr[\gamma^\mu\gamma^\nu\gamma^\delta\gamma^\rho] \\ &= 8g^{\mu\nu}g^{\rho\delta} - Tr[\gamma^\mu\gamma^\nu\gamma^\delta\gamma^\rho] \\ &= 8g^{\mu\nu}g^{\rho\delta} - Tr[\gamma^\mu 2g^{\nu\delta}\gamma^\rho] + Tr[\gamma^\mu\gamma^\delta\gamma^\nu\gamma^\rho] \\ &= 8g^{\mu\nu}g^{\rho\delta} - 8g^{\mu\rho}g^{\nu\delta} + Tr[\gamma^\mu\gamma^\delta\gamma^\nu\gamma^\rho] \\ &= 8g^{\mu\nu}g^{\rho\delta} - 8g^{\mu\rho}g^{\nu\delta} + Tr[2g^{\mu\delta}\gamma^\nu\gamma^\rho] - Tr[\gamma^\delta\gamma^\mu\gamma^\nu\gamma^\rho] \\ &= 8g^{\mu\nu}g^{\rho\delta} - 8g^{\mu\rho}g^{\nu\delta} + 8g^{\mu\delta}g^{\nu\rho} - Tr[\gamma^\mu\gamma^\nu\gamma^\rho\gamma^\delta]\,. \end{aligned}$$

Hier haben wir ausgenutzt, dass ein $g^{\mu\nu}$ in der Spur proportional zur Einheitsmatrix im Spin-Raum ist und wir den metrischen Tensor daher vor die Spur schreiben können, ohne etwas zu ändern.

Die nächste Identität hat tiefere Gründe, die mit diskreten Symmetrien der Raumzeit zusammenhängen: Spuren mit γ^5 sind Pseudoskalare. Da es außer der 0 kein Lorentz-invariantes Objekt mit 0 oder 2 Viererindizes gibt, das zu einem Pseudoskalar wird, wenn man es mit der entsprechenden Anzahl an Lorentz-Vektoren kontrahiert, muss die rechte Seite verschwinden. Die Spurfreiheit von

γ^5 kann direkt gezeigt werden, indem man eine $1 = \gamma^0\gamma^0$ einfügt und wie oben zyklisch in der Spur vertauscht:

$$Tr[\gamma^5] = Tr[\gamma^5\gamma^0\gamma^0] = -Tr[\gamma^0\gamma^5\gamma^0] = -Tr[\gamma^5\gamma^0\gamma^0] = -Tr[\gamma^5]. \tag{7.20}$$

Eine ähnliche Methode funktioniert auch noch für die nächste Identität, da wir eine Dirac-Matrix finden können, die noch nicht in der Spur steht. Für gegebenes μ,ν sei $\delta \neq \mu,\nu$. Dann nutzen wir $r_\delta = \gamma^\delta\gamma^\delta = \pm 1$ (keine Summen), und dass γ^δ sowohl mit γ^5 als auch mit γ^μ und γ^ν antivertauscht. Wir schreiben wie eben:

$$\begin{aligned} Tr[\gamma^\mu\gamma^\nu\gamma^5] &= r_\delta Tr[\gamma^\mu\gamma^\nu\gamma^5\gamma^\delta\gamma^\delta] \text{ (keine Summe über } \delta) \\ &= r_\delta(-1)^3 Tr[\gamma^\delta\gamma^\mu\gamma^\nu\gamma^5\gamma^\delta] \text{ (keine Summe über } \delta) \\ &= -r_\delta^2 Tr[\gamma^\mu\gamma^\nu\gamma^5] = -Tr[\gamma^\mu\gamma^\nu\gamma^5]. \end{aligned}$$

Nun zu der Spur $Tr[\gamma^5\gamma^\mu\gamma^\nu\gamma^\rho\gamma^\delta]$. Es gibt bis auf Normierung genau ein Lorentz-invariantes Objekt, das 4 Vierervektoren zu einem Pseudoskalar kombiniert – den total antisymmetrischen Tensor ϵ. Daher ist es nicht überraschend, dass er auf der rechten Seite der letzten Identität auftaucht. Da es in vier Dimensionen bis auf Normierung nur diese eine alternierende Multilinearform vom Rang 4 gibt, genügt es, die folgenden Eigenschaften der linken Seite zu beweisen: Sie ist antisymmetrisch unter Vertauschung zweier Indizes, und $Tr[\gamma^5\gamma^0\gamma^1\gamma^2\gamma^3] = -4i$. Letzteres ist klar, wegen $Tr[\gamma^5\gamma^0\gamma^1\gamma^2\gamma^3] = -iTr[\gamma^5\gamma^5] = -iTr[I_{4\times4}] = -4i$.

Wenn *nicht* alle Indizes μ,ν,ρ,δ verschieden sind, gibt es ein $\omega \neq \mu,\nu,\rho,\delta$, und wir können analog zu den letzten beiden Beweisen zeigen, dass die Spur verschwindet, indem wir $\gamma^\omega\gamma^\omega = \pm 1$ einfügen. Wir müssen also die Antisymmetrie der Spur unter Vertauschung nur noch für den Fall zeigen, dass die Indizes μ,ν,ρ,δ verschieden sind, dass also $\mu\nu\rho\delta$ ist eine Permutation von 1234 ist. Dies ist aber klar, da verschiedene Dirac-Matrizen antivertauschen.

AUFGABE 103

■ Zeigt, dass γ^5 mit den Lorentz-Generatoren $S^{\mu\nu}$ vertauscht.

▶ Hier ist nicht viel zu tun – wir wissen, dass $\gamma^\mu\gamma^5 = -\gamma^5\gamma^\mu$ ist. Da $S^{\mu\nu}$ aus Produkten von zwei γ^μ besteht, ist $S^{\mu\nu}\gamma^5 = (-1)^2\gamma^5 S^{\mu\nu}$.

7.2.2 Rechenregeln in d Dimensionen

Um später wieder die dimensionale Regularisierung durchführen zu können, betrachten wir einige Eigenschaften der Dirac-Matrizen in d Dimensionen.

Aufgemerkt!

Wir können γ^μ entsprechend auf d Dimensionen verallgemeinern, indem wir weiterhin

$$\{\gamma^\mu, \gamma^\nu\} = 2g^{\mu\nu} I_{4\times4} \tag{7.21}$$

annehmen.

Wie wir in Abschnitt 7.2 gesehen haben, hängt die Dimension der Einheitsmatrix $I_{4\times4}$ nicht direkt mit der Dimension der Raumzeit zusammen. Deshalb bleiben die Dirac-Matrizen hier per Konvention (4×4)-Matrizen. Es gibt auch Literatur (z. B. [21]), in der die Dimension der Dirac-Matrizen zu $f(d)$ verändert wird, sodass die Spur $Tr1_{f(d)\times f(d)} \neq 4$ ist. Wir machen das hier aber nicht so.

Aufgemerkt!

Wir können uns mit dieser Konvention einige Identitäten herleiten:

$$\gamma^\mu \gamma_\mu = dI_{4\times4} \tag{7.22}$$

$$\gamma^\mu \gamma^\rho \gamma_\mu = (2-d)\gamma^\rho \tag{7.23}$$

$$\gamma^\mu \gamma_\rho \gamma_\sigma \gamma_\mu = 4g_{\rho\sigma} I_{4\times4} + (d-4)\gamma_\rho \gamma_\sigma \tag{7.24}$$

$$\gamma^\mu \gamma_\rho \gamma_\sigma \gamma_\tau \gamma_\mu = -2\gamma_\tau \gamma_\sigma \gamma_\rho + (4-d)\gamma_\rho \gamma_\sigma \gamma_\tau \,. \tag{7.25}$$

AUFGABE 104

Beweist, ausgehend von Gl. (6.4) und Gl. (7.21) die Identitäten in den Gleichungen Gl. (7.22) bis Gl. (7.25).

- Gl. (7.22): $\gamma^\mu \gamma_\mu \overset{7.21}{=} \frac{1}{2}\{\gamma^\mu, \gamma_\mu\} \overset{6.4}{=} dI_{4\times4}$
- Gl. (7.23): $\gamma^\mu \gamma^\rho \gamma_\mu = (\{\gamma^\mu, \gamma^\rho\} - \gamma^\rho \gamma^\mu)\gamma_\mu = (2-d)\gamma^\rho$
- Gl. (7.24): $\gamma^\mu \gamma_\rho \gamma_\sigma \gamma_\mu = (\{\gamma^\mu, \gamma_\rho\} - \gamma_\rho \gamma^\mu)\gamma_\sigma \gamma_\mu = 2\gamma_\sigma \gamma_\rho - \gamma_\rho \gamma^\mu \gamma_\sigma \gamma_\mu = 2\gamma_\sigma \gamma_\rho - \gamma_\rho (\{\gamma^\mu, \gamma_\sigma\}\gamma_\mu - \gamma_\sigma \gamma^\mu \gamma_\mu) = (2\{\gamma_\sigma, \gamma_\rho\} - 2\gamma_\rho \gamma_\sigma) - 2\gamma_\rho \gamma_\sigma + d\gamma_\rho \gamma_\sigma = 4g_{\rho\sigma} I_{4\times4} + (d-4)\gamma_\rho \gamma_\sigma$
- Für Gl. (7.25) verläuft der Beweis ebenso.

Aufgemerkt!

Folgende Spursätze gelten weiterhin unverändert in DREG:

$$Tr(\gamma^\mu \gamma^\nu) = 4g^{\mu\nu} \tag{7.26}$$

$$Tr(\gamma^\mu \gamma^\nu \gamma^\rho \gamma^\sigma) = 4(g^{\mu\nu} g^{\rho\sigma} - g^{\mu\rho} g^{\nu\sigma} + g^{\mu\sigma} g^{\nu\rho}) \,. \tag{7.27}$$

Was tun mit γ^5 in dimensionaler Regularisierung?

Die Behandlung der Matrix γ^5 in d Dimensionen ist sehr subtil, da man ihre Definition nur schwierig verallgemeinern kann. Der Umgang mit diesem Objekt spielt zum Beispiel im Rahmen der diagrammatischen Herleitung der chiralen Anomalie eine wichtige Rolle, auf die wir hier nicht tiefer eingehen können. Es gibt verschiedene Vorschriften, wie man mit γ^5 in DREG rechnen kann. Die 't-Hooft-Veltman-Vorschrift sieht zum Beispiel vor, die Impulse in einen herkömmlichen Anteil $\mu = 0 \ldots 3$ und einen „extra-dimensionalen" Anteil $\mu > 3$ aufzuspalten, indem man

$$q = q^{\|} + q^{\perp} \tag{7.28}$$

schreibt. Bei den Dirac-Matrizen soll für die „herkömmlichen" Dimensionen $\mu = 0 \ldots 3$ die übliche Eigenschaft

$$\{\gamma^5, \gamma^\mu\} = 0 \tag{7.29}$$

gelten, sonst aber

$$[\gamma^5, \gamma^\mu] = 0\,. \tag{7.30}$$

7.2.3 Die Weyl-Darstellung

Obwohl wir sehr weit kommen, ohne die Dirac-Matrizen jemals in Komponenten auszuschreiben, ist es sehr nützlich, einige Darstellungen explizit zu untersuchen.[4] Außerdem ist es beruhigend, zu wissen, dass es solche Matrizen überhaupt gibt. Es wird auch unumgänglich sein, wenn wir eine Verbindung zu anderen Spinor-Formalismen herstellen wollen. Außerdem werden wir die aus der QM gewohnten Drehimpuls-Generatoren aus Gl. (7.2) wiederentdecken, die bisher im Formalismus versteckt sind.

Die Darstellung, die wir vor allem im Detail betrachten wollen, ist die *Weyl*-Darstellung. An ihr kann man eine wichtige Beobachtung machen, nämlich, dass

[4]Das Wort „Darstellung" ist hier nicht im gruppentheoretischen Sinn zu verstehen. Die üblichen verschiedenen „Darstellungen" der Dirac-Matrizen generieren alle, bis auf unitäre Basiswechsel, äquivalente reduzible Darstellungen der $SL(2,\mathbb{C})$.

die Lorentz-Transformationen im Spin-Raum in zwei getrennte Darstellungen aufgeteilt werden können. Zunächst definieren wir die formalen Vierervektoren[5]

$$\sigma^\mu = (I_{2\times 2}, \boldsymbol{\sigma}) \tag{7.31}$$

$$\overline{\sigma}^\mu = (I_{2\times 2}, -\boldsymbol{\sigma}), \tag{7.32}$$

wobei $\boldsymbol{\sigma} = (\sigma^1, \sigma^2, \sigma^3)$ die üblichen Pauli-Matrizen sind, die wir um eine Einheitsmatrix ergänzt haben. Aus ihnen können wir uns direkt einen Satz Dirac-Matrizen basteln, der alle oben eingeführten und hergeleiteten Eigenschaften erfüllt:

$$\gamma^\mu_{\text{Weyl}} = \begin{bmatrix} & \sigma^\mu \\ \overline{\sigma}^\mu & \end{bmatrix}. \tag{7.33}$$

AUFGABE 105

■ Beweist, dass die Dirac-Matrizen in Gl. (7.33) die Clifford-Algebra-Bedingung, Gl. (7.3), erfüllen.

▶ Es ist

$$\gamma^\mu\gamma^\nu = \begin{bmatrix} & \sigma^\mu \\ \overline{\sigma}^\mu & \end{bmatrix}\begin{bmatrix} & \sigma^\nu \\ \overline{\sigma}^\nu & \end{bmatrix} = \begin{bmatrix} \sigma^\mu\overline{\sigma}^\nu & \\ & \overline{\sigma}^\mu\sigma^\nu \end{bmatrix}.$$

Nun machen wir eine kleine Fallunterscheidung. Für $\mu = \nu = 0$ sieht man sofort, dass gilt:

$$\gamma^\mu\gamma^\nu + \gamma^\nu\gamma^\mu = I_{4\times 4} + I_{4\times 4} = 2g^{00} I_{4\times 4}.$$

Für $\mu = 0$, $\nu = j > 0$ ist

$$\gamma^\mu\gamma^\nu + \gamma^\nu\gamma^\mu = \gamma^0\gamma^j + \gamma^j\gamma^0 = diag(\sigma^j, -\sigma^j) + diag(-\sigma^j, \sigma^j) = 0.$$

Für $\mu = i$, $\nu = j > 0$ ist

$$\gamma^\mu\gamma^\nu + \gamma^\nu\gamma^\mu = \gamma^i\gamma^j + \gamma^j\gamma^i = diag(-\{\sigma^i, \sigma^j\}, -\{\sigma^i, \sigma^j\}).$$

Dieser Antikommutator ist aber gerade $\{\sigma^i, \sigma^j\} = 2\delta^{ij}$, und damit ist der gewünschte Beweis erbracht. Übrigens: Dass der Antikommutator der Pauli-Matrizen selbst wieder wie eine Dirac-Algebra in drei Dimensionen mit Metrik δ^{ij} aussieht, ist kein Zufall, sondern hat System. Will man eine Dirac-Algebra in höheren Dimensionen $d > 4$ konstruieren, kann man ganz analog die γ^μ als Ausgangspunkt nehmen.

[5] Wie bei den Dirac-Matrizen γ^μ handelt es sich nicht wirklich um Vierervektoren, sondern um Clebsch-Gordan-Koeffizienten, da noch zwei weitere implizite Spinor-Indizes vorliegen.

AUFGABE 106

Berechnet die Generatoren der Lorentz-Transformationen im Spin-Raum $S^{\mu\nu}$ anhand der Weyl-Darstellung der Dirac-Matrizen.

Es bietet sich an, eine ähnliche Fallunterscheidung wie für den Antikommutator zu machen. Beginnen wir mit S^{ij}, den Generatoren der Drehungen. Hier ist

$$S^{ij} = \frac{i}{4}(\gamma^i\gamma^j - \gamma^j\gamma^i) = \frac{i}{4}diag(-[\sigma^i, \sigma^j], -[\sigma^i, \sigma^j]) = \epsilon^{ijk}diag(\tau^k, \tau^k) .$$

Wir sehen hier, dass unter Drehungen die oberen und die unteren beiden Komponenten jeweils unabhängig wie ein zweikomponentiger Spinor transformieren. Sie transformieren sich dabei gleich, und die Generatoren sind hermitesch. Dies bestätigt, was wir bereits gezeigt haben – dass Drehungen durch unitäre Transformationen im Spin-Raum dargestellt werden. Drehungen um die x^1-Achse werden von S^{23} generiert, usw. Da S^{00} wegen der Antisymmetrisierung verschwindet, bleiben nur $S^{0i} = -S^{i0}$, die Generatoren der Lorentz-Boosts. Es ist

$$S^{0i} = \frac{i}{4}\Big(diag(-\sigma^i, \sigma^i) - diag(\sigma^i, -\sigma^i)\Big) = diag(-i\tau^i, i\tau^i) .$$

Hier sind einige Dinge bemerkenswert:

- Die oberen und die unteren zweikomponentigen Spinoren bleiben weiterhin unabhängig und mischen somit nicht unter Lorentz-Transformationen. Man kann daher im Prinzip eine der Komponenten weglassen. Die resultierenden Felder heißen *Weyl-Fermionen.*
- Wir sehen außerdem, dass die oberen und die unteren beiden Komponenten sich nicht mehr gleich transformieren! Es sind also zwei unterschiedliche Darstellungen der Lorentz-Transformationen in dem Objekt $S^{\mu\nu}$ vereint!
- Die Generatoren der Boosts sind wieder durch die Pauli-Matrizen gegeben, allerdings jetzt mit einem i verziert. Diese Generatoren sind also nicht mehr hermitesch; daher ist die Darstellung der Lorentz-Boosts im Spin-Raum nicht mehr unitär (wie auch die Boosts auf Vierervektoren nicht orthogonal sind). Da Lorentz-Boosts nicht beschränkt sind, ist die Gruppe nicht kompakt, und somit kann es auf endlich-dimensionalen Vektoren bzw. Spinoren auch gar keine unitäre Darstellung geben.
- Die 6 Generatoren σ^i und $i\sigma^i$ gemeinsam parametrisieren *beliebige* spurfreie komplexe (2×2)-Matrizen. Exponentiert man sie, erhält man allgemeine komplexe Matrizen mit $\det = 1$. Die Lorentz-Transformationen auf die händigen Komponenten der Spinoren entsprechen daher der Gruppe $SL(2, \mathbb{C})$.

Aufgemerkt! Die Lorentz-Gruppe und $SL(2,\mathbb{C})$

Die Lorentz-Transformationsmatrizen der linkshändigen und rechtshändigen Spinoren sind also jeweils in der definierenden Darstellung der speziellen linearen Gruppe $SL(2,\mathbb{C})$. Diese stellt eine Überlagerung der speziellen orthochronen Lorentz-Gruppe $SO^+(1,3)$ dar. Das ist gut, denn das Ziel war ja, relativistische Bezugssystemwechsel darzustellen. Betrachtet man einen Homomorphismus $SL(2,\mathbb{C}) \to SO^+(1,3)$, der jede Spinor-Transformation ihrer herkömmlichen Lorentz-Transformation zuordnet, und schränkt man die $SL(2,\mathbb{C})$ dann auf die $SU(2)$ der räumlichen Drehungen ein, so wird deren Bild gerade auf die räumlichen Drehungen $SO(3)$ eingeschränkt.

Findet eine eigene Darstellung der Dirac-Matrizen γ^μ und untersucht ihre Eigenschaften!

7.2.4 Chiralität und Weyl-Spinoren

Wie im letzten Abschnitt bemerkt, zerfallen die Lorentz-Transformationen im Spin-Raum in zwei unabhängige Darstellungen. Man nennt die beiden Arten von Spinoren *linkshändig* bzw. *rechtshändig*, und die Eigenschaft der Händigkeit an sich heißt *Chiralität*, abgeleitet aus dem Griechischen. In der Weyl-Basis sind das gerade die oberen und die unteren beiden Komponenten des Dirac-Spinors:

$$\psi_L = \begin{bmatrix} \psi_1 \\ \psi_2 \end{bmatrix}, \quad \psi_R = \begin{bmatrix} \psi_3 \\ \psi_4 \end{bmatrix}. \tag{7.34}$$

Wie wir oben gezeigt haben, lauten ihre Lorentz-Transformationen:

$$\psi_L \longrightarrow \exp\Big(- i[\omega^k \tau^k - \eta^k i\tau^k]\Big)\psi_L \tag{7.35}$$

$$\psi_R \longrightarrow \exp\Big(- i[\omega^k \tau^k + \eta^k i\tau^k]\Big)\psi_R\,, \tag{7.36}$$

wobei wir den Drehvektor als $\omega^k = \omega_{ij}\epsilon^{ijk}$ und den Boost-Parameter als $\eta^k = 2\omega^{0k}$ abgekürzt haben. Der einzige Unterschied zwischen rechts- und linkshändigen Spinoren ist also ihr gespiegeltes Verhalten unter Lorentz-Boosts. Diese zweikomponentigen Spinoren ψ_L, ψ_R werden *Weyl-Spinoren* genannt. Keine Angst, die physikalische Bedeutung von Dirac-Spinoren und Weyl-Spinoren wird bald klarer werden.

Die Matrix γ^5, die wir bereits als Hilfsobjekt eingeführt haben, hat gerade die Eigenschaft, zwischen den beiden Chiralitäten zu unterscheiden. Das wird offensichtlich, wenn wir sie in der Weyl-Basis ausrechnen.

AUFGABE 107

Berechnet γ^5 in der Weyl-Darstellung der Dirac-Matrizen.

Laut Definition ist

$$\begin{aligned}\gamma^5 &= i\gamma^0\gamma^1\gamma^2\gamma^3 = i\begin{bmatrix} & I_{2\times 2} \\ I_{2\times 2} & \end{bmatrix}\begin{bmatrix} & \sigma^1 \\ -\sigma^1 & \end{bmatrix}\begin{bmatrix} & \sigma^2 \\ -\sigma^2 & \end{bmatrix}\begin{bmatrix} & \sigma^3 \\ -\sigma^3 & \end{bmatrix} \\ &= i\begin{bmatrix} \sigma^1\sigma^2\sigma^3 & \\ & -\sigma^1\sigma^2\sigma^3 \end{bmatrix} = \begin{bmatrix} -I_{2\times 2} & \\ & I_{2\times 2} \end{bmatrix}.\end{aligned}$$

Die Matrix γ^5 ordnet also den links- (bzw. rechts-)händigen Spinoren die Eigenwerte -1 (bzw. $+1$) zu. Wir können das nutzen, um *Projektoren* auf die beiden Komponenten zu konstruieren:

$$P_L = \frac{1}{2}(I_{4\times 4} - \gamma^5) = \begin{bmatrix} I_{2\times 2} & \\ & 0 \end{bmatrix}, \quad P_R = \frac{1}{2}(I_{4\times 4} + \gamma^5) = \begin{bmatrix} 0 & \\ & I_{2\times 2} \end{bmatrix}. \tag{7.37}$$

Wenn man Weyl-Spinoren einer bestimmten Chiralität im Dirac-Formalismus schreiben will, kann man sie als Dirac-Spinoren darstellen, die eine Zwangsbedingung erfüllen: Beispielsweise stellt die Bedingung $P_L\psi = 0$ sicher, dass ψ nur eine rechtshändige Komponente hat. Alternativ kann man immer $P_R\psi$ schreiben, womit die linkshändigen Komponenten ignoriert werden.

Aufgemerkt!

Die Definition dieser Projektoren als $P_{L,R} = \frac{1}{2}(1 \mp \gamma^5)$ ist zwar in der Weyl-Darstellung besonders einleuchtend, gilt aber genau wie die Definition von γ^5 unabhängig von der Wahl der Dirac-Matrizen. Die Händigkeit ändert sich durch Lorentz-Transformationen nicht, da mit γ^5 auch $P_{L,R}$ mit den Generatoren $S^{\mu\nu}$ vertauschen.

Spinoren in 5 Raumzeit-Dimensionen

Für die Beschreibung von Spinoren in 5 Dimensionen (also mit einer zusätzlichen Raumdimension) benötigt man die Dirac-Algebra der $SO(1,4)$. Tatsächlich kann die Matrix γ^5 als fünfte Dirac-Matrix dienen, genau genommen $\Gamma^\mu = \gamma^\mu, \Gamma^4 = i\gamma^5$. Das i benötigen wir, damit die neue Raumkomponente der Metrik auch $g^{44} = -1$ ist. Die Lorentz-Generatoren sind nun $S^{mn} = \frac{i}{4}[\Gamma^m, \Gamma^n]$ mit $m, n = 0 \ldots 4$. Dass γ_5 nun Teil der Dirac-Algebra ist, bedeutet aber, dass $P_{L,R}$ allein kein Skalar mehr ist, und Drehungen die von $S^{\mu 4}$ generiert werden, mischen linkshändige und rechtshändige Komponenten eines Dirac-Spinors. Es gibt also keine chiralen Spinoren in 5 Dimensionen!

7.3 Skalare Kombinationen von Spinorfeldern

Die Wirkung unserer Feldtheorie der Fermionen soll invariant unter Lorentz-Transformationen sein, damit die Naturgesetze in allen Inertialsystemen dieselben sind und die den Transformationen zugeordneten Erhaltungsgrößen weiterhin existieren – kurzum: Die Invarianz stellt sicher, dass unsere Theorie mit der speziellen Relativitätstheorie verträglich ist. Solange nur skalare Felder und Felder oder Ableitungen mit Viererindizes vorkommen, ist es einfach, skalare Terme aufzuschreiben, die unter dem Wirkungsintegral zu Invarianten werden: Alle oberen Viererindizes müssen paarweise mit einem unteren kontrahiert sein und umgekehrt. Dank der Relation $\Lambda^T g \Lambda = g \Rightarrow g\Lambda^T g = \Lambda^{-1}$ dient der metrische Tensor dazu, aus *oberen* Indizes *untere* zu machen und umgekehrt, und dabei ein Objekt mit dem jeweils inversen Transformationsverhalten zu erzeugen. Die Lagrange-Dichte muss dabei nicht streng kovariant sein – treten bei der Transformation neue Terme auf, welche totalen Ableitungen entsprechen, so können wir diese in Oberflächenintegrale überführen und als Beiträge in der Wirkung vernachlässigen.

7.3.1 Die Dirac-Konjugation

Um das neu eingeführte Objekt ψ in unserer Lorentz-invarianten Wirkung zu verwenden, benötigen wir also ein korrespondierendes Objekt mit dem inversen Transformationsverhalten. Wären die Lorentz-Transformationen auf Dirac-Spinoren unitär, dann wäre $\psi^\dagger\psi$ bereits ein Skalar, doch wie wir oben gezeigt haben, ist das nur für die Drehungen so, nicht aber für die Boosts. Es gibt aber so etwas wie eine „Metrik" für Dirac-Spinoren, welche es erlaubt, $\psi^\dagger$ und ψ zu einem Skalar zu verbinden, und wir haben sie schon als Dirac-Matrix γ^0 kennengelernt!

AUFGABE 108

Wie oben definiert, sollen Dirac-Spinoren die Lorentz-Tansformationen

$$\psi \longrightarrow \Lambda_S \psi \tag{7.38}$$

haben. Beweist, dass gilt:

$$(\psi^\dagger\gamma^0) \longrightarrow (\psi^\dagger\gamma^0)\Lambda_S^{-1}\,. \tag{7.39}$$

● Betrachtet die infinitesimalen Transformationen.

▶ Es ist

$$\Lambda_S = \exp\left[-i\omega_{\mu\nu}S^{\mu\nu}\right] = \exp\left[\omega_{\mu\nu}\frac{1}{4}[\gamma^\mu, \gamma^\nu]\right]. \tag{7.40}$$

Damit transformiert sich $\psi^\dagger \longrightarrow \psi^\dagger\Lambda_S^\dagger$ und $\psi^\dagger\gamma^0 \longrightarrow \psi^\dagger\Lambda_S^\dagger\gamma^0$. Um unsere Antwort zu bekommen, müssen wir also γ^0 an $\Lambda_S^\dagger$ vorbei kommutieren! Um es uns etwas einfacher zu machen, betrachten wir infinitesimale Transformationen um $U = 1$, die wir einfach durch unsere Generatoren ausdrücken können. Zu erster Ordnung entwickelt, ist:

$$\Lambda_S = 1 + \omega_{\mu\nu}\frac{1}{4}[\gamma^\mu, \gamma^\nu] + \mathcal{O}(\omega^2) \tag{7.41}$$

und damit

$$\Lambda_S^\dagger \sim 1 + \omega_{\mu\nu}\frac{1}{4}[\gamma^\mu, \gamma^\nu]^\dagger = 1 - \omega_{\mu\nu}\frac{1}{4}[\gamma^{\mu\dagger}, \gamma^{\nu\dagger}]. \tag{7.42}$$

Noch einmal zur Erinnerung: Wenn alle γ^μ immer hermitesch oder immer antihermitesch wären, könnten wir hier die $\dagger$ fallen lassen, und $\Lambda_S^\dagger$ wäre dank des umgekehrten Vorzeichens vor ω bereits das Inverse Λ_S^{-1}. Da aufgrund der Minkowski-Metrik γ^0 hermitesch gewählt ist, γ^μ aber antihermitesch, brauchen wir das zusätzliche γ^0.

Wir können der Einfachheit halber die Fälle $\mu = 0, \nu \neq 0$ und $\mu \neq 0, \nu \neq 0$ wieder getrennt behandeln. Im ersten Fall ist

$$\Lambda_S^\dagger \sim 1 - \omega_{\mu\nu}\frac{1}{4}[\gamma^\mu, -\gamma^\nu] = 1 + \omega_{\mu\nu}\frac{1}{4}[\gamma^\mu, \gamma^\nu].$$

Da jetzt γ^0 mit γ^μ vertauscht, aber mit γ^ν antivertauscht, ist:

$$\Lambda_S^\dagger\gamma^0 \sim \left(1 + \omega_{\mu\nu}\frac{1}{4}[\gamma^\mu, \gamma^\nu]\right)\gamma^0 = \gamma^0\left(1 - \omega_{\mu\nu}\frac{1}{4}[\gamma^\mu, \gamma^\nu]\right).$$

Im zweiten Fall ist

$$\Lambda_S^\dagger \sim 1 - \omega_{\mu\nu}\frac{1}{4}[-\gamma^\mu, -\gamma^\nu] = 1 - \omega_{\mu\nu}\frac{1}{4}[\gamma^\mu, \gamma^\nu].$$

Da nun aber γ^0 mit γ^μ und γ^ν antivertauscht, ist wieder

$$\Lambda_S^\dagger\gamma^0 \sim \left(1 - \omega_{\mu\nu}\frac{1}{4}[\gamma^\mu, \gamma^\nu]\right)\gamma^0 = \gamma^0\left(1 - \omega_{\mu\nu}\frac{1}{4}[\gamma^\mu, \gamma^\nu]\right).$$

Somit gilt für beliebige μ, ν:

$$\gamma^0\left(1 + \omega_{\mu\nu}\frac{1}{4}[\gamma^\mu, \gamma^\nu]\right)\gamma^0 = \left(1 - \omega_{\mu\nu}\frac{1}{4}[\gamma^\mu, \gamma^\nu]\right), \tag{7.43}$$

und wenn man die infinitesimalen Transformationen zu endlichen aufintegiert, erhält man aufgrund des umgekehrten Vorzeichens

$$\gamma^0\Lambda_S^\dagger = \Lambda_S^{-1}\gamma^0 \text{ bzw. } \Lambda_S^\dagger\gamma^0 = \gamma^0\Lambda_S^{-1}. \tag{7.44}$$

Damit ist die angegebene Relation bewiesen, denn es gilt:

$$\psi^\dagger\gamma^0 \longrightarrow \psi^\dagger\Lambda_S^\dagger\gamma^0 = \psi^\dagger\gamma^0\Lambda_S^{-1}. \tag{7.45}$$

Aufgemerkt!

Wir definieren daher die *Dirac-Konjugierte* von ψ als

$$\overline{\psi} \equiv \psi^\dagger \gamma^0 . \tag{7.46}$$

Aus Gl. (7.39) folgt direkt:

$$\gamma^0 \Lambda_S^\dagger \gamma^0 = \Lambda_S^{-1} \tag{7.47}$$

(man bemerke die Analogie zu $g\Lambda^T g = \Lambda^{-1}$) und damit auch

$$\overline{\psi}\psi \longrightarrow \overline{\psi}\Lambda_S^{-1}\Lambda_S\psi = \overline{\psi}\psi \tag{7.48}$$

unter Lorentz-Transformationen. Damit haben wir unseren ersten skalaren Ausdruck gefunden!

Weiter oben hatten wir die Frage aufgeworfen, ob γ^μ aufgrund seines Lorentz-Index ein Vierervektor sei. In Gl. (7.7) hatten wir postuliert, dass γ^μ sich effektiv wie ein Vierervektor verhält, wenn es zwischen Spinoren eingesperrt ist. Da wir nun ein Objekt kennen, das mit der inversen Λ_S^{-1} transformiert, können wir solche Terme explizit hinschreiben. Die wichtigsten sind gegeben durch

$$j^\mu \equiv \overline{\psi}\gamma^\mu\psi, \quad j_5^\mu \equiv \overline{\psi}\gamma^\mu\gamma^5\psi . \tag{7.49}$$

Unter Lorentz-Transformationen sind

$$\begin{aligned} \overline{\psi}\gamma^\mu\psi &\longrightarrow \overline{\psi}\Lambda_S^{-1}\gamma^\mu\Lambda_S\psi \stackrel{7.7}{=} \Lambda^\mu{}_\nu\overline{\psi}\gamma^\nu\psi \\ \overline{\psi}\gamma^\mu\gamma^5\psi &\longrightarrow \overline{\psi}\Lambda_S^{-1}\gamma^\mu\gamma^5\Lambda_S\psi = \overline{\psi}\Lambda_S^{-1}\gamma^\mu\Lambda_S\gamma^5\psi \stackrel{7.7}{=} \Lambda^\mu{}_\nu\overline{\psi}\gamma^\nu\gamma^5\psi . \end{aligned} \tag{7.50}$$

Die Feldkombinationen j^μ und j_5^μ sind also echte Vierervektorfelder. Sie werden uns später als sogenannte Ströme wieder begegnen. Sie unterscheiden sich in ihrem Verhalten unter Raumspiegelungen: Während j^μ sich wie ein Vierervektor verhält und die raumartigen Komponenten spiegelt, bleiben die raumartigen Komponenten von j_5^μ gleich. Somit ist j_5^μ ein sogenannter Axialvektor. Auf das interessante und sehr wichtige Thema der diskreten Transformationen von Spinoren werden wir hier erst einmal nicht näher eingehen, und verweisen auf die üblichen QFT-Lehrbücher wie beispielsweise [3]. Wir werden bei der Besprechung des Furry-Theorems in Abschnitt 11.6.2 eine davon benötigen.

7.3.2 Die Dirac-Lagrange-Dichte

Die Lagrange-Dichte hat Energieeinheiten $[\mathcal{L}] = 4$. Was ist der einfachste kinetische Term, den wir für den Dirac-Spinor ψ aufschreiben können? Das Objekt

$\partial_\mu \psi$ könnte mit $\partial^\mu \overline{\psi}$ gepaart werden, und in Analogie zur Lagrange-Dichte für Skalarfelder erhielte man

$$\partial_\mu \overline{\psi} \partial^\mu \psi \,.$$

Bei dieser Wahl ergeben sich allerdings einige Probleme. Einerseits würde später die Quantisierung als Fermion problematisch (siehe dazu den analogen pädagogischen Abschnitt in [3] zur „falschen“ Quantisierung des Dirac-Fermions mit bosonischen Vertauschungsrelationen), andererseits weist diese Lagrange-Dichte keinerlei Kopplung der Spinor-Struktur von ψ an Bahndrehimpulse auf. Das Lorentz-Transformationsverhalten der Spinoren wird immer direkt von einem zweiten Spinor kompensiert, ohne dass jemals zwei Spin-$\frac{1}{2}$ an einen Spin-1 beispielsweise in Form einer Ableitung gekoppelt werden. Es gibt aber einen weiteren (bis auf Oberflächenterme hermiteschen) Lorentz-skalaren Kandidaten, der alle gewünschten Eigenschaften besitzt, nämlich

$$i\overline{\psi}\gamma^\mu \partial_\mu \psi \,. \tag{7.51}$$

Wenn wir ihn als kinetische Lagrange-Dichte wählen, ist $[\psi] = 3/2$. Es gibt dann kein weiteres Objekt nur aus Feldern und Ableitungen, das die Energiedimension 4 besitzt. Wir können lediglich aus der Lorentz-skalaren Kombination $\overline{\psi}\psi$ durch Einführung eines dimensionsbehafteten Parameters $[m] = 1$ den Term

$$m\overline{\psi}\psi \tag{7.52}$$

aufschreiben. Es gibt zwei weitere hermitesche Terme gleicher Dimension, die wir durch Hinzunahme von γ^5 basteln können:

$$\overline{\psi}\gamma^5\gamma^\mu \partial_\mu \psi, \quad \tilde{m}\overline{\psi} i \gamma^5 \psi \,. \tag{7.53}$$

Die Terme mit γ^5 können aber durch eine Umdefinition von ψ eliminiert werden, was wir jetzt zeigen wollen.

AUFGABE 109

Gegeben sei die Lagrange-Dichte

$$\mathcal{L} = Z i\overline{\psi}\gamma^\mu \partial_\mu \psi + \tilde{Z} i\overline{\psi}\gamma^5\gamma^\mu \partial_\mu \psi - m\overline{\psi}\psi - \tilde{m}\overline{\psi} i\gamma^5 \psi \,, \tag{7.54}$$

wobei die Parameter $Z, \tilde{Z}, m, \tilde{m}$ reell sind und $Z \pm \tilde{Z} \equiv Z_\pm > 0$ ist. Beweist, dass sie durch eine Umdefinition von ψ geschrieben werden kann als

$$\mathcal{L} = i\overline{\psi}'\gamma^\mu \partial_\mu \psi' - M\overline{\psi}'\psi' \,, \tag{7.55}$$

wobei $M > 0$ ist und Terme der Form $\psi i\gamma^5\psi$ somit ohne Beschränkung der Allgemeinheit weggelassen werden können.

▶ Wir müssen uns auf Umdefinitionen beschränken, die den kinetischen Term unverändert lassen. Es ist nützlich, mithilfe der Projektoren P_L und P_R das Feld ψ aufzutrennen in $\psi = P_L\psi + P_R\psi = \psi_L + \psi_R$. Nach Einsetzen ergibt sich die Lagrange-Dichte

$$\begin{aligned}\mathcal{L} &= i\overline{\psi}_L(Z + \tilde{Z}\gamma^5)\gamma^\mu\partial_\mu\psi_L + i\overline{\psi}_R(Z + \tilde{Z}\gamma^5)\gamma^\mu\partial_\mu\psi_R \\ &\quad -m\overline{\psi}_L\psi_R - m\overline{\psi}_R\psi_L - \tilde{m}\overline{\psi}_L i\gamma^5\psi_R - \tilde{m}\overline{\psi}_R i\gamma^5\psi_L\,. \end{aligned} \tag{7.56}$$

Wir machen hier eine sehr wichtige Beobachtung: Der kinetische Term koppelt ψ_L und ψ_R jeweils mit sich selbst, während die anderen Terme ψ_L und ψ_R koppeln. Wegen $\gamma^5\psi_R = \psi_R$ und $\gamma^5\psi_L = -\psi_L$, können wir weiter zusammenfassen zu

$$\begin{aligned}\mathcal{L} &= Z_- i\overline{\psi}_L\gamma^\mu\partial_\mu\psi_L + Z_+ i\overline{\psi}_R\gamma^\mu\partial_\mu\psi_R \\ &\quad -(m + i\tilde{m})\overline{\psi}_L\psi_R - (m - i\tilde{m})\overline{\psi}_R\psi_L\,. \end{aligned} \tag{7.57}$$

Wir können jetzt die komplexen Phasen der Vorfaktoren entweder in das Feld ψ_L oder in das Feld ψ_R absorbieren. Sei

$$\varphi \equiv arg(m - i\tilde{m}), \quad M' \equiv abs(m - i\tilde{m}) = \sqrt{m^2 + \tilde{m}^2}\,. \tag{7.58}$$

Dann ist

$$\mathcal{L} = Z_- i\overline{\psi}_L\gamma^\mu\partial_\mu\psi_L + Z_+ i\overline{\psi}_R\gamma^\mu\partial_\mu\psi_R - M'e^{-i\varphi}\overline{\psi}_L\psi_R - M'e^{i\varphi}\overline{\psi}_R\psi_L\,. \tag{7.59}$$

Ziehen wir nun die Redefinition

$$\psi_L = e^{-i\varphi}\psi'_L, \quad \psi_R = \psi'_R \tag{7.60}$$

heran, so erhalten wir:

$$\mathcal{L} = Z_- i\overline{\psi}'_L\gamma^\mu\partial_\mu\psi'_L + Z_+ i\overline{\psi}'_R\gamma^\mu\partial_\mu\psi'_R - M'\overline{\psi}'_L\psi'_R - M'\overline{\psi}'_R\psi'_L\,. \tag{7.61}$$

Jetzt reskalieren wir die Felder mit

$$\psi'_L \to \psi'_L/\sqrt{Z_-}, \quad \psi'_R \to \psi'_R/\sqrt{Z_+} \tag{7.62}$$

und erhalten mit der Definition $M = M'/\sqrt{Z_- Z_+}$ das gewünschte Ergebnis

$$\mathcal{L} = i\overline{\psi}'\gamma^\mu\partial_\mu\psi' - M\overline{\psi}'\psi'\,. \tag{7.63}$$

Aufgemerkt!

Wir haben gerade Folgendes gezeigt: Die allgemeinste Lagrange-Dichte eines Dirac-Spinors mit Termen bis $[\mathcal{O}] \leq 4$ ist bis auf Feldredefinitionen gegeben durch

$$\mathcal{L} = \overline{\psi}\Big(i\gamma^\mu \partial_\mu - M\Big)\psi\,. \tag{7.64}$$

Alle weiteren möglichen Terme haben Energiedimensionen > 4 und werden von uns zunächst noch weggelassen, da sie mit Vorfaktoren negativer Energiedimension einhergehen und somit zu einer *nicht-renormierbaren* Theorie führen würden. Was das bedeutet, haben wir ja schon in Abschnitt 6.2.4 geklärt. Sobald wir andere Felder einführen, sind natürlich neue Terme mit $[\mathcal{O}] \leq 4$ möglich, die verschiedene Felder miteinander kopplen (z. B. einen Skalar mit zwei Spinoren $\phi\overline{\psi}\psi$, eine sogenannte Yukawa-Kopplung). Darauf werden wir später genauer eingehen. Dort nutzen wir dann wieder die störungstheoretische Herangehensweise: Wir hoffen, dass diese Kopplungsterme als kleine Störungen der freien Theorie aufgefasst werden können, die wir gerade gefunden haben.

Twisted Mass Fermions

Komplexe Massenterme $\sim \overline{\psi} i\gamma^5\psi$ spielen in der sogenannten Gittereichtheorie eine Rolle, in der die Quantenchromodynamik auf einem diskreten Gitter simuliert wird. Während (wie eben gezeigt) solche komplexen Phasen im Kontinuum einfach chiralen Feldredefinitionen entsprechen und daher keinerlei physikalische Konsequenz mit sich bringen, haben sie im diskretisierten Fall aufgrund der veränderten Symmetrien durchaus Auswirkungen auf das Verhalten der Theorie. Insbesondere werden sie in einer etwas erweiterten Variante mit zwei Dirac-Feldern verwendet, um die Stabilität und Konvergenz der Gittersimulation zu verbessern. Dies wird in dem Bewusstsein getan, dass Gitterwirkungen mit solchen sogenannten „Twisted Mass"-Fermionen der selben Kontinuums-Theorie entsprechen wie jene mit rein reellen Massentermen, und daher gleichberechtigte Diskretisierungen darstellen.

AUFGABE 110

Berechnet die Energieeinheiten der Kopplungskonstante in der Lagrange-Dichte

$$\mathcal{L}_{4-Fermi} = \sum_l i\overline{\psi}_l \partial\!\!\!/ \psi_l - \sum_l m_l \overline{\psi}_l \psi_l - \lambda\, \overline{\psi}_1\psi_2\, \overline{\psi}_3\psi_4 + c.c.\,. \tag{7.65}$$

Die Ableitung hat $[\partial\!\!\!/] = 1$. Damit ergibt sich $[\overline{\psi}\psi] = 3$. Daraus können wir folgern, dass $[\lambda] = -2$ ist, also eine Kopplungskonstante mit negativer Energiedimension vorliegt. Damit ist dieses Modell nicht-renormierbar.

Fermi-Theorie

Eine ähnliche Lagrangedichte, in der vier Fermionen direkt wechselwirken, wurde von Fermi vorgeschlagen, um den β-Zerfall zu beschreiben. Aufgrund der negativen Energiedimension der Kopplungskonstante $[G_F] = -2$ ist auch diese Theorie nicht renormierbar, und daher war bald klar, dass sie nicht der Weisheit letzter Schluss sein konnte. Die elektroschwache Theorie von Glashow, Salam und Weinberg lieferte schließlich eine renormierbare Vervollständigung. Statt einer direkten Wechselwirkung von vier Fermionfeldern wird hier zwischen jeweils zwei Fermionfeldern ein W-Boson ausgetauscht, wodurch die fundamentale Kopplungskonstante g dimensionslos bleiben kann. Die ursprüngliche Kopplungskonstante der Fermi-Theorie wird dabei zu einer abgeleiteten Größe $G_F \propto g^2/m_W^2$ degradiert.

7.3.3 Exkurs: Der van-der-Waerden-Formalismus

Bevor wir uns die Konsequenzen der Dirac-Lagrange-Dichte genauer ansehen, wollen wir kurz einen sehr nützlichen Formalismus für Spinoren einführen. Er verwendet eine Index-Notation für die verschiedenen zweikomponentigen Spinordarstellungen, die mit oberen und unteren gepunkteten und ungepunkteten Indizes ${}^{\alpha}, {}_{\alpha}, {}_{\dot{\alpha}}, {}^{\dot{\alpha}}$ arbeitet. Damit ist es sehr einfach, invariante Kombinationen von Weyl-Spinoren zu konstruieren, indem man ähnlich zur Schreibweise mit Vierervektoren über obere und untere Indizes gleichen Typs summiert (sie kontrahiert). Hier gilt für doppelt vorkommende Indizes immer die Summenkonvention.

Aus Links mach Rechts Als Ausgangspunkt stellen wir fest, dass man aus dem Spinor ψ_L einen anderen konstruieren kann, der wie ψ_R transformiert, und umgekehrt. Man verwendet hier, dass

$$(-i\sigma^2)\sigma^{i*}(i\sigma^2) = -\sigma^i\,. \tag{7.66}$$

Gehen wir zurück zu den Transformationsvorschriften für die beiden Komponenten ψ_L und ψ_R in Gl. (7.35) und Gl. (7.36), dann ist nun einfach zu sehen, dass gilt:

$$(i\sigma^2)\exp\Big(-i[\omega^k\tau^k - \eta^k i\tau^k]\Big)^*(-i\sigma^2) = \exp\Big(-i[\omega^k\tau^k + \eta^k i\tau^k]\Big) \tag{7.67}$$

und umgekehrt. Damit transformiert $i\sigma^2\psi_L^*$ wie ψ_R und umgekehrt $-i\sigma^2\psi_R^*$ wie ψ_L, wobei die Vorzeichen Konvention sind.

Um diesen Zusammenhang in der Notation manifest zu machen, schreibt die beiden Komponenten des Dirac-Spinors nun um zu $\psi_L \to \chi$ und $\psi_R \to \overline{\eta}$ und gibt ihnen Indizes,

$$\psi = \begin{pmatrix} \chi_\alpha \\ \overline{\eta}^{\dot{\alpha}} \end{pmatrix} \tag{7.68}$$

mit $\alpha = 1,2$ und $\dot{\alpha} = 1,2$, welche die beiden Komponenten der Weyl-Spinoren durchzählen. Gepunktete und ungepunktete Indizes gleicher Stellung hängen in unserer Konvention durch komplexe Konjugation zusammen:

$$(\chi_\alpha)^\dagger = \overline{\chi}_{\dot{\alpha}}, \quad (\overline{\eta}^{\dot{\alpha}})^\dagger = \eta^\alpha\,. \tag{7.69}$$

Heben und Senken Um von einem Spinor des Typs χ_α zu einem des Typs $\overline{\chi}^{\dot{\alpha}}$ zu kommen, also von einem linkshändigen zu einem rechtshändigen, müssen wir – wie oben gelernt – komplex konjugieren, was uns $\overline{\chi}_{\dot{\alpha}}$ liefert, und dann mit $i\sigma^2$ multiplizieren. Die Matrix $i\sigma^2$ hebt also Indizes. Wir drücken $\pm i\sigma^2$ durch den total antisymmetrischen Tensor zweiter Stufe ϵ aus,

$$(-i\sigma^2)_{\alpha\beta} \to \epsilon_{\alpha\beta} = \begin{bmatrix} 0 & -1 \\ 1 & 0 \end{bmatrix}_{\alpha\beta}, \quad (i\sigma^2)^{\alpha\beta} \to \epsilon^{\alpha\beta} = \begin{bmatrix} 0 & 1 \\ -1 & 0 \end{bmatrix}^{\alpha\beta}, \tag{7.70}$$

und identisch für gepunktete Indizes. Damit können wir schöne, kovariant aussehende Regeln für das Heben und Senken von Indizes angeben:

$$\chi^\alpha = \epsilon^{\alpha\beta}\chi_\beta, \quad \chi_\alpha = \epsilon_{\alpha\beta}\chi^\beta\,, \tag{7.71}$$

und genau so für gepunktete Indizes. Daraus folgt zum Beispiel

$$\epsilon_{\alpha\beta}\epsilon^{\beta\omega} = \epsilon^{\omega\beta}\epsilon_{\beta\alpha} = \delta^\omega_\alpha\,. \tag{7.72}$$

AUFGABE 111

■ Ermittelt die Schreibweise des Dirac-konjugierten Spinors $\overline{\psi}$ in gepunkteten und in ungepunkteten Spinoren. Schreibt $\overline{\psi}\psi$ in diesem Formalismus explizit aus.

▶ Der Dirac-konjugierte Spinor ist $\overline{\psi} = \psi^\dagger\gamma^0$, und in der Weyl-Basis unserer Wahl ist

$$\gamma^0 = \begin{pmatrix} 0 & 1 \\ 1 & 0 \end{pmatrix}. \tag{7.73}$$

Konjugieren von Gl. (7.68) ergibt

$$\psi^\dagger = (\overline{\chi}_{\dot{\alpha}}, \eta^\alpha)\,, \tag{7.74}$$

und γ^0 vertauscht nur die Einträge. Damit ist

$$\overline{\psi} = (\eta^\alpha, \overline{\chi}_{\dot{\alpha}}) . \tag{7.75}$$

Die Invariante $\overline{\psi}\psi$ in dieser Notation lautet ausgeschrieben also

$$\overline{\psi}\psi = \eta^\alpha \chi_\alpha + \overline{\chi}_{\dot{\alpha}} \overline{\eta}^{\dot{\alpha}} . \tag{7.76}$$

Aufgemerkt!

Man führt die Konvention ein, dass unterdrückte *ungepunktete* Indizes immer *absteigend*, unterdrückte *gepunktete* Indizes immer *aufsteigend* gedacht sind, also:

$$\eta\chi \equiv \eta^\alpha \chi_\alpha, \quad \overline{\eta\chi} \equiv \overline{\eta}_{\dot{\alpha}} \overline{\chi}^{\dot{\alpha}} . \tag{7.77}$$

Das ist wichtig, wegen $\eta^\alpha \chi_\alpha = -\eta_\alpha \chi^\alpha$ und so weiter.

Grassmann-Zahlen Für fermionische Spinorfelder müssen sogenannte *Grassmann-Zahlen* verwendet werden. Ihre wichtigste Eigenschaft ist, dass sie antivertauschen:

$$\xi\omega = -\omega\xi, \quad \xi^2 = 0 . \tag{7.78}$$

Diese Grassmann-Zahlen werden wir später einsetzen, um das Pfadintegral für Fermionen aufzuschreiben; es ist also natürlich, sie auch hier schon für die Spinoren einzusetzen.

AUFGABE 112

Beweist, dass $\chi\eta = \eta\chi$ ist.

Achtet dabei auf die Stellung der unterdrückten Indizes, die bei Bedarf gehoben bzw. gesenkt werden müssen. Dabei entsteht ein Vorzeichen, welches das Vorzeichen von der Antivertauschung weghebt.

Schreibt man die Indizes aus, so lautet der zu beweisende Ausdruck:

$$\chi^\alpha \eta_\alpha = \eta^\alpha \chi_\alpha . \tag{7.79}$$

Beginnen wir mit der linken Seite. Aufgrund der Grassmann-Eigenschaft ist

$$\chi^\alpha \eta_\alpha = -\eta_\alpha \chi^\alpha . \tag{7.80}$$

Wir müssen also die Indizes jeweils senken und heben, um zum Zielausdruck zu gelangen:

$$-\eta_\alpha \chi^\alpha = -(\epsilon_{\alpha\beta}\eta^\beta)(\epsilon^{\alpha\omega}\chi_\omega) . \tag{7.81}$$

Mit der Relation

$$\epsilon_{\alpha\beta}\epsilon^{\alpha\omega} = -\epsilon_{\beta\alpha}\epsilon^{\alpha\omega} = -\delta^\omega_\beta \tag{7.82}$$

ergibt sich also

$$\chi\eta = \chi^\alpha \eta_\alpha = -\eta_\alpha \chi^\alpha = \eta^\beta \chi_\beta = \eta\chi\,. \tag{7.83}$$

Produkte von Grassmann-Zahlen drehen unter der Konjugation † ihre Reihenfolge, z. B.

$$(\chi_\alpha \overline{\eta}^{\dot\beta})^\dagger = \eta^\beta \overline{\chi}_{\dot\alpha}\,. \tag{7.84}$$

Vierervektoren In dieser Notation verbinden die Matrizen γ^μ gepunktete mit ungepunkteten Spinoren. Daher müssen sie wie folgt mit Indizes verziert werden:

$$\gamma^\mu = \begin{pmatrix} 0 & \sigma^\mu_{\alpha\dot\beta} \\ \overline{\sigma}^{\mu,\dot\alpha\beta} & \end{pmatrix}. \tag{7.85}$$

Damit lautet die vektorielle Kombination $\overline{\psi}\gamma^\mu\psi$ ausgeschrieben:

$$\overline{\psi}\gamma^\mu\psi = \eta^\alpha \sigma^\mu_{\alpha\dot\beta} \overline{\eta}^{\dot\beta} + \overline{\chi}_{\dot\alpha} \overline{\sigma}^{\mu,\dot\alpha\beta} \chi_\beta = \eta\sigma^\mu\overline{\eta} + \overline{\chi}\overline{\sigma}^\mu\chi\,. \tag{7.86}$$

Der kinetische Term des Dirac-Feldes schreibt sich damit

$$i\overline{\psi}\gamma^\mu\partial_\mu\psi = i\eta\sigma^\mu\partial_\mu\overline{\eta} + i\overline{\chi}\overline{\sigma}^\mu\partial_\mu\chi\,. \tag{7.87}$$

Die beiden Objekte σ und $\overline{\sigma}$ hängen durch

$$\sigma^\mu_{\alpha\dot\alpha} = \epsilon_{\alpha\beta}\epsilon_{\dot\alpha\dot\beta}\overline{\sigma}^{\mu\dot\beta\beta}\,, \quad \overline{\sigma}^{\mu\dot\beta\beta} = \epsilon^{\beta\alpha}\epsilon^{\dot\beta\dot\alpha}\sigma^\mu_{\alpha\dot\alpha} \tag{7.88}$$

miteinander zusammen. Man kann daher Terme mit $\overline{\sigma}$ durch Tauschen einfach in Terme mit σ umschreiben:

AUFGABE 113

Beweist, dass gilt:

$$\eta\sigma^\mu\overline{\eta} = -\overline{\eta}\overline{\sigma}^\mu\eta\,. \tag{7.89}$$

▶ Wir schreiben wieder die Indizes aus, tauschen die Spinoren und heben und senken die Indizes:

$$\eta^\alpha\sigma^\mu_{\alpha\dot\beta}\overline{\eta}^{\dot\beta} = -\overline{\eta}^{\dot\beta}\sigma^\mu_{\alpha\dot\beta}\eta^\alpha = -\overline{\eta}^{\dot\beta}(\epsilon_{\alpha\omega}\epsilon_{\dot\beta\dot\gamma}\overline{\sigma}^{\mu\dot\gamma\omega})\eta^\alpha = -\overline{\eta}_{\dot\gamma}\overline{\sigma}^{\mu\dot\gamma\omega}\eta_\omega\,, \tag{7.90}$$

und damit sind wir fertig.

Mit dieser Identität sehen wir aber auch, dass die beiden Teile des kinetischen Terms eigentlich bis auf einen totale Ableitung dieselbe Struktur haben, denn es ist:

$$i\eta\sigma^\mu\partial_\mu\overline{\eta} + i\overline{\chi}\overline{\sigma}^\mu\partial_\mu\chi = i\eta\sigma^\mu\partial_\mu\overline{\eta} - i(\partial_\mu\chi)\sigma^\mu\overline{\chi} \sim i\eta\sigma^\mu\partial_\mu\overline{\eta} + i\chi\sigma^\mu\partial_\mu\overline{\chi}\,. \tag{7.91}$$

Ladungskonjugierte Spinoren und Majorana-Spinoren Hat man einen Dirac-Spinor

$$\psi = \begin{pmatrix} \chi_\alpha \\ \overline{\eta}^{\dot{\alpha}} \end{pmatrix} \tag{7.92}$$

gegeben, kann man sich das Objekt

$$\psi^c = \begin{pmatrix} \eta_\alpha \\ \overline{\chi}^{\dot{\alpha}} \end{pmatrix} \tag{7.93}$$

definieren. Es enthält dieselben Freiheitsgrade, trägt aber umgekehrte Ladung unter Phasentransformationen: Transformiert man $\psi \to e^{i\alpha}\psi$, so transformiert sich $\psi^c \to e^{-i\alpha}\psi^c$. Daher nennt man ψ^c den ladungskonjugierten Spinor zu ψ.

In diesem Formalismus sieht man besonders einfach, dass es Spinoren gibt, die unter dieser Ladungskonjugation invariant sind. Man kann die Anzahl der Freiheitsgrade von Dirac-Spinoren auf konsistente Weise einschränken, indem man $\chi = \eta$ wählt, und erhält

$$\psi_M = \begin{pmatrix} \chi_\alpha \\ \overline{\chi}^{\dot{\alpha}} \end{pmatrix} . \tag{7.94}$$

Solche Spinoren nennt man Majorana-Spinoren. Sie lassen keine Phasentransformationen der Form $\psi_M \to e^{i\alpha}\psi_M$ zu, da χ sich nicht gleichzeitig in beide Richtungen transformieren kann. Chirale Transformationen $\psi_M \to e^{i\alpha\gamma_5}\psi_M$ sind aber erlaubt. Schreibt man allerdings einen Massenterm

$$-\frac{1}{2}M\overline{\psi}_M\psi_M = -\frac{1}{2}M(\chi^\alpha\chi_\alpha + \overline{\chi}_{\dot{\alpha}}\overline{\chi}^{\dot{\alpha}}) \tag{7.95}$$

auf, dann ist diese Transformation keine Symmetrie der Lagrange-Dichte mehr. Massenterme dieser Form, in denen ein einzelner Weyl-Spinor auf sich selbst trifft, nennt man Majorana-Massenterme. Sie werden uns im Abschnitt über Neutrinomassen begegnen.

Eine weitere Sache sieht man in diesem Formalismus gut: Dirac-Fermionen sind nichts anderes als zwei massenentartete Majorana-Fermionen. Beginnt man mit der Lagrange-Dichte

$$\mathcal{L} = i\overline{\psi}\gamma^\mu\partial_\mu\psi - m\overline{\psi}\psi, \tag{7.96}$$

so kann man zwei Majorana-Spinoren

$$\psi_A = \frac{1}{\sqrt{2}}\begin{pmatrix} \chi_\alpha + \eta_\alpha \\ \overline{\chi}^{\dot{\alpha}} + \overline{\eta}^{\dot{\alpha}} \end{pmatrix}, \quad \psi_B = \frac{i}{\sqrt{2}}\begin{pmatrix} \chi_\alpha - \eta_\alpha \\ -\overline{\chi}^{\dot{\alpha}} + \overline{\eta}^{\dot{\alpha}} \end{pmatrix} \tag{7.97}$$

definieren und stattdessen

$$\mathcal{L} = i\frac{1}{2}\overline{\psi}_A\gamma^\mu\partial_\mu\psi_A + i\frac{1}{2}\overline{\psi}_B\gamma^\mu\partial_\mu\psi_B - \frac{1}{2}m\overline{\psi}_A\psi_A - \frac{1}{2}m\overline{\psi}_B\psi_B \tag{7.98}$$

schreiben. Man macht dies in der Regel nicht, da im Fall eines geladenen Spinors ψ die Spinoren ψ_A und ψ_B keine definierten Ladungen mehr besitzen. Die Gleichheit der beiden Massen wird ebenfalls durch die der Ladung zugeordnete Symmetrie sichergestellt. Handelt es sich um ein ungeladenes Feld wie z. B. ein Neutrino, so müssen die Massen im Allgemeinen nicht gleich sein.

Schlusswort In der zweikomponentigen Notation kann man sehr einfach beliebige Lorentz-invariante Kombinationen von Weyl-Spinoren aufschreiben. Man sieht insbesondere, dass die Unterscheidung zwischen links- und rechtshändigen Spinoren zu weiten Teilen eine künstliche ist: Man kann eine Lagrange-Dichte komplett in ladungskonjugierten Spinoren schreiben und diese Rollen vertauschen. Erst durch die Festlegung einer Ladung wird ausgezeichnet, welches Feld links- und welches rechtshändig genannt wird. Es gibt noch viele zusätzliche Relationen und Identitäten der hier eingeführten Objekte. Da die van-der-Waerden-Notation fast in allen Texten zur Supersymmetrie Verwendung findet, kann man in den einschlägigen Lehrbüchern auch gute Einführungen dazu finden; besonders erwähnen wollen wir [22] und [23]. Achtung: In der Literatur existieren verschiedene Konventionen, beispielsweise bezüglich der komplexen Konjugation!

7.4 Die Dirac-Gleichung und ihre Lösungen

7.4.1 Die Dirac-Gleichung

Die Dirac-Gleichung ergibt sich als Bewegungsgleichung für ψ aus der Lagrange-Dichte Gl. (7.64). Wir erhalten sie, indem wir das Variationsprinzip anwenden. In Analogie zum komplexen skalaren Feld können wir zunächst $\psi^\dagger$ und ψ bzw. $\overline{\psi}$ und ψ als getrennte Variablen variieren.

AUFGABE 114

■ Berechnet, ausgehend von Gl. (7.64), mithilfe des Variationsprinzips die Bewegungsgleichungen für ψ und $\overline{\psi}$.

► Variation von $\overline{\psi}$ liefert

$$\delta S = \int d^4x \delta \mathcal{L} = \int d^4x \delta\overline{\psi}(i\gamma^\mu \partial_\mu - M)\psi \stackrel{!}{=} 0\,. \tag{7.99}$$

Wenn dies für beliebige $\delta\overline{\psi}$ gilt, folgt die Bewegungsgleichung

$$\left(i\gamma^\mu \partial_\mu - M\right)\psi = 0\,, \tag{7.100}$$

die sogenannte *Dirac-Gleichung*. Nehmen wir nun ψ und $\overline{\psi}$ nicht mehr als unabhängig an, so können wir durch komplexe Konjugation von Gl. (7.100) eine Bewegungsgleichung für $\overline{\psi}$ herleiten:

$$Gl.\,(7.100) \Rightarrow \gamma^0(i\gamma^\mu\partial_\mu - M)\psi = 0 \Rightarrow \psi^\dagger(-i\gamma^{\mu\dagger}\overleftarrow{\partial}_\mu - M)\gamma^0 = 0 \quad (7.101)$$

und daraus mit $\gamma^{\mu\dagger}\gamma^0 = \gamma^0\gamma^\mu$:

$$\Rightarrow \overline{\psi}(-i\gamma^\mu\overleftarrow{\partial}_\mu - M) = 0\,. \quad (7.102)$$

Jetzt können wir noch hoffen, dass die Variation von ψ ein damit konsistentes Ergebnis liefert! Wir haben

$$\delta S = \int d^4x\delta\mathcal{L} = \int d^4x\overline{\psi}(i\gamma^\mu\partial_\mu - M)\delta\psi \stackrel{!}{=} 0\,. \quad (7.103)$$

Partielles Integrieren unter Vernachlässigung von Oberflächentermen unter dem Integral $\int d^4x$ liefert

$$\overline{\psi}i\gamma^\mu\partial_\mu\delta\psi \sim -\overline{\psi}i\gamma^\mu\overleftarrow{\partial}_\mu\delta\psi \quad (7.104)$$

und damit wieder. unter Annahme von beliebigen $\delta\psi$. dieselbe Bewegungsgleichung Gl. (7.102). Zum Glück!

Aufgemerkt!

Weil sie so wichtig ist, wiederholen wir sie hier noch einmal. Die *Dirac-Gleichung* für einen Dirac-Spinor ψ lautet

$$\left(i\gamma^\mu\partial_\mu - M\right)\psi = 0\,. \quad (7.105)$$

Bisher haben wir noch nichts zu der physikalischen Interpretation des geheimnisvollen Parameters M mit Energiedimension $[M] = 1$ gesagt. Ihr denkt euch wahrscheinlich schon, dass es sich um eine Masse handelt. Diesen Verdacht können wir untermauern, indem wir zeigen, dass ψ automatisch auch eine Klein-Gordon-Gleichung mit der Masse M erfüllt:

AUFGABE 115

Beweist, dass aus $(i\gamma^\mu\partial_\mu - M)\psi = 0$ folgt:

$$\left(\Box + M^2\right)\psi = 0\,. \quad (7.106)$$

▶ Wir multiplizieren einfach die Dirac-Gleichung von links mit dem Differenzialoperator $(-i\gamma^\nu\partial_\nu - M)$ und erhalten

$$\begin{aligned} 0 &= (i\gamma^\mu\partial_\mu - M)\psi \\ \Rightarrow 0 &= (-i\gamma^\nu\partial_\nu - M)(i\gamma^\mu\partial_\mu - M)\psi \\ &= \left(\gamma^\nu\gamma^\mu\partial_\nu\partial_\mu + M^2\right)\psi = \left(\frac{1}{2}\{\gamma^\nu,\gamma^\mu\}\partial_\nu\partial_\mu + M^2\right)\psi \\ &= \left(\Box + M^2\right)\psi\,. \end{aligned} \tag{7.107}$$

Wenn wir später das Feld ψ quantisieren, wird die Lagrange-Dichte, Gl. (7.64), freie Teilchen mit Spin $s = \frac{1}{2}$ und Masse M beschreiben. Die Klein-Gordon-Gleichung folgt zwar aus der Dirac-Gleichung, aber nicht umgekehrt – die Dirac-Gleichung stellt zusätzliche Bedingungen auf, die die verschiedenen Komponenten der Dirac-Spinoren in Beziehung setzt. Das werden wir gleich besser verstehen, wenn wir verschiedene wichtige Lösungen der Dirac-Gleichung herleiten. Vorher führen wir noch eine nützliche Notation ein, die fast universell in der relativistischen QFT verwendet wird:

Aufgemerkt! **Dirac-Slash-Notation**

Steht ein Objekt mit Viererindex kontrahiert mit einer Dirac-Matrix, bezeichnet man die resultierende (4×4)-Matrix mit einem sogenannten *Dirac-Slash*

$$\partial_\mu\gamma^\mu \equiv \not{\partial}, \quad p_\mu\gamma^\mu \equiv \not{p}, \quad \ldots \tag{7.108}$$

Dieses Objekt ist eine vollkommen gleichwertige Beschreibung eines Vierervektors durch zwei Dirac-Indizes. Man kann die Vierervektor-Form durch Spurbildung zurückgewinnen:

$$\frac{1}{4}Tr[\not{p}\gamma^\nu] = \frac{1}{4}p_\mu Tr[\gamma^\mu\gamma^\nu] = \frac{1}{4}p_\mu 4g^{\mu\nu} = p^\nu\,. \tag{7.109}$$

So wird deutlich, dass durch Kontraktion mit γ^μ keine Information verloren geht.

Von manchen Autoren wird eine andere Notation bevorzugt, beispielsweise $\hat{p}$ statt $\not{p}$.

7.4.2 Lösungen der Dirac-Gleichung und deren Eigenschaften

Wie auch im Fall des skalaren Feldes werden wir Lösungen der freien Bewegungsgleichungen als Ausgangspunkt für die kanonische Quantisierung im Wechselwirkungsbild benutzen. Ähnlich wie bei den Dirac-Matrizen – deren explizite Form für viele Berechnungen nicht wichtig ist, da wir nur ihre diversen Eigenschaften nutzen – genügt es oft, nur allgemeine Eigenschaften der Lösungen der Dirac-Gleichung zu kennen. Dennoch wollen wir sie einmal explizit herleiten.

Da wir es hier mit einem vierkomponentigen Objekt zu tun haben, werden wir versuchen, separierte Lösungen der Form

$$\psi(x) = f(x)w \tag{7.110}$$

mit einer skalaren Funktion f und einem konstanten Spinor w zu finden. Wir wissen bereits, dass f dann die Klein-Gordon-Gleichung erfüllen muss. Um explizite Lösungen zu finden, können wir zum Beispiel die Weyl-Darstellung von Gl. (7.33) nutzen. In ihr lautet die Dirac-Gleichung

$$\begin{bmatrix} -M & i\sigma^\mu\partial_\mu \\ i\overline{\sigma}^\mu\partial_\mu & -M \end{bmatrix} \psi = 0\,. \tag{7.111}$$

AUFGABE 116

Wie lautet die Dirac-Gleichung in chiralen Komponenten ψ_L und ψ_R?

In der Weyl-Darstellung enthält $\psi_L = P_L\psi$ nur Einträge in den oberen beiden Komponenten, und $\psi_R = P_R\psi$ in den unteren. Wir schreiben

$$\psi = \begin{bmatrix} \chi_L \\ \overline{\chi}_R \end{bmatrix} \quad \Rightarrow \quad \psi_L = \begin{bmatrix} \chi_L \\ 0 \end{bmatrix}, \psi_R = \begin{bmatrix} 0 \\ \overline{\chi}_R \end{bmatrix}, \tag{7.112}$$

wobei $\overline{\chi}$ die komplexe Konjugation des zweikomponentigen Spinors χ bedeutet und nicht mit der Dirac-Konjugation verwechselt werden darf. Wir wählen die Schreibweise, weil sie im van-der-Waerden-Formalismus so verwendet wird. Die beiden Zeilen der Dirac-Gleichung sind in dieser Notation offensichtlich

$$\begin{aligned} -M\chi_L + i\sigma^\mu\partial_\mu\overline{\chi}_R &= 0 \\ -M\overline{\chi}_R + i\overline{\sigma}^\mu\partial_\mu\chi_L &= 0\,. \end{aligned} \tag{7.113}$$

Wieder fällt auf, dass der Massenterm links- und rechtshändige Spinoren verbindet. Im masselosen Fall entkoppeln die Gleichungen in die sogenannten Weyl-Gleichungen für χ_L und χ_R, die dann zwei physikalisch völlig unabhängige Freiheitsgrade darstellen. Wenn wir zur Dirac-Notation zurückkehren, erhalten wir einfach:

$$\begin{aligned} -M\psi_L + i\gamma^\mu\partial_\mu\psi_R &= 0 \\ -M\psi_R + i\gamma^\mu\partial_\mu\psi_L &= 0\,. \end{aligned} \tag{7.114}$$

Dasselbe Ergebnis erhalten wir, wenn wir die Dirac-Gleichung (7.105) jeweils von links mit P_L oder P_R multiplizieren und den Projektor nach rechts durchkommutieren.

Um die Gleichung zu lösen, benutzen wir den Ansatz

$$\psi_{\mathbf{p}} = e^{-ip_\mu x^\mu} w = e^{-i(p_0 t - \mathbf{px})} w . \tag{7.115}$$

Da wir wissen, dass ψ die Klein-Gordon-Gleichung lösen muss, erhalten wir:

$$p_0 = \omega_\pm = \pm\sqrt{M^2 + \mathbf{p}^2} . \tag{7.116}$$

Aufgemerkt!

Traditionell heißen die Lösungen mit $p_0 = \omega_+$ immer $w = u_{\mathbf{p}}$, jene mit $p_0 = \omega_-$ hingegen $w = v_{\mathbf{p}}$. Wir werden sie später mit Teilchen (u) und Antiteilchen (v) in Verbindung bringen.

Ein häufig verwendeter Trick zur Konstruktion expliziter Lösungen besteht darin, sie im Ruhesystem zu finden und dann durch einen Boost Λ_S in die gewünschte Richtung zu verallgemeinern.

AUFGABE 117

Wie lautet die Dirac-Gleichung für die 4 Komponenten von w im Ruhesystem? Wie sehen die Lösungen u und v für $p_0 = \omega_\pm$ aus?

Es ist $\omega_\pm = \pm M$ und $\mathbf{p} = 0$. Damit brauchen wir nur $\sigma^0 = \overline{\sigma}^0 = 1$. Weiter ist $\partial_0 e^{-ip_\mu x^\mu} = -ip_0 = \mp iM$, und die Dirac-Gleichung, geschrieben mit zweikomponentigen Spinoren, vereinfacht sich zu

$$\begin{aligned} -M\chi_L + i\partial_0\overline{\chi}_R &= 0 \\ -M\overline{\chi}_R + i\partial_0\chi_L &= 0 . \end{aligned} \tag{7.117}$$

Wir setzen jetzt unseren Ansatz

$$\psi_{\mathbf{p}} = e^{-ipx} w = e^{-ipx} \begin{bmatrix} w_L \\ \overline{w}_R \end{bmatrix} \tag{7.118}$$

ein, wobei wir für den Spinor-Anteil wieder den Formalismus für die zweikomponentigen Spinoren von oben verwenden. Es ergibt sich

$$\begin{aligned} -Mw_L \pm M\overline{w}_R &= 0 \\ -M\overline{w}_R \pm Mw_L &= 0 , \end{aligned} \tag{7.119}$$

was sich sofort übersetzt zu

$$w_L = \pm\overline{w}_R . \tag{7.120}$$

Für jede Wahl von p_0 gibt es also bis auf Normierung nur zwei unabhängige Lösungen. Zum Beispiel können die beiden Komponenten von w_L frei gewählt werden, wodurch die Komponenten von χ_R festgelegt sind. Die beiden Lösungen können mit den beiden möglichen Spin-Einstellungen eines Spin-$\frac{1}{2}$-Teilchens bei gegebener Quantisierungsachse identifiziert werden. Da sich w_L und $\overline{w}_R$ unter Boosts unterschiedlich transformieren, kann dieser einfache Zusammenhang $w_L = \pm\overline{w}_R$ so natürlich nur im Ruhesystem gelten. Wir wählen die Lösungen

$$p_0 = M, \mathbf{p} = 0 \ : \ u_1 = \sqrt{M}\begin{bmatrix}\begin{pmatrix}1\\0\end{pmatrix}\\\begin{pmatrix}1\\0\end{pmatrix}\end{bmatrix}, \quad u_2 = \sqrt{M}\begin{bmatrix}\begin{pmatrix}0\\1\end{pmatrix}\\\begin{pmatrix}0\\1\end{pmatrix}\end{bmatrix}$$

$$p_0 = -M, \mathbf{p} = 0 \ : \ v_1 = \sqrt{M}\begin{bmatrix}\begin{pmatrix}1\\0\end{pmatrix}\\\begin{pmatrix}-1\\0\end{pmatrix}\end{bmatrix}, \quad v_2 = \sqrt{M}\begin{bmatrix}\begin{pmatrix}0\\1\end{pmatrix}\\\begin{pmatrix}0\\-1\end{pmatrix}\end{bmatrix}. \quad (7.121)$$

Der Vorfaktor $\sqrt{M}$ wurde in die Definition einbezogen, damit später die zugehörigen Aufsteiger- und Absteigeroperatoren wieder die gleiche Energiedimension wie die der skalaren Felder bekommen, obwohl $[\psi] = 3/2$ im Gegensatz zu $[\phi] = 1$ ist.

Im Ruhesystem sind die Lösungen der linkshändigen und der rechtshändigen Komponenten noch bis auf ein Vorzeichen gleich, doch das wird sich in allgemeinen Bezugssystemen ändern – wie wir bereits oben gesehen haben, transformieren sich die beiden Händigkeiten ja gerade invers unter Lorentz-Boosts.

Wir interessieren uns aus Gründen, die später klarer werden, vor allem für die Objekte $u_r\overline{u}_s$, $v_r\overline{v}_s$, $\overline{u}_r u_s$ und $\overline{v}_r v_s$, die so etwas wie Lorentz-kovariante Orthogonalitäts- und Vollständigkeitsrelationen darstellen (Achtung: $u\overline{u}$ ist eine (4×4)-Matrix, und $\overline{u}u$ ist eine Zahl!). Besonders einfach sind die letzten beiden Kombinationen zu berechnen, denn wir wissen, dass es sich dabei wie bei $\overline{\psi}\psi$ um Lorentz-invariante Größen handelt. Wir können also einfach unsere Lösung im Ruhesystem, Gl. (7.121), verwenden und sind schon fertig.

AUFGABE 118

Beweist, dass gilt:

$$\overline{u}_r u_s = 2M\delta_{rs}, \quad \overline{v}_r v_s = -2M\delta_{rs}, \quad \overline{u}_r v_s = \overline{v}_r u_s = 0. \quad (7.122)$$

Hier ist nicht allzu viel zu tun – durch Matrixmultiplikation (die geschachtelten Vektoren kann man ignorieren, die waren nur kosmetisch, um die Lösungen einer Händigkeit zu gruppieren) erhalten wir

$$\overline{u}_1 u_1 = u_1^\dagger \gamma^0 u_1 = M\,[(1,0),(1,0)] \begin{bmatrix} 0 & 0 & 1 & 0 \\ 0 & 0 & 0 & 1 \\ 1 & 0 & 0 & 0 \\ 0 & 1 & 0 & 0 \end{bmatrix} \begin{bmatrix} \binom{1}{0} \\ \binom{1}{0} \end{bmatrix} = 2(1,0)^2 M\,, \quad (7.123)$$

und völlig analog dazu die anderen Ergebnisse.

Ausdrücke der Form $u^\dagger u$ und $v^\dagger v$ sind nicht ganz so einfach zu erhalten, da sie vom Bezugssystem abhängen. Man kann aber sehr einfach raten, wie sie aussehen: Wir wissen, dass $u^\dagger u = \overline{u}\gamma^0 u$ ist; damit ist dieser Ausdruck die zeitartige Komponente eines Vierervektors. Wenn wir sie im Ruhesystem kennen, wissen wir sofort den jeweiligen Wert in beliebigen Systemen.

AUFGABE 119

Beweist, dass gilt:

$$\overline{u}_r \gamma^\mu u_s = \overline{v}_r \gamma^\mu v_s = \delta_{rs}\, 2p^\mu \quad (7.124)$$

und damit $u_r^\dagger u_s = v_r^\dagger v_s = 2\delta_{rs} E$.

Wir berechnen zunächst den Ausdruck im Ruhesystem:

$$\begin{aligned} \overline{u}_1 \gamma^\mu u_1 &= u_1^\dagger \gamma^0 \gamma^\mu u_1 = M\,[(1,0),(1,0)] \begin{bmatrix} 0 & 0 & 1 & 0 \\ 0 & 0 & 0 & 1 \\ 1 & 0 & 0 & 0 \\ 0 & 1 & 0 & 0 \end{bmatrix} \begin{bmatrix} & \sigma^\mu \\ \overline{\sigma}^\mu & \end{bmatrix} \begin{bmatrix} \binom{1}{0} \\ \binom{1}{0} \end{bmatrix} \\ &= M\,[(1,0),(1,0)] \begin{bmatrix} \overline{\sigma}^\mu & \\ & \sigma^\mu \end{bmatrix} \begin{bmatrix} \binom{1}{0} \\ \binom{1}{0} \end{bmatrix}. \end{aligned} \quad (7.125)$$

Dieser Ausdruck verschwindet für $\mu = 1, 2$, da die entsprechenden Pauli-Matrizen nur Nebendiagonal-Elemente besitzen. Für $\mu = 3$ gibt es zwei Einzelbeiträge, aber wegen $\overline{\sigma}^3 = -\sigma^3$ heben sie sich weg. Der einzige nichtverschwindende Eintrag ist also für $\mu = 0$, und es gilt:

$$\overline{u}_1 \gamma^0 u_1 = u_1^\dagger u_1 = 2(1,0)^2 M = 2M \quad (7.126)$$

im Ruhesystem. Somit haben wir aber gefunden, dass im Ruhesystem

$$\overline{u}_1 \gamma^\mu u_1 = 2 \begin{bmatrix} M \\ 0 \\ 0 \\ 0 \end{bmatrix} = 2p^\mu \quad (7.127)$$

ist, wobei wir suggestiv für den Vektor die kovariante Schreibweise p^μ verwendet haben – dies allerdings mit Recht: Da wir wissen, dass sich die linke Seite wie ein Lorentz-Vierervektor transformiert, gilt die Gleichung

$$\overline{u}_1 \gamma^\mu u_1 = 2p^\mu \tag{7.128}$$

in allen Bezugssystemen. Die Herleitung für die übrigen Fälle ist völlig analog. Da durch die zusätzliche γ^μ-Matrix nun in dieser Gleichung linkshändige auf linkshändige Komponenten treffen, hebt sich das Vorzeichen in den v-Lösungen für $\overline{v}_r \gamma^0 v_r = v_r^\dagger v_r$ jetzt im Gegensatz zum vorherigen Fall $\overline{v}_r v_s$ weg.

Nun kommen wir zu zwei sehr nützlichen Identitäten, nämlich den Ausdrücken $\sum_r u_r \overline{u}_r$ und $\sum_r v_r \overline{v}_r$. Dies sind die Vollständigkeitsrelationen, die auftreten, wenn man über die Polarisation von ein- oder auslaufenden Fermionen summiert oder mittelt. Wir verwenden wieder den gleichen Trick, die Identität im Ruhesystem aufzuschreiben und dann aufgrund des Transformationsverhaltens auf die allgemeine kovariante Form zu schließen.

AUFGABE 120

Beweist, dass

$$\sum_r u_r \overline{u}_r = \not{p} + M\,, \quad \sum_r v_r \overline{v}_r = \not{p} - M \tag{7.129}$$

Wir berechnen, wie angekündigt, die Vollständigkeitsrelation im Ruhesystem:

$$u_1 \overline{u}_1 = u_1 u_1^\dagger \gamma^0 = M \begin{bmatrix} 1 \\ 0 \\ 1 \\ 0 \end{bmatrix} [1,0,1,0] \begin{bmatrix} 0&0&1&0 \\ 0&0&0&1 \\ 1&0&0&0 \\ 0&1&0&0 \end{bmatrix} = M \begin{bmatrix} 1&0&1&0 \\ 0&0&0&0 \\ 1&0&1&0 \\ 0&0&0&0 \end{bmatrix} \tag{7.130}$$

und

$$u_2 \overline{u}_2 = u_2 u_2^\dagger \gamma^0 = M \begin{bmatrix} 0 \\ 1 \\ 0 \\ 1 \end{bmatrix} [0,1,0,1] \begin{bmatrix} 0&0&1&0 \\ 0&0&0&1 \\ 1&0&0&0 \\ 0&1&0&0 \end{bmatrix} = M \begin{bmatrix} 0&0&0&0 \\ 0&1&0&1 \\ 0&0&0&0 \\ 0&1&0&1 \end{bmatrix}. \tag{7.131}$$

Scharfes Hinsehen zeigt, dass $u_1 \overline{u}_1 + u_2 \overline{u}_2 = M I_{4\times 4} + M\gamma^0$ ist. Was nützt uns das? Wir wissen, wie $u\overline{u}$ unter Lorentz-Boosts transformiert, da wir das Transformationsverhalten von u und $\overline{u}$ kennen:

$$u \longrightarrow \Lambda_S u\,, \quad \overline{u} \longrightarrow \overline{u} \Lambda_S^{-1} \tag{7.132}$$

und damit

$$u\overline{u} \longrightarrow \Lambda_S u\overline{u}\Lambda_S^{-1}\,. \tag{7.133}$$

Wir wissen aber auch aus Gl. (7.7), wie die rechte Seite dieser Gleichung transformiert, nämlich

$$\begin{aligned} \Lambda_S I_{4\times4}\Lambda_S^{-1} &\longrightarrow I_{4\times4} \\ \Lambda_S \gamma^0 \Lambda_S^{-1} &\longrightarrow (\Lambda^{-1})^0{}_\nu \gamma^\nu\,. \end{aligned} \tag{7.134}$$

Also wissen wir, dass gilt:

$$\sum_r u_r\overline{u}_r \longrightarrow MI_{4\times4} + M(\Lambda^{-1})^0{}_\nu\gamma^\nu\,. \tag{7.135}$$

Im Ruhesystem ist $M = p_0$ und $p_i = 0$, und daher ist

$$M(\Lambda^{-1})^0{}_\nu = p_0(\Lambda^{-1})^0{}_\nu = p_\mu(\Lambda^{-1})^\mu{}_\nu\,. \tag{7.136}$$

An dieser Stelle ist eine kurze Erinnerung an die Eigenschaften der Lorentz-Transformationen angebracht: Da $g^{\mu\nu}$ ein invarianter Tensor ist, gilt: $g^{\mu\nu} = \Lambda^\mu{}_\rho\Lambda^\nu{}_\omega g^{\rho\omega}$ und somit auch $\delta^\mu{}_\nu = \Lambda^\mu{}_\rho\Lambda_\nu{}^\rho$. Also ist $\Lambda_\nu{}^\rho = (\Lambda^{-1})^\rho{}_\nu$. Schließlich ist damit $p_\mu(\Lambda^{-1})^\mu{}_\nu = \Lambda_\nu{}^\mu p_\mu = p'_\nu$, und das ist gerade der Lorentz-transformierte Ruheimpuls, also der Impuls im neuen Bezugssystem. Wir haben also das Ergebnis für allgemeine Bezugssysteme schon vor uns:

$$\sum_r u_r\overline{u}_r = MI_{4\times4} + \not{p}\,. \tag{7.137}$$

Das Argument für $v\overline{v}$ funktioniert genauso, nur dass die Ausgangsmatrix im Ruhesystem durch $-MI_{4\times4} + M\gamma^0$ gegeben ist.

Bevor wir das Thema wieder verlassen, wollen wir noch eine weitere Eigenschaft der Lösungen, die weiter oben schon implizit aufgetaucht ist, noch einmal wiederholen. Da die u und v Lösungen der Dirac-Gleichung zu positiven und negativen ω sind, erfüllen sie eine Art Impulsraum-Version der Dirac-Gleichung:

Aufgemerkt!

$$(\not{p}-M)u_r(p) = 0\,, \quad (\not{p}+M)v_r(p) = 0\,, \quad \overline{u}_r(p)(\not{p}-M) = 0\,, \quad \overline{v}_r(p)(\not{p}+M) = 0\,. \tag{7.138}$$

AUFGABE 121

Beweist, dass Gl. (7.138) gilt!

▶ Sehr schnell lassen sich diese Identitäten mit Gl. (7.122) und Gl. (7.129) zeigen. So ist zum Beispiel

$$(\not{p} - M)u_r = \sum_s v_s \overline{v}_s u_r = \sum_s v_s \times 0 = 0 \,. \tag{7.139}$$

In den anderen Fällen verfährt man genauso.

AUFGABE 122

■ Beweist die Gordon-Identität

$$2m\overline{u}(k)\gamma^\mu u(p) = \overline{u}(k)\left[(k+p)^\mu + i\sigma^{\mu\nu}(k-p)_\nu\right]u(p)\,, \tag{7.140}$$

mit $\sigma^{\mu\nu} = \frac{i}{2}\left[\gamma^\mu, \gamma^\nu\right]$.

▶ Wir verwenden die Dirac-Gleichung „rückwärts":

$$2m\overline{u}(k)\gamma^\mu u(p) = \overline{u}(k)(\not{k}\gamma^\mu + \gamma^\mu \not{p})u(p)\,. \tag{7.141}$$

Die beiden Impulse mit Dirac-Matrizen können wir dann mit $\sigma^{\mu\nu} = \frac{i}{2}\left[\gamma^\mu, \gamma^\nu\right]$ und $\{\gamma^\mu, \gamma^\nu\} = 2g^{\mu\nu}$ umformen:

$$\not{k}\gamma^\mu = k_\nu\left(g^{\mu\nu} + i\sigma^{\mu\nu}\right); \qquad \gamma^\mu \not{p} = p_\nu\left(g^{\mu\nu} - i\sigma^{\mu\nu}\right). \tag{7.142}$$

Eingesetzt in Gl. (7.141) ergibt sich damit

$$\begin{aligned} 2m\overline{u}(k)\gamma^\mu u(p) &= \overline{u}(k)\left[k^\mu + i\sigma^{\mu\nu}k_\nu + p^\mu - i\sigma^{\mu\nu}p_\nu\right]u(p) \\ &= \overline{u}(k)\left[(k+p)^\mu + i\sigma^{\mu\nu}(k-p)_\nu\right]u(p)\,. \end{aligned} \tag{7.143}$$

Diese Identität wird typischerweise beim Berechnen des anomalen magnetischen Moments des Elektrons gebraucht.

7.5 Die kanonische Quantisierung des Dirac-Feldes

7.5.1 Vertauschungsrelationen

Teilchen mit halbzahligem Spin sind Fermionen, das heißt, sie gehorchen dem Pauli-Ausschlussprinzip. Das muss sich in der Quantisierungsvorschrift niederschlagen: Da laut Pauli-Prinzip keine zwei Teilchen im gleichen Zustand sein dürfen, muss für den Aufsteiger des Fermionfeldes gelten:

$$(a^\dagger_{\mathbf{p}})^2|...\rangle = 0\,. \tag{7.144}$$

Dies wird realisiert, indem man die Quantisierungsvorschrift der Fermionfelder mit einem Antikommutator

$$\{\hat{A}, \hat{B}\} = \hat{A}\hat{B} + \hat{B}\hat{A} \tag{7.145}$$

schreibt,

$$\{a^\dagger_{\mathbf{p}}, a^\dagger_{\mathbf{q}}\} = 0\,, \quad \{a_{\mathbf{p}}, a_{\mathbf{q}}\} = 0\,, \quad \{a_{\mathbf{p}}, a^\dagger_{\mathbf{q}}\} \propto \delta^3(\mathbf{p} - \mathbf{q})\,. \tag{7.146}$$

Damit ist auch automatisch sichergestellt, dass die Wellenfunktionen für mehrere Teilchen automatisch antisymmetrisiert (statt symmetrisiert) sind, was man in der Quantenmechanik von Hand macht. Neben der kleinen Komplikation, dass die Dirac-Gleichung mehrere (und unterschiedliche) Lösungen für $\pm\omega$ hat, ist das der wichtigste Unterschied zur kanonischen Quantisierung der bosonischen Skalarfelder, die wir in den vorigen Kapiteln besprochen haben. In Analogie zum bosonischen Skalarfeld schreiben wir wieder einen Fourier-Ansatz für die Felder, die eine Lösung der freien Dirac-Gleichung sind. Hier müssen wir allerdings darauf achten, für jeweils beide Polarisationen getrennte Auf- und Absteiger einzuführen, da es sich um unterschiedliche Freiheitsgrade handelt. Ebenso sind die Aufsteiger anderen Lösungen der Dirac-Gleichung zugeordnet als die Absteiger, da wir bei der Konstruktion der Lösungen gesehen haben, dass für negative Frequenzen andere Lösungsspinoren (v^r) resultieren als für positive (u^r). Da es sich also um unterschiedliche Freiheitsgrade handelt, müssen wir in Analogie zum komplexen Skalarfeld die Absteiger unabhängig von den Aufsteigern wählen (also $b^\dagger \neq a^\dagger$). Der Ansatz lautet somit

$$\psi(x) = \int \frac{d^3p}{(2\pi)^3} \frac{1}{2E_{\mathbf{p}}} \sum_r \left(a^r_{\mathbf{p}} u^r(p) e^{-ipx} + b^{r\dagger}_{\mathbf{p}} v^r(p) e^{ipx} \right)\,. \tag{7.147}$$

Hier gilt wieder implizit $p_0 = E_{\mathbf{p}} = +\sqrt{M^2 + \mathbf{p}^2}$, da der Ansatz – wie weiter oben gezeigt – mit der Dirac-Gleichung auch die Klein-Gordon-Gleichung lösen muss.

AUFGABE 123

■ Beweist, dass der Ansatz in Gl. (7.147) die Dirac-Gleichung erfüllt.

▶ Wir setzen den Ansatz in $(i\partial\!\!\!/ - M)\psi$ ein und benutzen die Eigenschaften der Lösungen u und v. Da die Auf- und Absteiger durch den Differenzialoperator nicht verändert werden, müssen die beiden Summanden im Ansatz getrennt verschwinden. Zunächst ist ja $i\partial\!\!\!/ e^{\pm ipx} = \mp p\!\!\!/ e^{\pm ipx}$, und somit ist $(i\partial\!\!\!/ - M)u^r(p)e^{-ipx} = (p\!\!\!/ - M)u^r(p)e^{-ipx}$, was nach den Ergebnissen des vorigen Abschnitts verschwindet. Analog dazu verschwindet der zweite Term, und damit ist für diesen Ansatz insgesamt $(i\partial\!\!\!/ - M)\psi = 0$.

Der nächste Schritt besteht wieder darin, den kanonischen Impuls des Dirac-Feldes ψ zu ermitteln, damit wir für die kanonische Quantisierung die Antikommutator-Relation aufstellen können.

AUFGABE 124

■ Gegeben sei die kanonisch normierte freie Lagrange-Dichte für ein Dirac-Feld mit Masse M:

$$\mathcal{L} = \overline{\psi}(i\partial\!\!\!/ - M)\psi\,. \tag{7.148}$$

Was ist der jeweilige kanonisch konjugierte Impuls für die vier Feldkomponenten ψ_i?

▶ Wie im Fall des Skalarfeldes definieren wir wieder

$$\pi_i = \frac{\partial \mathcal{L}}{\partial \dot{\psi}_i}\,. \tag{7.149}$$

Wir betrachten nur den Teil der Lagrange-Dichte mit der Zeitableitung:

$$\mathcal{L} = \overline{\psi}(i\partial_\mu \gamma^\mu)\psi = i\psi^\dagger \gamma^0 \gamma^0 \partial_0 \psi + \cdots\,. \tag{7.150}$$

Mit $\dot{\psi} \equiv \partial/\partial x^0 \psi \equiv \partial_0 \psi$ sowie $\gamma^0\gamma^0 = 1$ folgt

$$\pi_i = i\psi_i^\dagger\,. \tag{7.151}$$

Im Gegensatz zum Skalarfeld ist der konjugierte Impuls der freien Theorie einfach nur das komplex konjugierte Feld ohne Ableitungen – das liegt daran, dass die Dirac-Gleichung im Gegensatz zur Klein-Gordon-Gleichung eine Differenzialgleichung erster Ordnung ist. Dafür hat sie aber auch mehrere Komponenten, und so kann trotzdem die Klein-Gordon-Gleichung in ihr enthalten sein.

Damit die Erzeuger und Vernichter im Ansatz von Gl. (7.147) Antikommutatoren für ihre Quantisierungsbedingungen erhalten, müssen wir auch im Ortsraum Antikommutatoren verwenden. In Analogie zum komplexen Skalarfeld fordern wir folgende *Antikommutator-Relationen* für die Vernichter und Erzeuger:

$$\{a^r_{\mathbf{p}}, a^{s\dagger}_{\mathbf{q}}\} = (2\pi)^3 2E_{\mathbf{p}} \delta^3(\mathbf{p} - \mathbf{q})\delta^{rs}\,, \tag{7.152}$$

wobei die Relation für b identisch ist:

$$\{b^r_{\mathbf{p}}, b^{s\dagger}_{\mathbf{q}}\} = (2\pi)^3 2E_{\mathbf{p}} \delta^3(\mathbf{p} - \mathbf{q})\delta^{rs}\,. \tag{7.153}$$

Da a und b unabhängige Freiheitsgrade beschreiben sollen, sollen insbesondere die gemischten Relationen alle verschwinden:

$$\{a^r_{\mathbf{p}}, b^{\dagger s}_{\mathbf{q}}\} = \{a^r_{\mathbf{p}}, b^s_{\mathbf{q}}\} = \{a^r_{\mathbf{p}}, a^s_{\mathbf{q}}\} = \{b^r_{\mathbf{p}}, b^s_{\mathbf{q}}\} = 0\,. \tag{7.154}$$

Durch hermitesche Konjugation erhält man die übrigen Relationen.

AUFGABE 125

Leitet aus Gl. (7.152), Gl. (7.153) und Gl. (7.154) die gleichzeitigen Antivertauschungsrelationen für die Spinoren ψ und π her.

Wir können sofort ablesen:

$$\{\psi_i(\mathbf{x}), \psi_j(\mathbf{y})\} = \{\pi_i(\mathbf{x}), \pi_j(\mathbf{y})\} = 0\,, \tag{7.155}$$

denn hier treffen nur a und $b^\dagger$ aufeinander, deren Antikommutatoren verschwinden. Für die Relation $\{\psi_i, \pi_j\} = \{\psi_i, i\psi_j^\dagger\}$ müssen wir allerdings den Bleistift zücken.

$$\begin{aligned}\{\psi_i(\mathbf{x}), \psi_j^\dagger(\mathbf{y})\} = &\int \frac{d^3p}{(2\pi)^3 2E_\mathbf{p}} \int \frac{d^3q}{(2\pi)^3 2E_\mathbf{q}} \\ &\times \sum_{r,s} \{a_\mathbf{p}^r u_i^r(\mathbf{p}) e^{i\mathbf{px}} + b_\mathbf{p}^{\dagger r} v_i^r(\mathbf{p}) e^{-i\mathbf{px}}, a_\mathbf{q}^{\dagger s} u_j^{\dagger s}(\mathbf{q}) e^{-i\mathbf{qy}} + b_\mathbf{q}^s v_j^{\dagger r}(\mathbf{q}) e^{i\mathbf{qy}}\}\,.\end{aligned} \tag{7.156}$$

Hier tragen nur die Paarungen $a, a^\dagger$ und $b, b^\dagger$ bei.

$$\begin{aligned}\{\ldots\} &= \{a_\mathbf{p}^r u_i^r(\mathbf{p}) e^{i\mathbf{px}}, a_\mathbf{q}^{\dagger s} u_j^{\dagger s}(\mathbf{q}) e^{-i\mathbf{qy}}\} + \{b_\mathbf{p}^{\dagger r} v_i^r(\mathbf{p}) e^{-i\mathbf{px}}, b_\mathbf{q}^s v_j^{\dagger s}(\mathbf{q}) e^{i\mathbf{qy}}\} \\ &= (2\pi)^3 2E_\mathbf{p} \delta^{rs} \delta^3(\mathbf{p}-\mathbf{q}) \left(u_i^r u_j^{\dagger s} e^{i\mathbf{p}(\mathbf{x}-\mathbf{y})} + v_i^r v_j^{\dagger s} e^{-i\mathbf{q}(\mathbf{x}-\mathbf{y})} \right).\end{aligned} \tag{7.157}$$

Dank der Kronecker- und der Dirac-Deltas können wir eine Summe und ein Integral sofort ausführen, und es bleibt

$$\{\psi_i(\mathbf{x}), \psi_j^\dagger(\mathbf{y})\} = \int \frac{d^3p}{(2\pi)^3 2E_\mathbf{p}} \sum_r \left(u_i^r u_j^{\dagger r} e^{-i\mathbf{p}(\mathbf{x}-\mathbf{y})} + v_i^r v_j^{\dagger r} e^{i\mathbf{p}(\mathbf{x}-\mathbf{y})} \right). \tag{7.158}$$

Nun erinnern wir uns an die Vollständigkeitsrelationen in Gl. (7.129) zurück, und können auch die Summe über die Polarisationen ausführen:

$$\int \frac{d^3p}{(2\pi)^3 2E_\mathbf{p}} \sum_r \left[(\not p \gamma^0 + M\gamma^0)_{ij} e^{-i\mathbf{p}(\mathbf{x}-\mathbf{y})} + (\not p \gamma^0 - M\gamma^0)_{ij} e^{i\mathbf{p}(\mathbf{x}-\mathbf{y})} \right]. \tag{7.159}$$

Um die beiden Terme miteinander verwursten zu können, nehmen wir beim zweiten Integral einen Variablenwechsel $\mathbf{p} \to -\mathbf{p}$ vor (p_0 bleibt gleich!), und bekommen

$$\int \frac{d^3p}{(2\pi)^3 2E_\mathbf{p}} \sum_r \left[(p_0 + p_i \gamma^i \gamma^0 + M\gamma^0)_{ij} + (p_0 - p_i \gamma^i \gamma^0 - M\gamma^0)_{ij} \right] e^{-i\mathbf{p}(\mathbf{x}-\mathbf{y})}. \tag{7.160}$$

wonach sich in der Klammer zum Glück die komplizierten Terme alle wegheben und nur $2p_0\delta_{ij} = 2E_\mathbf{p}\delta_{ij}$ stehen bleibt, was den Ausdruck im Nenner schön wegkürzt. Da wir wissen, dass $\int d^3p e^{i\mathbf{px}} = (2\pi)^3 \delta^3(\mathbf{x})$ ist, erhalten wir nach dem Ausintegrieren ganz einfach

$$\{\psi_i(\mathbf{x}), \psi_j^\dagger(\mathbf{y})\} = \delta^3(\mathbf{x}-\mathbf{y})\delta_{ij} \tag{7.161}$$

und somit als Endergebnis

$$\{\psi_i(\mathbf{x}), \pi_j(\mathbf{y})\} = i\delta^3(\mathbf{x} - \mathbf{y})\delta_{ij} \,. \tag{7.162}$$

Bei der Einführung in die Quantisierung des Dirac-Feldes wird gerne aus didaktischen Gründen zunächst der Kommutator (und nicht der Antikommutator) benutzt, um dann zu merken, dass es schiefgeht (siehe z. B. [3]). Wir haben diese Falle hier umschifft, indem wir über das Pauli-Prinzip argumentierten und so gleich voraussetzten, dass Teilchen mit halbzahligem Spin auch Fermionen sein müssen. Das ist einerseits eine Beobachtungstatsache, wird aber auch vom sog. Spin-Statistik-Theorem untermauert. Dass dieser Zusammenhang für die Konsistenz der Quantenfeldtheorie notwendig ist, kann man konkret sehen, wenn man versucht, das Dirac-Feld mit dem Kommutator zu quantisieren: Man erhält eine Hamilton-Funktion, deren Energie nicht nach unten beschränkt ist. Wir wollen jetzt überprüfen, dass bei unseren fermionischen Spinoren energetisch alles in Butter ist. Dazu müssen wir die Hamilton-Funktion berechnen und diese dann durch Erzeuger und Vernichter ausdrücken.

AUFGABE 126

■ Stellt, ausgehend von der Lagrange-Dichte

$$\mathcal{L} = \overline{\psi}(i\partial_\mu\gamma^\mu - M)\psi$$

für ein freies Dirac-Feld, die Hamilton-Dichte $\mathcal{H}$ auf.

▶ Man erhält die Hamilton-Dichte als Legendre-Transformierte der Lagrange-Dichte, wobei man die Zeitableitung der „Koordinate" $\dot{\psi}$ durch den konjugierten Impuls π eliminiert. Hier wird der Ausdruck für die Legendre-Transformierte dadurch etwas verkompliziert, dass die Felder und die Impulse Spinorindizes haben, die zu Invarianten kontrahiert sind. Die Hamilton-Dichte ist zwar nicht komplett Lorentz-invariant (da die Zeit ausgezeichnet wird), aber dreh-invariant muss sie schon noch sein! Es ist

$$\mathcal{H} = \pi\dot{\psi} - \mathcal{L}|_{\dot{\psi}(\pi)} \,, \tag{7.163}$$

mit $\pi = i\psi^\dagger$, wie zuvor. Wir schreiben alle Dirac-Matrizen explizit aus und führen die raumartigen Indizes $i, j = 1 \ldots 3$ ein, wobei wir aber die obere und die untere Stellung jeweils beibehalten. Die Lagrange-Dichte ist

$$\begin{aligned}
\mathcal{L} &= i\psi^\dagger\gamma^0\gamma^\mu\partial_\mu\psi - M\overline{\psi}\psi \\
&= i\psi^\dagger\gamma^0\gamma^0\dot{\psi} + i\psi^\dagger\gamma^0\gamma^i\partial_i\psi - M\overline{\psi}\psi \\
&= i\psi^\dagger\dot{\psi} + i\psi^\dagger\gamma^0\gamma^i\partial_i\psi - M\overline{\psi}\psi \,.
\end{aligned} \tag{7.164}$$

Damit ist also die Hamilton-Dichte gegeben durch

$$\mathcal{H} = i\psi^\dagger\dot{\psi} - \mathcal{L}|_{\dot{\psi}(\pi)} = -i\overline{\psi}\gamma^i\partial_i\psi + M\overline{\psi}\psi\,. \tag{7.165}$$

Es fällt auf, dass nur räumliche Ableitungen vorkommen.

AUFGABE 127

■ Drückt jetzt die Hamilton-Funktion $H = \int d^3x\,\mathcal{H}$ mit der Hamilton-Dichte aus Gl. (7.165) anhand des Ausdrucks in Gl. (7.147) durch die Erzeuger und Vernichter aus.

▶ Stopp! Nicht gleich alles einsetzen und drauf los rechnen, wie der Autor das zuerst gemacht hat. Wir wissen schließlich, dass ψ die Dirac-Gleichung löst, und das machen wir uns zunutze:

$$(i\gamma^\mu\partial_\mu - M)\psi = 0 \quad\Rightarrow\quad i\gamma^0\partial_0\psi = M\psi - i\gamma^i\partial_i\psi\,. \tag{7.166}$$

Für Lösungen der Dirac-Gleichung vereinfacht sich die Hamilton-Dichte also zu

$$\mathcal{H} = i\overline{\psi}\gamma^0\partial_0\psi = i\psi^\dagger\dot{\psi}\,. \tag{7.167}$$

Es fällt auf, dass das gerade $\pi\psi$ aus der Definition der Hamilton-Dichte ist – das liegt daran, dass für Lösungen der Dirac-Gleichung in unserem Beispiel $\mathcal{L} = 0$ ist. Es gilt

$$\dot{\psi} = \int \frac{d^3p}{(2\pi)^3 2E_\mathbf{p}} \sum_r iE_\mathbf{p}\left(-a^r_\mathbf{p}u^r(p)e^{-ipx} + b^{r\dagger}_\mathbf{p}v^r(p)e^{ipx}\right)\,, \tag{7.168}$$

wobei wir wieder $p_0 = E_\mathbf{p}$ eingesetzt haben. Damit ist

$$\begin{aligned} i\psi^\dagger\dot{\psi} &= \int \frac{d^3p}{(2\pi)^3 2E_\mathbf{p}} \int \frac{d^3q}{(2\pi)^3 2} \sum_{r,s} \\ &\quad\times \left(a^{r\dagger}_\mathbf{p}u^{r\dagger}(p)e^{ipx} + b^r_\mathbf{p}v^{r\dagger}(p)e^{-ipx}\right)\left(a^s_\mathbf{q}u^s(q)e^{-iqx} - b^{s\dagger}_\mathbf{q}v^s(q)e^{iqx}\right)\,. \end{aligned} \tag{7.169}$$

Hier haben wir die Vorzeichen der beiden i in die letzte Klammer gesteckt. An dieser Stelle vereinfacht sich der Ausdruck sehr, wenn wir das Integral $\int d^3x$ ausführen – wir nutzen wieder die Beziehung $\int d^3x e^{i\mathbf{kx}} = (2\pi)^3\delta^3(\mathbf{k})$ aus. Damit wird

$$\begin{aligned} \int d^3x\, i\psi^\dagger\dot{\psi} &= \int \frac{d^3p}{(2\pi)^3 2E_\mathbf{p}} \int \frac{d^3q}{(2\pi)^3 2} \sum_{r,s} (2\pi)^3\delta^3(\mathbf{p}-\mathbf{q}) \\ &\quad\times \left(a^{r\dagger}_\mathbf{p}u^{r\dagger}(p)e^{ip_0x^0} + b^r_\mathbf{p}v^{r\dagger}(p)e^{-ip_0x^0}\right)\times\left(a^s_\mathbf{q}u^s(q)e^{-iq_0x^0} - b^{s\dagger}_\mathbf{q}v^s(q)e^{iq_0x^0}\right) \\ &= \int \frac{d^3p}{(2\pi)^3 2E_\mathbf{p}} \frac{1}{2} \sum_{r,s} \left(a^{r\dagger}_\mathbf{p}u^{r\dagger}(p)e^{ip_0x^0} + b^r_\mathbf{p}v^{r\dagger}(p)e^{-ip_0x^0}\right) \\ &\quad\times \left(a^s_\mathbf{p}u^s(p)e^{-ip_0x^0} - b^{s\dagger}_\mathbf{p}v^s(p)e^{ip_0x^0}\right)\,. \end{aligned} \tag{7.170}$$

Zum Glück erfüllen die Spinoren u, v für gleiche Impulse die Orthogonalitätsrelation Gl. (7.124), wodurch die Mischterme und eine der Summen wegfallen:

$$\begin{aligned}\int d^3x\, i\psi^\dagger\dot{\psi} &= \int \frac{d^3p}{(2\pi)^3 2E_{\mathbf{p}}} \frac{1}{2} \sum_{r,s} \left(a^{r\dagger}_{\mathbf{p}} a^s_{\mathbf{p}} u^{r\dagger}(p) u^s(p) - b^r_{\mathbf{p}} b^{s\dagger}_{\mathbf{p}} v^{r\dagger}(p) v^s(p)\right) \\ &= \int \frac{d^3p}{(2\pi)^3 2E_{\mathbf{p}}} E_{\mathbf{p}} \sum_r \left(a^{r\dagger}_{\mathbf{p}} a^r_{\mathbf{p}} - b^r_{\mathbf{p}} b^{r\dagger}_{\mathbf{p}}\right) . \end{aligned} \tag{7.171}$$

Dieser Ausdruck bedarf noch eines kurzen Kommentars: Das Vorzeichen könnte uns auf den ersten Blick beunruhigen, aber wenn wir die Erzeuger und die Vernichter anhand der Antivertauschungsrelation

$$b^r_{\mathbf{p}} b^{r\dagger}_{\mathbf{p}} = -b^{r\dagger}_{\mathbf{p}} b^r_{\mathbf{p}} + (2\pi)^3 2E_{\mathbf{p}} \delta^3(\mathbf{p} - \mathbf{q}) \tag{7.172}$$

in Normalordnung bringen, wird deutlich, dass es sowohl für Teilchen als auch für Antiteilchen positive Energie kostet, sie zu erzeugen. Allerdings treffen wir wieder, wie beim Skalarfeld, eine doppelte Unendlichkeit an:

$$H = \int \frac{d^3p}{(2\pi)^3 2E_{\mathbf{p}}} E_{\mathbf{p}} \sum_r \left(a^{r\dagger}_{\mathbf{p}} a^r_{\mathbf{p}} + b^{r\dagger}_{\mathbf{p}} b^r_{\mathbf{p}}\right) + \int d^3p E_{\mathbf{p}} \delta^3(\mathbf{p} - \mathbf{p}) . \tag{7.173}$$

Den Ausdruck $\int d^3p E_{\mathbf{p}} \delta^3(\mathbf{p} - \mathbf{p})$ kann man genau wie beim Skalarfeld wieder als divergenten Beitrag zur Vakuumenergie interpretieren: $\delta^3(\mathbf{p} - \mathbf{p}) = \delta^3(\mathbf{0})$ hat Einheiten (Länge)^3, man kann ihn also mit dem Volumen des Raumes in Verbindung bringen. Das Integral d^3p hat Einheiten (Energie)^3 und entspricht dem Volumen des Impulsraums. Um dem Vakuumzustand $|0\rangle$ die Energie 0 zu geben, kann man wieder den normalgeordneten Hamilton-Operator $: H :$ benutzen, der dem endlichen Teil von Gl. (7.173) entspricht. Hier ist die Interpretation einfach: Es ist der Teilchenzahloperator für Teilchen und Antiteilchen, gewichtet mit der jeweiligen Energie eines Teilchens, $E_{\mathbf{p}}$, summiert über die beiden Polarisationen und integriert über den Lorentz-invarianten Phasenraum. *Insbesondere haben sowohl Teilchen als auch Antiteilchen positive Energie!* Wir sollten noch überprüfen, dass H auch wirklich für die Gesamtenergie der Teilchen in einem Zustand steht:

AUFGABE 128

Wie ändert sich der Eigenwert von H zu einem Zustand $|\alpha\rangle$, wenn wir die Erzeuger $a^{r\dagger}_{\mathbf{q}}$ oder $b^{r\dagger}_{\mathbf{q}}$ auf ihn anwenden?

Wir arbeiten mit dem endlichen Ausdruck $: H :$, in dem die vom Zustand unabhängige konstante Vakuumenergie abgezogen wurde. Also betrachten wir jetzt die Gleichung

$$: H : a^{\dagger s}_{\mathbf{q}} |\alpha\rangle \ = \ \int \frac{d^3p}{(2\pi)^3 2E_{\mathbf{p}}} E_{\mathbf{p}} \sum_r \left(a^{r\dagger}_{\mathbf{p}} a^r_{\mathbf{p}} + b^{r\dagger}_{\mathbf{p}} b^r_{\mathbf{p}}\right) a^{s\dagger}_{\mathbf{q}} |\alpha\rangle . \tag{7.174}$$

Der übliche Trick besteht darin, $a_{\mathbf{q}}^{s\dagger}$ durch Kommutatorrelationen an $:H:$ nach links vorbei zu kommutieren. Die Terme, die wir dabei aufsammeln, liefern den gesuchten Unterschied. Wegen $\{a^\dagger, b^\dagger\} = \{a^\dagger, b\} = 0$ erhält der $b^\dagger b$-Term zweimal ein Vorzeichen und bleibt unverändert. Es passiert also nur beim $a^\dagger a$-Term etwas Interessantes:

$$\begin{aligned} a_{\mathbf{p}}^{r\dagger} a_{\mathbf{p}}^{r} a_{\mathbf{q}}^{s\dagger} &= -a_{\mathbf{p}}^{r\dagger} a_{\mathbf{q}}^{s\dagger} a_{\mathbf{p}}^{r} + (2\pi)^3 2E_{\mathbf{q}} \delta^3(\mathbf{p}-\mathbf{q}) a_{\mathbf{p}}^{r\dagger} \\ &= a_{\mathbf{q}}^{s\dagger} a_{\mathbf{p}}^{r\dagger} a_{\mathbf{p}}^{r} + \delta^{rs} (2\pi)^3 2E_{\mathbf{q}} \delta^3(\mathbf{p}-\mathbf{q}) a_{\mathbf{q}}^{r\dagger} . \end{aligned} \tag{7.175}$$

Einsetzen liefert

$$:H: a_{\mathbf{q}}^{\dagger s} = a_{\mathbf{q}}^{\dagger s} :H: + E_{\mathbf{q}} a_{\mathbf{q}}^{\dagger s} , \tag{7.176}$$

anders ausgedrückt:

$$[:H:, a_{\mathbf{q}}^{\dagger s}] = E_{\mathbf{q}} a_{\mathbf{q}}^{\dagger s} . \tag{7.177}$$

Damit ist klar, dass $a_{\mathbf{q}}^{\dagger s}$ die Energie eines Zustands unabhängig von der Wahl von $|\alpha\rangle$ um $E_{\mathbf{q}}$ erhöht. Für einen Ein-Teilchen-Zustand gilt zum Beispiel

$$:H: (a_{\mathbf{q}}^{\dagger s}|0\rangle) = a_{\mathbf{q}}^{\dagger s}(:H: + E_{\mathbf{q}})|0\rangle = a_{\mathbf{q}}^{\dagger s}(0 + E_{\mathbf{q}})|0\rangle = E_{\mathbf{q}}(a_{\mathbf{q}}^{\dagger s}|0\rangle) . \tag{7.178}$$

Die Rechnung funktioniert für die Antiteilchen-Erzeuger $b^\dagger$ völlig analog.

Aufgemerkt!

Fassen wir noch einmal die Ergebnisse zur kanonischen Quantisierung des freien Dirac-Feldes zusammen: Wir schreiben das Feld mit Erzeugern und Vernichtern:

$$\psi(x) = \int \frac{d^3p}{(2\pi)^3} \frac{1}{2E_{\mathbf{p}}} \sum_r \left(a_{\mathbf{p}}^r u^r(p) e^{-ipx} + b_{\mathbf{p}}^{r\dagger} v^r(p) e^{ipx} \right) . \tag{7.179}$$

Die Erzeuger und die Vernichter erfüllen die Antikommutator-Relationen

$$\{a_{\mathbf{p}}^r, a_{\mathbf{q}}^{s\dagger}\} = \{b_{\mathbf{p}}^r, b_{\mathbf{q}}^{s\dagger}\} = (2\pi)^3 2E_{\mathbf{p}} \delta^3(\mathbf{p}-\mathbf{q}) \delta^{rs} , \tag{7.180}$$

und alle weiteren Antikommutatoren verschwinden. Der kanonisch konjugierte Impuls ist

$$\pi(\mathbf{x}) = i\psi^\dagger(\mathbf{x}), \tag{7.181}$$

und die Quantenfelder im Ortsraum erfüllen die Antikommutator-Relation

$$\{\psi_i(\mathbf{x}), \pi_j(\mathbf{y})\} = i\delta^3(\mathbf{x}-\mathbf{y})\delta_{ij} . \tag{7.182}$$

Alle weiteren Antikommutatoren verschwinden wieder:

$$\{\psi_i(\mathbf{x}), \psi_j(\mathbf{y})\} = \{\pi_i(\mathbf{x}), \pi_j(\mathbf{y})\} = 0 . \tag{7.183}$$

7.5.2 Der Dirac-Propagator, klassisch und aus Quantenfeldern

Erinnern wir uns kurz an die Herleitung des Feynman-Propagators für ein Skalarfeld. Einerseits hatten wir gesehen, dass man Propagatoren als Green'sche Funktionen der freien Bewegungsgleichung (in diesem Fall: der Klein-Gordon-Gleichung) auffassen kann, siehe Gl. (2.191),

$$(\Box + M^2)G(x) = -\delta^4(x)\,, \tag{7.184}$$

wobei beim Lösen dieser DGL im Impulsraum eine Ambiguität bezüglich der Wahl der Integrationskontur auftrat. Die Integrationsvorschrift wurde durch einen kleinen Parameter ϵ festgelegt, der die Integrationskontur in der komplexen Ebene so verschiebt, dass immer die gewünschten Pole aufgesammelt werden. Eine Wahl, siehe Gl. (2.203),

$$D_F(x-y) \equiv \int \frac{d^4p}{(2\pi)^4}\frac{i}{p^2-m^2+i\epsilon}e^{-ip(x-y)}\,, \tag{7.185}$$

oder im Impulsraum, siehe Gl. (2.204),

$$\tilde{D}_F(p) = \frac{i}{p^2-m^2+i\epsilon}\,, \tag{7.186}$$

bezeichnet man als Feynman-Propagator. Nach der kanonischen Quantisierung des Skalarfeldes hatten wir gezeigt, dass man den Feynman-Propagator als zeitgeordneten Erwartungswert zweier Quantenfelder erhält, siehe Gl. (3.64),

$$D_F(x-y) = \langle 0|T\{\phi(x)\phi(y)\}|0\rangle\,. \tag{7.187}$$

Die Darstellung von Green'schen Funktionen als zeitgeordnete Erwartungswerte wurde dann bei der Herleitung der LSZ-Formel und des Wick'schen Theorems mit mehr Feldern und auf wechselwirkende Theorien verallgemeinert. Diese Schritte wollen wir für den Fall des Dirac-Fermions nachvollziehen, um am Ende zu wissen, wie man Green'sche Funktionen und Feynman-Amplituden mit Skalaren und Spinorfeldern berechnet. Beginnen wir wieder mit der Herleitung der Green'schen Funktion aus den Bewegungsgleichungen der freien Theorie.

Der Dirac-Propagator als Green'sche Funktion Wir hatten Green'sche Funktionen als Hilfsmittel motiviert, um Lösungen inhomogener linearer Differenzialgleichungen zu finden, indem man eine einfache Inhomogenität der Form $\delta^4(x)$ ansetzt. Die Inhomogenität oder Quelle J in der Dirac-Gleichung hat nun aber die Form eines Spinors:

$$(i\partial\!\!\!/ - M)\psi(x) = J(x)\,, \tag{7.188}$$

denn die linke Seite ist schließlich auch einer. Da die zu konstruierende Lösung ein Spinor ist, die Quelle aber ebenso, muss die Green'sche Funktion in diesem Fall ein verallgemeinerter Spinor mit zwei Dirac-Indizes sein. Green'sche Funktionen der Dirac-Gleichung erfüllen daher die Bedingung

$$(i\partial_\mu\gamma^\mu_{ij} - M\delta_{ij})G_{jk}(x) = \delta^4(x)\delta_{ik}\,, \tag{7.189}$$

wobei G nun ein Dirac-„Tensor" ist und wir ausnahmsweise alle Indizes explizit geschrieben haben sowie Einstein-summieren. Außerdem haben wir im Vergleich zur skalaren Green'schen Funktion aus Konvention ein relatives Vorzeichen vor δ eingeführt. Haben wir diese Lösung gefunden, können wir wieder durch Faltung zu allgemeinen Quellen übergehen:

$$\psi_i(x) = \psi_i^0(x) + \int d^4y \, G_{ij}(x-y) J_j(y) , \tag{7.190}$$

wobei ψ^0 wieder eine beliebige Lösung der freien Dirac-Gleichung ist.

Zeigt in Analogie zum skalaren Fall in Gl. (2.192), dass Gl. (7.190) die inhomogene Dirac-Gleichung in Gl. (7.188) löst.

Wir wollen jetzt, wieder in Analogie zum skalaren Fall, die Green'schen Funktionen finden, indem wir G als Fourier-Transformierte schreiben.

AUFGABE 120

■ Ermittelt die Green'sche Funktion G_{ij} der Dirac-Gleichung, die der Feynman-Vorschrift für retardierte und für avancierte Randbedingungen folgt.

● Nutzt dazu wieder die Darstellungen

$$G_{ij}(x) = \int \frac{d^4p}{(2\pi)^4} e^{-ipx} \tilde{G}_{ij}(p) , \quad \delta^4(x) = \int \frac{d^4p}{(2\pi)^4} e^{-ipx} . \tag{7.191}$$

Da die Dirac-Gleichung die Klein-Gordon-Gleichung impliziert, können wir schon erwarten, dass diese Green'sche Funktion gewisse Ähnlichkeiten mit dem skalaren Feynman-Propagator aufweisen wird. Um das auszunutzen, können wir uns erlauben, auf beiden Seiten der Gleichung Gl. (7.189) von links mit

$$(i\partial\!\!\!/ + M)$$

zu multiplizieren, um die Dirac-Gleichung in eine KG-Gleichung umzuwandeln.

▶ Wenn wir das tun, erhalten wir:

$$-(\Box + M^2) G_{ik}(x) = (i\gamma^\mu_{ik}\partial_\mu + M\delta_{ik})\delta^4(x) . \tag{7.192}$$

Einsetzen der Fourier-Ansätze ergibt

$$-\int \frac{d^4p}{(2\pi)^4} (-p^2 + M^2) e^{-ipx} \tilde{G}_{ij}(p) = \int \frac{d^4p}{(2\pi)^4} (\gamma^\mu_{ij} p_\mu + M\delta_{ij}) e^{-ipx} . \tag{7.193}$$

Hier tritt wieder das Problem auf, das wir bereits bei der Herleitung des skalaren Propagators hatten: Ein naiver Koeffizientenvergleich liefert

$$\tilde{G}(p) = \frac{p\!\!\!/ + M}{p^2 - M^2} , \tag{7.194}$$

aber hier müsste man im Fourier-Integral über Pole hinwegintegrieren – die Polstruktur ist identisch mit dem skalaren Propagator, aber durch Spinoren im Zähler ergänzt. Genau wie im skalaren Fall können wir die Kontur nach der Feynman-Vorschrift verschieben:

$$\tilde{G}_F(p) = \frac{\not{p} + M}{p^2 - M^2 + i\epsilon} . \tag{7.195}$$

Damit erhalten wir im Ortsraum die Distribution

$$G_F(x-y) = \int \frac{d^4p}{(2\pi)^4} \frac{\not{p} + M}{p^2 - M^2 + i\epsilon} e^{-ip(x-y)} . \tag{7.196}$$

Aufgemerkt!

Die Ausdrücke

$$S_F(x-y) := iG_F(x-y) = \int \frac{d^4p}{(2\pi)^4} i \frac{\not{p} + M}{p^2 - M^2 + i\epsilon} e^{-ip(x-y)} \tag{7.197}$$

und

$$\tilde{S}_F(p) := i\tilde{G}_F(p) = i \frac{\not{p} + M}{p^2 - M^2 + i\epsilon} \tag{7.198}$$

sind als Dirac-Propagator im Orts- bzw. im Impulsraum bekannt. Sie sind die Verallgemeinerung des Feynman-Propagators für Dirac-Spinoren.

Man kann in der Impulsraum-Darstellung noch einen Faktor $\not{p}+M$ herauskürzen und erhält die oft verwendete Kurzform

$$\tilde{S}_F(p) = \frac{i}{\not{p} - M + i\epsilon} , \tag{7.199}$$

wobei der Nenner des Bruchs als Matrix-Inverse aufzufassen ist.

Der Dirac-Propagator in der kanonisch quantisierten Theorie Nun wollen wir den Propagator aus dem Vakuumerwartungswert herleiten – aber aus welchem? Die Ausdrücke $G_{ij} \sim \langle 0|T\{\psi_i \psi_j\}|0\rangle, \langle 0|T\{\overline{\psi}_i \psi_j\}|0\rangle$, $\langle 0|T\{\psi_i^\dagger \psi_j\}|0\rangle$ oder $\langle 0|T\{\psi_i \psi_j^\dagger\}|0\rangle$ haben alle das falsche Verhalten unter Lorentz-Transformationen. Wir wollen das Transformationsverhalten $G \to \Lambda_S G \Lambda_S^{-1}$ erhalten, damit sich GJ in Gl. (7.190) wie ψ transformiert und die Gleichung konsistent ist. Wir brauchen also die Kombination

$$G_{ij} \sim \langle 0|T\{\psi_i(x)\overline{\psi}_j(y)\}|0\rangle . \tag{7.200}$$

Entscheidend ist hier die Stellung der Indizes: $\overline{\psi}$ bekommt den rechten, also den Spaltenindex.

Aufgemerkt!

Die Zeitordnung für Fermionen ist mit einem zusätzlichen Vorzeichen definiert:

$$T\{\psi_i(x)\overline{\psi}_j(y)\} := \begin{cases} x^0 > y^0: & \psi_i(x)\overline{\psi}_j(y) \\ x^0 < y^0: & -\overline{\psi}_j(y)\psi_i(x). \end{cases} \tag{7.201}$$

Den Ausdruck in Gl. (7.200) werden wir jetzt mithilfe von Gl. (7.147) auswerten und mit dem Ergebnis für die Green'sche Funktion vergleichen.

AUFGABE 130

■ Berechnet $\langle 0|T\{\psi_i(x)\overline{\psi}_j(y)\}|0\rangle$ für die Fälle $x^0 > y^0$ und $x^0 < y^0$ durch Einsetzen von Gl. (7.147).

► Zunächst betrachten wir den Fall, in dem die Spinoren bereits in der richtigen Reihenfolge stehen:

$\boxed{x^0 > y^0}$

$$\begin{aligned}\psi_i(x)\overline{\psi}_j(y) &= \sum_{rs} \int \frac{d^3p}{(2\pi)^3 2E_\mathbf{p}} \int \frac{d^3q}{(2\pi)^3 2E_\mathbf{q}} \\ &\quad \times (a^r_\mathbf{p} u^r_i(p) e^{-ipx} + b^{r\dagger}_\mathbf{p} v^r_i(p) e^{ipx})(a^{s\dagger}_\mathbf{q} \overline{u}^s_j(q) e^{iqy} + b^s_\mathbf{q} \overline{v}^s_j(q) e^{-iqy}).\end{aligned} \tag{7.202}$$

Im Vakuumerwartungswert können wir die links stehenden Erzeuger und die rechts stehenden Vernichter wieder vernachlässigen. Damit ist

$$\begin{aligned}&\langle 0|\psi_i(x)\overline{\psi}_j(y)|0\rangle \\ &= \sum_{rs} \int \frac{d^3p}{(2\pi)^3 2E_\mathbf{p}} \int \frac{d^3q}{(2\pi)^3 2E_\mathbf{q}} \langle 0|a^r_\mathbf{p} a^{s\dagger}_\mathbf{q}|0\rangle u^r_i(p)\overline{u}^s_j(q) e^{i(qy-px)}.\end{aligned} \tag{7.203}$$

Hier haben wir schon ein bisschen sortiert und die Tatsache ausgenutzt, dass die Fock-Raum-Vektoren $|\rangle$ nur auf Erzeuger und Vernichter wirken, nicht aber auf die Spinoren. Die Vorgehensweise ist dieselbe wie auch schon bei den Bosonen: Wir kommutieren den verbleibenden Vernichter nach rechts, wo er auf das Vakuum wirkt und keinen Beitrag liefert, und nur der Antikommutator bleibt stehen:

$$\langle 0|a^r_\mathbf{p} a^{s\dagger}_\mathbf{q}|0\rangle = \langle 0|\{a^r_\mathbf{p}, a^{s\dagger}_\mathbf{q}\}|0\rangle = \underbrace{\langle 0|0\rangle}_{=1}(2\pi)^3 2E_\mathbf{p}\delta^3(\mathbf{p}-\mathbf{q})\delta^{rs}. \tag{7.204}$$

Der Faktor kürzt wieder schön das Lorentz-invariante Differenzial weg, und wir können z. B. das Integral über $\mathbf{q}$ und die Summe über s einfach ausführen:

$$\langle 0|\psi_i(x)\overline{\psi}_j(y)|0\rangle = \sum_r \int \frac{d^3p}{(2\pi)^3 2E_\mathbf{p}} u^r_i(p)\overline{u}^r_j(p) e^{-ip(x-y)}. \tag{7.205}$$

Diese Polarisationssumme kennen wir schon und können auch die Summe über r ausführen:

$$\langle 0|\psi_i(x)\overline{\psi}_j(y)|0\rangle = \int \frac{d^3p}{(2\pi)^3 2E_{\mathbf{p}}}(\not{p}+M)_{ij}e^{-ip(x-y)}\,. \tag{7.206}$$

Wie schon im skalaren Fall können wir den Faktor $E_{\mathbf{p}}^{-1}$ als Residuum einer Integration über p_0 auffassen, was uns wieder zur üblichen Form des Propagators bringt. Zunächst betrachten wir aber noch den Fall

$\boxed{x^0 < y^0}$

$$\overline{\psi}_j(y)\psi_i(x) = \sum_{rs}\int \frac{d^3p}{(2\pi)^3 2E_{\mathbf{p}}}\int \frac{d^3q}{(2\pi)^3 2E_{\mathbf{q}}} \times (a_{\mathbf{q}}^{s\dagger}\overline{u}_j^s(q)e^{iqy} + b_{\mathbf{q}}^s\overline{v}_j^s(q)e^{-iqy})(a_{\mathbf{p}}^r u_i^r(p)e^{-ipx} + b_{\mathbf{p}}^{r\dagger}v_i^r(p)e^{ipx})\,. \tag{7.207}$$

Wieder vereinfacht sich der Vakuumerwartungswert (mit Vorzeichen von der Zeitordnung) zu

$$\langle 0|T\{\psi_i(x)\overline{\psi}_j(y)\}|0\rangle = -\langle 0|\overline{\psi}_j(y)\psi_i(x)|0\rangle = -\sum_{rs}\int \frac{d^3p}{(2\pi)^3 2E_{\mathbf{p}}}\int \frac{d^3q}{(2\pi)^3 2E_{\mathbf{q}}}\langle 0|b_{\mathbf{q}}^s b_{\mathbf{p}}^{r\dagger}|0\rangle v_i^r(p)\overline{v}_j^s(q)e^{-i(qy-px)}\,. \tag{7.208}$$

und genau wie im vorigen Fall können wir die Antikommutator- und die Vollständigkeitsrelationen nutzen und erhalten

$$-\langle 0|\overline{\psi}_j(y)\psi_i(x)|0\rangle = -\int \frac{d^3p}{(2\pi)^3 2E_{\mathbf{p}}}(\not{p}-M)_{ij}e^{ip(x-y)}\,. \tag{7.209}$$

Hier wurde nach wie vor $p_0 = E_{\mathbf{p}}$ gewählt.

Nun wollen wir diese beiden Ergebnisse mit dem Dirac-Propagator vergleichen! Am einfachsten ist der Vergleich, indem wir mit dem Ausdruck Gl. (7.196) beginnen und die beiden Fälle betrachten.

AUFGABE 131

■ Zeigt durch funktionentheoretische Auswertung von Gl. (7.197) mit den Methoden in Abschnitt 2.3.1, dass für $x^0 > y^0$ als auch für $x^0 < y^0$ gilt:

$$S_{F,ij}(x-y) = \langle 0|T\{\psi_i(x)\overline{\psi}_j(y)\}|0\rangle\,. \tag{7.210}$$

Vergleicht dazu mit den Ergebnissen der vorigen Aufgabe.

▶ Zunächst separieren wir der Übersicht halber das Integral über p_0:

$$\int \frac{d^3p}{(2\pi)^3}\underbrace{\left(\int \frac{dp_0}{2\pi}i\frac{\not{p}+M}{p^2-M^2+i\epsilon}e^{-ip_0(x^0-y^0)}\right)}_{\equiv I}e^{-ip_i(x^i-y^i)}\,. \tag{7.211}$$

Da uns die Pole des Nenners interessieren, schreiben wir

$$p^2 - M^2 + i\epsilon = p_0^2 - E_{\mathbf{p}}^2 + i\epsilon = \left(p_0 + E_{\mathbf{p}} - \frac{i\epsilon}{2E_{\mathbf{p}}}\right)\left(p_0 - E_{\mathbf{p}} + \frac{i\epsilon}{2E_{\mathbf{p}}}\right) + \mathcal{O}(\epsilon^2). \tag{7.212}$$

Die Pole liegen also bei

$$p_0 = \pm(E_{\mathbf{p}} - i\epsilon'), \tag{7.213}$$

wobei wir der Übersicht halber ein neues $\epsilon' = \epsilon/2E_{\mathbf{p}}$ eingeführt haben. Beginnen wir wieder mit

$\boxed{x^0 > y^0}$ In diesem Fall divergiert das Exponential $e^{-ip_0(x^0-y^0)}$ für $p_0 \to i\infty$. Wir müssen die Integrationskontur also nach unten schließen und fangen den Pol mit dem negativen Imaginärteil ein, $p_0 = E_{\mathbf{p}} - i\epsilon'$, und zwar im mathematisch negativen Drehsinn (im Uhrzeigersinn), was uns ein zusätzliches Vorzeichen beschert. Wenn wir alle Faktoren in I mitnehmen, ist das Residuum dieser Polstelle, bis auf $\mathcal{O}(\epsilon)$, gegeben durch

$$Res = \frac{1}{2\pi} i \frac{\not{p} + M}{2E_{\mathbf{p}}} e^{-iE_{\mathbf{p}}(x^0-y^0)}, \tag{7.214}$$

und damit ist

$$I = -(2\pi) i Res = \frac{\not{p} + M}{2E_{\mathbf{p}}} e^{-iE_{\mathbf{p}}(x^0-y^0)}. \tag{7.215}$$

Einsetzen liefert

$$S_F(x-y)|_{x^0>y^0} = \int \frac{d^3p}{(2\pi)^3 2E_{\mathbf{p}}} (\not{p} + M) e^{-ip(x-y)}|_{p_0=E_{\mathbf{p}}}. \tag{7.216}$$

Ein Vergleich mit Gl. (7.206) zeigt, dass die beiden Ausdrücke gleich sind! Wenden wir uns noch dem zweiten Fall zu,

$\boxed{x^0 < y^0}$ Hier müssen wir die Integrationskontur nach oben schließen und sammeln dabei den Pol mit positivem Imaginärteil bei $p_0 = -E_{\mathbf{p}} + i\epsilon'$ in mathematisch positivem Drehsinn auf. Das Residuum hier ist

$$Res = \frac{1}{2\pi} i \frac{\not{p} + M}{-2E_{\mathbf{p}}} e^{+iE_{\mathbf{p}}(x^0-y^0)}, \tag{7.217}$$

und das Integral lautet somit

$$I = (2\pi) i Res = \frac{\not{p} + M}{2E_{\mathbf{p}}} e^{+iE_{\mathbf{p}}(x^0-y^0)}. \tag{7.218}$$

Hier hat sich nur das Vorzeichen im Exponenten geändert. Einsetzen liefert also

$$S_F(x-y)|_{x^0<y^0} = \int \frac{d^3p}{(2\pi)^3 2E_{\mathbf{p}}} (\not{p} + M) e^{-ip(x-y)}|_{p_0=-E_{\mathbf{p}}}. \tag{7.219}$$

Zum Vergleich mit Gl. (7.209) bietet es sich an, einen Wechsel der Integrationsvariable $\mathbf{p} \to -\mathbf{p}$ vorzunehmen, und ebenso $p_0 \to -p_0$. Wir erhalten

$$S_F(x-y)|_{x^0<y^0} = \int \frac{d^3p}{(2\pi)^3 2E_{\mathbf{p}}} (-\not{p} + M) e^{ip(x-y)}|_{p_0=E_{\mathbf{p}}} \,. \tag{7.220}$$

Die Ausdrücke stimmen wieder überein, und wir sind fertig!

Aufgemerkt!

Der Dirac-Propagator nach Feynman kann, analog zum Feynman-Propagator für Skalare, durch den zeitgeordneten Vakuumerwartungswert der kanonisch quantisierten Felder der freien Theorie ausgedrückt werden:

$$S_{F,ij}(x-y) = \langle 0|T\{\psi_i(x)\overline{\psi}_j(y)\}|0\rangle \,. \tag{7.221}$$

Man kann genau wie für Skalarfelder wieder Feynman-Diagramme im Ortsraum einführen. Im Gegensatz zum reellen Skalarfeld (aber ähnlich zum komplexen Skalarfeld) hat der Dirac-Propagator eine Richtung, wie wir mit einem *Fermion-Pfeil* markieren:

$$S_{F,ij}(x-y) = \langle 0|T\{\psi_i(x)\overline{\psi}_j(y)\}|0\rangle = \quad y,j \bullet\!\!\longrightarrow\!\!\bullet\; x,i \tag{7.222}$$

Aufgemerkt! **Fermionpfeile**

In unserer Konvention, in der a Teilchen vernichtet und $b^\dagger$ Antiteilchen erzeugt, zeigt der Pfeil des Propagators also in Richtung des Teilchens und gegen die Richtung des Antiteilchens. Wenn man die Propagatoren allerdings im Matrix-Formalismus (ohne explizite Indizes) hintereinander schreibt, muss man den resultierenden Ausdruck *von rechts nach links* lesen, um dem Fermionpfeil zu folgen, denn der Ursprung des Pfeils ist jeweils beim rechten Index. Diese Regel wird sich später in den Feynman-Regeln im Impulsraum widerspiegeln: Man schreibt die Amplitude von links nach rechts in Matrixnotation, liest den Graph dabei aber *entgegen* der Richtung des Fermionpfeils.

Der Propagator für nicht kanonisch normierte Lagrange-Dichten Wie schon für das Skalarfeld wollen wir kurz den Propagator für allgemein normierte Lagrange-Dichten

$$\mathcal{L} = Z_\psi \overline{\psi} i\not{\partial}\psi - Z_\psi Z_m M \overline{\psi}\psi \tag{7.223}$$

erwähnen. Zieht man die Herleitung über die Bewegungsgleichungen wie oben mit den neuen Faktoren durch, ergibt sich:

$$\tilde{S}_F(p) = \frac{i}{Z_\psi \not{p} - Z_\psi Z_m M + i\epsilon}. \tag{7.224}$$

7.6 Wechselwirkungen, LSZ und das Wick-Theorem mit Dirac-Feldern

Es war ein etwas steiniger Weg, bis wir endlich alle Formeln erarbeitet hatten, um Streuamplituden von wechselwirkenden skalaren Feldtheorien aufzustellen. Am Ende stellte sich heraus, dass man nur eine kleine Anzahl an Feynman-Regeln rezeptartig anwenden muss, um Streuamplituden im Impulsraum direkt aus Feynman-Graphen zu berechnen. Diese Rezepte lassen sich mit nur wenigen Änderungen auf die Fermionen übertragen.

Wie wir im Abschnitt 4.2 gesehen haben, stellt die LSZ-Reduktionsformel den Zusammenhang zwischen verallgemeinerten Green'schen Funktionen und Streuamplituden her. Die Green'schen Funktionen konnten wir mithilfe des Wick-Theorems berechnen. Eigentlich muss man für Dirac-Felder diese ganze Tortur noch einmal von vorne durchmachen. Wir werden die wichtigsten Punkte erwähnen, aber alles etwas abkürzen. Der wichtigste konzeptionelle Unterschied neben dem zusätzlichen Index ist der, dass man es mit antikommutierenden fermionischen Feldern zu tun hat. Damit handelt man sich an verschiedenen Stellen zusätzliche Vorzeichen ein. Am Ende findet man, dass im Prinzip alles genau so funktioniert wie mit skalaren Feldern auch, wenn man sich die zwei oder drei Stellen merkt, an denen man relative Vorzeichen zwischen Feynman-Graphen einfügen muss. Wir werden jetzt die LSZ-Reduktionsformel für Fermionen angeben, und dann das Wick-Theorem für Fermionen besprechen, um zu verstehen, woher diese relativen Vorzeichen kommen.

7.6.1 Die LSZ-Reduktionsformel

Eine Verallgemeinerung für Fermionen geben wir jetzt (ohne Herleitung) an, da wir sie zur Berechnung von Streuamplituden mit Fermionen benötigen. Sie lässt sich analog zu der Reduktionsformel für Bosonen herleiten:

Aufgemerkt! Die LSZ-Reduktionsformel für Dirac-Fermionen

$$
\begin{aligned}
S_{fi} &= {}_{out}\langle \psi_{\mathbf{p}_1}, \psi_{\mathbf{p}_2}, \ldots, \psi^*_{\mathbf{p}'_1}, \psi^*_{\mathbf{p}'_2} \ldots | \psi_{\mathbf{k}_1}, \psi_{\mathbf{k}_2}, \ldots, \psi^*_{\mathbf{k}'_1}, \psi^*_{\mathbf{k}'_2} \ldots \rangle_{in} \\
&= \left(\prod_i \int d^4 y_{(i)}\right) \left(\prod_{i'} \int d^4 y'_{(i')}\right) \left(\prod_j \int d^4 x_{(j)}\right) \left(\prod_{j'} \int d^4 x'_{(j')}\right) \\
&\times \exp\Big[i\Big(\sum_i p_{(i)} y_{(i)} + \sum_{i'} p'_{(i')} y'_{(i')} - \sum_j k_{(j)} x_{(j)} - \sum_{j'} k'_{(j')} x'_{(j')}\Big)\Big] \\
&\times (-iR^{-\frac{1}{2}})^{n_{in}+n_{out}} (iR^{-\frac{1}{2}})^{n'_{in}+n'_{out}} \\
&\times \prod_i \overline{u}(p_i) \Big[i \overrightarrow{\partial\!\!\!/}_{y_{(i)}} - M\Big] \prod_{j'} \overline{v}(k'_{j'}) \Big[i \overrightarrow{\partial\!\!\!/}_{x'_{(j')}} - M\Big] \\
&\times \langle 0 | T\{\ldots \overline{\psi}(y'_1) \ldots \psi(y_1) \overline{\psi}(x_1) \ldots \psi(x'_1) \ldots\} | 0 \rangle \\
&\times \prod_j \Big[- i \overleftarrow{\partial\!\!\!/}_{x_{(j)}} - M\Big] u(k_{(i)}) \prod_{i'} \Big[- i \overleftarrow{\partial\!\!\!/}_{y'_{(i')}} - M\Big] v(p'_{(i')}) + isol.
\end{aligned} \tag{7.225}
$$

In den asymptotischen Bra- und Ket-Zuständen stehen die Sternchen (*) für Antiteilchen.

Die Formel sieht ein wenig aus wie der wahr gewordene Albtraum von jemandem, der schon immer schlecht in Mathe war – wir haben sie hier aber auch absichtlich besonders explizit ausgeschrieben. Wir werden sie später tatsächlich an einem konkreten Beispiel ausprobieren. Ein wichtiger Indextyp ist in Gl. (7.225) dennoch unterdrückt: Die Dirac-Operatoren $i\overrightarrow{\partial\!\!\!/} - M$ und $-i\overleftarrow{\partial\!\!\!/} - M$ haben ja jeweils noch einen offenen Index, der nicht mit einem Spinor u oder v kontrahiert ist. Dieser trifft auf den offenen Index des jeweiligen Dirac-Fermions ψ oder $\overline{\psi}$ in der Zeitordnung, das auch die entsprechende Viererkoordinate enthält, nach der abgeleitet wird. Des Weiteren haben u und v jeweils noch einen versteckten Index $r = 1, 2$, der die Polarisation des jeweiligen Teilchens festlegt.

Die LSZ-Formel für Fermionen ist zwar noch eine Nummer komplizierter als die Variante für reelle Skalarfelder, Gl. (4.83), aber wenn man sich die einzelnen Elemente anschaut, kann man erneut jedem eine vergleichsweise klare Bedeutung zuweisen. Gehen wir sie also einfach einmal durch. Wir hatten nach Gl. (4.83) ja bereits die skalare Variante besprochen.

- Das Herzstück ist wieder die verallgemeinerte Green'sche Funktion $\langle 0 | \ldots | 0 \rangle$, in der alle Informationen über die Wechselwirkungen stecken. Hier stehen die ψ für auslaufende Teilchen oder einlaufende Antiteilchen und umgekehrt $\overline{\psi}$ für einlaufende Teilchen oder auslaufende Antiteilchen. *Achtung: Für die freien Felder in $\mathcal{H}_{int}$ ist später die Zuordnung zu ein- bzw. auslaufend genau umgekehrt!*

- Zuerst lassen wir auf alle Koordinaten der Green'schen Funktion die Bewegungsgleichung der asymptotischen (freien) Theorie wirken. Das ist in diesem Fall der Dirac-Operator. Damit entfernen wir wieder die äußeren Propagatoren, die in der Streuamplitude nichts zu suchen haben. Der Massenparameter in den Dirac-Operatoren ist wie im skalaren Fall wieder die Polmasse, die sich in höheren Ordnungen der Störungstheorie von der renormierten Masse unterscheiden kann.
- Nachdem die Bewegungsgleichungen angewandt wurden, projizieren wir mithilfe der Spinorlösungen u, v noch auf den jeweils gewünschten Polarisationszustand für jedes äußere Teilchen. Das ist hier neu. Dabei steht u für ein *einlaufendes Teilchen*, $\overline{u}$ für ein *auslaufendes Teilchen*, $\overline{v}$ für ein *einlaufendes Antiteilchen* und v für ein *auslaufendes Antiteilchen.* Dieser Zusammenhang wird uns bei den Feynman-Regeln wieder begegnen.
- Wieder müssen wir für jedes der äußeren Felder mit dem Normierungsfaktor $\sim R^{-1/2}$ multiplizieren, um die Felder der wechselwirkenden und der asymptotischen Theorie ineinander zu übersetzen. Auch hier kann man in der Praxis wieder zu einem vereinfachten Amputationsschema übergehen, indem man von vornherein nur amputierte Diagramme berücksichtigt und äußere Beinchen mit einem Faktor $\sqrt{R}$ versieht.
- Der so erhaltene Ausdruck wird noch in den Impulsraum transformiert, und voilà! wir erhalten die Streuamplitude im Impulsraum.

Die Dirac-Felder in der verallgemeinerten Green'schen Funktion stehen wieder im Heisenberg-Bild der vollen wechselwirkenden Theorie. Den Übergang zu Feldern der freien Theorie im Wechselwirkungsbild vollzieht man wieder mit der Verallgemeinerung von Gl. (4.96) für Dirac-Felder, die genau so funktioniert.

7.6.2 Wechselwirkungen

Um den Umgang mit Green'schen Funktionen von Fermionen an einem möglichst einfachen konkreten Beispiel zu üben, betrachten wir später folgendes Modell:

$$\mathcal{L}_{Yuk} = \overline{\psi}(i\partial\!\!\!/ - M)\psi + \frac{1}{2}\partial_\mu\phi\partial^\mu\phi - \frac{1}{2}m^2\phi^2 - y\phi\overline{\psi}\psi\,. \qquad (7.226)$$

Yukawa-Wechselwirkung

Man kann dieses Modell als vereinfachte Version der Kopplungen des Higgs-Feldes an die Quarks und Leptonen im Standardmodell auffassen. Historisch wurde es so ähnlich von Hideki Yukawa 1934-35 als effektive Beschreibung der starken Wechselwirkung von Nukleonen durch Austausch von Mesonen aufgestellt, weswegen solche Wechselwirkungen heute auch in anderem Kontext als Yukawa-Wechselwirkung bezeichnet werden. Soll ϕ ein Pseudoskalar sein, verwendet man den Wechselwirkungsterm $y\phi\overline{\psi}i\gamma_5\psi$.

Wir haben hier also ein reelles Skalarfeld mit der Masse m und ein Dirac-Feld mit der Masse M vorliegen. Neu ist der Wechselwirkungsterm

$$-\mathcal{L}_{int} = \mathcal{H}_{int} = y\phi\overline{\psi}\psi \tag{7.227}$$

mit der einheitenlosen sogenannten *Yukawa-Kopplungskonstante* y. Wie zuvor bei den Skalarfeldern interessieren uns wieder Ausdrücke der Form

$$\langle 0|T\{\psi_{i_1}(x_1)\ldots\psi_{i_n}(x_n)\overline{\psi}_{j_1}(y_1)\ldots\overline{\psi}_{j_m}(y_m)\phi(z_1)\ldots\phi(z_k)e^{-i\int d^4x\mathcal{H}_{int}}\}|0\rangle\,, \tag{7.228}$$

wie sie auf der rechten Seite von Gl. (4.96) auftauchen. Wir arbeiten also dank des Gell-Mann-Low-Tricks ab jetzt wieder wie im skalaren Fall mit freien Feldern im Wechselwirkungsbild.

7.6.3 Noch einmal das Wick-Theorem, jetzt mit Fermionen

Gleich vorweg: Was jetzt folgt, sieht vielleicht auf den ersten Blick verwirrend aus, aber wenn man ein paar Beispiele gerechnet hat, ist es eigentlich recht einleuchtend – glauben wir zumindest. Zur Erinnerung: Das Wick-Theorem besagt, dass man das zeitgeordnete Produkt durch normalgeordnete Produkte und Kontraktionen ausdrücken kann. Kontraktionen zweier skalarer Felder sind äquivalent zu einem Feynman-Propagator. Im Fall von Dirac-Feldern sind Kontraktionen äquivalent zu Dirac-Propagatoren. Bevor wir das verallgemeinerte Wick-Theorem (wieder ohne Beweis) angeben, müssen wir noch die Eigenschaften der Normalordnung von Fermionen erwähnen. Merke: Normalordnung wirkt auf die Erzeuger und Vernichter *innerhalb* der Felder $\psi(x)$,$\phi(y)$! Im Gegensatz zur Zeitordnung kann man Felder im Ortsraum nicht normalgeordnet aufschreiben, da jedes sowohl Erzeuger enthält, die nach links müssen, als auch Vernichter, die nach rechts müssen.

Aufgemerkt!

Für fermionische Felder ψ_1, ψ_2 gilt

$$:\psi_1\psi_2: \;=\; -:\psi_2\psi_1:\,. \tag{7.229}$$

Hier stehen die Indizes $_{1,2}$ zur Unterscheidung der Felder als gemeinsames Kürzel für Dirac-Index und Raumzeit-Argument. Für beliebig viele Felder eines Typs verallgemeinert sich das zu

$$: \psi_{i_1} \dots \psi_{i_n} : \; = \; (-1)^p : \psi_1 \dots \psi_n : . \tag{7.230}$$

wobei $(i_1 \dots i_n)$ eine Permutation der Zahlen $1 \dots n$ ist und p die Ordnung der Permutation (gerade: $(-1)^p = 1$ bzw. ungerade: $(-1)^p = -1$).

Zur Erinnerung: Die Kontraktion zweier Skalarfelder war definiert als

$$\overbracket{\phi(x)\phi(y)} = \langle 0 | T\{\phi(x)\phi(y)\} | 0 \rangle = D_F(x-y) . \tag{7.231}$$

Wir verallgemeinern das jetzt einfach zu

$$\overbracket{\psi_i(x)\overline{\psi}_j(y)} = \langle 0 | T\{\psi_i(x)\overline{\psi}_j(y)\} | 0 \rangle = S_{F,ij}(x-y) . \tag{7.232}$$

Dementsprechend ist

$$\overbracket{\overline{\psi}_j(y)\psi_i(x)} = \langle 0 | T\{\overline{\psi}_j(y)\psi_i(x)\} | 0 \rangle = -S_{F,ij}(x-y) . \tag{7.233}$$

Hier zeichnet sich schon ab, dass es bei jeder Kontraktion von der Anordnung der Fermionfelder im Gesamtausdruck abhängt, welches Vorzeichen am Ende übrig bleibt (zum Glück interessiert uns am Ende nur das relative Vorzeichen zwischen mehreren Beiträgen, und das kann man einfacher sehen).

Aufgemerkt!

Kontraktionen gibt es hier immer nur zwischen $\overline{\psi}$ und ψ, aber nie zwischen ψ und ψ oder zwischen $\overline{\psi}$ und $\overline{\psi}$.

Jetzt aber zum Wick-Theorem mit Fermionen selbst. Es ist eigentlich nicht besonders kompliziert, nur schwierig elegant aufzuschreiben. Dazu ist es nützlich, Kontraktionen innerhalb der Normalordnung zu definieren. Sie sind im Hinblick auf unsere Normalordnungsvorschrift in Gl. (7.230) einfach so aufzufassen, dass man durch p-maliges paarweises Vertauschen die kontrahierten Paare nebeneinander schiebt, sodass sie wie $\psi\overline{\psi}$ nebeneinander stehen, und dann den Propagator $(-1)^p S_F$ aus der Normalordnung heraus zieht. Wenn man mehrere (auch überlappende) Kontraktionen in einer Normalordnung hat, macht man das einfach mehrmals. Die Reihenfolge, in der man die Kontraktionen auswertet, ist dabei egal. Am Ende bleibt ein globales Vorzeichen ± 1 übrig, das der Permutation entspricht, mit der man alle kontrahierten Paare $\psi\overline{\psi}$ benachbart angeordnet bekommt. Wir werden das später an ein paar Beispielen ausprobieren.

Aufgemerkt!

Hier sollen $X_1 \dots X_n$ Fermionfelder sein, wobei $X = \psi$ oder $X = \overline{\psi}$ sein kann, aber nur zwischen ψ und $\overline{\psi}$ kontrahiert wird. Das Wick-Theorem besagt dann:

$$\begin{aligned} T\{X_1 \dots X_n\} &= : X_1 \dots X_n : \quad \text{(keine Kontraktion)} \\ &+ : \overbrace{X_1 \dots X_k} \dots X_n : + \text{ alle Einzelkontraktionen} \\ &+ \dots \\ &+ : \overbrace{X_1 \dots X_k} \dots \overbrace{X_l \dots X_n} : + \text{ alle max. Kontrakt.}\,, \end{aligned} \tag{7.234}$$

also über alle Möglichkeiten, $1, 2, \dots$ Kontraktionen durchzuführen, summiert wird. Mit maximalen Kontraktionen meinen wir, dass kontrahiert wird, bis kein unkontrahiertes Paar ψ und $\overline{\psi}$ mehr übrig ist. Auch hier gibt es im Allgemeinen mehrere Möglichkeiten.

Da wir uns bei Streuprozessen meist nur für den Vakuumerwartungswert interessieren, und weil gilt:

$$\langle 0| : \dots : |0\rangle = 0 \quad \text{(ohne innere Kontraktionen)}\,, \tag{7.235}$$

ist vor allem die letzte Zeile des Wick-Theorems, in der alle möglichen Kontraktionen ausgeführt werden, interessant. Aber nur dann, wenn die Anzahlen $\#(\psi) = \#(\overline{\psi})$ ist, können auch wirklich alle Felder kontrahiert werden, und nur dann gibt es auch einen Beitrag. Dass alle anderen Kombinationen keinen Beitrag zu den Green'schen Funktionen liefern, ist verschiedenen Erhaltungsgrößen geschuldet, insbesondere der Fermionzahl-Erhaltung und der Drehimpulserhaltung. Für Erwartungswerte kann man die letzte Zeile des Wick-Theorems noch etwas konkreter aufschreiben:

Aufgemerkt!

Seien $X_1, \dots X_{2n}$ Fermionfelder mit $X = \psi$ oder $X = \overline{\psi}$, mit $\#(\psi) = \#(\overline{\psi})$. Dann ist

$$\langle 0|T\{X_1 \dots X_{2n}\}|0\rangle = \sum_{(i)} (-1)^p S_F(x_{i_1} - x_{i_2}) \dots S_F(x_{i_{2n-1}} - x_{i_{2n}})\,, \tag{7.236}$$

wobei (i) für alle Permutationen steht, die unsere Felder in einer Reihe $\psi\overline{\psi}\psi\overline{\psi} \dots \overline{\psi}$ anordnen, und p für deren jeweilige Parität. Hier haben wir die Dirac-Indizes nicht explizit geschrieben, damit es nicht noch verwirrender wird. Es ist so gemeint, dass die Propagatoren S_F die beiden Dirac-Indizes der jeweils kontrahierten Felder erben, wie in Gl. (7.232), wobei wieder der zweite Index und die zweite Ortskoordinate von $\overline{\psi}$ kommen.

Wir haben jetzt wieder erreicht, dass wir einen expliziten analytischen Ausdruck für ein zeitgeordnetes Produkt von Fermionfeldern vorliegen haben. Die Verallgemeinerung für gemeinsame zeitgeordnete Produkte von fermionischen Dirac-Feldern und bosonischen Skalarfeldern ist jetzt ganz einfach: Da es bei den Bosonen nicht auf die Reihenfolge ankam und wir

$$[\psi, \phi] = 0 \tag{7.237}$$

annehmen können, kontrahieren wir die Skalare, als wären die Fermionen gar nicht da, und umgekehrt. Um das zu verdauen, braucht es dringend viele ...

Beispiele

AUFGABE 132

■ Lassen wir es langsam angehen. Wendet auf

$$T\{\overline{\psi}_i(x_1)\psi_j(x_2)\} \tag{7.238}$$

das Wick-Theorem an.

▶ Hier können wir entweder 0 Kontraktionen oder 1 Kontraktion vornehmen. Da die beiden Felder nicht in der Reihenfolge $\psi\overline{\psi}$ stehen, müssen sie zum Kontrahieren vertauscht werden, und wir erhalten ein Vorzeichen. Das Ergebnis ist

$$:\overline{\psi}_i(x_1)\psi_j(x_2): +(-1)S_{F,ji}(x_2 - x_1)\,. \tag{7.239}$$

Wichtig ist hier, dass der zweite Index i und der zweite Ortsvektor x_1 jeweils von dem Dirac-konjugierten Fermion $\overline{\psi}$ kommen.

AUFGABE 133

■ Wendet auf

$$T\{\overline{\psi}_i(x_1)\psi_j(x_2)\psi_k(x_3)\} \tag{7.240}$$

das Wick-Theorem an.

▶ Hier können wir wieder entweder 0 Kontraktionen oder 1 Kontraktion vornehmen, wobei es jetzt zwei Möglichkeiten gibt, zu kontrahieren. Da die Felder $\overline{\psi}_i$ und ψ_j weiterhin nicht in der Reihenfolge $\psi\overline{\psi}$ stehen, erhalten wir wieder das Vorzeichen. Um ψ_k und $\overline{\psi}_i$ allerdings in die richtige Reihenfolge zu bringen, muss man zweimal tauschen, weswegen sich das Vorzeichen hier weghebt. Das jeweils nicht kontrahierte Feld bleibt stehen, und da es sich nur noch um eines handelt, kann man auch die Zeitordnung fallen lassen. Das Ergebnis ist

$$:\overline{\psi}_i(x_1)\psi_j(x_2)\psi_k(x_3): -S_{F,ji}(x_2-x_1)\psi_k(x_3)+S_{F,ki}(x_3-x_1)\psi_j(x_2)\,. \tag{7.241}$$

AUFGABE 134

■ Wendet auf

$$\langle 0|T\{\overline{\psi}_i(x_1)\psi_j(x_2)\overline{\psi}_k(x_3)\psi_l(x_4)\}|0\rangle \tag{7.242}$$

das Wick-Theorem an und zeichnet die entsprechenden Feynman-Diagramme im Ortsraum. Markiert dazu alle Vertizes zur Unterscheidung mit den entsprechenden Ortskoordinaten x_1, x_2, x_3, x_4.

▶ Hier können entweder 0, 1 oder 2 Kontraktionen vorgenommen werden. Wie wir zuvor erwähnt hatten, tragen Ausdrücke, in denen normalgeordnete Felder stehen bleiben, zum Vakuumerwartungswert nicht bei. Uns interessieren also nur die Möglichkeiten mit 2 Kontraktionen. Wir schreiben der Einfachheit halber nur die Namen der Dirac-Indizes. Es kann entweder $j\bar{i}$ oder $j\bar{k}$ kontrahiert sein; die zweite Kontraktion ist damit fix. Für die Paarung $j\bar{k}$ stehen die Felder bereits in der richtigen Reihenfolge. Um die zweite Paarung $l\bar{i}$ richtig anzuordnen, müssen wir entweder 3-mal tauschen, oder, wenn wir $j\bar{k}$ bereits als Propagator geschrieben und vor die Normalordnung gezogen haben, nur 1-mal. Beide Vorgehensweisen sind äquivalent und liefern einen Faktor $(-1)^1 = (-1)^3$. Das Teilergebnis ist also

$$-S_{F,jk}(x_2 - x_3)S_{F,li}(x_4 - x_1) . \tag{7.243}$$

Für die Paarung $j\bar{i}$ benötigen wir eine Vertauschung, erhalten also einen Faktor -1. Die zweite Paarung $l\bar{k}$ benötigt ebenfalls eine Vertauschung, mit einem weiteren Faktor -1. Das zweite Teilergebnis ist also

$$+S_{F,ji}(x_2 - x_1)S_{F,lk}(x_4 - x_3) . \tag{7.244}$$

Diese beiden Terme kann man als Feynman-Diagramme interpretieren, in denen die beiden Teilchen ohne Wechselwirkung wieder auslaufen, wobei es zwei Möglichkeiten gibt, welches auslaufende Teilchen mit welchem einlaufenden identifiziert wird:

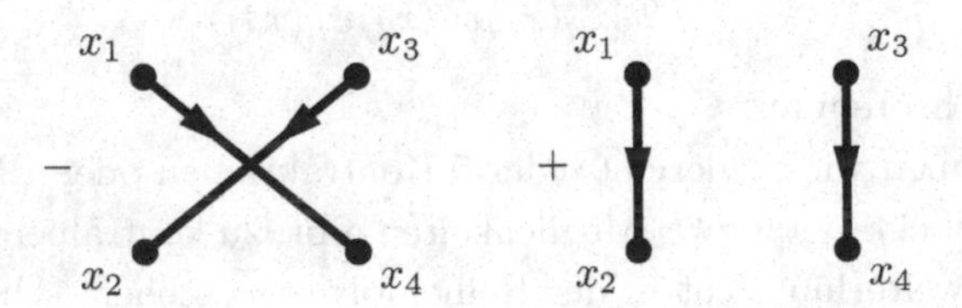

Auf der Ebene der Green'schen Funktionen ist allerdings noch nicht festgelegt, welche Felder als einlaufend und welche als auslaufend interpretiert werden (siehe dazu unsere Diskussion der LSZ-Reduktionsformel).

Wichtig ist das relative Vorzeichen zwischen den beiden Termen Gl. (7.243) und Gl. (7.244). Die beiden Terme unterscheiden sich nur durch Austausch der identischen einlaufenden Teilchen bei x_1 und x_3. Dies lässt sich zu einer allgemeinen Feynman-Regel erweitern:

Aufgemerkt!
Unterscheiden sich zwei Diagramme nur durch den Austausch zweier gleicher Fermionen, muss man ein relatives Vorzeichen einfügen.

Dies erinnert an die Antisymmetrisierungs-Vorschrift für Wellenfunktionen von Fermionen.

Jetzt betrachten wir einen Streuprozess, welcher in der in Gl. (7.226) definierten Yukawa-Theorie auftritt. Der auszuwertende Ausdruck lautet

$$\langle 0|T\{\overline{\psi}_i(x_1)\overline{\psi}_j(x_2)\psi_k(x_3)\psi_l(x_4)\frac{1}{2}\left(-iy\int d^4x\,\phi(x)\overline{\psi}_m(x)\psi_m(x)\right)^2\}|0\rangle\Big|_{con.} \tag{7.245}$$

wobei über den Dirac-Index m summiert wird. Dies ist ein Term, wie er in der zweiten Ordnung der Störungsentwicklung auftritt, wenn vier äußere Fermionen betrachtet werden. Die Anmerkung $|_{con.}$ bedeutet, dass nur zusammenhängende Diagramme mitgenommen werden sollen. Die Integrale sind für die Anwendung des Wick-Theorems zunächst irrelevant. Wenn wir die quadrierte Klammer ausschreiben, müssen wir darauf achten, die inneren summierten Indizes m und die Integrationsvariable x umzubenennen.

AUFGABE 135

■ Der relevante Term lautet also

$$\langle 0|T\{\overline{\psi}_i(x_1)\overline{\psi}_j(x_2)\psi_k(x_3)\psi_l(x_4)\phi(x)\overline{\psi}_m(x)\psi_m(x)\phi(y)\overline{\psi}_n(y)\psi_n(y)\}|0\rangle\Big|_{con.} \tag{7.246}$$

Wendet darauf das Wick-Theorem an und zeichnet die resultierenden Feynman-Diagramme im Ortsraum.

► Uns interessiert wieder nur die Situation, in der alle Felder kontrahiert sind. Das sieht zunächst etwas unübersichtlich aus. Wir können die Sache etwas vereinfachen, indem wir schon mal den skalaren Propagator durch Kontraktion von $\phi(x)\phi(y)$ auswerten. Wir erhalten

$$D_F(x-y)\langle 0|T\{\overline{\psi}_i(x_1)\overline{\psi}_j(x_2)\psi_k(x_3)\psi_l(x_4)\overline{\psi}_m(x)\psi_m(x)\overline{\psi}_n(y)\psi_n(y)\}|0\rangle\Big|_{con.} \tag{7.247}$$

Ohne weitere Einschränkung gibt es 4! Möglichkeiten, 4 Felder $\overline{\psi}$ mit 4 Feldern ψ zu kontrahieren. Wenn wir nur zusammenhängende Graphen erhalten wollen, *müssen* die äußeren Linien mit einem der Vertizes bei x oder bei y verbunden sein (sonst würde eine Linie direkt von einlaufend zu auslaufend durchgehen, ohne mit dem übrigen Prozess verbunden zu sein). Damit verbleiben 4 Möglichkeiten. Wir können mit $m\bar{i}$ oder mit $n\bar{i}$ beginnen. Dementsprechend muss $n\bar{j}$ bzw. $m\bar{j}$ kontrahiert werden. Unabhängig davon können wir $k\overline{m}$ oder $k\overline{n}$ kontrahieren, was wiederum mit $l\overline{n}$ oder $l\overline{m}$ einhergeht. Wir finden also die 4 Möglichkeiten $\pm(m\bar{i}, n\bar{j}, k\overline{m}, l\overline{n}) \pm (n\bar{i}, m\bar{j}, k\overline{m}, l\overline{n}) \pm (m\bar{i}, n\bar{j}, k\overline{n}, l\overline{m}) \pm (n\bar{i}, m\bar{j}, k\overline{n}, l\overline{m})$. Jetzt müssen wir die entsprechenden Vorzeichen bestimmen. Wir finden für den ersten Fall 11 Vertauschungen, für den zweiten Fall 12, für den dritten Fall wieder 12 und für den letzten Fall 13 Vertauschungen. Das Ergebnis lautet also

$$\begin{aligned}
&- S_{F,mi}(x-x_1)S_{F,nj}(y-x_2)S_{F,km}(x_3-x)S_{F,ln}(x_4-y)D_F(x-y)\\
&+ S_{F,ni}(y-x_1)S_{F,mj}(x-x_2)S_{F,km}(x_3-x)S_{F,ln}(x_4-y)D_F(x-y)\\
&+ S_{F,mi}(x-x_1)S_{F,nj}(y-x_2)S_{F,kn}(x_3-y)S_{F,lm}(x_4-x)D_F(x-y)\\
&- S_{F,ni}(y-x_1)S_{F,mj}(x-x_2)S_{F,kn}(x_3-y)S_{F,lm}(x_4-x)D_F(x-y)
\end{aligned} \tag{7.248}$$

Die graphische Darstellung dieser Zeilen sieht so aus:

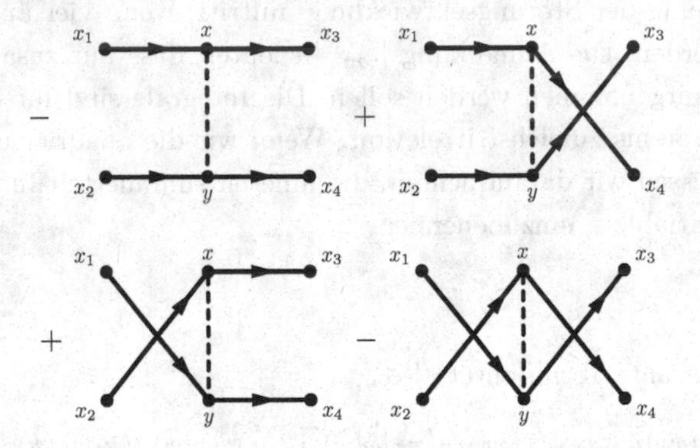

Auffällig ist, dass die erste und die letzte Zeile sich nur durch einen Austausch $x \leftrightarrow y$ unterscheiden, und genauso die zweite und dritte. Das sieht man an den Graphen besonders deutlich. Da x und y aber in unserem vollen Ausdruck gleichberechtigt über $\mathbb{R}^4$ integriert werden, können wir einfach den Faktor $\frac{1}{2}$ fallen lassen und nur 2 der Kontraktionen mitnehmen. Für den Vakuumerwartungswert erhalten wir damit

$$\begin{aligned}
&(-iy)^2 \int d^4x \int d^4y\\
&\times \Big[-S_{F,mi}(x-x_1)S_{F,nj}(y-x_2)S_{F,km}(x_3-x)S_{F,ln}(x_4-y)D_F(x-y)\\
&\qquad +S_{F,ni}(y-x_1)S_{F,mj}(x-x_2)S_{F,km}(x_3-x)S_{F,ln}(x_4-y)D_F(x-y)\Big] .
\end{aligned} \tag{7.249}$$

Als Feynman-Diagramm könnte man dies darstellen, indem man die Beschriftungen der inneren Vertizes weglässt:

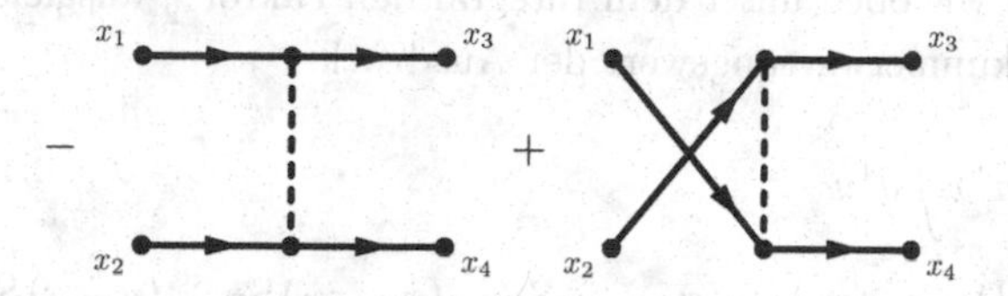

Die beiden Diagramme unterscheiden sich auch wieder nur durch Austausch zweier gleicher Fermionen bei x_1 und x_2, was das relative Vorzeichen erklärt. Die Tatsache, dass sich der Faktor $\frac{1}{2}$ mit den beiden Arten, die inneren Vertizes zu verteilen, weghebt, bedeutet, dass die Graphen keinen Symmetriefaktor besitzen.

Um den Unterschied noch einmal klar zu machen, betrachten wir nun ein Beispiel, in dem kein relatives Vorzeichen zwischen Graphen auftritt. Die Wechselwirkungen sind wieder dieselben wie in der vorigen Aufgabe, aber mit zwei äußeren Skalaren und zwei äußeren Fermionen.

AUFGABE 136

Der auszuwertende Ausdruck lautet

$$\langle 0|T\{\phi(x_1)\overline{\psi}_j(x_2)\phi(x_3)\psi_l(x_4)\frac{1}{2}\left(-iy\int d^4x\,\phi(x)\overline{\psi}_m(x)\psi_m(x)\right)^2\}|0\rangle\Big|_{con.} \tag{7.250}$$

Wendet wieder das Wick-Theorem an und zeichnet die Feynman-Graphen.

Zunächst lassen wir wieder die Integrale und sonstige Faktoren außen vor und betrachten

$$\langle 0|T\{\phi(x_1)\overline{\psi}_j(x_2)\phi(x_3)\psi_l(x_4)\phi(x)\overline{\psi}_m(x)\psi_m(x)\phi(y)\overline{\psi}_n(y)\psi_n(y)\}|0\rangle\Big|_{con.} \tag{7.251}$$

Um zusammenhängende Graphen zu generieren, müssen die äußeren Skalare mit den Vertizes kontrahiert sein. Hier gibt es 2 Möglichkeiten: x_1x, x_3y und x_1y, x_3x. Für die Fermionen gibt es ebenfalls 2 Möglichkeiten: $l\overline{m}$, $n\overline{j}$ und $l\overline{n}$, $m\overline{j}$. Die beiden verbleibenden Fermionen werden zu einem inneren Propagator kontrahiert. Es gibt also wieder insgesamt 4 Möglichkeiten: $\pm(x_1x, x_3y, l\overline{m}, n\overline{j}, m\overline{n}) \pm (x_1x, x_3y, l\overline{n}, m\overline{j}, n\overline{m}) \pm (x_1y, x_3x, l\overline{m}, n\overline{j}, m\overline{n}) \pm (x_1y, x_3x, l\overline{n}, m\overline{j}, n\overline{m})$. Die Vorzeichen des ersten und des dritten bzw. des zweiten und des vierten Terms müssen gleich sein, da hier nur zwei Bosonen vertauscht wurden. Die verbleibende Frage ist also, ob zwischen dem ersten und dem zweiten Term ein relatives Vorzeichen übrig bleibt. Man findet für den ersten Term 3 Vertauschungen und für den zweiten Term deren 5. Beide erhalten also ein Vorzeichen, und es gibt *kein* relatives Vorzeichen – wie erwartet!

Wieder fällt auf, dass jeweils zwei Terme sich nur durch den Austausch der beiden inneren Vertizes $x, m \leftrightarrow y, n$ unterscheiden und daher den gleichen Wert liefern, was wie oben unter dem Integral den Faktor $\frac{1}{2}$ ausgleicht. Es verbleibt für den Vakuumerwartungswert der Ausdruck

$$\begin{aligned}
&(-iy)^2 \int d^4x \int d^4y \\
&\quad \times \Big[-D_F(x-x_1) D_F(x_3-y) S_{F,mj}(x-x_2) S_{F,nm}(y-x) S_{F,ln}(x_4-y) \\
&\qquad -D_F(x-x_3) D_F(x_1-y) S_{F,mj}(x-x_2) S_{F,nm}(y-x) S_{F,ln}(x_4-y) \Big],
\end{aligned} \tag{7.252}$$

wobei hier auch x und y vertauscht sein können, je nachdem, welche zwei Terme man verwirft. Die graphische Darstellung dieses Prozesses sieht also so aus:

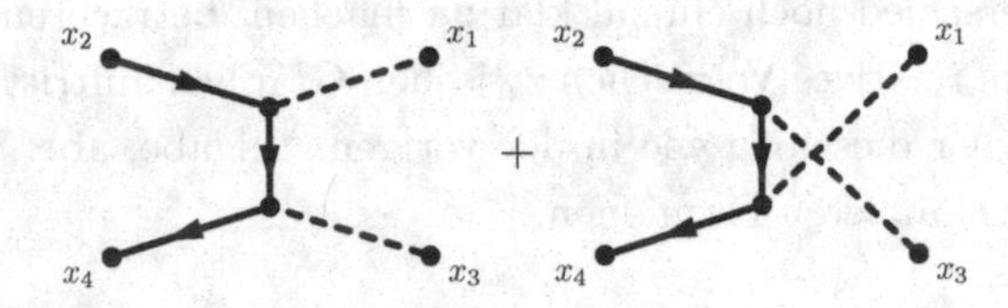

Die beiden Graphen unterscheiden sich nur durch die Vertauschung zweier Bosonen, und es gibt daher kein relatives Vorzeichen.

7.6.4 Ein Anwendungsbeispiel der LSZ-Formel

Wir wollen jetzt die Streuamplitude im Impulsraum für ein Beispiel explizit aus der LSZ-Formel Gl. (7.225) ausrechnen. Das gehört zu den Dingen, die man vielleicht einmal gemacht haben sollte, bevor man in Zukunft immer zu den einfachen Rezepten greift.

Dazu nehmen wir uns jetzt einfach die LSZ-Formel vor und wenden ihre Teile der Reihe nach an. Hierdurch werden vielleicht auch die Bedeutung der verschiedenen Elemente, die Stellung der Indizes und Ähnliches klarer. Wie bei den Beispielen für Skalarfelder werden wir wieder davon ausgehen, dass die physikalischen Polmassen mit den Parametern der Lagrangedichte übereinstimmen, da man die Verschiebung des Pols in festen Ordnungen der Störungstheorie ohne Dyson-Resummierung nicht sieht. Da wir einen Prozess in führender Ordnung betrachten, ist das hier eh etwas nebensächlich.

Wir verwenden der Einfachheit halber den Streuprozess in der Yukawa-Theorie, den wir oben schon als Green'sche Funktion berechnet haben. In Analogie zur starken Wechselwirkung nennen wir die Teilchen, die von ψ in der asymptotischen Theorie vernichtet werden, Nukleonen N, ihre Antiteilchen $\overline{N}$ und die Skalare, die von ϕ in der asymptotischen Theorie erzeugt und vernichtet werden, nennen wir σ.

AUFGABE 137

Der Streuprozess, der uns jetzt interessieren soll, ist:

$$N\overline{N} \longrightarrow \sigma\sigma\,. \tag{7.253}$$

Welcher Streuamplitude im Impulsraum entspricht er? Wertet die LSZ-Reduktionsformel für diese Amplitude in der Ordnung y^2 der Störungstheorie aus. Verwendet dabei Gl. (7.225) für die äußeren fermionischen Beinchen und Gl. (4.83) für die äußeren bosonischen Beinchen.

Die Streuamplitude für ein einlaufendes Fermion-Antifermion-Paar, das in zwei skalare Bosonen zerstrahlt, lautet:

$$S_{fi} = {}_{out}\langle \phi_{\mathbf{k}_2}\phi_{\mathbf{k}_1}|\psi_{\mathbf{p}_1}\psi^{*}_{\mathbf{p}_2}\rangle_{in}\,. \tag{7.254}$$

Zunächst müssen wir herausfinden, welche Green'sche Funktion diesem Streuprozess entspricht. Im Fall der reellen Skalare ist das einfach, denn hier wird nicht zwischen Teilchen und Antiteilchen unterschieden, und wir benötigen einfach $\langle 0|\phi\phi\ldots|0\rangle$. Einlaufende Fermionen werden in der Green'schen Funktion durch $\overline{\psi}$ repräsentiert, einlaufende Antifermionen durch ψ. Der Streuprozess wird also durch

$$\langle 0|\phi(x_1)\phi(x_3)\overline{\psi}_j(x_2)\psi_l(x_4)|0\rangle \tag{7.255}$$

dargestellt. Diese Green'sche Funktion kann ebenso für die gekreuzten Streuprozesse $N\sigma \longrightarrow N\sigma$, $\overline{N}\sigma \longrightarrow \overline{N}\sigma$ und $\sigma\sigma \longrightarrow N\overline{N}$ stehen. Wir kennen ihre explizite Form in der gewünschten Ordnung der Störungstheorie bereits aus Gl. (7.252):

$$\begin{aligned}(-iy)^2 &\int d^4x \int d^4y \\ &\times\Big[-D_F(x-x_1)D_F(x_3-y)S_{F,mj}(x-x_2)S_{F,nm}(y-x)S_{F,ln}(x_4-y) \\ &\quad - D_F(x-x_3)D_F(x_1-y)S_{F,mj}(x-x_2)S_{F,nm}(y-x)S_{F,ln}(x_4-y)\Big]\,.\end{aligned} \tag{7.256}$$

Wir müssen jetzt die folgenden Bewegungsgleichungen auf diese Green'sche Funktion anwenden:

$$\begin{aligned}&[\Box_{x_1}+m^2] \\ &[\Box_{x_3}+m^2] \\ &\overline{v}_k(p_2)[i\overrightarrow{\partial\!\!\!/}_{x_4}-M]_{kl} \\ &[-i\overleftarrow{\partial\!\!\!/}_{x_2}-M]_{ji}u_i(p_1)\,,\end{aligned} \tag{7.257}$$

wobei wir mit m und M die physikalischen Massen von σ und N bezeichnet und die Dirac-Indizes wieder explizit ausgeschrieben haben. Per Konstruktion reduzieren diese Bewegungsgleichungen die äußeren Propagatoren zu Dirac-Delta-Distributionen:

$$\begin{aligned}
[\Box_{x_i} + m^2] D_F(x - x_i) &= -i\delta^4(x - x_i) \\
\overline{v}_k(p_2)[i \overrightarrow{\partial\!\!\!/}_{x_4} - M]_{kl} S_{F,ln}(x_4 - y) &= i\delta^4(x_4 - y)\overline{v}_n(p_2) \\
S_{F,mj}(x - x_2)[-i \overleftarrow{\partial\!\!\!/}_{x_2} - M]_{ji} u_i(p_1) &= i\delta^4(x - x_2) u_m(p_1)
\end{aligned} \tag{7.258}$$

und so weiter. Auf diese Weise können wir nun sämtliche Propagatoren in der Green'schen Funktion eliminieren, mit Ausnahme des internen $S_{F,nm}(y - x)$. Wir können jetzt die Integrale $\int d^4x$ und $\int d^4y$ ausführen und erhalten

$$-(-iy)^2 \Big[\delta(x_2 - x_1)\delta(x_3 - x_4) + \delta(x_2 - x_3)\delta(x_1 - x_4)\Big] \overline{v}(p_2) S_F(x_4 - x_2) u(p_1). \tag{7.259}$$

Nun fehlen noch die Residuen $-R_\psi^{-1} R_\phi^{-1}$ für die Normierung der Felder ψ und ϕ, die wir hier in führender Ordnung der Störungstheorie (ohne Schleifen) auf $R_\psi = R_\phi = 1$ setzen können, da wir die kanonisch normierte Lagrange-Dichte verwenden. Die Fourier-Transformation in allen äußeren Koordinaten lautet

$$\int d^4x_1 \int d^4x_2 \int d^4x_3 \int d^4x_4 \exp\Big[i\Big(-p_2x_4 - p_1x_2 + k_1x_1 + k_2x_3\Big)\Big] \ldots, \tag{7.260}$$

und damit ergeben die beiden Terme:

$$\begin{aligned}
&(-iy)^2 \int d^4x_1 \int d^4x_4 \exp\Big[i\Big((k_2 - p_2)x_4 + (k_1 - p_1)x_1\Big)\Big] \overline{v} S_F(x_4 - x_1) u\,, \\
&(-iy)^2 \int d^4x_3 \int d^4x_4 \exp\Big[i\Big((k_1 - p_2)x_4 + (k_2 - p_1)x_3\Big)\Big] \overline{v} S_F(x_4 - x_3) u\,.
\end{aligned} \tag{7.261}$$

Es fällt auf, dass der einzige Unterschied zwischen den beiden Zeilen im Austausch $k_1 \leftrightarrow k_2$ besteht, was dem Vertauschen der beiden äußeren Skalarteilchen zwischen den beiden Feynman-Graphen entspricht. Greifen wir uns zunächst das Integral über $\int d^4x_4$ heraus. Wir erhalten

$$\begin{aligned}
&\int d^4x_4 e^{i(k_2 - p_2)x_4} S_F(x_4 - x_1) \\
&= \int d^4x_4 e^{i(k_2 - p_2)x_4} \int \frac{d^4p}{(2\pi)^4} i \frac{p\!\!\!/ + M}{p^2 - M^2 + i\epsilon} e^{-ip(x_4 - x_1)} \\
&= \int \frac{d^4p}{(2\pi)^4} i \frac{p\!\!\!/ + M}{p^2 - M^2 + i\epsilon} e^{ipx_1} \int d^4x_4 e^{i(k_2 - p_2 - p)x_4} \\
&= \int \frac{d^4p}{(2\pi)^4} i \frac{p\!\!\!/ + M}{p^2 - M^2 + i\epsilon} e^{ipx_1} (2\pi)^4 \delta^4(k_2 - p_2 - p) \\
&= i \frac{k\!\!\!/_2 - p\!\!\!/_2 + M}{(k_2 - p_2)^2 - M^2 + i\epsilon} e^{i(k_2 - p_2)x_1}\,.
\end{aligned} \tag{7.262}$$

Wir führen jetzt noch das verbliebene Integral über $\int d^4x_1$ aus:

$$\int d^4x_1 i \frac{\not{k}_2 - \not{p}_2 + M}{(k_2 - p_2)^2 - M^2 + i\epsilon} e^{i(k_1+k_2-p_1-p_2)x_1}$$
$$= (2\pi)^4 \delta^4(k_1 + k_2 - p_1 - p_2) i \frac{\not{k}_2 - \not{p}_2 + M}{(k_2 - p_2)^2 - M^2 + i\epsilon} . \tag{7.263}$$

Neben dem Propagator im Impulsraum resultiert automatisch eine Delta-Distribution, welche die Erhaltung des Gesamtimpulses sicherstellt! Die Berechnung des zweiten Graphen funktioniert genauso mit $k_1 \leftrightarrow k_2$, und unser Endergebnis für die Amplitude ist damit

$$(-iy)^2(2\pi)^4\delta^4(k_1 + k_2 - p_1 - p_2)$$
$$\times \overline{v}(p_2) \left[i\frac{\not{k}_2 - \not{p}_2 + M}{(k_2 - p_2)^2 - M^2 + i\epsilon} + i\frac{\not{k}_1 - \not{p}_2 + M}{(k_1 - p_2)^2 - M^2 + i\epsilon} \right] u(p_1) \tag{7.264}$$

und schließlich, durch Dirac-Propagatoren ausgedrückt,

$$S_{fi}|_{con.} = (-iy)^2(2\pi)^4\delta^4(k_1 + k_2 - p_1 - p_2)$$
$$\times \overline{v}(p_2) \left[S_F(k_2 - p_2) + S_F(k_1 - p_2)\right] u(p_1) . \tag{7.265}$$

Also ist

$$i\mathcal{M} = (-iy)^2 \overline{v}(p_2) \left[S_F(k_2 - p_2) + S_F(k_1 - p_2)\right] u(p_1) . \tag{7.266}$$

Das Ergebnis dieser doch etwas länglichen Rechnungen ist ein angesichts des Aufwands recht einfacher Ausdruck. Nun wollen wir die Feynman-Regeln diskutieren, mit deren Hilfe man wie im skalaren Fall die Amplitude $i\mathcal{M}$ wieder direkt anhand der Graphen aufschreiben kann, ohne den aufwändigen Weg über die Reduktionsformel und das Wick-Theorem zu gehen.

7.6.5 Feynman-Regeln für die Yukawa-Theorie

Wie wir in unserem Beispiel – und zuvor bereits für skalare Felder – gesehen haben, setzt sich das Matrixelement (bzw. die Amplitude) $i\mathcal{M}$ aus wenigen wiederkehrenden Elementen zusammen, die direkt Elementen der beteiligten Feynman-Graphen entsprechen. Für unser Beispiel $N\overline{N} \longrightarrow \sigma\sigma$ sehen die Graphen der Green'schen Funktion so aus:

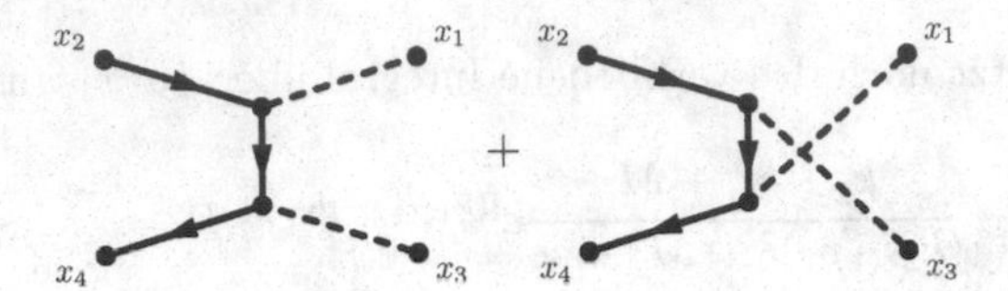

Hier entsprechen die Linien mit Endpunkten jeweils einem Propagator im Ortsraum. Nach der Anwendung der LSZ-Reduktionsformel stehen alle Ausdrücke im Impulsraum, und die äußeren Propagatoren sind entfernt und durch Spinoren ersetzt. Wir deuten dies durch Weglassen der äußeren Punkte an. Jedem äußeren Beinchen ist nun ein Impuls zugeordnet (sie laufen von links nach rechts bzw. von oben). Die resultierenden Diagramme für diese Amplitude sehen dann so aus:[6]

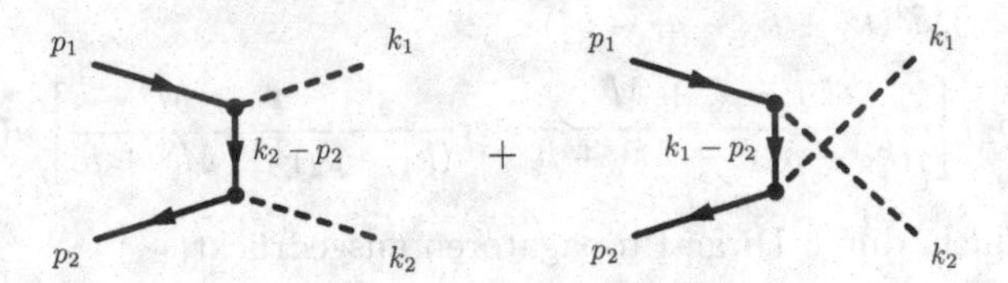

und die zugehörige Amplitude ist

$$i\mathcal{M} = (-iy)^2 \overline{v}(p_2) \left[S_F(k_2 - p_2) + S_F(k_1 - p_2) \right] u(p_1) . \tag{7.267}$$

Man kann diese Amplitude direkt anhand der Graphen ablesen, indem man die folgenden Feynman-Regeln verwendet:

1. Man zeichnet alle trunkierten Graphen mit den gewünschten äußeren Teilchen und der gewünschten Anzahl an Schleifen.
2. Die Impulse der äußeren Linien werden einmal für alle Graphen gleich festgelegt. Es gilt Impulserhaltung an jedem Vertex und damit auch insgesamt.

Nun wird für jedes Diagramm getrennt eine Amplitude aufgestellt:

3. Für jedes Diagramm werden unter Beachtung der Impulserhaltung an jedem Vertex die Impulse der inneren Linien festgelegt. Falls das Diagramm Schleifen beisitzt, bleibt für jede dieser Schleifen ein innerer Impuls unbestimmt, für den – zunächst symbolisch – ein Integral

$$\int \frac{d^4k}{(2\pi)^4} \tag{7.268}$$

[6] Oft werden Diagramme so dargestellt, dass die einlaufenden Zustände von links kommen. Grundsätzlich lassen sich Feynman-Diagramme im Impulsraum aber auch in beliebige Richtung interpretieren und stehen somit gleichermaßen für alle gekreuzten Prozesse. Lediglich die Zuordnung der Impulsrichtungen und Spinoren $u, v, \overline{u}, \overline{v}$ für negative Impulse muss hier bedacht werden.

eingeführt wird.

4. Fermionen bilden immer durchlaufende Linien, die entweder an äußeren Beinen beginnen und enden oder in sich selbst münden.[7] Die Fermionlinien werden beim Aufstellen der Amplituden einzeln *entgegen* der Richtung des Fermionpfeils durchlaufen. Für jede von ihnen wird dabei in Matrixnotation von links nach rechts ein Ausdruck aus äußeren Spinoren, Vertexfaktoren und Propagatoren aufgeschrieben:
   - Einlaufende Fermionen werden durch u, auslaufende Antifermionen durch v, einlaufende Antifermionen durch $\overline{v}$ und auslaufende Fermionen durch $\overline{u}$ dargestellt, wie schon in der LSZ-Reduktionsformel.
   - Fermion-Propagatoren werden durch den Dirac-Propagator im Impulsraum,
   $$\tilde{S}_F(p) = i\frac{\not{p} + M}{p^2 - M^2 + i\epsilon}, \tag{7.269}$$
   dargestellt, wobei p der Impuls *in Richtung des Fermionpfeils* ist.
   - Vertizes, an denen das Fermion an einen Skalar koppelt, sind in der Matrixnotation nicht sichtbar, da die Kopplung proportional zu einer Einheitsmatrix $I_{4\times 4}$ ist (das ändert sich in der QED). Wir schreiben für jeden Wechselwirkungspunkt hier daher nur einen Vertexfaktor
   $$-iy \tag{7.270}$$
   vor den Ausdruck.
   - Für jede geschlossene Fermionschleife wird mit einem Faktor -1 multipliziert, da im Wick-Theorem $\overline{\psi}\psi \to \psi\overline{\psi}$ umsortiert werden muss. Die zu einer Schleife geschlossene Fermionlinie wird an einem beliebigen Punkt begonnen und wieder gegen den Fermionpfeil geschrieben. Da hier keine abschließenden Spinoren u, v stehen, werden die offenen Dirac-Indizes am Anfang und am Ende der Fermionschleife einfach kontrahiert und summiert, was durch eine Spur $Tr[\ldots]$ geschrieben werden kann. Da die Spur invariant unter zyklischer Verschiebung der Matrizen darin ist, ist das Ergebnis unabhängig davon, wo wir die Fermionschleife zu schreiben begonnen haben.
   - Jede Fermionlinie sollte jetzt einem Ausdruck entsprechen, in dem alle Dirac-Indizes durch äußere Spinoren abgesättigt oder durch Spurbildung verbunden sind. Diese Ausdrücke können nun alle multipliziert werden.

[7] In den renormierbaren Theorien, die uns hier interessieren, treffen oder schneiden sich nie zwei solcher Linien, weil es keine direkte Wechselwirkung von vier oder mehr Fermionen gibt. Sollte das der Fall sein, kann man in den Graphen zeichnerisch markieren, welche Fermionlinien an einem Vertex jeweils verbunden sind.

5. Äußere Skalare sind in der Amplitude nicht sichtbar. Für jeden skalaren Propagator wird ein Ausdruck $\tilde{D}_F(p)$ multipliziert.
6. Falls das Diagramm einen Symmetriefaktor besitzt, muss mit diesem noch multipliziert werden.
7. Die Amplituden für alle Einzeldiagramme werden summiert. Diagramme, die sich durch ungeradzahlig viele Vertauschungen identischer äußerer Fermionen unterscheiden, müssen mit einem relativen Vorzeichen versehen werden.
8. Zuletzt wird noch für jedes äußere Beinchen die Amplitude mit einem Faktor $\sqrt{R}$ entsprechend dem Feldtyp multipliziert.

Diese Regeln sind bis auf das Detail, welche Faktoren für die Vertizes eingesetzt werden, universell auch für andere Theorien gültig. Oft werden daher für eine neue Theorie nur die Ausdrücke für die verschiedenen Vertizes (und vielleicht noch die Propagatoren und äußeren Beinchen verschiedener Teilchenarten) angegeben. Wir werden später für die QED das Rezept wieder mit allen Details angeben, der aufmerksame Leser wird aber feststellen, dass sich an der Grundstruktur nichts ändert.

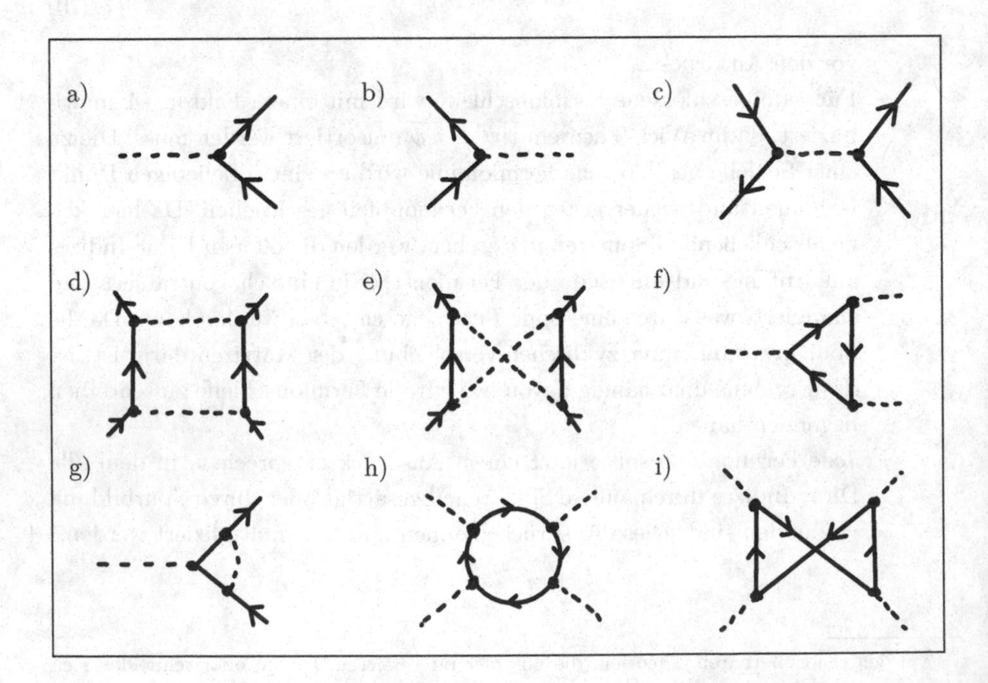

Abb. 7.1: Übungsbeispiele für Aufgabe 138.

7.6.6 Beispiele

AUFGABE 138

Schreibt die Amplituden $i\mathcal{M}$ der Einzelgraphen aus Abb. 7.1 auf. Wir ordnen einlaufenden Teilchen immer die Impulse p bzw. von oben nach unten p_1, p_2 zu, und entsprechend auslaufenden Teilchen q bzw. von oben nach unten q_1, q_2. Außerdem sind von links kommende Linien als einlaufend und nach rechts gehende Linien als auslaufend zu lesen.

Wir haben dieses Beispiel so gewählt, dass keine Symmetriefaktoren auftreten.

a) Das auslaufende Fermion hat den Impuls q_1 und wird daher durch $\overline{u}(q_1)$ dargestellt, das auslaufende Antifermion hingegen durch $v(q_2)$. Die Fermionlinie entspricht also einfach dem Ausdruck $(-iy)\overline{u}(q_1)v(q_2)$. Da der Skalar in der Amplitude nicht explizit auftaucht, ist das schon das Ergebnis:

$$i\mathcal{M} = (-iy)\overline{u}(q_1)v(q_2)\,. \tag{7.271}$$

b) Das einlaufende Fermion hat den Impuls p_2 und wird daher durch $u(p_2)$ dargestellt, das einlaufende Antifermion durch $\overline{v}(p_1)$. Das Ergebnis lautet

$$i\mathcal{M} = (-iy)\overline{v}(p_1)u(p_2)\,. \tag{7.272}$$

c) Die Fermionlinie der einlaufenden Teilchen entspricht $(-iy)\overline{v}(p_2)u(p_1)$ und die der auslaufenden wieder $(-iy)\overline{u}(q_1)v(q_2)$. Durch den skalaren Propagator läuft der Impuls $p_1 + p_2 = q_1 + q_2$, und wir erhalten daher einen Faktor $D_F(p_1 + p_2)$. Die Amplitude lautet also

$$i\mathcal{M} = (-iy)^2\overline{v}(p_2)u(p_1)\overline{u}(q_1)v(q_2)\frac{i}{(p_1+p_2)^2 - m^2 + i\epsilon}\,, \tag{7.273}$$

wobei die relative Stellung des Propagators und der zwei Fermionlinien beliebig ist, da es sich um einfache Zahlen handelt. $\overline{v}$ und u bzw. $\overline{u}$ und v sind jeweils in Matrixnotation multipliziert.

d) Hier haben wir es mit einer Schleife zu tun, und damit ist ein Impuls unbestimmt. Wir nennen den unbestimmten Impuls, über den integriert wird, k, und ohne Beschränkung der Allgemeinheit nehmen wir an, dass durch den oberen skalaren Propagator k nach rechts läuft. Damit sind alle Impulse in dem Graphen eindeutig festgelegt. Alle anderen Zuordnungen unterscheiden sich nur durch eine Verschiebung der Integrationsvariablen $k \to k + \delta k$. Damit läuft durch den unteren skalaren Propagator der Impuls $k - q_1 - q_2 = k - p_1 - p_2$ und durch den linken Dirac-Propagator der Impuls $k - p_1 = k - q_1 + q_2 + p_2$ (in Richtung des Fermionpfeils) sowie durch den rechten Dirac-Propagator der Impuls $q_1 - k$ (in Richtung des Fermionpfeils). Die Fermionlinien müssen in Matrixnotation von links nach rechts gegen die Pfeilrichtung geschrieben werden. Wir können z. B. oben links beginnen mit $\overline{v}(p_1)$. Dann folgen der Propagator $S_F(k - p_1)$ und der Spinor $u(p_2)$. Die Impulszuweisung ist also:

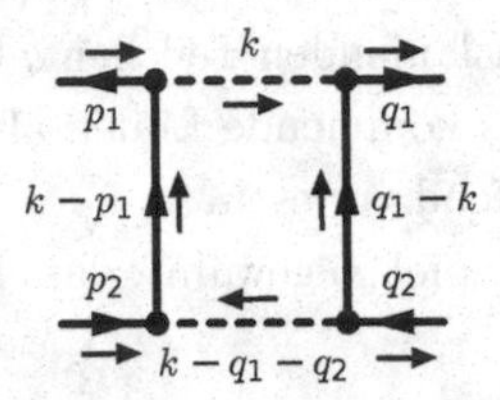

Das Ergebnis für die gesamte Amplitude lautet

$$\begin{aligned} i\mathcal{M} =& (-iy)^4 \int \frac{d^4k}{(2\pi)^4} \left[\overline{v}(p_1) S_F(k - p_1) u(p_2)\right] \\ & \times \left[\overline{u}(q_1) S_F(q_1 - k) v(q_2)\right] D_F(k) D_F(k - q_1 - q_2) . \end{aligned} \tag{7.274}$$

Die eckigen Klammern sind nicht notwendig und erfüllen nur den kosmetischen Zweck, die in Matrixnotation zu Dirac-Skalaren kombinierten Ausdrücke hervorzuheben. Wie man mit dem Integral konkret umgeht, werden wir in späteren Kapiteln besprechen – hier soll es uns nur um die Einübung der Feynman-Regeln gehen.

e) Die skalaren Propagatoren schneiden sich hier nur graphisch, sind in der Mitte aber nicht durch einen Vertex verbunden. Damit haben wir es wieder mit einem 1-Schleifen-Graphen zu tun. Hier bezeichnen wir – wieder ohne Beschränkung der Allgemeinheit – den Impuls, der durch den von links oben nach rechts unten verlaufenden skalaren Propagator nach rechts unten läuft, mit k. Damit folgt für die Amplitude

$$\begin{aligned} i\mathcal{M} =& (-iy)^4 \int \frac{d^4k}{(2\pi)^4} \left[\overline{v}(p_1) S_F(k - p_1) u(p_2)\right] \\ & \times \left[\overline{u}(q_1) S_F(k - q_2) v(q_2)\right] D_F(k) D_F(k - q_1 - q_2) . \end{aligned} \tag{7.275}$$

Im Vergleich zum vorigen Graphen hat sich nur der Impuls im rechten Feynman-Propagator geändert.

f) Hier haben wir es mit einer zur Schleife geschlossenen Fermionlinie zu tun. Wir nennen wieder den nach rechts oben laufenden Impuls k. Der abwärts laufende Impuls ist damit $k - q_1$, der nach links aufwärts laufende hingegen $k - p$. Wir beginnen, völlig beliebig, die Fermionlinie oben rechts. Da der Fermionpfeil im Uhrzeigersinn läuft, müssen wir jetzt die Schleife gegen den Uhrzeigersinn durchlaufen. Wir erhalten

$$- Tr[S_F(k) S_F(k - p) S_F(k - q_1)] , \tag{7.276}$$

wobei wir das Vorzeichen für die geschlossene Fermionschleife bereits eingefügt haben. Zum vollständigen Ergebnis fehlen nur die Vertexfaktoren und das Integral, und es folgt

$$i\mathcal{M} = -(-iy)^3 \int \frac{d^4k}{(2\pi)^4} Tr[S_F(k)S_F(k-p)S_F(k-q_1)] \,. \tag{7.277}$$

g) Hier enthält die Fermionlinie zwei Propagatoren. Der skalare Propagator beeinflusst zwar den Impulsfluss in der Fermionlinie, steht aber in unserer Notation getrennt davon, da er keine Dirac-Indizes besitzt. Wir wählen wieder den nach rechts oben laufenden Impuls als k. Die Fermionlinie allein lautet damit

$$\overline{u}(q_1)S_F(k)S_F(k-p)v(q_2) \,, \tag{7.278}$$

und das Ergebnis ist

$$i\mathcal{M} = (-iy)^3 \int \frac{d^4k}{(2\pi)^4} \overline{u}(q_1)S_F(k)S_F(k-p)v(q_2)D_F(k-q_1) \,. \tag{7.279}$$

h) Hier liegt wieder eine geschlossene Fermionlinie vor. Wir wählen den nach rechts laufenden Impuls des oberen Dirac-Propagators wieder zu k und durchlaufen die Fermionlinie von oben rechts beginnend gegen den Uhrzeigersinn. Das Ergebnis lautet

$$i\mathcal{M} = -(-iy)^4 \int \frac{d^4k}{(2\pi)^4} Tr[S_F(k)S_F(k-p_1)S_F(k-q_1-q_2)S_F(k-q_1)] \,. \tag{7.280}$$

i) Hier ändert sich wieder nur die Zuordnung (und Laufrichtung) des Impulses im rechten Dirac-Propagator. Das Ergebnis lautet

$$i\mathcal{M} = -(-iy)^4 \int \frac{d^4k}{(2\pi)^4} Tr[S_F(k)S_F(k-p_1)S_F(k-q_1-q_2)S_F(k-q_2)] \,. \tag{7.281}$$

Mit diesen Beispielen wollen wir es hier belassen und hoffen, dass klar geworden ist, wie Feynman-Graphen in Amplituden übersetzt werden. Es gibt noch einige Tricks, um die quadrierte Amplitude $\mathcal{M}^\dagger\mathcal{M}$ für Fermionen zu berechnen, die in den Streuquerschnitt eingeht. Das werden wir am Beispiel der QED besprechen. Auch die Behandlung der (teilweise divergenten) Schleifenintegrale und deren Regularisierung und Renormierung bedarf einiger Diskussion. Hier hatten wir bereits den einfacheren Fall der ϕ^4-Theorie betrachtet. Diese Ergebnisse werden wir dann auf die QED übertragen.

7.7 Pfadintegrale für Fermionen

Um unsere bosonischen Ergebnisse aus Kapitel 5 für Fermionen zu verallgemeinern, benötigt man einiges an zusätzlichem technischen Rüstzeug. Die Endergebnisse sehen aber bis auf kleine Änderungen wieder recht vertraut aus. Wir beschränken uns daher darauf, die für uns wichtigen Resultate anzugeben, um möglichst schnell zu den Anwendungen zu kommen. Die Herleitung wird in vielen Lehrbüchern diskutiert, eine kompakte Gegenüberstellung der technischen Aspekte bosonischer und fermionischer Pfadintegrale findet sich beispielsweise in [11].

Antikommutierende Variablen Fermionen unterliegen dem Pauli-Prinzip. Dies äußert sich unter anderem darin, dass Green'sche Funktionen und Wellenfunktionen allgemein antisymmetrisch unter der Vertauschung von ununterscheidbaren Fermionen sind. Diese Tatsache hatten wir bei der kanonischen Quantisierung des Dirac-Feldes berücksichtigt, indem wir es anhand von Antikommutatoren quantisiert hatten.

Wie kann im Pfadintegral, das im bosonischen Fall ja nicht mit Feldoperatoren sondern nur mit reellwertigen Feldern arbeitet, solch eine Eigenschaft überhaupt bewerkstelligt werden? Man führt dazu antikommutierende Zahlen (Grassmann-Zahlen genannt) ein. Wir hatten sie bereits kurz im van-der-Waerden-Formalismus in Abschnitt 7.3.3 verwendet. Sie haben die Eigenschaft

$$\chi\xi = -\xi\chi\,. \tag{7.282}$$

Daraus folgt sofort

$$\xi\xi = 0\,. \tag{7.283}$$

Eine besonders praktische Konsequenz der Nilpotenz Gl. (7.283) ist, dass Taylor-Entwicklungen nach dem linearen Glied abbrechen (denn höhere Potenzen gibt es hier nicht!). Somit sind Funktionen einer Grassmann-Variablen besonders einfach:

$$f(\chi) = A + B\chi\,, \tag{7.284}$$

wobei A und B Taylor-Koeffizienten sind. Hat man mehrere verschiedene Variable, so gibt es die entsprechenden gemischten Terme, zum Beispiel

$$f(\chi,\xi) = A + B_1\chi + B_2\xi + C\chi\xi\,. \tag{7.285}$$

Multiplizierte Paare von Grassmann-Zahlen verhalten sich wieder wie vertauschende Größen, da die zwei Vorzeichen einander wegheben:

$$(\chi_1\chi_2)\xi = \chi_1(-\xi\chi_2) = +\xi(\chi_1\chi_2)\,. \tag{7.286}$$

Im Sprachgebrauch werden daher Terme mit geradzahlig vielen Grassmann-Variablen als *bosonisch* und Terme mit ungeradzahlig vielen als *fermionisch* bezeichnet. Insbesondere ist die Wirkung von Dirac-Fermionen automatisch bosonisch, da aufgrund der Drehimpulserhaltung die Spinoren immer paarweise auftreten. Ableitungen nach Grassmann-Zahlen antivertauschen ebenfalls:

$$\frac{\partial}{\partial\chi}\frac{\partial}{\partial\xi} = -\frac{\partial}{\partial\xi}\frac{\partial}{\partial\chi}, \tag{7.287}$$

und wie gewohnt gilt

$$\frac{\partial}{\partial\chi}\chi = 1. \tag{7.288}$$

Man kann sich komplexe Grassmann-Zahlen

$$\chi = \xi_1 + i\xi_2 \tag{7.289}$$

definieren.

AUFGABE 139

Sei χ eine komplexe Grassmann-Zahl. Berechnet $\chi\chi$ und $\chi\chi^\dagger$.

Zuerst $\chi\chi$:

$$(\xi_1+i\xi_2)(\xi_1+i\xi_2) = \xi_1\xi_1+i\xi_2\xi_1+i\xi_1\xi_2-\xi_2\xi_2 = 0+i\xi_2\xi_1-i\xi_2\xi_1-0 = 0\,. \tag{7.290}$$

Die Nilpotenz gilt also auch noch für komplexe Kombinationen, obwohl zwei verschiedene Grassmann-Zahlen enthalten sind. Aber für $\chi\chi^\dagger$ ergibt sich

$$(\xi_1+i\xi_2)(\xi_1-i\xi_2) = \xi_1\xi_1+i\xi_2\xi_1-i\xi_1\xi_2-\xi_2\xi_2 = 0+i\xi_2\xi_1+i\xi_2\xi_1-0 = 2i\xi_2\xi_1\,. \tag{7.291}$$

Wir sehen hier, dass wir komplexe Grassmann-Zahlen und ihre komplex Konjugierten als unabhängige Grassmann-Zahlen behandeln müssen, obwohl sie dieselben Komponenten ξ_1, ξ_2 enthalten.

Wir können so auch Ableitungen nach komplexen Grassmann-Zahlen definieren. Sei wieder $\chi = \xi_1 + i\xi_2$. Dann ist

$$\frac{\partial}{\partial\chi} \equiv \frac{1}{2}\left[\frac{\partial}{\partial\xi_1} - i\frac{\partial}{\partial\xi_2}\right], \quad \frac{\partial}{\partial\chi^\dagger} \equiv \frac{1}{2}\left[\frac{\partial}{\partial\xi_1} + i\frac{\partial}{\partial\xi_2}\right]. \tag{7.292}$$

AUFGABE 140

Berechnet mithilfe von Gl. (7.292) die Ausdrücke

$$\frac{\partial}{\partial\chi}\chi, \qquad \frac{\partial}{\partial\chi^\dagger}\chi, \qquad \frac{\partial}{\partial\chi^\dagger}\frac{\partial}{\partial\chi}\chi^\dagger\chi\,. \tag{7.293}$$

► Es gilt

$$\frac{1}{2}\left[\frac{\partial}{\partial\xi_1} - i\frac{\partial}{\partial\xi_2}\right](\xi_1 + i\xi_2) = \frac{1}{2}(1+1+0+0) = 1 \tag{7.294}$$

und

$$\frac{1}{2}\left[\frac{\partial}{\partial\xi_1} + i\frac{\partial}{\partial\xi_2}\right](\xi_1 + i\xi_2) = \frac{1}{2}(1-1+0+0) = 0\,. \tag{7.295}$$

Damit folgt

$$\frac{\partial}{\partial\chi^\dagger}\frac{\partial}{\partial\chi}\chi^\dagger\chi = -\frac{\partial}{\partial\chi}\frac{\partial}{\partial\chi^\dagger}\chi^\dagger\chi = -\frac{\partial}{\partial\chi}\chi = -1\,. \tag{7.296}$$

Kurios erscheinen auf den ersten Blick Integrale über Grassmann-Variablen, die sich identisch zur Ableitung verhalten:

$$\int d\chi\,\chi = 1\,, \qquad \int d\chi\,\chi^\dagger = 0\,. \tag{7.297}$$

Green'sche Funktionen Drückt man im Pfadintegral fermionische Freiheitsgrade (zum Beispiel die Dirac-Felder ψ und $\overline{\psi}$) durch Grassmann-Variablen aus, erhält man die gewünschte Antisymmetrisierung und damit letztlich das Pauli-Prinzip. Ein wichtiger Unterschied zu dem Pfadintegral für ein skalares Boson ist die Behandlung des kanonischen Impulses. Im bosonischen Fall hatten wir unter gewissen Annahmen über die Hamilton-Dichte das Funktionalintegral über den kanonischen Impuls eliminiert, um zu einer Lagrange-Formulierung zu kommen. Im Fall des Dirac-Fermions ist der kanonische Impuls gerade durch das komplex konjugierte Fermion $\psi^\dagger$ selbst, oder äquivalent durch $\overline{\psi} = \psi^\dagger\gamma^0$, gegeben, da die Dirac-Gleichung eine DGL erster Ordnung ist. In der Lagrange-Formulierung wird daher immer noch über ψ und $\overline{\psi}$ integriert, was aber nicht als Integral über das Feld und den kanonischen Impuls zu verstehen ist, sondern als Integral über die zwei behelfsmäßig als unabhängig angenommenen Felder ψ und $\overline{\psi}$. Der Ausdruck, den man für verallgemeinerte Green'sche Funktionen erhält, ist erfreulicherweise ganz analog zum bosonischen Fall:

$$\begin{aligned}&\langle 0|T\{\psi_{i_1}(x_1)\dots\psi_{i_n}(x_n)\overline{\psi}_{j_1}(y_1)\dots\overline{\psi}_{j_m}(y_n)\}|0\rangle\\&\quad= \frac{\int\mathcal{D}\overline{\psi}\mathcal{D}\psi\;\psi_{i_1}(x_1)\dots\psi_{i_n}(x_n)\overline{\psi}_{j_1}(y_1)\dots\overline{\psi}_{j_m}(y_n)\,e^{iS[\psi,\overline{\psi}]}}{\int\mathcal{D}\overline{\psi}\mathcal{D}\psi\;e^{iS[\psi,\overline{\psi}]}}\,.\end{aligned} \tag{7.298}$$

Hier haben wir in unserer Notation nicht zwischen Quantenfeldern im Heisenberg-Bild (links) und Grassmann-wertigen Feldern (rechts) unterschieden. Wichtig ist hier – im Gegensatz zum bosonischen Fall –, dass die Operatoren in der Zeitordnung und die Felder im Pfadintegral in derselben Reihenfolge stehen. Dabei dreht es sich aber nur um ein globales Vorzeichen.

Aufgemerkt!

Auch wenn Grassmann-wertige Variablen und Funktionen antivertauschen, können Exponentiale der Wirkung wie gewohnt behandelt werden, da in der Wirkung Spinoren immer gepaart auftauchen und so die einzelnen Terme wie gewohnt vertauschen.

Auf weitere technische Details der Herleitung wollen wir hier nicht eingehen. Man findet sie beispielsweise in [3, 11, 24]. Stattdessen wollen wir den Umgang mit Grassmann-Feldern etwas üben, indem wir wieder die verschiedenen Darstellungen der erzeugenden Funktionale herleiten.

Erzeugende Funktionale für Fermionen Wir wollen wieder Green'sche Funktionen durch Funktionalableitungen des erzeugenden Funktionals nach Quellen schreiben. Dazu führen wir für ψ und $\overline{\psi}$ jeweils Grassmann-wertige Dirac-Spinoren $\overline{\eta}, \eta$ als Quellen ein und schreiben

$$S[\psi, \overline{\psi}, \eta, \overline{\eta}] = S[\psi, \overline{\psi}] + \int d^4x \left[\overline{\psi}\eta + \overline{\eta}\psi\right] \tag{7.200}$$

Wir müssen nun die fermionische Version von Gl. (5.82) finden. Hier gilt es vor allem, auf die Vorzeichen zu achten.

AUFGABE 141

Berechnet die Ausdrücke

$$\frac{\delta}{\delta\eta_i} e^{iS[\psi,\overline{\psi},\eta,\overline{\eta}]}, \qquad \frac{\delta}{\delta\overline{\eta}_i} e^{iS[\psi,\overline{\psi},\eta,\overline{\eta}]}. \tag{7.300}$$

Der Index von η_i und $\overline{\eta}_i$ ist hier der Dirac-Index.

Dabei hilft es vielleicht, die Ableitung zuerst mit Grassmann-Zahlen statt Feldern in der Potenzreihendarstellung des Exponentials auszuprobieren.

Betrachten wir zwei (reelle) Grassmann-Zahlen χ, ρ sowie den Ausdruck

$$\frac{\partial}{\partial\rho} e^{\chi\rho}. \tag{7.301}$$

Wir haben also

$$\sum_n \frac{1}{n!} \frac{\partial}{\partial\rho} (\chi\rho)^n. \tag{7.302}$$

Die einzelnen Faktoren $(\chi\rho)$ vertauschen miteinander, und wir können schreiben:

$$\frac{\partial}{\partial\rho} (\chi\rho)^n = n(\chi\rho)^{n-1} \frac{\partial}{\partial\rho} (\chi\rho). \tag{7.303}$$

Hier steht die Ableitung noch nicht direkt vor der entsprechenden Variablen, und wir müssen beim Vertauschen noch ein Vorzeichen aufsammeln:

$$n(\chi\rho)^{n-1} \frac{\partial}{\partial\rho} (\chi\rho) = -n(\chi\rho)^{n-1} \chi \frac{\partial}{\partial\rho} \rho = n(-\chi)(\chi\rho)^{n-1}. \tag{7.304}$$

Verschieben der Summationsvariable um $n \to n+1$ ergibt also

$$\frac{\partial}{\partial \rho} e^{\chi\rho} = -\chi e^{\chi\rho} . \tag{7.305}$$

Die Ableitung nach χ beinhaltet keine Vertauschung, und es folgt einfach

$$\frac{\partial}{\partial \chi} e^{\chi\rho} = \rho e^{\chi\rho} . \tag{7.306}$$

Damit ist auch das Ergebnis des Funktionalintegrals klar:

$$\frac{\delta}{\delta \eta_i} e^{iS[\psi,\overline{\psi},\eta,\overline{\eta}]} = -i\overline{\psi}_i e^{iS[\psi,\overline{\psi},\eta,\overline{\eta}]} , \quad \frac{\delta}{\delta \overline{\eta}_i} e^{iS[\psi,\overline{\psi},\eta,\overline{\eta}]} = i\psi_i e^{iS[\psi,\overline{\psi},\eta,\overline{\eta}]} . \tag{7.307}$$

Felder $\overline{\psi}$ und ψ zieht man also durch Ableitung nach

$$i\frac{\delta}{\delta \eta_i} , \quad -i\frac{\delta}{\delta \overline{\eta}_i} . \tag{7.308}$$

aus dem Exponential heraus! Dies ist die fermionische Version von Gl. (5.82).

Aufgemerkt!

Davon ausgehend, können wir das erzeugende Funktional für Fermionen schreiben:

$$Z[\eta,\overline{\eta}] = \int \mathcal{D}\overline{\psi}\mathcal{D}\psi \, e^{iS[\psi,\overline{\psi},\eta,\overline{\eta}]} . \tag{7.309}$$

Nun wollen wir wieder die Green'schen Funktionen über das erzeugende Funktional ausdrücken.

AUFGABE 142

Schreibt Gl. (7.298) als Funktionalableitungen des erzeugenden Funktionals.

Hier müssen wir auf die Reihenfolge der Felder bzw. Funktionalableitungen achten, wenn wir das Vorzeichen korrekt reproduzieren wollen (was an dieser Stelle eigentlich nicht essentiell wichtig ist, später aber schon). Ableiten erzeugt immer ein Feld direkt am Exponential, wobei wir dieses geschickt rechts vom Exponential schreiben, damit folgende Ableitungen nicht daran vorbei kommutiert werden müssen. Damit ist klar, dass folgende (weiter links stehende) Ableitungen Felder ebenfalls links hinzufügen. Mit Gl. (7.308) ergibt sich

$$\begin{aligned} &\psi_{i_1}(x_1)\ldots\psi_{i_n}(x_n)\overline{\psi}_{j_1}(y_1)\ldots\overline{\psi}_{j_m}(y_n)\, e^{iS[\psi,\overline{\psi}]} \\ &= \Big(-i\frac{\delta}{\delta\overline{\eta}_{i_1}}\Big)\ldots\Big(-i\frac{\delta}{\delta\overline{\eta}_{i_n}}\Big)\Big(i\frac{\delta}{\delta\eta_{j_1}}\Big)\ldots\Big(i\frac{\delta}{\delta\eta_{j_m}}\Big)e^{iS[\psi,\overline{\psi},\eta,\overline{\eta}]}\Big|_{\eta=\overline{\eta}=0} . \end{aligned} \tag{7.310}$$

Aufgemerkt!

Damit ergibt sich direkt die Darstellung der Green'schen Funktionen durch das erzeugende Funktional:

$$\langle 0|T\{\psi_{i_1}(x_1)\dots\psi_{i_n}(x_n)\overline{\psi}_{j_1}(y_1)\dots\overline{\psi}_{j_m}(y_n)\}|0\rangle$$
$$= \Big(-i\frac{\delta}{\delta\overline{\eta}_{i_1}}\Big)\dots\Big(-i\frac{\delta}{\delta\overline{\eta}_{i_n}}\Big)\Big(i\frac{\delta}{\delta\eta_{j_1}}\Big)\dots\Big(i\frac{\delta}{\delta\eta_{j_m}}\Big)\frac{Z[\eta,\overline{\eta}]}{Z[0,0]}\Big|_{\eta=\overline{\eta}=0}. \quad (7.311)$$

Das erzeugende Funktional für freie Fermionen Analog zum bosonischen Fall definieren wir uns wieder die Abkürzung

$$[\overline{\eta}S_F\eta] = \int d^4x \int d^4y\,\overline{\eta}(x)S_F(x-y)\eta(y)\,. \quad (7.312)$$

Zunächst betrachten wir die Wirkung eines freien Dirac-Fermions mit

$$\mathcal{L} = \overline{\psi}(i\partial\!\!\!/ - M)\psi\,. \quad (7.313)$$

Wir können wieder völlig analog zum skalaren Fall das erzeugende Funktional der freien Theorie als einfaches Exponential des Propagators mit Quellen schreiben:

Aufgemerkt! Das erzeugende Funktional für freie Fermionen

$$Z_0[\eta,\overline{\eta}] = Z_0[0,0]\exp\Big[-[\overline{\eta}S_F\eta]\Big]\,. \quad (7.314)$$

Nun überprüfen wir noch, dass das korrekte Ergebnis für den Feynman-Propagator resultiert.

AUFGABE 143

Überprüft anhand von Gl. (7.314) und Gl. (7.311), dass gilt:

$$\langle 0|T\{\psi_i(x)\overline{\psi}_j(y)\}|0\rangle = S_{Fij}(x-y). \quad (7.315)$$

Wir setzen einfach die Definitionen ein und erhalten

$$\langle 0|T\{\psi_i(x)\overline{\psi}_j(y)\}|0\rangle = \frac{\delta}{\delta\overline{\eta}_i(x)}\frac{\delta}{\delta\eta_j(y)}\frac{Z_0[\eta,\overline{\eta}]}{Z_0[0,0]}\Big|_{\eta=\overline{\eta}=0}$$
$$= -\frac{\delta}{\delta\eta_j(y)}\frac{\delta}{\delta\overline{\eta}_i(x)}e^{-[\overline{\eta}S_F\eta]}\Big|_{\eta=\overline{\eta}=0}. \quad (7.316)$$

Hier haben wir die Ableitungen vertauscht, um sie der Reihenfolge der Spinoren im Exponenten anzupassen. Im Detail ausgeschrieben lautet der Exponent

$$
\begin{aligned}
& -\frac{\delta}{\delta\eta_j(y)}\frac{\delta}{\delta\overline{\eta}_i(x)}\exp\left[-\int d^4x'\int d^4y'\overline{\eta}_k(x')S_{Fkl}(x'-y')\eta_l(y')\right]\Big|_{\eta=\overline{\eta}=0} \\
&= +\frac{\delta}{\delta\eta_j(y)}\int d^4y' S_{Fil}(x-y')\eta_l(y')\exp\left[\ldots\right]\Big|_{\eta=\overline{\eta}=0} \\
&= S_{Fij}(x-y)\,.
\end{aligned}
\tag{7.317}
$$

Das erzeugende Funktional für die Yukawa-Theorie Anhand von Gl. (7.308) können wir – wie für den bosonischen Fall – das erzeugende Funktional der wechselwirkenden Theorie durch Funktionalableitungen aus dem erzeugenden Funktional der freien Theorie erhalten. Wir wenden uns wieder der Yukawa-Theorie eines reellen Skalarfeldes und eines Dirac-Fermions zu, die wir schon im Rahmen der kanonischen Quantisierung als Beispiel genutzt haben. Die Wirkung mit Quelltermen lautet

$$
\begin{aligned}
& S[\psi,\overline{\psi},\eta,\overline{\eta},\varphi,J] = \\
& \int d^4x\left[\overline{\psi}(i\partial\!\!\!/ - M)\psi + \frac{1}{2}\partial_\mu\varphi\partial^\mu\varphi - \frac{1}{2}m^2\varphi^2 - y\varphi\overline{\psi}\psi + \overline{\psi}\eta + \overline{\eta}\psi + \varphi J\right]\,.
\end{aligned}
\tag{7.318}
$$

AUFGABE 144

Wie lautet das gemeinsame erzeugende Funktional der freien Theorie für das Dirac-Fermion und den Skalar (d. h. ohne den $\varphi\overline{\psi}\psi$-Term)?

Da die gemeinsame Wirkung die Summe der beiden Einzelwirkungen ist und sie im erzeugenden Funktional im Exponenten stehen, ist das gemeinsame Funktional einfach gegeben durch das *Produkt* der beiden Funktionale:

$$
Z_0[\eta,\overline{\eta},J] = Z_0[\eta,\overline{\eta}]Z_0[J]\,. \tag{7.319}
$$

In der Darstellung durch Propagatoren lautet es konkret

$$
Z_0[\eta,\overline{\eta},J] = e^{-\frac{1}{2}[JD_FJ]-[\overline{\eta}S_F\eta]}Z_0[0,0,0]\,. \tag{7.320}
$$

AUFGABE 145

Konstruiert anhand von Gl. (7.308) das erzeugende Funktional der Yukawa-Theorie. Das funktioniert völlig analog zum bosonischen Fall.

▶ Um den Term $\varphi(x)\overline{\psi}_i(x)\psi_i(x)$ vor das Exponential der freien Wirkung mit Quellen e^{iS_0} zu ziehen, müssen wir nach

$$\Big(-i\frac{\delta}{\delta J(x)}\Big)\Big(i\frac{\delta}{\delta\eta_i(x)}\Big)\Big(-i\frac{\delta}{\delta\overline{\eta}_i(x)}\Big) \tag{7.321}$$

ableiten, wobei die Dirac-Indizes der Funktionalableitungen kontrahiert sind. Insgesamt ist also wieder

$$\exp\left[i\left(-y\int d^4x\Big(-i\frac{\delta}{\delta J(x)}\Big)\Big(i\frac{\delta}{\delta\eta_i(x)}\Big)\Big(-i\frac{\delta}{\delta\overline{\eta}_i(x)}\Big)\right)\right]e^{iS_0} = e^{iS_{int}}e^{iS_0}\,. \tag{7.322}$$

Dies entspricht nun gerade wieder dem Wechselwirkungsteil der Wirkung, wobei aber die Felder durch Funktionalableitungen ersetzt sind. Wir können dieses Ergebnis direkt auf das erzeugende Funktional anwenden.

Für wechselwirkende Theorien eines Dirac-Fermions und eines Skalars können wir wieder schreiben:

Aufgemerkt!

$$Z[\eta,\overline{\eta},J] = \exp\left[iS_{int}[-i\frac{\delta}{\delta\overline{\eta}},i\frac{\delta}{\delta\eta},-i\frac{\delta}{\delta J}]\right]Z_0[\eta,\overline{\eta},J]\,, \tag{7.323}$$

und mit der Darstellung durch Propagatoren:

Aufgemerkt! Erzeugendes Funktional für Fermion und Skalar

$$Z[\eta,\overline{\eta},J] = Z_0[0,0,0]\exp\left[iS_{int}[-i\frac{\delta}{\delta\overline{\eta}},i\frac{\delta}{\delta\eta},-i\frac{\delta}{\delta J}]\right]e^{-\frac{1}{2}[JD_FJ]-[\overline{\eta}S_F\eta]}\,. \tag{7.324}$$

Damit können wir auch die Green'schen Funktionen der wechselwirkenden Theorie wieder einfach als Funktionalableitungen schreiben.

Das erzeugende Funktional für zusammenhängende Green'sche Funktionen
Ausgehend von einem erzeugenden Funktional $Z[\eta,\overline{\eta}]$, können wir völlig analog zum skalaren Fall ein erzeugendes Funktional der zusammenhängenden Green'schen Funktionen definieren. Es ist wieder

$$\frac{Z[\eta,\overline{\eta}]}{Z[0,0]} = \exp Z_c[\eta,\overline{\eta}]\,. \tag{7.325}$$

Die effektive Wirkung für Fermionen Wir wollen hier nur kurz auf die Eigenschaften der effektiven Wirkung

$$\Gamma[\psi, \overline{\psi}, \dots]$$

für Fermionen eingehen, die eine einfache Verallgemeinerung der effektiven Wirkung für bosonische Felder in Gl. (5.105) ist. Der Hauptunterschied besteht darin, dass wir wieder auf Vorzeichen achten müssen. Die effektive Wirkung ist wieder als Legendre-Transformierte von $Z_c[\eta, \overline{\eta}, \dots]$ gegeben:

$$\Gamma[\psi_{cl}, \overline{\psi}_{cl}] = -\int d^4x \left(\overline{\eta}\psi_{cl} + \overline{\psi}_{cl}\eta\right) - iZ_c[\eta, \overline{\eta}]\Big|_{\eta=\eta(\psi_{cl}, \overline{\psi}_{cl}), \overline{\eta}=\overline{\eta}(\psi_{cl}, \overline{\psi}_{cl})}, \tag{7.326}$$

wobei wir wieder die *klassischen Fermionfelder*

$$\psi_{cl,i} = -i\frac{\delta Z_c}{\delta \overline{\eta}_i}, \qquad \overline{\psi}_{cl,i} = i\frac{\delta Z_c}{\delta \eta_i} \tag{7.327}$$

definiert haben. Will man die Quellen als Funktionalableitungen der effektiven Wirkung ausdrücken, erhält man analog zum bosonischen Fall:

$$\frac{\delta \Gamma}{\delta \overline{\psi}_j(x)} = -\eta_j(x), \qquad \frac{\delta \Gamma}{\delta \psi_j(x)} = \overline{\eta}_j(x). \tag{7.328}$$

Die effektive Wirkung des freien Dirac-Feldes Wir wollen uns wieder analog zum skalaren Fall davon überzeugen, dass diese Definition der effektiven Wirkung in der freien Theorie mit der Wirkung S identisch ist. Für ein freies Dirac-Fermion ist ja

$$Z[\eta, \overline{\eta}] = e^{-[\overline{\eta}S_F\eta]} \equiv \exp\left(-\int d^4x \int d^4y\, \overline{\eta}_i(x) S_{F,ij}(x-y)\eta_j(y)\right) \tag{7.329}$$

und damit

$$Z_c[\eta, \overline{\eta}] = -\int d^4x \int d^4y\, \overline{\eta}_i(x) S_{F,ij}(x-y)\eta_j(y). \tag{7.330}$$

Wir erhalten für die klassischen Felder damit die expliziten Ausdrücke

$$\begin{aligned} \psi_{cl,i}(x) &= i\int d^4y\, S_{F,ij}(x-y)\eta_j(y), \\ \overline{\psi}_{cl,j}(y) &= i\int d^4x\, \overline{\eta}_i(x) S_{F,ij}(x-y). \end{aligned} \tag{7.331}$$

Das relative Vorzeichen in der Definition der klassischen Felder hebt sich hier weg, da wir die Ableitung nach η an $\overline{\eta}$ vorbei ziehen müssen und dabei ein Vorzeichen aufsammeln. Damit kann man Z_c einfach umschreiben zu

$$Z_c = i\int d^4x\, \overline{\eta}_i(x)\psi_{cl,i}(x) = i\int d^4x\, \overline{\psi}_{cl,i}(x)\eta_i(x). \tag{7.332}$$

Hier muss man im Hinterkopf behalten, dass in Z_c die $\psi_{cl}, \overline{\psi}_{cl}$ von $\eta, \overline{\eta}$ abhängen, aber umgekehrt in Γ. Die beiden Beiträge zu Γ sind bis auf einen Faktor die gleichen, und Einsetzen von Gl. (7.332) ergibt:

$$\Gamma = \int d^4x\,(-\overline{\psi}\eta) = \int d^4x\,(-\overline{\eta}\psi)\,. \tag{7.333}$$

Das passt zu Gl. (7.328). Wichtig dabei ist, dass ψ und $\overline{\psi}$ beim Ableiten als unterschiedliche Variablen behandelt werden und wir daher nicht $\delta\eta/\delta\overline{\psi}$ oder $\delta\overline{\eta}/\delta\psi$ nachdifferenzieren müssen.

Anhand der Darstellung der klassischen Felder mit Gl. (7.331) können wir wieder eine Darstellung der Quellen $\eta, \overline{\eta}$ durch die Bewegungsgleichungen finden. Anwenden des Dirac-Operators auf den Propagator ergibt

$$\begin{aligned}(i\partial\!\!\!/^x - m)_{ki} S_{F,ij}(x-y) &= i\delta_{kj}\delta(x-y)\,,\\ S_{F,ij}(x-y)(-i\overleftarrow{\partial\!\!\!/}^y - m)_{jk} &= i\delta_{ik}\delta(x-y)\,.\end{aligned} \tag{7.334}$$

Damit erhalten wir

$$(i\partial\!\!\!/^x - m)_{ki}\psi_{cl,i}(x) = i\int d^4y\, i\delta(x-y)\delta_{kj}\eta_j(y) = -\eta_k(x) \tag{7.335}$$

und genauso

$$\overline{\psi}_{cl,k}(x)(-i\overleftarrow{\partial\!\!\!/}^x - m)_{ki} = -\overline{\eta}_i(x)\,. \tag{7.336}$$

Damit ist

$$\Gamma = -\int d^4x\,\overline{\psi}\eta = -\int d^4x\,\overline{\eta}\psi = \int d^4x\,\overline{\psi}(i\partial\!\!\!/ - m)\psi = S\,. \tag{7.337}$$

Will man die Herleitung durch Einsetzen von $\overline{\eta}$ durchführen, muss man die Ableitung $-\overleftarrow{\partial\!\!\!/}$ noch durch partielles Integrieren nach rechts wirken lassen.

Zusammenfassung zum Dirac-Feld

- Eigenschaften der Dirac-Matrizen:

$$\{\gamma^\mu, \gamma^\nu\} = 2g^{\mu\nu} I_{4\times 4}\,, \tag{7.9}$$

$$\gamma^{\mu\dagger}\gamma^0 = \gamma^0\gamma^\mu\,. \tag{7.12}$$

- Einige Rechenregeln für Dirac-Matrizen (gezeigt in Aufgabe 98):

$$\gamma^\mu\gamma_\mu = 4\,, \qquad \gamma^\mu\gamma^\nu\gamma_\mu = -2\gamma^\nu\,, \qquad \gamma^\mu\gamma^\nu\gamma^\rho\gamma_\mu = 4g^{\rho\nu}$$

- Eigenschaften der γ^5-Matrix (Aufgabe 99):

$$\gamma^5 = i\gamma^0\gamma^1\gamma^2\gamma^3 \tag{7.13}$$

$$\gamma^5\gamma^5 = 1\,, \qquad \gamma^{5\dagger} = \gamma^5\,, \qquad \gamma^5\gamma^\mu = -\gamma^\mu\gamma^5$$

- Spursätze (Aufgaben 101,102):

$$
\begin{aligned}
Tr[\gamma^{\mu_1}\dots\gamma^{\mu_n}] &= 0 \qquad \text{für } n \text{ ungerade} \\
Tr[\gamma^\mu\gamma^\nu] &= 4g^{\mu\nu} \\
Tr[\gamma^\mu\gamma^\nu\gamma^\rho\gamma^\delta] &= 4(g^{\mu\nu}g^{\rho\delta} - g^{\mu\rho}g^{\nu\delta} + g^{\mu\delta}g^{\nu\rho}) \\
Tr[\gamma^5] = Tr[\gamma^\mu\gamma^\nu\gamma^5] &= 0 \\
Tr[\gamma^5\gamma^\mu\gamma^\nu\gamma^\rho\gamma^\delta] &= -4i\epsilon^{\mu\nu\rho\delta}
\end{aligned}
$$

- Dirac-Konjugierte:

$$\overline{\psi} \equiv \psi^\dagger\gamma^0 \tag{7.46}$$

- Freie Dirac-Lagrange-Dichte:

$$\mathcal{L} = \overline{\psi}\Big(i\gamma^\mu\partial_\mu - M\Big)\psi \tag{7.64}$$

- van-der-Waerden-Formalismus:

$$\psi = \begin{pmatrix} \chi_\alpha \\ \overline{\eta}^{\dot\alpha} \end{pmatrix} \tag{7.68}$$

$$(\chi_\alpha)^\dagger = \overline{\chi}_{\dot\alpha}, \qquad (\overline{\eta}^{\dot\alpha})^\dagger = \eta^\alpha \tag{7.69}$$

$$\chi^\alpha = \epsilon^{\alpha\beta}\chi_\beta, \qquad \chi_\alpha = \epsilon_{\alpha\beta}\chi^\beta \tag{7.71}$$

$$\epsilon_{\alpha\beta}\epsilon^{\beta\omega} = \epsilon^{\omega\beta}\epsilon_{\beta\alpha} = \delta^\omega_\alpha \tag{7.72}$$

Für Grassmann-Zahlen gilt

$$\xi\omega = -\omega\xi, \qquad \xi^2 = 0 \tag{7.78}$$

Die Dirac-Matrizen in unserer chiralen Basis lauten

$$\gamma^\mu = \begin{pmatrix} 0 & \sigma^\mu_{\alpha\dot\beta} \\ \overline{\sigma}^{\mu,\dot\alpha\beta} & \end{pmatrix}. \tag{7.85}$$

- Polarisationssummen für Spinoren:

$$\sum_r u_r(p)\overline{u}_r(p) = \not{p} + M\,, \qquad \sum_r v_r(p)\overline{v}_r(p) = \not{p} - M \tag{7.129}$$

- Dirac-Feld mit Erzeugern und Vernichtern:

$$\psi(x) = \int \frac{d^3p}{(2\pi)^3}\frac{1}{2E_{\mathbf{p}}}\sum_r \left(a^r_{\mathbf{p}}u^r(p)e^{-ipx} + b^{r\dagger}_{\mathbf{p}}v^r(p)e^{ipx}\right) \tag{7.179}$$

- Dirac-Propagator (Impulsraum):

$$\tilde{S}_F(p) := i\frac{\not{p}+M}{p^2-M^2+i\epsilon} = \frac{i}{\not{p}-M+i\epsilon} \tag{7.198}$$

- Wick-Theorem für Fermionfelder:

$$\begin{aligned} T\{X_1\dots X_n\} &=: X_1\dots X_n : \quad \text{(keine Kontraktion)} \\ &+ : \overbrace{X_1\dots X_k}\dots X_n : + \text{ alle Einzelkontraktionen} \\ &+ \dots \\ &+ : \overbrace{X_1\dots X_k}\dots\overbrace{X_l\dots X_n} : + \text{ alle max. Kontraktionen}\,. \end{aligned} \tag{7.234}$$

- Green'sche Funktionen für Fermionen aus dem Pfadintegral:

$$\begin{aligned} &\langle 0|T\{\psi_{i_1}(x_1)\dots\psi_{i_n}(x_n)\overline{\psi}_{j_1}(y_1)\dots\overline{\psi}_{j_m}(y_n)\}|0\rangle \\ &= \frac{\int \mathcal{D}\overline{\psi}\mathcal{D}\psi\ \psi_{i_1}(x_1)\dots\psi_{i_n}(x_n)\overline{\psi}_{j_1}(y_1)\dots\overline{\psi}_{j_m}(y_n)\, e^{iS[\psi,\overline{\psi}]}}{\int \mathcal{D}\overline{\psi}\mathcal{D}\psi\ e^{iS[\psi,\overline{\psi}]}} \end{aligned} \tag{7.298}$$

- Erzeugendes Funktional für Fermionen:

$$Z[\eta,\overline{\eta}] = \int \mathcal{D}\overline{\psi}\mathcal{D}\psi\, e^{iS[\psi,\overline{\psi},\eta,\overline{\eta}]} \tag{7.309}$$

- Green'sche Funktionen aus dem erzeugenden Funktional:

$$\begin{aligned} &\langle 0|T\{\psi_{i_1}(x_1)\dots\psi_{i_n}(x_n)\overline{\psi}_{j_1}(y_1)\dots\overline{\psi}_{j_m}(y_n)\}|0\rangle \\ &= \Big(-i\frac{\delta}{\delta\overline{\eta}_{i_1}}\Big)\dots\Big(-i\frac{\delta}{\delta\overline{\eta}_{i_n}}\Big)\Big(i\frac{\delta}{\delta\eta_{j_1}}\Big)\dots\Big(i\frac{\delta}{\delta\eta_{j_m}}\Big)\frac{Z[\eta,\overline{\eta}]}{Z[0,0]}\Big|_{\eta=\overline{\eta}=0}\,. \end{aligned} \tag{7.311}$$

- Das erzeugende Funktional der freien Dirac-Theorie kann als

$$Z_0[\eta,\overline{\eta}] = Z_0[0,0]\exp\Big[-[\overline{\eta}S_F\eta]\Big] \tag{7.314}$$

geschrieben werden. Erweitert man es um ein freies Skalarfeld, wird daraus

$$Z_0[\eta,\overline{\eta},J] = Z_0[0,0,0]e^{-\frac{1}{2}[JD_FJ]-[\overline{\eta}S_F\eta]}\,. \tag{7.320}$$

Die Darstellung des erzeugenden Funktionals der Yukawa-Theorie durch Propagatoren lautet damit:

$$Z[\eta,\overline{\eta},J] = Z_0[0,0,0]\exp\Big[iS_{int}[-i\frac{\delta}{\delta\overline{\eta}},i\frac{\delta}{\delta\eta},-i\frac{\delta}{\delta J}]\Big]\,e^{-\frac{1}{2}[JD_FJ]-[\overline{\eta}S_F\eta]}\,. \tag{7.324}$$

8 Eichfelder

Übersicht

8.1 Das Eichprinzip

In den vorigen Kapiteln haben wir bereits mehrere Modelltheorien besprochen, die kontinuierliche innere Symmetrien aufweisen. Der einfachste Fall ist diese Lagrange-Dichte eines komplexen Skalarfeldes:

$$\mathcal{L} = \partial_\mu \phi^\dagger \partial^\mu \phi - m^2 \phi^\dagger \phi \,. \tag{8.1}$$

Da in jedem Term immer gleich viele Felder ϕ und $\phi^\dagger$ auftauchen, ist die Wirkung invariant unter der Phasentransformation

$$\phi \longrightarrow e^{i\varphi}\phi\,, \quad \phi^\dagger \longrightarrow e^{-i\varphi}\phi^\dagger \,. \tag{8.2}$$

Die Tatsache, dass wir ein komplexes Skalarfeld verwenden, impliziert allein noch keine Symmetrie der Wirkung unter Phasentransformationen – ein komplexes Skalarfeld ist nur eine Art und Weise, zwei reelle Skalarfelder in einem Objekt zu gruppieren. Wir könnten zum Beispiel den Wechselwirkungsterm ϕ^4 zur obigen Lagrange-Dichte hinzufügen, der die kontinuierliche Symmetrie unter Phasentransformationen explizit bricht und nur eine diskrete Symmetrie überleben lässt.

Zeigt, dass die Lagrange-Dichte Gl. (8.1) mit dem Wechselwirkungsterm ϕ^4 nur noch invariant unter der sog. $\mathbb{Z}_4$-Symmetrie $\phi \longrightarrow i^n \phi$ ist.

Wie würde man eine Vierer-Selbstwechselwirkung des komplexen Skalarfeldes ϕ realisieren, ohne die Phaseninvarianz der Lagrange-Dichte zu zerstören?

Ist die Phasentransformation aber eine exakte Symmetrie, stehen die beiden Komponenten von ϕ in Verbindung, und das impliziert zum Beispiel Entartung in Massen und gleiche Wechselwirkungen. Auch die Dirac-Lagrange-Dichte hat mindestens eine kontinuierliche Symmetrie, $\psi \longrightarrow e^{i\varphi}\psi$, im masselosen Fall sogar eine weitere, $\psi \longrightarrow e^{i\varphi\gamma_5}\psi$. Alle diese Symmetrien haben gemeinsam, dass die Phasentransformation unabhängig von Raum und Zeit ist. Solche Symmetrien werden üblicherweise *global* genannt. Gerade im Hinblick darauf, dass die relativistische Physik eigentlich lokal ist, scheint es irgendwie gegen die Philosophie der speziellen Relativitätstheorie zu sein, dass nur eine Symmetrie der Theorie vorliegt, wenn man das Feld gleichzeitig an beliebig weit entfernten Orten rotiert. Man kann also versuchen, eine Raumzeit-Abhängigkeit des Parameters φ zu erlauben:

$$\phi(x) \longrightarrow e^{i\varphi(x)}\phi(x)\,, \tag{8.3}$$

und analog für $\phi^\dagger$. Diese Transformationen werden *lokale* oder *Eichtransformationen* genannt. Während der Massenterm $\phi^\dagger\phi$ immer noch invariant unter dieser Symmetrie ist, machen Terme mit Ableitungen jetzt Probleme.

AUFGABE 146

■ Berechnet das Transformationsverhalten von Gl. (8.1) unter Gl. (8.3).

▶ Der Massenterm ist offenbar invariant. Der kinetische Term bekommt allerdings durch die Ableitung einen neuen Beitrag, denn es gilt:

$$\partial_\mu\phi \longrightarrow \partial_\mu(e^{i\varphi(x)}\phi) = e^{i\varphi(x)}\left(i(\partial_\mu\varphi) + \partial_\mu\right)\phi \tag{8.4}$$

und damit

$$\partial_\mu\phi^\dagger\partial^\mu\phi \longrightarrow \partial_\mu\phi^\dagger\partial^\mu\phi - i(\partial_\mu\varphi)(\phi^\dagger\overleftrightarrow{\partial}^\mu\phi) - (\partial_\mu\varphi)^2\phi^\dagger\phi\,. \tag{8.5}$$

Das Problem wird deutlicher, wenn wir die Ableitung als Differenzenquotienten von zwei infinitesimal voneinander entfernten Punkten der Raumzeit schreiben. Es ist ja (wenn wir in jeder Komponente von ϵ Taylor-entwickeln)

$$\phi(x+\epsilon) = \phi(x) + \epsilon^\mu\partial_\mu\phi(x) + \mathcal{O}(\epsilon^2) \tag{8.6}$$

oder, zum Differenzen„quotienten" umgestellt:[1]

$$\epsilon^\mu \partial_\mu \phi(x) \sim \phi(x+\epsilon) - \phi(x)\,. \tag{8.7}$$

Soll das Modell nun aber invariant unter lokalen Phasentransformationen sein, so bedeutet dies, dass sich die Definition des Feldes ϕ von Ort zu Ort (und von Zeit zu Zeit) ändern kann, denn es können überall unabhängig die Komponenten von ϕ ineinander rotiert werden. Wir brauchen sozusagen eine Übersetzungsvorschrift, die uns sagt, wie wir ein Feld an zwei verschiedenen Punkten in der Raumzeit miteinander zu vergleichen haben. Eine physikalisch besonders interessante Möglichkeit diese Übersetzungsvorschrift zu realisieren, ist die Einführung eines sogenannten *Zusammenhangs* A_μ, in diesem Kontext auch *Eichzusammenhang* genannt, der ähnlich dem Paralleltransport von Vektoren in der Differenzialgeometrie funktioniert. Wollen wir den Wert eines Feldes ϕ wie in Gl. (8.7) an zwei Punkten x und $x+\epsilon$ der Raumzeit vergleichen, müssen wir diesen Eichzusammenhang entlang des Weges aufintegrieren, und der Wert des resultierenden Integrals verrät uns dann, wie weit wir die Phase des Feldes bei x verdrehen müssen, um es mit dem Feld bei $x+\epsilon$ zu vergleichen. Der angepasste Differenzen„quotient" lautet statt Gl. (8.7) nun

$$\epsilon^\mu D_\mu \phi(x) \sim \phi(x+\epsilon) - \exp\left[ig \int_x^{x+\epsilon} A_\mu dn^\mu\right] \phi(x)\,, \tag{8.8}$$

worin wir eine Normierungskonstante g eingeführt haben, die später die Rolle der Kopplungskonstante spielen wird. Die dieser Differenz entsprechende Ableitung wird üblicherweise, wieder in Analogie zur Differenzialgeometrie und insbesondere der ART, *kovariante Ableitung* genannt und oft mit D_μ bezeichnet. Exponentiale dieser Form werden manchmal als *Wilson-Linie* bezeichnet[2]. Entwickeln wir jetzt die Wilson-Linie für $\epsilon \to 0$ (was insbesondere bedeutet, dass der Integrand als näherungsweise konstant angenommen werden kann), erhalten wir einen Ausdruck für die resultierende Richtungsableitung:

AUFGABE 147

Zeigt, dass der Differenzenquotient mit Eichzusammenhang in Gl. (8.8) zu einer kovarianten Ableitung der Form

$$D_\mu = \partial_\mu - igA_\mu \tag{8.9}$$

---

[1] Wir teilen nicht durch ϵ, damit wir alle Komponenten in Vektornotation gleichzeitig beibehalten können.

[2] Wilson-Schleifen über geschlossene Pfade sind eichinvariant und entsprechen damit physikalischen Größen. Sie spielen in vielen Anwendungen von der Gittereichtheorie bis zur Schleifenquantengravitation eine wichtige Rolle. In der Elektrodynamik sind sie ein Maß für den elektromagnetischen Fluss durch die umschlossene Fläche.

führt.

▶ Wir entwickeln die Ableitung und das Exponential getrennt linear in ϵ^μ. Die Ableitung kommt einfach wieder aus Gl. (8.7),

$$\phi(x+\epsilon) = \phi(x) + \epsilon^\mu \partial_\mu \phi(x) + \mathcal{O}(\epsilon^2)\,. \tag{8.10}$$

Weiterhin ist

$$\int_x^{x+\epsilon} A_\mu(n) dn^\mu \sim A_\mu(x) \int_x^{x+\epsilon} dn^\mu = A_\mu(x)\epsilon^\mu \tag{8.11}$$

und $\exp(\int \ldots) = 1 + igA_\mu \epsilon^\mu + \mathcal{O}(\epsilon^2)$. Damit ergibt sich für den Differenzenquotienten

$$\phi(x) + \epsilon^\mu \partial_\mu \phi(x) - \Big(1 + ig\epsilon^\mu A_\mu(x)\Big)\phi(x) = \epsilon^\mu D_\mu \phi\,. \tag{8.12}$$

Da ϵ beliebig gewählt ist, können wir darauf zurückschließen, dass solche Differenzen für $\epsilon \to 0$ der Ableitung D_μ entsprechen.

Eine Frage bleibt noch offen: Wie müssen wir bei einer Eichtransformation des Feldes $\phi \to e^{i\varphi}\phi$ den Eichzusammenhang A_μ transformieren, damit der Differenzenquotient wohldefiniert bleibt (d. h. sich beide Terme gleich transformieren und die Raumzeit-Abhängigkeit von $\varphi(x)$ kompensiert wird)? Dazu schreiben wir einfach den Differenzenquotienten nach der Transformation auf:

$$\begin{aligned}
& e^{i\varphi(x+\epsilon)}\phi(x+\epsilon) - \exp\left[ig\int_x^{x+\epsilon} A_\mu dn^\mu\right] e^{i\varphi(x)}\phi(x) \\
&= e^{i\varphi(x+\epsilon)}\left[\phi(x+\epsilon) - \exp\left[ig\int_x^{x+\epsilon} A_\mu dn^\mu\right] e^{i(\varphi(x)-\varphi(x+\epsilon))}\phi(x)\right] \\
&= e^{i\varphi(x+\epsilon)}\left[\phi(x+\epsilon) - \exp\left[i(\varphi(x)-\varphi(x+\epsilon)) + ig\int_x^{x+\epsilon} A_\mu dn^\mu\right]\phi(x)\right] \\
&= e^{i\varphi(x+\epsilon)}\left[\phi(x+\epsilon) - \exp\left[ig\int_x^{x+\epsilon}\Big(A_\mu - \frac{1}{g}\partial_\mu\varphi\Big)dn^\mu\right]\phi(x)\right].
\end{aligned} \tag{8.13}$$

Im letzten Schritt haben wir ausgenutzt, dass $\int_a^b \partial_\mu \varphi dn^\mu = \varphi(b) - \varphi(a)$ gilt.

Aufgemerkt! $U(1)$-Eichtransformationen

Damit sich die beiden Terme im Differenzenquotienten gleich transformieren, muss also simultan

$$\phi \longrightarrow e^{i\varphi}\phi, \quad A_\mu \longrightarrow A_\mu + \frac{1}{g}\partial_\mu\varphi \tag{8.14}$$

transformiert werden.

Diese Eichtransformation von A_μ kennt ihr wahrscheinlich schon aus der klassischen Elektrodynamik, wo sie (bis auf Normierungskonstanten) genauso auftritt. Mit diesem Wissen können wir jetzt eine eichinvariante Lagrange-Dichte konstruieren.

AUFGABE 148

■ Zeigt, dass sich $D_\mu\phi$ unter lokalen Eichtransformationen gleich transformiert wie ϕ und dass der kinetische Term

$$(D_\mu\phi)^\dagger(D^\mu\phi) \tag{8.15}$$

damit eichinvariant ist.

► Wir erhalten

$$\begin{aligned} D_\mu\phi = (\partial_\mu - igA_\mu)\phi &\longrightarrow (\partial_\mu - igA_\mu - i(\partial_\mu\varphi))e^{i\varphi}\phi \\ &= (\partial_\mu e^{i\varphi})\phi + e^{i\varphi}\partial_\mu\phi - igA_\mu e^{i\varphi}\phi - i(\partial_\mu\varphi)e^{i\varphi}\phi \\ &= e^{i\varphi}(\partial_\mu\phi - igA_\mu\phi) = e^{i\varphi}D_\mu\phi\,. \end{aligned} \tag{8.16}$$

Damit ist klar:

$$(D_\mu\phi)^\dagger(D^\mu\phi) \longrightarrow (D_\mu\phi)^\dagger e^{-i\varphi}e^{i\varphi}(D^\mu\phi) = (D_\mu\phi^\dagger)(D^\mu\phi)\,. \tag{8.17}$$

In dieser Aufgabe haben wir absichtlich $(D_\mu\phi)^\dagger$ geschrieben statt $D_\mu\phi^\dagger$, da ja noch gar nicht klar ist, wie die kovariante Ableitung auf $\phi^\dagger$ definiert sein soll. Man kann sich aber leicht davon überzeugen, dass man sie konsistent einfach über

$$D_\mu\phi^\dagger = (D_\mu\phi)^\dagger \tag{8.18}$$

definieren kann. Insbesondere hängt also die genaue analytische Form der kovarianten Ableitung D_μ davon ab, auf was sie wirkt! An dieser Stelle macht es Sinn, über Felder verschiedener *Ladungen* zu sprechen. Angenommen, wir haben zwei zusätzliche verschiedene komplexe Skalarfelder ϕ_1 und ϕ_2, die sich unter der Eichtransformation verschieden verhalten:

$$\phi_1 \longrightarrow e^{iQ_1\varphi}\phi_1\,, \quad \phi_2 \longrightarrow e^{iQ_2\varphi}\phi_2\,, \tag{8.19}$$

wobei Q_i hier reelle (in der Praxis häufig rationale oder sogar ganze) Zahlen sind, die *Ladungen* genannt werden. Offensichtlich rotieren die beiden Felder unterschiedlich stark, je nach Ladung. Wie sehen dann die kovarianten Ableitungen $D_\mu\phi_1$ und $D_\mu\phi_2$ aus?

AUFGABE 149

■ Zeigt, dass gilt:

$$D_\mu \phi_i = (\partial_\mu - igQ_i A_\mu)\phi_i \tag{8.20}$$

und

$$D_\mu \phi_i^\dagger = (\partial_\mu - ig(-Q_i)A_\mu)\phi_i \,. \tag{8.21}$$

▶ Was wir eigentlich noch beweisen müssen, ist: $D_\mu \phi_i \longrightarrow e^{iQ_i\varphi} D_\mu \phi_i$. Das funktioniert identisch zur vorigen Aufgabe, nur mit Faktoren $\pm Q_i$.

Daraus folgt insbesondere, dass dem komplex konjugierten Feld die entgegengesetzte Ladung zugeordnet ist. Der ursprüngliche Fall in Gl. (8.9) war also eigentlich der Sonderfall $Q = 1$.

Es ist kein Geheimnis, dass der Eichzusammenhang A_μ nichts anderes ist als ein relativistisches Vektorpotenzial. Identifizieren wir g mit der elektromagnetischen Kopplungskonstante $e = \sqrt{4\pi\alpha} \approx \sqrt{4\pi/137}$ und Q_i mit den elektrischen Ladungen der Felder, dann sind A_i und A_0 bis auf Normierung und evtl. Vorzeichen das gewohnte Vektorpotenzial bzw. Skalarpotenzial der Elektrodynamik. Die Zuordnung der Ladungen ist für Abel'sche Transformationen wie die hier betrachteten unitären Phasentransformationen $e^{i\varphi(x)} \in U(1)$ allerdings nicht eindeutig, da wir $g \to \lambda g$, $Q_i \to Q_i/\lambda$ reskalieren können, ohne dass sich irgendetwas ändert.

So oder so fehlt aber noch etwas zum Elektrodynamik-Glück: die *Dynamik*. Insbesondere hätten wir ja gerne so etwas wie Maxwell-Gleichungen, und die bekommen wir nur, wenn wir dem Vektorpotenzial einen kinetischen Term angedeihen lassen. Eine naive Wahl wäre zum Beispiel

$$\pm \frac{1}{2} \partial_\mu A_\nu \partial^\mu A^\nu \,, \tag{8.22}$$

aber dieser Term ist nicht eichinvariant unter den Transformationen Gl. (8.14).

AUFGABE 150

■ Zeigt, dass der *Feldstärke-Tensor*

$$F_{\mu\nu} = \partial_\mu A_\nu - \partial_\nu A_\mu \tag{8.23}$$

eichinvariant ist. Damit ist auch der kinetische Term

$$\mathcal{L} = -\frac{1}{4} F_{\mu\nu} F^{\mu\nu} \tag{8.24}$$

eichinvariant. Er beschreibt die komplette Dynamik der Elektrodynamik (mangels Quellen hier noch ohne Ladungen und Ströme, doch das ändert sich, wenn man den kinetischen Term für das komplexe Skalarfeld hinzunimmt).

▶ Wir erhalten $A_\mu \to A_\mu + \frac{1}{g}\partial_\mu\varphi$ und damit

$$F_{\mu\nu} \to \partial_\mu(A_\nu + \frac{1}{g}\partial_\nu\varphi) - \partial_\nu(A_\mu + \frac{1}{g}\partial_\mu\varphi)\,. \tag{8.25}$$

Der neue Term ist $\propto \partial_\mu\partial_\nu\varphi - \partial_\nu\partial_\mu\varphi$, und da die Ableitungen vertauschen, verschwindet er.

Wir können jetzt ohne Weiteres eine klassische (vorerst noch nicht quantisierte) Feldtheorie eines elektrisch geladenen Skalarfeldes aufschreiben, die die Elektrodynamik komplett beinhaltet:

$$\mathcal{L}_{sED} = D_\mu\phi^\dagger D^\mu\phi - \frac{1}{4}F_{\mu\nu}F^{\mu\nu}\,. \tag{8.26}$$

Die Kopplung zwischen Feld und Elektromagnetismus (EM) geschieht in der kovarianten Ableitung, und je größer die Ladung Q ist, desto stärker ist die Kopplung.

Sind Eichsymmetrien echte Symmetrien?

Es ist fragwürdig, ob Eichsymmetrien gegenüber den ihnen zugrunde liegenden globalen Symmetrien überhaupt eine zusätzliche Symmetrie der Theorie darstellen. Die vorherrschende Meinung ist wohl, dass globale Symmetrien die eigentlichen Symmetrien sind, während die Eichung lediglich eine Redundanz in die mathematische Beschreibung der Theorie einführt. So gibt uns die Eichung weder zusätzliche Entartungen von Freiheitsgraden noch neue Noether-Ströme und damit keine neuen Erhaltungsgrößen. Trotzdem ist diese Redundanz durch Eichung offenbar ein mächtiges Konstruktionsprinzip, um konsistente Theorien von Vektorbosonen aufzuschreiben. Gleich werden wir aber sehen, dass man die Eichsymmetrie im Laufe der Quantisierung sowieso wieder einschränken muss. Man kann aber in der quantisierten Eichtheorie eine größere globale Symmetrie, die sogenannte Becchi-Rouet-Stora-Tjutin-Symmetrie, oder kurz BRST-Symmetrie, finden, die man als die eigentliche Symmetrie der Quantentheorie mit Eichfeldern bezeichnen könnte. Sie erlaubt eine sehr elegante Untersuchung der Renormierbarkeit von Eichtheorien und ist auch aus mathematischer Sicht sehr interessant. Eine recht tiefgreifende Diskussion der BRST-Symmetrie und ihrem Zusammenhang mit der Quantisierung von Systemen mit Zwangsbedingungen findet sich in [17].

8.2 Die kanonische Quantisierung des Photonfeldes

Wir hatten bei unserer Diskussion des Eichprinzips gesehen, dass die Kopplung des Photons an andere Felder durch das Vektorpotenzial A_μ in der kovarianten Ableitung geschieht. Der Feldstärketensor $F_{\mu\nu}$, der die elektrischen und magnetischen Felder $\mathbf{E}$, $\mathbf{B}$ enthält, ist also eine abgeleitete Größe (im wahrsten Sinne des Wortes). Das „fundamentale" Photonfeld, mit dem wir arbeiten, ist aber A_μ. Wir beginnen mit dem einfachsten Fall der Elektrodynamik ohne Quellen und deren Lagrange-Dichte:

$$\mathcal{L} = -\frac{1}{4}F_{\mu\nu}F^{\mu\nu} = -\frac{1}{4}(\partial_\mu A_\nu - \partial_\nu A_\mu)(\partial^\mu A^\nu - \partial^\nu A^\mu)\,. \tag{8.27}$$

Um kanonisch zu quantisieren, benötigen wir wieder die kanonisch konjugierten Variablen, um Vertauschungsrelationen aufzustellen. Hier tritt allerdings ein berühmtes Problem auf. Das war eigentlich zu erwarten, denn wir wissen schon, dass Photonen zwei physikalische Freiheitsgrade in Form von transversalen Polarisationen besitzen, während A_μ vier Komponenten hat. Zwei dieser Freiheitsgrade sind also unphysikalisch.

AUFGABE 151

■ Berechnet die kanonisch konjugierten Impulse zu A_μ gemäß der Lagrange-Dichte in Gl. (8.27).

▶ Jeder Komponente von A_μ wird wieder ein Impuls

$$\Pi^\mu = \frac{\partial}{\partial \dot{A}_\mu}\mathcal{L} \tag{8.28}$$

zugeordnet. Uns interessieren also nur Terme mit mindestens einer Zeitableitung, und daher muss ein Index gleich 0 sein. Insbesondere ist $F_{00} = 0$, und wir erhalten

$$\begin{aligned}\mathcal{L} \ni\ & -\frac{1}{4}F_{\mu 0}F^{\mu 0} - \frac{1}{4}F_{0\nu}F^{0\nu} \overset{\text{antisymm.}}{=} -\frac{1}{2}F_{0\nu}F^{0\nu} \\ =\ & -\frac{1}{2}(\partial_0 A_\nu \partial^0 A^\nu - \partial_\nu A_0 \partial^0 A^\nu - \partial_0 A_\nu \partial^\nu A^0 + \partial_\nu A_0 \partial^\nu A^0)\end{aligned} \tag{8.29}$$

und damit

$$\Pi^\mu = \frac{\partial}{\partial \dot{A}_\mu}\mathcal{L} = -\partial^0 A^\mu + \partial^\mu A^0 = F^{\mu 0}\,. \tag{8.30}$$

Es fällt auf, dass $\mathbf{\Pi} \propto \mathbf{E}$ und $\Pi^0 = 0$ ist.

Aufgemerkt!

In der klassischen Theorie mit der Lagrange-Dichte Gl. (8.27) besitzt das skalare Potenzial A_0 keinen konjugierten Impuls.

Diese Tatsache hindert uns daran, das Photonfeld einfach analog zum reellen skalaren Feld mit Vertauschungsrelationen zu quantisieren. Schuld an diesem Problem sind die unphysikalischen Komponenten des Vektorpotenzials und insbesondere die Eichsymmetrie

$$A_\mu \longrightarrow A_\mu - \frac{1}{g}\partial_\mu \alpha\,. \tag{8.31}$$

Dieses Problem wollen wir nun lösen.

8.2.1 Gupta-Bleuler-Formalismus

Der Zugang, den wir nun verfolgen und der in Einführungen in die QED meist gewählt wird, läuft unter dem Namen *Gupta-Bleuler-Formalismus*.[3] Sehr kurz zusammengefasst, wird Folgendes getan:

- Die Lagrange-Dichte wird um einen Term $\propto (\partial_\mu A^\mu)^2$ ergänzt. Damit existiert für alle vier Komponenten ein kanonischer Impuls, aber die Bewegungsgleichungen bleiben für Eichungen $\partial_\mu A^\mu = 0$ unverändert.
- Die vier Komponenten von A_μ werden kanonisch quantisiert.
- Man stellt fest, dass man in der quantisierten Theorie nicht konsistent $\partial_\mu A^\mu = 0$ für die Feldoperatoren fordern kann. Es gibt nicht nur zu viele Zustände, sondern zeitartige Polarisationen haben auch Zustandsvektoren negativer Norm. Diese Probleme löst man, indem man die schwache Bedingung $\langle \partial_\mu A^\mu \rangle = 0$ fordert und darüber einen physikalischen Fock-Raum mit zwei Polarisationsfreiheitsgraden definiert.

Wir gehen diese Punkte jetzt Schritt für Schritt durch. Zunächst führen wir die Lagrange-Dichte

$$\mathcal{L} = -\frac{1}{4}F_{\mu\nu}F^{\mu\nu} - \frac{1}{2\xi}(\partial_\mu A^\mu)^2 \tag{8.32}$$

ein. Der neue Term wird oft „Eichfixierung“ genannt, was etwas irreführend ist. Hier ist ξ ein freier Parameter, oft als „Eichfixierungs-Parameter“ bezeichnet, der keine Auswirkungen auf physikalische Ergebnisse haben wird.

[3] Eine vielleicht elegantere und auf andere, nicht-Abel'sche Eichgruppen verallgemeinerbare Methode lässt sich, wie wir später sehen werden, besonders einfach im Rahmen des Pfadintegral-Formalismus verfolgen.

AUFGABE 152

■ Berechnet die kanonisch konjugierten Impulse zu A_μ gemäß der Lagrange-Dichte in Gl. (8.32).

▶ Der neue Term enthält nur die Zeitableitung $\partial_0 A^0$, das Ergebnis für $\mathbf{\Pi}$ bleibt also unverändert. Wir erhalten aber

$$\Pi^0 = \frac{\partial}{\partial \dot{A}^0} = -\frac{1}{\xi}\partial_\mu A^\mu \,. \tag{8.33}$$

Kompakt geschrieben, lautet das Ergebnis

$$\Pi^\mu = F^{\mu 0} - g^{\mu 0}\frac{1}{\xi}\partial_\nu A^\nu \,. \tag{8.34}$$

Wir führen nun die gleichzeitigen Vertauschungsrelationen

$$[A_\mu(t,\mathbf{x}), A_\nu(t,\mathbf{y})] = [\Pi_\mu(t,\mathbf{x}), \Pi_\nu(t,\mathbf{y})] = 0 \tag{8.35}$$

und

$$[A_\mu(t,\mathbf{x}), \Pi_\nu(t,\mathbf{y})] = i g_{\mu\nu}\delta^3(\mathbf{x}-\mathbf{y}) \tag{8.36}$$

ein. Wir sehen sofort aus der 00-Komponente dieser Relation, dass die Bedingung $\partial_\mu A^\mu = 0$ inkonsistent mit der Quantisierung ist, da $[A_0, \partial_\mu A^\mu] \neq 0$ ist. Darum werden wir uns später kümmern. Zunächst ziehen wir jetzt die Quantisierung in Analogie zum reellen Skalarfeld für unsere vier Komponenten separat durch. Da die kanonischen Impulse etwas komplizierter aussehen, setzen wir sie einfach in die Relation ein und leiten eine Vertauschungsrelation für A_μ und $\dot{A}_\mu$ her.

AUFGABE 153

■ Leitet aus Gl. (8.35) und Gl. (8.36) Vertauschungsrelationen für A_μ und $\dot{A}_\mu$ her.

▶ Es ist

$$\begin{aligned}&[A^\mu(t,\mathbf{x}), \Pi^\nu(t,\mathbf{y})]\\ &= [A^\mu(t,\mathbf{x}), \partial^\nu A^0(t,\mathbf{y}) - \partial^0 A^\nu(t,\mathbf{y}) - g^{\nu 0}\frac{1}{\xi}\partial_0 A^0(t,\mathbf{y}) - g^{\nu 0}\frac{1}{\xi}\partial_i A^i(t,\mathbf{y})]\,.\end{aligned} \tag{8.37}$$

Zunächst stellen wir fest, dass die Terme ohne Zeitableitung auf der rechten Seite des Kommutators vernachlässigt werden können, denn es gilt: $[A_\mu(t,\mathbf{x}), A_\nu(t,\mathbf{y})] = 0$ für alle $\mathbf{y}$ und damit auch $[A_\mu(t,\mathbf{x}), \partial_i A_\nu(t,\mathbf{y})] = 0$. Somit haben wir

$$[A^\mu(t,\mathbf{x}), \Pi^j(t,\mathbf{y})] = [A^\mu(t,\mathbf{x}), -\partial_0 A^j(t,\mathbf{y})] \tag{8.38}$$

und

$$[A^\mu(t,\mathbf{x}),\Pi^0(t,\mathbf{y})] = [A^\mu(t,\mathbf{x}), -\frac{1}{\xi}\partial_0 A^0(t,\mathbf{y})]\,. \tag{8.39}$$

Damit folgt

$$[A^i(t,\mathbf{x}),\dot{A}^j(t,\mathbf{y})] = i\delta^{ij}\delta^3(\mathbf{x}-\mathbf{y}) \tag{8.40}$$

und

$$[A^0(t,\mathbf{x}),\dot{A}^0(t,\mathbf{y})] = -\xi i\delta^3(\mathbf{x}-\mathbf{y})\,. \tag{8.41}$$

Bis auf die Komplikation des Parameters ξ und das Vorzeichen in der zeitartigen Komponente können wir also in Analogie zum reellen Skalarfeld quantisieren. Dazu machen wir den üblichen Ansatz im Fourier-Raum, wobei wir für jede Komponente von A_μ eigene Erzeuger und Vernichter vorsehen:

$$A^\mu(t,\mathbf{x}) = \int \frac{d^3k}{(2\pi)^3 2E_\mathbf{k}}\left(\tilde{a}^\mu_\mathbf{k} e^{-ikx} + \tilde{a}^{\dagger\mu}_\mathbf{k} e^{ikx}\right)\Big|_{k_0=E_\mathbf{k}}\,. \tag{8.42}$$

Jetzt sollte es ein Leichtes sein, so wie im skalaren Fall die Vertauschungsrelationen für $\tilde{a}$ und $\tilde{a}^\dagger$ zu finden.

AUFGABE 154

Bestimmt anhand der Vertauschungsrelationen Gl. (8.40) und Gl. (8.41) die Vertauschungsrelationen für die Erzeuger und Vernichter $\tilde{a}^\dagger_\mu$ und $\tilde{a}_\mu$.

Wir können einfach das Ergebnis für den reellen Skalar abschreiben, wobei wir noch den Faktor $-\xi$ für die 0-Komponente berücksichtigen. Das Ergebnis ist also einfach

$$\begin{aligned}
[\tilde{a}^i_\mathbf{p},\tilde{a}^{j\dagger}_\mathbf{k}] &= \delta^{ij}(2\pi)^3(2E_\mathbf{p})\delta^3(\mathbf{p}-\mathbf{k})\,,\\
[\tilde{a}^0_\mathbf{p},\tilde{a}^{0\dagger}_\mathbf{k}] &= -\xi(2\pi)^3(2E_\mathbf{p})\delta^3(\mathbf{p}-\mathbf{k})\,.
\end{aligned} \tag{8.43}$$

Jetzt stellt sich jetzt die Frage, wie wir $\tilde{a}^0$ und $\tilde{a}^{0\dagger}$ interpretieren. Bedeutet das Vorzeichen einfach, dass wir $\tilde{a}^{0\dagger}$ bei der Konstruktion des Fock-Raumes als Vernichter interpretieren sollten und umgekehrt? Schließlich kann man einfach die Einträge des Kommutators vertauschen und erhält bis auf einen Faktor ξ die herkömmliche Relation. Dies zieht aber weitere Komplikationen nach sich. Die Methode von Gupta und Bleuler interpretiert $\tilde{a}^{0\dagger}$ weiterhin als Erzeuger. Allerdings haben die so erzeugten Zustände aufgrund des Vorzeichens eigenartige Eigenschaften. Das sieht man sofort, wenn man mithilfe einer normierbaren Impulsraum-Wellenfunktion $\phi_\mathbf{k}$ einen normierbaren Zustand bastelt:

$$|\phi\rangle = \int \frac{d^3k}{(2\pi)^3}\phi_\mathbf{k}\tilde{a}^{0\dagger}_\mathbf{k}|0\rangle\,. \tag{8.44}$$

Hier werden also einfach aus dem Vakuum der freien Theorie Ein-Teilchen-Zustände des Erzeugers $\tilde{a}^{0\dagger}$ erzeugt und dann über ein normierbares Wellenpaket verschmiert.

AUFGABE 155

Berechnet den Ausdruck $\langle\phi|\phi\rangle$ anhand von Gl. (8.44) und der Vertauschungsrelation Gl. (8.43).

Wir erhalten

$$\begin{aligned}
\langle\phi|\phi\rangle &= \int \frac{d^3k}{(2\pi)^3 2E_{\mathbf{k}}} \int \frac{d^3q}{(2\pi)^3 2E_{\mathbf{q}}} \langle 0|\tilde{a}^0_{\mathbf{k}} \tilde{a}^{0\dagger}_{\mathbf{q}}|0\rangle \\
&= \int \frac{d^3k}{(2\pi)^3 2E_{\mathbf{k}}} \int \frac{d^3q}{(2\pi)^3 2E_{\mathbf{q}}} \phi^*_{\mathbf{k}} \phi_{\mathbf{q}} \langle 0|[\tilde{a}^0_{\mathbf{k}}, \tilde{a}^{0\dagger}_{\mathbf{q}}] + \tilde{a}^{0\dagger}_{\mathbf{q}} \underbrace{\tilde{a}^0_{\mathbf{k}}|0\rangle}_{=0} \\
&= -\xi\langle 0|0\rangle \int \frac{d^3k}{(2\pi)^3 2E_{\mathbf{k}}} \int \frac{d^3q}{(2\pi)^3 2E_{\mathbf{q}}} \phi^*_{\mathbf{k}} \phi_{\mathbf{q}} (2\pi)^3 E_{\mathbf{q}} \delta^3(\mathbf{k}-\mathbf{q}) \\
&= -\xi \int \frac{d^3k}{(2\pi)^3 2E_{\mathbf{k}}} |\phi_{\mathbf{k}}|^2 = -\xi\,,
\end{aligned} \tag{8.45}$$

wobei wir im letzten Schritt davon ausgehen, dass das Wellenpaket kovariant auf 1 normiert ist.

Die Normierung ist nicht nur von dem unphysikalischen Parameter ξ abhängig, sie ist für $\xi > 0$ sogar negativ! Das macht aber nichts, denn diese Zustände treten in der Natur sowieso nicht auf. Gupta und Bleuler projizieren sie aus, indem sie für die asymptotischen Zustände, die ja in der freien Theorie formuliert sind, eine sog. schwache Lorentz-Bedingung fordern:

$$\langle\psi|\partial_\mu A^\mu|\psi\rangle = 0\,. \tag{8.46}$$

Wie schon weiter oben gezeigt, können wir diese Bedingung nicht für die Operatoren selbst fordern, aber das ist auch gar nicht nötig.

Aufgemerkt! **Gupta-Bleuler-Bedingung**

Diese Bedingung kann man erfüllen, indem man die einfache lineare Bedingung

$$\partial_\mu A^\mu\Big|_{\text{Vernichter}}|\psi\rangle = 0 \tag{8.47}$$

fordert, denn sie impliziert

$$\langle\psi|\partial_\mu A^\mu\Big|_{\text{Erzeuger}} = 0 \tag{8.48}$$

und damit auch Gl. (8.46).

Doch was bedeutet diese Bedingung für unsere Erzeuger und Vernichter?

AUFGABE 156

Formuliert die Bedingung Gl. (8.46) als Bedingung für die Vernichter im Impulsraum.

Wir setzen einfach den Ansatz Gl. (8.42) ein, verwerfen den Term mit dem Aufsteiger und erhalten

$$\partial_\mu A^\mu\Big|_{\text{Vernichter}}|\psi\rangle = \int \frac{d^3k}{(2\pi)^3 2E_{\mathbf{k}}} e^{-ikx}(-ik_\mu)\tilde{a}^\mu_{\mathbf{k}}|\psi\rangle\Big|_{k_0=E_{\mathbf{k}}} = 0\,. \quad (8.49)$$

Da die Zustände $\tilde{a}^\mu_{\mathbf{k}}|\psi\rangle$ für verschiedene $\mathbf{k}$ orthogonal sind, muss jeder Koeffizient verschwinden, und wir erhalten die einfache Bedingung

$$k_\mu \tilde{a}^\mu_{\mathbf{k}}|\psi\rangle\Big|_{k_0=E_{\mathbf{k}}} = 0\,. \quad (8.50)$$

Diese Bedingung werden wir jetzt an Zustände $|\psi\rangle$ stellen, um sie als physikalische Zustände zu bezeichnen, die einlaufende und auslaufende Teilchen beschreiben. Damit haben wir die Zustände mit negativer ξ-abhängiger Norm eliminiert, aber es verbleibt ein unphysikalischer Freiheitsgrad (wir hatten ja zwei unphysikalische Freiheitsgrade, jedoch nur eine zusätzliche Bedingung). Dieser Freiheitsgrad trägt aber nicht zu Streuamplituden bei. Darauf gehen wir gleich näher ein.

Setzt man $\xi = 1$ (die sog. Feynman-Eichung), wie es in vielen Einführungen in die QED gemacht wird, erhält man für die Vertauschungsrelationen ein verführerisch kovariant aussehendes Ergebnis:

$$[\tilde{a}^\mu_{\mathbf{p}}, \tilde{a}^{\nu\dagger}_{\mathbf{k}}]\Big|_{\xi=1} = -g^{\mu\nu}(2\pi)^3(2E_{\mathbf{p}})\delta^3(\mathbf{p}-\mathbf{k})\,. \quad (8.51)$$

Wir werden der Einfachheit halber damit weitermachen und den Fall für allgemeines ξ später behandeln.

An dieser Stelle macht es Sinn, die Erzeuger und Vernichter von festen Raumrichtungen zu entkoppeln und eine $\mathbf{k}$-abhängige Basis $\epsilon^\mu_r(\mathbf{k})$ einzuführen, mit $r = Z, L, 1, 2$, wobei Z und L für zeitartig bzw. longitudinal steht und $1, 2$ für zwei beliebige transversale Richtungen.[4] Wir schreiben

$$\tilde{a}^\mu_{\mathbf{k}} = \sum_{r=Z,1,2,L} \epsilon^\mu_r(\mathbf{k}) a^r_{\mathbf{k}}\,. \quad (8.52)$$

[4] Für komplexe ϵ kann man auch zirkulare Polarisationen realisieren. In diesem Fall muss man bei der komplexen Konjugation darauf achten, $\epsilon \longrightarrow \epsilon^*$ zu setzen.

Angenommen, $\mathbf{k} \propto (0,0,1)$, d. h. die Photonwelle laufe in z-Richtung. Damit ist z. B. $k^\mu = (|\mathbf{k}|, 0, 0, |\mathbf{k}|)$. Die longitudinale Polarisation ist dann einfach $\epsilon_L^\mu = (0,0,0,1)$, und die zeitartige ist $\epsilon_Z^\mu = (1,0,0,0)$. Die transversalen Richtungen können wir dann z. B. einfach als $\epsilon_1^\mu = (0,1,0,0)$, $\epsilon_2^\mu = (0,0,1,0)$ wählen. Wir haben also in diesem Bezugssystem eine triviale Basis $\epsilon_r^\mu = \delta_r^\mu$ festgelegt. Die entsprechenden Vektoren für beliebige $\mathbf{k}'$ erhalten wir einfach durch eine (nicht eindeutige) Transformationsmatrix

$$k'^\mu = (|\mathbf{k}'|, \mathbf{k}')^\mu = \Lambda^\mu{}_\nu (|\mathbf{k}|, 0, 0, |\mathbf{k}|)^\nu \,. \tag{8.53}$$

Dann gilt automatisch für alle $\mathbf{k}$:

$$k_\mu \epsilon_{1,2}^\mu(\mathbf{k}) = 0 \,, \tag{8.54}$$

denn diese Relation ist Lorentz-invariant. Allerdings ist

$$k_\mu \epsilon_L^\mu(\mathbf{k}) = -|\mathbf{k}|, \quad k_\mu \epsilon_Z^\mu(\mathbf{k}) = |\mathbf{k}| \,. \tag{8.55}$$

Es vereinfacht die Situation, wenn wir die Polarisationsvektoren ϵ für alle $\mathbf{k}$ so wählen, dass gilt:

$$\epsilon_{r\mu}(\mathbf{k}) \epsilon_s^\mu(\mathbf{k}) = g_{rs} \,, \tag{8.56}$$

wobei g_{rs} mit $r, s = 0 \ldots 3$ wie die Minkowski-Metrik definiert ist. Die einfache Basis oben erfüllt diese Bedingung, und da wir wieder eine Lorentz-invariante Kontraktion in μ machen, bleibt sie nicht nur bei Drehungen, sondern auch in beliebigen Bezugssystemen (und damit für beliebige $\mathbf{k}$) erhalten. Die Indizes r, s sollen allerdings nicht unter Lorentz-Transformationen transformieren, denn wir wollen die Interpretation der einzelnen Komponenten $a_Z^{(\dagger)}, a_{1,2}^{(\dagger)}, a_L^{(\dagger)}$ in jedem Bezugssystem und für jedes $\mathbf{k}$ gleich lassen. Wir wenden jetzt auch hier den üblichen Formalismus mit oberen und unteren Indizes an, um alle Vorzeichen korrekt mitzunehmen, und verwenden die Einstein'sche Summenkonvention, sofern es nicht anders vermerkt ist. Das Quantenfeld lässt sich einfach umschreiben zu

$$A^\mu(t, \mathbf{x}) = \int \frac{d^3k}{(2\pi)^3 2E_\mathbf{k}} \Big(\epsilon_r^\mu(\mathbf{k}) a_\mathbf{k}^r e^{-ikx} + \epsilon_r^\mu(\mathbf{k}) a_\mathbf{k}^{r\dagger} e^{ikx} \Big) \Big|_{k_0 = E_\mathbf{k}} \,. \tag{8.57}$$

Was sind die Vertauschungsrelationen für diese neuen Erzeuger und Vernichter?

AUFGABE 157

■ Leitet aus Gl. (8.51), Gl. (8.52) und Gl. (8.56) die Vertauschungsrelationen für die Erzeuger und Vernichter $a_L^{(\dagger)}, a_{1,2}^{(\dagger)}, a_Z^{(\dagger)}$ her.

▶ Hier müssen einfach auf beiden Seiten der Relation (8.51) die Lorentz-Indizes mit einem Polarisationsvektor multipliziert werden:

$$\epsilon_{r\mu}(\mathbf{p}) \epsilon_{s\nu}(\mathbf{p}) [\tilde{a}_\mathbf{p}^\mu, \tilde{a}_\mathbf{k}^{\nu\dagger}] \Big|_{\xi=1} = -\epsilon_{r\mu}(\mathbf{p}) \epsilon_s^\mu(\mathbf{p}) (2\pi)^3 (2E_\mathbf{p}) \delta^3(\mathbf{p} - \mathbf{k}) \,. \tag{8.58}$$

Wegen $\epsilon_{r\mu}(\mathbf{p})\tilde{a}^{\mu}_{\mathbf{p}} = \epsilon_{r\mu}(\mathbf{p})\epsilon^{\mu}_{s}(\mathbf{p})a^{s}_{\mathbf{p}} = a_{\mathbf{p}r}$ und weil wir aufgrund der Delta-Distribution $\mathbf{k} = \mathbf{p}$ annehmen dürfen, um Gl. (8.56) zu verwenden, folgt:

$$[a^{r}_{\mathbf{p}}, a^{s\dagger}_{\mathbf{k}}] = -g^{rs}(2\pi)^3(2E_{\mathbf{p}})\delta^3(\mathbf{p}-\mathbf{k}). \tag{8.59}$$

Wir wollen jetzt noch die Bedingung für physikalische Zustände aus Gl. (8.50) für unsere neuen Erzeuger und Vernichter umschreiben.

AUFGABE 158

■ Schreibt die Bedingung in Gl. (8.50) für die Erzeuger und Vernichter zu Gl. (8.52) um.

▶ Wir erhalten durch einfaches Einsetzen der Relationen von Gl. (8.54) und Gl. (8.55)

$$k_{\mu}\tilde{a}^{\mu}_{\mathbf{k}}|\psi\rangle = k_{\mu}\epsilon^{\mu}_{r}a^{r}_{\mathbf{k}} = |\mathbf{k}|\left(a^{Z}_{\mathbf{k}} - a^{L}_{\mathbf{k}}\right)|\psi\rangle = 0 \tag{8.60}$$

und damit

$$\left(a^{Z}_{\mathbf{k}} - a^{L}_{\mathbf{k}}\right)|\psi\rangle = 0. \tag{8.61}$$

Welche Zustände sind nach Gl. (8.61) eigentlich noch erlaubt?

AUFGABE 159

■ Zeigt, dass Zustände, die von $a^{Z\dagger} + a^{L\dagger}$ erzeugt werden, verboten sind, aber die eigentlich unphysikalische Kombination $a^{Z\dagger} - a^{L\dagger}$ noch erlaubt ist. Außerdem sind die transversalen Zustände aus $a^{1,2\dagger}$ erlaubt.

▶ Zunächst betrachten wir die transversalen Zustände. Da $[a^{Z,L}, a^{1,2\dagger}] = 0$ ist, erhalten wir sofort:

$$\left(a^{Z}_{\mathbf{k}} - a^{L}_{\mathbf{k}}\right)a^{1,2\dagger}_{\mathbf{p}}|0\rangle = a^{1,2\dagger}_{\mathbf{p}}\left(a^{Z}_{\mathbf{k}} - a^{L}_{\mathbf{k}}\right)|0\rangle = 0. \tag{8.62}$$

Außerdem ist

$$\left(a^{Z}_{\mathbf{k}} - a^{L}_{\mathbf{k}}\right)\left(a^{Z\dagger}_{\mathbf{p}} - a^{L\dagger}_{\mathbf{p}}\right)|0\rangle = \left([a^{Z}_{\mathbf{k}}, a^{Z\dagger}_{\mathbf{p}}] + [a^{L}_{\mathbf{k}}, a^{L\dagger}_{\mathbf{p}}]\right)|0\rangle = 0, \tag{8.63}$$

da in unserem Formalismus von Gl. (8.59) gilt: $g^{ZZ=00} = -g^{LL=33}$. Zu guter Letzt ist

$$\left(a^{Z}_{\mathbf{k}} - a^{L}_{\mathbf{k}}\right)\left(a^{Z\dagger}_{\mathbf{p}} + a^{L\dagger}_{\mathbf{p}}\right)|0\rangle = \left([a^{Z}_{\mathbf{k}}, a^{Z\dagger}_{\mathbf{p}}] - [a^{L}_{\mathbf{k}}, a^{L\dagger}_{\mathbf{p}}]\right)|0\rangle \neq 0. \tag{8.64}$$

Die Bedingung Gl. (8.61) erlaubt also trotzdem noch eine unphysikalische Polarisation in den „physikalischen“ Zuständen!

AUFGABE 160

Welcher Polarisation des äußeren Teilchens entspricht dieser verbliebene unphysikalische Zustand?

Ohne überhaupt eine Rechnung mit Auf- und Absteigern auf uns zu nehmen, können wir sehen, dass Eichtransformationen

$$A_\mu \longrightarrow A_\mu - \frac{1}{g}\partial_\mu \alpha, \qquad \Box\alpha = 0 \tag{8.65}$$

die Bedingung im Ortsraum Gl. (8.46) invariant lassen. Im Impulsraum entspricht das Polarisationen $\epsilon^\mu \propto k^\mu$. Insbesondere ist für unsere äußeren Photonen $k^2 = 0$, und damit ist auch die Nebenbedingung erfüllt.

In Quantenfeldern ausgedrückt, kann man das folgendermaßen sehen: Wir betrachten, ähnlich wie oben, einen normierbaren unphysikalischen Zustand

$$|\psi\rangle = \int \frac{d^3p}{(2\pi)^3 2E_\mathbf{p}} \phi_\mathbf{p} p_\mu \tilde{a}^{\mu\dagger}_\mathbf{p}|0\rangle\Big|_{p_0=E_\mathbf{p}}, \tag{8.66}$$

wobei $p_0 = |\mathbf{p}|$ ist, was einem Photon-Wellenpaket mit unphysikalischer Polarisation in Richtung p^μ entspricht. Anwenden auf die Bedingung Gl. (8.50) ergibt

$$\begin{aligned}\int \frac{d^3p}{(2\pi)^3 2E_\mathbf{p}} \phi_\mathbf{p} k_\mu \tilde{a}^\mu_\mathbf{k} p_\nu \tilde{a}^{\nu\dagger}_\mathbf{p}|0\rangle &= \int \frac{d^3p}{(2\pi)^3 2E_\mathbf{p}} \phi_\mathbf{p} k_\mu p_\nu [\tilde{a}^\mu_\mathbf{k}, \tilde{a}^{\nu\dagger}_\mathbf{p}]|0\rangle \\ &= -\phi_\mathbf{k} \underbrace{k^2}_{=0} |0\rangle = 0\,. \end{aligned} \tag{8.67}$$

Der gewählte Zustand erfüllt also die Bedingung.

8.2.2 Der Photon-Propagator

Für unsere Wahl des Parameters $\xi = 1$ haben die Bewegungsgleichungen für das Photonfeld eine besonders einfache Form.

AUFGABE 161

Berechnet die Bewegungsgleichungen für das Photonfeld gemäß der Gl. (8.32) und $\xi = 1$.

Wir variieren $A_\mu \to A_\mu + \delta A_\mu$. Dabei transformiert $\delta F_{\mu\nu} = \partial_\mu \delta A_\nu - \partial_\nu \delta A_\mu$, und wir erhalten

$$\begin{aligned}\delta\mathcal{L} &= -\frac{1}{2}(\partial_\mu \delta A_\nu - \partial_\nu \delta A_\mu)(\partial^\mu A^\nu - \partial^\nu A^\mu) - \partial_\mu \delta A^\mu \partial_\nu A^\nu \\ &= -\partial_\mu \delta A_\nu (\partial^\mu A^\nu - \partial^\nu A^\mu) - \partial_\mu \delta A^\mu \partial_\nu A^\nu\,. \end{aligned} \tag{8.68}$$

Wir verschieben die Ableitungen durch partielles Integrieren weg von δA_μ und lassen Oberflächenterme fallen:

$$\delta\mathcal{L} \sim \delta A_\nu(\Box A^\nu - \partial_\mu\partial^\nu A^\mu) + \delta A^\mu \partial_\mu\partial_\nu A^\nu . \tag{8.69}$$

Der letzte Term hebt sich mit dem zweiten Term in den Klammern weg, und wir erhalten als Bewegungsgleichung einfach nur

$$\Box A^\nu = 0 . \tag{8.70}$$

Für $\xi \neq 1$ ergibt sich ein entsprechend komplizierterer Ausdruck, den wir am Ende des Abschnitts herleiten werden.

Der eben ermittelte, überraschend einfache Ausdruck erklärt, wieso für die Wahl $\xi = 1$ die Quantisierung besonders unkompliziert war.

Wir führen nun wieder eine Quelle ein und leiten den Feynman-Propagator in Analogie zum reellen Skalarfeld her:

AUFGABE 162

Berechnet, ausgehend von der inhomogenen Bewegungsgleichung

$$\Box A^\nu(x) = j^\nu(x) , \tag{8.71}$$

den Feynman-Propagator für das Photonfeld mit $\xi = 1$.

Bei der Herleitung der Green'schen Funktion für Spinoren hatten wir gesehen, dass G den Dirac-Index des Spinors in zweifacher Ausführung tragen muss. Genau so ist es hier auch, und wir können $D_F^{\mu\nu}$ mit

$$\Box D_F^{\mu\nu}(x) = i\delta^4(x) g^{\mu\nu} \tag{8.72}$$

definieren. Das Vorzeichen haben wir so gewählt, damit die physikalischen raumartigen Komponenten dasselbe Vorzeichen wie der Propagator des reellen Skalarfeldes haben. Einsetzen der Fourier-Ansätze liefert wieder

$$\Box \int \frac{d^4p}{(2\pi)^4} \tilde{D}_F^{\mu\nu}(p) e^{-ipx} = g^{\mu\nu} \int \frac{d^4p}{(2\pi)^4} i e^{-ipx}$$
$$\Rightarrow \int \frac{d^4p}{(2\pi)^4} (-p^2)\, \tilde{D}_F^{\mu\nu}(p) e^{-ipx} = g^{\mu\nu} \int \frac{d^4p}{(2\pi)^4} i e^{-ipx} , \tag{8.73}$$

und ein naiver (und wie bereits mehrfach besprochen, falscher) Koeffizientenvergleich liefert

$$\tilde{D}_F^{\mu\nu} \sim \frac{-ig^{\mu\nu}}{p^2} . \tag{8.74}$$

Wie im Fall des reellen Skalarfeldes müssen wir wieder jene Integrationskontur wählen, die der Feynman-Vorschrift für den Propagator entspricht, und wir erhalten

$$\tilde{D}_F^{\mu\nu}(p) = \frac{-ig^{\mu\nu}}{p^2 + i\epsilon} . \tag{8.75}$$

Aufgemerkt!

Der Feynman-Propagator des Photonfeldes im Impulsraum für $\xi = 1$ lautet

$$\tilde{D}_F^{\mu\nu}(p) = \frac{-ig^{\mu\nu}}{p^2 + i\epsilon}. \tag{8.76}$$

Der entsprechende Ausdruck im Ortsraum lautet

$$D_F^{\mu\nu}(x-y) = \int \frac{d^4p}{(2\pi)^4} \frac{-ig^{\mu\nu}}{p^2 + i\epsilon} e^{-ip(x-y)}. \tag{8.77}$$

Diese Wahl von ξ nennt man Feynman-Eichung.

Allgemeiner Photon-Propagator Wir werden später in Abschnitt 11.1 im Zuge der Renormierung der QED Lagrangedichten mit allgemeinen Koeffizienten betrachten. Daher ist es interessant, den Photonpropagator für solche allgemeinere Lagrange-Dichten zu ermitteln, und wir schreiben daher

$$\mathcal{L} = -\frac{1}{4} Z_A F_{\mu\nu} F^{\mu\nu} - \frac{1}{2} Z_x (\partial_\mu A^\mu)^2. \tag{8.78}$$

Hier haben wir allgemeine Konstanten vor dem kinetischen Term und der Eichfixierung eingeführt, die wir später als die Renormierungskonstante Z_A bzw. ein Produkt von Konstanten und Renormierungskonstanten $Z_x = Z_A Z_\xi^{-1} \xi^{-1}$ auffassen werden. Die Herleitung des Propagators aus der Lagrange-Dichte Gl. (8.32) gestaltete sich relativ einfach, da man lediglich die Matrix $g^{\mu\nu}$ invertieren muss. Hier ist nun etwas mehr zu tun.

AUFGABE 163

Zeigt, dass man die Lagrange-Dichte Gl. (8.78) durch partielles Integrieren auf die Form

$$\mathcal{L} = \frac{1}{2} A_\mu \left[Z_A g^{\mu\nu} \Box - (Z_A - Z_x) \partial^\mu \partial^\nu \right] A_\nu \tag{8.79}$$

bringen kann.

Es ist

$$\begin{aligned}
-\frac{1}{4} F_{\mu\nu} F^{\mu\nu} &= -\frac{1}{4} (\partial_\mu A_\nu - \partial_\nu A_\mu)(\partial^\mu A^\nu - \partial^\nu A^\mu) \\
&= -\frac{1}{2} (\partial_\mu A_\nu \partial^\mu A^\nu - \partial_\mu A_\nu \partial^\nu A^\mu) \\
&= -\frac{1}{2} (-A_\nu \partial_\mu \partial^\mu A^\nu + A_\nu \partial_\mu \partial^\nu A^\mu) \\
&= \frac{1}{2} A_\mu \left[\Box g^{\mu\nu} - \partial^\mu \partial^\nu \right] A_\nu ,
\end{aligned} \tag{8.80}$$

wobei wir Oberflächenterme vernachlässigt haben. Der Eichfixierungsterm ergibt einfach

$$-\frac{1}{2}(\partial_\mu A^\mu)(\partial_\nu A^\nu) = +\frac{1}{2}A^\mu \partial_\mu \partial_\nu A^\nu . \tag{8.81}$$

Daraus ergibt sich sofort das gewünschte Ergebnis.

Wir müssen nun die Green'sche Funktion für diesen Differenzialoperator bestimmen. Die Bedingung lautet jetzt

$$\left[Z_A g^{\mu\nu}\Box - (Z_A - Z_x)\partial^\mu \partial^\nu\right] D_F^{\nu\rho}(x) = i\delta^4(x) g^{\mu\rho} . \tag{8.82}$$

Wir gehen wieder, wie oben, in den Impulsraum und erhalten die Bedingung

$$\int \frac{d^4p}{(2\pi)^4} e^{-ipx}\left[-Z_A g^{\mu\nu}p^2 + (Z_A - Z_x)p^\mu p^\nu\right]\tilde{D}_F^{\nu\rho}(p) = ig^{\mu\rho}\int \frac{d^4p}{(2\pi)^4}e^{-ipx} . \tag{8.83}$$

AUFGABE 164

■ Nun gilt es, den Propagator $\tilde{D}_F(p)$ zu ermitteln. Dazu muss der Ausdruck in eckigen Klammern invertiert werden.

● Wir verwenden folgenden Trick, der uns noch oft begegnen wird: Wir wissen, dass die einzigen mit zwei Lorentz-Indizes behafteten Objekte in diesem Problem $g^{\mu\nu}$ und $p^\mu p^\nu$ sind. Wir können also den Ansatz

$$D_F^{\nu\rho}(p) = A(p)g^{\nu\rho} + B(p)\frac{p^\nu p^\mu}{p^2} \tag{8.84}$$

machen und durch Koeffizientenvergleich A und B bestimmen. Wie lautet also (bis auf die Polvorschrift) $\tilde{D}_F^{\mu\nu}$?

▶ Wir setzen den Ansatz in 8.83 ein:

$$\begin{aligned} &ig^{\mu\rho} \stackrel{!}{=} \\ &\left[-Z_A\delta^\mu_\nu p^2 + (Z_A - Z_x)p^\mu p_\nu\right]\left[A(p)g^{\nu\rho} + B(p)\frac{p^\nu p^\rho}{p^2}\right] = \\ &-Z_A A(p)p^2 g^{\mu\rho} + \Big(-Z_A B(p) + (Z_A - Z_x)A(p) + (Z_A - Z_x)B(p)\Big)p^\mu p^\rho \\ &-Z_A A(p)p^2 g^{\mu\rho} + \Big((Z_A - Z_x)A(p) - Z_x B(p)\Big)p^\mu p^\rho . \end{aligned} \tag{8.85}$$

Daraus können wir ablesen:

$$A(p) = -i\frac{1}{Z_A p^2} . \tag{8.86}$$

Der Koeffizient vor $p^\mu p^\rho$ muss verschwinden, da auf der linken Seite kein Anteil $\propto p^\mu p^\rho$ steht, und so erhalten wir

$$B(p) = \frac{Z_A - Z_x}{Z_x}A(p) . \tag{8.87}$$

Aufgemerkt!

Der Propagator (mit der Feynman-Polvorschrift) für die allgemeine Lagrange-Dichte Gl. (8.78) ist damit

$$\tilde{D}_F^{\mu\nu}(p) = \frac{-i}{Z_A p^2 + i\epsilon}\left(g^{\mu\nu} + \frac{Z_A - Z_x}{Z_x}\frac{p^\mu p^\nu}{p^2}\right). \tag{8.88}$$

Hieraus kann direkt der Propagator für die oft verwendeten R_ξ-Eichungen aus der Lagrangedichte Gl. (8.32)

$$\mathcal{L} = -\frac{1}{4}F_{\mu\nu}F^{\mu\nu} - \frac{1}{2\xi}(\partial_\mu A^\mu)^2 \tag{8.89}$$

abgelesen werden:

$$\tilde{D}_{F\xi}^{\mu\nu}(p) = \frac{-i}{p^2 + i\epsilon}\left(g^{\mu\nu} + (\xi - 1)\frac{p^\mu p^\nu}{p^2}\right). \tag{8.90}$$

8.2.3 Ein kleiner Exkurs: massive Photonen

Der Schweizer Physiker Ernst Stückelberg, mit vollem Namen Ernst Carl Gerlach Stückelberg von Breidenbach zu Breidenstein und Melsbach, ist in der Öffentlichkeit unbekannt, obwohl er viele entscheidende Entwicklungen in der QFT und insbesondere der QED vorbereitet oder sogar vorweggenommen hat, für die heute andere Physiker berühmt sind. Er hat unter anderem die Lagrange-Dichte gemäß Gl. (8.32) vorgeschlagen, die deshalb oft Stückelberg-Lagrangian genannt wird. In einer seiner Arbeiten zeigte er, dass man Eichfelder theoretisch konsistent massiv machen kann. Diese Idee, die ebenfalls nach ihm benannt ist, wollen wir kurz erläutern. Wir hatten zuvor motiviert, dass die Eichinvarianz einen Massenterm für das Photonfeld verbietet, da

$$m^2 A_\mu A^\mu \tag{8.91}$$

nicht invariant unter Transformationen

$$A_\mu \longrightarrow A_\mu - \frac{1}{g}\partial_\mu \alpha \tag{8.92}$$

ist. Es ist allerdings möglich, durch eine kleine Veränderung der Theorie eine eichinvariante Masse einzuführen. Zunächst gilt es zu bedenken, dass hypothetische massive Photonen einen zusätzlichen dritten physikalischen Freiheitsgrad besitzen. Das kann man sich einfach klar machen: Die longitudinale Polarisation ist nun durch nichts mehr ausgezeichnet, da das massive Photon in Ruhe sein und aufgrund der Drehinvarianz in jede beliebige Richtung polarisiert sein kann. Ein Beobachter, der sich relativ zu dem Photon in Richtung von dessen Polarisation bewegt, sieht also zwangsläufig ein longitudinal polarisiertes Teilchen. Für masselose

Photonen ist dieses Gedankenexperiment nicht möglich, da es kein Ruhesystem gibt. Es ist also einleuchtend, ein neues reelles Feld einzuführen, das diesen neuen Freiheitsgrad liefert. Wir nennen es G. Der Trick besteht darin, ähnlich wie A_μ das neue Feld *nichtlinear* unter Eichungen transformieren zu lassen:

$$G \longrightarrow G - \frac{1}{g}\alpha . \tag{8.93}$$

Wir können nun folgende eichinvariante Lagrange-Dichte aufschreiben:

$$\mathcal{L} = -\frac{1}{4}F_{\mu\nu}F^{\mu\nu} + \frac{1}{2}m^2\left(A_\mu - \partial_\mu G\right)^2 . \tag{8.94}$$

Das Feld G wird dementsprechend Stückelberg-Feld oder Stückelberg-Geist genannt. Es weist eine gewisse Verwandtschaft mit den sogenannten Goldstone-Feldern auf, die in der spontanen Symmetriebrechung auftauchen. Es ist leicht zu sehen, dass G nun kein eigenständiges physikalisches Feld ist. Multipliziert man den „Massenterm" aus, dann findet man nämlich einen Mischterm

$$-\,m^2 G(\partial^\mu A_\mu) \tag{8.95}$$

zwischen G und einem ursprünglich unphysikalischen Freiheitsgrad von A_μ. Dass es sich bei dem neuen Term tatsächlich um einen Photon-Masse-Term handelt, sieht man, wenn man eine Eichtransformation mit $\alpha = gG$ ausführt. Dann wird nämlich $G \to 0$, und wir erhalten den nicht-eichinvarianten Ausdruck

$$\mathcal{L} = -\frac{1}{4}F_{\mu\nu}F^{\mu\nu} + \frac{1}{2}m^2 A_\mu A^\mu . \tag{8.96}$$

Die Verletzung der Eichinvarianz ist aber nur scheinbar, da wir eine feste Eichung mit $G = 0$ gewählt haben.

Wieso sind real existierende Photonen aber mit sehr großer Präzision masselos, wenn doch eichinvariante Massenterme im Prinzip erlaubt sind? Anscheinend ist die elektromagnetische Eichsymmetrie (genau genommen die der Hyperladung) in der Natur linear realisiert – aber der Grund dafür, sofern es einen gibt, ist nicht bekannt.

Die Quantisierung des massiven Photons kann mit einer kleinen Modifikation übrigens wieder im Gupta-Bleuler-Formalismus durchgezogen werden. Hier sind nur zwei Anpassungen vonnöten. Einerseits wird der „Eichfixierungsterm" (wieder für $\xi = 1$) erweitert zu

$$-\frac{1}{2}(\partial_\mu A^\mu + m^2 G)^2 , \tag{8.97}$$

andererseits lautet die Bedingung für physikalische Zustände nun:

$$(\partial_\mu A^\mu + m^2 G)\Big|_{\text{Vernichter}} |\psi\rangle = 0 . \tag{8.98}$$

Wieder bleibt eine Klasse von Eichtransformationen erhalten, nämlich jene mit $(\Box + m^2)\alpha = 0$. Die Verallgemeinerung dieses Formalismus auf nicht-Abel'sche Eichgruppen, wie sie im Standardmodell der Teilchenphysik vorkommen, ist aufgrund der nicht-trivialen Gruppenstruktur wesentlich komplizierter. Sie resultiert in einer *nichtrenormierbaren* Theorie, die üblicherweise *nichtlineares Sigma-Modell* genannt wird. Dies ist einer der Gründe, weshalb das Higgs-Feld für die Konsistenz des *renormierbaren* Standardmodells mit massiven Eichbosonen notwendig ist. Dazu aber später mehr!

Ermittelt den Feynman-Propagator für das massive Photon!

8.2.4 Die LSZ-Reduktionsformel für Photonen

Nachdem wir in den vorigen Abschnitten dank der LSZ-Reduktionsformeln die Berechnung von Streuamplituden aus verallgemeinerten Green'schen Funktionen für Skalare und Dirac-Fermionen gelernt haben, wäre es schön, wenn die gleiche Vorgehensweise auch für das Photonfeld möglich wäre. Hier gibt es allerdings ein unschönes Hindernis: Der Formalismus lässt sich für masselose Felder nicht so einfach durchziehen wie gehabt. Hier kann man Abhilfe schaffen und eine kleine fiktive Masse δ einführen. Dies ist für das Photon theoretisch konsistent möglich, wie wir oben gesehen haben. Nachdem die LSZ-Reduktion durchgeführt ist, kann dann der Grenzwert $\delta \to 0$ genommen werden. Mehr Details hierzu finden sich, wie viele andere technische Feinheiten, in [11].

Um zu sehen, wie die Verallgemeinerung der LSZ-Formel für massive Vektoren aussieht, schreiben wir zunächst die Erzeuger und die Vernichter wieder als Ableitung des Quantenfeldes.

AUFGABE 165

■ Schreibt zunächst durch Fourier-Transformation die Erzeuger und Vernichter $\tilde{a}^{\mu}_{\mathbf{k}}, \tilde{a}^{\dagger\mu}_{\mathbf{k}}$ als Funktion(al) des Feldansatzes Gl. (8.42). Ermittelt dann anhand der Relation Gl. (8.56) die Ausdrücke für $a^{r}_{\mathbf{k}}, a^{r\dagger}_{\mathbf{k}}$.

▶ Diese Rechnung geht identisch wie im Fall des reellen Skalarfeldes in Gl. (4.60), das wir dort bei der Herleitung der LSZ-Formel benötigt hatten, und wir erhalten, wieder für ein beliebiges $t = x_0$:

$$\tilde{a}^{\dagger\mu}_{\mathbf{k}} = -i \int d^3x e^{-ikx} \overleftrightarrow{\partial_t} A^{\mu} \tag{8.99}$$

und

$$\tilde{a}^{\mu}_{\mathbf{k}} = i \int d^3x e^{ikx} \overleftrightarrow{\partial_t} A^{\mu} \,. \tag{8.100}$$

Wir hatten definiert: $\tilde{a}_{\mathbf{k}\mu} = \epsilon_{r\mu}(\mathbf{k}) a^r_{\mathbf{k}}$. Wenn wir nun einfach auf beiden Seiten der Relation Gl. (8.99) einen Polarisationsvektor $\epsilon^r_\mu(\mathbf{k}) = g^{rs}\epsilon_{s\mu}(\mathbf{k})$ kontrahieren, erhalten wir:

$$g^{rs}\epsilon_{s\mu}(\mathbf{k})\tilde{a}^{\dagger\mu}_{\mathbf{k}} = a^{\dagger r}_{\mathbf{k}} = -ig^{rs}\epsilon_{s\mu}(\mathbf{k})\int d^3x e^{-ikx}\overleftrightarrow{\partial_t} A^\mu\,, \tag{8.101}$$

und genauso für den Vernichter.

Der analoge Ausdruck für massive Skalare in Gl. (4.60) lautete

$$a^\dagger_{\mathbf{p}} = -i\int d^3x\, e^{-ipx}\overleftrightarrow{\partial_t}\phi\,. \tag{8.102}$$

Wir hatten bereits gesehen, dass die relevante Bewegungsgleichung der freien Theorie mit unserer Wahl $\xi = 1$ einfach die Klein-Gordon-Gleichung

$$(\Box + \delta^2)A_\mu = 0 \tag{8.103}$$

ist. Damit ergibt sich für die Reduktionsformel gegenüber Gl. (4.83) nur folgende zusätzliche Vorschrift: Für jedes äußere Photon muss an das Vektorfeld A_μ in der Zeitordnung ein Polarisationsvektor $\epsilon^\mu_r(\mathbf{k})$ kontrahiert werden. Dabei gibt der Index $r = 1, 2$ die gewünschte transversale Polarisation dieses Teilchens an. Arbeitet man mit komplexen Polarisationsvektoren, so müssen für auslaufende Photonen die komplex konjugierten Vektoren ϵ^* verwendet werden. Die sich daraus ergebenden Feynman-Regeln sind einfach zu „erraten", und wir werden sie später im Zusammenhang mit der QED auflisten.

8.3 Die Quantisierung des Photonfeldes über Pfadintegrale

Will man das erzeugende Funktional für Skalarfelder direkt auf Eichbosonen und insbesondere das Photonfeld verallgemeinern,

$$Z[J] = \int \mathcal{D}A e^{iS[A,J]}\,, \quad S[A,J] = \int d^4x\left[-\frac{1}{4}F_{\mu\nu}F^{\mu\nu} + J_\mu A^\mu\right]\,, \tag{8.104}$$

dann stößt man wieder auf ein Problem, das uns schon mehrfach begegnet ist: Die Eichinvarianz der Wirkung verhindert zunächst die Quantisierung der Theorie. Wir hatten im Zuge der kanonischen Quantisierung schon gesehen, dass A_0 keinen kanonisch konjugierten Impuls besitzt. Man kann zudem die Bewegungsgleichungen aus der klassischen Wirkung nicht invertieren, um einen Ausdruck für den Propagator zu erhalten. In der kanonischen Quantisierung nach Gupta-Bleuler wurden diese Probleme gelöst, indem man einen sog. Eichfixierungsterm in die Lagrange-Dichte einführt.

Fasst man, statt die Herleitung über die kanonische Quantisierung zu machen, das Pfadintegral als *Definition* der Quantentheorie auf, dann tritt das Problem in folgender Form auf: Es gibt ein Kontinuum von Feldkonfigurationen des Vektorpotenzials A_μ, die denselben physikalischen Zustand beschreiben und insbesondere aufgrund der Eichinvarianz demselben Wert der klassischen Wirkung entsprechen. *Fadeev* und *Popov* schlagen eine Methode vor, einen Teil dieses Beitrags kontrolliert zu separieren, damit man ihn z. B. in der Berechnung von Green'schen Funktionen wieder herauskürzen kann. Das Ergebnis wird wiederum eine Lagrange-Dichte mit Eichfixierungsterm sein, wie wir sie in der Gupta-Bleuler-Methode eingesetzt hatten. Die beiden Methoden sind also physikalisch äquivalent; die funktionale Quantisierung erlaubt es allerdings, einige weitere Eigenschaften der quantisierten Eichtheorie eleganter zu zeigen.

Der Ausgangspunkt besteht üblicherweise darin, die Eichvariation des Vektorpotenzials A_μ durch Einfügen einer Eins in ein getrenntes Integral zu separieren. Dazu kann man sich ein eichtransformiertes Feld $A'_\mu = A_\mu + \partial_\mu \alpha$ definieren und schreiben

$$1 = \int \mathcal{D}\alpha \det\left(\frac{\delta G(A')}{\delta\alpha}\right) \delta(G(A')) , \tag{8.105}$$

wobei $G(A')$ eine Eichfixierungsbedingung ist, die wir später spezifizieren. Hier benötigt man in Analogie zu den Jacobi-Determinanten in herkömmlichen Integralen eine Funktionaldeterminante, die im Zweifelsfall in der diskretisierten Version des Pfadintegrals definiert werden kann. In unserem Beispiel wird sie nicht vom Feld abhängen und kann daher aus dem Pfadintegral herausgezogen werden, sodass wir für das Argument hier nicht näher auf ihre Eigenschaften eingehen. Wir schreiben also

$$Z[J] \propto \int \mathcal{D}A \int \mathcal{D}\alpha \det\left(\frac{\delta G(A')}{\delta\alpha}\right) \delta(G(A'))e^{iS[A,J]} . \tag{8.106}$$

Nun wechselt man die Integrationsvariable, $\mathcal{D}A = \mathcal{D}A'$, und ersetzt in der Wirkung ebenfalls $A \to A'$, was die Wirkung invariant lässt. Damit steht überall ein A', und man kann den Strich ($'$) in der Bezeichnung wieder fallen lassen:

$$Z[J] \propto \int \mathcal{D}A \int \mathcal{D}\alpha \det\left(\frac{\delta G(A)}{\delta\alpha}\right) \delta(G(A))e^{iS[A,J]} . \tag{8.107}$$

Unter der Annahme, dass die Funktionaldeterminante nicht vom Feld abhängt (wir werden gleich sehen, warum), ziehen wir sie aus dem Pfadintegral heraus. Da der Integrand nun nicht mehr von α abhängt, können wir auch das Pfadintegral über α herausziehen und erhalten

$$Z[J] \propto \int \mathcal{D}A\delta(G(A))e^{iS[A,J]} . \tag{8.108}$$

Es gibt verschiedene Möglichkeiten, G zu wählen, die alle funktionieren und in etwas unterschiedlichen, physikalisch äquivalenten Lagrange-Dichten resultieren. Wir wählen

$$G(A) = \partial_\mu A^\mu - f , \tag{8.109}$$

wobei f eine beliebige Funktion ist. Die Funktionaldeterminante ist mit dieser Funktion

$$\det\left(\frac{\delta G}{\delta\alpha}\right) = \det\left(\frac{\delta(\Box\alpha)}{\delta\alpha}\right) = \det(\Box)\,. \tag{8.110}$$

Während gewöhnliche Determinanten lineare Operatoren endlich-dimensionaler Vektorräume (meist in Form von Matrizen) aufnehmen und beispielsweise auf das Produkt ihrer Eigenwerte abbilden, liegt hier als linearer Operator der d'Alembert-Differentialoperator vor, der auf einen unendlich-dimensionalen Funktionenraum wirkt. Daher muss hier regularisiert werden, bevor man den Ausdruck sinnvoll weiterverwenden kann. Wie auch immer man dies bewerkstelligt und den Kontinuumslimes nimmt, das Ergebnis hängt auf jeden Fall nicht von dem Feld A ab. Es war daher oben gerechtfertigt, die Determinante als (divergente) Normierungskonstante vor das Funktionalintegral zu ziehen.

Damit haben wir

$$Z[J] \propto \int \mathcal{D}A\,\delta(\partial_\mu A^\mu - f)\,\exp\Big(iS[A,J]\Big)\,. \tag{8.111}$$

Da dies für jede Funktion f ein legitimes erzeugendes Funktional für das Photonfeld darstellt, kann man ein Funktionalintegral über f, gewichtet mit einer Gauß'schen Funktion, ausführen:

$$\int \mathcal{D}f\,\exp\Big(i\int d^4x\,(-\frac{1}{2\xi}f^2)\Big)\cdots\,. \tag{8.112}$$

Man kann damit die Delta-Distribution $\delta(\partial_\mu A^\mu - f)$ eliminieren und einen neuen Term in den Exponenten, und damit in die Wirkung, hieven. Es ist

$$\int \mathcal{D}f\,\exp\Big(i\int d^4x\,(-\frac{1}{2\xi}f^2)\Big)\delta(\partial_\mu A^\mu - f)\ldots = \exp\Big(-i\int d^4x\,\frac{1}{2\xi}(\partial_\mu A^\mu)^2\Big)\cdots\,. \tag{8.113}$$

Dieser Exponentialterm liefert einen Beitrag zur Wirkung, der wie unser Eichfixierungsterm von zuvor aussieht.

Aufgemerkt!

Wir haben damit einen Ausdruck für das erzeugende Funktional des Photonfeldes erhalten:

$$Z[J] = \int \mathcal{D}A\,e^{iS_{gf}[A,J]}\,. \tag{8.114}$$

Der entscheidende Schritt ist die Verwendung der „eichfixierten" Wirkung

$$S_{gf}[A,J] = \int d^4x\,\left(-\frac{1}{4}F_{\mu\nu}F^{\mu\nu} - \frac{1}{2\xi}\,(\partial_\mu A^\mu)^2 + A_\mu J^\mu\right)\,. \tag{8.115}$$

Bei der Herleitung des Fadeev-Popov-Tricks wird deutlich, weshalb der neue Term in der Lagrange-Dichte $(\partial_\mu A^\mu)^2$ nicht wirklich eine *Fixierung* der Eichung bewirkt – wir haben schließlich über eine Schar von Eichbedingungen $\partial_\mu A^\mu = f$ gemittelt.

Die ich rief, die Geister...

Betrachtet man Eichtheorien mit nicht-Abel'schen Symmetriegruppen wie $SU(N)$, dann sind die Eichtransformationen des Vektorpotenzials feldabhängig, und damit im Allgemeinen auch die Funktionaldeterminante. In diesem Fall benötigt man Funktionalintegrale über fermionische *Fadeev-Popov-Geistfelder*, um die Determinante als Beitrag zum Exponenten (und damit zur Lagrangedichte) zu schreiben. Anhand der Geistfelder kann man eine Symmetrie der quantisierten nicht-Abel'schen Eichtheorie aufschreiben, die BRST-Transformation. Man kann die Geistfelder auch in der Herleitung für die Abel'sche $U(1)$-Eichtheorie einsetzen, stellt dann aber fest, dass sie von der übrigen Theorie komplett entkoppeln.

In unserer Herleitung der Eichtheorie hatten wir ursprünglich nicht das Vektorpotenzial A_μ, sondern die Wilson-Linie, Gl. (8.8)

$$W = \exp\left[ig \int_{x_1}^{x_2} A_\mu dn^\mu\right], \tag{8.116}$$

eingeführt, welche die relativen Eichtransformationen zwischen zwei benachbarten Orten x_1, x_2 aufsammelt. Die Wilson-Linie ist hier einfach eine Phase $W \in U(1)$. Damit ist die Menge der möglichen Wilson-Linien zwischen zwei Punkten kompakt, im Gegensatz zu den unbeschränkten Eichtransformationen $A_\mu \to A_\mu + \frac{1}{g}\partial_\mu \alpha$. Zieht man die Beschreibung einer Eichtheorie mit diesem Objekt durch, statt das Vektorpotenzial zu verwenden, zum Beispiel in der Gittereichtheorie, dann tritt das Problem der Integration über unendlich viele äquivalente Konfigurationen nicht auf.

Zusammenfassung zu Eichtheorien

- Lokale Eichtransformation eines Skalarfelds und des Eichzusammenhangs:

$$\phi \longrightarrow e^{i\varphi}\phi, \quad A_\mu \longrightarrow A_\mu + \frac{1}{g}\partial_\mu \varphi \tag{8.14}$$

- Die mit Gl. (8.14) kompatible kovariante Ableitung auf Skalarfelder lautet

$$D_\mu = \partial_\mu - igA_\mu \tag{8.9}$$

- Lagrange-Dichte des Photonfeldes in allgemeiner Normierung mit Eichfixierungsterm:

$$\mathcal{L} = -\frac{1}{4} Z_A F_{\mu\nu} F^{\mu\nu} - \frac{1}{2} Z_x (\partial_\mu A^\mu)^2 \tag{8.78}$$

- Feynman-Propagator des Photons in allgemeiner Normierung (Impulsraum):

$$\tilde{D}_F^{\mu\nu}(p) = \frac{-i}{Z_A p^2 + i\epsilon} \left(g^{\mu\nu} + \frac{Z_A - Z_x}{Z_x} \frac{p^\mu p^\nu}{p^2} \right) \tag{8.88}$$

- Feynman-Propagator des Photons in Feynman-Eichung (Impulsraum):

$$\tilde{D}_F^{\mu\nu}(p) = \frac{-i g^{\mu\nu}}{p^2 + i\epsilon} \tag{8.76}$$

- Eichfixierte Wirkung des Photonfeldes mit Quelle:

$$S_{gf}[A, J] = \int d^4x \left(-\frac{1}{4} F_{\mu\nu} F^{\mu\nu} - \frac{1}{2\xi} (\partial_\mu A^\mu)^2 + A_\mu J^\mu \right) \tag{8.115}$$

- Erzeugendes Funktional des Photonfeldes:

$$Z[J] = \int \mathcal{D}A \, e^{i S_{gf}[A,J]} \tag{8.114}$$

9 Eichsymmetrien und Ward-Identitäten

Übersicht

Die Herleitungen in diesem Kapitel können beim ersten Lesen des Buches notfalls übersprungen werden, um möglichst schnell zur Berechnung von Streuquerschnitten in der QED zu gelangen. Konzeptionell ist es aber für die Konsistenz und das tiefere Verständnis von Eichtheorien sehr wichtig. Im weiteren Verlauf benötigen wir vor allem zwei Hauptresultate aus diesem Kapitel, die man dann zunächst hinnehmen muss.

Aufgemerkt!

Einerseits gilt, dass Streuamplituden verschwinden, wenn man den Polarisationsvektor ϵ_μ eines äußeren Photons durch dessen Impuls ersetzt:

$$\epsilon_\mu(k)\mathcal{M}^\mu \longrightarrow k_\mu\mathcal{M}^\mu = 0\,. \tag{9.1}$$

Damit können wir rechtfertigen, die Polarisationssumme äußerer Photonen einfach als

$$\sum_{r=1,2} \epsilon_r^{(*)\mu}(k)\epsilon_r^\nu(k) \longrightarrow -g^{\mu\nu} \tag{9.2}$$

zu schreiben und alle Abhängigkeiten von k^μ wegzulassen, die korrekt mitzunehmen einer komplizierteren Konstruktion bedürfte.

Weiterhin findet man, dass der unphysikalische Teil des Propagators keine Quantenkorrekturen erhält und dass ein Zusammenhang zwischen der Selbstenergie des Elektrons und der Elektron-Photon-Wechselwirkung besteht. Diese Ergebnisse, die bei der Renormierung der QED eine Rolle spielen werden, können wir jetzt mithilfe des Pfadintegrals „exakt“ zeigen, d. h. ohne eine Störungsnäherung ansetzen zu müssen.

9.1 Ward-Identitäten der Eichsymmetrie

In Abschnitt 2.2 hatten wir den Zusammenhang zwischen kontinuierlichen Symmetrien und erhaltenen Strömen in klassischen Feldtheorien beleuchtet. Wir wollen uns jetzt die $U(1)$-Symmetrie des Elektromagnetismus genauer anschauen, die wir in lokaler („geeichter“) Form als Konstruktionsprinzip für die QED verwenden werden. Die Frage ist, wie der Zusammenhang zwischen Symmetrien, Erhaltungsgrößen und Strömen in der quantisierten Feldtheorie aussieht. Dazu finden sich interessante Diskussionen z. B. in [3, 11].

Dass sich in der Quantentheorie Unterschiede zur klassischen Theorie ergeben, sieht man schon daran, dass Ableitungen auf zeitgeordnete Green'sche Funktionen, in die Ströme eingesetzt sind, nicht in die Zeitordnung hineingezogen werden können, ohne Korrekturen aufzusammeln:

$$\partial_\mu \langle 0|T\{j^\mu(x)\phi(y)\dots\}|0\rangle \neq \langle 0|T\{\partial_\mu j^\mu(x)\phi(y)\dots\}|0\rangle \,. \tag{9.3}$$

Unterschiede treten genau dann auf, wenn im Zuge der Zeitableitung

$$\begin{aligned}&\partial_0 \langle 0|T\{j^0(\mathbf{x},x^0)\phi(\mathbf{y},y^0)\dots\}|0\rangle = \\ &\frac{\langle 0|T\{j^0(\mathbf{x},x^0+\epsilon)\phi(\mathbf{y},y^0)\dots\}|0\rangle - \langle 0|T\{j^0(\mathbf{x},x^0)\phi(\mathbf{y},y^0)\dots\}|0\rangle}{\epsilon} + \mathcal{O}(\epsilon^2)\end{aligned}$$

der Strom zu zwei Zeiten $x^0+\epsilon > y^0 > x^0$ verglichen wird, die einmal vor und einmal nach dem Zeitargument eines Feldes y^0 liegen. Dann muss nämlich aufgrund der Zeitordnung in einem der beiden Terme des Differenzenquotienten der Strom links vom Feld ϕ, im anderen rechts davon stehen. Der „Fehler“, den man dabei macht, wenn man die Ableitung einfach in die Zeitordnung zieht, ist also proportional zu den sogenannten Kontaktermen $[j^\mu, \phi]$.

Wie die entsprechenden Relationen in der quantisierten Theorie genau aussehen und wie man zum Beispiel bei dem Ergebnis $k_\mu \mathcal{M}^\mu = 0$ ankommt, kann man recht elegant und in großer Allgemeinheit anhand der erzeugenden Funktionale Z, Z_c, Γ herleiten. Hier müssen wir uns nicht um die Vertauschungsrelationen der verschiedenen Felder und Ströme sorgen, sondern können mit reell- oder komplexwertigen Feldern und antivertauschenden Grassmann-Feldern rechnen. Das erlaubt uns, die gewohnte Vorgehensweise aus der klassischen Feldtheorie direkt unter dem Pfadintegral anzuwenden.

Wir gehen wie folgt vor: Transformationen bzw. Variationen der Felder entsprechen im Funktionalintegral einem Wechsel der Integrationsvariablen. Wird der Variablenwechsel korrekt vorgenommen, ist die Theorie, in neuen Variablen geschrieben, äquivalent zu der vorherigen, da wir im Pfadintegral über alle Feldkonfigurationen integrieren. Aus der Gleichsetzung des Pfadintegrals in alten bzw. neuen Variablen lassen sich wichtige Relationen (wie die Bewegungsgleichungen) herleiten. Ist diese Transformation eine Symmetrie zumindest eines Teils der Wirkung, so hat zumindest dieser nach dem Variablenwechsel wieder dieselbe Form, was uns zusätzliche Informationen in Form von Ward-Identitäten beschert. Das ist der Fall, den wir nun betrachten.

Die Ward-Identität für Green'sche Funktionen Wir interessieren uns jetzt für die Lagrange-Dichte eines geladenen Dirac-Fermions und des zugehörigen Eichfeldes:

$$\mathcal{L} = -\frac{1}{4}F_{\mu\nu}F^{\mu\nu} + \overline{\psi}(i\not{D} - m)\psi\,. \tag{9.4}$$

Hier ist $D_\mu\psi = \partial_\mu\psi - ieA_\mu\psi$. Dabei handelt es sich bereits (bis auf den Eichfixierungsterm) um die Lagrange-Dichte der Quantenelektrodynamik. Sie ist invariant unter infinitesimalen Eichtransformationen

$$\begin{aligned} \delta A_\mu &= \frac{1}{e}\partial_\mu\lambda \\ \delta\psi &= i\lambda\psi \\ \delta\overline{\psi} &= -i\lambda\overline{\psi}\,. \end{aligned} \tag{9.5}$$

Das volle erzeugende Funktional der QED lautet dann

$$Z[J,\eta,\overline{\eta}] = \int \mathcal{D}\psi\mathcal{D}\overline{\psi}\mathcal{D}A\, e^{iS[\psi,\overline{\psi},A_\mu,\eta,\overline{\eta},J_\mu]}\,, \tag{9.6}$$

mit der Wirkung

$$S = \int d^4x \left[-\frac{1}{4}F_{\mu\nu}F^{\mu\nu} - \frac{1}{2\xi}(\partial_\mu A^\mu)^2 + \overline{\psi}(i\not{D} - m)\psi + J_\mu A^\mu + \overline{\eta}\psi + \overline{\psi}\eta\right]. \tag{9.7}$$

Im Zuge der Quantisierung des Photonfeldes mussten wir, wie gesagt, den Eichfixierungsterm einführen, und das erzeugende Funktional erhält darüber hinaus noch Quellen $\overline{\eta}$, η und J^μ für die Felder ψ, $\overline{\psi}$ und A_μ.

Wir wollen nun in Z einen Variablenwechsel gemäß den Transformationen Gl. (9.5) durchführen, der Z ja nicht verändert. Das erzeugende Funktional, in neuen Variablen geschrieben, soll Z' heißen. Zunächst nutzen wir aus, dass gilt:

$$\int \mathcal{D}\psi\mathcal{D}\overline{\psi}\mathcal{D}A = \int \mathcal{D}\psi'\mathcal{D}\overline{\psi}'\mathcal{D}A'\,. \tag{9.8}$$

Das scheint zwar intuitiv klar zu sein, da wir nur lineare unitäre Transformationen von ψ und Verschiebungen von A_μ vornehmen. Wir werden in dem Exkurs über Anomalien aber sehen, dass bestimmte Transformationen $\propto \gamma_5\psi$ aufgrund der notwendigen Regularisierung trügerisch sein können. Für Transformationen $\propto \psi$ geht alles gut, und wir können folgern:

$$0 = Z' - Z \;=\; \int \mathcal{D}\psi\mathcal{D}\overline{\psi}\mathcal{D}A\left(e^{iS[\psi',\overline{\psi}',A',\eta,\overline{\eta},J]} - e^{iS[\psi,\overline{\psi},A,\eta,\overline{\eta},J]}\right). \tag{9.9}$$

Wenn wir

$$\delta S = S[\psi', \overline{\psi}', A', \eta, \overline{\eta}, J] - S[\psi, \overline{\psi}, A, \eta, \overline{\eta}, J] \tag{9.10}$$

definieren und $e^{iS+i\delta S} = (1+i\delta S)e^{iS}$ entwickeln, bedeutet das einfach:

$$\int \mathcal{D}\psi\mathcal{D}\overline{\psi}\mathcal{D}A\,(\delta S)\; e^{iS[\psi,\overline{\psi},A,\eta,\overline{\eta},J]} = 0\,. \tag{9.11}$$

Hier ist bemerkenswert, dass für die einfache klassische Wirkung der QED ohne Quellen eigentlich aufgrund der Eichinvarianz $\delta S = 0$ wäre und Gl. (9.11) trivial verschwände. Der entscheidende Beitrag kommt hier tatsächlich daher, dass die Quellen nicht mittransformiert werden, da sie von außen fest vorgegeben sind. Außerdem finden wir noch einen Beitrag aus dem Eichfixierungsterm, dessen Effekt wir somit explizit sehen können. Verwendet man nicht den Formalismus mit erzeugenden Funktionalen und Quellen, so fängt man die gleichen Beiträge ein, da man die äußeren Felder ψ, $\overline{\psi}$ und A_μ im Ausdruck für die Green'sche Funktion $\langle 0|T\{A_\mu \ldots \psi \ldots \overline{\psi} \ldots\}|0\rangle$ transformieren muss. Es ist aber viel eleganter und allgemeingültiger, mit den erzeugenden Funktionalen Z, Z_c und Γ zu arbeiten.

AUFGABE 166

■ Zeigt zunächst, dass gilt:

$$\delta S = \frac{1}{e}\int d^4x\left(-\frac{1}{\xi}(\partial_\mu A^\mu)\Box\lambda + J_\mu\partial^\mu\lambda + ie\lambda\overline{\eta}\psi - ie\lambda\overline{\psi}\eta\right). \tag{9.12}$$

Zeigt damit, ausgehend von Gl. (9.11):

$$\left(i\frac{1}{\xi}\Box\left(\partial_\mu\frac{\delta}{\delta J_\mu}\right) - (\partial_\mu J^\mu) + e\overline{\eta}_j\frac{\delta}{\delta\overline{\eta}_j} - e\eta_j\frac{\delta}{\delta\eta_j}\right) Z[J,\eta,\overline{\eta}] = 0\,. \tag{9.13}$$

Diesen Zusammenhang nennt man die *Ward-Identität* für Green'sche Funktionen.

● Verwendet dazu die Beziehung

$$\left\{-i\frac{\delta}{\delta J_\mu}, -i\frac{\delta}{\delta\overline{\eta}_j}, i\frac{\delta}{\delta\eta_j}\right\} e^{iS} = \{A^\mu, \psi_j, \overline{\psi}_j\}\, e^{iS}\,. \tag{9.14}$$

Damit könnt ihr alle Felder in δS durch Funktionalableitungen ersetzen. Wenn δS dann keine explizite Abhängigkeit von den Feldern mehr trägt, können wir es vor das Pfadintegral $\int\mathcal{D}\psi\mathcal{D}\overline{\psi}\mathcal{D}A$ ziehen, und übrig bleibt ein Ausdruck, der aus Ableitungen auf das erzeugende Funktional Z besteht. Ihr müsst nur wegen der Reihenfolge aufpassen, da keine weiteren Felder rechts von den Ableitungen stehen dürfen, auf die sie auch unerwünscht wirken würden.

▶ Wir wollen also zunächst δS berechnen. Die einzigen eich*varianten* Terme sind $(\partial_\mu A^\mu)^2$, $J_\mu A^\mu$, $\overline{\eta}\psi$ und $\overline{\psi}\eta$. Einsetzen der infinitesimalen Transformation liefert

$$\delta(\partial_\mu A^\mu)^2 = \frac{1}{e}2(\partial_\mu A^\mu)\Box\lambda, \quad \delta(J_\mu A^\mu) = \frac{1}{e}J_\mu \partial^\mu \lambda,$$
$$\delta(\overline{\eta}\psi) = \overline{\eta}i\lambda\psi, \quad \delta(\overline{\psi}\eta) = -i\lambda\overline{\psi}\eta\,. \tag{9.15}$$

Damit ergibt sich sofort Gl. (9.12). Wir integrieren nun partiell, um in δS alle auf λ wirkenden Ableitungen ∂_μ auf die anderen Felder umzuschaufeln, verwerfen Oberflächenterme und können dann $\int d^4x\lambda(x)$ nach vorn ziehen und einfach weglassen, da der Ausdruck für beliebige Funktionen $\lambda(x)$ verschwinden muss. Wir erhalten zunächst durch partielles Integrieren

$$\delta S = \frac{1}{e}\int d^4x\,\lambda\left(-\frac{1}{\xi}\Box(\partial_\mu A^\mu) - \partial_\mu J^\mu + ie\overline{\eta}\psi - ie\overline{\psi}\eta\right). \tag{9.16}$$

Der konkrete Ausdruck von Gl. (9.11) lautet damit

$$\int d^4x\,\lambda \int \mathcal{D}\psi\mathcal{D}\overline{\psi}\mathcal{D}A\left(-\frac{1}{\xi}\Box(\partial_\mu A^\mu) - \partial_\mu J^\mu + ie\overline{\eta}\psi - ie\overline{\psi}\eta\right)e^{iS} = 0\,. \tag{9.17}$$

Nun können wir das Ortsintegral weglassen und endlich Gl. (9.14) anwenden. Hier muss man nur beim letzten Term aufpassen, wenn man

$$\overline{\psi}_j \longrightarrow i\frac{\delta}{\delta\eta_j}$$

ersetzt, da rechts von $\overline{\psi}$ noch ein weiterer Faktor η steht, den wir nicht ableiten wollen. Wir antivertauschen daher zunächst die Grassmann-Felder η und $\overline{\psi}$:

$$-ie\overline{\psi}\eta = -ie\overline{\psi}_j\eta_j = +ie\eta_j\overline{\psi}_j\,, \tag{9.18}$$

und können jetzt gefahrlos die Ersetzung durchführen:

$$\int \mathcal{D}\psi\mathcal{D}\overline{\psi}\mathcal{D}A\left(i\frac{1}{\xi}\Box\left(\partial_\mu\frac{\delta}{\delta J_\mu}\right) - \partial_\mu J^\mu + e\overline{\eta}_j\frac{\delta}{\delta\overline{\eta}_j} - e\eta_j\frac{\delta}{\delta\eta_j}\right)e^{iS} = 0\,. \tag{9.19}$$

Wir können nun die Klammer komplett vor das Pfadintegral ziehen, da keine Feldabhängigkeit mehr verbleibt, und erhalten endlich die gewünschte Identität.

Aufgemerkt!

Die *Ward-Identität* für Green'sche Funktionen der QED lautet

$$\left(i\frac{1}{\xi}\Box\left(\partial_\mu\frac{\delta}{\delta J_\mu}\right) - (\partial_\mu J^\mu) + e\overline{\eta}_j\frac{\delta}{\delta\overline{\eta}_j} - e\eta_j\frac{\delta}{\delta\eta_j}\right)Z[J,\eta,\overline{\eta}] = 0\,. \tag{9.20}$$

Sie beschreibt die Auswirkungen der klassischen Eichinvarianz in der quantisierten Theorie, und zwar in Form von Bedingungen an die erzeugenden Funktionale.

Diese allgemeine Ward-Identität für Green'sche Funktionen sieht recht unübersichtlich aus, und es ist vielleicht nicht auf den ersten Blick klar, was wir eigentlich aus ihr lernen. Der Trick besteht darin, alle Terme der Identität nach einer gewünschten Anzahl an Quellen abzuleiten. Die einzelnen Terme werden dann zu *verschiedenen* Green'schen Funktionen, und wir erhalten damit einen nicht-trivialen Zusammenhang zwischen ihnen.

Bevor wir genauer die Konsequenzen dieser wichtigen Identität untersuchen, ist es nützlich, sie durch das erzeugende Funktional der zusammenhängenden Green'schen Funktionen $Z_c[J,\eta,\overline{\eta}]$ und dann durch die effektive Wirkung $\Gamma[A_\mu,\psi,\overline{\psi}]$ auszudrücken.

Ward-Identität für andere erzeugende Funktionale Der erste Schritt ist sehr einfach. Wir verwenden

$$\frac{Z[J,\eta,\overline{\eta}]}{Z[0,0,0]} = e^{Z_c[J,\eta,\overline{\eta}]}\,, \tag{9.21}$$

setzen in Gl. (9.20) ein und kürzen e^{Z_c} weg.

Aufgemerkt!

Das Ergebnis ist die Ward-Identität für zusammenhängende Green'sche Funktionen:

$$i\frac{1}{\xi}\Box\left(\partial_\mu\frac{\delta Z_c}{\delta J_\mu}\right) - \partial_\mu J^\mu + e\overline{\eta}_j\frac{\delta Z_c}{\delta\overline{\eta}_j} - e\eta_j\frac{\delta Z_c}{\delta\eta_j} = 0\,. \tag{9.22}$$

Der Unterschied zur vorherigen Identität besteht nur darin, dass $\partial_\mu J^\mu$ nun allein steht. Wir können jetzt jegliche Abhängigkeit von den Quellen und von Z_c eliminieren, indem wir alles durch die klassischen Felder ausdrücken. Wir verwenden dazu wieder wie in Gl. (5.104) und Gl. (7.327)

$$\frac{\delta Z_c}{\delta J_\mu(x)} = iA^\mu(x)\,,\quad \frac{\delta Z_c}{\delta\overline{\eta}_j(x)} = i\psi_j(x)\,,\quad \frac{\delta Z_c}{\delta\eta_j(x)} = -i\overline{\psi}_j(x) \tag{9.23}$$

und

$$\frac{\delta\Gamma}{\delta A_\mu(x)} = -J^\mu(x)\,,\quad \frac{\delta\Gamma}{\delta\overline{\psi}_j(x)} = -\eta_j(x)\,,\quad \frac{\delta\Gamma}{\delta\psi_j(x)} = \overline{\eta}_j(x)\,, \tag{9.24}$$

wobei wir der Lesbarkeit halber das Subskript $\ldots_{cl}$ weggelassen haben. Die Relationen für das Photonfeld haben wir hier einfach unverändert aus jenen für das bosonische Skalarfeld abgelesen.

Aufgemerkt!

Durch einfaches Einsetzen erhalten wir sofort die Ward-Identität für die effektive Wirkung:

$$-\frac{1}{\xi}\Box\partial_\mu A^\mu + \partial_\mu \frac{\delta\Gamma}{\delta A_\mu} + ie\frac{\delta\Gamma}{\delta\psi_j}\psi_j + ie\overline{\psi}_j\frac{\delta\Gamma}{\delta\overline{\psi}_j} = 0\,. \tag{9.25}$$

Um uns die Funktionsweise dieser allgemeinen Ward-Identität für die effektive Wirkung deutlich zu machen, können wir sie auf Tree-Level ausprobieren, indem wir für Γ die eichfixierte klassische Wirkung einsetzen.

AUFGABE 167

Überprüft, dass die eichfixierte klassische Wirkung (ohne Quellen, d.h. mit $\eta = \overline{\eta} = J_\mu = 0$) in Gl. (9.7) die Ward-Identität 9.25 erfüllt.

Wir betrachten also

$$\Gamma_{tree} = S = \int d^4x \left[-\frac{1}{4}F_{\mu\nu}F^{\mu\nu} - \frac{1}{2\xi}(\partial_\mu A^\mu)^2 + \overline{\psi}(i\not{D} - m)\psi \right]. \tag{9.26}$$

Gehen wir die Terme der WI 9.25 der Reihe nach durch.

Im ersten Term gibt es nichts auszuwerten.

Im zweiten Term müssen wir alle Teile der Lagrangedichte berücksichtigen. Es ist

$$\begin{aligned}
\frac{\delta}{\delta A_\mu(y)}\int d^4x\left(-\frac{1}{4}F_{\omega\rho}F^{\omega\rho}\right) &= -\frac{1}{2}\int d^4x\,\frac{\delta F_{\omega\rho}}{\delta A_\mu(y)}F^{\omega\rho}\\
&= -\frac{1}{2}\int d^4x\left(\delta^\mu_\rho\partial^x_\omega\delta^4(x-y) - \delta^\mu_\omega\partial^x_\rho\delta^4(x-y)\right)F^{\omega\rho}\\
&= \frac{1}{2}\int d^4x\left(\delta^\mu_\rho\delta^4(x-y)\partial^x_\omega F^{\omega\rho} - \delta^\mu_\omega\delta^4(x-y)\partial^x_\rho F^{\omega\rho}\right)\\
&= \frac{1}{2}\left(\delta^\mu_\rho\partial^y_\omega F^{\omega\rho}(y) - \delta^\mu_\omega\partial^y_\rho F^{\omega\rho}(y)\right) = \partial_\omega F^{\omega\mu}\,,
\end{aligned} \tag{9.27}$$

und wenig überraschend finden wir eine Maxwell-Gleichung. Damit ist aber $\partial_\mu \cdots = \partial_\mu\partial_\omega F^{\omega\mu} = 0$ aufgrund der Antisymmetrie von F.

Der Eichfixierungsterm hingegen liefert einen Beitrag:

$$\begin{aligned}
\frac{\delta}{\delta A_\mu(y)}\int d^4x\left(-\frac{1}{2\xi}(\partial_\omega A^\omega)^2\right) &= -\frac{1}{\xi}\int d^4x\left(\frac{\delta(\partial_\rho A^\rho)}{\delta A_\mu(y)}(\partial_\omega A^\omega)\right)\\
&= -\frac{1}{\xi}\int d^4x\left(g^{\mu\rho}\partial^x_\rho\delta^4(x-y)\right)(\partial_\omega A^\omega) = \frac{1}{\xi}\partial^\mu\partial_\omega A^\omega\,.
\end{aligned} \tag{9.28}$$

Damit ist $\partial_\mu \cdots = \frac{1}{\xi}\Box\partial_\omega A^\omega$. Die Variation des Eichfixierungsterms hebt also genau den ersten Term der WI weg.

Die Variation der Fermion-Wirkung liefert einen Strom (den Quellterm für obigen Maxwell-Operator),

$$\frac{\delta}{\delta A_\mu(y)} \int d^4x \overline{\psi}(i\not{D} - m)\psi = e\overline{\psi}\gamma^\mu\psi\,, \tag{9.29}$$

und damit bleibt die Viererdivergenz

$$\partial_\mu \cdots = e\partial_\mu(\overline{\psi}\gamma^\mu\psi) = e(\partial_\mu\overline{\psi})\gamma^\mu\psi + e\overline{\psi}\gamma^\mu(\partial_\mu\psi) \tag{9.30}$$

übrig, die nun von den verbleibenden beiden Termen der WI weggehoben werden muss.

Die dritten und vierten Terme betreffen nur die Fermion-Wirkung. Wir unterdrücken die Dirac-Indizes, da die Zuordnung eindeutig ist. Aus dem dritten Term erhalten wir

$$\begin{aligned}
&\int d^4x\, ie \frac{\delta(\overline{\psi}(i\not{\partial} + e\not{A} - M)\psi)}{\delta\psi(y)}\psi(y) \\
&\quad = -\int d^4x\, ie\left(\overline{\psi}(i\not{\partial}^x + e\not{A} - M)\frac{\delta\psi(x)}{\delta\psi(y)}\right)\psi(y) \\
&\quad = -\int d^4x\, ie\left(\overline{\psi}(i\not{\partial}^x + e\not{A} - M)\delta^4(x-y)\right)\psi(y) \\
&\quad = -ie\overline{\psi}(-i\overleftarrow{\not{\partial}} + e\not{A} - M)\psi\,.
\end{aligned} \tag{9.31}$$

Der vierte und letzte Term der WI ergibt einfach

$$ie\overline{\psi}(i\not{\partial} + e\not{A} - M)\psi\,. \tag{9.32}$$

Die Teile $\propto e\not{A}, M$ heben sich zwischen den beiden Termen weg, da sie gerade jenen Teilen der Lagrangedichte entsprechen, die unter den lokalen Phasentransformationen des Dirac-Fermions invariant sind. Übrig bleiben die Ableitungsterme

$$-e(\partial_\mu\overline{\psi})\gamma^\mu\psi - e\overline{\psi}\gamma^\mu(\partial_\mu\psi)\,, \tag{9.33}$$

die gerade die Divergenz des Stroms Gl. (9.30) aus dem dritten Term wegheben.

Es wird deutlich, dass wir beim Auswerten der Ward-Identität für S einfach Term für Term die Eichvariation der klassischen Wirkung berechnet haben. Der erste Term der WI antizipiert, dass die Wirkung aufgrund der Eichfixierung nicht komplett eichinvariant sein wird. Das Bemerkenswerte an der WI ist aber, dass sie noch gilt, wenn man Schleifenbeiträge zur effektiven Wirkung zu beliebigen Ordnungen mit berücksichtigt.

9.2 Konsequenzen der Ward-Identitäten

Um konkrete Aussagen über Green'sche Funktionen und Streuamplituden aus den Identitäten Gl. (9.20), Gl. (9.22) und Gl. (9.25) zu gewinnen, leitet man sie einfach noch einmal nach einer beliebigen Kombination von Quellen oder Feldern ab. Da Funktionalableitungen von $Z[\ldots]$ oder $\Gamma[\ldots]$ nach Quellen bzw. klassischen Feldern genau Green'sche Funktionen bzw. 1PI-Amplituden liefern, erhält man damit konkrete Relationen für diese Objekte.

Die Ward-Takahashi-Identität Eine für die Renormierung der QED besonders wichtige Identität erhalten wir, indem wir Gl. (9.25) nach

$$\frac{\delta}{\delta\psi_j(y)}\frac{\delta}{\delta\overline{\psi}_k(z)} \tag{9.34}$$

ableiten und dann die klassischen Felder auf 0 setzen.

AUFGABE 168

Zeigt, dass gilt:

$$\begin{aligned}
&\partial^x_\mu \frac{\delta\Gamma}{\delta A_\mu(x)\delta\psi_j(y)\delta\overline{\psi}_k(z)}\Big|_{A_\mu=\psi=\overline{\psi}=0} \\
&= ie\delta^4(x-y)\frac{\delta\Gamma}{\delta\psi_j(x)\delta\overline{\psi}_k(z)} - ie\delta^4(x-z)\frac{\delta\Gamma}{\delta\psi_j(y)\delta\overline{\psi}_k(x)}\Big|_{A_\mu=\psi=\overline{\psi}=0}.
\end{aligned} \tag{9.35}$$

Wir behandeln die vier Terme nacheinander. Der erste Term verschwindet, da keine Abhängigkeit von $\psi, \overline{\psi}$ besteht. Beim zweiten Term ist auch wenig zu tun, denn wir müssen einfach nur alle Ableitungen in einen Bruch schreiben:

$$\frac{\delta}{\delta\psi_j(y)\delta\overline{\psi}_k(z)}\partial^x_\mu\frac{\delta\Gamma}{\delta A_\mu(x)} = \partial^x_\mu\frac{\delta\Gamma}{\delta A_\mu(x)\delta\psi_j(y)\delta\overline{\psi}_k(z)}. \tag{9.36}$$

Beim dritten Term müssen wir die Produktregel anwenden und beim Vertauschen von Spinoren und fermionischen Funktionalableitungen auf die Vorzeichen achten:

$$\begin{aligned}
ie\frac{\delta}{\delta\psi_j(y)\delta\overline{\psi}_k(z)}\left(\frac{\delta\Gamma}{\delta\psi_l(x)}\psi_l(x)\right) &= ie\frac{\delta}{\delta\psi_j(y)}\left(\frac{\delta\Gamma}{\delta\overline{\psi}_k(z)\delta\psi_l(x)}\psi_l(x)\right) \\
&= ie\left(\frac{\delta\Gamma}{\delta\psi_j(y)\delta\overline{\psi}_k(z)\delta\psi_l(x)}\psi_l(x) + \frac{\delta\Gamma}{\delta\overline{\psi}_k(z)\delta\psi_l(x)}\delta_{lj}\delta^4(x-y)\right).
\end{aligned} \tag{9.37}$$

Der letzte Term ist ähnlich:

$$
\begin{aligned}
&ie\frac{\delta}{\delta\psi_j(y)\delta\overline{\psi}_k(z)}\left(\overline{\psi}_l(x)\frac{\delta\Gamma}{\delta\overline{\psi}_l(x)}\right) \\
&= ie\frac{\delta}{\delta\psi_j(y)}\left(\delta_{kl}\delta^4(z-x)\frac{\delta\Gamma}{\delta\overline{\psi}_l(x)} - \overline{\psi}_l(x)\frac{\delta\Gamma}{\delta\overline{\psi}_k(z)\delta\overline{\psi}_l(x)}\right) \\
&= ie\left(\delta_{kl}\delta^4(z-x)\frac{\delta\Gamma}{\delta\psi_j(y)\delta\overline{\psi}_l(x)} - \overline{\psi}_l(x)\frac{\delta\Gamma}{\delta\psi_j(y)\delta\overline{\psi}_k(z)\delta\overline{\psi}_l(x)}\right). \quad (9.38)
\end{aligned}
$$

Nun müssen wir nur noch die Felder $\to 0$ setzen, womit die Beiträge mit einen verbliebenen ψ oder $\overline{\psi}$ wegfallen. Im dritten Term sind noch die Ableitungen zu vertauschen:

$$
\frac{\delta\Gamma}{\delta\overline{\psi}_k(z)\delta\psi_l(x)} = -\frac{\delta\Gamma}{\delta\psi_l(x)\delta\overline{\psi}_k(z)}, \quad (9.39)
$$

und das gewünschte Ergebnis steht da.

Die Ausdrücke

$$
\Gamma^{X_1\ldots X_n}(x_1,\ldots,x_n) = \left.\frac{\delta\Gamma}{\delta X_1(x_1)\ldots\delta X_n(x_n)}\right|_{A=\psi=\overline{\psi}=0} \quad (9.40)
$$

sind nichts anderes als 1PI-Funktionen (also im Prinzip Amplituden aus 1PI-Feynman-Graphen, allerdings ohne äußere Spinoren oder Residuen à la LSZ). Drücken wir die Identität durch sie aus, dann wird das Bild *etwas* übersichtlicher:

$$
\partial_\mu^x\Gamma_{jk}^{A\psi\overline{\psi},\mu}(x,y,z) = ie\delta^4(x-y)\Gamma_{jk}^{\psi\overline{\psi}}(x,z) - ie\delta^4(x-z)\Gamma_{jk}^{\psi\overline{\psi}}(y,x). \quad (9.41)
$$

Wir gehen jetzt noch in den Impulsraum über, mit $x \to k, y \to p, z \to q$, und erhalten:

$$
\begin{aligned}
&\int d^4x\int d^4y\int d^4z\, e^{-ixk}e^{-iyp}e^{-izq} \\
&\quad\times\Big(-\partial_\mu^x\Gamma_{jk}^{A\psi\overline{\psi},\mu}(x,y,z) + ie\delta^4(x-y)\Gamma_{jk}^{\psi\overline{\psi}}(x,z) - ie\delta^4(x-z)\Gamma_{jk}^{\psi\overline{\psi}}(y,x)\Big) \\
&= -ik_\mu\tilde{\Gamma}_{jk}^{A\psi\overline{\psi},\mu}(k,p,q) + ie\tilde{\Gamma}_{jk}^{\psi\overline{\psi}}(k+p,q) - ie\tilde{\Gamma}_{jk}^{\psi\overline{\psi}}(p,k+q) = 0 \quad (9.42)
\end{aligned}
$$

oder

$$
k_\mu\tilde{\Gamma}_{jk}^{A\psi\overline{\psi},\mu}(k,p,q) = e\tilde{\Gamma}_{jk}^{\psi\overline{\psi}}(k+p,q) - e\tilde{\Gamma}_{jk}^{\psi\overline{\psi}}(p,k+q). \quad (9.43)
$$

Hier ist interessant, dass alle drei Beiträge dieselbe Relation zur Impulserhaltung beinhalten: $(2\pi)^4\delta^4(k+p+q)$. Wenn wir diese Distribution ausklammern,

$$
\tilde{\Gamma}(p_1,\ldots,p_n) = (2\pi)^4\delta^4(\sum_i p_i)\times\mathcal{V}(p_1,\ldots,p_{n-1}), \quad (9.44)
$$

können wir schreiben:

$$
k_\mu\mathcal{V}_{jk}^{A\psi\overline{\psi},\mu}(k,p) = e\mathcal{V}_{jk}^{\psi\overline{\psi}}(k+p) - e\mathcal{V}_{jk}^{\psi\overline{\psi}}(p). \quad (9.45)
$$

Manchmal wird $\mathcal{V}$ Vertexfunktion genannt.

AUFGABE 169

Zeigt anhand von Gl. (9.45), dass gilt:

$$\mathcal{V}_{jk}^{A\psi\overline{\psi},\mu}(0,p) = e\frac{\partial}{\partial p_\mu}\mathcal{V}_{jk}^{\psi\overline{\psi}}(p)\,. \tag{9.46}$$

Wir leiten einfach Gl. (9.45) mit $\partial/\partial k_\rho$ ab und setzen dann $k \to 0$:

$$\mathcal{V}_{jk}^{A\psi\overline{\psi},\rho}(k,p) + k_\mu\frac{\partial}{\partial k_\rho}\mathcal{V}_{jk}^{A\psi\overline{\psi},\mu}(k,p) = e\frac{\partial}{\partial k_\rho}\mathcal{V}_{jk}^{\psi\overline{\psi}}(k+p)\,. \tag{9.47}$$

Wir können die Ableitung rechts einfach nach $\partial/\partial p_\rho$ umschreiben, ohne dass sich etwas ändert, und dann den Grenzwert $k \to 0$ bilden. Damit erhalten wir das Ergebnis.

Aufgemerkt!

Die Ward-Identität

$$\mathcal{V}_{jk}^{A\psi\overline{\psi},\mu}(0,p) = e\frac{\partial}{\partial p_\mu}\mathcal{V}_{jk}^{\psi\overline{\psi}}(p) \tag{9.48}$$

oder, wenn man mit Faktoren von $\delta^4(0)$ leben kann,

$$\tilde{\Gamma}_{jk}^{A\psi\overline{\psi},\mu}(0,p,-p) = e\frac{\partial}{\partial p_\mu}\tilde{\Gamma}_{jk}^{\psi\overline{\psi}}(p,-p)\,, \tag{9.49}$$

heißt *Ward-Takahashi Identität*, kurz *WT-Identität*.

Sie stellt einen wichtigen Zusammenhang zwischen dem effektiven kinetischen Term des Elektrons und dem effektiven Elektron-Photon-Vertex her. Wenn wir später die QED renormieren, erhalten der kinetische Term des Elektrons und der Wechselwirkungsterm daher denselben Renormierungsfaktor. Die WT-Identität Gl. (9.49) stellt das in allen Ordnungen der Störungstheorie sicher. Wir wollen sie noch einmal für die niedrigste Ordnung überprüfen, um ihre Funktionsweise zu veranschaulichen.

AUFGABE 170

Zeigt, dass die 1PI-Funktionen der QED auf Tree-Level die WT-Identiät Gl. (9.49) erfüllen!

Dazu könnt ihr verwenden, dass die effektive Wirkung $\Gamma[\psi,\overline{\psi},A_\mu]$ auf Tree-Level einfach der klassischen Wirkung $S[\psi,\overline{\psi},A_\mu]$ entspricht, und dann Gl. (9.40) auf S anwenden.

▶ Die Dreipunkt-Vertexfunktion auf der linken Seite von Gl. (9.49) erhalten wir einfach, indem wir den Wechselwirkungsterm der klassischen Wirkung $e\overline{\psi}\not{A}\psi = \overline{\psi}e\gamma^\mu\psi A_\mu$ nach den Feldern ableiten: $e\gamma^\mu$. Die Zweipunkt-Vertexfunktion entspricht dem freien Dirac-Lagrangian $\overline{\psi}(i\not{\partial} - m)\psi$ nach den Feldern abgeleitet, und im Impulsraum erhalten wir $\not{p} - m$. Die rechte Seite der WT-Identität Gl. (9.49) ergibt damit

$$e\frac{\partial}{\partial p_\mu}(\not{p} - m) = e\frac{\partial}{\partial p_\mu}(\gamma^\nu p_\nu) = e\gamma^\mu\,, \tag{9.50}$$

und das ist gleich der Dreipunkt-Vertexfunktion auf der linken Seite!

Die WT-Identität legt also schon auf Tree-Level die Form der Eichkopplung bei gegebenem kinetischen Term fest – das ist nicht sehr überraschend, da wir ja sowohl die WT-Identität als auch die kovariante Ableitung aus der Forderung nach Eichinvarianz der klassischen Wirkung (ohne Eichfixierung) abgeleitet hatten. Trotzdem ist es schön, dass am Ende alles zusammenpasst. Unsere Rechnung hier wurde dadurch vereinfacht, dass die Wechselwirkung auf Tree-Level noch keinerlei Impulsabhängigkeit trägt. Das ändert sich, wenn man auf 1-Schleifen-Niveau geht.

Der unphysikalische Teil des Photon-Propagators Im Zuge der Herleitung des Photon-Propagators hatten wir auch die Version Gl. (8.90) für beliebige ξ-Eichfixierungsterme hergeleitet. Wir wollen jetzt eine interessante Eigenschaft seiner unphysikalischen Komponente $\propto p_\mu D_F^{\mu\nu}$ untersuchen. Wir werden sie erst im Ortsraum und dann im Impulsraum berechnen.

AUFGABE 171

■ Zeigt, dass die unphysikalische Komponente $p_\mu D_F^{\mu\nu}$ in führender Ordnung und zu allen Ordnungen dieselbe ist. Transformiert dazu zuerst den Tree-Level-Propagator Gl. (8.90) in den Ortsraum. Zeigt dann, dass gilt:

$$\Box^x \partial_\mu^x D_F^{\mu\nu}(x-y) = \xi i \partial_x^\nu \delta^4(x-y)\,. \tag{9.51}$$

Zeigt dann anhand der Ward-Identität Gl. (9.22), dass dieses Ergebnis *exakt* in allen Ordnungen gilt.

● Leitet dazu Gl. (9.22) nach der Quelle J ab.

Wir transformieren Gl. (8.90) in den Ortsraum und wenden den Differenzialoperator an:

$$\begin{aligned}
&\Box^x \partial_\mu^x D_F^{\mu\nu}(x-y) \\
&\quad = \Box^x \partial_\mu^x \int \frac{d^4p}{(2\pi)^4}\left(\frac{-i}{p^2+i\epsilon}\right)\left(g^{\mu\nu}+(\xi-1)\frac{p^\mu p^\nu}{p^2}\right)e^{-ip(x-y)} \\
&\quad = \int \frac{d^4p}{(2\pi)^4}(-p^2)(-ip_\mu)\left(\frac{-i}{p^2+i\epsilon}\right)\left(g^{\mu\nu}+(\xi-1)\frac{p^\mu p^\nu}{p^2}\right)e^{-ip(x-y)} \\
&\quad = \int \frac{d^4p}{(2\pi)^4}p_\mu\left(g^{\mu\nu}+(\xi-1)\frac{p^\mu p^\nu}{p^2}\right)e^{-ip(x-y)} \\
&\quad = \int \frac{d^4p}{(2\pi)^4}\xi p^\nu e^{-ip(x-y)} = \xi i \partial_x^\nu \delta^4(x-y)\,.
\end{aligned} \tag{9.52}$$

Hier haben wir zwischendurch den Grenzwert $\epsilon \to 0$ durchgeführt, da sowieso kein Pol mehr vorhanden war.

Alle Ordnungen Nun nehmen wir uns die Ward-Identität vor. Wir wollen alle Terme nach $\delta/\delta J_\nu(y)$ ableiten und dann die Quellen auf 0 setzen. Die letzten beiden Terme fallen dabei einfach weg. Die ersten beiden Terme ergeben aber

$$i\frac{1}{\xi}\Box^x\partial_\mu^x \frac{\delta^2 Z_c}{\delta J_\nu(y)\delta J_\mu(x)} - \partial_\mu\delta^4(x-y)\Big|_{J=\eta=\overline{\eta}=0} = 0\,. \tag{9.53}$$

Der exakte Propagator ist ja gerade die zeitgeordnete Green'sche Funktion

$$D_F^{\mu\nu,exakt}(x-y) = \frac{\delta^2 Z_c}{(i\delta J_\nu(y))(i\delta J_\mu(x))}\Big|_{J=\eta=\overline{\eta}=0}\,. \tag{9.54}$$

Damit ergibt sich sofort das gewünschte Ergebnis

$$\Box^x\partial_\mu^x D_F^{\mu\nu,exakt}(x-y) = \xi i\partial_x^\nu\delta^4(x-y)\,. \tag{9.55}$$

Der unphysikalische Teil des Propagators erhält also keine Quantenkorrekturen. Wenn wir die QED renormiert haben, werden wir noch einmal explizit für den Fall $\xi = 1$ überprüfen, dass dieses Ergebnis auch auf 1-Schleifen-Niveau gilt.

AUFGABE 172

Wie lautet Gl. (9.55) im Impulsraum?

Am einfachsten ist es, die Relation einfach anhand von Gl. (8.90) explizit zu berechnen. Wer noch nicht genug vom Transformieren hat, kann nochmal anhand von Gl. (9.55) zurückrechnen. Wir Fourier-transformieren $x - y \to p$ und erhalten für die linke Seite

$$\begin{aligned}\int d^4x e^{-ipx} \Box^x \partial_\mu^x D_F^{\mu\nu,exakt}(x) &= -\int d^4x D_F^{\mu\nu,exakt}(x) \Box^x \partial_\mu^x e^{-ipx} \\ &= -i \int d^4x D_F^{\mu\nu,exakt}(x) p^2 p_\mu e^{-ipx} \\ &= -ip^2 p_\mu \tilde{D}_F^{\mu\nu,exakt}(p) . \qquad (9.56)\end{aligned}$$

Die rechte Seite ist

$$\xi i \int d^4x e^{-ipx} \partial^\nu \delta^4(x) = -\xi i \int d^4x \delta^4(x) \partial^\nu e^{-ipx} = -\xi i(-ip^\nu) = -\xi p^\nu , \qquad (9.57)$$

und insgesamt folgt

$$-\frac{1}{\xi} p^2 p_\mu \tilde{D}_F^{\mu\nu,exakt}(p) = ip^\nu . \qquad (9.58)$$

Leitet aus der WI für die effektive Wirkung Gl. (9.25) die analoge Relation für die 1PI-Zweipunkt-Funktion, $p^\mu \Gamma^{AA}_{\mu\nu}$, her und vergleicht! Nach was muss man Gl. (9.25) ableiten, um sie zu erhalten? Setzt für Γ die klassische Wirkung im Impulsraum ein und überprüft die Relation in führender Ordnung.

Impulse als Polarisationsvektoren Wir werden, wie oben schon angedeutet, häufig die Beziehung

$$k_\mu \mathcal{M}^\mu = 0$$

verwenden. Streuamplituden verschwinden also, sobald man den Polarisationsvektor eines Photons durch seinen Impuls ersetzt. Eine wichtige Konsequenz der Ward-Identitäten ist, dass dieser Zusammenhang in allen Ordnungen der Störungstheorie gilt. Wie funktioniert das?

Hier kommt die Art und Weise zum Tragen, wie die LSZ-Formel den Zusammenhang zwischen Green'schen Funktionen und Streuamplituden herstellt. Zur Erinnerung: Wir lassen für jedes äußere Teilchen im Ortsraum den Differenzialoperator der entsprechenden Bewegungsgleichung auf die Green'sche Funktion wirken, für einen Skalar z. B.

$$(\Box_{x_i} + m_{pol}^2) G(\ldots, x_i, \ldots) , \qquad (9.59)$$

und zwar mit der physikalischen Polmasse als Massenparameter. Dann transformieren wir alle äußeren Beinchen in den Impulsraum: $x_i \to p_i$. Die Bewegungsgleichung liefert uns z. B. im Fall eines Skalarfeldes einen Faktor

$$\sim (-p_i^2 + m_{pol}^2)\, \tilde{G} .$$

Setzen wir jetzt die äußeren Impulse auf die Massenschale,

$$p_i^2 \to m_{pol}^2 ,$$

wie in der LSZ-Formel vorgesehen, so verschwindet die Streuamplitude, wenn nicht in der Green'schen Funktion *ein dazu passender Pol*

$$\tilde{G} \sim (p_i^2 - m_{pol}^2)^{-1} \times \dots ,$$

also ein äußerer exakter Propagator, vorhanden ist, der den Effekt der Bewegungsgleichung wegkürzt. Wir werden jetzt sehen, dass Beiträge der Form $k_\mu \mathcal{M}^\mu$ gerade solchen Teilen der Green'schen Funktion entsprechen, in denen dies nicht der Fall ist und die somit im Zuge der LSZ-Reduktion verschwinden.

Wir verwenden als Ausgangspunkt die Ward-Identität für zusammenhängende Green'sche Funktionen, Gl. (9.22):

$$i\frac{1}{\xi}\Box\left(\partial_\mu \frac{\delta Z_c}{\delta J_\mu}\right) - \partial_\mu J^\mu + e\overline{\eta}_j \frac{\delta Z_c}{\delta \overline{\eta}_j} - e\eta_j \frac{\delta Z_c}{\delta \eta_j} = 0 . \tag{9.60}$$

Wir werden nun *aus dem ersten Term* eine Green'sche Funktion (und dann durch Trunkieren eine Streuamplitude) von n Feldern ψ und n Feldern $\overline{\psi}$ sowie $m+1$ Feldern A_ν konstruieren. Dann liefert uns nämlich die bereits vorhandene Ableitung ∂_μ genau eine Kontraktion des von $\delta/\delta J_\mu$ generierten äußeren Photons mit seinem eigenen Impuls, und das ist ja die Konstellation, die wir untersuchen wollen. Um zu zeigen, dass diese aus dem ersten Term resultierende Amplitude auf der Massenschale verschwindet (und damit $k_\mu \mathcal{M}^\mu = 0$ ist), zeigen wir dann stattdessen, dass die übrigen Terme aus der Identität verschwinden.

Um aus dem ersten Term von Gl. (9.60) die entsprechende Green'sche Funktion zu generieren, müssen wir n-mal nach η und $\overline{\eta}$ ableiten und m-mal nach J, denn eine Ableitung nach J steht schon. Die Ward-Identität liefert uns dann einen Zusammenhang zwischen der so erhaltenen Green'schen Funktion und *anderen* Green'schen Funktionen, die aus den weiteren Termen resultieren.

Der zweite Term $-\partial_\mu J^\mu$ spielt nur für die Photon-Selbstenergie eine Rolle und fällt hier weg, sobald $n > 0$ oder $m > 1$ ist.

Die letzten beiden Terme aber werden uns dann jeweils Green'sche Funktionen *von einem Photon weniger, aber gleich vielen Fermionen* liefern, also m Photonen und $2 \times n$ Fermionen. Der Impuls k des fehlenden äußeren Photons wird stattdessen einem der Fermionen zugeschlagen. Das wird der entscheidende Punkt sein, weshalb einer der äußeren Propagatoren die falsche Form

$$\sim (\not{p} + \not{k} - m_{pol})^{-1}$$

hat, um die Bewegungsgleichungen der Form

$$(\not{p} - m_{pol})u = 0, \dots$$

aus der LSZ-Formel zu kompensieren, und die Streuamplitude verschwindet damit auf der Massenschale. Damit verschwindet auch die Streuamplitude mit dem äußeren Photon aus dem ersten Term, da aufgrund der Ward-Identität die Summe der Prozesse verschwinden muss.

Betrachten wir zunächst den ersten Term. Hier erhalten wir einfach

$$i\frac{1}{\xi}\Box^z\partial^z_\mu\frac{\delta^{2n+m+1}Z_c}{\delta J_{\mu_m}(z_m)\dots\delta J_{\mu_1}(z_1)\delta\overline{\eta}(x_n)\dots\delta\overline{\eta}(x_1)\delta\eta(y_n)\dots\delta\eta(y_1)\delta J_\mu(z)}\,. \tag{9.61}$$

Um den Differenzialoperator $\Box\partial_\mu$ kümmern wir uns gleich noch. Der Operator $\Box^z$ nimmt aber im masselosen Grenzfall (siehe LSZ für Photonen) die Amputation für das erste Photon bei z vorweg, sodass nur noch die übrigen Beinchen verarztet werden müssen, um eine Streuamplitude zu erhalten.

Betrachten wir jetzt einen Einzelterm. Was ergibt n-faches Ableiten von

$$\overline{\eta}_j(z)\frac{\delta Z_c}{\delta\overline{\eta}_j(z)} \tag{9.62}$$

nach den Quellen

$$\frac{\delta^n}{\delta\overline{\eta}(x_n)\dots\delta\overline{\eta}(x_1)}\,?$$

Die Ableitung kann direkt auf Z_c wirken, wodurch wir ein Vorzeichen aufsammeln und der Faktor $\overline{\eta}(z)$ stehen bleibt, oder auf $\overline{\eta}(z)$ direkt, wodurch ein Faktor $\delta^4(z-x_k)$ entsteht. Auf diese Weise erhalten wir n Terme mit $\delta^4(z-x_1)$ bis $\delta^4(z-x_n)$ und einen letzten, in dem $\overline{\eta}(z)$ stehen bleibt. Das Ergebnis ist

$$\begin{aligned}
&\frac{\delta^n}{\delta\overline{\eta}_{j_n}(x_n)\dots\delta\overline{\eta}_{j_1}(x_1)}\overline{\eta}_j(z)\frac{\delta Z_c}{\delta\overline{\eta}_j(z)} = \\
&= (-1)^n\overline{\eta}_j(z)\frac{\delta^{n+1}Z_c}{\delta\overline{\eta}_{j_n}(x_n)\dots\delta\overline{\eta}_{j_1}(x_1)\delta\overline{\eta}_j(z)} - \sum_{k=1}^{n}(-1)^k\delta^4(z-x_k) \\
&\times\frac{\delta^n Z_c}{\delta\overline{\eta}_{j_n}(x_n)\dots\delta\overline{\eta}_{j_{k+1}}(x_{k+1})\delta\overline{\eta}_{j_{k-1}}(x_{k-1})\dots\delta\overline{\eta}_{j_1}(x_1)\delta\overline{\eta}_{j_k}(z)}\,.
\end{aligned} \tag{9.63}$$

Der Ableitungsterm in der zweiten Zeile ist so gemeint: Die k-te Ableitung ist ausgelassen. Für $k=n$ soll die letzte Ableitung $\delta\eta(x_{n-1})$ sein, für $k=1$ soll die erste Ableitung $\delta\eta(x_2)$ sein. Wir setzen am Ende $\eta=\overline{\eta}=J=0$, womit der erste Term verschwindet. Das n-fache Ableiten liefert also trotz der bereits vorhandenen Ableitung im Anfangsterm nur n Beinchen.

Rücken wir $\delta\overline{\eta}_{j_k}(z)$ an seinen Platz zwischen $\delta\overline{\eta}_{j_{k\pm1}}(x_{k\pm1})$, dann wird das Vorzeichen durch die Vertauschungen absorbiert. Außerdem können wir $z\to x_k$ ersetzen, und erhalten einfach (mit dem Vorfaktor e):

$$e\sum_{k=1}^{n}\delta^4(z-x_k)\frac{\delta^n Z_c}{\delta\overline{\eta}_{j_n}(x_n)\dots\delta\overline{\eta}_{j_1}(x_1)}\,. \tag{9.64}$$

Völlig analog erhalten wir aus dem letzten Term

$$-e\sum_{k=1}^{n}\delta^4(z-y_k)\frac{\delta^n Z_c}{\delta\eta_{l_n}(y_n)\ldots\delta\eta_{l_1}(y_1)}\,. \tag{9.65}$$

Fügen wir alles zusammen, erhalten wir aus der Ward-Identität

$$\begin{aligned}&i\frac{1}{\xi}\Box^z\partial^z_\mu\frac{\delta^{2n+m+1}Z_c}{\delta J_{\mu_m}(z_m)\ldots\delta J_{\mu_1}(z_1)\delta\overline{\eta}(x_n)\ldots\delta\overline{\eta}(x_1)\delta\eta(y_n)\ldots\delta\eta(y_1)\delta J_\mu(z)}\\&\quad=e\sum_{k=1}^{n}\Big(\delta^4(z-x_k)-\delta^4(z-y_k)\Big)\\&\quad\times\frac{\delta^{2n+m}Z_c}{\delta J_{\mu_m}(z_m)\ldots\delta J_{\mu_1}(z_1)\delta\overline{\eta}_{j_n}(x_n)\ldots\delta\overline{\eta}_{j_1}(x_1)\delta\eta_{l_n}(y_n)\ldots\delta\eta_{l_1}(y_1)}\,.\end{aligned} \tag{9.66}$$

Bezeichnen wir die Green'schen Funktionen mit G_c, können wir etwas kürzer schreiben:

$$\begin{aligned}&-\frac{1}{\xi}\Box^z\partial^z_\mu G^\mu_c(z_m,\ldots,z_1,x_n,\ldots,x_1,y_n,\ldots y_1,z)\\&\quad=e\sum_{k=1}^{n}\Big(\delta^4(z-x_k)-\delta^4(z-y_k)\Big)G_c(z_m,\ldots,z_1,x_n,\ldots,x_1,y_n,\ldots y_1)\,,\end{aligned} \tag{9.67}$$

wobei wir die Indizes μ_i, j_i, l_i und die Bezeichnungen der Felder unterdrückt haben. Hier sehen wir also die angekündigte Relation zwischen den Green'schen Funktionen von m Photonen auf der rechten Seite und $m+1$ Photonen auf der linken Seite, wobei das zusätzliche Photon mit der Ableitung kontrahiert ist. Das Photon bei z scheint in der Notation ausgezeichnet zu sein, aber selbstverständlich sind die Photonen ununterscheidbar, sodass die Relation für jedes beliebige äußere Photon gilt.

Wir transformieren alle äußeren Koordinaten in den Impulsraum mit

$$x\to p,\quad y\to q,\quad z\to k\,.$$

Was geschieht dabei mit den Delta-Distributionen? Machen wir ein einfaches Beispiel:

AUFGABE 173

■ Berechnet die Fourier-Transformierte der Funktion

$$g(x,z)=\delta^4(x-z)f(z) \tag{9.68}$$

in den Variablen x und z.

▶ Wir erhalten

$$\int d^4x\int d^4z e^{-ipx}e^{-iqz}\delta^4(x-z)f(z)=\int d^4x e^{-i(p+q)x}f(x)=\tilde{f}(p+q)\,. \tag{9.69}$$

Auf unsere Ward-Identität Gl. (9.67) angewandt, bedeutet dies Folgendes: Die Dirac-Deltas

$$\delta^4(z - x_k), \quad \delta^4(z - y_k)$$

bewirken, dass die Variable x_k bzw. y_k in der Fourier-Transformation nicht durch p_k bzw. q_k, sondern durch $p_k + k$ bzw. $q_k + k$ ersetzt wird. Somit ist die Ward-Identität im Impulsraum

$$\begin{aligned} & -i\frac{1}{\xi}k^2 k_\mu G_c^\mu(k_m, \ldots, k_1, p_n, \ldots, p_1, q_n, \ldots q_1, k) \\ & = e\sum_{k=1}^{n} G_c(k_m, \ldots, k_1, p_n, \ldots, p_k + k, \ldots, p_1, q_n, \ldots q_1) \\ & - e\sum_{k=1}^{n} G_c(k_m, \ldots, k_1, p_n, \ldots, p_1, q_n, \ldots, q_k + k, \ldots q_1)\,. \end{aligned} \tag{9.70}$$

Wir sehen jetzt eigentlich schon das Entscheidende: Auf der rechten Seite der Gleichung trägt jeweils einer der äußeren Propagatoren nicht den vorgesehenen Impuls des Fermions p_k oder q_k, sondern $p_k + k$ bzw. $q_k + k$. Damit ist der Pol des Propagators an der falschen Stelle (z. B. bei $(p_k + k)^2 = m_{pol}^2$ statt $p_k^2 = m_{pol}^2$), und die amputierte Amplitude, die ja mit $(p_k^2 - m_{pol}^2)$ multipliziert wurde, verschwindet auf der Massenschale. Um das kompakt auszudrücken, führen wir die Schreibweise ein, dass unterstrichene Impulse amputierte äußere Beinchen markieren, aus denen der Propagator entfernt wurde:

$$G_{c,\mu}(k, \ldots) = G_{c,\mu\nu}(k, -k) G_c^\nu(\underline{k}, \ldots) = D_{F,\mu\nu}(k) G_c^\nu(\underline{k}, \ldots)\,. \tag{9.71}$$

Mit Gl. (9.58)

$$-\frac{1}{\xi}k^2 k_\mu \tilde{D}_F^{\mu\nu}(k) = ik^\nu \tag{9.72}$$

können wir sofort schreiben:

$$\begin{aligned} & -k_\mu G_c^\mu(k_m, \ldots, k_1, p_n, \ldots, p_1, q_n, \cdots q_1, \underline{k}) \\ & = e\sum_{k=1}^{n} G_c(k_m, \ldots, k_1, p_n, \ldots, p_k + p, \ldots, p_1, q_n, \cdots q_1) \\ & - e\sum_{k=1}^{n} G_c(k_m, \ldots, k_1, p_n, \ldots, p_1, q_n, \ldots, q_k + p, \cdots q_1)\,. \end{aligned} \tag{9.73}$$

Um gemäß LSZ die Streuamplitude zu erlangen, müssen wir als nächstes die übrigen Photon- und Fermionpropagatoren amputieren und die äußeren Teilchen auf die Massenschale setzen. Damit fällt die rechte Seite, wie oben besprochen, komplett weg, und es bleibt:

$$k_\mu G_c^\mu(\underline{k}_m, \ldots, \underline{k}_1, \underline{p}_n, \ldots, \underline{p}_1, \underline{q}_n, \cdots \underline{q}_1, \underline{k})\Big|_{q_i^2 = p_i^2 = m_{pol}^2, k_i^2 = 0} = 0\,. \tag{9.74}$$

Die trunkierte Green'sche Funktion $G(\underline{p}_i)$ ist bis auf Faktoren für die äußeren Beinchen gerade die Streuamplitude, und damit ist auch

$$k_\mu \mathcal{M}^\mu = 0\,, \tag{9.75}$$

wenn μ der offene Index des äußeren Photonfeldes mit Impuls k ist.

Slavnov-Taylor-Identitäten

Wir hatten ja bereits erwähnt, dass bei der Quantisierung nicht-Abel'scher Eichtheorien Geistfelder eingeführt werden. Die Wirkung der Theorie ist dann unter den sogenannten BRST-Transformationen invariant. Aus dieser Symmetrie folgen die etwas komplizierteren Slavnov-Taylor-Identitäten bzw. die Lee-Identitäten. Sie sind schwieriger in der Handhabung, da sie nicht linear in der effektiven Wirkung sind, sondern die Form $\delta\Gamma\delta\Gamma\ldots$ haben..

9.3 Exkurs: Die chirale Anomalie

Wir haben in vielen Anwendungen des Pfadintegrals Variablenwechsel wie Verschiebungen $\phi \to \phi + c$ oder unitäre Transformationen $\phi \to e^{i\alpha}\phi$ durchgeführt und haben argumentiert, dass das Integralmaß $\int \mathcal{D}\phi$ darunter invariant ist. Kazuo Fujikawa stellte im Jahr 1983 fest, dass dies für chirale Transformationen von Spinoren der Form

$$\psi \longrightarrow e^{i\alpha\gamma^5}\psi \tag{9.76}$$

im Allgemeinen nicht wahr ist. Dies erscheint zunächst erstaunlich, da die Transformation wie eine harmlose Phasentransformation der beiden Komponenten aussieht. Der Knackpunkt ist, wie sich herausstellte, die Regularisierung der Jacobi-Determinante dieser Transformation.

Betrachten wir eine klassische Eichtheorie

$$\mathcal{L} = i\overline{\psi}\not{D}\psi - \frac{1}{4}F_{\mu\nu}F^{\mu\nu}\,, \tag{9.77}$$

mit

$$D_\mu\psi = (\partial_\mu + ig\gamma^5 A_\mu)\psi\,. \tag{9.78}$$

Sie ist invariant unter den lokalen Eichtransformationen

$$\psi \longrightarrow \psi' = e^{i\alpha(x)\gamma^5}\psi,\quad A_\mu \longrightarrow A'_\mu = A_\mu - \frac{1}{g}\partial_\mu\alpha(x)\,. \tag{9.79}$$

Fassen wir diese Transformation als Vorschrift für einen Variablenwechsel auf, so lässt sich Fujikawas Ergebnis für unsere Zwecke kompakt so schreiben:

$$\mathcal{D}\psi'\mathcal{D}\overline{\psi}' = \mathcal{D}\psi\mathcal{D}\overline{\psi}\exp\left[i\int d^4x\alpha(x)\mathcal{A}\right]\,, \tag{9.80}$$

wobei man nach einigem Gefrickel die sogenannte *Anomalie* $\mathcal{A}$ mit dem Ausdruck

$$\mathcal{A} = -\frac{g^2}{16\pi^2}\epsilon^{\mu\nu\omega\rho}F_{\mu\nu}F_{\omega\rho} \tag{9.81}$$

identifizieren kann. Dies bedeutet, dass nach dem Variablenwechsel im erzeugenden Funktional

$$Z = \int \mathcal{D}\psi\mathcal{D}\overline{\psi}\mathcal{D}A\, e^{iS} \tag{9.82}$$

ein Term der Form

$$-\alpha(x)\frac{g^2}{16\pi^2}\epsilon^{\mu\nu\rho\delta}F_{\mu\nu}F_{\rho\delta} \tag{9.83}$$

zur Lagrangedichte hinzukommt. Das hat fatale Folgen für unsere Eichtheorie Gl. (9.77): Sie existiert nicht als renormierbare Quantentheorie, da die Symmetrie durch Quantenkorrekturen gebrochen ist! Die chirale Anomalie kann auf verschiedene alternative Weisen hergeleitet werden, zum Beispiel aus Dreiecksdiagrammen mit äußeren Eichbosonen. Sie war daher schon lange vor der Arbeit von Fujikawa in der Kern- und der Teilchenphysik als chirale Anomalie, axiale Anomalie oder Adler-Bell-Jackiw-Anomalie bekannt. Eine besonders wichtige Rolle spielte sie als Anomalie globaler Symmetrien, z. B. für die Berechnung des Zerfalls $\pi^0 \to \gamma\gamma$. Fujikawas Methode hat den reizvollen Vorteil, dass sie das exakte Ergebnis liefert (man kann allerdings zeigen, dass auch in der diagrammatischen Methode zu den 1-Schleifen-Graphen keine höheren Korrekturen hinzukommen) und eine sehr unmittelbare Interpretation als Beitrag zur effektiven Wirkung zulässt.

AUFGABE 174

■ Wir wollen jetzt die Spielzeugvariante eines berühmten Problems aus der Frühzeit der Stringtheorie betrachten. Man stellte fest, dass Eichsymmetrien des Typ-I-Superstrings unter Anomalien zu leiden schienen. Damit war die Konsistenz der Theorie infrage gestellt. Im Jahr 1984 stellten M. Green und J. Schwarz schließlich fest, dass die Anomalien (aus Sicht des Feldtheorie-Limes) durch das nicht-triviale Transformationsverhalten anderer Freiheitsgrade weggehoben wurden und die Konsistenz der Theorie somit gerettet war. Als Arme-Leute-Version davon betrachten wir eine Variante unserer Stückelberg-Lagrange-Dichte, Gl. (8.94):

$$\mathcal{L} = i\overline{\psi}\not{D}\psi - \frac{1}{4}F_{\mu\nu}F^{\mu\nu} + \frac{1}{2}m^2(A_\mu - \partial_\mu G)^2 - \frac{g^3}{16\pi^2}G\epsilon^{\mu\nu\omega\rho}F_{\mu\nu}F_{\omega\rho}\,, \tag{9.84}$$

in der jetzt allerdings die chirale kovariante Ableitung Gl. (9.78) steht. Zeigt, dass diese Theorie anomaliefrei ist, wenn wir G simultan transformieren. Wie lautet die entsprechende Transformation von G?

► Hier war die Vorrede fast länger als die Lösung. Um den gemeinsamen kinetischen und Massen-Term invariant zu halten, muss sich das Stückelberg-Feld unter der chiralen Eichtransformation Gl. (9.79) wie

$$G \longrightarrow G - \frac{1}{g}\alpha(x) \tag{9.85}$$

verhalten. Die Kopplung des Feldes G an den Tensor $\epsilon^{\mu\nu\omega\rho}F_{\mu\nu}F_{\omega\rho}$ ist nicht eichinvariant, und die Transformation ergibt daher eine Variation der klassischen Wirkung

$$iS \longrightarrow iS + i\int d^4x\, \frac{g^2}{16\pi^2}\alpha(x)\epsilon^{\mu\nu\omega\rho}F_{\mu\nu}F_{\omega\rho}\,. \tag{9.86}$$

Das ist aber bis auf ein Vorzeichen gerade die Fujikawa-Anomalie von oben: Die beiden Verletzungen der Eichinvarianz heben sich also in der Quantentheorie weg, und unsere Lagrange-Dichte Gl. (9.84) beschreibt eine konsistente chirale Eichtheorie, deren Eichboson allerdings durch den Stückelberg-Mechanismus massiv wird. Dies ist der Preis, den man für die Behebung der Anomalie zahlt.

Im Standardmodell der Teilchenphysik transformieren die Fermionen ebenfalls chiral, doch hier wird das Problem der Anomalien auf andere Weise gelöst: Die Ladungen der verschiedenen Quarks und Leptonen unter der elektroschwachen Eichgruppe konspirieren gerade so, dass sich ihre Anomaliebeiträge gegenseitig wegheben. Dies ist eine alles andere als triviale Bedingung. (Stichworte zum Weiterlesen: *Wess-Zumino-Konsistenzbedingungen, Wess-Zumino-Witten*)

Zusammenfassung zu Eichsymmetrien und Ward-Identität

- Einfache Ward-Identität für Amplituden:

$$\epsilon_\mu(k)\mathcal{M}^\mu \longrightarrow k_\mu\mathcal{M}^\mu = 0\,. \tag{9.1}$$

- Polarisationssumme für äußere Photonen:

$$\sum_{r=1,2} \epsilon_r^\mu(k)\epsilon_r^{\nu(*)}(k) \longrightarrow -g^{\mu\nu} \tag{9.2}$$

- Ward-Identität für Green'sche Funktionen der QED:

$$\left(i\frac{1}{\xi}\Box\left(\partial_\mu\frac{\delta}{\delta J_\mu}\right) - (\partial_\mu J^\mu) + e\overline{\eta}_j\frac{\delta}{\delta\overline{\eta}_j} - e\eta_j\frac{\delta}{\delta\eta_j}\right)Z[J,\eta,\overline{\eta}] = 0 \tag{9.20}$$

- Ward-Identität zusammenhängender Green'scher Funktionen:

$$i\frac{1}{\xi}\Box\left(\partial_\mu\frac{\delta Z_c}{\delta J_\mu}\right) - \partial_\mu J^\mu + e\overline{\eta}_j\frac{\delta Z_c}{\delta\overline{\eta}_j} - e\eta_j\frac{\delta Z_c}{\delta\eta_j} = 0 \tag{9.22}$$

- Ward-Identität der effektiven Wirkung:

$$-\frac{1}{\xi}\Box\partial_\mu A^\mu + \partial_\mu \frac{\delta\Gamma}{\delta A_\mu} + ie\frac{\delta\Gamma}{\delta\psi_j}\psi_j + ie\overline{\psi}_j\frac{\delta\Gamma}{\delta\overline{\psi}_j} = 0 \tag{9.25}$$

- Ward-Takahashi-Identität:

$$\tilde{\Gamma}^{A\psi\overline{\psi},\mu}_{jk}(0,p,-p) = e\frac{\partial}{\partial p_\mu}\tilde{\Gamma}^{\psi\overline{\psi}}_{jk}(p,-p) \tag{9.49}$$

Teil III

Anwendung auf die reale Welt

10 Die Quantenelektrodynamik

Übersicht

Bisher haben wir drei unterschiedliche Arten von Feldern betrachtet: Skalare, fermionische Spinoren und Vektorfelder. Die letzten beiden Bausteine wollen wir jetzt endlich verwenden, um eine Theorie zu konstruieren, die den Anspruch hat, zumindest einen Teilaspekt der realen Welt zu beschreiben: die Quantenelektrodynamik (QED). Sie befasst sich mit der Wechselwirkung elektrisch geladener Teilchen wie des Elektrons mit Photonen. An einer quantenfeldtheoretischen Beschreibung der Elektrodynamik wurde bald nach der Entwicklung der Quantentheorie in den 1920er Jahren gearbeitet, der Zugang schien aber aufgrund der auftretenden Divergenzen problematisch. Die QED in ihrer heute noch gültigen Form als renormierte Quantenfeldtheorie wurde dann in den 1940er Jahren entwickelt, und 1965 wurde Feynman, Schwinger und Tomonaga für diese Arbeiten der Nobelpreis für Physik verliehen.

Präzisionstests

Bis jetzt gilt die Quantenelektrodynamik als eine der am besten überprüften physikalischen Theorien überhaupt. Es gibt viele interessante Präzisionstests dieser Theorie, angeführt von den anomalen magnetischen Momenten der Elektronen und Myonen, die auf 14 (Elektron) bzw. 10 Stellen (Myon) genau gemessen wurden.

Wir hatten in den vorigen Kapiteln schon vorgegriffen und die Ward-Identitäten der QED sowie andere Teilaspekte besprochen; aber hier beschreiben wir den Aufbau noch einmal von Grund auf.

Wir wollen zunächst das Elektron bzw. Positron $e^{\pm}$ und das Photon beschreiben, wobei weitere geladene Teilchen wie das Myon $\mu^{\pm}$ oder das Tauon $\tau^{\pm}$ ohne Probleme hinzugefügt werden können. Wir beginnen also mit einem Photonfeld A_μ und der zugehörigen Lagrange-Dichte:

$$\mathcal{L}_{Photon} = -\frac{1}{4}F_{\mu\nu}F^{\mu\nu} - \frac{1}{2\xi}(\partial_\mu A^\mu)^2 . \tag{10.1}$$

Das Elektron hat den Spin $\frac{1}{2}$ und wird durch einen Dirac-Spinor ψ modelliert. Er soll unter $U(1)$-Eichtransformationen wie

$$\psi \to e^{i\lambda}\psi \tag{10.2}$$

transformieren und somit eine entsprechende $U(1)$-Ladung erhalten – die elektrische Ladung. Das Spinorfeld wird über die kovariante Ableitung

$$D_\mu\psi = \partial_\mu\psi - ieA_\mu\psi \tag{10.3}$$

an das Photonfeld gekoppelt, in der das Vektorfeld gleichzeitig wie

$$A_\mu \to \frac{1}{e}\partial_\mu\lambda \tag{10.4}$$

transformiert.

Aufgemerkt! **Lagrange-Dichte der QED**

Wir führen einen Dirac-Massenterm für das Elektron ψ ein und erhalten damit die fertige Lagrange-Dichte der QED:

$$\mathcal{L}_{QED} = -\frac{1}{4}F_{\mu\nu}F^{\mu\nu} - \frac{1}{2\xi}(\partial_\mu A^\mu)^2 + \overline{\psi}(i\not{D} - m)\psi . \tag{10.5}$$

Die Eichgruppen des Standardmodells der Teilchenphysik

Die drei bekannten geladenen Leptonen haben bis auf ihre Massen fast identische Eigenschaften: gleiche elektrische Ladung (±1) und gleichen Spin 1/2. Ihre Massen sind zum jetzigen Zeitpunkt (Anfang 2015) gemessen zu $0.510998928 \pm 0.000000011$ MeV (Elektron), $105.6583715 \pm 0.0000035$ MeV (Myon) und 1776.82 ± 0.16 MeV (Tau-Lepton); siehe [19]. Stabil ist nur das Elektron; die beiden schweren geladenen Leptonen zerfallen über W-Bosonen in leichtere Teilchen. Das Myon zerfällt z. B. in zwei Neutrinos und ein Elektron. Das W-Boson ist als Eichboson im Standardmodell der Teilchenphysik enthalten, das die größere Eichgruppe

$$SU(3)_C \times SU(2)_L \times U(1)_Y \tag{10.6}$$

besitzt. In Abschnitt 12 betrachten wir diese Theorie im Detail. Das $W^{\pm}$ ist somit kein Teil der Quantenelektrodynamik, die nur das masselose Photon als Eichboson beinhaltet. Umgekehrt ist aber die $U(1)_{EM}$ der QED im Standardmodell enthalten.
Es war lange Zeit nicht klar, ob es nicht noch zusätzliche, wesentlich schwerere Leptonen als das Tau geben könnte, die durch ihre Masse der Detektion entgehen. Mit der Entdeckung eines Higgs-Bosons im Jahr 2012 ist das aber sehr unwahrscheinlich, [19], falls diese zusätzlichen Leptonen wie die bekannten Exemplare ihre Masse ausschließlich aus dem Higgs-Mechanismus erhalten sollen. Solche Teilchen würden nämlich die bereits gemessenen Produktions- und Zerfallsraten des Higgs-Bosons merklich verändern und andere technische Probleme mit sich bringen.

10.1 Die Feynman-Regeln der QED

Um im Folgenden Streuprozesse berechnen zu können, wollen wir die Feynman-Regeln für Streuamplituden der QED zusammenfassen. Bis auf den Vertexfaktor der Elektron-Photon-Wechselwirkung haben wir bereits alle benötigten Elemente in den vorigen Kapiteln hergeleitet, wollen sie hier aber noch einmal rekapitulieren.

Rekapitulation der einzelnen Elemente Den Feynman-Propagator des Elektrons hatten wir mehrfach mit verschiedenen Methoden hergeleitet (Seite 326); er lautet

$$\tilde{S}_F(p) = \frac{i(\not{p}+m)}{p^2-m^2+i\epsilon} = \frac{i}{\not{p}-m+i\epsilon}. \tag{10.7}$$

Den Feynman-Propagator des Photons in allgemeinen R_ξ-Eichungen hatten wir in Gl. (8.90) hergeleitet; er lautet

$$\tilde{D}^{\mu\nu}_{F\xi}(p) = \frac{-i}{p^2+i\epsilon}\left(g^{\mu\nu}+(\xi-1)\frac{p^\mu p^\nu}{p^2}\right). \tag{10.8}$$

Im Rahmen der Gupta-Bleuler-Quantisierung hatten wir uns um den allgemeinen Fall gedrückt und nur den Fall $\xi = 1$ betrachtet, in dem er sich zu Gl. (8.76),

$$\tilde{D}^{\mu\nu}_{F}(p) = \frac{-ig^{\mu\nu}}{p^2+i\epsilon}, \tag{10.9}$$

vereinfacht. Diese Version wollen wir hier verwenden. Wie die äußeren Spinoren und Polarisationsvektoren zum Einsatz kommen, hatten wir in unserer Diskussion der LSZ-Reduktion in den Abschnitten 7.6.1 und 8.2.4 kurz angesprochen.

Den Elektron-Photon-Vertex können wir nun aus dem Wechselwirkungsterm

$$\mathcal{L}_{int} = eA_\mu\overline{\psi}\gamma^\mu\psi \tag{10.10}$$

der Lagrange-Dichte, Gl. (10.5), ermitteln. Dazu können wir die Green'sche Funktion $\langle 0|T\{A_\mu(x_1)\psi(x_2)\overline{\psi}(x_3)\}|0\rangle$ in führender Ordnung berechnen und amputieren und schließlich den entsprechenden Faktor ablesen. Doch einfacher und völlig äquivalent ist es, nach dem Rezept in Abschnitt 4.3.7 den Vertex einfach direkt aus der Lagrange-Dichte abzulesen. Wir wollen geschwind beides ausprobieren und vergleichen. Einerseits sieht das Rezept vor, mit $i\mathcal{L}$ zu beginnen und Ableitungen durch Impulse zu ersetzen, was hier nicht zutrifft. Dann wird über Felder gleichen Typs permutiert, was ebenfalls nicht zutrifft. Schließlich werden die Felder gestrichen, und es bleibt der Ausdruck

$$ie\gamma^\mu \tag{10.11}$$

stehen. Das ist die Feynman-Regel für den Vertex. Alternativ können wir den zusammenhängenden Teil von

$$\langle 0|T\{A_\mu(x_1)\psi_i(x_2)\overline{\psi}_j(x_3)\, ie \int d^4x A_\nu(x)\overline{\psi}_k(x)\gamma^\nu_{kl}\psi_l(x)\}|0\rangle \tag{10.12}$$

berechnen, wobei wir hier sofort die freien Felder im Wechselwirkungsbild einsetzen können, da der Nenner der Gell-Mann-Low-Formel und R-Faktoren in führender Ordnung keine Rolle spielen. Etwas Umsortieren liefert (Achtung, fermionische Vorzeichen!):

$$\begin{aligned} &= ie\gamma^\nu_{kl}\int d^4x \langle 0|T\{A_\mu(x_1)\psi_i(x_2)\overline{\psi}_j(x_3)A_\nu(x)\overline{\psi}_k(x)\psi_l(x)\}|0\rangle \\ &= ie\gamma^\nu_{kl}\int d^4x \tilde{D}_{F,\mu\nu}(x_1-x)\tilde{S}_{F,ik}(x_2-x)\tilde{S}_{F,lj}(x-x_3) + \text{unzus.} \end{aligned} \tag{10.13}$$

Hier haben wir das Wick-Theorem angewendet, und Wegstreichen der äußeren Propagatoren liefert wieder denselben Vertexfaktor.

Die Feynman-Regeln Wir teilen die verschiedenen Elemente der Feynman-Graphen in drei Kategorien ein:

1. Interne Linien: Für jede interne Linie in einem Feynman-Diagramm fügen wir den entsprechenden Faktor ein:

   – Propagator des Fermions

   $$S_F(p) = i\frac{1}{\not p - m + i\epsilon} \tag{10.14}$$

   – Propagator des Photons in Feynman-Eichung

   $$D_{\mu\nu}(p) = i\frac{-g_{\mu\nu}}{p^2 + i\epsilon} \tag{10.15}$$

2. Externe Linien: Für jede externe Linie in einem Feynman-Diagramm fügen wir den entsprechenden Faktor ein:

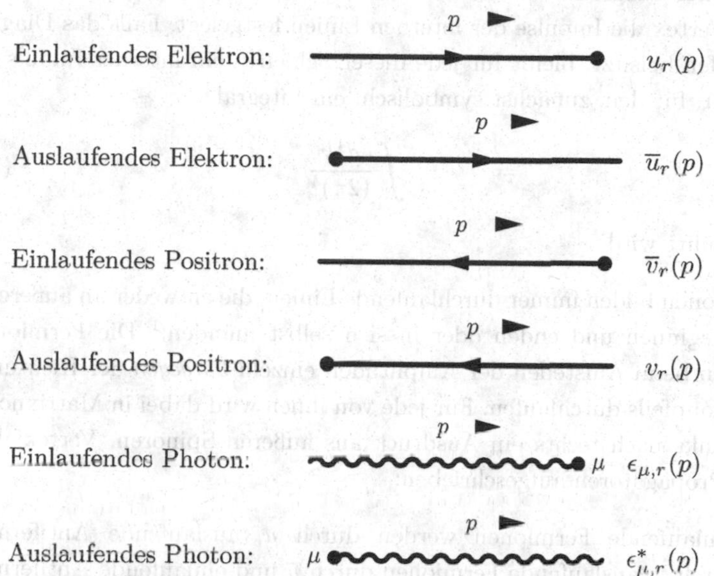

Verwendet man reelle Polarisationsvektoren, entfällt die Unterscheidung zwischen ein- und auslaufenden Photonen.

3. Für jeden Elektron-Photon-Vertex schreiben wir

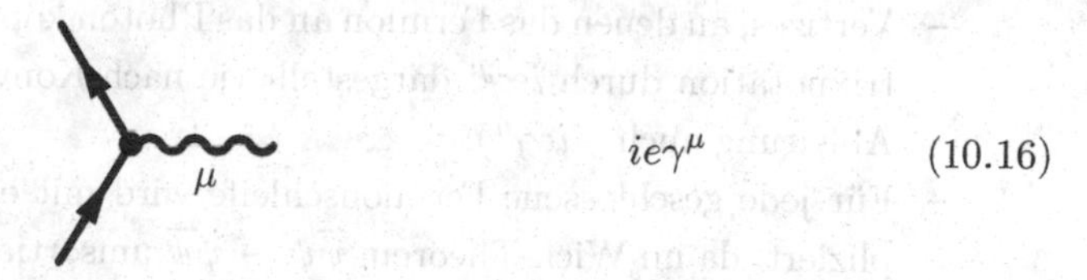

In den Feynman-Graphen markiert der Pfeil *auf* der Fermionlinie die Richtung des Fermionflusses, der für das Aufschreiben der Amplitude wichtig ist. Der Pfeil darüber bzw. neben dem Impuls bezeichnet die Richtung des Impulses p. Der Index $r = 1, 2$ zählt die Polarisationen der äußeren Teilchen. Diese Elemente kommen jetzt wieder wie folgt zum Einsatz, um eine Amplitude $i\mathcal{M}$ aufzuschreiben:

1. Man zeichne unter Verwendung der obigen graphischen Elemente alle Graphen mit den gewünschten äußeren Teilchen und der gewünschten Anzahl an Schleifen bzw. Vertizes, wobei keine äußeren Propagatoren und keine Selbstenergie-Korrekturen (also Schleifen) an den äußeren Beinchen angebracht sind. Diese wurden in der LSZ-Formel entfernt bzw. in der Amputation durch den Faktor $\sqrt{R}$ berücksichtigt.

2. Die Impulse der externen Linien werden einmal für alle Graphen gleich festgelegt. Es gilt Impulserhaltung.

Nun wird für jedes Diagramm getrennt eine Amplitude aufgestellt:

3. Für jedes Diagramm werden unter Beachtung der Impulserhaltung an jedem Vertex die Impulse der internen Linien festgelegt. Falls das Diagramm Schleifen beisitzt, bleibt für jede dieser Schleifen ein interner Impuls unbestimmt, für den, zunächst symbolisch, ein Integral

$$\int \frac{d^4k}{(2\pi)^4} \tag{10.17}$$

eingeführt wird.

4. Fermionen bilden immer durchlaufende Linien, die entweder an äußeren Beinen beginnen und enden oder in sich selbst münden.[1] Die Fermionlinien werden beim Aufstellen der Amplituden einzeln *entgegen* der Richtung des Fermionpfeils durchlaufen. Für jede von ihnen wird dabei in Matrixnotation von links nach rechts ein Ausdruck aus äußeren Spinoren, Vertexfaktoren und Propagatoren aufgeschrieben:

   – Einlaufende Fermionen werden durch u, auslaufende Antifermionen durch v, auslaufende Fermionen durch $\overline{u}$ und einlaufende Antifermionen durch $\overline{v}$ dargestellt.
   – Fermionpropagatoren werden durch den Dirac-Propagator im Impulsraum $\tilde{S}_F(p)$ dargestellt, wobei p der Impuls ist, der *in Richtung des Fermionpfeils* läuft.
   – Vertizes, an denen das Fermion an das Photon koppelt, werden in der Matrixnotation durch $ie\gamma^\mu$ dargestellt (je nach Konvention der kovarianten Ableitung auch $-ie\gamma^\mu$).
   – Für jede geschlossene Fermionschleife wird mit einem Faktor -1 multipliziert, da im Wick-Theorem $\overline{\psi}\psi \to \psi\overline{\psi}$ umsortiert werden muss. Die zu einer Schleife geschlossene Fermionlinie wird an einem beliebigen Punkt begonnen und wieder gegen den Fermionpfeil geschrieben. Da hier keine abschließenden Spinoren u, v stehen, werden die offenen Dirac-Indizes am Anfang und am Ende der Fermionschleife einfach kontrahiert und summiert, was durch eine Spur $Tr[\ldots]$ geschrieben werden kann. Da die Spur invariant unter zyklischer Verschiebung der Matrizen darin ist, ist das Ergebnis unabhängig davon, wo wir die Fermionschleife zu schreiben begonnen haben.

---

[1] In den Theorien, die uns hier meist interessieren, treffen oder schneiden sich nie zwei solcher Linien, weil es keine direkte Wechselwirkung von vier oder mehr Fermionen gibt. Sollte das der Fall sein, kann man in den Graphen zeichnerisch markieren, welche Fermionlinien an einem Vertex jeweils verbunden sind.

   – Jede Fermionlinie sollte jetzt einem Ausdruck entsprechen, in dem alle Dirac-Indizes durch äußere Spinoren abgesättigt oder durch Spurbildung verbunden sind. Diese Ausdrücke können nun alle multipliziert werden.

5. Äußere Photonen werden durch die oben genannten Polarisationsvektoren dargestellt.
6. Falls das Diagramm einen Symmetriefaktor besitzt, muss mit diesem noch multipliziert werden.
7. Die Amplituden für alle Einzeldiagramme werden summiert. Diagramme, die sich durch ungeradzahlig viele Vertauschungen identischer äußerer Fermionen unterscheiden, müssen mit einem relativen Vorzeichen versehen werden.
8. Zuletzt wird noch für jedes äußere Beinchen die Amplitude mit einem Faktor $\sqrt{R}$ entsprechend dem Feldtyp multipliziert.

Beispiele Jetzt werden wir einige mal mehr, mal weniger physikalisch sinnvolle Minimalbeispiele durchgehen, um die Anwendung der Feynman-Regeln zu üben.

AUFGABE 175

Stellt die Amplitude $i\mathcal{M}$ (ohne R-Faktoren) für die Elektron-Selbstenergie auf:

k

$p \rightarrow$ (10.18)

Mit dem im Feynman-Graphen eingezeichneten Impuls p ist jener des einlaufenden bzw. auslaufenden Elektrons gemeint.

Wir gehen gegen den Fermionpfeil durch den Graphen:

$$\begin{aligned} i\mathcal{M}_{rs} &= \int \frac{d^4k}{(2\pi)^4} \overline{u}_r(p)(ie\gamma^\mu) \frac{i}{\not{p} - \not{k} - m + i\epsilon} (ie\gamma^\nu) u_s(p) \frac{-ig_{\mu\nu}}{k^2 + i\epsilon} \\ &= -\int \frac{d^4k}{(2\pi)^4} \frac{e^2 g_{\mu\nu}}{k^2 + i\epsilon} \overline{u}_r(p) \frac{\gamma^\mu(\not{p} - \not{k} + m)\gamma^\nu}{(p-k)^2 - m^2 + i\epsilon} u_s(p) . \end{aligned} \tag{10.19}$$

Wir haben dabei den äußeren Spinoren $\overline{u}$ und u die Helizitäts/Spinindizes r bzw. s gegeben. Über den Impuls in der Schleife muss noch integriert werden; darauf werden wir später zurückkommen.

Jetzt wollen wir die Amplitude für die Elektron-Myon-Streuung berechnen. Dabei können wir davon ausgehen, dass die Feynman-Regeln für das Myon identisch mit jenen für das Elektron sind. Nur im Myon-Propagator und den Relationen für Myon-Spinoren $u\overline{u}$ und $v\overline{v}$ steht eine andere Masse. Die zu Myonen gehörigen äußeren Impulse erfüllen auf der Massenschale dementsprechend auch $k^2 = m_\mu^2$.

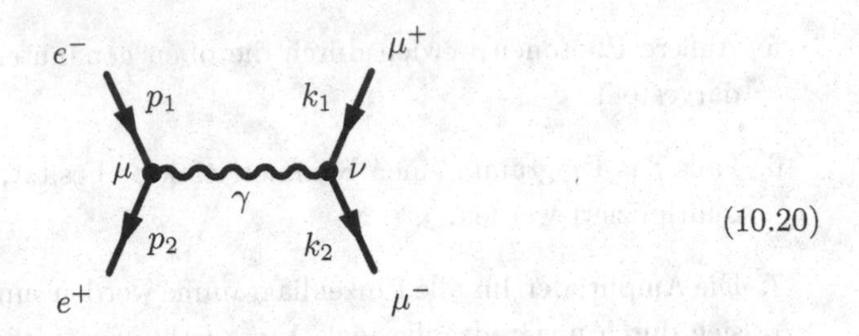

(10.20)

AUFGABE 176

Stellt die Feynman-Amplitude für die Streuung $e^+e^- \to \mu^+\mu^-$ auf (Abb. 10.20).

Wir beginnen völlig beliebig mit der linken Fermionlinie und laufen dort wieder gegen die Fermionrichtung:

$$i\mathcal{M}_{rstw} = \underbrace{\overline{v}_r(p_2)(ie\gamma^\mu)u_s(p_1)}\frac{-ig_{\mu\nu}}{(p_1+p_2)^2+i\epsilon}\underbrace{\overline{u}_t(k_2)(ie\gamma^\nu)v_w(k_1)} . \qquad (10.21)$$

Ein paar Worte zu dieser Amplitude und ihrer Struktur, z. B. der Indizes. Insgesamt ist die Amplitude $\mathcal{M}_{rstw}$ ein Lorentz-Skalar, da weder offene Lorentz- noch Dirac-Indizes vorliegen. Die beiden unterklammerten Teile sind zwar „Dirac-Skalare", jedoch Vierervektoren (offener Index μ bzw. ν). Die beiden Dirac-Skalare resultieren aus dem Skalarprodukt eines transponierten Dirac-Spinors ($\overline{v}_r(p_2)$), einer Dirac-Matrix γ^μ und dem Dirac-Spinor $u_s(p_1)$. Die Indizes $r, s, t, w = 1, 2$ geben die Polarisation der vier äußeren Fermionen an. Über diese kann man nach Quadrierung der Amplitude bei Bedarf summieren oder mitteln.

10.2 Nützliche Tipps zum Berechnen von Streuquerschnitten

Bevor wir endlich mal ein paar richtige Streuprozesse ausrechnen, setzen wir uns noch mit ein paar Tricks und Schreibweisen auseinander, die man immer wieder beim Berechnen von Streuquerschnitten braucht.

10.2.1 Ein paar Worte zur Kinematik

Bevor wir unseren ersten Streuprozess ausrechnen, müssen wir uns noch ein paar Details zur Kinematik eines $(2 \to 2)$-Prozesses anschauen, damit wir später einfach nur hierher verweisen können. Wir legen Energie, Impulse und Massen wie im letzten Bild fest. Insgesamt haben wir damit 16 freie Größen, die wir unter Ausnutzung von Energie- und Impulserhaltung auf 3 freie Größen reduzieren können. Im Prinzip sind das bei einem Streuprozess die Energie, mit der die Teilchen kollidieren, und die zwei Streuwinkel zwischen den auseinanderlaufenden Streuprodukten und den einlaufenden Teilchen.

Man kann die 16 Größen wie folgt reduzieren:

	16	4 Teilchen mit je 4 Komponenten des Viererimpulses	
–	1	Energieerhaltung	$E_1 + E_2 = E_3 + E_4$
–	4	Massenschalen	$p_i^2 = m_i^2 = E_i^2 - \mathbf{p}_i^2, i = 1 \ldots 4$
–	3	Schwerpunktsystem	$\mathbf{p}_1 = -\mathbf{p}_2$
–	2	Wahl der z-Achse	$p_{1x} = p_{2x} = 0$
–	3	Impulserhaltung	$\mathbf{p}_1 + \mathbf{p}_2 = \mathbf{p}_3 + \mathbf{p}_4$
=	3		

Als die drei übrig bleibenden Größen kann man z. B. den Impuls $p_{1,z}$ des einlaufenden Teilchens sowie die Winkel θ und ϕ der auslaufenden Teilchen relativ zur z-Achse wählen. Alle anderen Größen sind dann festgelegt. Weshalb haben wir hier drei Größen, aber nur zwei unabhängige Mandelstam-Variablen? – Der Winkel ϕ ist bei Letzteren nicht sichtbar.

Wir wollen jetzt den Impulsbetrag $|\mathbf{p}_3|$ für den Fall berechnen, dass wir die Schwerpunktsenergie $\sqrt{s} = \sqrt{(p_1 + p_2)^2}$ (und natürlich die Massen der Teilchen) kennen:

AUFGABE 177

Zeigt, dass $|\mathbf{p}_3| = \frac{1}{2\sqrt{s}} \lambda(s, m_3^2, m_4^2)^{\frac{1}{2}}$ im Schwerpunktssystem ist! Verwendet dabei die Källén-Funktion

$$\lambda(x, y, z) = x^2 + y^2 + z^2 - 2xy - 2xz - 2yz\,. \tag{10.22}$$

Wir benutzen als erstes die On-Shell- oder Massenschalen-Bedingung

$$|\mathbf{p}_3| = \sqrt{E_3^2 - m_3^2} \tag{10.23}$$

und die Energieerhaltung (wobei wir für E_1 und E_2 später deren jeweilige Massenschalen-Bedingung einsetzen):

$$\sqrt{s} = E_1 + E_2 = E_3 + E_4 \,. \tag{10.24}$$

Beachtet dabei, dass wir auch ausnutzen, dass wir uns im Schwerpunktsystem $\mathbf{p}_1 = -\mathbf{p}_2$ und $\mathbf{p}_3 = -\mathbf{p}_4$ befinden. Damit wird Gl. (10.24) zu

$$\sqrt{s} = \sqrt{m_3^2 + \mathbf{p}_3^2} + \sqrt{m_4^2 + \mathbf{p}_3^2} \,, \tag{10.25}$$

was wir jetzt nach $\mathbf{p}_3^2$ auflösen können:

$$\begin{aligned}\mathbf{p}_3^2 &= \frac{1}{4s}\left(m_3^4 + m_4^4 + s^2 - 2m_3^2 m_4^2 - 2m_3^2 s - 2m_4^2 s\right) \\ &= \frac{1}{4s}\lambda(s, m_3^2, m_4^2) \,,\end{aligned} \tag{10.26}$$

woraus sich die Behauptung ergibt.

Wir sehen insbesondere, dass die Energie der einzelnen auslaufenden Teilchen unabhängig von den Winkeln θ, ϕ ist. Das ist typisch für einen Prozess mit zwei auslaufenden Teilchen; insbesondere ist das auch bei einem Zerfall $1 \to 2$ der Fall. Wenn man allerdings drei auslaufende Teilchen hat, z. B. in einem Streuprozess $2 \to 3$ oder in einem Drei-Körper-Zerfall $1 \to 3$, dann ist dies nicht mehr der Fall, und die Energie wird abhängig von der detaillierten Kinematik.

Wir wollen jetzt noch ein paar vereinfachende Fälle zusammenfassen, die man oft braucht. Wir gehen dabei davon aus, dass der Schwerpunktsimpuls des Streuprozesses verschwindet: $\mathbf{p}_1 = -\mathbf{p}_2$.

1. Sind jeweils die Massen der einlaufenden bzw. auslaufenden Teilchen gleich ($m_1 = m_2$ und $m_3 = m_4$), so sind die Energien $E_1 = E_2 = E$ und $E_3 = E_4 = E'$ auch gleich.

2. Oft sind die einlaufenden Teilchen in guter Näherung masselos, $m_1 = m_2 = 0$, z. B. Elektronen an Beschleunigern mit $\sqrt{s} \gg m_e$ oder Protonen (bzw. Quarks) an Hadronbeschleunigern mit $\sqrt{s} \gg m_p, m_q$. Dann vereinfacht sich der Impuls der einlaufenden Teilchen: $|\mathbf{p}_1| = |\mathbf{p}_2| = E$ und $(p_1 + p_2)^2 = 4E^2$. Achtung: An Hadronbeschleunigern ist das Schwerpunktsystem der Hadronen im Allgemeinen nicht das der streuenden Teilchen!

3. Bei der Compton-Streuung ($e\gamma \to e\gamma$) hat man „gekreuzte Massen", also $m_1 = m_3 = m_e$ und $m_2 = m_4 = 0$. In diesem Fall ist dann $|\mathbf{p}_1| = |\mathbf{p}_2| = |\mathbf{p}_3| = |\mathbf{p}_4|$.

Überzeugt euch von den Punkten 1 bis 3!

10.2.2 Wohin mit den Spinoren?

Aufgemerkt! Spinsummen und Spinmittelung

Hat man die Streuamplitude quadriert, um den Streuquerschnitt oder die Zerfallsbreite zu berechnen, tragen die Spinoren $u_r, v_r, \overline{u}_r, \overline{v}_r$ und Polarisationsvektoren ϵ_r^μ zunächst alle noch einen Index $r \in 1, 2$, der eine der beiden Spineinstellungen bzw. Helizitäten auswählt. Will man ein Experiment beschreiben, in dem der Spin bzw. die Polarisation der auslaufenden Teilchen bei der Auswertung nicht unterschieden wird, summiert man die quadrierte Amplitude nichtkohärent (d.h. nach dem Quadrieren) über diesen Index,

$$\sum_{r=1,2} \mathcal{M}^\dagger_{r\ldots} \mathcal{M}_{r\ldots} \,. \tag{10.27}$$

Liegt ein Experiment vor, in dem der Spin bzw. die Polarisation einlaufender Teilchen komplett zufällig ist, mittelt man über diese. Dazu summiert man zunächst wie oben über den Spin/Polarisationsindex und teilt dann für jeden zu mittelnden Spin durch die Anzahl der möglichen diskreten Einstellungen,

$$\frac{1}{2}\sum_{r=1,2}\frac{1}{2}\sum_{s=1,2} \mathcal{M}^\dagger_{rs\ldots} \mathcal{M}_{rs\ldots} \,. \tag{10.28}$$

Für massive Vektorteilchen, die drei physikalische Polarisationen (zwei transversale und eine longitudinale) besitzen, wird entsprechend verfahren.

Die für die Spinsumme notwendigen Relationen für Dirac-Fermionen und Photonen haben wir bereits in Gl. (7.129) und Gl. (9.2) kennengelernt:

$$\sum_r u_r(p)\overline{u}_r(p) = \not{p} + m, \; \sum_r v_r(p)\overline{v}_r(p) = \not{p} - m, \; \sum_r \epsilon_r^{*\mu}\epsilon_r^\nu \to -g^{\mu\nu} \,. \tag{10.29}$$

In der Regel vereinfachen Spinsummen die Ausdrücke für quadrierte Amplituden sehr stark. In der QCD wird auf ähnliche Weise über die Farbladung der ein- und auslaufenden Teilchen gemittelt und summiert.

Es gibt einige kleine Rechentricks, um mit Spinoren und Dirac-Spuren in (quadrierten) Amplituden umzugehen. Hier wollen wir ein paar wichtige vorstellen. Beim Quadrieren der Matrixelemente verwendet man fast immer folgenden Trick, um eine Fermion-Linie äußerer Teilchen und ihr komplex konjugiertes Pendant zu einer Spur zu verheiraten:

$$\begin{aligned}|\mathcal{M}|^2 &\propto (\overline{u}Xv)(\overline{u}Xv)^\dagger = \overline{u}Xv\overline{v}X'u = \overline{u}_iX_{ij}v_j\overline{v}_kX'_{kl}u_l = X_{ij}v_j\overline{v}_kX'_{kl}u_l\overline{u}_i \\ &= Tr\left[Xv\overline{v}X'u\overline{u}\right]. \end{aligned} \quad (10.30)$$

Wie hier im ersten Schritt aus $v^\dagger$ ein $\overline{v}$ und aus $\overline{u}^\dagger$ ein u wird, werden wir gleich in einer Aufgabe explizit nachvollziehen. So verfährt man mit jeder in der Amplitude $\mathcal{M}$ enthaltenen Fermion-Linie getrennt, und multipliziert am Ende die Spuren. Nach dieser Umordnung zu solch einer Spur, in der immer die beiden zu einem Dirac-Fermion gehörigen Spinoren nebeneinander stehen, kann man die Polarisationssummen für Fermionen, Gl. (7.129), und sonstige Spuridentiäten einfach anwenden und letztlich die Dirac-Spur ausführen. In unserem Beispiel stünde nach der Spinsumme etwa

$$Tr\left[X(\not{p}-m)X'(\not{k}+m)\right], \quad (10.31)$$

wenn $v(p)$ und $u(k)$. Vielleicht habt ihr schon die Ähnlichkeit zwischen solchen quadrierten und spinsummierten Fermion-Linien und den Zählern geschlossener Fermion-Schleifen bemerkt, die ja auch durch Spuren dargestellt werden. Das ist kein Zufall - das optische Theorem lässt grüßen, und die Spinsummen entsprechen gerade den Zählern der Propagatoren in den Zwischenzuständen.

Da in einem einzigen (physikalischen) Beispiel nie alle interessanten Fälle auf einmal auftreten (und wenn doch, wird es unübersichtlich), haben wir hier einige Beispielamplituden erfunden, anhand derer wir ein paar wiederkehrende Probleme erklären können.

AUFGABE 178

■ Nehmt an, wir hätten das Matrixelement $\mathcal{M} = \varepsilon_\mu\overline{u}\gamma^\mu v$. Berechnet $|\mathcal{M}|^2$ und führt die Spin- und Polarisationsmittelung durch. Dabei soll $u = u_\lambda(p_1)$, $v = v_{\lambda'}(p_2)$ und $\varepsilon_\mu = \varepsilon_{\mu,r}(p)$ sein.

● Bildet das Quadrat mit $\mathcal{M}^\dagger\mathcal{M}$ statt $\mathcal{M}^*\mathcal{M}$, denn die beiden Möglichkeiten sind äquivalent. Das Verhalten der verschiedenen Dirac-Objekte unter Konjugation † ist aber viel einfacher. Beachtet, dass der Lorentz-Index der konjugierten Amplitude in μ' umbenannt werden muss, sonst kommt es zu einer ungültigen Verdopplung beim Quadrieren!

▶ Wir finden

$$\mathcal{M}^\dagger = \left(\varepsilon_{\mu'}\overline{u}\gamma^{\mu'}v\right)^\dagger = \varepsilon^*_{\mu'}\left(u^\dagger\gamma^0\gamma^{\mu'}v\right)^\dagger \quad (10.32)$$

$$= \varepsilon^*_{\mu'}v^\dagger\gamma^{\mu'\dagger}\gamma^{0\dagger}u = \varepsilon^*_{\mu'}v^\dagger\gamma^0\gamma^{\mu'}u = \varepsilon^*_{\mu'}\overline{v}\gamma^{\mu'}u\,. \quad (10.33)$$

Wir haben dabei einige Identitäten aus Kapitel 7 verwendet: $\gamma^{0\dagger} = \gamma^0, \overline{u} = u^\dagger\gamma^0$ und $\gamma^{\mu\dagger}\gamma^0 = \gamma^0\gamma^\mu$. Das quadrierte Matrixelement ergibt sich dann zu

$$\sum_{\lambda,\lambda',r} |\mathcal{M}|^2 = \sum_{\lambda,\lambda',r} \varepsilon_\mu\varepsilon^*_{\mu'}\overline{u}\gamma^\mu v\overline{v}\gamma^{\mu'}u\,. \tag{10.34}$$

Jetzt können wir die Polarisationssumme $\varepsilon_\mu\varepsilon^*_{\mu'} \to -g_{\mu\mu'}$ ausführen, um die Lorentz-Indizes loszuwerden. Das darf man natürlich nur, wenn man wirklich über die auslaufenden Polarisationen des Photons summieren oder über die einlaufenden mitteln will. Danach wenden wir eine Variante von Gl. (10.30) an, können anschließend die Spinsummen aus Gl. (7.129) verwenden und die Dirac-Spur berechnen:

$$\begin{aligned}\sum_{\lambda,\lambda',r} |\mathcal{M}|^2 &= -\sum_{\lambda,\lambda'} Tr\,[u\overline{u}\;\gamma^\mu\;v\overline{v}\;\gamma_\mu] = -Tr\left[(\not{p}_1 + m)\gamma^\mu(\not{p}_2 - m)\gamma_\mu\right]\\ &= 8(p_1\cdot p_2 + 2m^2)\,.\end{aligned} \tag{10.35}$$

Wenn sehr lange Dirac-Spuren auftreten, bietet es sich an, im Vorfeld zu überlegen, welche Terme überhaupt auftreten können und welche nicht. Dazu haben wir eine weitere „pädagogische" Amplitude erfunden.

AUFGABE 179

■ Berechnet die quadrierte und spinsummierte Amplitude zu $\mathcal{M} = \overline{u}\not{p}v$ mit $u = u_\lambda(p_1)$, $v = v_{\lambda'}(p_2)$, $p = p_1 + p_2$. Dabei sollen u und v zu unterschiedlichen fiktiven Teilchenarten mit den Massen $p_1^2 = m_1^2$ und $p_2^2 = m_2^2$ gehören.

● Würde man hier einfach nur die quadrierte Amplitude berechnen, müsste man eine Dirac-Spur über 4 Dirac-Matrizen bilden. Der Ausdruck wird dann gleich relativ lang. Deswegen wollen wir hier zuerst die unquadrierte Amplitude etwas bearbeiten. Hier bietet es sich an, die Dirac-Gleichung im Impulsraum für die Spinoren auszunutzen (siehe Gl. (7.138)), um die Amplitude zu vereinfachen.

► Schreiben wir also noch einmal auf:

$$\mathcal{M} = \overline{u}(p_1)\not{p}v(p_2) = \overline{u}(p_1)(\not{p}_1 + \not{p}_2)v(p_2)\,. \tag{10.36}$$

Wir wissen aus Aufgabe 121, dass $(\not{p} + M)v(p) = 0$ und $\overline{u}(p)(\not{p} - M) = 0$ ist, was wir hier anwenden können:

$$\begin{aligned}\mathcal{M} &= \underbrace{\overline{u}(p_1)(\not{p}_1}_{=\overline{u}(p_1)m_1} + \underbrace{\not{p}_2)v(p_2)}_{=-m_2v(p_2)}\\ &= \overline{u}(p_1)(m_1 - m_2)v(p_2) = (m_1 - m_2)\,\overline{u}(p_1)v(p_2)\,.\end{aligned} \tag{10.37}$$

Damit lässt sich jetzt natürlich noch „leichter“ $\mathcal{M}^\dagger$ bilden und quadrieren:

$$\mathcal{M}^\dagger = (m_1 - m_2)\ \overline{v}(p_2)u(p_1) \tag{10.38}$$

$$\sum_{\lambda,\lambda'} |\mathcal{M}|^2 = \sum_{\lambda,\lambda'} (m_1 - m_2)^2\ \overline{u}(p_1)v(p_2)\overline{v}(p_2)u(p_1) \tag{10.39}$$

$$= \sum_{\lambda,\lambda'} (m_1 - m_2)^2\ Tr\left[u(p_1)\overline{u}(p_1)\ v(p_2)\overline{v}(p_2)\right] \tag{10.40}$$

$$= (m_1 - m_2)^2\ Tr\left[(\not p_1 + m_1)(\not p_2 - m_2)\right]. \tag{10.41}$$

Hier können wir gleich mal ausmultiplizieren und einige Terme weglassen (weil wir wissen, dass eine Spur über eine ungeradzahlige Anzahl von Dirac-Matrizen verschwindet):

$$(m_1 - m_2)^2\ Tr\left[(\not p_1 + m_1)(\not p_2 - m_2)\right]$$
$$= (m_1 - m_2)^2\ Tr\left[\not p_1 \not p_2 - m_1 m_2\right] = 4(m_1 - m_2)^2\ (p_1 \cdot p_2 - m_1 m_2). \tag{10.42}$$

Können Photonen verschiedene Teilchenarten miteinander koppeln?

Das Beispiel in Aufgabe 179 ist nicht ganz zufällig gewählt. Die Amplitude für den fiktiven Zerfall eines schweren Fermions der Masse m_1 in ein Fermion der Masse m_2 und ein Photon kann man als $\varepsilon_\mu(p)\overline{u}(q-p)\gamma^\mu u(q)$ schreiben. Wie wir in Kapitel 9 gelernt haben, gilt für physikalische Amplituden mit äußeren Photonen die Ward-Identität, d. h., ersetzen wir $\epsilon_\mu(p)$ durch seinen zugehörigen Vierervektor p_μ, dann muss die Amplitude aufgrund der Eichinvarianz verschwinden. In der Aufgabe haben wir einfach die dazu gekreuzte Amplitude betrachtet. Diese Amplitude ist aber, wie wir eben gezeigt haben, $\overline{u}\not p v = (m_1 - m_2)\overline{u}v$. Sie verschwindet also nur, wenn $m_1 = m_2$ ist. Daraus können wir folgern, dass aufgrund der Ward-Identität ein Photon niemals direkt zwei Teilchen mit ungleichen Massen über einen Vertex der Form γ^μ koppelt. Eine Theorie, in der es solch eine Zerfallsamplitude mit masselosen Photonen im Endzustand gibt, wäre also inkonsistent. Es gibt durchaus Zerfälle der Form $f_1 \to f_2\gamma$, die z. B. von Schleifen induziert werden. Ein physikalisch wichtiges Beispiel, das aktuell untersucht wird, ist $b \to s\gamma$. Solche Zerfälle müssen allerdings über eine andere Kopplungsstruktur geschehen, welche die Ward-Identitäten beherzigt. Solche Wechselwirkungen entsprechen Operatoren mit $[\mathcal{O}] > 4$ wie zum Beispiel $m\overline{\psi}\sigma^{\mu\nu}\psi F_{\mu\nu}$ und kommen daher in renormierbaren Theorien nicht auf Tree-Level vor.

Zum Abschluss schauen wir uns noch eine Amplitude an, bei der man den Ausdruck erst ein wenig „massieren" muss, um die Dirac-Gleichungen anwenden zu können:

AUFGABE 180

■ Quadriert die Amplitude $\mathcal{M} = \overline{u}(p_1)\not{p}_2\not{p}_1 v(p_2)$ und führt die Spinsummen aus.

● Hier müssen wir zuerst die beiden Impulse bzw. Dirac-Matrizen vertauschen, damit wir die Dirac-Gleichungen anwenden können. Dazu benutzen wir die Vertauschungsrelation für die Dirac-Matrizen in Gl. (7.3).

▶ Damit erhalten wir

$$\begin{aligned}\mathcal{M} &= \overline{u}(p_1)\not{p}_2\not{p}_1 v(p_2) = -\overline{u}(p_1)\not{p}_1\not{p}_2 v(p_2) + 2\,\overline{u}(p_1)v(p_2)\;g_{\mu\nu}\,p_1^\mu p_2^\nu\,,\\ &= \overline{u}(p_1)v(p_2)\;(m_1 m_2 + 2p_1p_2); \qquad (10.43)\\ \sum_{\lambda,\lambda'}|\mathcal{M}|^2 &= (m_1m_2 + 2\,p_1p_2)^2\; Tr\left[(\not{p}_1 + m_1)(\not{p}_2 - m_2)\right]\\ &= 4(m_1m_2 + 2\,p_1p_2)^2(p_1p_2 - m_1m_2)\,. \qquad (10.44)\end{aligned}$$

Hätten wir einfach nur die Ausgangsamplitude quadriert, so hätten wir eine Dirac-Spur über 6 Dirac-Matrizen ausrechnen müssen. So konnten wir mit den zwei gezielten Umformungen die Amplitude auf die Dirac-Spur über 2 Matrizen reduzieren.

Aufgemerkt!

Bevor man die Berechnung einer Dirac-Spur mit roher Gewalt durchzieht, lohnt es sich meistens, die Dirac-Gleichungen in Aufgabe Gl. (121) anzuwenden, auch wenn das bedeutet, dass man einige Dirac-Matrizen vertauschen muss. Ein zweiter sehr nützlicher Trick ist es, alle Spuren mit ungeradzahligen Dirac-Matrizen zu identifizieren, da sie verschwinden. Achtung: Hierbei zählt γ^5 als eine gerade Anzahl!

10.3 Streuprozesse in der QED

Nun haben wir das wichtigste Handwerkszeug, um Streuprozesse in der QED auszurechnen. Wir wollen also zwei Teilchen nehmen (z. B. Elektronen), diese „kollidieren" lassen und unterschiedliche Observable des Prozesses berechnen. Üblicherweise ist man an Größen wie dem Wirkungsquerschnitt, den Energieverteilungen oder den Winkelverteilungen interessiert.

Wir haben uns zwei wichtige Streuprozesse herausgesucht. Zuerst führen wir das Beispiel von Aufgabe 176 zu Ende. Als zweiten Prozess schauen wir uns die Elektron-Positron-Paarvernichtung, $e^+e^- \to \gamma\gamma$, an.

10.3.1 Paarerzeugung von Myonen

Wir greifen hier das Beispiel in Aufgabe 176 noch einmal auf und wollen den totalen Wirkungsquerschnitt und die Verteilung des Streuwinkels der auslaufenden Myonen relativ zu den einlaufenden Elektronen berechnen. Aufgrund der Massenhierarchie von Elektron und Myon nehmen wir das Elektron als masselos an. Das Myon bleibt weiterhin massiv.

Die Amplitude für die Myonproduktion hatten wir ja bereits in Aufgabe 176 bestimmt:

$$i\mathcal{M}_{rstw} = \overline{v}_r(p_2)(ie\gamma^\mu)u_s(p_1)\frac{-ig_{\mu\nu}}{(p_1+p_2)^2+i\epsilon}\overline{u}_t(k_2,m_\mu)(ie\gamma^\nu)v_w(k_1,m_\mu)\,. \tag{10.45}$$

Um die Amplitude zu quadrieren, müssen wir zuerst $\mathcal{M}^\dagger$ berechnen.

AUFGABE 181

Bestimmt $-i\mathcal{M}^\dagger$ aus Gleichung Gl. (10.45).

Bevor wir die Amplitude komplex konjugieren und transponieren, können wir noch den Limes $\epsilon \to 0$ vornehmen. Jetzt können wir schreiben:

$$\begin{aligned}
-i\mathcal{M}^\dagger &= \left(\overline{v}_r(p_2)(ie\gamma^\mu)u_s(p_1)\frac{-ig_{\mu\nu}}{(p_1+p_2)^2}\overline{u}_t(k_2,m_\mu)(ie\gamma^\nu)v_w(k_1,m_\mu)\right)^\dagger \\
&= \left(\overline{u}_t(k_2,m_\mu)(ie\gamma^\nu)v_w(k_1,m_\mu)\right)^\dagger\left(\frac{-ig_{\mu\nu}}{(p_1+p_2)^2}\right)^\dagger\left(\overline{v}_r(p_2)(ie\gamma^\mu)u_s(p_1)\right)^\dagger \\
&= \left(v_w^\dagger(k_1,m_\mu)(-ie)\gamma^{\nu\dagger}\gamma^{0\dagger}u_t(k_2,m_\mu)\right) \\
&\quad\times\left(\frac{ig_{\mu\nu}}{(p_1+p_2)^2}\right)\left(u_s^\dagger(p_1)(-ie)\gamma^{\mu\dagger}\gamma^{0\dagger}v_r(p_2)\right)\,.
\end{aligned} \tag{10.46}$$

Wir müssen noch die Dirac-Matrizen vertauschen (beachtet, dass $\gamma^{0\dagger}=\gamma^0$ und $\gamma^{\mu\dagger}\gamma^0=\gamma^0\gamma^\mu$ ist) und können die ie's sammeln:

$$= -ie^2\left(\overline{v}_w(k_1,m_\mu)\gamma^\nu u_t(k_2,m_\mu)\right)\frac{g_{\mu\nu}}{(p_1+p_2)^2}\left(\overline{u}_s(p_1)\gamma^\mu v_r(p_2)\right)\,. \tag{10.47}$$

Nun berechnen wir die quadrierte Amplitude $\sum_{pol.}\mathcal{M}^\dagger\mathcal{M}$, wobei wir auch gleich über die Polarisationen der äußeren Teilchen summieren. Beachtet dabei, dass wir für $\mathcal{M}^\dagger$ die Lorentz-Indizes neu benennen, damit es keine Kollision in der

Summenkonvention gibt. Beachtet außerdem, dass die Helizitätsindizes r, s, t, w dieselben für beide Amplituden $\mathcal{M}$ und $\mathcal{M}^\dagger$ bleiben, da sie die Helizität *desselben* Teilchens beschreiben und nicht über sie summiert wird!

AUFGABE 182

Berechnet $\frac{1}{4}\sum_{pol.} \mathcal{M}^\dagger\mathcal{M}$ und drückt das Resultat in Mandelstam-Variablen aus!

Wir erhalten

$$\begin{aligned}
\frac{1}{4}&\sum_{pol.}\mathcal{M}^\dagger\mathcal{M} \\
&= \sum_{r,s,t,w}\frac{e^4}{4}(-i)\left(\overline{v}_w(k_1,m_\mu)\gamma^\sigma u_t(k_2,m_\mu)\right)\frac{g_{\rho\sigma}}{(p_1+p_2)^2}\left(\overline{u}_s(p_1)\gamma^\rho v_r(p_2)\right) \\
&\times (i)(\overline{v}_r(p_2)\gamma^\mu u_s(p_1))\frac{g_{\mu\nu}}{(p_1+p_2)^2}\left(\overline{u}_t(k_2,m_\mu)\gamma^\nu v_w(k_1,m_\mu)\right). \qquad (10.48)
\end{aligned}$$

Wir verwenden nun eine Variante von Gl. (10.30):

$$\begin{aligned}
&= \frac{e^4}{4}\sum_{s,r,w,t}\frac{g_{\rho\sigma}g_{\mu\nu}}{(p_1+p_2)^4}\cdot Tr\left[v_w\overline{v}_w\gamma^\sigma u_t\overline{u}_t\gamma^\nu\right]\cdot Tr\left[u_s\overline{u}_s\gamma^\rho v_r\overline{v}_r\gamma^\mu\right] \\
&= \frac{e^4}{4}\frac{g_{\rho\sigma}g_{\mu\nu}}{(p_1+p_2)^4}\cdot Tr\left[(\not{k}_1-m_\mu)\gamma^\sigma(\not{k}_2+m_\mu)\gamma^\nu\right]\cdot Tr\left[\not{p}_1\gamma^\rho\not{p}_2\gamma^\mu\right]. \qquad (10.49)
\end{aligned}$$

Die Spur über ungerade Anzahlen von Dirac-Matrizen verschwindet. Damit können wir zunächst die erste Spur vereinfachen und ausrechnen:

$$Tr\left[(\not{k}_1-m_\mu)\gamma^\sigma(\not{k}_2+m_\mu)\gamma^\nu\right] = 4\left(-g^{\nu\sigma}(k_1k_2+m_\mu^2)+k_1^\nu k_2^\sigma+k_1^\sigma k_2^\nu\right)$$

und

$$Tr\left[\not{p}_1\,\gamma^\rho\not{p}_2\gamma^\mu\right] = 4\left(-g^{\mu\rho}(p_1\cdot p_2)+p_1^\mu p_2^\rho+p_1^\rho p_2^\mu\right). \qquad (10.50)$$

Das ergibt, kontrahiert mit den Propagatoren aus Gl. (10.49):

$$= \frac{8e^4}{(p_1+p_2)^4}\left(k_1\cdot p_2\;k_2\cdot p_1+k_1\cdot p_1\;k_2\cdot p_2+m_\mu^2 p_1\cdot p_2\right). \qquad (10.51)$$

Die Mandelstam-Variablen für diesen Prozess sind

$$s=(p_1+p_2)^2 \qquad t=(p_1-k_1)^2, \qquad u=(p_1-k_2)^2. \qquad (10.52)$$

Insbesondere ist (da wir die Elektronen als masselos angenommen haben):

$$p_1\cdot p_2 = \frac{1}{2}s \qquad (10.53)$$

$$k_1\cdot p_2 = (m_\mu^2-u)/2 = k_2\cdot p_1 \qquad (10.54)$$

$$k_2\cdot p_2 = (m_\mu^2-t)/2 = k_1\cdot p_1. \qquad (10.55)$$

Damit erhalten wir

$$= \frac{2e^4}{s^2}\left(2(m_\mu^4 - 2m_\mu^2 t + t(s+t)) + s^2\right) . \quad (10.56)$$

Im Grenzfall $m_\mu \to 0$ ergibt das:

$$= \frac{2e^4(t^2+u^2)}{s^2} . \quad (10.57)$$

Wir wollen mit dem Ergebnis in der Näherung $m_\mu = m_e = 0$ weiterarbeiten, da bei typischen Schwerpunktsenergien an Beschleunigern beide Teilchenarten als effektiv masselos angenommen werden können. Der Wirkungsquerschnitt im Schwerpunktssystem (Center of Mass) ist für den Fall, dass die beiden einlaufenden sowie die beiden auslaufenden Teilchen jeweils die gleiche Masse besitzen Gl. (4.230)

$$\left.\frac{d\sigma}{d\Omega}\right|_{CoM} = \frac{1}{64\pi^2 s}\frac{|\mathbf{k}|}{|\mathbf{p}|}\left(\sum_{Pol.}|\mathcal{M}|^2\right) , \quad (10.58)$$

mit $d\Omega = d\cos\theta \, d\phi$. Im masselosen Fall ist außerdem $|\mathbf{k}| = |\mathbf{p}| = E$. Wir wollen unser Ergebnis nun durch $E, \cos\theta, \phi$ ausdrücken.

AUFGABE 183

■ Berechnet den differenziellen Wirkungsquerschnitt im Schwerpunktssystem in Abhängigkeit von $\cos\theta$.

▶ Am einfachsten ist es, wenn wir direkt die Viererimpulse $p_1, \ldots$ im Schwerpunktssystem durch die Dreiervektoren $\mathbf{p}_1, \ldots$ und Energien ausdrücken und die Amplitude Gl. (10.51) damit umrechnen. Die Viererimpulse im Schwerpunktsystem sind

$$p_1 = (E, \mathbf{p})^T , \quad p_2 = (E, -\mathbf{p})^T , \quad k_1 = (E, \mathbf{k})^T , \quad k_2 = (E, -\mathbf{k})^T . \quad (10.59)$$

Die Energien sind wegen $m_1 = m_2 (= 0)$ und $m_3 = m_4 (= 0)$ alle gleich. Die Skalarprodukte, die wir in Gl. (10.51) benötigen, sind:

$$p_1 \cdot p_2 = E^2 + \mathbf{p}^2 , \qquad k_1 \cdot p_2 = E^2 + |\mathbf{p}||\mathbf{k}|\cos\theta , \quad (10.60)$$

$$k_2 \cdot p_1 = E^2 + |\mathbf{p}||\mathbf{k}|\cos\theta , \qquad k_1 \cdot p_1 = E^2 - |\mathbf{p}||\mathbf{k}|\cos\theta , \quad (10.61)$$

$$k_2 \cdot p_2 = E^2 - |\mathbf{p}||\mathbf{k}|\cos\theta , \quad (10.62)$$

wobei wir hier die Kinematik in Punkt 2 auf Seite 428 für gleiche Massen $m_1 = m_2 = 0$ und $m_3 = m_4 = m_\mu$ schon ausgenutzt haben! Wir können hier mit $|\mathbf{k}| = |\mathbf{p}| = E$ weiter vereinfachen. Damit ergibt sich für den differenziellen Wirkungsquerschnitt

$$\frac{d\sigma}{d\Omega} = \frac{e^4}{64 \cdot 4\pi^2 E^4}\left(E^2 + E^2\cos^2\theta\right) = \frac{e^4}{64 \cdot 4\pi^2 E^2}\left(1 + \cos^2\theta\right) . \quad (10.63)$$

Um den totalen Wirkungsquerschnitt zu erhalten, integrieren wir über die Winkel θ, ϕ und erhalten

$$\sigma_{tot} = \frac{e^4}{16\pi \cdot 3E^2} \,. \tag{10.64}$$

Aufgemerkt! **Skalierungsverhalten von Querschnitten**

Der Streuquerschnitt hat die Einheiten einer Fläche, und in natürlichen Einheiten entspricht das Energie^{-2}. Da wir den Streuquerschnitt Gl. (10.64) in der masselosen Näherung berechnet haben, gibt es in der Theorie (auf Tree-Level) nur eine einzige Energieskala – die Energie der Teilchen E. Man hätte also raten können, dass das masselose Ergebnis in führender Ordnung die Form $\sigma \propto e^4 E^{-2}$ hat. Wie wir bereits bei der Renormierung der skalaren Feldtheorie gelernt haben, kommt in höheren Ordnungen der Störungstheorie eine neue Massenskala hinzu, die man nicht so einfach los wird – die Renormierungsskala μ. Daher werden Korrekturen der Form $\log(E/\mu)$ auftauchen, die das Skalierungsverhalten bei hohen Energien etwas modifizieren.

10.3.2 Paarvernichtung

In diesem Beispiel wollen wir den Streuquerschnitt für die Paarvernichtung

$$e^+(p_1)\; e^-(p_2) \to \gamma(k_1)\gamma(k_2) \tag{10.65}$$

berechnen.

Zeichnet alle beitragenden Feynman-Graphen für die Paarvernichtung. Zeichnet insbesondere alle Impulse sowie Lorentz- und Polarisations-Indizes ein!

Wie wir an Abb. 10.1 sehen, haben wir bei diesem Prozess ein paar Komplikationen mehr als in der vorherigen Rechnung: Wir haben zum einen externe Photonen und brauchen deren Polarisationssumme, zum anderen haben wir zwei beitragende Feynman-Graphen, gezeigt in Abb. 10.1. Da die beiden auslaufenden Photonen ununterscheidbar sind, müssen wir zwei Diagramme berücksichtigen. Die beiden Graphen für diesen Prozess unterscheiden sich durch Austausch der beiden Photonenimpulse k_1 und k_2 im Propagator und der beiden Lorentz-Indizes μ, ν in den jeweiligen Fermion-Linien. Insbesondere hat das zur Folge, dass der Impuls, der im Propagator läuft, sich von $p_1 - k_1$ im t-Kanal (linker Graph) zu $p_1 - k_2$ im u-Kanal (rechter Graph) ändert. Wir gehen wieder schrittweise vor und haben die Berechnung des Querschnitts in mehrere Einzelaufgaben unterteilt:

AUFGABE 184

Stellt die beiden Amplituden für die Einzelprozesse in Abb. 10.1 auf.

Der Graph auf der linken Seite in Abb. 10.1 ist

$$i\mathcal{M}_1 = (ie)^2 \ \overline{v}_{r'}(p_2)\gamma^\nu \frac{i}{\not{p}_1 - \not{k}_1 - m_e} \gamma^\mu \ u_r(p_1)\varepsilon^*_{\mu,\lambda}(k_1)\varepsilon^*_{\nu,\lambda'}(k_2) \,. \tag{10.66}$$

Für den Graphen auf der rechten Seite erhalten wir:

$$i\mathcal{M}_2 = (ie)^2 \ \overline{v}_{r'}(p_2)\gamma^\mu \frac{i}{\not{p}_1 - \not{k}_2 - m_e} \gamma^\nu \ u_r(p_1)\varepsilon^*_{\mu,\lambda}(k_1)\varepsilon^*_{\nu,\lambda'}(k_2) \,. \tag{10.67}$$

Um zu überprüfen, ob die Amplituden richtig aufgestellt sind, kann man die Ward-Identität testen:

$$\mathcal{M} \overset{\varepsilon(k)\to k}{=} 0 \,. \tag{10.68}$$

Dabei ersetzen wir einen der Polarisationsvektoren $\varepsilon(k)$ durch seinen zugehörigen Impuls k. Die Amplituden müssen danach verschwinden.

AUFGABE 185

Überprüft euer Ergebnis mithilfe der Ward-Identitäten.

Wir ersetzen in $\varepsilon^*_\mu(k_1) \to k_{1,\mu}$ in Gl. (10.66):

$$\begin{aligned}
\mathcal{M}_1 &\to \frac{(ie)^2}{(p_1-k_1)^2 - m_e^2} \ \overline{v}_{r'}(p_2)\gamma^\nu \left(\not{p}_1 - \not{k}_1 + m_e\right) \ \not{k}_1 u_r(p_1)\varepsilon^*_{\nu,\lambda'}(k_2) \\
&\overset{(1)}{=} \frac{(ie)^2\varepsilon^*_{\nu,\lambda'}(k_2)}{(p_1-k_1)^2 - m_e^2} \ \left(-\overline{v}_{r'}(p_2)\gamma^\nu \not{k}_1\not{p}_1 u_r(p_1) + 2\overline{v}_{r'}(p_2)\gamma^\nu u_r(p_1) p_1\cdot k_1\right. \\
&\quad \left. + \overline{v}_{r'}(p_2)\gamma^\nu \not{k}_1 u_r(p_1) m_e\right) \\
&\overset{(1)}{=} 2\frac{(ie)^2\varepsilon^*_{\nu,\lambda'}(k_2)}{(p_1-k_1)^2 - m_e^2} \ \overline{v}_{r'}(p_2)\gamma^\nu u_r(p_1) p_1\cdot k_1 \,,
\end{aligned} \tag{10.69}$$

wobei wir bei (1) benutzt haben, dass $\not{k}_1\not{k}_1 = k_1^2 = 0$ und $\{\gamma^\mu, \gamma^\nu\} = 2g^{\mu\nu}$ gilt. Außerdem wenden wir die Dirac-Gleichung im Impulsraum $\not{p}_1 u_r(p_1) = m_e u_r(p_1)$ an. Das zweite Matrixelement berechnen wir ebenso zu

$$\begin{aligned}
\mathcal{M}_2 &\to \frac{(ie)^2}{(p_1-k_2)^2 - m_e^2} \ \overline{v}_{r'}(p_2)\not{k}_1 \left(\not{p}_1 - \not{k}_2 + m_e\right) \ \gamma^\nu u_r(p_1)\varepsilon^*_{\nu,\lambda'}(k_2) \\
&= -2\frac{(ie)^2\varepsilon^*_{\nu,\lambda'}(k_2)}{(p_1-k_2)^2 - m_e^2} \ \overline{v}_{r'}(p_2)\gamma^\nu u_r(p_1) k_1\cdot p_2 \,.
\end{aligned} \tag{10.70}$$

Nach Addition der beiden Teilergebnisse Gl. (10.69) und Gl. (10.70) erhalten wir

$$
\begin{aligned}
&2\,\overline{v}_{r'}(p_2)\gamma^\nu u_r(p_1)(ie)^2\varepsilon^*_{\nu,\lambda'}(k_2)\cdot\left(\frac{p_1\cdot k_1}{(p_1-k_1)^2-m_e^2}-\frac{k_1\cdot p_2}{(p_1-k_2)^2-m_e^2}\right)\\
&=\frac{2\,\overline{v}_{r'}(p_2)\gamma^\nu u_r(p_1)(ie)^2\varepsilon^*_{\nu,\lambda'}(k_2)}{((p_1-k_1)^2-m_e^2)((p_1-k_2)^2-m_e^2)}\cdot(-2)\,p_1\cdot k_1\,\underbrace{(p_1\cdot k_2-k_1\cdot p_2)}\,.
\end{aligned}
\tag{10.71}
$$

Der unterklammerte Term ergibt Null:

$$
\begin{aligned}
&p_1\cdot k_2-k_1\cdot p_2=p_1(p_1+p_2-k_1)-k_1\cdot p_2\\
&=\underbrace{m^2+p_1\cdot p_2}_{(p_1+p_2)^2/2=k_1\cdot k_2}-p_1\cdot k_1-k_1\cdot p_2=k_1\underbrace{(k_2-p_1-p_2)}_{=-k_1}=-k_1^2=0\,.
\end{aligned}
\tag{10.72}
$$

Die QED hat also noch einmal Glück gehabt – die Relation Gl. (10.68) ist erfüllt. Wir sehen insbesondere, dass wir die Amplituden *beider* Diagramme brauchen, um diese Relation zu erfüllen, da sich der Ausdruck erst nach Addition beider Amplituden weghebt. Diese Tatsache ist ein Relikt der Eichinvarianz. Ein Diagramm allein wäre nicht eichinvariant, und die Amplitude eines einzelnen Diagramms ist damit keine physikalische Größe.

Anwendung der Ward-Identität

Diese Rechnung erscheint hier vielleicht als eine etwas mühsame und nutzlose Aufgabe. Rechnet man kompliziertere Prozesse aus, dann ist die Ward-Identität aber ein nützliches Werkzeug, um festzustellen, ob man die Amplituden richtig aufgestellt und alle Graphen mit einbezogen hat. Dieser Check lässt sich auch per Computer-Algebra automatisieren. Für Prozesse mit massiven Eichbosonen oder Eichbosonen nicht-Abel'scher Eichtheorien benötigt man allgemeinere Relationen wie die etwas komplizierteren Slavnov-Taylor-Identitäten.

Wir können nun die Gesamtamplitude der beiden Graphen bilden, indem wir die Einzelamplituden aufstellen, addieren und dann quadrieren. Daraus ergeben sich dann insgesamt drei Terme:

$$
\begin{aligned}
|\mathcal{M}_1+\mathcal{M}_2|^2&=\mathcal{M}_1\cdot\mathcal{M}_1^\dagger+\mathcal{M}_2\cdot\mathcal{M}_2^\dagger+\mathcal{M}_1\cdot\mathcal{M}_2^\dagger+\mathcal{M}_2\cdot\mathcal{M}_1^\dagger\\
&=|\mathcal{M}_1|^2+|\mathcal{M}_2|^2+2\,\mathrm{Re}\left(\mathcal{M}_1\cdot\mathcal{M}_2^\dagger\right).
\end{aligned}
\tag{10.73}
$$

Der dritte Term in der letzten Zeile ist der sogenannte Interferenzterm. Je nach Prozess kann dieser positiv oder negativ sein, wodurch der Gesamtquerschnitt auch kleiner sein kann als die Summe der beiden Einzelquerschnitte.

Schöner streuen dank Computeralgebra

Spätestens in den folgenden Aufgaben werdet ihr merken, dass es auf Dauer ziemlich mühsam ist, viele Dirac-Spuren wie in Gleichung Gl. (10.75) von Hand auszuwerten. Wir hatten zwar in den Aufgaben 178, 179 und 180 einige Tricks besprochen, die begrenzt weiterhelfen. Hat man aber mehrere beitragende Feynman-Graphen und deshalb viele Interferenzterme, ist es schlicht Zeitverschwendung und fehleranfällig, diese Spuren per Hand auszurechnen. Deshalb gibt es Computeralgebra-Programme, die alle möglichen Regeln zur Vereinfachung und Auswertung von Dirac-Spuren kennen (oder man sie ihnen beibringen kann). FORM[25] ist zum Beispiel ein freies Programm, das symbolische Ausdrücke extremer Größe unschlagbar effizient auswerten kann und auf QFT-Anwendungen zugeschnitten ist. Man muss FORM relativ genau sagen, was es tun soll, aber dann fluppts! Ein weiteres, etwas benutzerfreundlicheres Beispiel ist das Mathematica[26]-Paket FeynCalc[8], mit dem man verschiedenste in QFT-Rechnungen auftretende Ausdrücke berechnen und vereinfachen kann. Wir missbrauchen es häufiger als „Dirac-Taschenrechner". Hier kann man die volle Funktionalität von Mathematica nutzen, dafür ist es aber im Vergleich zu FORM langsamer und nicht für extrem große Ausdrücke zu gebrauchen.

Inzwischen gibt es auch aufeinander abgestimmte Programmkombinationen wie FeynRules[6] und FeynArts+FormCalc+LoopTools[27][28], die für den Nutzer aus der Lagrangedichte (fast) automatisch die Feynman-Regeln, Graphen und fertig quadrierten Amplituden auf Tree-Level und teilweise auch auf 1-Loop generieren. FormCalc ruft dabei FORM von Mathematica aus auf und nutzt so das beste aus beiden Welten – wenn man Zugang zu Mathematica hat.

Benötigt man Querschnitte für kompliziertere Endzustände, die nicht analytisch rechenbar sind, kann man die automatisch von FeynRules generierten Feynman-Regeln auch gleich in Matrixelement/Monte-Carlo-Generatoren wie MadGraph[9][29] oder O'Mega/Whizard[7][30] füttern.

Benötigt man gar eine halbwegs realistische Simulation von LHC-Messdaten, kann man die Ergebnisse dieser Generatoren wiederum an den Partonschauer von Pythia[31] und die Detektorsimulationen von Delphes[32] weiterleiten. All diese Pakete sind frei erhältlich, allerdings in der Regel nur für Unix-basierte Systeme. MadGraph besitzt unter `http://madgraph.hep.uiuc.edu/` sogar eine Webschnittstelle. Viel Spaß beim Spielen :)

AUFGABE 186

Berechnet das quadrierte Matrixelement. Das geht noch gut von Hand, es bietet sich aber an, eines der genannten Computeralgebra-Systeme auszuprobieren.

Zuerst berechnen wir die komplex konjugierten Matrixelemente. Beachtet, dass die Lorentz-Indizes wieder umbenannt werden müssen, um in der quadrierten Amplitude Kollisionen von vier gleichnamigen Indizes zu vermeiden!

$$\begin{aligned}\mathcal{M}_1^\dagger &= \frac{(ie)^2 \varepsilon_{\mu',\lambda}(k_1)\varepsilon_{\nu',\lambda'}(k_2)}{p_1^2 - k_1^2 - m_e^2} \left(v_{r'}^\dagger(p_2)\gamma^0\gamma^{\nu'}\left(\not{p}_1 - \not{k}_1 + m_e\right)\gamma^{\mu'} u_r(p_1)\right)^\dagger \\ &= \frac{(ie)^2 \varepsilon_{\mu',\lambda}(k_1)\varepsilon_{\nu',\lambda'}(k_2)}{p_1^2 - k_1^2 - m_e^2} \left(\overline{u}_r(p_1)\gamma^{\mu'}\left(\not{p}_1 - \not{k}_1 + m_e\right)\gamma^{\nu'} v_{r'}(p_2)\right) \\ \mathcal{M}_2^\dagger &= \frac{(ie)^2 \varepsilon_{\mu',\lambda}(k_1)\varepsilon_{\nu',\lambda'}(k_2)}{p_1^2 - k_2^2 - m_e^2} \left(\overline{u}_r(p_1)\gamma^{\nu'}\left(\not{p}_1 - \not{k}_2 + m_e\right)\gamma^{\mu'} v_{r'}(p_2)\right) .\end{aligned}$$

Wir gehen jetzt wie in Aufgabe 178 vor, nur dass es mehrere Baustellen gleichzeitig gibt. Trotzdem ändern sich die einzelnen Schritte nicht:

$$\begin{aligned}|\mathcal{M}_{ges.}|^2 &= |\mathcal{M}_1 + \mathcal{M}_2|^2 = \qquad (10.74)\\ &= (ie)^4\, \varepsilon^*_{\mu,\lambda}(k_1)\varepsilon^*_{\nu,\lambda'}(k_2)\varepsilon_{\mu',\lambda}(k_1)\varepsilon_{\nu',\lambda'}(k_2)\times \\ &\quad \Big(f_1^2\, Tr\left[v_{r'}(p_2)\overline{v}_{r'}(p_2)\gamma^\nu\left(\not{p}_1 - \not{k}_1 + m_e\right)\right. \\ &\quad \left.\cdot\gamma^\mu u_r(p_1)\overline{u}_r(p_1)\gamma^{\mu'}\left(\not{p}_1 - \not{k}_1 + m_e\right)\gamma^{\nu'}\right] \\ &\quad + f_2^2\, Tr\left[v_{r'}(p_2)\overline{v}_{r'}(p_2)\gamma^\mu\left(\not{p}_1 - \not{k}_2 + m_e\right)\right. \\ &\quad \left.\cdot\gamma^\nu u_r(p_1)\overline{u}_r(p_1)\gamma^{\nu'}\left(\not{p}_1 - \not{k}_2 + m_e\right)\gamma^{\mu'}\right] \\ &\quad + 2 f_1\, f_2\, Tr\left[v_{r'}(p_2)\overline{v}_{r'}(p_2)\gamma^\nu\left(\not{p}_1 - \not{k}_1 + m_e\right)\right. \\ &\quad \left.\cdot\gamma^\mu u_r(p_1)\overline{u}_r(p_1)\gamma^{\nu'}\left(\not{p}_1 - \not{k}_2 + m_e\right)\gamma^{\mu'}\right]\Big) ,\end{aligned}$$

mit den Abkürzungen

$$f_1 = \frac{1}{(p_1 - k_1)^2 - m_e^2} , \qquad f_2 = \frac{1}{(p_1 - k_2)^2 - m_e^2} .$$

Wir erhalten dann, nach Ausführung der Spinssummen für die Dirac-Spuren:

$$\begin{aligned}& f_1^2\, Tr\left[(\not{p}_2 - m_e)\gamma^\nu\left(\not{p}_1 - \not{k}_1 + m_e\right)\right. \\ &\qquad \left.\gamma^\mu(\not{p}_1 + m_e)\gamma^{\mu'}\left(\not{p}_1 - \not{k}_1 + m_e\right)\gamma^{\nu'}\right] \\ &+ f_2^2\, Tr\left[(\not{p}_2 - m_e)\gamma^\mu\left(\not{p}_1 - \not{k}_2 + m_e\right)\right. \\ &\qquad \left.\gamma^\nu(\not{p}_1 + m_e)\gamma^{\nu'}\left(\not{p}_1 - \not{k}_2 + m_e\right)\gamma^{\mu'}\right] \\ &+ 2\, f_1\, f_2\, Tr\left[(\not{p}_2 - m_e)\gamma^\nu\left(\not{p}_1 - \not{k}_1 + m_e\right)\right. \\ &\qquad \left.\gamma^\mu(\not{p}_1 + m_e)\gamma^{\nu'}\left(\not{p}_1 - \not{k}_2 + m_e\right)\gamma^{\mu'}\right] . \qquad (10.75)\end{aligned}$$

Schließlich können wir die Polarisationssummen der äußeren Photonen, $\sum_\lambda \varepsilon_{\mu,\lambda}(p_1)\varepsilon^*_{\mu',\lambda}(p_1) \to -g_{\mu\mu'}$, für die Polarisationsvektoren in Gleichung Gl. (10.74) einsetzen:

$$\sum_{\lambda,\lambda'} \varepsilon^*_{\mu,\lambda}(k_1)\varepsilon^*_{\nu,\lambda'}(k_2)\varepsilon_{\mu',\lambda}(k_1)\varepsilon_{\nu',\lambda'}(k_2) \to (-g_{\mu\mu'})(-g_{\nu\nu'})\,. \tag{10.76}$$

Hier sollte man die Massenschalenrelationen $p_1^2 = p_2^2 = m_e^2$ und $k_1^2 = k_2^2 = 0$ verwenden. Der resultierende Ausdruck ist immer noch lang, weswegen es sich anbietet, die Mandelstam-Variablen in Abschnitt 4.4.4 einzusetzen. Wir erhalten dann:

$$\frac{1}{2^2}\sum_{pol.}|\mathcal{M}_{ges.}|^2 = (ie)^4 \cdot \frac{1}{2^2}\frac{8}{\left(m_e^2-t\right)^2\left(m_e^2-u\right)^2}\times$$
$$\left[-6m_e^8 + m_e^4\left(3t^2+14tu+3u^2\right) - m_e^2(t+u)\left(t^2+6tu+u^2\right) + tu\left(t^2+u^2\right)\right] \tag{10.77}$$

Der Faktor $1/2^2$ kommt aus der Spinmittelung der beiden einlaufenden Fermionen.

AUFGABE 187

Berechnet den aus Gl. (10.77) resultierenden differenziellen Streuquerschnitt in Kugelkoordinaten.

Der Streuquerschnitt ist im Schwerpunktssystem durch Gl. (4.230) gegeben,

$$\frac{d\sigma}{d\Omega} = \frac{1}{(8\pi)^2 s}\frac{|\mathbf{p}_{out}|}{|\mathbf{p}_{in}|}|\mathcal{M}|^2\,. \tag{10.78}$$

Die Impulse der Elektronen bzw. Photonen im Schwerpunktssystem sind:

$$p_e = \begin{pmatrix} \sqrt{s}/2 \\ 0 \\ 0 \\ \sqrt{s/4-m_e^2} \end{pmatrix}, \quad p_\gamma = \begin{pmatrix} \sqrt{s}/2 \\ 0 \\ \sin\theta\cdot\sqrt{s}/2 \\ \cos\theta\cdot\sqrt{s}/2 \end{pmatrix}, \tag{10.79}$$

und für das jeweils andere Teilchen mit umgekehrtem Vorzeichen der raumartigen Komponenten. Wir drücken die Amplitude durch $\cos\theta$ und $\sqrt{s}$ aus:

$$\frac{1}{2^2}\sum_{pol.}|\mathcal{M}_{ges.}|^2$$
$$= -(ie)^4\cdot\frac{1}{2^2}\frac{16\left(\cos^4\theta\left(s-4m_e^2\right)^2 - 8m_e^2\sin^2\theta\left(s-4m_e^2\right) - s^2\right)}{\left(s\sin^2\theta + 4m_e^2\cos^2\theta\right)^2}. \tag{10.80}$$

Wir müssen nun nur noch $|\mathbf{p}_{out}| = \sqrt{s}/2$ und $|\mathbf{p}_{in}| = \sqrt{s/4 - m_e^2}$ zusammen mit dem quadrierten und gemittelten Matrixelement Gl. (10.80) in Gl. (10.78) einsetzen und sind fertig.

Aufgemerkt! **Streuquerschnitte mit identischen Teilchen**

Will man einen totalen Streuquerschnitt wie $e^+e^- \to \gamma\gamma$ berechnen, in dem zwei identische auslaufende Teilchen vorkommen, darf man nur über den halben Raumwinkel integrieren – die beiden Photonen wurden bereits bei der Berechnung der Amplitude durchpermutiert. Wenn man die Winkel beider Photonen über die vollen

$$\int_{-1}^{1} d\cos\theta \int_{0}^{2\pi} d\phi = 4\pi \tag{10.81}$$

integriert, zählt man doppelt und muss einen Faktor 1/2 hinzufügen!

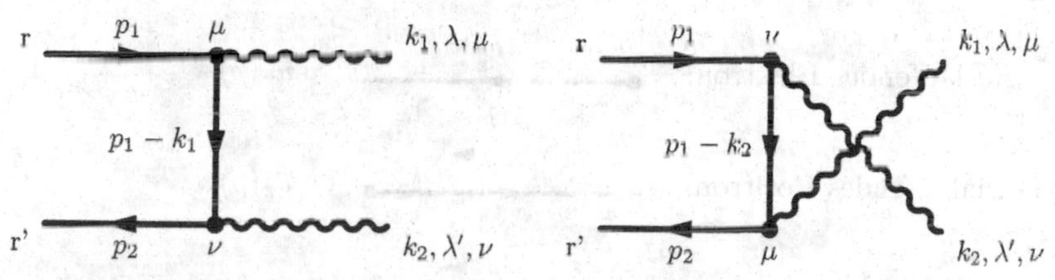

Abb. 10.1: Feynman-Diagramme für die Paarvernichtung $e^+e^- \to \gamma\gamma$

Zusammenfassung zur Quantenelektrodynamik

- Lagrange-Dichte der QED mit R_ξ-Eichfixierungsterm:

$$\mathcal{L}_{QED} = -\frac{1}{4}F_{\mu\nu}F^{\mu\nu} - \frac{1}{2\xi}(\partial_\mu A^\mu)^2 + \overline{\psi}(i\not{D} - m)\psi \tag{10.5}$$

- Feynman-Regeln der QED mit der Vorzeichenkonvention $D_\mu = \partial_\mu - ieA_\mu$:

Fermion-Propagator:	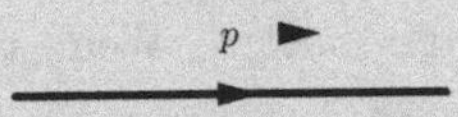	$S_F(p) = i\frac{1}{\not{p} - m + i\epsilon}$
Photon-Propagator:	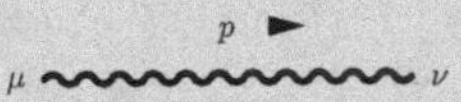	$D_{\mu\nu}(p) = i\frac{-g_{\mu\nu}}{p^2 + i\epsilon}$
Einlaufendes Elektron:	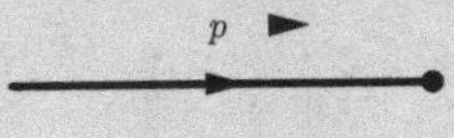	$u_r(p)$
Auslaufendes Elektron:	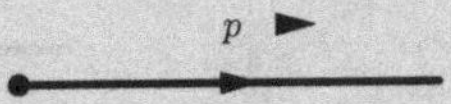	$\overline{u}_r(p)$
Einlaufendes Positron:	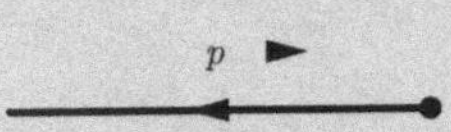	$\overline{v}_r(p)$
Auslaufendes Positron:	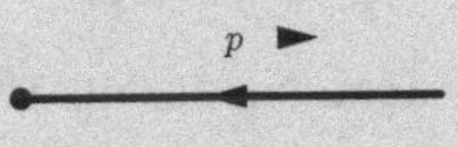	$v_r(p)$
Einlaufendes Photon:	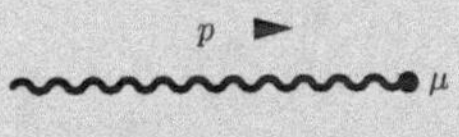	$\epsilon_{\mu,r}(p)$
Auslaufendes Photon:	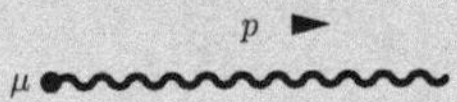	$\epsilon^*_{\mu,r}(p)$
Vertex:	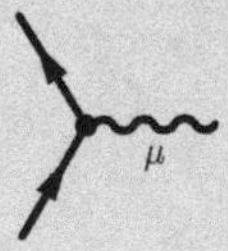	$ie\gamma^\mu$

11 Regularisierung und Renormierung der QED

Übersicht

Wir wollen nun endlich die Quantenelektrodynamik in der 1-Schleifen-Ordnung der Störungstheorie renormieren und einige physikalische Anwendungen diskutieren. Prinzipiell gelten die folgenden Schritte für alle Eichtheorien mit Fermionen, allerdings wird uns im Fall der QED das Leben durch die einfache abel'sche Struktur der $U(1)$ und die resultierenden Ward-Identitäten wesentlich erleichtert.

11.1 Die renormierte Lagrange-Dichte

Erinnern wir uns an die Lagrange-Dichte, die wir nun als nackte Lagrange-Dichte auffassen:

$$\mathcal{L}_{QED,B} = -\frac{1}{4} F_0^{\mu\nu} F_{\mu\nu,0} - \frac{1}{2\xi_0} (\partial_\mu A_0^\mu)^2 + i\overline{\psi}_0 \left(\partial\!\!\!/ + ie_0 A\!\!\!/_0\right) \psi_0 - m_0 \overline{\psi}_0 \psi_0 \,. \quad (11.1)$$

Die hier auftretenden Felder, Massen und Kopplungen tragen dementsprechend wieder alle das Subskript „0" und enthalten wie im skalaren Fall noch die Divergenzen der 1PI-Graphen. Um es spannend zu machen, steht die kovariante Ableitung hier in der umgekehrten Vorzeichenkonvention, die sich einfach durch $A_\mu \to -A_\mu$ unterscheidet. Wie bereits im skalaren Fall führen wir jetzt wieder Renormierungskonstanten ein, um die Lagrange-Dichte durch endliche renormierte Größen ausdrücken zu können:

$$A_0^\mu = Z_A^{1/2} A^\mu, \quad \xi_0 = Z_\xi \xi, \quad \psi_0 = Z_\psi^{1/2} \psi, \quad e_0 = Z_e e, \quad m_0 = Z_m m. \tag{11.2}$$

Um die DREG durchzuführen, schreiben wir die Lagrange-Dichte sofort in d Dimensionen um, was sich wieder lediglich durch einen dimensionsbehafteten Faktor vor der Wechselwirkung äußert. Damit ergibt sich die renormierte Lagrange-Dichte in d Dimensionen:

$$\begin{aligned}\mathcal{L}_{QED} = &-\frac{1}{4} Z_A F^{\mu\nu} F_{\mu\nu} - Z_A Z_\xi^{-1} \frac{1}{2\xi} (\partial_\mu A^\mu)^2 + i Z_\psi \overline{\psi} \partial\!\!\!/ \psi \\ &- \mu^{2-d/2} Z_\psi Z_A^{1/2} Z_e e \overline{\psi} A\!\!\!/ \psi - Z_m Z_\psi m \overline{\psi} \psi\,. \end{aligned} \tag{11.3}$$

Zur Erinnerung: Die Objekte ohne Subskript „0" sind die endlichen, renormierten Größen, während in den Konstanten $Z_{\ldots}$ die Divergenzen der Schleifengraphen aufgefangen werden.

AUFGABE 188

Verifiziert den Exponenten von μ. Ermittelt dazu zunächst über die kinetischen Terme die Energiedimension der Felder in d Dimensionen.

Da der kinetische Term des Photons die Energieeinheiten $[F^{\mu\nu} F_{\mu\nu}] = d$ hat, hat das Photonfeld $[A^\mu] = (d-2)/2$. Der kinetische Term des Fermions hat $[\overline{\psi} \partial\!\!\!/ \psi] = d$ und damit $[\psi] = (d-1)/2$. Also hat der Wechselwirkungsterm ohne Korrekturfaktor die Energiedimension $2(d-1)/2 + (d-2)/2$. Es fehlt somit die Energiedimension $d - 2(d-1)/2 - (d-2)/2 = 2 - d/2$.

Aufgemerkt! Die Divergenzen der QED

Die Divergenzen der 1PI-Funktionen stecken ausschließlich in den Anteilen $\propto m$ und $\propto p\!\!\!/$ der Elektronselbstenergie $-i\Sigma$, dem eichinvarianten Teil der Photonselbstenergie $i\Pi^{\mu\nu}$ und dem Anteil $\propto \gamma^\mu$ der Vertexfunktion $i\Gamma^\mu$. Da die QED renormierbar ist, reichen unsere Renormierungskonstanten aus, um all diese Divergenzen Ordnung für Ordnung zu absorbieren.

Wir wollen nun – wie zuvor für die ϕ^4-Theorie – diese divergenten 1PI-Funktionen in DREG auf 1-Loop berechnen. Dann werden wir ein Renormierungsschema wählen (wieder $\overline{\text{MS}}$) und anhand dieser Ergebnisse die Renormierungskonstanten bestimmen. Ist das geschafft, haben wir beliebige 1-Schleifen-Prozesse in der QED UV-endlich gemacht. Wir werden das ausnutzen und beispielsweise die β-Funktion der Kopplung e ermitteln.

11.2 Berechnung der divergenten 1PI-Graphen

11.2.1 Selbstenergie des Elektrons

Die Selbstenergie des Elektrons auf 1-Loop beschreibt den Einfluss des Photonfeldes auf den Elektronpropagator. Wir erhalten dadurch einen divergenten Beitrag zur Elektronmasse, welchen wir durch Renormierung kompensieren müssen. Um das zu tun, berechnen wir die Elektronselbstenergie

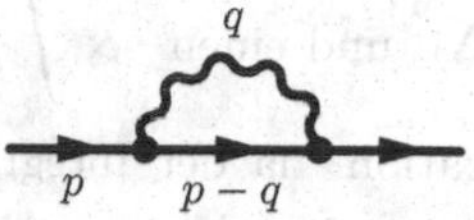

$$= -i\Sigma_0(p, m) \tag{11.4}$$

in der DREG. Oft wird der Graph auch gespiegelt gezeichnet – wichtig ist hier nur, dass der Impuls p in Richtung des Fermionpfeils läuft. Wichtig ist die Vorzeichenkonvention: Wir definieren den Ausdruck, wie er direkt aus der Anwendung der Feynman-Regeln für den Graphen resultiert, als $-i\Sigma$! Allerdings entsprechen die 1PI-Funktionen, die uns hier interessieren, den „trunkierten“ Amplituden, d.h. wir lassen äußere Spinoren, Polarisationsvektoren oder R-Faktoren weg.

AUFGABE 189

■ Stellt die Amplitude für die unrenormierte Selbstenergie des Elektrons in d Dimensionen auf (Abb. 11.4) und berechnet sie in der DREG. Für die 1PI-Funktion interessiert uns hier nur der Beitrag des Graphen ohne die äußeren R-Faktoren und Spinoren aus der LSZ-Formel. Entwickelt dann das Ergebnis um $\varepsilon = 0$ bis zur konstanten Ordnung und identifiziert den divergenten Anteil inclusive $\overline{\text{MS}}$-Zusätzen. Führt das Integral über den Feynman-Parameter für die $\overline{\text{MS}}$-Divergenz explizit aus.

▶ Mit der Impulsverteilung wie in Abb. 11.4 ergibt sich für die Amplitude

$$\begin{aligned}\Sigma_0(p, m) &= i(-ie_0)^2 \left(\mu^{2-d/2}\right)^2 \int \frac{d^d q}{(2\pi)^d} \gamma^\mu \frac{i}{(\not{p} - \not{q}) - m + i\epsilon} \gamma^\nu \frac{-ig^{\mu\nu}}{q^2 + i\epsilon} \\ &= -ie_0^2 \left(\mu^{2-d/2}\right)^2 \int \frac{d^d q}{(2\pi)^d} \gamma^\mu \frac{(\not{p} - \not{q}) + m}{\left((p-q)^2 - m^2 + i\epsilon\right)\left(q^2 + i\epsilon\right)} \gamma_\mu .\end{aligned}$$

Wir können jetzt das bereits bekannte Programm mit den Feynman-Parametern abspielen:

$$\Sigma_0(p, m) =$$
$$- ie_0^2 \mu^{4-d} \int \frac{d^d q}{(2\pi)^d} \int_0^1 dx \gamma^\mu \frac{(\not{p} - \not{q}) + m}{\left(x\left((p-q)^2 - m^2 + i\epsilon\right) + (1-x)\left(q^2 + i\epsilon\right)\right)^2} \gamma_\mu . \tag{11.5}$$

Quadratische Ergänzung und Verschieben des Integrals ergibt, mit $\widetilde{q} = q - px$:

$$= -ie_0^2\mu^{4-d} \int \frac{d^d\widetilde{q}}{(2\pi)^d} \int_0^1 dx\gamma^\mu \frac{\overbrace{\not{p}(1-x) + m - \not{\widetilde{q}}}^{:=A}}{\Big(\widetilde{q}^2 - \underbrace{\left(x\left(m^2 + p^2(x-1)\right) - i\epsilon\right)}_{:=\Delta}\Big)^2}\gamma_\mu \,. \tag{11.6}$$

Wir wollen diese Ausdrücke nun nach ihrer Abhängigkeit von der Integrationsvariablen sortieren. Wir sehen hier zwei Anteile:

$$\text{einen} \propto \int \frac{d^d\widetilde{q}}{(2\pi)^d}\, \widetilde{q}/(\widetilde{q}^2 - \Delta) \quad \text{und einen} \quad \propto \int \frac{d^d\widetilde{q}}{(2\pi)^d}\, 1/(\widetilde{q}^2 - \Delta)\,.$$

Ersterer verschwindet nach Integration, da der Integrand ungerade in $\tilde{q}$ ist, und kann weggelassen werden. Den zweiten können wir mit dem Integral aus Gl. (6.7) weiter ausrechnen. Wir ziehen jetzt wieder den μ-Faktor zum Δ, damit wir später einen Logarithmus mit einheitenlosem Argument haben:

$$\Sigma_0(p,m) = e_0^2 \int_0^1 dx\, \frac{\gamma^\mu A \gamma_\mu}{(4\pi)^{d/2}} \frac{\Gamma(2-d/2)}{\Gamma(2)} \left(\frac{\mu^2}{\Delta}\right)^{2-d/2} \,. \tag{11.7}$$

Wir setzen jetzt wieder $\varepsilon = 4 - d$ und können das Produkt aus Dirac-Matrizen mithilfe von Gl. (7.22) und Gl. (7.23) vereinfachen:

$$\begin{aligned}\gamma^\mu \left(\not{p}(1-x) + m\right)\gamma_\mu &= (\varepsilon - 2)\not{p}(1-x) + (4-\varepsilon)m \\ &= (-2\not{p}(1-x) + 4m) + \varepsilon(\not{p}(1-x) - m)\,.\end{aligned} \tag{11.8}$$

Die anderen Terme entwickeln wir wieder um $\varepsilon = 0$:

$$\begin{aligned}&\Gamma(\varepsilon/2) = 2/\varepsilon - \gamma_E + \mathcal{O}(\varepsilon)\,,\\ &\left(\frac{\mu^2}{\Delta}\right)^{2-d/2} = \left(\frac{\mu^2}{\Delta}\right)^{\frac{\varepsilon}{2}} = e^{\frac{\varepsilon}{2}\log\left(\frac{\mu^2}{\Delta}\right)} = 1 + \frac{1}{2}\log\left(\frac{\mu^2}{\Delta}\right)\varepsilon + \mathcal{O}(\varepsilon^2)\,,\end{aligned} \tag{11.9}$$

wobei wir im Hinterkopf behalten, dass unser komplettes Ergebnis hier nur bis zur Ordnung $\mathcal{O}(\varepsilon^0)$ interessant ist, da wir am Ende $\varepsilon \to 0$ setzen. Als nächstes können wir für die Terme, die linear von x abhängen, direkt die Integration über dx ausführen. Für die Terme $\propto 1/\Delta$ lassen wir sie stehen. Die Selbstenergie ist also

$$\begin{aligned}\Sigma_0(p,m) =& \frac{e_0^2}{16\pi^2}\int_0^1 dx \left[\left(\frac{2}{\varepsilon} - \gamma_e\right)(-2\not{p}(1-x) + 4m) + (2\not{p}(1-x) - m)\right. \\ &\left. + \log\left(\frac{4\pi\mu^2}{\Delta}\right)(-2\not{p}(1-x) + 4m)\right] + \mathcal{O}(\varepsilon^1) \\ =& \frac{e_0^2}{16\pi^2}\left[-\left(\frac{2}{\varepsilon} - \gamma_E\right)(\not{p} - 4m) + (\not{p} - 2m)\right. \\ &\left. - 2\int_0^1 dx \log\left(\frac{4\pi\mu^2}{x(m^2 - p^2(1-x))}\right)(\not{p}(1-x) - 2m) + \mathcal{O}(\varepsilon^1)\right]\,.\end{aligned} \tag{11.10}$$

Für den späteren Gebrauch wollen wir hier die Selbstenergie in den Anteil, den wir später in die Renormierungskonstanten absorbieren werden (und so gegen den Counter-Term wegheben), und in den endlichen Rest auftrennen. Wir verwenden zur Renormierung das $\overline{\text{MS}}$-Schema und bezeichnen die Anteile, die nach diesem Schema abgezogen und in die Renormierungskonstanten absorbiert werden, mit dem Subskript $_{\overline{\text{MS}}}$. Die endlichen Teile, die in diesem Schema stehen bleiben sollen, bezeichnen wir mit dem Subskript $_{\text{fin.}}$. Demnach ist

$$\Sigma_0(p,m) = \Sigma_{\overline{\text{MS}}}(p,m) + \Sigma_{\text{fin.}}(p,m)\,, \tag{11.11}$$

mit

$$\Sigma_{\overline{\text{MS}}}(p,m) = -\frac{e^2}{16\pi^2}\left(\frac{2}{\varepsilon} - \gamma_E + \log(4\pi)\right)(\not{p} - 4m)\,, \tag{11.12}$$

$$\begin{aligned}\Sigma_{\text{fin.}}(p,m) = \frac{e^2}{16\pi^2}\Big[&(\not{p} - 2m) \\ &- 2\int_0^1 dx \log\left(\frac{\mu^2}{x(m^2 - p^2(1-x)) - i\epsilon}\right)(\not{p}(1-x) - 2m)\Big]\,.\end{aligned} \tag{11.13}$$

Wir sehen hier auch wieder den Zusammenhang mit dem optischen Theorem. Gl. (6.117):

$$\text{Im}\mathcal{M}_{p_1 \to p_1} = m_1 \sum_j \Gamma(p_1 \to \Sigma k_j)\,. \tag{11.14}$$

Das Argument des Logarithmus in Gl. (11.10) ist nur dann negativ (wodurch es einen nicht-verschwindenden Imaginärteil der Amplitude gibt), wenn gilt: $m^2 - p^2(1-x) < 0$. Dieser Fall tritt immer gerade dann ein, wenn $p^2 > m^2$ ist. Das ist gerade die invariante Masse, die ein Elektron außerhalb seiner Massenschale haben muss, um in ein Elektron und ein Photon zu zerfallen.

11.2.2 Selbstenergie des Photons

Die Photon-Selbstenergie wird auch *Vakuum-Polarisation* genannt. Auf dem 1-Schleifen-Niveau wird ein virtuelles Fermion-Antifermion-Paar erzeugt und vernichtet:

$$[\text{Diagramm: } p,\ q,\ p-q] = i\Pi_{\mu\nu}(p)\,. \tag{11.15}$$

Hier sind alle Impulse nach rechts laufend gemeint, insbesondere läuft q gegen die Fermionlinie. Wir werden sehen, dass trotz dieser Korrektur dank der Eichinvarianz der DREG und der Ward-Identitäten die Photonmasse 0 bleibt, es also keinen konstanten Teil $\Pi_{\mu\nu}(0)$ gibt – auch keinen endlichen.

AUFGABE 190

Stellt die Amplitude für den gezeigten Selbstenergie-Graphen des Photons in der QED auf und berechnet sie! Hier interessieren wir uns wieder nur für den Wert des Graphen, nicht für die Renormierung der äußeren Beinchen.

Mit der Impulsverteilung wie in Abb. 11.15 erhalten wir:

$$i\Pi^{\mu\nu}(p) = (-1)(-ie_0)^2 \left(\mu^{2-d/2}\right)^2 \times \int \frac{d^dq}{(2\pi)^d} Tr\left[\gamma^\mu \frac{i}{-\not{q} - m + i\epsilon}\gamma^\nu \frac{i}{(\not{p} - \not{q}) - m + i\epsilon}\right] \tag{11.16}$$

Man beachte hier die -1 und die Spur: Beides kommt aus der geschlossenen Fermionschleife! Wir können jetzt die Spur mithilfe von Gl. (7.26) und Gl. (7.27) berechnen, die Feynman-Parameter anwenden, die Integrationsvariable um $q \to \widetilde{q} + px$ verschieben und das Integral ausrechnen:

$$\begin{aligned}
\Pi^{\mu\nu}(p) &= ie_0^2 \left(\mu^{2-d/2}\right)^2 \int \frac{d^dq}{(2\pi)^d} \int_0^1 dx \\
&\quad \times \frac{Tr\left[\gamma^\mu(-\not{q} + m)\gamma^\nu(\not{p} - \not{q} + m)\right]}{\left((1-x)(q^2 - m^2 + i\epsilon) + x\left((p-q)^2 - m^2 + i\epsilon\right)\right)^2} \\
&= ie_0^2 \left(\mu^{2-d/2}\right)^2 \int \frac{d^dq}{(2\pi)^d} \int_0^1 dx \\
&\quad \times \frac{4(g^{\mu\nu}(m^2 + pq - q^2) - p^\nu q^\mu - p^\mu q^\nu + 2q^\mu q^\nu}{(q^2 - m^2 + p^2x - 2pqx + i\epsilon)^2} \\
&= ie_0^2 \left(\mu^{2-d/2}\right)^2 \int \frac{d^d\widetilde{q}}{(2\pi)^d} \int_0^1 dx \frac{1}{(\widetilde{q}^2 - \underbrace{(m^2 + p^2x(x-1) - i\epsilon)}_{:=\Delta})^2} \\
&\quad \times 4\left(g^{\mu\nu}(m^2 - xp^2(x-1) - \widetilde{q}^2) + 2p^\mu p^\nu x(x-1) + 2\widetilde{q}^\mu\widetilde{q}^\nu\right) .
\end{aligned}$$

Terme, die im Zähler linear in $\widetilde{q}$ sind, lassen wir wieder weg, da der Nenner nur von $\widetilde{q}^2$ abhängt und diese Beiträge damit ungerade in der Integrationsvariable sind. Der Koeffizient von $g^{\mu\nu}$ kann zu

$$\begin{aligned}
&g^{\mu\nu}(m^2 - xp^2(x-1) - \widetilde{q}^2) \\
&\quad = g^{\mu\nu}(m^2 - xp^2(x-1) - \widetilde{q}^2 + 2xp^2(x-1) - 2xp^2(x-1) \\
&\quad = g^{\mu\nu}(-\widetilde{q}^2 + \Delta + i\epsilon - 2xp^2(x-1)) \\
&\quad = -g^{\mu\nu}(\widetilde{q}^2 - \Delta - i\epsilon) - 2x(x-1)g^{\mu\nu}p^2
\end{aligned} \tag{11.17}$$

umgeschrieben werden. Wir spalten den Ausdruck damit in die drei Integranden

$$\Pi^{\mu\nu}(p) = 4ie_0^2 \left(\mu^{2-d/2}\right)^2 \int \frac{d^d\widetilde{q}}{(2\pi)^d} \int_0^1 dx \times \left(\frac{2\widetilde{q}^\mu\widetilde{q}^\nu}{(\widetilde{q}^2 - \Delta)^2} + \frac{2x(x-1)(p^\mu p^\nu - g^{\mu\nu}p^2)}{(\widetilde{q}^2 - \Delta)^2} - \frac{g^{\mu\nu}}{(\widetilde{q}^2 - \Delta)}\right)$$

auf, wobei wir uns erlaubt haben, $(\widetilde{q}^2-\Delta)$ gegen $(\widetilde{q}^2-\Delta-i\epsilon)$ zu kürzen. Mit den Integralen in Gl. (6.7), Gl. (6.8) und Gl. (6.9) können wir diese Einzelintegrale dann lösen. Das ergibt

$$-\int \frac{d^d\widetilde{q}}{(2\pi)^d}\int_0^1 dx \frac{g^{\mu\nu}}{(\widetilde{q}^2-\Delta)} = \frac{ig^{\mu\nu}}{(4\pi)^{d/2}}\Gamma(1-d/2)\left(\frac{1}{\Delta}\right)^{1-d/2} \tag{11.18}$$

und

$$\int \frac{d^d\widetilde{q}}{(2\pi)^d}\frac{2\widetilde{q}^\mu\widetilde{q}^\nu}{(\widetilde{q}^2-\Delta)^2} = -\frac{ig^{\mu\nu}}{(4\pi)^{d/2}}\Gamma(1-d/2)\left(\frac{1}{\Delta}\right)^{1-d/2} . \tag{11.19}$$

Diese beiden Terme heben sich also weg, was entscheidend für die Erhaltung der Ward-Identität ist. Übrig bleibt das Integral (bis auf $\mathcal{O}(\varepsilon)$)

$$\begin{aligned}
\Pi^{\mu\nu}(p) &= 4ie_0^2\left(\mu^{2-d/2}\right)^2\int\frac{d^d\widetilde{q}}{(2\pi)^d}\int_0^1 dx\frac{2x(x-1)(p^\mu p^\nu-g^{\mu\nu}p^2)}{(\widetilde{q}^2-\Delta)^2} \\
&= -\frac{4e_0^2}{(4\pi)^2}\int_0^1 dx\; 2x(x-1)(p^\mu p^\nu-g^{\mu\nu}p^2)\Gamma(\varepsilon/2)\left(\frac{4\pi\mu^2}{\Delta}\right)^{\varepsilon/2} \\
&= -\frac{e_0^2}{2\pi^2}\int_0^1 dx\; x(x-1)(p^\mu p^\nu-g^{\mu\nu}p^2)\left(\frac{2}{\varepsilon}-\gamma_E+\log\left(\frac{4\pi\mu^2}{\Delta}\right)\right) \\
&= \frac{e_0^2}{2\pi^2}(p^\mu p^\nu-g^{\mu\nu}p^2)\left[\frac{1}{6}\left(\frac{2}{\varepsilon}-\gamma_E\right)+\int_0^1 dx\; x(1-x)\log\left(\frac{4\pi\mu^2}{\Delta}\right)\right] ,
\end{aligned} \tag{11.20}$$

mit $\Delta = m^2 - p^2x(1-x) - i\epsilon$.

Dieses Ergebnis für die Selbstenergie wollen wir auch wieder, wie für die Elektronselbstenergie, in den Anteil $\Pi^{\mu\nu}_{\overline{\mathrm{MS}}}$ und den endlichen Anteil $\Pi^{\mu\nu}_{\mathrm{fin.}}$ aufteilen:

$$\Pi^{\mu\nu}(p) = \Pi^{\mu\nu}_{\overline{\mathrm{MS}}} + \Pi^{\mu\nu}_{\mathrm{fin.}} , \tag{11.21}$$

$$\Pi^{\mu\nu}_{\overline{\mathrm{MS}}} = \frac{e^2}{2\cdot 6\pi^2}(p^\mu p^\nu - g^{\mu\nu}p^2)\left(\frac{2}{\varepsilon}-\gamma_E+\log(4\pi)\right) , \tag{11.22}$$

$$\Pi^{\mu\nu}_{\mathrm{fin.}} = \frac{e^2}{2\pi^2}(p^\mu p^\nu - g^{\mu\nu}p^2)\int_0^1 dx\; x(1-x)\log\left(\frac{\mu^2}{\Delta}\right) . \tag{11.23}$$

Auch hier sehen wir wieder den Zusammenhang mit dem optischen Theorem Gl. (6.117). Es gibt nur einen Imaginärteil der 1-Schleifen-Amplitude, wenn das Argument des Logarithmus in Gl. (11.20) einen negativen Realteil hat, also $m^2 - p^2x(1-x) < 0$ ist, was immer gerade für $p^2 > (2m)^2$ eintritt. Man muss dem Photon gerade genug invariante Masse mitgeben, um ein Elektron-Positron-Paar erzeugen zu können. Natürlich funktioniert das nicht für Photonen auf der Massenschale.

11.2.3 Die Vertexkorrektur

Nun kommt die letzte 1PI-Funktion, die wir für die Renormierung der QED noch berechnen müssen: die Vertexkorrektur zur Wechselwirkung $A^\mu \overline{\psi} \gamma_\mu \psi$. Wir halten uns im Folgenden an die Impulsverteilung

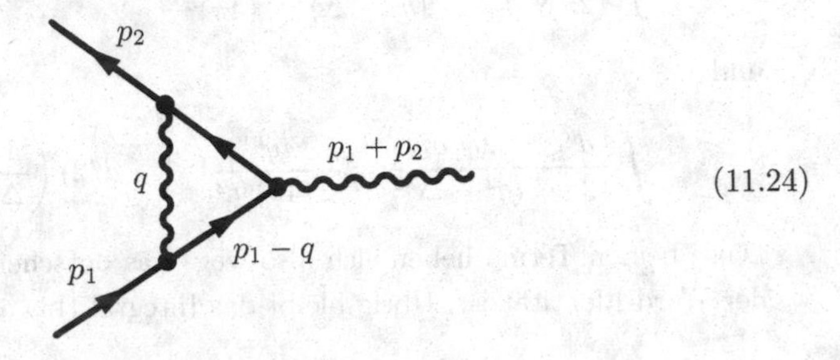

(11.24)

(die Impulse laufen hier von links nach rechts bzw. q nach unten).

AUFGABE 191

Stellt die Amplitude für die Vertexgraphen in 11.24 auf! Dabei interessiert uns wieder nur der Wert des Graphen, nicht die Z-Faktoren oder äußeren Polarisationsvektoren und Spinoren. Schreibt dann das Integral mithilfe der Feynman-Parameter um und führt es aus! Alle nicht-trivialen Integrale über Feynman-Parameter dürfen stehen bleiben.

Die trunkierte 1PI-Amplitude (ohne äußere Selbstenergien, R-Faktor, Polarisationsvektor für das äußere Photon und Spinoren) ist

$$\begin{aligned} i\mathcal{M}^{(trunc)\nu}_{1-Loop} &= (-ie\mu^{2-d/2})^3 \\ &\times \int \frac{d^d q}{(2\pi)^d} \gamma^\mu \frac{i}{-(\not{p}_2 + \not{q}) - m + i\epsilon} \gamma^\nu \frac{i}{\not{p}_1 - \not{q} - m + i\epsilon} \gamma^\rho \frac{-ig_{\mu\rho}}{q^2 + i\epsilon} \\ &\equiv (-ie\mu^{2-d/2}) \Gamma^{(1)\nu}(p_1, p_2, m)\,. \end{aligned} \tag{11.25}$$

$\Gamma^{(1)\nu}$ ist hier unser 1-Schleifen-Vertexfaktor. Dabei haben wir hier den ebenfalls in der renormierten Tree-Level-Kopplung stehenden Vorfaktor $-ie\mu^{2-d/2}$ herausgezogen, um besser vergleichen zu können. Die Divergenzen dieser Vertexfunktion müssen sich dann gerade mit den Divergenzen der Renormierungskonstanten $Z_\psi Z_A^{1/2} Z_e \gamma^\nu$ (also dem Counter-Term) wegheben.

Wir können das Integral jetzt weiter auswerten:

$$\Gamma^\nu(p_1,p_2,m) = -i(e\mu^{2-d/2})^2 \times \int \frac{d^dq}{(2\pi)^d} \frac{\gamma^\mu(-(\not{p}_2+\not{q})+m)\gamma^\nu(\not{p}_1-\not{q}+m)\gamma_\mu}{((p_2+q)^2-m^2+i\epsilon)((p_1-q)^2-m^2+i\epsilon)(q^2+i\epsilon)}$$
$$= -2ie^2\mu^{4-d}\int \frac{d^dq}{(2\pi)^d}\int_0^1 dx \int_0^{(1-x)} dy \times \frac{\gamma^\mu(-(\not{p}_2+\not{q})+m)\gamma^\nu(\not{p}_1-\not{q}+m)\gamma_\mu}{\Big(x((p_2+q)^2-m^2+i\epsilon)+y((p_1-q)^2-m^2+i\epsilon)+(1-x-y)(q^2+i\epsilon)\Big)^3}.$$

Mit $q = \widetilde{q} + p_1 y - p_2 x$ erhalten wir

$$= -2ie^2\mu^{4-d}\int \frac{d^d\widetilde{q}}{(2\pi)^d}\int_0^1 dx \int_0^{(1-x)} dy \times \frac{\gamma^\mu(-(\not{p}_2+\not{\widetilde{q}}+\not{p}_1 y-\not{p}_2 x)+m)\gamma^\nu(\not{p}_1-(\not{\widetilde{q}}+\not{p}_1 y-\not{p}_2 x)+m)\gamma_\mu}{\Big(\widetilde{q}^2-\underbrace{(m^2(x+y)-xp_2^2(1-x)-yp_1^2(1-y)-2p_1p_2xy-i\epsilon)}_{:=\Delta}\Big)^3}.$$

Den Zähler berechnen wir erst einmal separat:

$$\gamma^\mu(-(\not{p}_2+\not{q})+m)\gamma^\nu(\not{p}_1-\not{q}+m)\gamma_\mu \overset{\widetilde{q}=q-p_1y+p_2x}{=}$$
$$= -[\underbrace{\gamma^\mu(\not{p}_2(1-x)+\not{p}_1 y-m)\gamma^\nu(\not{p}_1(1-y)+\not{p}_2 x+m)\gamma_\mu}_{:=A,\ \text{konvergent}} - \underbrace{\gamma^\mu\not{\widetilde{q}}\gamma^\nu\not{\widetilde{q}}\gamma_\mu}_{\text{divergent}}]$$

Der unterklammerte erste Teil A ist unabhängig von $\widetilde{q}$ und gibt damit aufgrund der hohen Potenz $\widetilde{q}^6$ im Nenner einen UV-konvergenten Anteil des Schleifenintegrals. Der zweite Teil, der proportional zu $\widetilde{q}^2$ ist, gibt einen logarithmisch UV-divergenten Teil. Wir können jetzt mit Gl. (6.8) und Gl. (6.9) die Integrale bestimmen:

$$\Gamma^\nu(p_1,p_2,m) = 2ie^2\mu^{4-d}\int \frac{d^d\widetilde{q}}{(2\pi)^d}\int_0^1 dx \int_0^{(1-x)} dy \frac{A-\gamma^\mu\gamma^\rho\gamma^\nu\gamma^\sigma\gamma_\mu\,\widetilde{q}_\rho\widetilde{q}_\sigma}{(\widetilde{q}^2-\Delta)^3}.$$

Das konvergente Integral können wir mit Gl. (6.7) ausführen und dann einfach $d=4$ setzen:

$$2ie^2\mu^{4-d}\int \frac{d^d\widetilde{q}}{(2\pi)^d}\int_0^1 dx \int_0^{(1-x)} dy \frac{A}{(\widetilde{q}^2-\Delta)^3} =$$
$$= e^2\frac{1}{16\pi^2} \times \int_0^1 dx \int_0^{1-x} dy \frac{\gamma^\mu(\not{p}_2(1-x)+\not{p}_1 y-m)\gamma^\nu(\not{p}_1(1-y)+\not{p}_2 x+m)\gamma_\mu}{(m^2(x+y)-xp_2^2(1-x)-yp_1^2(1-y)-2p_1p_2xy-i\epsilon)}. \quad (11.26)$$

Der divergente Teil des Integrals ist

$$
\begin{aligned}
&-2ie^2\mu^{4-d}\gamma^\mu\gamma_\rho\gamma^\nu\gamma_\sigma\gamma_\mu \int_0^1 dx \int_0^{1-x} dy \int \frac{d^d\widetilde{q}}{(2\pi)^d}\frac{\widetilde{q}^\rho\widetilde{q}^\sigma}{(\widetilde{q}-\Delta)^3} \\
&= \frac{e^2}{2}\underbrace{\gamma^\mu\gamma_\rho\gamma^\nu\gamma^\rho\gamma_\mu}_{(1)}\int_0^1 dx \int_0^{1-x} dy \frac{1}{(4\pi)^{d/2}}\Gamma(2-d/2)\left(\frac{\mu^2}{\Delta}\right)^{2-d/2} . \quad (11.27)
\end{aligned}
$$

Das Produkt (1) aus Dirac-Matrizen in d Dimensionen ist nach doppelter Anwendung von Gl. (7.23) einfach

$$
(1) = \gamma^\mu\gamma_\rho\gamma^\nu\gamma^\rho\gamma_\mu = -2\gamma_\rho\gamma^\nu\gamma^\rho - (4-d)\gamma_\rho\gamma^\nu\gamma^\rho = (d-2)^2\gamma^\nu . \quad (11.28)
$$

Damit ergibt sich für das divergente Integral, entwickelt um $\varepsilon = 4 - d$:

$$
e^2\frac{1}{16\pi^2}\left[\frac{2}{\varepsilon} - 2 - \gamma_E + 2\int_0^1 dx \int_0^{1-x} dy \log\left(\frac{4\pi\mu^2}{\Delta}\right)\right]\gamma^\nu . \quad (11.29)
$$

Zusammen mit dem konvergenten Anteil lautet die Vertexfunktion dann

$$
\begin{aligned}
\Gamma^\nu(p_1,p_2,m) = \frac{e^2}{16\pi^2}\Bigg[&\gamma^\nu\left(\frac{2}{\varepsilon} - 2 - \gamma_E\right) \\
&+ \int_0^1 dx \int_0^{1-x} dy \left(\gamma^\nu 2\log\left(\frac{4\pi\mu^2}{\Delta}\right)\right. \\
&\left.+ \frac{\gamma^\mu(\not{p}_2(1-x) + \not{p}_1 y - m)\gamma^\nu(\not{p}_1(1-y) + \not{p}_2 x + m)\gamma_\mu}{(m^2(x+y) - xp_2^2(1-x) - yp_1^2(1-y) - 2p_1p_2xy - i\epsilon)}\right)\Bigg] . \quad (11.30)
\end{aligned}
$$

Wir teilen auch die Vertexkorrektur gemäß dem Renormierungsschema auf, das wir später verwenden wollen, und zwar in den divergenten Anteil $\overline{\text{MS}}$ und den endlichen Rest:

$$
\Gamma^{(1)\nu}(p_1,p_2,m) = \Gamma^\nu(p_1,p_2,m)_{\overline{\text{MS}}} + \Gamma^\nu(p_1,p_2,m)_{\text{fin.}} . \quad (11.31)
$$

mit

$$
\Gamma^\nu(p_1,p_2,m)_{\overline{\text{MS}}} = \frac{e^2}{16\pi^2}\left[\frac{2}{\varepsilon} - \gamma_E + \log(4\pi)\right]\gamma^\nu \quad (11.32)
$$

$$
\begin{aligned}
\Gamma^\nu(p_1,p_2,m)_{\text{fin.}} = \frac{e^2}{16\pi^2}\Bigg[&-2\gamma^\nu + \int_0^1 dx \int_0^{1-x} dy \left(\gamma^\nu 2\log\left(\frac{\mu^2}{\Delta}\right)\right. \\
&\left.+ \frac{\gamma^\mu(\not{p}_2(1-x) + \not{p}_1 y - m)\gamma^\nu(\not{p}_1(1-y) + \not{p}_2 x + m)\gamma_\mu}{m^2(x+y) - xp_2^2(1-x) - yp_1^2(1-y) - 2p_1p_2xy - i\epsilon}\right)\Bigg] \quad (11.33)
\end{aligned}
$$

11.3 Bestimmung der Renormierungskonstanten

Wir können jetzt aus den soeben berechneten Selbstenergien bzw. Vertexfunktion die Counter-Terme für die Masse Z_m, für die Wellenfunktionsrenormierungen Z_ψ, Z_A und für die Kopplung Z_e und damit die Counter-Terme für die QED-Lagrange-Dichte in Gl. (11.3) berechnen:

$$\begin{aligned}\mathcal{L}_{QED} =& -\frac{1}{4}Z_A F^{\mu\nu}F_{\mu\nu} - Z_A Z_\xi^{-1}\frac{1}{2\xi}(\partial_\mu A^\mu)^2 + iZ_\psi\overline{\psi}\partial\!\!\!/\psi \\ & - \mu^{2-d/2}Z_\psi Z_A^{1/2}Z_e e\overline{\psi}A\!\!\!/\psi - Z_m Z_\psi m\overline{\psi}\psi\,.\end{aligned} \tag{11.3}$$

Um Störungstheorie zu betreiben, wollen wir die Renormierungskonstanten wieder entwickeln:

$$Z_i = 1 + \delta Z_i\,. \tag{11.34}$$

Die δZ_i sind gerade wieder die Koeffizienten der Counter-Terme, die wir bestimmen wollen, während die Anteile $\propto 1$ den kanonischen Teil der Lagrangedichte liefern.

Das Vorgehen ist jetzt wieder ähnlich wie in der skalaren ϕ^4-Theorie, nur gibt es nun mehr Counter-Terme. Wir gehen nun wie folgt vor:

1. Ermittlung der Counter-Term-Feynmanregeln $\propto \delta Z_i$
2. Bestimmung von δZ_m, δZ_ψ, δZ_A, δZ_e und δZ_ξ durch Koeffizientenvergleich zwischen den Divergenzen der 1PI-Graphen und den Counter-Term-Graphen, die in der Summe endlich sein sollen.

Wir fassen hier die divergenten Teile der beiden Selbstenergien und der Vertexkorrektur (inklusive der endlichen $\overline{\text{MS}}$-Anteile) der vorigen Abschnitte noch einmal zusammen:

$$\text{Elektron: } \Sigma_{\overline{\text{MS}}}(p,m) = -\frac{e^2}{16\pi^2}\left(\frac{2}{\varepsilon} - \gamma_E + \log(4\pi)\right)(p\!\!\!/ - 4m) \tag{11.12}$$

$$\text{Photon: } \Pi^{\mu\nu}_{\overline{\text{MS}}}(p) = \frac{e^2}{12\pi^2}\left(p^\mu p^\nu - p^2 g^{\mu\nu}\right)\left(\frac{2}{\varepsilon} - \gamma_E + \log(4\pi)\right) \tag{11.22}$$

$$\text{Vertex: } \Gamma^\nu_{\overline{\text{MS}}}(p_1,p_2,m) = \frac{e^2}{16\pi^2}\left(\frac{2}{\varepsilon} - \gamma_E + \log(4\pi)\right)\gamma^\nu \tag{11.32}$$

Elektron-Selbstenergie Den Counter-Term-Beitrag zur Selbstenergie des Elektrons erhalten wir aus dem kinetischen- und Massenterm in Gl. (11.3). Wir setzen die Entwicklung Gl. (11.34) der Renormierungskonstanten in Gl. (11.3) ein, betrachten die lineare Ordnung in δZ und wenden das übliche Rezept zur Ermittlung der Feynman-Regeln an:

$$i\mathcal{L}_{QED} \ni -\delta Z_\psi\overline{\psi}\partial\!\!\!/\psi - i(\delta Z_m + \delta Z_\psi)m\overline{\psi}\psi\,. \tag{11.35}$$

Wir definieren den Impuls in Richtung des Fermionpfeils, und da die Ableitung auf das Feld ψ wirkt (welches ein einlaufendes Teilchen vernichtet), ersetzen wir $\partial \to -ip$, streichen die Felder weg und erhalten als Feynman-Regel für den 2-Elektron-Countervertex

$$-\delta Z_\psi(-i\not{p}) - i(\delta Z_m + \delta Z_\psi)m\,. \tag{11.36}$$

Wollen wir nun gemäß $\overline{\text{MS}}$ renormieren, muss einfach

$$-i\Sigma_{\overline{\text{MS}}} - \delta Z_\psi(-i\not{p}) - i(\delta Z_m + \delta Z_\psi)m = 0 \tag{11.37}$$

gelten, d.h. die Divergenz der 1PI-Schleifengraphen inklusive der endlichen $\overline{\text{MS}}$-Anteile soll genau durch die Renormierungskonstanten weggehoben werden. Mit unseren obigen Ergebnissen ausgeschrieben lautet diese Bedingung

$$i\frac{e^2}{16\pi^2}\left(\frac{2}{\varepsilon} - \gamma_E + \log 4\pi\right)(\not{p} - 4m) + i\delta Z_\psi \not{p} - i(\delta Z_m + \delta Z_\psi)m = 0\,. \tag{11.38}$$

Aufgemerkt!

Die Koeffizienten von $\not{p}$ und m müssen getrennt verschwinden, und so erhalten wir direkt die Renormierungskonstanten

$$\delta Z_\psi^{\overline{\text{MS}}} = -\frac{e^2}{16\pi^2}\left(\frac{2}{\varepsilon} - \gamma_E + \log 4\pi\right), \tag{11.39}$$

$$\delta Z_m^{\overline{\text{MS}}} = -3 \cdot \frac{e^2}{16\pi^2}\left(\frac{2}{\varepsilon} - \gamma_E + \log 4\pi\right). \tag{11.40}$$

Photon-Selbstenergie Als nächstes bestimmen wir δZ_A aus dem kinetischen Term des Photons. Hier finden wir für den eichinvarianten Teil die Counter-Term-Feynmanregel

$$\begin{aligned} i\mathcal{L}_{QED} \ni & -i\frac{1}{4}\delta Z_A F^{\mu\nu}F_{\mu\nu} \\ = & -i\frac{1}{2}\delta Z_A(\partial^\mu A^\nu \partial_\mu A_\nu - \partial^\mu A^\nu \partial_\nu A_\mu) \\ = & \, i\frac{1}{2}\delta Z_A A^\nu\left(\Box g^{\mu\nu} - \partial^\nu\partial^\mu\right)A_\mu + \text{Oberfl.} \\ & \longrightarrow i\delta Z_A(p^\nu p^\mu - p^2 g^{\mu\nu})\,. \end{aligned} \tag{11.41}$$

und für den Eichfixierungsterm

$$
\begin{aligned}
i\mathcal{L}_{QED} \ni &- i(\delta Z_A - \delta Z_\xi)\frac{1}{2\xi}(\partial_\mu A^\mu)(\partial_\nu A^\nu) \\
=& i(\delta Z_A - \delta Z_\xi)\frac{1}{2\xi}A^\mu \partial_\mu \partial_\nu A^\nu + \text{Oberfl.} \\
\longrightarrow & -i(\delta Z_A - \delta Z_\xi)\frac{1}{\xi}(p^\mu p^\nu)\,.
\end{aligned}
\tag{11.42}
$$

Vergleicht man die Impulsstruktur dieser beiden Terme mit der Divergenz der 1PI-Selbstenergiegraphen $\Pi^{\mu\nu}_{\overline{\text{MS}}}$ in 11.22, stellt man fest, dass die Divergenz $\propto p^\mu p^\nu - p^2 g^{\mu\nu}$ ist und daher genau vom eichinvarianten Counter-Term Gl. (11.41) absorbiert wird.

Aufgemerkt!

Der Eichfixierungs-Counter-Term muss daher verschwinden, und wir erhalten als erste Bedingung

$$
\delta Z_A^{\overline{\text{MS}}} = \delta Z_\xi^{\overline{\text{MS}}}
\tag{11.43}
$$

bzw. $Z_A Z_\xi^{-1} \sim 1 + \delta Z_A - \delta Z_\xi = 1$.

Um nun δZ_A zu bestimmen, fordern wir wieder, dass die Summe des Counter-Term-Graphen und der 1-Schleifen-Divergenz verschwindet,

$$
i\Pi^{\mu\nu}_{\overline{MS}} + i\delta Z_A(p^\nu p^\mu - p^2 g^{\mu\nu}) = 0\,.
\tag{11.44}
$$

Mit unseren obigen Ergebnissen ausgeschrieben lautet die Bedingung hier also

$$
i\frac{e^2}{12\pi^2}\left(p^\mu p^\nu - p^2 g^{\mu\nu}\right)\left(\frac{2}{\varepsilon} - \gamma_E + \log(4\pi)\right) + i\delta Z_A(p^\nu p^\mu - p^2 g^{\mu\nu}) = 0\,.
\tag{11.45}
$$

Aufgemerkt!

Wir können daraus direkt

$$
\delta Z_A^{\overline{\text{MS}}} = \delta Z_\xi^{\overline{\text{MS}}} = -\frac{e^2}{12\pi^2}\left(\frac{2}{\varepsilon} - \gamma_E + \log(4\pi)\right)
\tag{11.46}
$$

ablesen.

Die Vertexkorrektur Uns fehlt noch die Konstante Z_e. Um die endliche Vertexfunktion zu berechnen, addieren wir den Tree-Level-Beitrag und die höheren 1PI-Graphen, wobei es sich in diesem Fall nur um einen einzigen handelt:

$$\Gamma^{(n)} = \quad + \quad + \quad \text{1PI} \tag{11.47}$$

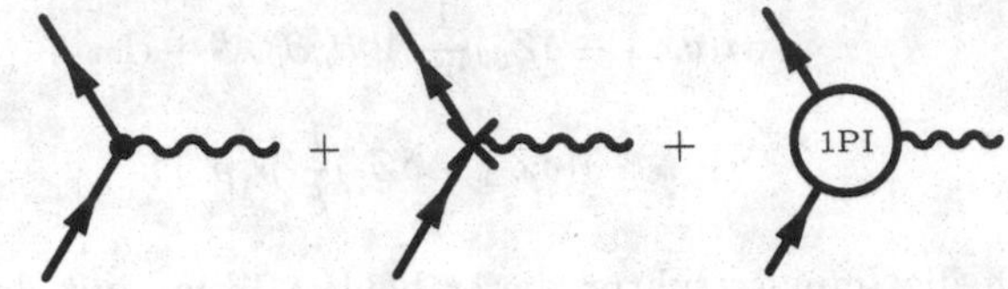

Der Beitrag „1PI" zur 1-Schleifen-Ordnung ist $-ie\mu^{2-d/2}\Gamma^{\mu(1)}$, siehe Aufgabe 191 und Gl. (11.30). Der Tree-Level-Beitrag und der Counter-Term entstehen aus dem konstanten und linearen Teil $\propto 1 + \delta Z$ der Lagrange-Dichte für die Wechselwirkung:

$$i\mathcal{L}_{int.} = -iZ_\psi Z_A^{1/2} Z_e e\overline{\psi}\not{A}\psi = -i(1 + \delta Z_\psi + \delta Z_e + \frac{1}{2}\delta Z_A)e\overline{\psi}\not{A}\psi\,. \tag{11.48}$$

Wir erhalten die Counter-Term-Feynmanregel

$$(\delta Z_\psi + \delta Z_e + \frac{1}{2}\delta Z_A)(-ie\gamma^\mu) \tag{11.49}$$

Die $\overline{\text{MS}}$-artige Divergenz muss sich mit den Countertermen wieder wegheben, sodass folgt (wir kürzen den globalen Faktor $-ie\mu^{2-d/2}$):

$$\begin{aligned}
&\gamma^\mu\left(1 + \delta Z_\psi + \delta Z_e + \frac{1}{2}\delta Z_A\right) + \Gamma^\mu(p_1, p_2, m)_{\overline{\text{MS}}} = \gamma^\mu \\
\Leftrightarrow &\left(1 + \delta Z_\psi + \delta Z_e + \frac{1}{2}\delta Z_A\right) + \frac{e^2}{16\pi^2}\left(\frac{2}{\varepsilon} - \gamma_E + \log 4\pi\right) = 1 \\
\Leftrightarrow &\,\delta Z_e = \frac{e^2}{\pi^2}\left(\frac{1}{16} + \frac{1}{24} - \frac{1}{16}\right)\left(\frac{2}{\varepsilon} - \gamma_E + \log 4\pi\right)\,.
\end{aligned} \tag{11.50}$$

Wir erhalten also

$$\delta Z_e^{\overline{\text{MS}}} = \frac{e^2}{24\pi^2}\left(\frac{2}{\varepsilon} - \gamma_E + \log 4\pi\right)\,. \tag{11.51}$$

Als endliche Vertexfunktion bleibt

$$-ie\Gamma^\mu = -ie\gamma^\mu - ie\Gamma^{\mu(1)}_{\text{fin.}} \tag{11.52}$$

übrig.

Andere Renormierungsschemata

Man kann alternativ den Counter-Term gerade so wählen, dass $e^2/4\pi$ gerade der makroskopisch beobachteten „klassischen“ Feinstrukturkonstante entspricht. Im $\overline{\text{MS}}$-Schema ist dies im Allgemeinen nicht so, allein schon deshalb, weil eine μ-Abhängigkeit vorliegt! Wie schon in der ϕ^4-Theorie hat unsere renormierte Kopplung $e = e^{\overline{\text{MS}}}$ keine offensichtliche physikalische Interpretation. Daher spielt in der Praxis das $\overline{\text{MS}}$-Schema für die QED eine kleinere Rolle als für die QCD, bei der dieser Nachteil weniger schwer wiegt. Das sogenannte *On-Shell-Schema*, in dem man die Residuen auf $R = 1$ und die renormierte Masse auf $m = m_{pol}$ normiert, benötigt zusätzliche technische Kniffe, um die in den Schleifenintegralen noch versteckten infraroten Divergenzen zu behandeln.

Aufgemerkt!

Wir fassen hier noch einmal die 1-Schleifen-Renormierungskonstanten der QED im $\overline{\text{MS}}$-Schema zusammen:

$$\delta Z_e^{\overline{\text{MS}}} = \frac{e^2}{24\pi^2}\left(\frac{2}{\varepsilon} - \gamma_E + \log(4\pi)\right), \quad \delta Z_\psi^{\overline{\text{MS}}} = -\frac{e^2}{16\pi^2}\left(\frac{2}{\varepsilon} - \gamma_E + \log(4\pi)\right), \tag{11.53}$$

$$\delta Z_A^{\overline{\text{MS}}} = -\frac{e^2}{12\pi^2}\left(\frac{2}{\varepsilon} - \gamma_E + \log(4\pi)\right), \quad \delta Z_m^{\overline{\text{MS}}} = -\frac{3e^2}{16\pi^2}\left(\frac{2}{\varepsilon} - \gamma_E + \log(4\pi)\right). \tag{11.54}$$

Einfluss der Ward-Identität Wir stellen insbesondere in dieser Ordnung der Störungstheorie fest, dass die Renormierungskonstanten des kinetischen Terms des Elektrons $i\overline{\psi}\partial\!\!\!/\psi$ und des Wechselwirkungsterms $-e\overline{\psi}A\!\!\!/\psi$ identisch sind,

$$Z_\psi = Z_\psi Z_e Z_A^{1/2}, \tag{11.55}$$

also $Z_e Z_A^{1/2} = 1$ und damit auch $e_0 A_0^\mu = eA^\mu$. Dies setzt sich in allen Ordnungen der Störungstheorie fort, was bemerkenswert ist, da die beiden Renormierungskonstanten aus unterschiedlichen Prozessen bestimmt wurden: einer Selbstenergie und der Vertexkorrektur. Diese zunächst scheinbar völlig unabhängigen Prozesse stehen aber in Eichtheorien in enger Beziehung, wie wir in Gl. (9.49) ohne Störungsnäherung gezeigt hatten. Tatsächlich kann man die Gleichheit der Renormierungskonstanten aus der Ward-Takahashi-Identität allgemein ableiten, da die DREG die Eichinvarianz erhält. Insbesondere erfüllen unsere 1-Loop-Counter-

Terme die WTI Gl. (9.49), denn (man beachte die Vorzeichenkonvention in der kovarianten Ableitung)

$$
\begin{aligned}
-e\frac{\partial}{\partial p_\mu}\Big(\delta Z_\psi \not{p} - (\delta Z_m + \delta Z_\psi) m\Big) &= -\delta Z_\psi\, e\gamma^\mu \\
&= (\delta Z_\psi + \delta Z_e + \frac{1}{2}\delta Z_A)(-e\gamma^\mu)\,. \qquad (11.56)
\end{aligned}
$$

Dies ist ein etwas aufwändigeres, aber sicher sehr lehrreiches Projekt: Mit dem bisher Gelernten ist es möglich, die $\overline{\text{MS}}$-Renormierung der Yukawa-Theorie eines reellen (Pseudo)skalars ϕ und eines Dirac-Fermions ψ auf 1-Schleifen-Niveau durchzuführen. Die Yukawa-Kopplung sei von der Form $y\phi\overline{\psi}i\gamma^5\psi$. Welche sind die divergenten 1PI-Funktionen und zugehörigen Diagramme auf 1-Schleifen-Niveau? Welche Wechselwirkungen müssen also in die Lagrangedichte aufgenommen werden, damit die Theorie multiplikativ renormiert werden kann? Welche Renormierungskonstanten gibt es? Bestimmt sie in $\overline{\text{MS}}$ anhand der Divergenzen der 1PI-Diagramme! Bestimmt die β-Funktionen auf 1-Schleifen-Ordnung. Von welchen Parametern hängen sie ab?

11.4 Die β-Funktion der QED

Wir wissen, dass die unrenormierte Kopplung e_0 im Grenzfall $\varepsilon \to 0$ unabhängig von μ ist, woraus wir analog zur ϕ^4-Theorie das asymptotische Verhalten der renormierten Kopplung e berechnen können.

AUFGABE 192

Berechnet ausgehend von der Annahme, dass $\frac{de_0}{d\mu} = 0$ ist, die β-Funktion für die QED. Die Vorgehensweise kann analog zu Abschnitt Gl. (6.2.6) gewählt werden.

Wir erhalten

$$
\begin{aligned}
&\frac{de_0}{d\mu} = \frac{d(e\mu^{\varepsilon/2} Z_e)}{d\mu} = \frac{d(\mu^{\varepsilon/2}(e + \frac{e^3}{24\pi^2}(\frac{2}{\varepsilon} - \gamma_E + \log 4\pi)))}{d\mu} = 0 \\
&\Rightarrow \frac{\varepsilon}{2}\,\mu^{\varepsilon/2-1}\left(e + \frac{e^3}{24\pi^2}\left(\frac{2}{\varepsilon} - \gamma_E + \log 4\pi\right)\right) \\
&\qquad + \mu^{\varepsilon/2}\left(1 + \frac{3e^2}{24\pi^2}\left(\frac{2}{\varepsilon} - \gamma_E + \log 4\pi\right)\right)\frac{\partial e}{\partial \mu} = 0\,. \qquad (11.57)
\end{aligned}
$$

Wir erweitern mit $\mu^{1-\varepsilon/2}$ und können damit die partielle Ableitung von e durch die β-Funktion ausdrücken:

$$\beta(e) := \mu \frac{\partial e}{\partial \mu} . \tag{11.58}$$

Damit erhalten wir

$$\frac{\varepsilon}{2}\left(e + \frac{e^3}{24\pi^2}\left(\frac{2}{\varepsilon} - \gamma_E + \log 4\pi\right)\right) + \left(1 + \frac{3e^2}{24\pi^2}\left(\frac{2}{\varepsilon} - \gamma_E + \log 4\pi\right)\right)\beta = 0 . \tag{11.59}$$

Wir entwickeln β wieder ähnlich wie in Gl. (6.95), allerdings nun zu anderen Ordnungen in der Kopplungskonstante. Bei $\varepsilon \neq 0$ schreiben wir

$$\beta = b_0\, e + b_1\, e^3 + \dots , \tag{11.60}$$

und ein Koeffizientenvergleich liefert wieder $b_0 = -\varepsilon/2$ und damit $b_1 = (2 - \varepsilon\gamma_E + \varepsilon \log(4\pi))/24\pi^2$. Der erste Term und Teile des zweiten Terms verschwinden im Limes $\varepsilon \to 0$, und wir finden die β-Funktion

$$\beta(e) = \frac{e^3}{12\pi^2} + \mathcal{O}(e^5) + \mathcal{O}(\varepsilon) . \tag{11.61}$$

Wählen wir statt $\overline{\text{MS}}$ das MS-Schema, erhalten wir dasselbe Ergebnis für die β-Funktion auf 1-Schleifen-Niveau, da in dieser Ordnung die $\overline{\text{MS}}$-spezifischen Terme $\propto (-\gamma_E + \log(4\pi))$ für $\varepsilon \to 0$ verschwinden.

Wir sehen, dass die Kopplungsstärke genauso wie in der ϕ^4-Theorie mit steigender Energie zunimmt. Die Lösung der Renormierungsgruppen-Gleichung für diese β-Funktion auf 1-Schleifen-Niveau ist

$$e^2(\mu) = e^2(\mu_0) \frac{1}{1 - \frac{e^2(\mu_0)}{6\pi^2} \log \frac{\mu}{\mu_0}} . \tag{11.62}$$

Wir sehen hier, dass der Nenner für große Werte von μ verschwindet. Wir haben an dieser Stelle den Landau-Pol der QED.

Nehmt an, dass $e^2(m_e)/4\pi \approx 1/137$ ist. Was ist die Skala des Landau-Pols der QED (wenn man als Fermion nur das Elektron berücksichtigt)?

Die laufende elektromagnetische Kopplung

Häufig wird die Kopplungskonstante $\alpha = e^2/(4\pi)$ benutzt. Im Niederenergie-Limes, beispielsweise in der Atomphysik, spricht man von der Feinstrukturkonstanten $\alpha \approx 1/137$. Bei der Masse des Z-Bosons, einer sehr wichtigen Skala für elektroschwache Prozesse, ist $\alpha(91\,\text{GeV}) \approx 1/129$. Bei diesen Skalen tragen allerdings noch weitere Teilchen des Standardmodells zur β-Funktion bei, und jenseits der elektroschwachen Skala sind die Eichkopplungen des schwachen Isopsins $SU(2)_L$ und der Hyperladung $U(1)_Y$ die wichtigeren Größen. In [19] könnt ihr Formeln für das Laufen der QED-Kopplungsstärke bei höheren Ordnungen finden.

11.5 Resummierte Propagatoren

Wir wollen nun wieder die resummierten Propagatoren aus der Störungstheorie heraus ermitteln. Diese haben wir in Gl. (6.68) schon für skalare Felder berechnet. Für Fermionen und Photonen ist der Prozess im Prinzip identisch, nur müssen wir hier aufgrund der Lorentz- oder Dirac-Indizes eine Matrixstruktur mitschleppen.

Fermionen Zunächst nehmen wir uns den Fermion-Propagator vor. Dazu verwenden wir wieder die Definition der Selbstenergie (hier symbolisch der 1-Schleifen-Beitrag):

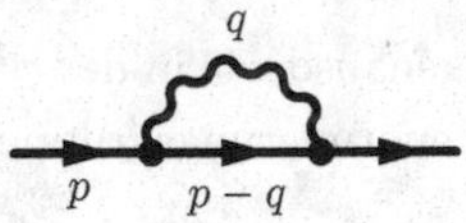

q

p p − q

$$+ \cdots = -i\Sigma_{ij}(p)\,. \tag{11.63}$$

AUFGABE 193

Berechnet analog zu der Dyson-Resummation für Skalare, Gl. (6.68), ausgehend von der Selbstenergie (ohne Counter-Terme) $-i\Sigma$ den vollen Propagator des Fermions zu allen Ordnungen der Störungstheorie! Statt die renormierte Lagrange-Dichte in einen kanonisch normierten Teil und die Counter-Terme aufzuspalten, schleppt einfach die Renormierungskonstanten in der gesamten Prozedur mit.

Wir hatten für die Resummation des Skalars die geometrische Reihe

$$\sum_{n=0}^{\infty} x^n = \frac{1}{1-x} \tag{11.64}$$

verwendet. Die analoge Version für quadratische Matrizen X lautet

$$\sum_{n=0}^{\infty} X^n = (1 - X)^{-1} . \tag{11.65}$$

Den Propagator für ein massives Fermion in der allgemein normierten Lagrange-Dichte zur 0-ten Ordnung der Störungstheorie bezeichnen wir hier als

$$D_F^{(0)}(p) = \frac{i}{Z_\psi \not{p} - Z_\psi Z_m m} = i(Z_\psi \not{p} - Z_\psi Z_m m)^{-1} , \tag{11.66}$$

wobei $^{-1}$ als Matrix-Inverse aufzufassen ist. Der Übersichtlichkeit halber sparen wir uns wieder die Polvorschrift ε.

▶ Der resummierte Propagator ergibt sich wieder durch die Summe über durch einfache Propagatoren $D_F^{(0)}$ verbundene Ketten von 1PI-Beiträgen, wie auf Seite 259 bereits für Skalare durchgeführt. Die Selbstenergie ist wie oben mit $-i\Sigma(p)$ bezeichnet. Dann erhalten wir

$$\begin{aligned}
G^{(2)}(p) &= \frac{i}{Z_\psi \not{p} - Z_\psi Z_m m} + \frac{i}{Z_\psi \not{p} - Z_\psi Z_m m}(-i\Sigma(p)) \frac{i}{Z_\psi \not{p} - Z_\psi Z_m m} \\
&\quad + \frac{i}{Z_\psi \not{p} - Z_\psi Z_m m}(-i\Sigma(p)) \frac{i}{Z_\psi \not{p} - Z_\psi Z_m m}(-i\Sigma(p)) \frac{i}{Z_\psi \not{p} - Z_\psi Z_m m} + \cdots \\
&= \frac{i}{Z_\psi \not{p} - Z_\psi Z_m m} \sum_{n=0}^{\infty} \left(-i\Sigma(p) \frac{i}{Z_\psi \not{p} - Z_\psi Z_m m} \right)^n \\
&= \left(\frac{Z_\psi \not{p} - Z_\psi Z_m m}{i} \right)^{-1} \left(1 + i\Sigma(p) \frac{i}{Z_\psi \not{p} - Z_\psi Z_m m} \right)^{-1} \\
&= \left[\left(1 + i\Sigma(p) \frac{i}{Z_\psi \not{p} - Z_\psi Z_m m} \right) \frac{Z_\psi \not{p} - Z_\psi Z_m m}{i} \right]^{-1} \\
&= \left(\frac{Z_\psi \not{p} - Z_\psi Z_m m}{i} + i\Sigma(p) \frac{i}{Z_\psi \not{p} - Z_\psi Z_m m} \frac{Z_\psi \not{p} - Z_\psi Z_m m}{i} \right)^{-1} \\
&= \left(\frac{Z_\psi \not{p} - Z_\psi Z_m m - \Sigma(p)}{i} \right)^{-1} = \frac{i}{Z_\psi \not{p} - Z_\psi Z_m m - \Sigma(p)} .
\end{aligned} \tag{11.67}$$

Entwickelt man nun Z_ψ und Z_m und setzt unsere obigen Ergebnisse für die Renormierungskonstanten und die regularisierte divergente Selbstenergie ein, erhält man für $\varepsilon \to 0$ den endlichen renormierten Propagator. Wir haben hier um der Klarheit willen penibel auf die Ordnung der Matrizen geachtet, obwohl $\Sigma(p)$ mit $\not{p}$ vertauscht.

Wir werden später die Formel für das Residuum des Fermion-Propagators benötigen. Dazu ziehen wir die Counter-Terme wieder in die Selbstenergie hinein,

$Z_\psi \not{p} - Z_\psi Z_m m - \Sigma(p) \to \not{p} - m - \Sigma_{1-Loop+ct.}(p)$ und schreiben die so endlich gemachte Selbstenergie in zwei Teilen

$$\Sigma(p) = \Sigma_p(p^2)\not{p} + \Sigma_m(p^2)\not{m} \, . \tag{11.68}$$

Damit wird Gl. (11.67) zu

$$\frac{i}{(1-\Sigma_p)\not{p} - (1+\Sigma_m)m} \sim \frac{1}{1-\Sigma_p} \frac{i}{\not{p} - (1+\Sigma_m+\Sigma_p)m} \tag{11.69}$$

und damit ist in Analogie zum skalaren Fall Gl. (6.74) nun $R^{-1} = 1 - \Sigma_p(m^2_{pol})$, und in der führenden Ordnung entwickelt, $R \sim 1 + \Sigma_p(m^2_{pol})$.

Photon Nun wollen wir dasselbe Spiel für das Photon durchziehen. Hier definieren wir die Selbstenergie als

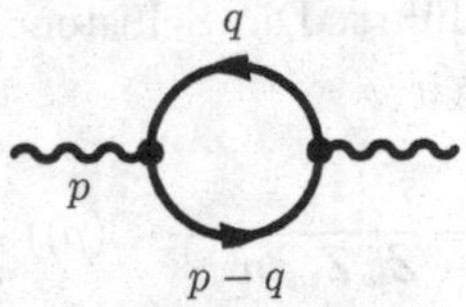

$$q, \; p, \; p-q \qquad + \cdots = i\Pi_{\mu\nu}(p) \, , \tag{11.70}$$

wobei wir repräsentativ den für uns relevanten 1-Schleifen-Beitrag zeigen. Das Argument gilt aber für Beiträge beliebiger Ordnungen. Hier kann man die Selbstenergie und den Propagator wieder als Matrizen mit Indizes μ, ν auffassen, wobei man bei Bedarf heben und senken kann. Lässt man Indizes explizit stehen, müssen durch Umbenennung mehr als doppelt vorkommende Indizes vermieden werden. Der Propagator des Photonfeldes auf 0-ter Ordnung der Störungstheorie wird hier von uns mit $D^{\mu\nu}$ abgekürzt. Der resummierte Propagator ist damit formal gegeben durch

$$\begin{aligned} D_A^{\mu\nu,(n)}(p) &= D^{\mu\nu} + D^{\mu\omega} i\Pi_{\omega\rho} D^{\rho\nu} + D^{\mu\omega} i\Pi_{\omega\rho} D^{\rho\delta} i\Pi_{\delta\gamma} D^{\gamma\nu} + \cdots \\ &= D^{\mu\omega} \left[\delta^\nu_\omega + (i\Pi_{\omega\rho} D^{\rho\nu}) + \left(i\Pi_{\omega\rho} D^{\rho\delta}\right)(i\Pi_{\delta\gamma} D^{\gamma\nu}) + \cdots\right] \\ &= D^{\mu\omega} \left(\delta^\nu_\omega - i\Pi_{\omega\rho} D^{\rho\nu}\right)^{-1}{}_\omega{}^\nu \, . \end{aligned} \tag{11.71}$$

Hier hatten wir das Problem, die Inverse formal mit Indizes zu schreiben. Mit dem Ausdruck ist gemeint, dass die Matrix in Klammern als Index ω und als zweiten Index ν trägt. Die Inverse soll die Indizes wieder in dieser Reihenfolge tragen. Um die Inverse $(\delta^\nu_\omega - i\Pi_{\omega\rho} D^{\rho\nu})^{-1}$ aber wirklich bestimmen zu können, müssen wir mehr über die Impulsstruktur der Matrix $\Pi_{\mu\nu}$ wissen.

Mit den Ausdrücken in Gl. (11.21)-Gl. (11.23) können wir den resummierten Propagator des Photons explizit auf 1-Schleifen-Niveau bestimmen. Wir waren ja in Gl. (11.71) bei dem resummierten, aber allgemeinen Ausdruck

$$D_A^{\mu\nu,(n)}(p) = D^{\mu\omega} \left(\delta^\nu_\omega - i\Pi_{\omega\rho} D^{\rho\nu}\right)^{-1} \tag{11.72}$$

hängengeblieben. Wir ziehen im Folgenden die auffällige „eichinvariante" Impulsstruktur

$$P^{\mu\nu} = p^\mu p^\nu - g^{\mu\nu} p^2 \tag{11.73}$$

aus Gl. (11.21) heraus und kürzen ab:

$$\Pi_{\mu\nu} = P_{\mu\nu} \Pi \,, \tag{11.74}$$

mit

$$\Pi = \frac{e^2}{2\pi^2} \left[\frac{1}{6} \left(\frac{2}{\varepsilon} - \gamma_E - \log(4\pi) \right) + \int_0^1 dx\, x(1-x) \log\left(\frac{\mu^2}{\Delta} \right) \right] . \tag{11.75}$$

Die Impulsstruktur $P^{\mu\nu}$ hat die wichtige Eigenschaft dass $p_\mu P^{\mu\nu} = 0$. Das ist eine Auswirkung der Ward-Identität. Wir wollen an dieser Stelle auf ein Ergebnis aus Abschnitt 8.2 zurückkommen. Dort hatten wir den Photonpropagator aus einer allgemeinen Lagrange-Dichte mit allgemeinen Normierungskonstanten berechnet (Gl. 8.88). Hier sehen wir, wieso das nützlich war: Definieren wir

$$\mathcal{L}_{\text{ren.}} = -\frac{1}{4} Z_A F^{\mu\nu} F_{\mu\nu} - Z_A Z_\xi^{-1} \frac{1}{2\xi} \left(\partial_\mu A^\mu\right)^2 \,, \tag{11.76}$$

dann sind die Normierungskonstanten in Gl. (8.88) jetzt unsere *Re*normierungskonstanten. Wir wählen wie oben $\xi = 1$ und nutzen aus, dass wir $Z_A Z_\xi^{-1} = 1$ gefunden hatten. Der Propagator aus der renormierten Lagrangedichte lautet damit

$$D^{(0)}(p)^{\mu\nu} = -\frac{i}{Z_A p^2} \left(g^{\mu\nu} + (Z_A - 1) \frac{p^\mu p^\nu}{p^2} \right) . \tag{11.77}$$

Wir können nun den vollständigen, resummierten Propagator in Gl. (11.72) bestimmen. Dazu setzen wir den Photonpropagator aus der renormierten Lagrangedichte, Gl. (11.77), und die Photonselbstenergie, Gl. (11.74), in den resummierten Propagator Gl. (11.72) ein:

$$D^{(n)\mu\nu} = D^{(0)\mu\omega} \left(\delta^\nu_\omega - i P_{\omega\rho} \Pi D^{(0)\rho\nu} \right)^{-1} \tag{11.78}$$

Die Projektoreigenschaft von $P_{\mu\nu}$ hilft uns jetzt beim Invertieren, denn wir können den Anteil $p^\mu p^\nu$ des Propagators in der Klammer sofort verwerfen. Wir invertieren die Matrix in der Klammer, indem wir einen Ansatz für die inverse Matrix X von $\left(\delta^\nu_\omega - i P_{\omega\rho} \Pi D^{(0)\rho\nu}\right)$ machen und die Koeffizienten bestimmen:

$$\left(\delta^\nu_\omega - i P_{\omega\rho} \Pi D^{(0)\rho\nu} \right) X^\gamma_\nu = \delta^\gamma_\omega \,. \tag{11.79}$$

Die Inverse X^γ_ν muss von p abhängen und deshalb folgende Form haben:

$$X^\gamma_\nu = \left(A \delta^\gamma_\nu p^2 + B p_\nu p^\gamma \right) . \tag{11.80}$$

Eingesetzt in Gl. (11.79) ergibt das:

$$\begin{aligned}
&\left(\delta^\nu_\omega - i\Pi P_{\omega\rho} D^{(0)\rho\nu}\right)\left(Ag^\gamma_\nu p^2 + Bp_\nu p^\gamma\right) = \delta^\gamma_\omega \\
\Leftrightarrow\ &\left(\delta^\nu_\omega - i\Pi P_{\omega\rho}\left[-\frac{ig^{\rho\nu}}{Z_A p^2}\right]\right)\left(Ag^\gamma_\nu p^2 + Bp_\nu p^\gamma\right) = \delta^\gamma_\omega \\
\Leftrightarrow\ &\left(\delta^\nu_\omega - \frac{\Pi}{Z_A p^2} P^\nu_\omega\right)\left(Ag^\gamma_\nu p^2 + Bp_\nu p^\gamma\right) = \delta^\gamma_\omega \\
\Leftrightarrow\ &Ag^\gamma_\omega p^2 + Bp_\omega p^\gamma - \frac{A\Pi}{Z_A} P^\gamma_\omega = \delta^\gamma_\omega\,.
\end{aligned} \tag{11.81}$$

Ein Koeffizientenvergleich der linken und der rechten Seite ergibt

$$Ap^2\left(1 + \frac{\Pi}{Z_A}\right) = 1 \qquad \text{und} \qquad B = \frac{\Pi}{Z_A} A\,. \tag{11.82}$$

Die invertierte Matrix aus Gl. (11.72) ist also

$$\left(\delta^\nu_\omega - i\Pi_{\omega\rho} D^{(0)\rho\nu}\right)^{-1} = \frac{1}{1 + \frac{\Pi}{Z_A}}\left(\delta^\omega_\nu + \frac{\Pi}{Z_A}\frac{p^\omega p_\nu}{p^2}\right). \tag{11.83}$$

So – aber wir sind noch nicht am Ende. Mit der Inversen können wir jetzt endlich den resummierten Propagator $D^{\mu\nu(n)}$ auf 1-Schleifen-Niveau ausrechnen. Wir setzen dazu unser Ergebnis der Inversen, Gl. (11.83), in Gl. (11.72) ein:

$$\begin{aligned}
D^{\mu\nu(1)} &= D^{\mu\omega(0)}\left(\delta^\nu_\omega - i\Pi_{\omega\rho} D^{\rho\nu(0)}\right)^{-1} \\
&= \frac{-i}{Z_A p^2}\left(\frac{1}{1 + \frac{\Pi}{Z_A}}\right)\left(g^{\mu\omega} + (Z_A - 1)\frac{p^\mu p^\omega}{p^2}\right)\left(\delta^\gamma_\omega + \frac{\Pi}{Z_A}\frac{p_\omega p^\gamma}{p^2}\right) \\
&= \frac{-i}{(Z_A + \Pi)p^2}\left[g^{\mu\gamma} + \frac{p^\mu p^\gamma}{p^2}(Z_A - 1 + \Pi)\right].
\end{aligned} \tag{11.84}$$

Zwei Anmerkungen zu diesem Ergebnis: Dank unserer Renormierungsbedingungen Gl. (11.44) für die Selbstenergie ist die Kombination $\Pi + Z_A$, und damit auch dieser Propagator endlich. Zudem können wir wieder unser exaktes Ergebnis Gl. (9.55) in dieser Ordnung bestätigen, nämlich dass der unphysikalische Anteil des Propagators keine Strahlungskorrekturen erhält.

Berechnet $D^{\mu\nu(1)}p_\nu$ und vergleicht mit dem Ergebnis in führender Ordnung, $D^{\mu\nu(0)}p_\nu$!

Übrig bleibt somit der endliche Teil der Selbstenergie $\Pi_{fin} = \delta Z_A + \Pi$. Wieder zur Ordnung Π^1 entwickelt (wenn man also nur die ersten beiden Terme der Dyson-Reihe mitnimmt) lautet der korrigierte Propagator

$$D^{\mu\nu(1)} = \frac{-ig^{\mu\nu}}{p^2}(1 - \Pi_{\text{fin.}}) - i\Pi_{\text{fin.}}\frac{p^\mu p^\nu}{p^4} + \mathcal{O}(\Pi^2)\,. \tag{11.85}$$

11.6 Ein paar zusätzliche Themen

11.6.1 Der Uehling-Term

Für kleine Impulse $p^2 \ll m^2$ können wir die Selbstenergie des Photons in Gl. (11.85) besonders einfach weiter auswerten und erhalten eine endliche Korrektur zum Coulomb-Potenzial, den sogenannten Uehling-Term. Details wie der Zusammenhang zwischen den Potenzialen im Ortsraum und Impulsraum können der Diskussion in [11] entnommen werden.

AUFGABE 194

Entwickelt im ξ-unabhängigen Teil des resummierten Propagators,

$$D^{\mu\nu(1)} \sim \frac{-ig^{\mu\nu}}{p^2}(1 - \Pi_{\text{fin.}}) + \mathcal{O}(\Pi^2) \tag{11.86}$$

die endliche Selbstenergie $\Pi_{\text{fin.}}$ für $p^2 \ll m^2$ zur Ordnung p^2 und wertet das Integral über den Feynman-Parameter explizit aus. Zeigt, dass in führender Ordnung in Π gilt

$$D^{\mu\nu(1)} \sim \frac{-ig^{\mu\nu}}{p^2}\left(1 - \frac{e^2}{60\pi^2}\frac{p^2}{m^2} + \frac{e^2}{12\pi^2}\log\frac{m^2}{\mu^2}\right). \tag{11.87}$$

Wir haben in Gl. (11.23) den endlichen Teil der Selbstenergie berechnet. Da wir uns bei Impulsen $p^2 \ll 4m^2$ befinden, bleibt das Argument des Logarithmus positiv und wir können die ϵ-Vorschrift ignorieren. Wir finden

$$\begin{aligned}
\Pi_{\text{fin.}} &= \frac{e^2}{2\pi^2}\int_0^1 dx\; x(1-x)\log\left(\frac{\mu^2}{m^2 - p^2 x(1-x)}\right) \\
&= -\frac{e^2}{2\pi^2}\int_0^1 dx\; x(1-x)\left(\log\frac{m^2}{\mu^2} + \underbrace{\log\left(1 - \frac{p^2}{m^2}x(1-x)\right)}_{=-x(1-x)\frac{p^2}{m^2}+\mathcal{O}(\frac{p^4}{m^4})}\right) \\
&= -\frac{e^2}{12\pi^2}\left(\log\frac{m^2}{\mu^2} - \frac{1}{5}\frac{p^2}{m^2} + \mathcal{O}(\frac{p^4}{m^4})\right).
\end{aligned} \tag{11.88}$$

Eingesetzt in Gl. (11.85) ergibt das

$$D^{\mu\nu(n)} \sim \frac{-ig^{\mu\nu}}{p^2}(1 - \Pi_{\text{fin.}}) \simeq \frac{-ig^{\mu\nu}}{p^2}\left(1 - \underbrace{\frac{e^2}{60\pi^2}\frac{p^2}{m^2}}_{(1)} + \frac{e^2}{12\pi^2}\log\frac{m^2}{\mu^2}\right). \tag{11.89}$$

Der unterklammerte Term (1) wird als *Uehling-Term* bezeichnet.

Im Wasserstoffatom

Der Uehling-Term führt zu einem Shift im Coulomb-Potenzial:

$$\frac{e^2}{p^2} \to \frac{e^2}{p^2}\left(1 - \frac{e^2}{60\pi^2}\frac{p^2}{m^2}\right). \tag{11.90}$$

Im Wasserstoffatom trägt dieser Shift zur Aufhebung der Entartung der $2S_{1/2}$- und der $2P_{1/2}$-Energielevel bei, welche erstmals 1953 von Triebwasser, Dayhoff und Lamb, [33], bestimmt wurde. Der Uehling-Term macht dabei aber nur einen negativen Beitrag von wenigen Prozent aus. Der größte Anteil kommt aus der Strahlungskorrektor zum Elektron-Photon-Vertex.

AUFGABE 195

■ Das korrigierte Potenzial im Impulsraum

$$\frac{e^2}{p^2} \to \frac{e^2}{p^2}\left(1 - \frac{e^2}{60\pi^2}\frac{p^2}{m^2} + \frac{e^2}{12\pi^2}\log\frac{m^2}{\mu^2}\right). \tag{11.91}$$

scheint noch eine Abhängigkeit vom unphysikalischen Parameter μ zu tragen. Zeigt durch Einsetzen der laufenden Kopplung $e(\mu)$, dass diese Abhängigkeit bis zur hier betrachteten Ordnung e^4 wegfällt.

● Die Variation der Kopplung ist von der Ordnung $de/d\mu = \mathcal{O}(e^3)$. Die μ-Abhängigkeit des Uehling-Terms selbst ist daher von höherer Ordnung und trägt in dieser Betrachtung nicht bei.

► Es ist

$$\begin{aligned}\frac{d}{d\mu}&\left[\frac{e^2}{p^2}\left(1 - \frac{e^2}{60\pi^2}\frac{p^2}{m^2} + \frac{e^2}{12\pi^2}\log\frac{m^2}{\mu^2}\right)\right]\\ &= \frac{1}{p^2}\left(2e\left(\frac{\partial}{\partial\mu}e(\mu)\right) + \mathcal{O}(e^5) - \frac{e^4}{12\pi^2}\frac{2}{\mu}\right).\end{aligned} \tag{11.92}$$

Hier setzen wir nun Gl. (11.61) ein,

$$\frac{\partial e(\mu)}{\partial\mu} = \frac{1}{\mu}\frac{e^3}{12\pi^2} + \mathcal{O}(e^4) \tag{11.93}$$

und sehen, dass die beiden Beiträge der Ordnung e^4 in Gl. (11.92) sich wegheben.

Hier tritt also wieder die Renormierungsgruppe in Aktion! Wie zuvor schon in Gl. (6.102) kompensieren sich die implizite Abhängigkeit des Tree-Level-Terms und die explizite μ-Abhängigkeit des 1-Schleifen-Beitrags zur gleichen Ordnung der Störungstheorie. In physikalischen Renormierungsschemata, in denen die Kopplungskonstante e direkt über die Coulomb-Kraft definiert wird, tritt diese Abhängigkeit garnicht erst auf. Wollen wir e direkt als Stärke des Coulomb-Potenzials im Grenzfall $p^2 \to 0$ auffassen, müssen wir in unserem Renormierungsschema offenbar die Kopplung bei $\mu^2 = m^2$ einsetzen, was die konstante Korrektur $\propto 1/p^2$ in Form des Logarithmus verschwinden lässt.

11.6.2 Das Furry-Theorem

Aufgemerkt! **Das Furry-Theorem**

Das Furry-Theorem besagt, dass die QED-Amplitude einer ungeraden Anzahl äußerer Photonen verschwindet. Wir erhalten das Matrixelement aus einer amputierten Green'schen Funktion. Ihr Verschwinden ist äquivalent zum Verschwinden der Korrelationsfunktion der entsprechenden Ströme

$$\langle 0| T\{((\overline{\psi}(x_1)\gamma^{\mu_1}\psi(x_1))(\overline{\psi}(x_2)\gamma^{\mu_2}\psi(x_2))\ldots(\overline{\psi}(x_{2n+1})\gamma^{\mu_{2n+1}}\psi(x_{2n+1})))\}|0\rangle = 0, \tag{11.94}$$

wobei $(\overline{\psi}\gamma^\mu\psi) = j^\mu$ der QED Strom ist.

Wir wollen einen Beweis für das Furry-Theorem skizzieren, indem wir uns das Verhalten des Stromes unter Ladungskonjugation ansehen. Die QED-Lagrange-Dichte ist invariant unter der diskreten Transformation

$$\begin{aligned} \psi &\longrightarrow C^\dagger \psi C = \psi^c \\ A_\mu &\longrightarrow C^\dagger A_\mu C = -A_\mu \,. \end{aligned} \tag{11.95}$$

wobei wir ψ^c in Gl. (7.93) definiert haben. Man kann diese Transformation formal als unitären hermiteschen Operator $C^\dagger C = CC = 1$ schreiben.

AUFGABE 196

Betrachtet die Definitionen des Spinors und der Ladungskonjugierten aus Gl. (7.93). Zeigt, dass die Transformation in Gl. (11.95) folgende Eigenschaften hat:

$$\overline{\psi}\psi \to \overline{\psi}\psi, \quad \overline{\psi}\gamma^\mu\psi \to -\overline{\psi}\gamma^\mu\psi, \quad \overline{\psi}\gamma^\mu\gamma^5\psi \to +\overline{\psi}\gamma^\mu\gamma^5\psi \,. \tag{11.96}$$

Zeigt dann, dass der kinetische Term inkl. kovarianter Ableitung bis auf eine Viererdivergenz invariant ist.

Die Konjugation Gl. (7.93) vertauscht einfach χ und η, und es ist

$$\overline{\psi}\psi = \eta\chi + \overline{\eta\chi} \to \chi\eta + \overline{\chi\eta} \,. \tag{11.97}$$

Wir hatten aber gesehen, dass die Stellung der Indizes und die Grassmann-Antivertauschung der Spinoren sich gerade kompensieren und daher $\chi\eta = \eta\chi$ ist, und so weiter. Damit ist der Massenterm invariant. Nun zum Strom:

$$\overline{\psi}\gamma^\mu\psi = \eta\sigma^\mu\overline{\eta} + \overline{\chi\sigma}^\mu\chi = \eta\sigma^\mu\overline{\eta} - \chi\sigma^\mu\overline{\chi}\,. \tag{11.98}$$

Dieser Ausdruck kehrt offenbar unter der Vertauschung $\eta \leftrightarrow \chi$ sein Vorzeichen um. Schieben wir noch eine Matrix γ^5 ein, dann ist das nicht mehr so, denn es ist:

$$\overline{\psi}\gamma^\mu\gamma^5\psi = \eta\sigma^\mu\overline{\eta} - \overline{\chi\sigma}^\mu\chi = \eta\sigma^\mu\overline{\eta} + \chi\sigma^\mu\overline{\chi}\,, \tag{11.99}$$

und dieser Ausdruck ist offenbar symmetrisch in η und χ.

Der einfache kinetische Term hingegen ist, wie wir bereits gesehen hatten, bis auf eine Viererdivergenz in η und χ symmetrisch:

$$\begin{aligned} i\overline{\psi}\gamma^\mu\partial_\mu\psi &= i\eta\sigma^\mu\partial_\mu\overline{\eta} + i\overline{\chi\sigma}^\mu\partial_\mu\chi = i\eta\sigma^\mu\overline{\partial}_\mu\eta - i\partial_\mu\chi\sigma^\mu\overline{\chi} \\ &\sim i\eta\sigma^\mu\partial_\mu\overline{\eta} + i\chi\sigma^\mu\partial_\mu\overline{\chi}\,. \end{aligned} \tag{11.100}$$

Die Kopplung an das Vektorpotenzial ist ebenfalls invariant, wegen

$$\overline{\psi}\gamma^\mu\psi A_\mu \to -\overline{\psi}\gamma^\mu\psi(-A_\mu)\,. \tag{11.101}$$

Mit dem Operator C geschrieben, ist dann

$$j^\mu \xrightarrow{C} Cj^\mu C = C\left(\overline{\psi}\gamma^\mu\psi\right)C = -\overline{\psi}\gamma^\mu\psi = -j^\mu\,. \tag{11.102}$$

Um das Furry-Theorem zu zeigen, fügen wir in den Erwartungswert eine $1 = CC$ ein:

$$\begin{aligned} &\langle 0|\,T\{(\overline{\psi}(x_1)\gamma^{\mu_1}\psi(x_1))(\overline{\psi}(x_2)\gamma^{\mu_2}\psi(x_2))\ldots(\overline{\psi}(x_{2n+1})\gamma^{\mu_{2n+1}}\psi(x_{2n+1}))\}\,|0\rangle \\ &\quad = \langle 0|\,T\{CC(\overline{\psi}(x_1)\gamma^{\mu_1}\psi(x_1))CC(\overline{\psi}(x_2)\gamma^{\mu_2}\psi(x_2))CC\ldots \\ &\qquad\quad \times CC(\overline{\psi}(x_{2n+1})\gamma^{\mu_{2n+1}}\psi(x_{2n+1}))CC\}\,|0\rangle \end{aligned} \tag{11.103}$$

und erhalten dann mit Gl. (11.102):

$$\begin{aligned} &= (-1)^{2n+1}\,\langle 0|\,T\{C(\overline{\psi}(x_1)\gamma^{\mu_1}\psi(x_1))(\overline{\psi}(x_2)\gamma^{\mu_2}\psi(x_2))\ldots \\ &\quad \times(\overline{\psi}(x_{2n+1})\gamma^{\mu_{2n+1}}\psi(x_{2n+1})C)\}\,|0\rangle\,. \end{aligned} \tag{11.104}$$

Da die QED invariant unter C ist, können wir davon ausgehen, dass das Vakuum der wechselwirkenden Theorie invariant unter Ladungskonjugation ist: $\langle 0|\,C = \langle 0|$ und $C\,|0\rangle = |0\rangle$. Somit verschwindet der Erwartungswert mit einer ungeraden Anzahl von $(2n+1)$ Strömen.

AUFGABE 197

Überzeugt euch am expliziten Beispiel mit 3 äußeren Photonen, dass das Furry-Theorem in diesem Fall gilt!

Wir benötigen hier zwei beitragende Graphen (die äußeren Impulse sind alle *einfließend*):

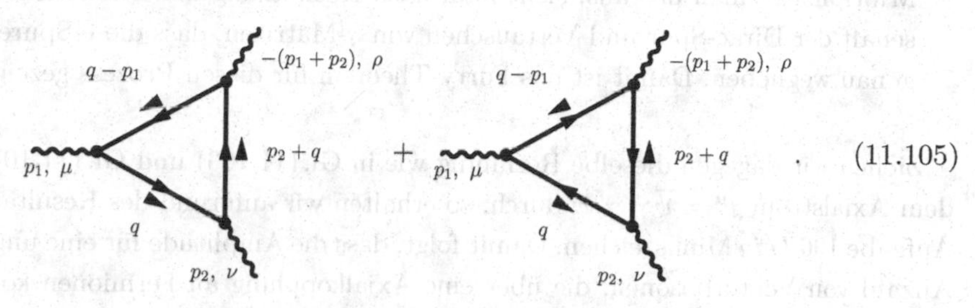

$$+ \qquad . \qquad (11.105)$$

Die Amplitude für den linken Graph ist damit

$$\begin{aligned}
\mathcal{M}_1 &= i(-ie)^3\epsilon^\mu(p_1)\epsilon^\nu(p_2)\epsilon^\rho(-p_1-p_2) \\
&\times \int \frac{d^dq}{(2\pi)^d} Tr\left(\frac{i}{\not{q}-\not{p}_1-m}\gamma^\rho\frac{i}{\not{p}_2+\not{q}-m}\gamma^\nu\frac{i}{\not{q}-m}\gamma^\mu\right) \\
&= (-ie)^3\epsilon^\mu(p_1)\epsilon^\nu(p_2)\epsilon^\rho(-p_1-p_2) \\
&\times \int \frac{d^dq}{(2\pi)^d}\frac{Tr\left((\not{q}-\not{p}_1+m)\gamma^\rho(\not{p}_2+\not{q}+m)\gamma^\nu(\not{q}+m)\gamma^\mu\right)}{((q-p_1)^2-m^2)\cdot((p_2+q)^2-m^2)\cdot(q^2-m^2)}, \quad (11.106)
\end{aligned}$$

wobei wir schon in d Dimensionen gegangen sind. Für das zweite Diagramm gilt

$$\begin{aligned}
\mathcal{M}_2 &= i(-ie)^3\epsilon^\mu(p_1)\epsilon^\nu(p_2)\epsilon^\rho(-p_1-p_2) \\
&\times \int \frac{d^dq}{(2\pi)^d} Tr\left(\frac{i}{-(\not{q}-\not{p}_1)-m})\gamma^\mu\frac{i}{-\not{q}-m}\gamma^\nu\frac{i}{-(\not{p}_2+\not{q})-m}\gamma^\rho\right) \\
&= (-ie)^3\epsilon^\mu(p_1)\epsilon^\nu(p_2)\epsilon^\rho(-p_1-p_2) \\
&\times \int \frac{d^dq}{(2\pi)^d}\frac{Tr\left((-\not{q}+\not{p}_1+m)\gamma^\mu(-\not{q}+m)\gamma^\nu(-\not{p}_2-\not{q}+m)\gamma^\rho\right)}{((q-p_1)^2-m^2)(q^2-m^2)((p_2+q)^2-m^2)} \\
&= -(-ie)^3\epsilon^\mu(p_1)\epsilon^\nu(p_2)\epsilon^\rho(-p_1-p_2) \\
&\times \int \frac{d^dq}{(2\pi)^d}\frac{Tr\left((\not{q}-\not{p}_1-m)\gamma^\mu(\not{q}-m)\gamma^\nu(\not{p}_2+\not{q}-m)\gamma^\rho\right)}{((q-p_1)^2-m^2)(q^2-m^2)((p_2+q)^2-m^2)}. \quad (11.107)
\end{aligned}$$

Beide Ausdrücke $\mathcal{M}_1$ und $\mathcal{M}_2$ haben nun den gleichen Nenner und unterscheiden sich nur in der Spur und einem relativem Vorzeichen. Das bedeutet, wir können die Spuren zusammen auswerten:

$$\begin{aligned}
Tr_1 + Tr_2 = Tr\big[&((\not{q}-\not{p}_1)+m)\gamma^\rho((\not{p}_2+\not{q})+m)\gamma^\nu(\not{q}+m)\gamma^\mu \\
&-((\not{q}-\not{p}_1)-m)\gamma^\mu(\not{q}-m)\gamma^\nu((\not{p}_2+\not{q})-m)\gamma^\rho\big]. \quad (11.108)
\end{aligned}$$

Multipliziert man das aus, sieht man nach Ausnutzung der zyklischen Eigenschaft der Dirac-Spur und Vertauschen von γ-Matrizen, dass diese Spuren sich genau wegheben. Damit ist das Furry-Theorem für diesen Prozess gezeigt.

Ziehen wir dagegen dieselbe Rechnung wie in Gl. (11.103) und Gl. (11.104) mit dem Axialstrom $j^\mu = \overline{\psi}\gamma^\mu\gamma^5\psi$ durch, so erhalten wir aufgrund des Resultats von Aufgabe 196 *kein* Minuszeichen. Damit folgt, dass die Amplitude für eine ungerade Anzahl von Vektorbosonen, die über eine Axialkopplung an Fermionen koppeln, nicht wegfällt. So kommt auch der Beitrag zur sogenannten chiralen, axialen oder Dreiecksanomalie zustande.

11.6.3 Infrarote und kollineare Divergenzen

Die Welt der infraroten und der kollinearen Divergenzen ist facettenreich, und wir wollen an dieser Stelle nur einen kleinen Einblick in die Grundzüge dieses wichtigen Themas liefern. Für die weitere Lektüre empfehlen wir z. B. [34], [10] oder [35]. Die beiden Typen von Divergenzen treten oft zusammen auf, aber wir wollen sie hier exemplarisch getrennt betrachten. Typischerweise gibt es zwei Quellen solcher Divergenzen: sogenannte virtuelle Korrekturen aus Schleifengraphen, aber auch die sogenannte reelle Abstrahlung masseloser Teilchen. Nur wenn beide gemeinsam berücksichtigt werden, erhält man endliche Streuquerschnitte.

Sie erscheinen immer dann, wenn als Näherung masselos angenommene Teilchen wie Elektronen oder Quarks, oder tatsächlich masselose Teilchen wie Photonen oder Gluonen im Anfangs- oder Endzustand vorliegen oder abgestrahlt werden. Man spricht hier von *initial state radiation* (ISR) bzw. *final state radation* (FSR).[1].

Wird ein masseloses Teilchen, z. B. ein Photon, mit dem Impuls k abgestrahlt, und geht seine Energie $E = |\mathbf{k}|$ gegen 0, so spricht man von einer infraroten oder soften reellen Abstrahlung. Dieser Grenzfall ist aber immer ein Teil des Phasenraums, über den man zur Berechnung des totalen Querschnitts oder der Zerfallsrate integriert. Findet diese Abstrahlung von einem Teilchen im Anfangs- oder im

[1] Dafür gibt es keine deutschen Namen; Anfangs- oder Endzustandsstrahlung sagt niemand.

Endzustand mit dem Impuls $q^2 = m^2$ statt, dann geht im Grenzwert $E \to 0$ der angrenzende Propagator des abstrahlenden Teilchens auf die Massenschale über:

$$\frac{1}{(q-k)^2 - m^2} \xrightarrow{k \to 0} \frac{1}{q^2 - m^2} = \frac{1}{0}, \tag{11.109}$$

was eine Divergenz der Amplitude zur Folge hat. Diese Divergenz muss wieder regularisiert werden, was man auf unterschiedliche Weise bewerkstelligen kann. Man kann beispielsweise das Energieintegral $\int dE$ nicht bei $E = 0$, sondern bei $E = E_{min}$ beginnen lassen, wodurch man den Regulator E_{min} in die Rechnung eingeführt hat. Wir werden in unserem folgenden Beispiel eine andere Methode benutzen, nämlich eine Masse λ für das Photon einführen. Da diese unphysikalische Masse eine Mindestenergie des Photons festsetzt, wird die Divergenz über diese Photonmasse λ regularisiert. Diese Art der Regularisierung wendet man i.A. nur bei Abel'schen Eichtheorien an, da die Methode die Eichinvarianz nicht-Abel'scher Eichtheorien zu stark verletzt.

Kollineare Divergenzen treten in Abstrahlungsprozessen auf, wenn masselose Teilchen im Anfangs- oder im Endzustand wiederum masselose Teilchen abstrahlen. In diesem Fall geht der angrenzende Propagator des abstrahlenden Teilchens nicht nur auf die Massenschale, wenn $E \to 0$ ist, sondern bereits, wenn der Impuls k des abgestrahlten Teilchens nur parallel oder antiparallel zu dem Impuls q des abstrahlenden Teilchens mit $q^2 = 0$ ist ($k \propto q$), denn es gilt:

$$\frac{1}{(q-k)^2} \xrightarrow{k \propto q} \frac{1}{0}. \tag{11.110}$$

Diese Art der Divergenz in Anfangszuständen spielt bei der Kollision von Hadronen eine wichtige Rolle, in denen die leichten Quarks oft als masselos angenommen werden (Stichwort: DGLAP-Gleichungen).

Beide Divergenzen können auch gemeinsam auftreten, z. B. kann ein abgestrahltes Photon gleichzeitig parallel bzw. antiparallel zum abstrahlenden Teilchen sein, und seine Energie kann gegen 0 gehen.

Wie wird man aber diese Divergenz wieder los? Wir können den Regulator schließlich kaum stehen lassen. Im Gegensatz zu den UV-Divergenzen können wir diese Divergenzen nicht durch renormieren in lokale Counter-Terme der Lagrange-Dichte stecken. Hier gibt es allerdings zwei Theoreme, die uns weiterhelfen. Im Wesentlichen sagen beide aus, dass sich in Querschnitten und Zerfallsraten in jeder Ordnung der Störungstheorie sowohl die infraroten als auch die kollinearen Divergenzen wegheben, wenn man die entsprechenden divergenten Diagramme aufaddiert.

Das erste ist das schwächere Theorem von beiden. Es sagt etwas über das Wegheben der IR-Divergenzen im Fall von Streuprozessen mit massiven Teilchen aus:

Aufgemerkt! Bloch-Nordsieck-Theorem

Summiert man in der QED mit massiven Elektronen in einer Ordnung alle virtuellen Korrekturen zu Streuquerschnitten und alle infraroten Beiträge aus der reellen Abstrahlung auf, so heben sich die IR-Divergenzen zwischen den virtuellen und reellen Korrekturen weg. Der Streuquerschnitt ist somit infrarot-endlich und man kann den Regulator fallen lassen. Will man für einen $(2 \to 2)$-Querschnitt die nächste Ordnung berechnen, bedeutet das beispielsweise

$$\sigma_{virt.}(2 \to 2) + \sigma_{reell}(2 \to 3) = \text{endlich}\,. \tag{11.111}$$

Dieses Ergebnis mag verwundern: wieso sollte man Streuquerschnitte unterschiedlicher Endzustände addieren müssen, wenn man gar nicht an Drei-Körper-Zuständen interessiert ist? Tatsächlich ist aber die Fragestellung, was der Streuquerschnitt mit genau 0 Photonen im Endzustand sei, in der QED aufgrund der soft-kollinearen Divergenzen nicht definiert! Dazu gleich mehr.

Führen wir die Elektronmasse gegen 0, so handeln wir uns noch die kollineare Divergenz ein. Aber auch diese führt letztlich zu einem endlichen Streuquerschnitt, wenn man alle entsprechenden Beiträge mitnimmt. Eine Verallgemeinerung des Bloch-Nordsieck-Theorems ist daher das Kinoshita-Lee-Nauenberg-Theorem:

Aufgemerkt! Kinoshita-Lee-Nauenberg-Theorem

Alle IR- und kollinearen Divergenzen heben sich weg (sowohl in der QED als auch der QCD mit masselosen Fermionen), wenn man über alle entarteten Anfangs- und Endzustände in einer Ordnung der Störungstheorie und die virtuellen Korrekturen in dieser Ordnung summiert. Will man die nächste Ordnung zu einem $2 \to 2$-Prozess berechnen, muss man beispielsweise im Allgemeinen über folgende Querschnitte summieren, welche einzeln divergent sein können:

$$\sigma_{virt.}(2 \to 2) + \sigma_{reell}(2 \to 3) + \sigma_{reell}(3 \to 2) = \text{endlich}\,. \tag{11.112}$$

Man kann auch eine physikalische Anschauung zu diesen Divergenzen entwickeln. Der Punkt ist, dass es in der Natur keine wirklich *freien* geladenen Teilchen (z. B. Elektronen) gibt. Detektiert man ein Elektron, so macht man das immer mit einer gewissen Energieauflösung E_{max}. Innerhalb dieser Energieauflösung kann man nicht sagen, ob es noch mit einem oder mehreren Photonen daherkommt, welche die Energieauflösung von E_{max} nicht überschreiten. Man kann also zu dem Elektronzustand noch ein oder mehrere dazu „entartete" Photonen beliebig niedriger Energie hinzufügen. Im Fall einer kollinearen Divergenz wird das Photon in dieselbe Richtung, in der sich das abstrahlende Teilchen bewegt, emittiert, sodass ein Detektor mit einer endlichen Ortsauflösung auch diese beiden Zustände nicht unterscheiden kann. Die physikalischen Observablen, wie Zerfallsbreiten oder Streuquerschnitte, müssen allerdings frei von diesen Divergenzen (*infrared-safe*) sein, weswegen sich die Divergenzen gegenseitig wegheben müssen.

Streuung von Hadronen und die DGLAP-Gleichungen

Lässt man Protonen mit Energien jenseits einiger GeV kollidieren, laufen die eigentlichen Kollisionen nicht mit dem Proton als Ganzes ab, sondern mit den enthaltenen Quarks und Gluonen (Stichworte: Deep Inelastic Scattering, Bjorken Scaling). Diese Bestandteile werden als *Partonen* bezeichnet.
Will man einen solchen Streuprozess in der QCD berechnen, muss man die Wahrscheinlichkeitsdichte kennen, in einem Proton mit Impuls $p_{prot.}$ ein Quark oder Gluon mit dem Impulsbruchteil

$$p_{parton} = x \cdot p_{prot.}, \qquad x < 1 \tag{11.113}$$

zu finden. Diese Wahrscheinlichkeitsverteilungen werden durch die sogenannten Parton-Verteilungsfunktionen oder *parton distribution functions, pdf*, angegeben. Mit diesen *pdfs* muss man den aus den Feynman-Diagrammen berechneten „harten" partonischen Streuquerschnitt falten und über alle möglichen einlaufenden Partonen summieren. So erhält man den *hadronischen* Streuquerschnitt für den gewünschten Prozess, wie er sich beispielsweise am LHC abspielen kann (Stichwort: Faktorisierungstheorem der QCD).
Was hat all das mit dem Thema dieses Abschnitts zu tun? Diese *pdfs* selbst sind bisher nicht theoretisch bestimmbar, sondern müssen aus Daten bei einer bestimmten Energie gewonnen werden. Will man sie nun für Prozesse bei wesentlich anderen (typischerweise höheren) Energien einsetzen, muss man sie – ähnlich dem Renormierungsgruppen-Laufen von Kopplungskonstanten – zu der gewünschten Energie skalieren. Während die UV-Divergenzen der Theorie eine Abhängigkeit der Kopplungskonstanten von der Renormierungsskala bewirken, führen die in diesem Abschnitt erwähnten kollinearen Divergenzen zu dem nichttrivialen Skalierungsverhalten der *pdfs*. Das KLN-Theorem stellt sicher, dass sich kollineare Divergenzen in Querschnitten wegheben, wenn man einlaufende kollinear entartete Zustände mitnimmt. In der Praxis absorbiert man diese Divergenzen in die *pdfs*, wodurch sich das erwähnte Verhalten ergibt.
Die entsprechenden Differenzialgleichungen heißen DGLAP-Gleichungen. Sie wurden unabhängig voneinander von Dokshitzer, Gribow, Lipatow sowie Altarelli und Parisi entwickelt.

Eine schöne Diskussion der Unterschiede zwischen Bloch-Nordsieck-, Kinoshita-Poggio-Quinn- und Kinoshita-Lee-Nauenberg-Theorem findet sich in [34].

IR-Divergenz beim Zerfall eines schweren Skalars Wir wollen jetzt das Wegheben der IR-Divergenzen gemäß dem Bloch-Nordsieck-Theorem anhand eines einfachen Beispiels qualitativ diskutieren. Um ein möglichst einfaches Szenario zu erhalten, fügen wir zur QED einen reellen massiven Skalar hinzu, den wir in zwei Fermionen zerfallen lassen können. Dabei werden in der nächstführenden Ordnung dann auch Photonen ausgetauscht und abgestrahlt.

Die Lagrange-Dichte unseres Modells ist

$$\mathcal{L} = -\frac{1}{4}F^{\mu\nu}F_{\mu\nu} + i\overline{\psi}\not{D}\psi - m\overline{\psi}\psi - Y\phi\overline{\psi}\psi + \frac{1}{2}\partial^\mu\phi\partial_\mu\phi - \frac{1}{2}M^2\phi^2 - \lambda\phi^4 , \tag{11.114}$$

wobei die Kopplungsstärke des Skalars an die Fermionen Y ist[2], und M die Masse des neuen schweren Skalars, beispielsweise $M = 750$ GeV. Die Feynman-Regel für die QED-Kopplung der Fermionen an die Photonen sei $(ie\gamma^\mu)$, und die für den schweren Skalar S an die Fermionen f ist $(-iY)$. Das Photon koppelt nicht direkt an den Skalar, da er ungeladen ist. Der Prozess, für den wir die Strahlungskorrekturen betrachten wollen, ist einfach

$$S \to f\overline{f}. \tag{11.115}$$

Die Zerfallsrate ist auf Tree-Level von der Ordnung $\mathcal{O}(Y^2)$. Uns interessieren nun nur die führenden elektromagnetischen Korrekturen dazu, also die Zerfallsrate zur Ordnung e^2Y^2 der Störungstheorie. Wir wollen $Y \ll e$ annehmen, um $\mathcal{O}(Y^4)$-Korrekturen vernachlässigen zu können. Wie das Bloch-Nordsieck-Theorem besagt, müssen wir, um die in den Schleifenkorrekturen auftretenden IR-Divergenzen wegzuheben, auch die infrarote Abstrahlung des Photons berücksichtigen:

$$S \to f\overline{f}\gamma. \tag{11.116}$$

AUFGABE 198

Zeichnet alle *amputierten* Diagramme für $S \to f\overline{f}$ und $S \to f\overline{f}\gamma$, die zu *quadrierten* Streuamplituden der Ordnung e^2Y^2 beitragen. „Quadriert" sie dann graphisch. Welche Beiträge zu den $\sqrt{R}$-Faktoren der äußeren Teilchen sind in dieser Ordnung wo relevant?

---

[2] Der Term $\lambda\phi^4$ steht nur der Vollständigkeit halber hier; wir brauchen ihn für die folgende Argumentation nicht.

Achtung: Diagramme mit unterschiedlichen äußeren Teilchen werden nicht kohärent, sondern erst nach dem Quadrieren und Integrieren summiert.

Der Prozess bis zur Ordnung $\mathcal{O}(e^2Y^2)$ setzt sich aus einem Teil der folgenden „quadrierten" Diagramme zusammen:

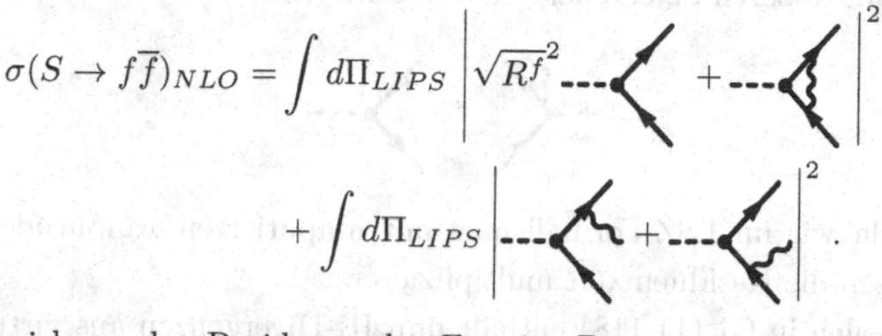

$$\sigma(S \to f\overline{f})_{NLO} = \int d\Pi_{LIPS} \left| \sqrt{R^f}^2 \text{[Diagramm]} + \text{[Diagramm]} \right|^2 + \int d\Pi_{LIPS} \left| \text{[Diagramm]} + \text{[Diagramm]} \right|^2 . \quad (11.117)$$

Wir bezeichnen das Residuum des Fermion-Propagators mit R^f. Beim Ausmultiplizieren von Gl. (11.117) dürfen wir allerdings wirklich nur Produkte von Diagrammen und Residuen bis zur Ordnung e^2Y^2 mitnehmen, da das Ergebnis sonst im Allgemeinen nicht endlich wird. So brauchen wir zum Beispiel die Korrektur des Residuums $\sqrt{R^f}$ nur am Tree-Level-Graphen anzubringen, da die anderen Graphenkombinationen für sich genommen schon von der Ordnung e^2Y^2 sind.

Damit müssen wir also folgende Diagramme multiplizieren, wobei umgekehrte Diagramme für komplex konjugierte Amplituden stehen:

$$\sigma(S \to f\overline{f})_{NLO} = \int d\Pi_{LIPS} \left((R^f)^2 \left(\text{[Diagramm]} \times \text{[Diagramm]} \right) + \left(\text{[Diagramm]} \times \text{[Diagramm]} + \text{h.c.} \right) \right) + \int d\Pi_{LIPS} \left(\text{[Diagramm]} \times \text{[Diagramm]} \right) + \left(\text{[Diagramm]} \times \text{[Diagramm]} \right) + \left(\text{[Diagramm]} \times \text{[Diagramm]} + \text{[Diagramm]} \times \text{[Diagramm]} \right) + \mathcal{O}(e^4, Y^4) . \quad (11.118)$$

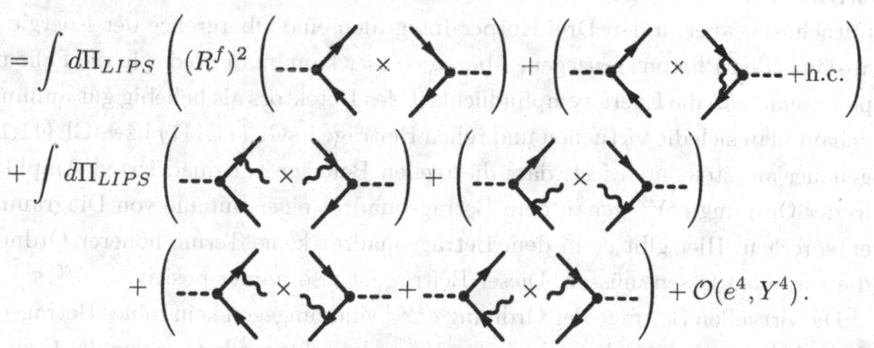

Da wir uns für die Ordnung e^2Y^2 interessieren und der quadrierte Tree-Level schon Ordnung Y^2 hat, brauchen wir insbesondere $(R^f)^2$ nur zur Ordnung e^2 und können $R^\phi = 1 + \mathcal{O}(Y^2)$ gänzlich vernachlässigen. Der relevante Selbstenergie-Graph für das Residuum R^f ist daher wieder nur

[Diagramm]

da eine Schleife mit Skalar einen Faktor Y^2 im Residuum mit sich bringen würde.

In der Darstellung in Gl. (11.118) sieht man auch recht nett, wie die Zerfallsbreite in dieser Ordnung mit den durchschnittenen 2-Schleifen-Selbstenergie-Diagrammen des schweren Skalars zusammenhängt, wie die Cutkosky-Schnittregeln bzw. das optische Theorem es erfordern. Die Schnitte der Selbstenergie-Diagramme mit äußeren Selbstenergien wie etwa

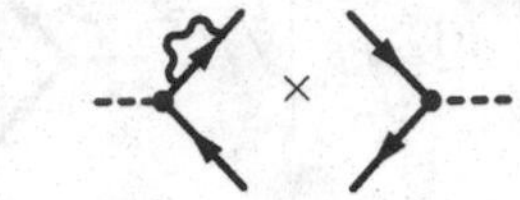

(11.119)

fehlen hier, da wir im LSZ-Formalismus mit amputierten Amplituden arbeiten und stattdessen die Residuen $\sqrt{R}$ multiplizieren.

Jede der Zeilen in Gl. (11.118) enthält nun IR-Divergenzen aus virtuellen oder reellen Beiträgen. Regularisiert man diese Divergenzen beispielsweise mit einer Photonmasse, kann man beobachten, wie sie sich zwischen den verschiedenen Beiträgen wegheben. Nur die Kombination dieser Beiträge liefert eine physikalisch aussagekräftige Strahlungskorrektur zu unserem Zerfall, in der wir den IR-Regulator fallen lassen können. Nur dann wird das Ergebnis unabhängig von diesem unphysikalischen Parameter. Die Fragestellung, was denn die Partialbreite des Zerfalls in zwei Fermionen und exakt 0 Photonen sei, ist daher nicht sinnvoll.

Eine sinnvollere Frage ist, welcher Anteil der Zerfälle *ohne* Photonen oberhalb einer Schwelle $E > E_{max}$ geschieht, wobei E_{max} beispielsweise die Detektorsensitivität ist. Dazu würde man alle rellen und virtuellen Beiträge in Gl. (11.118) mitnehmen, aber in den Drei-Körper-Integralen eine Obergrenze der Energie des auslaufenden Photons festlegen. Aber auch hier kann man wieder in die Falle tappen, wenn man die Energieempfindlichkeit des Detektors als beliebig gut annimmt! Schaut man sich die virtuellen und rellen Beiträge in Gl. (11.117) bzw. Gl. (11.118) genauer an, stellt man fest, dass die reellen Beiträge zur quadrierten Amplitude in der Ordnung e^2Y^2 genau dem Betragsquadrat einer Summe von Diagrammen entsprechen. Hier gibt es in dem Betragsquadrat keine Terme höherer Ordnung, die wir fallen lassen müssen. Dieser Beitrag ist also immer positiv.

Die virtuellen Beiträge der Ordnung e^2Y^2 sind hingegen kein reines Betragsquadrat, da beispielsweise die quadrierten Vertexkorrekturen bereits von der Ordnung e^4Y^2 sind. Daher tauchen sie in Gl. (11.118) auch nicht auf. Die IR-Divergenzen der virtuellen e^2Y^2-Korrekturen können daher ein negatives Vorzeichen haben, mit dem sie die positive IR-Divergenz der reellen Abstrahlung kompensieren. Schneidet man nun immer mehr von den reellen Beiträgen weg, indem man dem abgestrahlten Photon Energien oberhalb einer immer kleineren Schranke E_{max} verbietet, wird die Zerfallsbreite bis zur Ordnung e^2Y^2 in Gl. (11.118) zwingend irgendwann negativ! Das ist offensichtlich ein physikalisch unsinniges Ergebnis, das den Zusammenbruch der Störungstheorie signalisiert. Was die physikalische Intuition hinter diesem Problem ist und wie man es löst, wird beispielsweise in [3] recht anschaulich diskutiert. Um es nicht zu spannend zu machen: Man kann die Störungstheorie retten, indem man sich nicht auf Beiträge mit einer festen endlichen Anzahl von Photonen mit $E < E_{max}$ beschränkt, sondern die Abstrahlung beliebig vieler softer Photonen resummiert (Stichwort: Yennie-Frautschi-Suura). Aus der resultierenden Reihe erhält man dann ein Exponential, das immer positiv bleibt.

Zusammenfassung zur Regularisierung und Renormierung der QED

- Renormierte Lagrange-Dichte der QED mit der Vorzeichenkonvention $D_\mu = \partial_\mu + ieA_\mu$:

$$\begin{aligned}\mathcal{L}_{QED} = &-\frac{1}{4}Z_A F^{\mu\nu}F_{\mu\nu} - Z_A Z_\xi^{-1}\frac{1}{2\xi}(\partial_\mu A^\mu)^2 + iZ_\psi \overline{\psi}\partial\!\!\!/\psi \\ &- \mu^{2-d/2}Z_\psi Z_A^{1/2} Z_e e\overline{\psi}A\!\!\!/\psi - Z_m Z_\psi m\overline{\psi}\psi \end{aligned} \tag{11.3}$$

- Explizite Renormierungskonstanten in der QED:

$$\begin{aligned} \delta Z_e^{\overline{\text{MS}}} &= \frac{e^2}{24\pi^2}\left(\frac{2}{\varepsilon} - \gamma_E + \log(4\pi)\right), & \delta Z_\psi^{\overline{\text{MS}}} &= -\frac{e^2}{16\pi^2}\left(\frac{2}{\varepsilon} - \gamma_E + \log(4\pi)\right) \\ \delta Z_A^{\overline{\text{MS}}} &= -\frac{e^2}{12\pi^2}\left(\frac{2}{\varepsilon} - \gamma_E + \log(4\pi)\right), & \delta Z_m^{\overline{\text{MS}}} &= -\frac{3e^2}{16\pi^2}\left(\frac{2}{\varepsilon} - \gamma_E + \log(4\pi)\right) \end{aligned} \tag{11.54}$$

- Der Eichfixierungsterm wird nicht renormiert:

$$\delta Z_A^{\overline{\text{MS}}} = \delta Z_\xi^{\overline{\text{MS}}} \tag{11.43}$$

- Resummierter Propagator für das Fermion:

$$S_F^{(1)}(p) = \frac{i}{(1-\Sigma_p)p\!\!\!/ - (1+\Sigma_m)m} \tag{11.69}$$

- Resummierter Propagator für das Photon ($\xi = 1$, Selbstenergie Π ohne Counterterm):

$$D^{\mu\nu(1)} = \frac{-i}{(Z_A + \Pi)p^2}\left[g^{\mu\gamma} + \frac{p^\mu p^\gamma}{p^2}(Z_A - 1 + \Pi)\right] \tag{11.84}$$

- β-Funktion der QED zur Ordnung $\mathcal{O}(e^3)$:

$$\beta(e) = \frac{e^3}{12\pi^2} \tag{11.61}$$

- Lösung der Renormierungsgruppen-Gleichung der QED:

$$e^2(\mu) = e^2(\mu_0)\frac{1}{1 - \frac{e^2(\mu_0)}{6\pi^2}\log\frac{\mu}{\mu_0}} \tag{11.62}$$

- Furry-Theorem – QED-Amplituden von Photonen mit einer ungeraden Anzahl äußerer Photonen verschwinden.
- Bloch-Nordsieck-Theorem – Streuquerschnitte mit massiven Elektronen sind IR-endlich, wenn man neben den virtuellen Schleifenkorrekturen auch die reelle Abstrahlung von Photonen der selben Ordnung mitnimmt. Die führenden Strahlungskorrekturen zur $2 \to 2$-Streuung haben zum Beispiel die Form

$$\sigma_{virt.}(2 \to 2) + \sigma_{reell}(2 \to 3) = \text{endlich} \tag{11.111}$$

- Kinoshita-Lee-Nauenberg-Theorem – Eine Verallgemeinerung des Bloch-Nordsieck-Theorems: IR- und kollineare Divergenzen heben sich weg, wenn man neben den virtuellen Schleifenkorrekturen die reellen Beiträge sowohl einlaufender als auch auslaufender weicher bzw. kollinearer Teilchen mitnimmt. Die führenden Strahlungskorrekturen zur $2 \to 2$-Streuung haben zum Beispiel die Form

$$\sigma_{virt.}(2 \to 2) + \sigma_{reell}(2 \to 3) + \sigma_{reell}(3 \to 2) = \text{endlich} \tag{11.112}$$

12 Das Standardmodell der Teilchenphysik

Übersicht

Das Standardmodell der Teilchenphysik beschreibt alle uns bis jetzt bekannten Elementarteilchen und ihre Wechselwirkungen. Es ist eine durch den Higgs-Mechanismus spontan gebrochene Eichtheorie mit der Eichgruppe

$$SU(3)_C \times SU(2)_L \times U(1)_Y . \tag{12.1}$$

Der sogenannte elektroschwache Sektor, der durch die $SU(2)_L \times U(1)_Y$ beschrieben wird, ist gerade der Teil, der von der spontanen Symmetriebrechung durch den Higgs-Mechanismus betroffen ist und diese Gruppe zur $U(1)_{EM}$ des Elektromagnetismus herunter bricht. Der elektroschwache Sektor wird als Glashow-Weinberg-Salam-Theorie oder GWS-Theorie bezeichnet und beschreibt die Eichbosonen $W^{\pm}, Z^0, \gamma$ dieser beiden Eichgruppen, den Higgs-Sektor und ihre Wechselwirkung mit den Leptonen und Quarks. Der farbgeladene Sektor $SU(3)_C$, die Quantenchromodynamik, betrifft Quarks und enthält als Eichbosonen die Gluonen. Da die Eichgruppen $SU(3)_c$ und $SU(2)_L$ nicht-Abel'sch sind, handelt es sich hier um nicht-Abel'sche Eichtheorien, genauer gesagt, um Yang-Mills-Theorien.

Da wir in diesem Buch bisher nicht über spontane Symmetriebrechung gesprochen haben, schauen wir uns zum Aufwärmen die spontane Brechung einer ungeeichten globalen Abel'schen Symmetrie an. Hier können wir auch die Konsequenzen des Goldstone-Theorems beobachten. Im Anschluss wenden wir den Mechanismus der spontanen Symmmetriebrechung auf eine geeichte Abel'sche Symmetrie an. Hier können wir beobachten, wie das Eichboson durch den Higgs-Mechanismus einen Massenterm bekommt.

Bevor wir dann endlich zur Einführung in das Standardmodell als Ganzes kommen, betrachten wir noch die Struktur seiner nicht-Abel'schen Eichinvarianz vor der Brechung.

12.1 Zum Aufwärmen: Spontane Symmetriebrechung

12.1.1 Spontane Brechung globaler Symmetrien

Wir wollen uns zuerst mit der spontanen Brechung einer globalen Symmetrie beschäftigen und uns deren Konsequenzen überlegen.

> Aufgemerkt! **Symmetriebrechung**
>
> Unter *expliziter* Symmetriebrechung versteht man, dass die Wirkung (und damit in der Regel auch der Grundzustand) nicht mehr unter der Symmetrie invariant sind. Eine Symmetrie ist *spontan gebrochen*, wenn die Wirkung weiterhin invariant unter der Symmetrietransformation ist, der Grundzustand allerdings nicht mehr. Um zu unterstreichen, dass die Wirkung der spontan gebrochenen Theorie invariant bleibt, bezeichnen manche die spontan gebrochenen Symmetrien lediglich als *versteckt*.

Um ein Szenario mit spontaner Symmetriebrechung zu erhalten, betrachten wir eine komplexes Skalarfeld, das unter einer globalen $U(1)$-Symmetrie wie $\phi \to e^{i\alpha}\phi$ transformiert, und die $U(1)$-invariante Lagrange-Dichte

$$\mathcal{L}_{glob} = (\partial_\mu \phi)^\dagger \partial^\mu \phi - \underbrace{(\mu^2 \phi^\dagger \phi + \lambda(\phi^\dagger \phi)^2)}_{:=\mathcal{V}} \tag{12.2}$$

erhält.

Ungebrochene Phase Für Werte $\mu^2 > 0$ hat das Potenzial ein Minimum bei der Grundzustands-Feldkonfiguration $\phi = \phi_{Grund} = 0$:

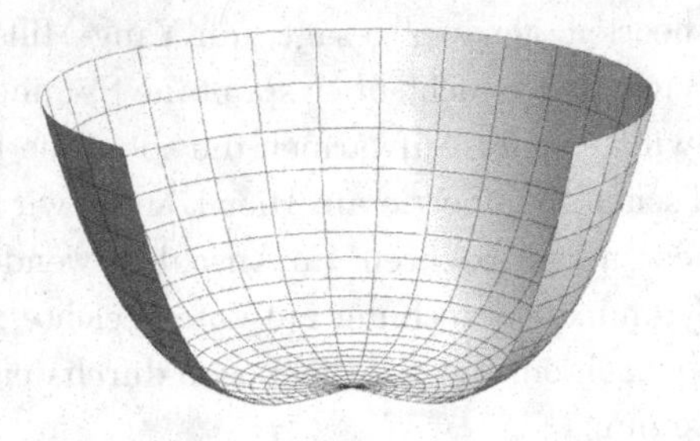

(12.3)

Dieser Grundzustand ist, wie man leicht sehen kann, invariant unter der Symmetrietransformation:

$$\phi_{Grund} = 0 \to e^{i\alpha}\phi_{Grund} = 0\,. \tag{12.4}$$

Gebrochene Phase Wenn allerdings $\mu^2 < 0$ ist, hat das Potenzial $\mathcal{V}$ ein Maximum bei $\phi = 0$:

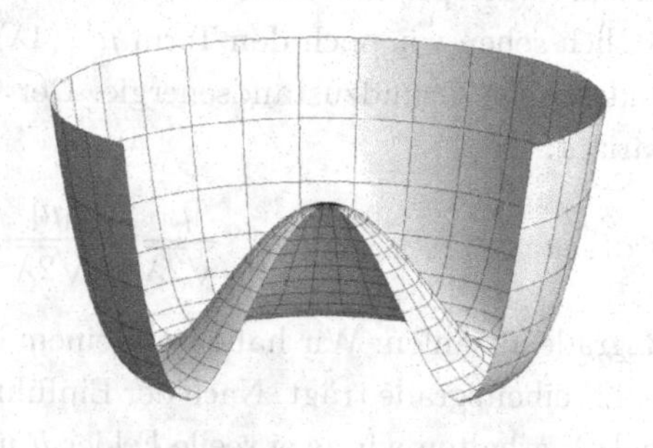

(12.5)

Dieses Potenzial wird oft Mexican-Hat-Potenzial genannt. Wir können aus dem Potenzial $\mathcal{V}(\phi)$ durch Ableiten den Grundzustand herausfinden. Wir substituieren dazu $u = \phi^\dagger\phi$ und leiten ab:

$$\frac{\partial\mathcal{V}}{\partial u} = \frac{\partial(\mu^2 u + \lambda u^2)}{\partial u} = \mu^2 + 2\lambda u = 0\,. \tag{12.6}$$

Wir finden damit das Minimum bei

$$u = -\frac{\mu^2}{2\lambda} = \phi^\dagger\phi\,. \tag{12.7}$$

Das Minimum ist offenbar nicht eindeutig, sondern hat die Form einer Rinne, da die komplexe Phase beliebig ist. Wie schließen wir nun vom Wert der Kombination $\phi^\dagger\phi$ auf den Wert des Feldes ϕ im Minimum? Wir nutzen hier die $U(1)$-Symmetrie aus, um zu *entscheiden*, dass wir den Grundzustand von ϕ reell wählen wollen. Sollte das Minimum woanders zu liegen kommen, können wir dank der Symmetrie nämlich eine einfache Feldredefinition vornehmen, die den Wert des Feldes im Grundzustand reell macht, aber die übrige Lagrange-Dichte nicht verändert. Wir parametrisieren die Abweichungen von diesem Minimum in die reelle und die imaginäre Richtung durch zwei Felder h und G:

$$\phi = \frac{h}{\sqrt{2}} + i\frac{G}{\sqrt{2}} + \frac{|\mu|}{\sqrt{2\lambda}}\,. \tag{12.8}$$

Eingesetzt in die Lagrange-Dichte Gl. (12.2) ergibt das

$$\begin{aligned}\mathcal{L}_{glob} = &\frac{1}{2}\partial_\mu h\partial^\mu h + \frac{1}{2}\partial_\mu G\partial^\mu G + \mu^2 h^2\\ &-\frac{\lambda}{2}G^2h^2 - \frac{\lambda}{4}G^4 - \frac{\lambda}{4}h^4 - h^3\sqrt{\lambda}|\mu| - \sqrt{\lambda}|\mu|G^2 h\\ &+\frac{\mu^4}{4\lambda}\,.\end{aligned} \tag{12.9}$$

Daran, dass der lineare Term $\mathcal{L} = const \cdot h$ verschwindet und der in h quadratische Term des Potenzials einen positiven Koeffizienten $-\mu^2$ hat, sehen wir, dass wir korrekt um einen Grundzustand im Potenzialminimum entwickelt haben.

Von Goldstone- und Higgs-Bosonen Abgesehen von den vielen Wechselwirkungstermen der zwei Felder G und h sehen wir insbesondere, dass nur ein Massenterm für das Skalarfeld h (das physikalische Higgs-Feld) vorkommt. Das Feld G bleibt masselos. Zusätzlich sehen wir noch den Term $\mu^4/(4\lambda)$ in der letzten Zeile. Dieser bestimmt die klassische Grundzustandsenergie. Der Grundzustand ist in der Tat nicht eichinvariant:

$$\phi_{Grund} \to e^{i\alpha}\phi_{Grund} = e^{i\alpha}\frac{|\mu|}{\sqrt{2\lambda}} \neq \frac{|\mu|}{\sqrt{2\lambda}}\,. \tag{12.10}$$

Lasst uns die Freiheitsgrade abzählen: Wir haben mit einem komplexen Skalarfeld begonnen, welches zwei Freiheitsgrade trägt. Nach der Einführung des sogenannten Mexican-Hat-Potenzials $\mathcal{V}$ erhalten wir zwei reelle Felder h und G, also insgesamt wieder zwei Freiheitsgrade.

Halten wir zwei Beobachtungen fest: Wir können durch ein skalares Potenzial die globale Symmetrie brechen. Nach der Symmetriebrechung tritt ein masseloses Skalarfeld G in Erscheinung, obwohl wir mit einem nicht-verschwindenden Massenterm für ϕ begonnen hatten. Diese Art von Skalaren nennt man Goldstone-Bosonen; sie treten immer auf, wenn eine kontinuierliche, globale Symmetrie spontan gebrochen wird. Anschaulich tritt die masselose Mode auf, da die Potenzialrinne in tangentialer Richtung in quadratischer Ordnung flach ist.

Aufgemerkt! Goldstone-Theorem

Wird eine kontinuierliche, globale Symmetrie spontan gebrochen, so erhält man ein masseloses pseudo-skalares Teilchen, genannt Goldstone-Boson.

Führt man eine kleine explizite Brechung der Symmetrie ein, so erhalten diese Pseudo-Goldstone-Bosonen eine kleine Masse.

Die Pseudo-Goldstone-Bosonen der QCD

Man beobachtet (massive) Goldstone-Bosonen in der Natur: Die Pionen $\pi^{\pm 0}$ kann man als die Pseudo-Goldstone-Bosonen mit einer chiralen Symmetrie $SU(2)_l \times SU(2)_r$ auffassen, der die rechts- und die linkshändigen Komponenten der up- und der down-Quarks (u_L, d_L), (u_R, d_R) im masselosen Limes gehorchen. Der Grundzustand der QCD bricht diese Symmetrie spontan zu einer $SU(2)$, was in drei Goldstone-Bosonen (den Pionen) resultiert. Da zusätzlich die Masse der Quarks diese Symmetrie explizit bricht, erhalten die

Pionen eine Masse. Nimmt man weitere Quarks und die $U(1)$-Anteile dieser Symmetrien hinzu, wird das Bild noch etwas spannender.

Quantenkorrekturen Unsere Diskussion des Grundzustands des Higgs-Feldes war hier rein klassisch, und auch das Standardmodell werden wir aus Platzgründen nur anhand der klassischen Lagrange-Dichte besprechen. Der klassische „Grundzustand" entspricht in der quantisierten Theorie einem Vakuumerwartungswert $\phi_{Grund} \to \phi_{cl} = \langle 0|\phi|0\rangle$. Es ist aber nicht unmittelbar klar, was es bedeutet, wie oben das klassische Potenzial zu minimieren, denn in der Quantentheorie ist im Allgemeinen $(\phi^\dagger_{cl}\phi_{cl})^2 \neq \langle 0|(\phi^\dagger\phi)^2|0\rangle$ und daher $\mathcal{V}(\phi_{cl}) \neq \langle 0|\mathcal{V}|0\rangle$. Der Erwartungswert des Potenzials wird folglich im Allgemeinen nicht dort minimiert, wo der Erwartungswert der Koordinate oder des Felds das klassische Potenzial minimiert. Man kann die Situation mit der Quantenmechanik vergleichen, wo im Allgemeinen $\langle\psi|\hat{x}^n|\psi\rangle \neq \langle\psi|\hat{x}|\psi\rangle^n$ ist. In welcher Näherung ist es überhaupt gerechtfertigt, das klassische Potenzial zu minimieren, wie wir es in diesem Kapitel getan haben?

Etwas klarer wird die Situation, wenn wir die effektive Wirkung in Gl. (5.105) als Funktional der zahlenwertigen klassischen Felder $\phi_{cl} = \langle 0|\phi|0\rangle$ betrachten. Wegen

$$\frac{\delta\Gamma[\phi_{cl}]}{\delta\phi_{cl}} = -J \tag{12.11}$$

ist die Bedingung für den konstanten Wert des klassischen Feldes im Vakuum $\langle 0|\phi|0\rangle$ gerade durch

$$\frac{\delta\Gamma[\phi_{cl}]}{\delta\phi_{cl}} = 0 \tag{12.12}$$

gegeben, also in Abwesenheit von Quellen. Wir dürfen davon ausgehen, dass die raumzeitlich konstante Lösung $\phi_{cl} = const.$ die Energie minimiert und das Argument der Skalarfelder verwerfen. Man kann somit aus der Störungstheorie heraus den Vakuumerwartungswert des klassischen Felds in der Quantentheorie berechnen, indem man die durch $\Gamma[\phi]$ erzeugten 1PI-Graphen auswertet. Die resultierenden Amplituden liefern gerade die Koeffizienten Γ_n in der Darstellung Gl. (5.106). Der Anteil von Γ, der die Tree-Level-Graphen erzeugt bzw. von Tree-Level-Graphen beigetragen wird, ist aber gerade identisch mit S. Berechnet man den Vakuumerwartungswert also naiv durch Ableiten des klassischen Potenzials, dann macht man einfach die Tree-Level-Näherung. Damit ist auch klar, wie man im Prinzip Korrekturen zu dieser Näherung berechnet würde – man nimmt 1PI-Schleifengraphen mit, die zu $\Gamma[\phi]$ beitragen. Eine besonders wichtige Anwendung dieser Technik, in der Beiträge zu Γ mit beliebig vielen äußeren Feldern summiert werden, ist das *Coleman-Weinberg-Potenzial.* Die Originalveröffentlichung [36] von S. Coleman und E. Weinberg ist lesenswert.

Das klassische Tree-Level-Potenzial kann mithilfe der Renormierungsgruppe stark verbessert werden, indem man die laufende Kopplungskonstante $\lambda(\mu)$ einsetzt und die Renormierungs-Skala in der Nähe des Feldwertes wählt,

$$\mathcal{V}^{(4)} \sim \lambda(|\phi_{cl}|) \cdot |\phi_{cl}|^4 \,. \tag{12.13}$$

So bleiben die Schleifenkorrekturen möglichst klein, da Logarithmen der Form $\log(\phi_{cl}/\mu)$ verschwinden. Selbst wenn man Schleifenkorrekturen mitnimmt, zeigen die Autoren in [36], dass man die Renormierungsskala grob dem Feldwert anpassen muss, da sonst die Störungsnäherung zusammenbricht und unphysikalische Ergebnisse resultieren.

Es wird kritisch: Bewirkt das Higgs-Feld den Weltuntergang?

Extrapoliert man das Renormierungsgruppen-Laufen der Selbstkopplung λ des Higgs-Felds zu sehr hohen Energien $\mu > 10^8 \ldots 10^{14}$ GeV, wird sie nach aktueller Datenlage (01/2016) typischerweise negativ. Der genaue Verlauf hängt dabei sehr stark von der Masse des Top-Quarks ab, das einen führenden Beitrag zur Divergenz der Vierpunkt-Wechselwirkung liefert[37]:

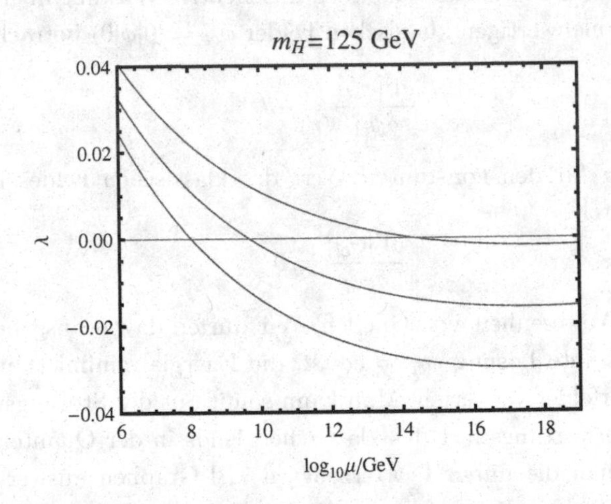

Hier ist von oben nach unten der Verlauf für $m_t = 170.7, 172.9, 175$ GeV gezeigt. Wird tatsächlich $\lambda(|\phi_{cl}|) \leq 0$, so legt dies nahe, dass aufgrund des Potenzials $\mathcal{V} \sim \lambda(|\phi_{cl}|)|\phi_{cl}|^4$ unser Vakuum instabil ist. Man spricht davon, dass sich das Universum scheinbar in der Nähe oder an einem kritischen Punkt im Parameterraum befindet. So könnten sich spontan Blasen eines neuen Vakuums bei $\phi_{cl} > 10^8$ GeV bilden, mit Lichtgeschwindigkeit ausdehnen und alles in ihrem Weg zerstören. Dieses Ergebnis fand dank seiner plakativen Konsequenzen sogar seinen Weg in die Massenmedien und hielt für reißerische Titelblätter her. Es gibt allerdings mehrere Gründe, warum wir nicht unbedingt Angst vor apokalyptischen Vakuumblasen haben sollten. Einerseits funktioniert das Argument nur, wenn über viele Größenordnungen der Energie weder neue positive Beiträge zur β-Funktion hinzukommen noch das Potenzial anderweitig durch „neue Physik" modifiziert wird[38]. Neue Entdeckungen an Beschleunigern wie dem LHC können die Situation daher völlig verändern. Wenn man das Higgs-Potenzial dennoch ohne Veränderungen extrapoliert, findet man eine Lebensdauer des Vakuums, die das Alter des Universums um ein Vielfaches übertrifft. Einige Theoretiker sind zudem skeptisch, ob eine solche störungstheoretische Analyse des Potenzials im instabilen Regime überhaupt noch zulässig ist, und bezweifeln, dass eine Instabilität auftritt[39].

Man kann die Verteilung des (raumzeitlich konstanten) Higgs-Felds im Feldraum ähnlich wie ein quantenmechanisches Teilchen anhand einer Wellenfunktion $\Psi(\phi)$ beschreiben. Aus der Möglichkeit einer solchen Feldunschärfe ergibt sich eine weitere recht anschauliche Frage: Könnte nicht der Grundzustand $|0\rangle$, der das Mexican-Hat-Potenzial minimiert, einem drehsymmetrisch über die Minimums-Rinne verteilten Feldwert entsprechen? Ein solcher Zustand scheint die Symmetrie nicht zu brechen, hätte aber $\langle 0|\phi^\dagger\phi|0\rangle > 0$! Eine Diskussion dieser subtilen Fragestellung findet sich in [16, 40].

12.1.2 Eine $U(1)$, ein Higgs und ein massives Photon

Nun wollen wir das obige Beispiel verallgemeinern, indem wir die $U(1)$-Symmetrie eichen. Dies erreichen wir, indem wir das Feld ϕ mit entsprechenden kovarianten Ableitungen ausstatten. Das Vektorfeld erhält einen kinetischen Term, und in weiser Voraussicht schreiben wir bereits einen geeigneten Eichfixierungsterm hinzu. Die Lagrange-Dichte lautet damit

$$\mathcal{L}_{toy} = (D_\mu\phi)^\dagger (D^\mu\phi) - \underbrace{\left(\mu^2\phi^\dagger\phi + \lambda(\phi^\dagger\phi)^2\right)}_{:=\mathcal{V}(\phi)} - \frac{1}{2\xi}\left(\partial_\mu A^\mu + \xi e v G\right)^2 - \frac{1}{4}F_{\mu\nu}F^{\mu\nu}. \tag{12.14}$$

$\mathcal{V}$ ist wieder das Potenzial des Skalars, und wie oben enthält es die Selbstkopplung λ und den Massenparameter μ^2. Der vorletzte Term ist der Eichfixierungsterm mit Eichparameter ξ. Genau wie zuvor ist die Symmetrie je nach Vorzeichen von μ^2 spontan gebrochen oder nicht. Wir wählen wieder $\mu^2 < 0$ und rotieren die Grundzustandskonfiguration reell:

$$\phi(x) = \frac{h(x)}{\sqrt{2}} + i\frac{G}{\sqrt{2}} + \underbrace{\frac{|\mu|}{\sqrt{2\lambda}}}_{:=v/\sqrt{2}} \tag{12.15}$$

Wir können jetzt diese Feldentwicklung wieder in die ursprüngliche Lagrange-Dichte Gl. (12.14) einsetzen.

AUFGABE 199

Arbeitet die Lagrange-Dichte für die Felder h, G und den Vektor aus, indem ihr die Parametrisierung in Gl. (12.15) für ϕ einsetzt. Achtet auf Terme, die eventuell gemeinsam totale Ableitungen darstellen und zu Oberflächentermen werden. Welche Massen erhalten die verschiedenen Felder?

Einsetzen und ausrechnen :)

Der Eichfixierungsterm wird nach partieller Integration zu

$$-\frac{1}{2\xi}(\partial_\mu A^\mu + \xi evG)^2 = -\frac{1}{2\xi}(\partial_\mu A^\mu \partial_\nu A^\nu) - \frac{\xi}{2}e^2v^2G^2 + evA^\mu\partial_\mu G \tag{12.16}$$

Der kinetische Term wird zu

$$\begin{aligned}(D_\mu\phi)^\dagger(D^\mu\phi) &= \frac{1}{2}\left[(\partial_\mu + ieA_\mu)(h - iG + v)\right]\left[(\partial_\mu - ieA_\mu)(h + iG + v)\right] \\ &= \frac{1}{2}\left(\partial_\mu h\partial^\mu h + \partial_\mu G\partial^\mu G + e^2(v+h)^2 A_\mu A^\mu + e^2G^2A_\mu A^\mu\right. \\ &\quad \left. + 2e\partial_\mu hA^\mu G - 2ehA^\mu\partial_\mu G - 2evA^\mu\partial_\mu G\right) ,\end{aligned} \tag{12.17}$$

Der letzte Term in Gl. (12.17) hebt sich mit dem letzten Term in Gl. (12.16) weg! Wir hatten den Eichfixierungsterm so konstruiert, damit er genau das leistet und so die Felder G und A_μ entkoppelt. Das Potenzial für G und h lautet

$$-\mathcal{V} = -\left(\frac{\lambda}{4}G^4 + \frac{\lambda}{2}G^2h^2 + \frac{\lambda}{4}h^4 - \mu^2h^2 - \frac{\mu^4}{4\lambda} + G^2h\sqrt{\lambda}|\mu| + h^3\sqrt{\lambda}|\mu|\right) . \tag{12.18}$$

Die gesamte Lagrange-Dichte können wir als schreiben als

$$\mathcal{L}_{toy} = \mathcal{L}_h + \mathcal{L}_G + \mathcal{L}_A + \mathcal{L}_{int} , \tag{12.19}$$

wobei wir hier die Lagrange-Dichte nach den wichtigsten Untergruppierungen aufgeteilt haben, um sie dann durchzusprechen:

$$\mathcal{L}_h = \frac{1}{2}\partial_\mu h\partial^\mu h + \mu^2h^2 - h^3\sqrt{\lambda}|\mu| - \frac{\lambda}{4}h^4 + \frac{\mu^4}{4\lambda} . \tag{12.20}$$

Der erste Term hier ist der kinetische Term des physikalischen Skalarfeldes, der zweite ein Massenterm. Die Masse des Higgs-Skalars h ist $\sqrt{2}|\mu|$. Der dritte und der vierte Term entsprechen einer Higgs-Selbstwechselwirkung. Wir sehen, dass die Higgs-Selbstwechselwirkung, seine Masse und der Vakuumerwartungswert durch μ und λ festgelegt sind. Der letzte Term ist wieder die Grundzustandsenergie (mit umgekehrtem Vorzeichen). Dies ist gerade der Wert, den das Mexican-Hat-Potenzial am Minium hat. Die Lagrange-Dichte des Vektorfeldes A^μ ist

$$\mathcal{L}_A = -\frac{1}{4}F_{\mu\nu}F^{\mu\nu} - \frac{1}{2\xi}(\partial_\mu A^\mu \partial_\nu A^\nu) + \frac{1}{2}e^2v^2A_\mu A^\mu\,. \tag{12.21}$$

Wir sehen hier, dass das vormals masselose Eichboson A^μ einen Massenterm bekommen hat. Seine Masse ist $m_A = ev$. Für die Wechselwirkungsterme erhalten wir

$$\mathcal{L}_{int} = \frac{1}{2}e^2(h^2 + 2hv)A_\mu A^\mu + \frac{1}{2}e^2G^2A_\mu A^\mu - e(h\overleftrightarrow{\partial_\mu}G)A^\mu - \sqrt{\lambda}|\mu|G^2h\,. \tag{12.22}$$

Die Terme, die lediglich das Feld G enthalten, sind:

$$\mathcal{L}_G = \frac{1}{2}\partial_\mu G\partial^\mu G - \frac{\xi}{2}e^2v^2G^2 - \frac{\lambda}{4}G^4\,. \tag{12.23}$$

Der zweite Term ist wieder ein Massenterm, und wir sehen hier, dass die Masse abhängig vom unphysikalischen Eichparameter ξ ist. Dies bedeutet, dass das Feld G keinem physikalischen Teilchen zugeordnet ist. Hätten wir die Symmetrie nicht geeicht, wäre es das Goldstone-Boson gewesen. Diese Felder werden daher oft als *Would-be*-Goldstone-Boson bezeichnet.

Bilanz: Ein Higgs- und ein massives Vektorboson Wir halten also fest: Wir haben mit einer lokalen Symmetrie angefangen, die spontan durch ein skalares Potenzial gebrochen wurde. Daraus resultiert, dass das zugehörige Eichboson A^μ eine Masse bekommen hat, und die zwei Komponenten des skalaren Feldes ϕ zu einem physikalischen Higgs-Feld h und einem unphysikalischen Would-be-Goldstone-Feld G wurden. Während ϕ oft als Higgs-Feld bezeichnet wird, korrespondiert h nach der Quantisierung mit dem eigentlichen physikalischen Higgs-Boson.[1] Das massive Vektorboson A^μ hat nun drei Freiheitsgrade, da mit der Masse eine longitudinale Polarisation hinzugekommen ist. Wieder gingen keine *physikalischen* Freiheitsgrade bei der spontanen Brechung verloren.

Was tun mit dem unphysikalischen Boson? Hier gibt es mehrere Möglichkeiten, und wir wollen alle nur kurz skizzieren. Man kann die erweiterte Eichfixierung sein lassen und G wegeichen. Dasselbe Ergebnis kann man aber auch hier erreichen: Da die Masse des Goldstone-Bosons abhängig vom Eichparameter ist, können wir nach der Berechnung der Feynman-Regeln in die sogenannte unitäre Eichung gehen: $\xi \to \infty$. Damit hat das Goldstone-Boson $m \to \infty$ und entkoppelt. Alternativ kann man die ξ-Abhängigkeit auch behalten und das Goldstone-Boson in Berechnungen mitnehmen. Es taucht allerdings nie als physikalisches *äußeres* Teilchen

[1] In der populärwissenschaftlichen Literatur wird oft der Vakuumerwartungswert v als „das“ Higgs-Feld bezeichnet.

auf. Der Grund hierfür lässt sich anhand der entsprechenden verallgemeinerten Ward-Identitäten und der LSZ-Formel sehen. Man kann die Streuung äußerer Would-be-Goldstone-Bosonen allerdings als Hilfsmittel betrachten, um im Grenzwert $E \gg m$ die Streuung longitudinaler massiver Vektorbosonen zu berechnen. Dies ist die Aussage der Goldstone-Boson-Äquivalenz.

12.2 Die elektroschwache Eichinvarianz

Wir wollen uns jetzt mit den konkreten Darstellungen und Symmetrietransformationen der Eichgruppe

$$SU(2)_L \times U(1)_Y \tag{12.24}$$

beschäftigen und sie in schmerzhaftem Detail ausarbeiten. Das gehört wieder zu den Dingen, die man einmal gemacht haben sollte. Im folgenden Abschnitt zur elektroschwachen Symmetriebrechung werdet ihr einen Eindruck bekommen, wie diese Ergebnisse dann im einfachsten Fall zur Anwendung kommen.

Die nicht-Abel'schen Eichtheorien, die im Standardmodell Verwendung finden, nennt man Yang-Mills-Theorien, und neben der $SU(3)_c$ stellt die $SU(2)_L$ eine davon. Die Gruppe der Hyperladung $U(1)_Y$ tritt wie in unseren Spielzeugmodellen, und analog zur QED, in Form einer Abel'schen Eichtheorie auf. Im Gegensatz zur QED ist die $U(1)_Y$ allerdings chiral, das heißt, links- und rechtshändige Fermionen transformieren unterschiedlich.[2]

Wir erinnern uns: Die Projektoren auf die links- bzw. rechtshändigen Anteile eines Dirac-Spinors lauten

$$P_L = \frac{1}{2}(1 - \gamma^5), \qquad P_R = \frac{1}{2}(1 + \gamma^5). \tag{12.25}$$

Beweist folgende Eigenschaften der chiralen Projektoren:

$$P_L P_L = P_L \qquad P_R P_R = P_R \tag{12.26}$$

$$P_L P_R = P_R P_L = 0 \qquad (P_L + P_R) = 1 \tag{12.27}$$

[2] Wir hatten im Abschnitt zur van-der-Waerden-Darstellung betont, dass die Unterscheidung in links- und rechtshändige Felder etwas künstlich ist, da man sie ineinander umschreiben kann. Korrekter müsste man hier Folgendes sagen: Wir können *alle* Fermionen der Theorie z. B. als (ggf. mehrere) linkshändige Weyl-Spinoren η_α,χ_α schreiben. Symmetrien sind chiral, falls nicht für jeden solchen Spinor mit Ladung Q ein Partner mit Ladung $-Q$ existiert. In der QED mit Dirac-Spinor $\psi = (\eta, \overline{\chi})^T$ sind zum Beispiel η und χ genau entgegengesetzt geladen, und die Symmetrie ist nicht chiral. Diese Eigenschaft erlaubt es uns in der QED, einen invarianten Dirac-Massenterm $\propto \eta\chi$ aufzuschreiben.

$$P_L\gamma^\mu = \gamma^\mu P_R \qquad\qquad P_R\gamma^\mu = \gamma^\mu P_L \tag{12.28}$$

Tipp dazu: Es ist $(\gamma^5)^2 = 1$ und $\gamma^5\gamma^\mu = -\gamma^\mu\gamma^5$.

Das eigenartige Transformationsverhalten der Spinoren zur Paarungszeit In diesem Abschnitt werden wir immer stellvertretend für alle anderen Felder ein unter den Eichgruppen geladenes Fermion betrachten, um das Prinzip zu erklären. Da die $SU(2)_L$ des Standardmodells nur auf die linkshändigen Teile der Spinoren wirkt, soll unser erstes Beispiel-Fermion nur in der linkshändigen Komponente besetzt sein, $\psi_L = P_L\psi_L, P_R\psi_L = 0$, und sich unter der $SU(2)\times U(1)$-Symmetrie wie folgt transformieren:

$$\psi_L \rightarrow e^{i\alpha^i\frac{1}{2}\sigma^i}e^{i\beta\frac{1}{2}Y_L}\psi_L \tag{12.29}$$

wobei σ^i die üblichen Pauli-Matrizen sind. Da die Generatoren der $SU(2)$ nun (2×2)-Matrizen sind, muss ψ_L also implizit aus zwei getrennten Feldern

$$\psi_L = \begin{pmatrix} \psi_L^u \\ \psi_L^d \end{pmatrix} \tag{12.30}$$

bestehen, die von den $SU(2)$-Rotationen ineinander transformiert werden. Eine analoge Situation hatten wir in unserer Einführung zum Noether-Theorem betrachtet, siehe Gl. (2.170). Hier haben wir die beiden Komponenten schon mal „up" und „down" genannt. Im Fall der Fermionen kann beim ersten Hinsehen etwas Verwirrung entstehen: Wir reden hier nicht davon, dass die links- und die rechtshändigen Komponenten ineinander transformiert werden sollen, oder gar die beiden Komponenten der Weyl-Spinoren η_α oder $\overline{\chi}^{\dot\alpha}$.

Will man partout die links- und die rechtshändigen Fermionen in einem gemeinsamen Dirac-Spinor stehen lassen,

$$\psi = \begin{pmatrix} \psi^u = \psi_L^u + \psi_R^u \\ \psi^d = \psi_L^d + \psi_R^d \end{pmatrix}, \tag{12.31}$$

sie aber *unterschiedlich* transformieren, kann man auch den Projektor in die Transformation einbauen und schreiben:

$$\psi \rightarrow e^{i\alpha^i\frac{1}{2}\sigma^i\,P_L}e^{i(P_LY_L+P_RY_R)\frac{1}{2}\beta}\psi\,. \tag{12.32}$$

Hier gibt es jetzt getrennte Hyperladungen Y_L, Y_R für die beiden Chiralitäten, und nur die linkshändige Komponente wird überhaupt von der $SU(2)$ angefasst.

AUFGABE 200

Teilt den Spinor ψ in links- und rechtshändig besetzte Dirac-Spinoren auf. Verifiziert noch einmal, welche Transformationen diese beiden Komponenten „sehen“, wenn Gl. (12.32) ausgeführt wird. Wie transformieren also $P_L\psi$ und $P_R\psi$?

Man schreibt hier oft $\psi = P_L\psi + P_R\psi$. Da ψ in Wirklichkeit zwei Dublett-Komponenten hat, ist dies so gemeint, dass $P_{L,R}$ wie üblich auf beide wirken soll. Betrachtet am besten die Wirkung der Projektoren auf die Transformationsmatrix, beispielsweise:

$$P_R\left(e^{i\alpha^i\frac{1}{2}\sigma^i\,P_L}e^{i(P_LY_L+P_RY_R)\frac{1}{2}\beta}\right)P_R\,. \tag{12.33}$$

Die Exponentialreihe ist jetzt eine Matrix im doppelten Sinn: Einerseits haben wir die (2×2)-Matrix der $SU(2)$-Eichsymmetrie. Andererseits haben wir die beiden Chiralitätskomponenten, die von P_L unterschieden werden. Davon lassen wir uns nicht abschrecken und schreiben einfach

$$e^{i\alpha^i\frac{1}{2}\sigma^i\,P_L} = \sum_{n=0}^{\infty}\frac{1}{n!}\left(i\alpha^i\frac{1}{2}\sigma^i\,P_L\right)^n\,. \tag{12.34}$$

Klemmen wir diesen Ausdruck jetzt mit zwei P_R ein, dann passiert Folgendes: Der $(n=0)$-Term ist gleich 1 in jederlei Hinsicht, das heißt bezüglich der $SU(2)$-Transformation wie auch bezüglich der Chiralitäten. Alle folgenden Terme mit $n>0$ sind $\propto P_L^n = P_L$. Damit ist

$$P_R\left(e^{i\alpha^i\frac{1}{2}\sigma^i\,P_L}\right)P_R = P_R(1+\mathcal{O}(P_L))P_R = P_R\,, \tag{12.35}$$

wegen $P_RP_L = 0$. Ganz genau so können wir für den Rest argumentieren und erhalten

$$\begin{aligned} P_R\left(e^{i\alpha^i\frac{1}{2}\sigma^i\,P_L}e^{i(P_LY_L+P_RY_R)\frac{1}{2}\beta}\right)P_R &= P_Re^{iP_RY_R\frac{1}{2}\beta}P_R = e^{iY_R\frac{1}{2}\beta}P_R\,,\\ P_L\left(e^{i\alpha^i\frac{1}{2}\sigma^i\,P_L}e^{i(P_LY_L+P_RY_R)\frac{1}{2}\beta}\right)P_L &= e^{i\alpha^i\frac{1}{2}\sigma^i}e^{iY_L\frac{1}{2}\beta}P_L\,. \end{aligned} \tag{12.36}$$

Auf welcher Seite hier am Ende P_L und P_R stehen, ist egal, da die Exponentiale den Chiralitätsraum nicht mehr anfassen. Damit finden wir aber einfach folgendes Ergebnis:

$$\begin{aligned} P_R\psi &\to e^{iY_R\frac{1}{2}\beta}P_R\psi\,,\\ P_L\psi &\to e^{i\alpha^i\frac{1}{2}\sigma^i}e^{iY_L\frac{1}{2}\beta}P_L\psi\,. \end{aligned} \tag{12.37}$$

Wir hoffen, dass diese Aufgabe den simultanen Umgang mit den verschiedenen Räumen ($SU(2)$, Chiralität, Spinoren, ...) halbwegs verständlich gemacht hat. Später werden wir aber noch das Transformationsverhalten von $\overline{\psi}$ herleiten und dabei alle Indizes explizit ausschreiben. Damit sollten dann alle Klarheiten beseitigt sein.

Kovariante Ableitungen und das Transformationsverhalten der Vektoren Wir wollen die vier Parameter α^i und β jetzt wieder raumzeitabhängig machen. Wir brauchen daher für jeden der Parameter wieder ein Eichfeld A_μ, das in der kovarianten Ableitung die Terme der Form $\partial_\mu \alpha^i, \partial_\mu \beta$ weghebt und so die Invarianz sicherstellt. Wir haben also ein Feld für die $U(1)_Y$ und drei Felder für die $SU(2)_L$, die man meistens mit B^μ und $W^{\mu,i}$ bezeichnet. Hier ist $i = 1 \ldots 3$ der $SU(2)$-Index der adjungierten Darstellung: W^i ist ein $SU(2)$-Triplett.

Aufgrund der Gruppenstruktur der $SU(2)$ ergeben sich hier allerdings zusätzliche kleine Komplikationen. So müssen die Feldstärken wie

$$W^{\mu\nu,i} = \partial^\mu W^{\nu,i} - \partial^\nu W^{\mu,i} + g\epsilon^{ijk} W^{\mu,j} W^{\nu,k}, \tag{12.38}$$

$$B^{\mu\nu} = \partial^\mu B^\nu - \partial^\nu B^\mu \tag{12.39}$$

definiert werden. Neu ist hier der nichtlineare Term aus zwei Vektorfeldern. Der Tensor ϵ^{ijk} taucht hier auf, da er ein invarianter Tensor der $SU(2)$ mit Triplett-Indizes ist. Er macht hier aus zwei Tripletts mit Indizes j,k ein Triplett mit Index i.

Die Yang-Mills-Lagrange-Dichten für diese Eichgruppen bzw. für ein Fermion sind:

$$\mathcal{L}_{YM} = -\frac{1}{4} W^i_{\mu\nu} W^{\mu\nu,i} - \frac{1}{4} B_{\mu\nu} B^{\mu\nu} + i\overline{\psi} \not{D} \psi, \tag{12.40}$$

$$D_\mu = \partial_\mu - ig\frac{\sigma^i}{2} W^i_\mu P_L - ig' \frac{P_L Y_L + P_R Y_R}{2} B_\mu . \tag{12.41}$$

$B^{\mu\nu}$ ist das Eichfeld, das zur Abel'schen $U(1)_Y$ gehört. Hier haben wir für die kovariante Ableitung wieder die Schreibweise verwendet, in der die unterschiedlich transformierenden chiralen Komponenten in einem Spinor vereint sind. Die $SU(2) \times U(1)$-Eichtransformationen für die Felder sind

$$\frac{\sigma^i}{2} W^{\mu,i} \to e^{i\alpha^i \sigma^i/2} \left(\frac{\sigma^i}{2} W^{\mu,i} + \frac{i}{g} \partial^\mu \right) e^{-i\alpha^i \sigma^i/2}, \tag{12.42}$$

$$\frac{1}{2} B^\mu \to e^{i\beta/2} \left(\frac{1}{2} B^\mu + \frac{i}{g'} \partial^\mu \right) e^{-i\beta/2}, \tag{12.43}$$

$$\psi \to e^{i\alpha^i \frac{1}{2}\sigma^i P_L} e^{i(P_L Y_L + P_R Y_R)\frac{1}{2}\beta} \psi . \tag{12.44}$$

Die Abel'sche Transformation von B_μ lässt sich zu der aus der QED gewohnten Form vereinfachen, da $e^{i\beta/2}$ und B_μ vertauschen:

$$B^\mu \to 2e^{i\beta/2} \left(\frac{1}{2} B^\mu + \frac{i}{g'} \partial^\mu \right) e^{-i\beta/2} = B^\mu + \frac{1}{g'} \partial^\mu \beta , \tag{12.45}$$

Somit hat die infinitesimale Transformation die gleiche Form. Um die infinitesimalen Transformationen der anderen beiden Felder zu erhalten, müssen wir diese linear in α bzw. β entwickeln.

AUFGABE 201

■ Berechnet aus Gl. (12.42) und Gl. (12.44) die infinitesimalen Eichtransformationen für die Felder $W^{\mu,i}$, B^μ, ψ.

● Einfach nur um α bzw. β entwickeln. Beachtet, dass die Generatoren σ^i nicht vertauschen.

► Wir entwickeln alle Transformationen nur bis zur Ordnung α bzw. β. Die nicht-Abel'sche Transformation ergibt

$$\begin{aligned} & e^{i\alpha^i\sigma^i/2}\left(\frac{\sigma^j}{2}W^{\mu,j}+\frac{i}{g}\partial^\mu\right)e^{-i\alpha^k\sigma^k/2} \\ &= \left(1+\frac{i\alpha^i\sigma^i}{2}+\mathcal{O}(\alpha^2)\right)\left(\frac{\sigma^j}{2}W^{\mu,j}+\frac{i}{g}\partial^\mu\right)\left(1-\frac{i\alpha^k\sigma^k}{2}+\mathcal{O}(\alpha^2)\right) \\ &= \frac{1}{2}\sigma^i W^{\mu,i}+\frac{i}{4}\left(\sigma^i\sigma^j-\sigma^j\sigma^i\right)\alpha^i W^{\mu,j}+\frac{1}{2g}\sigma^k\partial^\mu\alpha^k+\mathcal{O}(\alpha^2) \\ &= \frac{1}{2}\sigma^i W^{\mu,i}-\frac{1}{2}\epsilon^{ijk}\sigma^k\alpha^i W^{\mu,j}+\frac{1}{2g}\sigma^i\partial^\mu\alpha^i+\mathcal{O}(\alpha^2)\,, \end{aligned} \tag{12.46}$$

und für das Fermion ergibt sich in linearer Ordnung einfach

$$e^{i\alpha^i\frac{1}{2}\sigma^i P_L}e^{i(P_LY_L+P_RY_R)\frac{1}{2}\beta}\psi \sim \left(1+i\alpha^i\frac{1}{2}\sigma^i P_L+i(P_LY_L+P_RY_R)\frac{1}{2}\beta\right)\psi\,. \tag{12.47}$$

AUFGABE 202

■ Wie transformiert sich $\overline{\psi}$?

► Wir wollen diesen Fall in Indexschreibweise anwenden, da wir hier sowohl Dirac- als auch Eichindizes haben. Wir bezeichnen die Eichindizes mit Großbuchstaben, die Dirac-Indizes mit Kleinbuchstaben:

$$[\overline{\psi}]_{Bq} = [\psi^\dagger\gamma^0]_{Bq} = [\psi^\dagger]_{pB}[\gamma^0]_{pq}\,. \tag{12.48}$$

Wir können jetzt $\psi^\dagger$ transformieren und ausnutzen, dass σ^i und $P_{L,R}$ hermitesch sind:

$$\begin{aligned}
&\left[\overline{\psi}\right]_{Bq} \longrightarrow \\
&\left[\left(\left(1+i\frac{Y_LP_L\beta+Y_RP_R\beta}{2}+\frac{i}{2}\alpha^i\sigma^iP_L\right)\psi\right)^\dagger\right]_{pB}\left[\gamma^0\right]_{pq} \\
&=\left[\psi^\dagger(1-i\frac{Y_LP_L\beta+Y_RP_R\beta}{2}-\frac{i}{2}\alpha^i\sigma^iP_L)\right]_{pB}\left[\gamma^0\right]_{pq} \\
&=\left[\psi^\dagger\right]_{As}\left(\delta_{sp}\delta_{AB}-i\frac{Y_L(P_L)_{sp}\beta+Y_R(P_R)_{sp}\beta}{2}\delta_{AB}-\frac{i}{2}\alpha^i\sigma^i_{AB}(P_L)_{sp}\right)\left[\gamma^0\right]_{pq} \\
&=\left[\psi^\dagger\right]_{As}\left[\gamma^0\right]_{sp}\left(\delta_{pq}\delta_{AB}-i\frac{Y_L(P_R)_{pq}\beta+Y_R(P_L)_{pq}\beta}{2}\delta_{AB}-\frac{i}{2}\alpha^i\sigma^i_{AB}(P_R)_{pq}\right) \\
&=\left[\psi^\dagger\gamma^0\right]_{pA}\left(1-i\frac{Y_LP_R\beta+Y_RP_L\beta}{2}-\frac{i}{2}\alpha^i\sigma^iP_R\right)_{AB,pq} \\
&=\left[\overline{\psi}\left(1-i\frac{Y_LP_R\beta+Y_RP_L\beta}{2}-\frac{i}{2}\alpha^i\sigma^iP_R\right)\right]_{Bq} .
\end{aligned} \tag{12.49}$$

Wir haben hier ausgenutzt, dass die Pauli-Matrizen hermitesch sind, $\sigma^{i\dagger}=\sigma^i$, und dass γ^0 an dieser Stelle mit den Pauli-Matrizen vertauscht werden können, was man gut daran sieht, dass ihre Indizes einfach nichts miteinander zu tun haben. Man kann auch mit der Matrixschreibweise arbeiten, aber hier wird nicht so gut klar, welche Matrizen mit welchen Vektoren multipliziert werden:

$$\begin{aligned}
\overline{\psi}=\psi^\dagger\gamma^0 &\overset{SU(2)\times U(1)}{\longrightarrow}\left[\left(1+i\frac{Y_LP_L\beta+Y_RP_R\beta}{2}+\frac{i}{2}\alpha^i\sigma^iP_L\right)\psi\right]^\dagger \\
&=\overline{\psi}\left(1-i\frac{Y_LP_R\beta+Y_RP_L\beta}{2}-\frac{i}{2}\alpha^i\sigma^iP_R\right) .
\end{aligned} \tag{12.50}$$

AUFGABE 203

Verifiziert, dass sich mit den obigen Definitionen $D_\mu\psi$ wie ψ transformiert: Beschränkt euch dabei der Einfachheit halber auf $P_L\psi\equiv\psi^L$.

● Nutzt u. a. die Beziehung $[\sigma^i, \sigma^j] = 2i\epsilon^{ijk}\sigma^k$.

▶ Wir müssen auch die Felder in den kovarianten Ableitungen transformieren:

$$\begin{aligned}
D_\mu(P_L\psi) &= (\partial_\mu - ig\frac{\sigma^i}{2}W^i_\mu - i\frac{Y_L}{2}g'B_\mu)\psi^L \\
&\to \left[\partial_\mu - \frac{ig}{2}\sigma^i W^i_\mu + \frac{ig}{2}\sigma^i\alpha^a\epsilon^{abi}W^b_\mu - \frac{i}{2}\sigma^i\partial_\mu\alpha^i - \frac{iY_Lg'}{2}B_\mu - \frac{iY_L}{2}\partial_\mu\beta\right] \\
&\times\left(1 + \frac{iY_L}{2}\beta + \frac{i}{2}\alpha^i\sigma^i\right)\psi^L \\
&= \partial_\mu\psi^L + \frac{iY_L}{2}\beta\partial_\mu\psi^L + \frac{i\alpha^i\sigma^i}{2}\partial_\mu\psi^L - \frac{ig}{2}\sigma^i W^i_\mu\psi^L \\
&- \frac{ig\sigma^i W^i_\mu}{2}\psi^L - \frac{ig\sigma^i W^i_\mu}{2}\frac{iY_L\beta}{2}\psi^L - \underbrace{\frac{ig\sigma^i W^i_\mu}{2}\frac{i\alpha^j\sigma^j}{2}\psi^L}_{:=(1)} + \underbrace{\frac{ig}{2}\sigma^i\alpha^a\epsilon^{abi}W^b_\mu\psi^L}_{(2)} \\
&- \frac{iY_Lg'}{2}B_\mu\psi^L - \frac{iY_Lg'}{2}B_\mu\frac{iY_L}{2}\beta\psi^L - \frac{iY_Lg'}{2}B_\mu\frac{i\alpha^i\sigma^i}{2}\psi^L + \mathcal{O}(\alpha^2, \beta^2, \alpha\beta) .
\end{aligned} \tag{12.51}$$

Die Terme (1) und (2) ergeben

$$-(1) + (2) = \frac{g\sigma^i W^i_\mu}{2}\frac{\alpha^i\sigma^i}{2}\psi + \frac{1}{2}\left[\sigma^a, \sigma^b\right]\frac{g}{2}W^b_\mu\alpha^a\psi = \frac{g}{2\cdot 2}\sigma^a\alpha^a W^b_\mu\sigma^b\psi^L .$$

Damit können wir Gl. (12.51) schreiben als

$$\begin{aligned}
D_\mu\psi^L &\to \left(1 + \frac{iY_L}{2}\beta + \frac{i\alpha^i\sigma^i}{2}\right)\left(\partial_\mu - ig\frac{\sigma^i W^i_\mu}{2} - ig'\frac{Y_L B_\mu}{2}\right)\psi^L \\
&= \left(1 + \frac{iY_L}{2}\beta + \frac{i\alpha^i\sigma^i}{2}\right)D_\mu\psi^L .
\end{aligned} \tag{12.52}$$

Für $P_R\psi$ funktioniert es natürlich genauso. Wir sehen also, dass sich das Objekt $D_\mu\psi$ wie ψ transformiert. Das war ja gerade die Eigenschaft, die wir brauchten, um eichinvariante kinetische Terme aufschreiben zu können.

AUFGABE 204

■ Wie transformiert sich $W^{\mu,i}$?

● Nutzt die Beziehung $Tr[\sigma^a\sigma^b] = 2\delta^{ab}$.

▶ Wir multiplizieren dazu Gl. (12.46) von links mit σ^a und nehmen die Spur (und benennen $a \to k$ um):

$$\begin{aligned}
\frac{1}{2}Tr[\sigma^a\sigma^i]W^{\mu,i} &\to \frac{1}{2}Tr\left[\left(\sigma^a\sigma^i W^{\mu,i} - \sigma^a\epsilon^{ijk}\sigma^k\alpha^i W^{\mu,j} + \frac{1}{g}\sigma^a\sigma^i\partial^\mu\alpha^i\right)\right] , \\
W^{\mu,k} &\to W^{\mu,k} - \epsilon^{ijk}\alpha^i W^{\mu,j} + \frac{1}{g}\partial^\mu\alpha^k .
\end{aligned} \tag{12.53}$$

AUFGABE 205

■ Wie transformiert sich der Feldstärketensor $W^{\mu\nu,i}$?

● Nutzt u. a. die Jacobi-Identität Gl. (1.38)

$$\epsilon^{aje}\epsilon^{bcj} + \epsilon^{bje}\epsilon^{caj} + \epsilon^{cje}\epsilon^{abj} = 0\,. \tag{1.38}$$

▶ Wir setzen Gl. (12.53) in Gl. (12.38), die Definition des Feldstärketensors, ein:

$$\begin{aligned}
W^{\mu\nu,i} &= (\partial^\mu W^{\nu,i} - \partial^\nu W^{\mu,i} + g\epsilon^{ijk} W^{\mu,j} W^{\nu,k}) \\
&\to \partial^\mu (W^{\nu,i} - \epsilon^{abi}\alpha^a W^{\nu,b} + \frac{1}{g}\partial^\nu \alpha^i) - \partial^\nu (W^{\mu,i} - \epsilon^{abi}\alpha^a W^{\mu,b} + \frac{1}{g}\partial^\mu \alpha^i) \\
&+ g\epsilon^{ijk}(W^{\mu,j} - \epsilon^{abj}\alpha^a W^{\mu,b} + \frac{1}{g}\partial^\mu \alpha^j)(W^{\nu,k} - \epsilon^{abk}\alpha^a W^{\nu,b} + \frac{1}{g}\partial^\nu \alpha^k)
\end{aligned}$$

Die Terme mit der Ableitung auf α^a verschwinden (mit der Umbenennung $ijk \to iab$):

$$\epsilon^{abi} W^{\nu,b}\partial^\mu \alpha^a + \epsilon^{abi} W^{\mu,b}\partial^\nu \alpha^a + \epsilon^{abi} W^{\mu,a}\partial^\nu \alpha^b + \epsilon^{abi} W^{\nu,b}\partial^\mu \alpha^a = 0$$

Wir nehmen nur alle Terme zur Ordnung $\mathcal{O}(\alpha^1)$ mit:

$$\begin{aligned}
&= \partial^\mu W^{\nu,i} - \partial^\nu W^{\mu,i} + g\epsilon^{ijk} W^{\mu,j} W^{\nu,k} - \epsilon^{abi}\alpha^a(\partial^\mu W^{\nu,b} - \partial^\nu W^{\mu,b}) \\
&- g \underbrace{\epsilon^{ijk}\epsilon^{abk}}_{=-(\epsilon^{aki}\epsilon^{bjk}+\epsilon^{bki}\epsilon^{jak})} W^{\mu,j}\alpha^a W^{\nu,b} - g\epsilon^{ijk}\epsilon^{abj}\alpha^a W^{\mu,b} W^{\nu,k}
\end{aligned}$$

Die letzte Zeile ist dann zusammengenommen

$$g(\epsilon^{aki}\epsilon^{bjk} - \epsilon^{bki}\epsilon^{jak}) W^{\mu,j}\alpha^a W^{\nu,b} - g\epsilon^{ijk}\epsilon^{abj}\alpha^a W^{\mu,b} W^{\nu,k}\,. \tag{12.54}$$

Um weitere Verwirrung zu stiften, benennen wir hier ein paar Indizes um. Nein, das war ein Scherz! Das Umbenennen hat durchaus einen Sinn. Wir wollen die Ausdrücke ja schließlich zusammennehmen können. Wir fangen damit an, die beiden Indizes der W-Felder anzupassen. Im ersten Ausdruck haben wir damit $k \to j$ und $b \to e$ sowie $j \to d$ ersetzt, und im letzten Ausdruck haben wir $k \to e$ und $b \to d$ ersetzt. Jetzt ist der freie Index i, der zu α gehörige Index ist a; ferner ist j der Index, der den ersten mit dem zweiten ϵ-Tensor verbindet:

$$\begin{aligned}
&= g(\epsilon^{aji}\epsilon^{edj} + \epsilon^{eji}\epsilon^{daj}) W^{\mu,d}\alpha^a W^{\nu,e} - g\epsilon^{ije}\epsilon^{adj}\alpha^a W^{\mu,d} W^{\nu,e}\,, && (12.55) \\
&= \alpha^a \epsilon^{aji}(g\epsilon^{edj} W^{\mu,d} W^{\nu,e})\,. && (12.56)
\end{aligned}$$

Also erhalten wir (wobei wir noch $j \to b$ ersetzen!):

$$\begin{aligned}
W^{\mu\nu,i} &\to W^{\mu\nu,i} - \epsilon^{abi}\alpha^a(\partial^\mu W^{\nu,b} - \partial^\nu W^{\mu,b}) + \alpha^a\epsilon^{abi}(g\epsilon^{edb} W^{\mu,d} W^{\nu,e}) \\
&= W^{\mu\nu,i} - \alpha^a\epsilon^{abi}(\partial^\mu W^{\nu,b} - \partial^\nu W^{\mu,b} + \epsilon^{bde} W^{\mu,d} W^{\nu,e}) \\
&= W^{\mu\nu,i} - \alpha^a \epsilon^{abi} W^{\mu\nu,b}\,. && (12.57)
\end{aligned}$$

Integriert man Gl. (12.57) zu einer endlichen Transformation auf, entspricht es der Wirkung einer linearen Abbildung, nämlich einer orthogonalen Matrix $W^{\mu\nu,i} \to O^{ij}W^{\mu\nu,j}$.

Welcher? Schreibt sie explizit als Exponential auf!

Das Transformationsgesetz der Feldstärke Gl. (12.57) beschreibt also nichts anderes als $SO(3)$-Rotationen des Isospin-Tripletts, wie man sie in ganz anderem Kontext als räumliche Drehungen von Dreiervektoren kennt. Im Gegensatz dazu enthalten die Transformationen des Eichzusammenhangs Gl. (12.53) zwar identische orthogonale Drehungen, zusätzlich aber noch einen inhomogenen Anteil $\frac{1}{g}\partial_\mu\alpha$, der nicht proportional zum Feld ist und daher – das ist charakteristisch für Zusammenhänge – keiner linearen Abbildung entspricht.

Aufgemerkt! Infinitesimale Eichtransformationen

$$B^\mu \xrightarrow{U(1)} B^\mu + \frac{1}{g'}\partial^\mu\beta \tag{12.58}$$

$$B^{\mu\nu} \xrightarrow{U(1)} B^{\mu\nu} \tag{12.59}$$

$$W^{\mu,k} \xrightarrow{SU(2)} W^{\mu,k} - \alpha^i\epsilon^{ijk}W^{\mu,j} + \frac{1}{g}\partial^\mu\alpha^k \tag{12.60}$$

$$W^{\mu\nu,i} \xrightarrow{SU(2)} W^{\mu\nu,i} - \alpha^a\epsilon^{abi}W^{\mu\nu,b} \tag{12.61}$$

$$\psi \xrightarrow{SU(2)\times U(1)} (1 + i\frac{Y_LP_L + Y_RP_R}{2}\beta + i\frac{\alpha^i\sigma^i}{2}P_L)\psi \tag{12.62}$$

$$\overline{\psi} \xrightarrow{SU(2)\times U(1)} \overline{\psi}(1 - i\frac{Y_LP_R + Y_RP_L}{2}\beta - i\frac{\alpha^i\sigma^i}{2}P_R) \tag{12.63}$$

$$D_\mu\psi \xrightarrow{SU(2)\times U(1)} \left(1 + i\frac{Y_LP_L + Y_RP_R}{2}\beta + i\frac{\alpha^i\sigma^i}{2}P_L\right)D_\mu\psi \tag{12.64}$$

Wir wollen hier noch einmal betonen, dass die Feldstärke des Abel'schen Eichbosons invariant unter der $U(1)$ ist, da die Strukturkonstanten im Abel'schen Fall verschwinden.

AUFGABE 206

■ Zeigt, dass die Yang-Mills-Lagrange-Dichte Gl. (12.40) invariant unter den (infinitesimalen) $SU(2) \times U(1)$-Eichtransformationen, Gl. (12.58), Gl. (12.60) bzw. Gl. (12.62), ist. Ist der Massenterm $\overline{\psi}\psi$ invariant?

▶ Der Term $B^{\mu\nu}B_{\mu\nu}$ ist nach Gl. (12.59) invariant. Wir hatten oben beobachtet, dass die $SU(2)$-Feldstärke mit einer Orthogonalen Matrix transformiert.

Der Term $W^{\mu\nu,i}W^i_{\mu\nu}$ stellt bezüglich dieser Transformation einfach ein invariantes Skalarprodukt dar. Wir können aber explizit die infinitesimale Transformation überprüfen und erhalten

$$\begin{aligned} W^{\mu\nu,i}W^i_{\mu\nu} &= \left(W^{\mu\nu,i} - \alpha^a\epsilon^{abi}W^{\mu\nu,b}\right)\left(W^i_{\mu\nu} - \alpha^c\epsilon^{cdi}W^d_{\mu\nu}\right) \\ &= W^{\mu\nu,i}W^i_{\mu\nu} \underbrace{-\alpha^c\epsilon^{cdi}W^{\mu\nu,i}W^d_{\mu\nu} - \alpha^a\epsilon^{abi}W^{\mu\nu,b}W^i_{\mu\nu}}_{(*)} + \mathcal{O}(\alpha^2) \\ &= W^{\mu\nu,i}W^i_{\mu\nu}. \end{aligned} \tag{12.65}$$

wobei $(*)$ manifest wegfällt, wenn man die Reihenfolge der Indizes $c \leftrightarrow d$ im ersten ϵ-Tensor ϵ^{cdi} vertauscht. Der Term $\overline{\psi}\not{D}\psi$ ist ebenfalls invariant, doch hier muss man etwas genauer hinschauen. Dank der Dirac-Matrix γ^μ in $\not{D}$ treffen in diesem Produkt linkshändige auf linkshändige und rechtshändige auf rechtshändige Komponenten. Da $D_\mu\psi$ sich wie ψ transformiert, liegt damit wieder ein invariantes komplexes Skalarprodukt bezüglich der unitären Eichtransformationen der $U(1)$ oder $SU(2)$ vor. Wir können dies wiederum anhand der infinitesimalen Transformationen überprüfen und erhalten mit Gl. (12.64) bzw. Gl. (12.62) und Gl. (12.63):

$$\begin{aligned} \overline{\psi}\not{D}\psi \longrightarrow \overline{\psi} &\left(1 - i\frac{Y_L P_R + Y_R P_L}{2}\beta - i\frac{\alpha^i\sigma^i}{2}P_R\right)\gamma^\mu \\ &\times \left(1 + i\frac{Y_L P_L + Y_R P_R}{2}\beta + i\frac{\alpha^i\sigma^i}{2}P_L\right) D_\mu\psi \\ &= \overline{\psi}\not{D}\psi + \mathcal{O}(\alpha^2, \beta^2, \alpha\beta) \,. \end{aligned} \tag{12.66}$$

Die beiden Transformationen kompensieren sich in der Tat nur, weil die Matrix γ^μ beim Vorbeikommutieren die Projektoren $P_L \leftrightarrow P_R$ vertauscht. Aus diesem Grund ist der Massenterm nicht invariant. Er verbindet linkshändige und rechtshändige Fermionen, denn hier steht keine weitere Dirac-Matrix zwischen $\overline{\psi}$ und ψ. Damit treffen in der infinitesimalen Transformation unterschiedliche Transformationsgesetze aufeinander, und der Massenterm ist daher nicht mit der elektroschwachen Eichinvarianz verträglich.

Nach diesen Vorarbeiten können wir nun endlich zumindest die klassische Lagrange-Dichte des (elektroschwachen) Standardmodells aufschreiben und die spontane elektroschwache Symmetriebrechung verstehen.

12.3 Elektroschwache Symmetriebrechung

12.3.1 Massen für Eichbosonen

Wie wir oben gesehen haben, erhält man aus der elektroschwachen Eichsymmetrie $SU(2) \times U(1)$ des Standardmodells vier Eichbosonen W_μ^i und B_μ. In der Natur beobachtet man ebenfalls vier elektroschwache Eichbosonen: die elektrisch geladenen $W^\pm$, das elektrisch neutrale Z und das elektrisch neutrale Photon γ. Die Eichgruppe wurde natürlich gerade so gewählt, dass das aufgeht. Um aus unserer $SU(2) \times U(1)$-Eichtheorie eine realistische Beschreibung der Natur zu machen, müssen wir den vier Eichbosonen Massen geben, die mit den Beobachtungen übereinstimmen. Es ist $m_Z \approx 91$ GeV, $m_{W^+} = m_{W^-} \approx 80.4$ GeV und $m_\gamma = 0$. Im Fall der $U(1)$-Symmetrie haben wir bereits zwei Methoden kennengelernt, wie man das entsprechende Boson massiv machen kann: durch den Stückelberg-Mechanismus (Abschnitt 8.2.3) oder durch den Higgs-Mechanismus (Abschnitt 12.1.2). Während im Fall der $U(1)$ der Stückelberg-Mechanismus sogar eine renormierbare Theorie liefert, funktioniert dies für nicht-Abel'sche Symmetriegruppen wie die $SU(2)$ nicht mehr. Wollen wir also eine renormierbare Theorie massiver nicht-Abel'scher Eichbosonen konstruieren, dann benötigen wir den Higgs-Mechanismus. Wie wir an unserem Spielzeugmodell gesehen haben, hat der Higgs-Mechanismus einen großen Vorteil: Die Eichinvarianz der klassischen Wirkung wird nicht angetastet, sondern es wird nur die Invarianz des Vakuumzustands aufgehoben. Damit ändert sich nichts an der Divergenzstruktur der Diagramme der Theorie, und die Renormierbarkeit bleibt erhalten.

Überzeugt euch davon, dass Massenterme der Form

$$\mathcal{L} = m^2 W_\mu^i W^{\mu,i},\ m^2 W_\mu^i B^\mu,\ m^2 B_\mu B^\mu$$

nicht eichinvariant sind.

Eine Frage der Darstellung Wir wollen nun also den Higgs-Mechanismus einsetzen, um den Eichbosonen $W^\pm, Z$ ihre Massen zu geben. An dieser Stelle muss man sich entscheiden, unter welcher Darstellung der Gruppe $SU(2) \times U(1)$ das Higgs-Feld transformieren soll. Wählt man die falsche Darstellung, so erhält man im Allgemeinen nicht die korrekte Massenrelation zwischen $W^\pm$, Z und dem Photon. Hinzu kommt, dass das Photon und Z unter Umständen nicht korrekt an die $W^\pm$ gekoppelt sind. Würde man zum Beispiel das B_μ mit dem Photonfeld identifizieren, wären die $W^\pm$ elektrisch neutral, da es keine Tree-Level-Kopplung zwischen W_μ^i und B_μ gibt. Das Photon und das Z müssen also *Mischungen* aus dem B_μ und einer Komponente wie z. B. W_μ^3 des $SU(2)$-Multipletts sein. Letztlich müssen aber auch die Kopplungen des $W^\pm$, des Z und des Photons an die Fermionfelder stimmen, und die Darstellung des Higgs-Feldes geeignet sein, um den Fermionen Massenterme zu verleihen. Dies bewerkstelligt man, indem man das Higgs-Feld sowohl unter der $SU(2)$ als auch unter der $U(1)$ transformieren lässt. Es stellt sich als eine sehr gute Wahl heraus, das Higgs-Feld als ein komplexes Dublett

$$\phi = \begin{pmatrix} \phi_1 \\ \phi_2 \end{pmatrix} \tag{12.67}$$

zu schreiben und es unter der $SU(2) \times U(1)$ wie

$$\phi \to \exp\left(i\frac{Y_H}{2}\beta\right)\exp\left(i\frac{\sigma^i}{2}\alpha^i\right)\phi \tag{12.68}$$

transformieren zu lassen. Hier wirken die Pauli-Matrizen auf die beiden Komponenten, wie wir es oben für die Fermionen bereits besprochen haben. Nun bleibt uns noch, eine Hyperladung Y_H für das Higgs-Feld zu wählen. Darauf wollen wir gleich zurückkommen, nachdem wir die spontane Symmetriebrechung durchgeführt haben.

Das Potenzial für die Brechung Fordert man das Transformationsverhalten Gl. (12.68), so gibt es nur eine begrenzte Anzahl von Termen der Energiedimension ≤ 4, die man für ϕ aufschreiben kann. Tatsächlich ist die allgemeinste renormierbare Lagrange-Dichte

$$\mathcal{L}_H = D_\mu\phi^\dagger D^\mu\phi - \mu^2\phi^\dagger\phi - \frac{\lambda}{2}(\phi^\dagger\phi)^2 . \tag{12.69}$$

Die kovariante Ableitung auf das Higgs-Dublett ϕ ist hier durch die Transformation Gl. (12.68) festgelegt und lautet, genau wie bei den Fermion-Dubletts:

$$D_\mu\phi = \left(\partial_\mu\phi - ig\frac{\sigma^i}{2}W^i_\mu - i\frac{Y_H}{2}g'B_\mu\right)\phi . \tag{12.70}$$

Die Minimierung des Potenzials läuft hier genauso wie beim Abel'schen Beispiel. Wählen wir $\mu^2 < 0$, so liegt das Minimum bei $|\phi| = v/\sqrt{2} > 0$. Die Frage bleibt aber, wo denn nun in dem komplexen Dublett ϕ der Vakuumerwartungswert steht. Im Abel'schen Beispiel haben wir durch Ausnutzung der globalen $U(1)$-Symmetrie die Phase des Vakuumerwartungswerts v wegrotiert und ihn so per Konvention reell gewählt. Genau so können wir hier durch Ausnutzung der globalen $SU(2) \times U(1)$-Symmetrie ohne Beschränkung der Allgemeinheit bestimmen, dass der Vakuumerwartungswert in der unteren Komponente stehen *und* reell sein soll. Wir teilen das Dublett daher folgendermaßen auf:

$$\phi = \begin{pmatrix} \phi^+ \\ \frac{1}{\sqrt{2}}(v + h + i\phi^0) \end{pmatrix} \tag{12.71}$$

und im Vakuum

$$\phi_{Grund} = \langle\phi\rangle = \begin{pmatrix} 0 \\ \frac{v}{\sqrt{2}} \end{pmatrix}. \tag{12.72}$$

Nun wollen wir noch einmal den Wert von v bestimmen. Dazu setzen wir einfach Gl. (12.72) in das Potenzial

$$V_H = \mu^2\phi^\dagger\phi + \frac{\lambda}{2}(\phi^\dagger\phi)^2 \tag{12.73}$$

ein und bestimmen das Minimum für $\mu^2 < 0$.

AUFGABE 207

■ Bestimmt den Wert von v als Funktion von μ^2 und λ.

▶ Einsetzen liefert

$$V_H(v) = \frac{\mu^2}{2}v^2 + \frac{\lambda}{8}v^4 \tag{12.74}$$

und damit

$$V_H'(v) = \mu^2 v + \frac{\lambda}{2}v^3 . \tag{12.75}$$

Das lokale Maximum liegt wieder bei $v = 0$, das Minimum bei

$$v = \pm\sqrt{\frac{-2\mu^2}{\lambda}} = \pm|\mu|\sqrt{\frac{2}{\lambda}}. \tag{12.76}$$

Wir wählen v positiv. Das Ergebnis weicht aufgrund der veränderten Normierung um einen Faktor 2 von unserem Abel'schen Beispiel ab.

Die Higgs-Masse Dieser Mechanismus liefert wieder wie in unserem Abel'schen Beispiel ein massives reelles skalares Feld, das wir mit h identifizieren können. Seine Masse erhalten wir, indem wir $V_H(v+h)$ betrachten und zweimal nach h ableiten:

$$m_H^2 = \frac{\partial^2}{\partial h^2}V_H(v+h)\Big|_{h=0}, \tag{12.77}$$

denn das liefert uns gerade den Vorfaktor von $-\frac{1}{2}h^2$ in der Lagrange-Dichte.

AUFGABE 208

■ Berechnet anhand von Gl. (12.74) und Gl. (12.77) die Higgs-Masse m_H^2 als Funktion von μ^2 und λ, indem $v \to v + h$ gesetzt wird.

▶ Wir erhalten einfach

$$m_H^2 = \frac{\partial^2}{\partial h^2}\left(\frac{\mu^2}{2}(v+h)^2 + \frac{\lambda}{8}(v+h)^4\right)\Big|_{h=0} = -2\mu^2 . \tag{12.78}$$

Oft ist es sinnvoll, die Higgs-Masse durch v und den Parameter λ auszudrücken:

$$m_H^2 = v^2\lambda. \tag{12.79}$$

Es ist bemerkenswert, dass wir mit einer negativen quadratischen Masse für das Higgs-Feld begonnen haben. Das Higgs-Feld gibt also nach der spontanen Symmetriebrechung auch sich selbst durch seine Selbstwechselwirkung λ einen Massenbeitrag, der sein Massenquadrat in den positiven Bereich hebt.

Ein ungeladenes Vakuum, bitte ... Alle Generatoren der Eichgruppe $SU(2) \times U(1)$, die das Feld im Vakuum, Gl. (12.72), nicht invariant lassen, erfahren die spontane Brechung, wie wir sie in unserem Abel'schen Beispiel kennengelernt haben. Genau die mit diesen Generatoren assoziierten Eichbosonen erhalten eine Masse. Soll nur das Photon masselos bleiben, muss der Vakuumerwartungswert unter genau einem Generator invariant bleiben. Die von diesem Generator erzeugte Untergruppe der $SU(2) \times U(1)$ wird dann mit der $U(1)_{EM}$ der QED identifiziert. In unserem Abel'schen Beispiel gab es nur einen Generator, und dieser ließ das Vakuum nicht invariant. Das wird sich jetzt ändern. Wir ziehen also die Eichtransformation Gl. (12.68) heran und lassen sie auf Gl. (12.72) wirken.

AUFGABE 209

■ Betrachtet die Wirkung der infinitesimalen Version der Transformation in Gl. (12.68) auf den Vakuumerwartungswert Gl. (12.72) und schreibt die Pauli-Matrizen explizit aus. Welche Kombination von Generatoren $Y_H/2, \sigma^i/2$ lässt Gl. (12.72) für ein beliebiges $Y_H > 0$ invariant? Diese Kombination bildet den Generator der $U(1)_{EM}$, und seine Eigenwerte sind die elektrischen Ladungen der Felder. Normiert diesen Generator so, dass die obere Komponente des Higgs-Dubletts die Ladung $Q = +1$ hat.

► Wir erhalten

$$\delta \begin{pmatrix} 0 \\ \frac{v}{\sqrt{2}} \end{pmatrix} = \frac{i}{2} \begin{pmatrix} Y_H\beta + \alpha^3 & \alpha^1 - i\alpha^2 \\ \alpha^1 + i\alpha^2 & Y_H\beta - \alpha^3 \end{pmatrix} \begin{pmatrix} 0 \\ \frac{v}{\sqrt{2}} \end{pmatrix} = \frac{i}{2} \begin{pmatrix} (\alpha^1 - i\alpha^2)\frac{v}{\sqrt{2}} \\ (Y_H\beta - \alpha^3)\frac{v}{\sqrt{2}} \end{pmatrix} \stackrel{!}{=} 0 . \tag{12.80}$$

Daraus können wir ablesen: $\alpha^1 = \alpha^2 = 0$ und $Y_H\beta = \alpha^3$. Die gesuchte Transformation ist daher

$$\phi \to \exp\left(i\beta/2(Y_H + Y_H\sigma^3)\right)\phi . \tag{12.81}$$

Es verbleibt also der Generator der elektrischen Ladung für das Higgs-Dublett:

$$Q_H = \frac{Y_H}{2} + \frac{Y_H}{2}\sigma^3 . \tag{12.82}$$

Es handelt sich dabei um eine 2×2-Matrix, die auf das Dublett wirkt. Wir haben hier im ersten Summanden die Einheitsmatrix $I_{2\times 2}$ unterdrückt. Der obere linke Eintrag hat den Wert Y_H, und damit müssen wir

$$Y_H = 1 \tag{12.83}$$

wählen, damit ϕ^+ auf den Eintrag $Q = +1$ trifft.

Später werden wir feststellen, dass die $SU(2)$ nur auf linkshändige Fermionen und das Higgs-Dublett wirkt, und daher für diese Felder den Namen $T_L^3 = \sigma^3/2$ verwenden, aber ansonsten $T_L^3 = 0$ setzen. Die Hyperladung eines beliebigen Feldes nennen wir Y. Damit lautet in unserer Normierung die allgemeine Formel für die elektrische Ladung im Standardmodell:

$$Q = T_L^3 + \frac{Y}{2} \,. \tag{12.84}$$

Oft wird Y so normiert, dass $Q = T_L^3 + Y$ ist.

Wir können feststellen, dass durch die Wahl der Darstellung als Dublett bereits sichergestellt war, dass genau ein Generator als ungebrochene elektrische Ladung übrig bleibt. Die Wahl von Y_H legt die Normierung der Ladungen aller anderen Felder relativ zur oberen Higgs-Komponente und zu den Eichbosonen W_μ^i fest. Dass es gerade der Generator σ^3 ist, der in der elektrischen Ladung vorkommt, liegt an unserer Konvention, dass v in der unteren Komponente von ϕ liegt.

Die Massen der Eichbosonen Wir können mit dem bisher Besprochenen jetzt direkt die (klassischen) Massen der Eichbosonen berechnen! Dazu müssen wir nur wieder den Ansatz für den Vakuumerwartungswert Gl. (12.72) in den kinetischen Term $D_\mu\phi^\dagger D^\mu\phi$ einsetzen und die Massenterme ablesen. Dabei sollte idealerweise herauskommen, dass gerade die zum Generator Q gehörende Kombination masselos bleibt und mit dem Photon identifiziert werden kann.

AUFGABE 210

■ Setzt Gl. (12.72) in den kinetischen Term

$$D_\mu\phi^\dagger D^\mu\phi \tag{12.85}$$

ein und bestimmt die resultierenden Massenterme für die Felder W_μ^i und B_μ. Wie lautet die Feldkombination von B_μ und W_μ^3, für die der Massenterm diagonal ist?

● Wir können hier die Ableitung ∂_μ vernachlässigen, da $\partial_\mu v = 0$ ist. Es ist günstig, den verbliebenen Teil von D_μ zuerst in Komponenten ausgeschrieben in eine (2×2)-Matrix zusammenzufassen. Hier nimmt man üblicherweise die Definition

$$W_\mu^\pm = \frac{1}{\sqrt{2}}(W_\mu^1 \mp iW_\mu^2) \tag{12.86}$$

vor.

Wir erhalten zunächst

$$D_\mu \phi = \partial_\mu \phi - i\frac{1}{2}\begin{pmatrix} g' B_\mu + g W_\mu^3 & g(W_\mu^1 - iW_\mu^2) \\ g(W_\mu^1 + iW_\mu^2) & g' B_\mu - g W_\mu^3 \end{pmatrix} \phi . \tag{12.87}$$

Damit ist die kovariante Ableitung auf den Grundzustand Gl. (12.72) gegeben durch

$$D_\mu \phi_{Grund} = -i\frac{1}{2}\frac{v}{\sqrt{2}}\begin{pmatrix} g(W_\mu^1 - iW_\mu^2) \\ g' B_\mu - g W_\mu^3 \end{pmatrix} . \tag{12.88}$$

Bilden wir das komplexe Betragsquadrat dieses Vektors, so ergibt sich für den gesamten kinetischen Term im Grundzustand

$$\frac{v^2}{4} g^2 W_\mu^+ W^{-\mu} + \frac{v^2}{8}(g'^2 + g^2)\left(\frac{g'}{\sqrt{g'^2 + g^2}} B_\mu - \frac{g}{\sqrt{g'^2 + g^2}} W_\mu^3\right)^2 , \tag{12.89}$$

wobei wir aus der zweiten Klammer einen Normierungsfaktor herausgezogen haben.

Wir können anhand dieses Ergebnisses direkt die Massen und die Masseneigenzustände ablesen. Das Feld W^+ ist komplex, und der Vorfaktor von $|W|^2$ ist damit direkt die Masse m_W^2, also:

$$m_W = \frac{vg}{2} . \tag{12.90}$$

Der andere Masseneigenzustand Z ist durch die reelle Feldkombination

$$Z_\mu = \left(\frac{g}{\sqrt{g'^2 + g^2}} W_\mu^3 - \frac{g'}{\sqrt{g'^2 + g^2}} B_\mu\right) \tag{12.91}$$

gegeben und hat die Masse

$$m_Z = \frac{v\sqrt{g'^2 + g^2}}{2} . \tag{12.92}$$

Wir erhalten hier die erste nicht-triviale Vorhersage des elektroschwachen Standardmodells auf Tree-Level: Das Verhältnis der beiden Eichbosonmassen ist gegeben durch

$$\frac{m_W}{m_Z} = \frac{g}{\sqrt{g'^2 + g^2}} \equiv \cos\theta_W . \tag{12.93}$$

Der hier eingeführte Winkel θ_W trägt den Namen *schwacher Mischungswinkel* oder, je nachdem wen man fragt und wer im Raum ist, *Weinberg-Winkel*.

Custodial Symmetry

Die Relation Gl. (12.93) rührt von einer etwas versteckten inexakten Symmetrie des Standardmodells, der sogenannten *Custodial-Symmetrie* her, auf die wir aus Platzgründen nicht tief eingehen können (siehe aber die Diskussion der elektroschwachen Massenmatrix in [3]). Es sei nur gesagt, dass sie in unserer Schreibweise etwas schwer sichtbar ist, da sie auf das Higgs-Dublett ϕ nicht linear wirkt, sondern ϕ und ϕ^* mischt. Schreibt man die vier Real- und Imaginärteile von ϕ als reelles Quadruplett $(\varphi_1, \varphi_2, \varphi_3, \varphi_4)$, dann ist $\phi^\dagger\phi = \varphi_1^2 + \varphi_2^2 + \varphi_3^2 + \varphi_4^2$. Damit ist das Potenzial nicht nur invariant unter der $SU(2)$, sondern unter $SO(4)$-Rotationen. Wegen $SO(4) \sim SU(2) \times SU(2)'$ kann man darin unsere geeichte $SU(2)$ und eine weitere ungeeichte $SU(2)'$ identifizieren, die aber nicht exakt erhalten ist. Erweiterungen des Standardmodells, die eine zusätzliche starke Brechung dieser Symmetrie einführen, sind experimentell aufgrund der resultierenden Verletzung der Relation in Gl. (12.93) stark eingeschränkt. Diese Abweichung parametrisiert man oft mit dem ρ-Parameter

$$\rho \equiv \frac{m_W^2}{m_Z^2 \cos^2\theta_W} . \tag{12.94}$$

Im Standardmodell auf Tree-Level gilt also $\rho = 1$. Es ist eine etwas subtile Angelegenheit, wie man $\cos\theta_W$ in höheren Ordnungen der Störungstheorie definiert. Eine sehr nützliche systematische Behandlung wurde in [41] entwickelt. Eine pädagogische Einführung findet sich in [42].

Die Kopplung an das Higgs-Boson Setzt man in den Massentermen Gl. (12.89) wieder $v \to v+h$, dann erhält man die wichtige Wechselwirkungs-Lagrange-Dichte für die Kopplungen W^+W^-h, W^+W^-hh, ZZh und $ZZhh$. Wir überlassen es den geneigten LeserInnen, dies auszuarbeiten (siehe z.B. [43][44]).

Die Goldstone-Bosonen Setzt man das vollständige Feld aus Gl. (12.71) in den kinetischen Term ein, so erhält man wie in unserem Abel'schen Beispiel nach der Symmetriebrechung Mischterme der Felder $\phi^\pm$ und ϕ^0 mit $W_\mu^\pm$ und Z_μ. Diese kann man wieder durch einen R_ξ-Eichfixierungsterm entfernen und erhält $\phi^{\pm 0}$ als unphysikalische Skalare mit ξ-abhängigen Massen ξm_W^2 und ξm_Z^2.

Das Photon und die elektromagnetische Kopplungskonstante Um die dem Photon entsprechende Feldkombination ohne Massenterm zu identifizieren, müssen wir einfach nur die orthogonale Kombination zu Gl. (12.91) finden. Mit unserer Definition von θ_W ist

$$Z_\mu = \cos\theta_W\, W_\mu^3 - \sin\theta_W\, B_\mu . \tag{12.95}$$

Damit ist sofort klar, dass die orthogonale Kombination durch

$$A_\mu = \cos\theta_W\, B_\mu + \sin\theta_W\, W^3_\mu \tag{12.96}$$

gegeben ist. In Matrixschreibweise ist das insgesamt

$$\begin{pmatrix} A_\mu \\ Z_\mu \end{pmatrix} = \begin{pmatrix} \cos\theta_W & \sin\theta_W \\ -\sin\theta_W & \cos\theta_W \end{pmatrix} \begin{pmatrix} B_\mu \\ W^3_\mu \end{pmatrix}. \tag{12.97}$$

AUFGABE 211

■ Drückt B_μ und W^3_μ durch Z_μ und A_μ aus. Drückt dann die kovariante Ableitung Gl. (12.87) durch Z_μ und A_μ aus. Bestimmt danach anhand der oberen Komponente des Higgs-Dubletts ϕ, das wir ja auf die elektrische Ladung $Q = 1$ normiert hatten, und die elektromagnetische Kopplungskonstante e als Funktion von g und g'.

● Die elektromagnetische Kopplung ist über die kovariante Ableitung der QED definiert als

$$D_\mu = \partial_\mu - ieQA_\mu\,. \tag{12.98}$$

► Wir müssen einfach die Matrix in Gl. (12.97) invertieren und erhalten

$$\begin{pmatrix} B_\mu \\ W^3_\mu \end{pmatrix} = \begin{pmatrix} \cos\theta_W & -\sin\theta_W \\ \sin\theta_W & \cos\theta_W \end{pmatrix} \begin{pmatrix} A_\mu \\ Z_\mu \end{pmatrix}. \tag{12.99}$$

Die kovariante Ableitung ist dann

$$\begin{aligned} D_\mu\phi &= \partial_\mu\phi - i\frac{1}{2}\begin{pmatrix} g'B_\mu + gW^3_\mu & g(W^1_\mu - iW^2_\mu) \\ g(W^1_\mu + iW^2_\mu) & g'B_\mu - gW^3_\mu \end{pmatrix}\phi \\ &= \partial_\mu\phi - i\frac{1}{2}\begin{pmatrix} \frac{2gg'}{\sqrt{g'^2+g^2}}A_\mu + \frac{g^2-g'^2}{\sqrt{g'^2+g^2}}Z_\mu & g\sqrt{2}W^+_\mu \\ g\sqrt{2}W^-_\mu & -\sqrt{g'^2+g^2}Z_\mu \end{pmatrix}\phi\,. \end{aligned} \tag{12.100}$$

Ein Koeffizientenvergleich mit Gl. (12.98) für $Q = 1$ ergibt, dass die elektromagnetische Kopplungskonstante durch

$$e = \frac{g'g}{\sqrt{g'^2+g^2}} = g\sin\theta_W \tag{12.101}$$

gegeben ist, wobei $\alpha = e^2/4\pi$ die Feinstrukturkonstante ist.

Parameter und Observablen des Symmetriebrechungssektors Die einzigen freien Parameter des Higgs- und des Eichsektors des elektroschwachen Standardmodells sind:

$$\mu, \lambda, g, g' . \tag{12.102}$$

Alternativ kann man v, λ, g, g' verwenden. Aus ihnen haben wir gerade vier bereits gemessene Größen berechnet:

$$m_H, m_W, m_Z, e, \tag{12.103}$$

anhand derer man die Parameter im Prinzip bestimmen kann. Üblicherweise werden andere, genauer bekannte oder leichter experimentell interpretierbare Observablen herangezogen um die Eingabeparameter zu bestimmen (wie z. B. dem Myon-Zerfall für v), aber das soll uns hier jetzt nicht stören. Hat man die Parameter bestimmt, kann jede weitere Observable als Test der Theorie herangezogen werden. Wir haben alle Berechnungen hier anhand der klassischen Lagrange-Dichte durchgeführt, und diese sog. Tree-Level-Relationen zwischen Gl. (12.102) und Gl. (12.103) erfahren noch Korrekturen in höheren Ordnungen der Störungstheorie. Inzwischen ist die Messgenauigkeit insbesondere von Daten des Beschleunigers LEP so groß, dass das Standardmodell auf Tree-Level mit vielen Standardabweichungen ausgeschlossen wäre, falls man den Theoriefehler durch das Abschneiden der Störungstheorie nicht berücksichtigt. Nimmt man höhere Ordnungen der Störungstheorie mit, so verschwindet diese Diskrepanz. Dies ist ein sehr starker Hinweis auf die Leistungsfähigkeit des Modells und auf die Gültigkeit der Störungstheorie.

AUFGABE 212

■ Angenommen, die im Jahre 2012 am LHC entdeckte Resonanz bei $m_H \approx 125$ GeV sei das Higgs-Boson des Standardmodells. Berechnet anhand der Messwerte $m_W \approx 80.4$ GeV, $m_Z \approx 91$ GeV auf Tree-Level die Parameter $\cos\theta_W$, g, v und λ. Verwendet dazu einmal $\alpha(m_Z) \approx 1/128$ und zum Vergleich den Wert bei niedrigen Skalen $\alpha \approx 1/137$. Welche Parameterkombinationen konnte man schon vor der Entdeckung des Higgs-Bosons bestimmen?

► Die relevanten Tree-Level-Relationen sind

$$m_H^2 = \lambda v^2, \quad m_W = \frac{vg}{2}, \quad m_Z = \frac{v\sqrt{g'^2 + g^2}}{2}, \tag{12.104}$$

wobei für unsere Zwecke e direkt durch $\alpha = e^2/4\pi$ bestimmt ist. Zunächst ist $\cos\theta_W = m_W/m_Z \approx 0.884$.

Für die bei hohen Skalen gemessene Feinstrukturkonstante ist $e(m_Z) \approx 0.3133$. Damit ergibt sich $g = e/\sin\theta_W = e/\sqrt{1-\cos^2\theta_W} \approx 0.6689$. Damit können wir $v \approx 240$ GeV bestimmen. Schließlich ist $\lambda = m_H^2/v^2 \approx 0.27$.

Verwenden wir die bei niedrigen Skalen gemessene Feinstrukturkonstante, so ist $e \approx 0.303$, und wir finden $g \approx 0.6466$ sowie $v \approx 249$ GeV. Hier ist $\lambda = m_H^2/v^2 \approx 0.25$.

Der üblicherweise in der Literatur verwendete Erwartungswert ist $v \approx 246$ GeV; er liegt zwischen unseren naiven Tree-Level-Ergebnissen. Diese Unsicherheiten, die hier aus der Skalenabhängigkeit der Feinstrukturkonstante herrühren, illustrieren deutlich, dass höhere Ordnungen der Störungstheorie berechnet werden müssen, wenn man Präzisionstests der Theorie durchführen will.

Vor der Entdeckung des Higgs-Bosons waren alle Parameterkombinationen außer $m_H^2 = -2\mu^2 = \lambda v^2$ relativ genau bestimmbar, auch wenn der gewählte Wert von m_H dennoch in höheren Ordnungen über Schleifendiagramme beiträgt und eine gewisse Unsicherheit mit sich brachte. Die hier ermittelten Kopplungskonstanten g, g', λ sind alle < 1, was ein sehr gutes Verhalten der Störungsreihe nahelegt. Leider spielt in den Strahlungskorrekturen auch die Eichkopplung der starken Wechselwirkung eine Rolle, die bei kleinen Energien unkontrollierbar groß wird. Hier muss man sich einiger Tricks bedienen.

Wie man elektroschwache Präzisionsphysik dieser Art korrekt betreibt (welche Parameter es gibt, wie sie auf Schleifenordnung definiert und gemessen werden) wird in den lesenswerten TASI-Vorlesungsnotizen [42] erklärt.

12.3.2 Die Fermionen des Standardmodells

Der fermionische Teilcheninhalt des Standardmodells besteht aus Quarks und Leptonen. Quarks sind Tripletts unter der Eichgruppe $SU(3)$, auf die wir später noch kurz eingehen werden. Sie werden durch die $SU(3)$-Eichbosonen, Gluonen genannt, zu den sogenannten Hadronen gebunden, zu denen auch das Proton und das Neutron gehören. Leptonen wie das Elektron transformieren nicht unter der $SU(3)$ und sind daher nicht auf solche Art gebunden.

Die Fermionen des Standardmodells sind chiral, was bedeutet, dass sich linkshändige (lh.) und rechtshändige (rh.) Fermionen unterschiedlich verhalten. Konkret sind die lh. Fermionen Dubletts unter der $SU(2)_L$, während die rh. Fermionen invariante Singuletts unter dieser Eichgruppe sind. Es hat sich eingebürgert, alle rechtshändigen Fermionen mit dem Index R zu bezeichnen, die linkshändigen Dubletts mit L. Den Aufbau und das Transformationsverhalten der Dubletts haben wir bereits in der Einführung der $SU(2) \times U(1)$-Eichgruppe besprochen. Die beiden Komponenten der jeweiligen $SU(2)_L$-Dubletts schreibt man als

$$Q_L^1 = \begin{pmatrix} u_L \\ d_L \end{pmatrix}, \qquad L_L^e = \begin{pmatrix} \nu_L^e \\ e_L \end{pmatrix}. \tag{12.105}$$

Diese Aufteilung in Ladungseigenzustände wurde in dem Moment festgelegt, in dem wir v in die untere Komponente von ϕ rotierten und damit die Definition der elektrischen Ladung fixierten.

Im Fall der Quarks nennt man die oberen Komponenten up-type-Quarks, die unteren Komponenten down-type-Quarks. Im Fall der Leptonen nennt man sie lh. Neutrinos bzw. lh. geladene Leptonen.

Der Eigenwert des Generators T_L^3 der Eichgruppe $SU(2)_L$ nennt man schwachen Isospin. Für die rechtshändigen Fermionen, die sich nicht unter $SU(2)_L$ transformieren, ist $T_L^3 = 0$. Für die lh. Fermionen ist $T_L^3 = \sigma^3/2$. Daher ist lh. up-type-Fermionen immer $T_L^3 = 1/2$ und für lh. down-type-Fermionen immer $T_L^3 = -1/2$. Die Darstellung der Gruppe, in der die Felder sind, benennt man oft nach ihrer Dimension. Für die Dubletts schreibt man eine **2** und für die invarianten Singuletts eine **1**.

Die Ladung der Eichgruppe $U(1)_Y$ nennt man Hyperladung. Diese ist für die Komponenten eines Dubletts immer gleich, nämlich $Y = 1/3$ für lh. Quarks und $Y = -1$ für lh. Leptonen. Die rh. up-Quarks haben $Y = 4/3$ und die down-Quarks $Y = -2/3$. Die rh. geladenen Leptonen haben schließlich $Y = -2$. Wie wir in unserer Diskussion der elektroschwachen Symmetriebrechung gesehen haben, ist die elektrische Ladung durch die Kombination des schwachen Isospins und der Hyperladung

$$Q = T_L^3 + \frac{Y}{2} \tag{12.84}$$

gegeben.

Berechnet aus den von uns angegebenen schwachen Isospins und Hyperladungen anhand von Gl. (12.84) die elektrische Ladung aller lh. und rh. Fermionen des Standardmodells und vergleicht mit Tabelle 12.1. Insbesondere sollten alle lh. und rh. Fermionen des gleichen Typs elektrisch gleich geladen sein.

Die Transformationen der links- und der rechtshändigen Fermionen lauten, wie oben besprochen:

$$\psi_L \xrightarrow{SU(2)_L \times U(1)_Y} e^{ig'\beta Y_L/2} e^{ig\alpha^i \sigma^i/2} \psi_L \,, \tag{12.106}$$

$$\psi_R \xrightarrow{U(1)_Y} e^{ig'\beta Y_R/2} \psi_R \,. \tag{12.107}$$

Es ist hoffentlich aus dem Kontext heraus klar, ob mit $\psi_{L,R}$ die Weyl-Spinoren oder die Dirac-Spinoren $P_L\psi$ bzw. $P_R\psi$ gemeint sind.

Es gibt sowohl im leptonischen als auch im Quark-Sektor des Standardmodells je drei Generationen (oder Familien) an Dubletts und Singuletts, nämlich die Gruppierungen

$$\begin{pmatrix} Q_L^u \\ Q_L^d \end{pmatrix} \quad \begin{pmatrix} Q_L^c \\ Q_L^s \end{pmatrix} \quad \begin{pmatrix} Q_L^t \\ Q_L^b \end{pmatrix} \quad \text{und} \quad \begin{pmatrix} \nu_L^e \\ e_L \end{pmatrix} \quad \begin{pmatrix} \nu_L^\mu \\ \mu_L \end{pmatrix} \quad \begin{pmatrix} \nu_L^\tau \\ \tau_L \end{pmatrix}$$

$$\begin{matrix} u_R & c_R & t_R & & (\nu_R^e) & (\nu_R^\mu) & (\nu_R^\tau) \\ d_R & s_R & b_R & & e_R & \mu_R & \tau_R \end{matrix}$$

Wir zählen die Generationen der Quarks mit $i = 1, 2, 3$ durch, die der Leptonen mit $i = e, \mu, \tau$. Wechselwirkungen zwischen den verschiedenen Generationen kann es auf Tree-Level nur über die ebenso unter $SU(2)$ geladenen Eichbosonen geben. Wie wir sehen werden, ist das $W^\pm$ dafür verantwortlich.

Quantenchromodynamik Die dritte Symmetriegruppe des Standardmodells ist die Farbeichgruppe $SU(3)$. Unter ihr transformieren sich neben ihren Eichbosonen selbst (den Gluonen) nur die Quarks, und zwar unabhängig von ihrer Chiralität:

$$q_{L,R} \overset{SU(3)}{\longrightarrow} e^{i\alpha^i \lambda^i/2} q_{L,R} ; \qquad l_{L,R} \overset{SU(3)}{\longrightarrow} l_{L,R} . \tag{12.108}$$

Quarks sind also $SU(3)$-Farb-Tripletts (**3**), und Leptonen und Neutrinos sind Farb Singuletts (**1**). Die Gluonen transformieren sich wieder mit der adjungierten Darstellung der $SU(3)$, auf die wir hier nicht näher eingehen.

Wir haben den fermionischen Teilcheninhalt des Standardmodells zusammen mit den Ladungen und den Darstellungen in Tabelle 12.1 zusammengefasst.

Kinetische Lagrange-Dichte Die kinetische Lagrange-Dichte für die Fermionen des Standardmodells ist damit

$$\begin{aligned} \mathcal{L}_{Ferm.} = & \sum_{i=1}^{3} i \left(\overline{Q}^i_L \not{D} Q^i_L + \overline{d}^i_R \not{D} d^i_R + \overline{u}^i_R \not{D} u^i_R \right) \\ & + \sum_{i=e,\mu,\tau} \left(\overline{E}^i_L \not{D} E^i_L + \overline{e}^i_R \not{D} e^i_R \right) . \end{aligned} \tag{12.109}$$

Die Felder $Q^i_L = (Q_L^{u,i}, Q_L^{d,i})^T$ und $E^i_L = (\nu^i_L, e^i_L)^T$ stehen hier immer für beide Komponenten des linkshändigen Dubletts, während der Index i die Generationen zählt.

12.3.3 Fermionmassen

Der Massenterm für Dirac-Fermionen verbindet die links- und die rechtshändigen Komponenten. Das sieht man in der von uns verwendeten Weyl-Basis besonders einfach, da

$$-m\overline{\psi}\psi = -m\psi^\dagger\gamma^0\psi \tag{12.110}$$

Quarks	Felder	$SU(2)$	T_L^3	$U(1)_Y$	Q_{EM}	$SU(3)_C$
u	Q_L^u	**2**	1/2	1/3	2/3	**3**
	u_R	**1**	0	4/3	2/3	**3**
d	Q_L^d	**2**	−1/2	1/3	−1/3	**3**
	d_R	**1**	0	−2/3	−1/3	**3**
c	Q_L^c	**2**	1/2	1/3	2/3	**3**
	c_R	**1**	0	4/3	2/3	**3**
s	Q_L^s	**2**	−1/2	1/3	−1/3	**3**
	s_R	**1**	0	−2/3	−1/3	**3**
t	Q_L^t	**2**	1/2	1/3	2/3	**3**
	t_R	**1**	0	4/3	2/3	**3**
b	Q_L^b	**2**	−1/2	1/3	−1/3	**3**
	b_R	**1**	0	−2/3	−1/3	**3**
Leptonen	Felder	$SU(2)$	T_L^3	$U(1)_Y$	Q_{EM}	$SU(3)_C$
ν^e	ν_L^e	**2**	1/2	−1	0	**1**
e	e_L	**2**	−1/2	−1	−1	**1**
	e_R	**1**	0	−2	−1	**1**
ν^μ	ν_L^μ	**2**	1/2	−1	0	**1**
μ	μ_L	**2**	−1/2	−1	−1	**1**
	μ_R	**1**	0	−2	−1	**1**
ν^τ	ν_L^τ	**2**	1/2	−1	0	**1**
τ	τ_L	**2**	−1/2	−1	−1	**1**
	τ_R	**1**	0	−2	−1	**1**
	$(\nu_R^e, \nu_R^\mu, \nu_R^\tau)$	**1**	0	0	0	**1**

Tab. 12.1: Fermionischer Feldinhalt des Standardmodells.

und

$$\gamma^0 = \begin{pmatrix} 0 & 1 \\ 1 & 0 \end{pmatrix} \tag{12.111}$$

nur auf der Nebendiagonale besetzt ist. Allgemein können wir $\psi = (P_L + P_R)\psi$ schreiben und verwenden die Beziehung $P_L\gamma^0 P_L = P_R\gamma^0 P_R = 0$. Damit erhalten wir

$$\begin{aligned} -m\overline{\psi}\psi &= -m\psi^\dagger(P_L + P_R)\gamma^0(P_L + P_R)\psi \\ &= -m\psi^\dagger P_L\gamma^0 P_R\psi - m\psi^\dagger P_R\gamma^0 P_L\psi \\ &= -m\overline{\psi}_L\psi_R - m\overline{\psi}_R\psi_L\,. \end{aligned} \tag{12.112}$$

Transformieren sich Fermionen wie im Standardmodell nun chiral unter der Eichgruppe, dann ist dieser Massenterm offenbar nicht mehr invariant. Wir hatten das bereits im Abschnitt zur elektroschwachen Eichinvarianz in Aufgabe 206 festgestellt. So ist zum Beispiel ψ_L ein Dublett, aber $\overline{\psi}_R$ ein Singulett der $SU(2)$, und daraus kann keine Invariante gebildet werden. In der QED hatten wir dieses Problem nicht. Wie oben besprochen, tragen die links- und die rechtshändigen Anteile eines Teilchens die gleiche elektrische Ladung. Die kleinere nicht-chirale Eichsymmetrie $U(1)_{EM}$ erlaubt also einen Dirac-Massenterm. Da die Eichsymmetrie des Standardmodells aber im Zuge der elektroschwachen Symmetriebrechung gerade zu dieser $U(1)_{EM}$ reduziert wird, kann man hoffen, dass *durch die spontane Symmetriebrechung* realistische Fermionmassen erzeugt werden können. Das ist alles andere als selbstverständlich, aber mit der Darstellung des Higgs-Feldes Gl. (12.71) gelingt es.

Massen für Leptonen und down-Quarks Als erstes Beispiel wollen wir den Massenterm des Elektrons konstruieren. Dazu führen wir uns noch einmal das Transformationsverhalten von L, e_R und ϕ vor Augen. Es ist

$$L \longrightarrow e^{i\beta\left(\frac{-1}{2}\right)} e^{i\alpha^i \frac{\sigma^i}{2}} L\,, \tag{12.113}$$

$$e_R \longrightarrow e^{i\beta\left(\frac{-2}{2}\right)} e_R\,, \tag{12.114}$$

$$\phi \longrightarrow e^{i\beta\left(\frac{1}{2}\right)} e^{i\alpha^i \frac{\sigma^i}{2}} \phi\,. \tag{12.115}$$

Wie transformiert sich nun die Feldkombination $\overline{L}e_R$? Das Dirac-konjugierte Feld $\overline{L}$ transformiert sich wie das komplex konjugierte Feld:

$$\overline{L} \longrightarrow \overline{L} e^{-i\beta\left(\frac{-1}{2}\right)} e^{-i\alpha^i \frac{\sigma^i}{2}}\,, \tag{12.116}$$

und damit ist

$$\overline{L}e_R \longrightarrow \overline{L}e_R e^{i\beta\left(\frac{-2}{2}\right)} e^{-i\beta\left(\frac{-1}{2}\right)} e^{-i\alpha^i \frac{\sigma^i}{2}} = \overline{L}e_R e^{-i\beta\left(\frac{1}{2}\right)} e^{-i\alpha^i \frac{\sigma^i}{2}}\,.$$

Das ist aber genau das inverse Transformationsverhalten von ϕ! Wir können also eine invariante Kombination bilden:

$$\overline{L}e_R\phi \longrightarrow \overline{L}e_R e^{-i\beta\left(\frac{1}{2}\right)} e^{-i\alpha^i \frac{\sigma^i}{2}} e^{i\beta\left(\frac{1}{2}\right)} e^{i\alpha^j \frac{\sigma^j}{2}} \phi = \overline{L}e_R\phi\,.$$

Wie erhalten wir nun die Elektronmasse? Setzen wir den Ansatz von Gl. (12.72) ein, so erhalten wir beim Grundzustand:

$$-Y_e\,\overline{L}e_R\phi \to -Y_e\left(\overline{\nu}_e, \overline{e}_L\right) e_R \begin{pmatrix} 0 \\ \frac{v}{\sqrt{2}} \end{pmatrix} = -Y_e \frac{v}{\sqrt{2}}\,\overline{e}_L e_R\,. \tag{12.117}$$

Hier haben wir einen frei wählbaren Vorfaktor Y_e, die sogenannte Yukawa-Kopplung, hinzugenommen. Das ist natürlich nichts anderes als ein Dirac-Massenterm mit

$$m_e = Y_e \frac{v}{\sqrt{2}}\,. \tag{12.118}$$

Der Vakuumzustand von ϕ hat hier aus dem Dublett gerade den passenden Partner für e_R ausprojiziert. Das funktioniert so, weil v per Definition elektrisch ungeladen ist.

AUFGABE 213

Überzeugt euch, dass man auf dieselbe Weise invariante Massenterme für die down-type-Quarks konstruieren kann.

Der entsprechende Yukawa-Term lautet hier

$$-Y_d\overline{Q}d_R\phi\,. \tag{12.119}$$

Die beteiligten Felder transformieren sich mit

$$Q \longrightarrow e^{i\beta\left(\frac{1}{2}\cdot\frac{1}{3}\right)}e^{i\alpha^i\frac{\sigma^i}{2}}Q\,, \tag{12.120}$$
$$d_R \longrightarrow e^{i\beta\left(\frac{1}{2}\cdot\frac{-2}{3}\right)}d_R\,. \tag{12.121}$$

Die Feldkombination $\overline{Q}d_R$ transformiert sich daher wie

$$\overline{Q}d_R \longrightarrow \overline{Q}d_R e^{-i\beta\left(\frac{1}{2}\cdot\frac{1}{3}\right)}e^{-i\alpha^i\frac{\sigma^i}{2}}e^{i\beta\left(\frac{1}{2}\cdot\frac{-2}{3}\right)} = \overline{Q}d_R e^{-i\beta\left(\frac{1}{2}\right)}e^{-i\alpha^i\frac{\sigma^i}{2}}\,, \tag{12.122}$$

und die Kombination $\overline{Q}d_R\phi$ ist wieder invariant. Die resultierende Masse ist ganz analog

$$m_d = Y_d\frac{v}{\sqrt{2}}\,. \tag{12.123}$$

Da die Lagrange-Dichte reell sein muss, stehen in ihr noch die jeweils komplex konjugierten Terme:

$$\begin{aligned}\mathcal{L}_{yuk,d} &= -Y_e\overline{L}e_R\phi - Y_d\overline{Q}d_R\phi + c.c \\ &= -Y_e\overline{L}e_R\phi - Y_e\phi^\dagger\overline{e}_RL - Y_d\overline{Q}d_R\phi - Y_d\phi^\dagger\overline{d}_RQ\,.\end{aligned} \tag{12.124}$$

Massen für up-Quarks Das Feld ϕ hatte in den Massentermen für geladene Leptonen und down-type-Quarks immer gerade den passenden Partner für die rechtshändigen Felder aus den Dubletts herausprojiziert, da v in der unteren Komponente steht. Wollen wir einen Massenterm für das up-Quark konstruieren, benötigen wir ein Higgs-Feld, in dem v in der oberen Komponente steht. Eine Möglichkeit besteht darin, ein zweites Higgs-Dublett ϕ^u einzuführen, dessen obere Komponente elektrisch neutral ist und einen Vakuumerwartungswert entwickelt. Dieses Szenario wird 2HDM Typ II genannt und ist zum Beispiel in der minimalen supersymmetrischen Erweiterung des Standardmodells (MSSM) realisiert. In Abwesenheit von Supersymmetrie brauchen wir aber kein zweites Higgs-Dublett, sondern können aus ϕ selbst ein Feld $\tilde{\phi}$ konstruieren, das die gleichen Freiheitsgrade enthält, aber den Anforderungen entspricht. Um zu sehen, welche Eigenschaften es haben muss, betrachten wir das Transformationsverhalten der Feldkombination $\overline{Q}u_R$.

AUFGABE 214

■ Wir wollen einen invarianten Yukawa-Term

$$-Y_u\,\overline{Q}u_R\tilde{\phi} \tag{12.125}$$

aufschreiben. Wie muss sich $\tilde{\phi}$ transformieren?

▶ Es transformieren sich

$$Q \longrightarrow e^{i\beta\left(\frac{1}{2}\cdot\frac{1}{3}\right)}e^{i\alpha^i\frac{\sigma^i}{2}}Q\,, \tag{12.126}$$

$$u_R \longrightarrow e^{i\beta\left(\frac{1}{2}\cdot\frac{4}{3}\right)}u_R\,, \tag{12.127}$$

und damit

$$\overline{Q}u_R \longrightarrow \overline{Q}u_R e^{-i\beta\left(\frac{1}{2}\cdot\frac{1}{3}\right)}e^{-i\alpha^i\frac{\sigma^i}{2}}e^{i\beta\left(\frac{1}{2}\cdot\frac{4}{3}\right)} = \overline{Q}u_R e^{i\beta\left(\frac{1}{2}\right)}e^{-i\alpha^i\frac{\sigma^i}{2}}\,. \tag{12.128}$$

Wir benötigen also

$$\tilde{\phi} \longrightarrow e^{-i\beta\left(\frac{1}{2}\right)}e^{i\alpha^i\frac{\sigma^i}{2}}\tilde{\phi}\,. \tag{12.129}$$

Das Transformationsverhalten unter der $SU(2)$ soll demnach wie jenes von ϕ, die Hyperladung aber *umgekehrt* sein: $Y_{\tilde{H}} = -1$.

Ein solches Objekt wollen wir jetzt konstruieren. Um die Hyperladung umzukehren, müssen wir ϕ komplex konjugieren. Das Feld ϕ^* transformiert sich wie

$$\phi^* \longrightarrow e^{-i\beta\left(\frac{1}{2}\right)}e^{-i\alpha^i\frac{\sigma^{i*}}{2}}\phi^*\,. \tag{12.130}$$

Es ist $\sigma^{1*} = \sigma^1$, $\sigma^{2*} = -\sigma^2$, $\sigma^{3*} = \sigma^3$. Die Abweichung vom gewünschten Transformationsverhalten liegt also in den Vorzeichen von σ^1 und σ^3. Hier kann man ausnutzen, dass gerade diese beiden Pauli-Matrizen mit σ^2 antivertauschen, während σ^2 selbst vertauscht. Damit ist

$$\sigma^2\sigma^{i*} = -\sigma^i\sigma^2\,. \tag{12.131}$$

Das Objekt $\sigma^2\phi^*$ transformiert dann nämlich gerade richtig,

$$\sigma^2\phi^* \longrightarrow \sigma^2 e^{-i\beta\left(\frac{1}{2}\right)}e^{-i\alpha^i\frac{\sigma^{i*}}{2}}\phi^* = e^{-i\beta\left(\frac{1}{2}\right)}e^{i\alpha^i\frac{\sigma^i}{2}}(\sigma^2\phi^*)\,. \tag{12.132}$$

Da wir aus ästhetischen Gründen gerne einen reellen positiven Eintrag v in der oberen Komponente hätten, multiplizieren wir noch mit i und definieren

$$\tilde{\phi} = i\sigma^2\phi^*\,. \tag{12.133}$$

Setzen wir $\phi^*_{Grund} = \phi_{Grund}$ ein, dann erhalten wir:

$$\tilde{\phi}_{Grund} = \begin{pmatrix} 0 & 1 \\ -1 & 0 \end{pmatrix} \begin{pmatrix} 0 \\ \frac{v}{\sqrt{2}} \end{pmatrix} = \begin{pmatrix} \frac{v}{\sqrt{2}} \\ 0 \end{pmatrix} . \tag{12.134}$$

Nun können wir einfach unseren Yukawa-Term aufschreiben:

$$\mathcal{L}_{yuk,u} = -Y_u \overline{Q} u_R \tilde{\phi} + c.c. \tag{12.135}$$

und erhalten die Down-type-Masse

$$m_d = Y_d \frac{v}{\sqrt{2}} . \tag{12.136}$$

Kopplungen an das Higgs-Feld Wie auch im Fall der Eichbosonen können wir wieder $v \to v + h$ setzen, um die Kopplung der Fermionen an das physikalische Higgs-Feld h zu finden.

Aufgemerkt!

Da die Massenterme alle die Form

$$-Y_f \overline{f}_L f_R \frac{v}{\sqrt{2}} \tag{12.137}$$

hatten, erhalten wir als Wechselwirkungs-Lagrange-Dichte

$$\mathcal{L}_{int} = -\frac{Y_f}{\sqrt{2}} \overline{f}_L f_R h \tag{12.138}$$

und damit

$$\mathcal{L}_{int} = -\frac{m_f}{v} \overline{f}_L f_R h . \tag{12.139}$$

Wie schon im Fall der Eichbosonen ist die Kopplung der Teilchen an das Higgs-Boson also *auf Tree-Level* exakt proportional zu ihrer Masse.

Der gemessene Wert ist $v = 246$ GeV, und somit ist zum Beispiel die Kopplungskonstante des Higgs-Boson an das Elektron sehr klein:

$$\frac{m_e}{v} \approx 2 \times 10^{-6} . \tag{12.140}$$

Da die Yukawa-Kopplung der leichten Fermionen in Produktions- und Zerfallsprozessen des Higgs-Teilchens bei Renormierungsskalen $\mu \approx m_H \gg m_f$ verwendet werden sollte, muss hier allerdings für Vorhersagen das Renormierungsgruppenlaufen zwischen m_f und m_H berücksichtigt werden. Die Formel in Gl. (12.139) ist daher bei Tree-Level-Rechnungen nur für die „laufende Masse“ $m_f(\mu)$ z. B. im $\overline{\text{MS}}$-Schema wirklich zuverlässig. Nur so werden Korrekturen höherer Ordnungen minimiert.

Die einzige Yukawa-Kopplung von $\mathcal{O}(1)$ im Standardmodell ist jene des top-Quarks mit

$$\frac{\sqrt{2}m_t}{v} \approx 1\,. \tag{12.141}$$

Aus diesem Grund spielt das top-Quark eine besonders wichtige Rolle als „Katalysator" der Produktion des Higgs-Teilchens am LHC.

Die CKM-Matrix Bisher hatten wir so getan, als gäbe es nur eine einzige Generation von Fermionen. Nimmt man alle drei Generationen des Standardmodells hinzu, können Massenterme die Felder verschiedener Generationen im Prinzip beliebig mischen. Die Yukawa-Kopplungen werden zu Matrizen

$$\mathcal{L}_{yuk} = -Y^d_{ij}\overline{Q}_i d_{Rj}\phi - Y^u_{ij}\overline{Q}_i u_{Rj}\tilde{\phi} + c.c.\,. \tag{12.142}$$

Die Indizes $i, j = 1 \ldots 3$ zählen hier die Generationen. In Matrixnotation können wir etwas übersichtlicher

$$-\mathcal{L}_{yuk} = \overline{Q}Y^d d_R\phi + \overline{Q}Y^u u_R\tilde{\phi} + c.c.\,. \tag{12.143}$$

schreiben. Die Matrizen Y sind dabei im Allgemeinen nicht diagonal. Man kann sie durch Multiplikation mit verschiedenen unitären Matrizen von links und von rechts auf die gewünschte Diagonalform bringen:

$$Y^d_{diag} = U^\dagger_d Y^d T_d, \qquad Y^u_{diag} = U^\dagger_u Y^u T_u\,. \tag{12.144}$$

Wir können die Lagrange-Dichte also zu

$$-\mathcal{L}_{yuk} = \overline{Q}U_d(Y^d_{diag})T^\dagger_d d_R\phi + \overline{Q}U_u(Y^u_{diag})T^\dagger_u u_R\tilde{\phi} + c.c. \tag{12.145}$$

umschreiben. Wollen wir zu Feldern übergehen, die Masseneigenzuständen entsprechen, können wir die Drehmatrizen U, T in die Definition der Felder u_L, u_R, d_L, d_R absorbieren, indem wir die Ersetzungen

$$u_L \longrightarrow U_u u_L, \quad d_L \longrightarrow U_d d_L, \quad u_R \longrightarrow T_u u_R, \quad d_R \longrightarrow T_d d_R \tag{12.146}$$

vornehmen. Setzen wir nämlich die volle Darstellung von ϕ und $\tilde{\phi}$ aus Gl. (12.71) ein, erhalten wir:

$$\begin{aligned} -\mathcal{L} \;=\;& \overline{d}_L(Y^d_{diag})d_R\frac{v+h+i\phi^0}{\sqrt{2}} + \overline{u}_L(Y^u_{diag})u_R\frac{v+h+i\phi^0}{\sqrt{2}} \\ +\;& \overline{u}_L U^\dagger_u U_d(Y^d_{diag})d_R\phi^+ - \overline{d}_L U^\dagger_d U_u(Y^u_{diag})u_R\phi^-\,. \end{aligned} \tag{12.147}$$

Die für die Massengenerierung relevante untere Komponente $v+h+i\phi^0$ steht jetzt jeweils bei der diagonalisierten Yukawa-Matrix, und damit sind die Massen und Kopplungen an das Higgs-Teilchen in dieser neuen Basis diagonal. Aber in der Kopplung an die elektrisch geladene Komponente des Higgs-Feldes $\phi^\pm$ treffen up- und down-Quarks aufeinander, und die entsprechenden Drehmatrizen heben sich nicht weg. Man kann sich leicht davon überzeugen, dass dieselbe Kombination

$$V_{CKM} = U^\dagger_u U_d \tag{12.148}$$

auch in der Kopplung an das $W^{\pm}$ auftaucht, während sich die U_u und U_d in den Kopplungen der Fermionen an das Photon und Z wegheben. Diese sogenannte CKM-Matrix V_{CKM} (benannt nach Cabibbo, Kobayashi und Maskawa; Nobelpreis 2008 für die beiden Letztgenannten) parametrisiert die relative Verdrehung der Masseneigenzustände der up- und der down-Quarks und ist in den geladenen Strömen direkt beobachtbar. Sie kann durch drei Drehwinkel und eine komplexe Phase parametrisiert werden, und alle ihre Einträge sind inzwischen mit guter Genauigkeit vermessen.

Dieses Ergebnis ist ähnlich auf den Leptonsektor übertragbar, wenn man Neutrinomassen einführt. Die entsprechende Matrix heißt PMNS-Matrix, benannt nach Pontecorvo, Maki, Nakagawa und Sakata.

Neutrinomassen Streng genommen sind Neutrinos im Standardmodell masselos. Aufgrund der Beobachtung von Neutrino-Oszillationen wissen wir aber, dass sie sehr wahrscheinlich massebehaftet sind (dafür erhielten Kajita und McDonald den Nobelpreis für Physik 2015). Es ist schwierig, dieses Phänomen anderweitig zu erklären, aber in Anwesenheit von Neutrinomassen ist es geradezu selbstverständlich. Zum jetzigen Zeitpunkt (01/2016) ist aber noch unbekannt, wie die Massen der Neutrinos akkurat theoretisch zu beschreiben sind. Es ist allerdings ein Leichtes, Neutrinomassen in das Standardmodell einzubauen. Hierfür gibt es mehrere Möglichkeiten – man weiß lediglich nicht, welche es denn nun sein soll. Am einfachsten ist es, sie völlig analog zur up-Masse zu konstruieren. Dazu müssen wir rechtshändige Partner ν_R der linkshändigen Neutrinos einführen. Da diese Erweiterung sehr naheliegend, aber noch spekulativ ist, haben wir diese Felder in unserer Tabelle eingeklammert. Jetzt kann man einfach einen Yukawa-Term

$$\mathcal{L}_{yuk,\nu} = -Y_\nu \, \overline{L} \nu_R \tilde{\phi} + c.c. \tag{12.149}$$

in die Lagrange-Dichte aufnehmen und hat eine Neutrinomasse! Würde diese Lagrange-Dichte die in der Natur realisierten Neutrinomassen gut beschreiben, würde man von *Dirac-Neutrinos* sprechen. So einfach diese Möglichkeit erscheint, hat sie doch einen unschönen Aspekt. Bereits für die Elektronmasse mussten wir eine sehr kleine Yukawa-Kopplung $Y_e \approx 3 \times 10^{-6}$ einführen. Für solch kleine einheitenlose Zahlen hätte man gerne eine Erklärung. Die derzeit gemessene Obergrenze für die Neutrinomassen liegt allerdings noch viel niedriger. Das Elektron-Neutrino liegt zum Beispiel bei etwa $m_\nu \lesssim 2$ eV, was einer Yukawa-Kopplung von $Y_\nu \lesssim 5 \times 10^{-12}$ entspräche.

Unser neu eingeführtes Feld ν_R hat die besondere Eigenschaft, dass es unter allen Eichgruppen des Standardmodells ungeladen ist und nur über den Yukawa-Term mit den übrigen Feldern in Verbindung steht. Dieser Umstand erlaubt es, eine zweite Art von Massenterm für ν_R aufzuschreiben, den man im Dirac-Formalismus nicht ohne weiteres sieht. Am einfachsten kann man ihn im Weyl-van-der-Waerden-Formalismus (siehe Abschnitt 7.3.3) aufschreiben. Hier ist

$$\nu_L = \begin{pmatrix} \eta_\alpha \\ 0 \end{pmatrix}, \quad \nu_R = \begin{pmatrix} 0 \\ \overline{\chi}^{\dot{\alpha}} \end{pmatrix}. \tag{12.150}$$

In dieser Schreibweise lautet der Dirac-Massenterm

$$-Y_\nu \overline{L} \nu_R \tilde{\phi} \to -Y_\nu \frac{v}{\sqrt{2}} \overline{\nu}_L \nu_R + c.c. = \underbrace{-Y_\nu \frac{v}{\sqrt{2}}}_{\equiv m_D} \left(\chi^\alpha \eta_\alpha + \overline{\eta}_{\dot{\alpha}} \overline{\chi}^{\dot{\alpha}} \right). \tag{12.151}$$

Da χ komplett invariant unter allen Eichgruppen ist, können wir aber zusätzlich noch den Lorentz-kovarianten Massenterm

$$\mathcal{L} = -\frac{1}{2} M (\chi^\alpha \chi_\alpha + \overline{\chi}_{\dot{\alpha}} \overline{\chi}^{\dot{\alpha}}) \tag{12.152}$$

aufschreiben, der *Majorana-Massenterm* genannt wird. Der Parameter M kommt hier nicht (oder zumindest nicht notwendigerweise) aus dem Higgs-Mechanismus, und muss daher nichts mit der Skala der elektroschwachen Symmetriebrechung v zu tun haben. Insbesondere kann er im Gegensatz zur Dirac-Masse auch schon in der ungebrochenen Phase der Theorie $\langle \phi \rangle = 0$ auftreten. Schreibt man beide Neutrinomassen-Terme gleichzeitig in die Lagrange-Dichte, erhält man eine Massenmatrix der Form

$$\mathcal{L} = -\frac{1}{2} (\eta^\alpha, \chi^\alpha) \begin{pmatrix} 0 & m_D \\ m_D & M \end{pmatrix} \begin{pmatrix} \eta_\alpha \\ \chi_\alpha \end{pmatrix} + c.c.. \tag{12.153}$$

Die tatsächlichen Massen der beiden resultierenden Neutrinos sind dann (bis auf Vorzeichen) durch die Eigenwerte dieser Matrix gegeben. Hier kommt uns zugute, dass es keinen Grund gibt, weshalb der Parameter M in der Größenordnung der elektroschwachen Symmetriebrechung v liegen sollte. Ist zum Beispiel $M \gg m_D$, so sind die beiden Eigenwerte der Matrix etwa

$$\lambda_1 = \frac{-m_D^2}{M} + \mathcal{O}\left(\frac{m_D^4}{M^3}\right), \qquad \lambda_2 = M + \mathcal{O}\left(\frac{m_D^2}{M}\right), \tag{12.154}$$

mit den Eigenvektoren

$$\xi_1 \approx \eta - \frac{m}{M} \chi, \qquad \xi_2 \approx \chi + \frac{m}{M} \eta. \tag{12.155}$$

Redefinieren wir noch $\xi_1 \to i\xi_1$, um das negative Vorzeichen des Eigenwerts λ_1 in das Feld zu absorbieren, so erhalten wir die Lagrange-Dichte

$$\mathcal{L} \approx -\frac{1}{2} \frac{m_D^2}{M} \xi_1^\alpha \xi_{1\alpha} - \frac{1}{2} M \xi_2^\alpha \xi_{2\alpha} + c.c., \tag{12.156}$$

mit den Massenparametern

$$m_{leicht} = \frac{m_D^2}{M}, \qquad m_{schwer} = M. \tag{12.157}$$

Damit haben wir einen Massenterm generiert, der durch die Hierarchie $m_D/M \ll 1$ unterdrückt ist, während der andere weit darüber bei der Skala M liegt. Das leichte Neutrino ξ_1 ist *fast* linkshändig mit einer kleinen Beimischung der rechtshändigen Komponente, und umgekehrt ist es beim schweren Neutrino. Um das zu veranschaulichen, nehmen wir den Extremfall an, dass die Yukawa-Kopplung des Neutrinos $Y_\nu = 1$ ist, und damit $m_D \approx 175$ GeV. Um eine leichte Neutrinomasse $m_D^2/M \approx 2$ eV zu erreichen, benötigen wir $M \approx 1.5 \times 10^{13}$ GeV. So könnte die Kleinheit der beobachteten Neutrinomassen durch das Vorhandensein einer sehr großen Skala jenseits des Standardmodells erklärt werden. Dieser Mechanismus heißt *See-Saw*-Mechanismus, von dem englischen Wort für Wippe. Neben der hier skizzierten Version gibt es noch verschiedene andere Realisierungen, und man unterscheidet daher die See-Saw-Typen I, II und so weiter. Würde diese Lagrange-Dichte die in der Natur realisierten Neutrinomassen gut beschreiben, würde man von *Majorana-Neutrinos* sprechen. Ein wichtiger Unterschied zu den Dirac-Neutrinos besteht darin, dass wir nur die Hälfte der Freiheitsgrade sehen, da die näherungsweise rechtshändige Komponente ξ_2 nicht mit den von uns beobachtbaren Neutrinos ξ_1 entartet ist. Man kann daher sagen, Majorana-Neutrinos sind ihre eigenen Antiteilchen. Im Grenzfall $M \to 0$ entarten ξ_1 und ξ_2, und wir erhalten wieder ein Dirac-Neutrino, dessen Komponenten χ, η sich aus ξ_1 und ξ_2 zusammensetzen. Ist M klein und ξ_1 und ξ_2 näherungsweise entartet, spricht man von Pseudo-Dirac-Neutrinos. Das Vorhandensein des Parameters M kann experimentell durch Suchen nach neutrinolosen Doppel-Beta-Zerfällen (kurz $0\nu2\beta$ oder $0\nu\beta\beta$) bestätigt werden. Hier gibt es aber derzeit (01/2016) noch keine klare Evidenz, und die Frage nach dem wahren Ursprung der Neutrinomassen bleibt noch offen.

12.4 Exkurs: Produktion und Zerfall des Higgs-Bosons

Im Juli 2012 gaben die beiden Experimental-Gruppen ATLAS und CMS des Large Hadron Collider (LHC) am CERN in Genf bekannt, ein neues Boson im Massenbereich um 125 GeV gefunden zu haben [45, 46]. Die Eigenschaften dieses neuen Bosons stimmen nach der Datenlage vom Jahr 2014 nach sehr gut mit jenen des Higgs-Bosons überein, wie es in der minimalen Realisierung des Standardmodells vorgesehen ist.

Das Higgs-Boson wurde, noch in einem einfacheren theoretischen Rahmen, in den 1960er Jahren postuliert [47, 48, 49, 50]. Für diese Arbeiten wurde 2013 François Englert und Peter Higgs der Nobelpreis für Physik verliehen. Der letztlich im Standardmodell eingesetzt Mechanismus, wie wir ihn hier besprochen haben, basiert aber auf späteren Arbeiten von Abdus Salam, Sheldon Glashow und Steven Weinberg [51, 52, 53]. Sie erhielten für diese Arbeiten bereits 1979 den Nobelpreis für Physik[3].

In diesem kleinen Exkurs wollen wir uns noch mit der Produktion und den Zerfall des Higgs-Bosons beschäftigen. Wir können an dieser Stelle nur einen kleinen Überblick geben und empfehlen für eine tiefere Beleuchtung und eine detailreiche phänomenologische Betrachtung zum Beispiel [54]. Wie misst man nun die Eigenschaften des Higgs-Bosons? Das Standardmodell macht Vorhersagen für die Produktionsraten und Zerfallsbreiten in verschiedene Endzustände. Wir wollen kurz darauf eingehen, wie man an einem Protonenbeschleuniger wie dem Large Hadron Collider am CERN in Genf das Higgs-Boson produzieren kann.

Die drei wichtigsten Produktionskanäle für das Higgs-Boson an dem Protonenbeschleuniger LHC sind durch die Prozesse

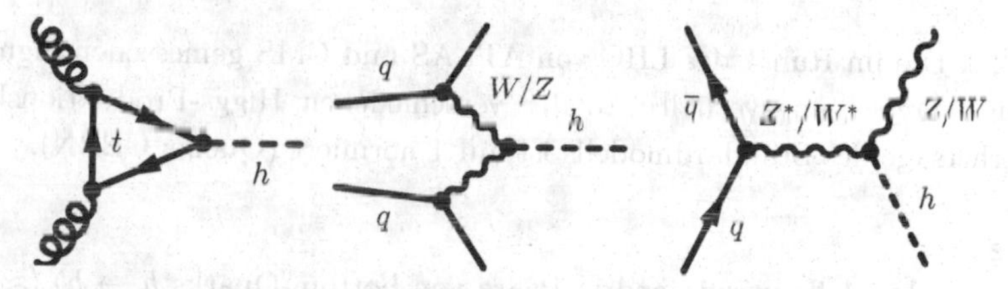

gegeben. Das erste Feynman-Diagramm zeigt den Hauptproduktionsprozess über Gluonen. Sie koppeln nicht direkt an das Higgs-Boson. Das top-Quark jedoch trägt einerseits Farbladung und koppelt aufgrund seiner Masse $m_t \approx v/\sqrt{2}$ stark an das Higgs-Feld. Eine top-Schleife kann daher diesen Prozess vermitteln. Der zweite Prozess wird als Vektorboson-Fusion (VBF) bezeichnet. Der dritte Prozess ist die sogenannte Higgs-Strahlung oder assoziierte Produktion (WH und ZH). Dieser Prozess wurde zuvor schon am $p\bar{p}$-Beschleuniger Tevatron ausgenutzt, ist aber auch für e^+e^--Beschleuniger wie den LEP relevant wenn man die Quarks im Anfangszustand durch Elektronen ersetzt. Über diesen Prozess konnte am LEP bereits 2003 eine untere Massengrenze von $m_H > 114.4$ GeV gefunden werden [55].

Das Higgs-Boson ist natürlich nicht stabil und zerfällt in alle kinematisch erlaubten Endzustände. Bei einer Masse von $m_H = 125$ GeV zerfällt das Higgs-Boson

[3]Zu diesem Zeitpunkt waren zwar die elektroschwachen Eichbosonen $W^{\pm}$ und Z noch nicht entdeckt, wohl aber der von der Theorie vorhergesagte, durch Offshell-Z-Austausch vermittelte sogenannte neutrale Strom.

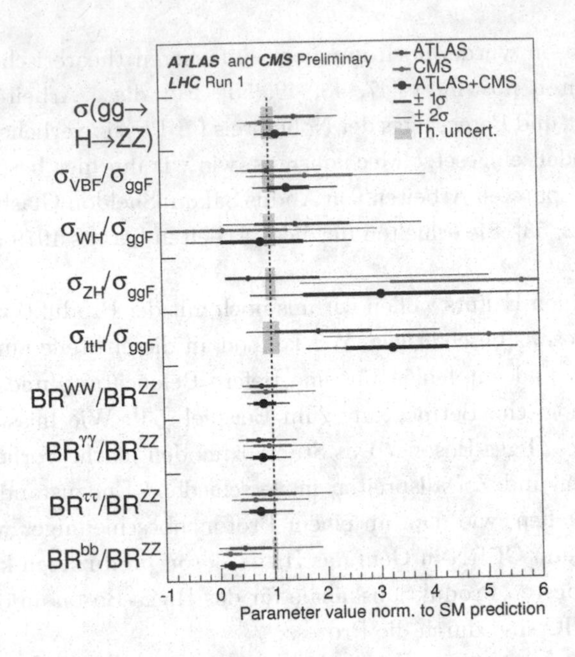

Tab. 12.2: Die im Run 1 des LHC von ATLAS und CMS gemessenen Signalstärken und Verzweigungsverhältnisse der verschiedenen Higgs-Produktionskanäle. Die Vorhersage des Standardmodells ist auf 1 normiert (Quelle: CERN).

des Standardmodells vorwiegend in Paare von bottom-Quarks $h \to b\overline{b}$ ($\approx 57\,\%$), Paare von Eichbosonen $h \to WW^*$ ($\approx 22\,\%$), $h \to ZZ^*$ ($\approx 3\,\%$), Paare von charm-Quarks $h \to c\overline{c}$ ($2.9\,\%$) und Paare von tau-Leptonen $h \to \tau\overline{\tau}$ ($\approx 6\,\%$) [56]. Diese Zahlen verschieben sich etwas in Abhängigkeit von der genauen Masse des Bosons und des top-Quarks. Bei den Zerfällen über zwei schwere Vektorbosonen kann eines davon nicht auf der Massenschale liegen, was mit einem $*$ markiert wird. Die in der Praxis wichtigsten Zerfälle für die Entdeckung waren $h \to ZZ^* \to l\overline{l}l\overline{l}$ und der Zerfall in Photonpaare $h \to \gamma\gamma$. Letzterer wird von einer top- und $W^{\pm}$-Schleife vermittelt und ist daher mit $\approx 0.2\,\%$ sehr selten, jedoch besonders gut detektierbar. Im Gegensatz dazu ist der Zerfall $h \to b\overline{b}$ viel häufiger, aber aufgrund der großen $b\overline{b}$-Produktionsrate schwer beobachtbar.

Die Kollaborationen der Experimente ATLAS und CMS haben die im Standardmodell vorhergesagten Produktionsraten für die verschiedenen Endzustände mit den Messungen verglichen und finden bisher (01/2016) gute Übereinstimmung (Abb. 12.2). Die Proportionalität der Higgs-Kopplung verschiedener Teilchen zur deren Masse wurde ebenfalls analysiert (Abb. 12.3).

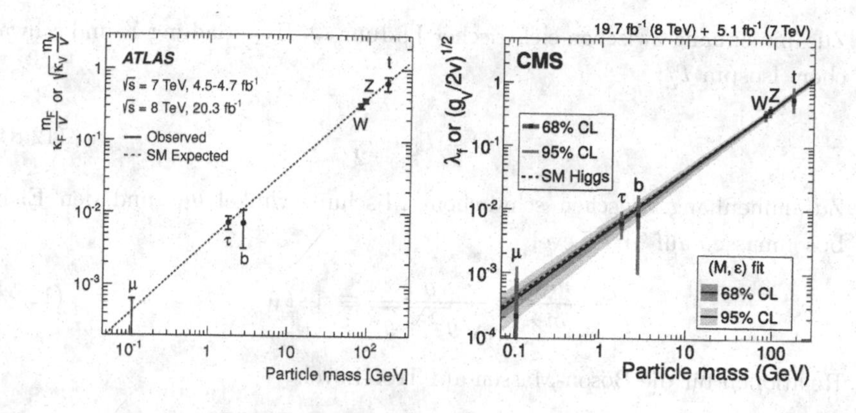

Tab. 12.3: Die Proportionalität der Higgs-Kopplungen zu den Teilchenmassen, wie sie im Run 1 am LHC vermessen wurde (Quelle: CERN).

Zusammenfassung zum Standardmodell der Teilchenphysik

- Eichgruppen des Standardmodells der Teilchenphysik:

$$SU(3)_C \times SU(2)_L \times U(1)_Y \tag{12.1}$$

- Yang-Mills-Lagrange-Dichte und kovariante Ableitung auf Fermionen:

$$\mathcal{L}_{YM} = -\frac{1}{4} W^i_{\mu\nu} W^{\mu\nu,i} - \frac{1}{4} B_{\mu\nu} B^{\mu\nu} + i\overline{\psi} \not{D} \psi \tag{12.40}$$

$$D_\mu = \partial_\mu - ig\frac{\sigma^i}{2} W^i_\mu P_L - ig' \frac{P_L Y_L + P_R Y_R}{2} B_\mu \tag{12.41}$$

- Lagrange-Dichte, kovariante Ableitung und kanonische Wahl für das Higgs-Dublett:

$$\phi = \begin{pmatrix} \phi^+ \\ \frac{1}{\sqrt{2}}(v + h + i\phi^0) \end{pmatrix} \tag{12.71}$$

$$\mathcal{L}_H = D_\mu \phi^\dagger D^\mu \phi - \mu^2 \phi^\dagger \phi - \frac{\lambda}{2} (\phi^\dagger \phi)^2 \tag{12.69}$$

$$D_\mu \phi = \left(\partial_\mu \phi - ig\frac{\sigma^i}{2} W^i_\mu - i\frac{Y_H}{2} g' B_\mu \right) \phi \tag{12.70}$$

- Yukawa-Lagrange-Dichten für den fermionischen Sektor des Standardmodells:

$$\mathcal{L}_{yuk,d} = -Y_e \overline{L} e_R \phi - Y_e \phi^\dagger \overline{e}_R L - Y_d \overline{Q} d_R \phi - Y_d \phi^\dagger \overline{d}_R Q \tag{12.124}$$

$$\mathcal{L}_{yuk,u} = -Y_u\, \overline{Q} u_R \tilde{\phi} + c.c. \tag{12.135}$$

- Zusammenhang zwischen elektrischer Ladung Q, Hyperladung Y und schwachem Isospin T_L^3:

$$Q = T_L^3 + \frac{Y}{2} \tag{12.84}$$

- Zusammenhang zwischen schwachem Mischungswinkel θ_W und den Eichbosonmassen auf Tree-Level:

$$\frac{m_W}{m_Z} = \frac{g}{\sqrt{g'^2 + g^2}} \equiv \cos\theta_W \tag{12.93}$$

- Relationen für die Boson-Massen auf Tree-Level:

$$m_H^2 = \lambda v^2, \quad m_W = \frac{vg}{2}, \quad m_Z = \frac{v\sqrt{g'^2 + g^2}}{2} \tag{12.104}$$

- Freie Parameter des Higgs- und Eichsektors und Observable auf Tree-Level:

$$\mu, \lambda, g, g' \qquad \longleftrightarrow \qquad m_H, m_W, m_Z, e \tag{12.102}$$

Literaturhinweise

Es gibt viele exzellente und sehr unterschiedliche Bücher zur relativistischen Quantenfeldtheorie. Wir selbst haben während des Studiums, im Rahmen der Forschung und nicht zuletzt während der Fertigstellung dieses Buchs festgestellt, dass wir für viele Fragestellungen auf mehrere QFT-Bücher zurückgegriffen haben (in manchen Härtefällen auf alles in unserer Reichweite, was annähernd etwas mit QFT zu tun hatte), da fast alle Autoren durch ihre unterschiedlichen Schwerpunkte, Art der Darstellung, Detailreichtum oder Grad der Präzision zum besseren Verständnis eines Konzepts oder einer Technik beitragen. Inzwischen finden sich im WWW auch viele interessante Vorlesungsskripten unterschiedlichsten Schwierigkeitsgrads und Inhalts. Besonders möchten wir die Skripten der TASI-Schule erwähnen, die auf dem arXiv zu finden sind. Sie sind für Doktoranden in der theoretischen Physik gedacht und haben meist ein recht hohes Niveau.

Die folgende Liste mit Literaturempfehlungen erhebt keinen Anspruch auf Vollständigkeit. Erwähnen wir ein Werk nicht, heißt das nicht, dass wir es schlecht finden – wir haben es wahrscheinlich seltener verwendet, kennen es nicht oder haben es schlicht vergessen. Letztlich muss jeder möglichst viele Bücher selbst in Augenschein nehmen, um Lernmaterialien mit dem für sich besten Stil und Inhalt zu finden.

Quantenfeldtheorie und QED Das Standardwerk, dass scheinbar jeder besitzt, ist Peskin & Schroeder[3]. Es ist ziemlich vollständig und behandelt auch fortgeschrittenere Themen, ist zeitgemäß, sehr gut lesbar, und wird für seine interessanten Aufgaben gelobt.

Wir selbst haben beim Erlernen der QFT das Buch von Ryder[24] parallel zu P&S verwendet, und die beiden ergänzen sich etwas. Das Buch enthält im Gegensatz zu P&S weniger Teilchenphysik und einen stärkeren Schwerpunkt auf „reiner" QFT, dafür aber einige spannende Ausblicke auf weiterführende Themen der Feldtheorie.

Wer sich verzweifelt fragt, wie bestimmte Dinge, über die alle anderen pädagogischen Darstellungen hinweghuschen, *richtig* funktionieren, nimmt S. Weinbergs berühmte Bücher[16][40] in die Hand. Der Autor, selbst einer der wichtigsten Köpfe des Gebiets und Miterfinder der elektroschwachen Theorie, erarbeitet in diesen Büchern die QFT unabhängig und von Grund auf, und sagt dabei viele Dinge, die sonst nirgends stehen. Dadurch ist allerdings der verwendete Formalismus manchmal etwas gewöhnungsbedürftig – keine leichte Kost, aber sehr reichhaltig. Es wird von mutigen Zeitgenossen durchaus als Hauptlehrbuch für den Einstieg verwendet.

Ein relativ neues Buch, das wir sehr reizvoll finden, ist Srednicki[12]. Es ist eine entsprechend moderne Darstellung, die sich durch eine klar gegliederte Kapitelfolge auszeichnet, in der stets angegeben wird, welche vorherigen Teile des Buchs vorausgesetzt werden. Die Renormierung wird hier unserer Meinung nach sehr schön eingeführt.

Das Buch von Muta [34] ist dem Namen nach eigentlich eine Einführung in die Quantenchromodynamik. Es enthält aber eine allgemeine Einführung in die QFT und insbesondere eine sehr lesenswerte Darstellung der Regularisierung, Renormierung und verwandter Themen.

Beim Erlernen der Basics der Quantenelektrodynamik ist das Buch von Mandl&Shaw [21] zu empfehlen. Es kommt in seiner Herangehensweise manchmal vielleicht ein wenig altmodisch daher und beschränkt sich thematisch viel stärker als die oben genannten, ist aber sehr gut als Einstieg geeignet und enthält eine saubere Darstellung vieler Zusammenhänge.

Ein ebenfalls etwas älteres, aber ganz anders geartetes Werk, ist Itzykson&Zuber [11]. Wir haben es sehr häufig zu Rate gezogen, denn hier stehen ebenfalls viele technische Details, die in anderen Lehrbüchern übergangen werden. Hier muss man das Kleingedruckte lesen!

Das Buch über QFT und Eichtheorien von Böhm, Denner und Joos[10] enthält sehr klare Erklärungen vieler fortgeschrittener Themen und Rechentechniken. Wir nutzen es als hervorragendes Nachschlagewerk, was durch eine präzise Notation erleichtert wird, und möchten es nicht missen.

Um ein neues, ungewöhnliches Buch handelt es sich bei [57] von Zee. Hier scheint weniger die einfache Darstellung der QFT nach traditioneller Manier im Vordergrund zu stehen, und es ist vielleicht nicht unbedingt als alleiniges Lehrbuch beim Selbststudium zu empfehlen, sondern bietet eine faszinierende Ergänzung dazu. So sind sehr lesbar verschiedene spannende, oft auch weiterführende Spezialthemen und die eine oder andere Anekdote eingewoben, die man anderswo so nicht findet. Das Buch wird für seine etwas andere, moderne Sichtweise auf die QFT gelobt.

Einen Sonderfall stellt das Buch von Kugo [17] dar. Es liegt in einer deutschen Übersetzung aus dem Japanischen vor. Hier findet man neben anderen interessanten weiterführenden Themen einen Zugang zu Eichtheorien über die Operator-Quantisierung mit Zwangsbedingungen, der technisch und physikalisch sehr interessant ist.

Das Buch von Cheng&Li [58] enthält neben einer Einführung in die Quantenfeldtheorie und das Standardmodell auch einige fortgeschrittene Themen wie gruppentheoretische Methoden, GUTs, magnetische Monopole und Instantons.

Der vierte Teil [59] (überarbeitete Version) der berühmten Lehrbuchreihe Landau/Lifschitz behandelt die QED. Da die Darstellung nicht mehr ganz den modernen Standards entspricht, ist das Buch vielleicht nicht unbedingt als alleiniges und erstes Lehrbuch zum Einstieg in die QFT zu empfehlen. Es ist dennoch sehr lesbar geschrieben und enthält die für die Reihe typischen aufschlussreichen Anmerkungen zur Physik, auch wenn L. D. Landau selbst nicht mehr daran beteiligt war. Hier findet man ausführliche Herleitungen „älterer" Resultate der QED im gewohnten Stil (beispielsweise aus der Atomphysik), die in stärker auf moderne Beschleunigerphysik und das Standardmodell ausgerichteten Werken kürzer kommen oder fehlen.

Wer lernen will, wie man mit Feynman-Graphen Streuamplituden ausrechnet, ohne gleich ein Jodeldiplom in fortgeschrittener Feldtheorie machen zu müssen, kann sich das Skript der Herbstschule Maria Laach „Feynman-Diagramme für Anfänger" von Thorsten Ohl ansehen, das verschiedentlich im Netz zu finden ist. Es enthält einen skizzenhaften QFT-Crashkurs und reichlich Aufgaben zur Berechnung von Amplituden. Hier findet man auch wertvolle konkrete Beispiele, wie das Computeralgebra-Paket FORM zu verwenden ist – fast unverzichtbar für jeden, der aufwändigere Streuprozesse berechnen muss.

Warren Siegel hat sein beeindruckendes QFT-Buch [60] unter `http://arxiv.org/abs/hep-th/9912205` frei zur Verfügung gestellt. Es behandelt einerseits verschiedene Grundlagen sehr ausführlich, beinhaltet aber auch fortgeschrittenere Themen wie Teilchen mit höheren Spins und Gravitation.

Renormierung Eine pädagogische Einführung in viele fortgeschrittenere technische Aspekte der Renormierung findet sich in dem Buch von Collins [20].

Für den Einstieg ist das seit Generationen von Dozent zu Dozent weitergereichte Skript „Übungen zu Strahlungskorrekturen in Eichtheorien" der Herbstschule für Hochenergiephysik Maria Laach sehr nett. Es ist in verschiedenen Versionen im Netz zu finden.

Das Standardmodell und Teilchenphysik Wer einen guten ersten Eindruck vom Aufbau des Standardmodells der Teilchenphysik und des Higgs-Mechanismus bekommen will, ohne sich erst, wie bei P&S, durch hunderte Seiten mit technischen Details zur funktionalen Quantisierung und ähnlichen Dingen zu pflügen, dem sei Otto Nachtmanns Buch [43] ans Herz gelegt. Hier stehen neben einer sehr netten Einführung in diese Themen einige Dinge zur Teilchenphysik, Streuamplituden und Kinematik, die sonst weniger Beachtung finden.

Das COmpendium of RElations (CORE) [61] ist ein frei auf dem arXiv verfügbares Nachschlagewerk. Es enthält viele Relationen zu Lie-Algebren, Tensoren und Spinoren, Schleifenintegralen, den Feynman-Regeln des Standardmodells und zur Kinematik.

Die Einführung in die Teilchenphysik von Griffiths [62] ist nicht mehr ganz neu, aber relativ kompakt und sehr schön zu lesen. Das Buch ist auch für Studenten geeignet, die bereits die Quantenmechanik gehört haben, aber noch kein Vorwissen in Teilchenphysik oder Feldtheorie besitzen.

Wiederum andere Schwerpunkte legt das Buch über die elektroschwache Wechselwirkung von Greiner&Müller [63]. Hier wird ebenfalls wenig zu technischeren

Aspekten der QFT oder zur Renormierung gesagt (siehe aber [5, 35]). Dafür werden aber einige interessante Spezialthemen der Teilchenphysik wie beispielsweise allgemeine Fierz-Transformationen und Michel-Parameter, sowie etwas Kern- und Hadronphysik behandelt. Den Schluss bildet eine relativ detaillierte Einführung in $SU(5)$-GUTs.

Tiefer in die Materie geht es im Buch „The Standard Model: A Primer" von Cliff Burgess und Guy Moore [44], das früher in einer älteren Version als Skript online vorlag. Hier bekommt man einen recht vollständigen Einstieg in die Quantenfeldtheorie und Phänomenologie des Standardmodells.

Mathematischeres Trotz unseres etwas fußgängerischen Zugangs zu klassischen Eichtheorien und dem Higgs-Mechanismus sollte man nicht vergessen, dass dahinter tiefgründige Zusammenhänge aus der Differenzialgeometrie und der Topologie stecken. Wer sich dafür interessiert, sollte sich das Standardwerk [64] von Nakahara zulegen und mal in das Büchlein [65] von Göckeler&Schücker reinschauen.

Gruppentheorie und Lie-Algebren Hat man vor, sich mit vereinheitlichten Theorien oder Superstring-Modellen zu beschäftigen, kann man das Buch von Howard Georgi [2] zur Hand nehmen, das die relevanten Grundlagen zu Lie-Algebren für Teilchenphysiker liefert. Hier kann man die Klassifikation der klassischen und exzeptionellen Lie-Algebren in einem für Physiker verdaulichen Stil erlernen.

Konkreter wird es in Slanskys Skript „Group Theory for Unified Model Building" , das offiziell in den Physics Reports unter [66] zu finden ist. Hier findet man neben Beispielen viele Tabellen mit Brechungsschemata und Gruppendarstellungen für vereinheitlichte Theorien.

Eine schöne Einführung in Anwendungen der Gruppentheorie in der Physik (nicht speziell der Hochenergiephysik) kann man in [1] finden.

Supersymmetrie Wer die technischen Grundlagen der Supersymmetrie effizient und systematisch lernen will, sollte den ersten Teil des Büchleins von Wess&Bagger [22] verinnerlichen. Hier wird der Stoff in sehr kurzen übersichtlichen Abschnitten Schritt für Schritt erklärt, und am Ende jedes Abschnitts ist ein Satz von Aufgaben ohne Lösungen angegeben. Diese muss man zwingend durcharbeiten, um von dem Buch wirklich zu profitieren, lernt dafür aber sehr schnell sehr viel konkretes Handwerkszeug – unserer Meinung nach der beste Start in die SUSY. Die im Rest des Buches folgende Einführung in die Supergravitation ist nichts für schwache Nerven.

Das Buch „Sparticles" von Drees, Godbole und Roy [23] liefert nicht nur eine gute pädagogische Einführung in die Supersymmetrie, sondern behandelt auch in einigem Detail die Physik des Supersymmetrischen Standardmodells und weitere fortgeschrittene Themen, die bei Wess und Bagger fehlen. Jeder, der mit supersymmetrischen Modellen in der Hochenergiephysik arbeiten will, sollte sich dieses Buch ansehen.

Die Standard-Einführung zur Supersymmetrie, die vermutlich jeder SUSYaner mal gelesen hat, ist das Skript „A Supersymmetry Primer“ von Stephen Martin. Es ist frei und inzwischen in der 6. aktualisierten Version auf dem arXiv unter `http://arxiv.org/abs/hep-ph/9709356` erhältlich. Ebenfalls populär ist das Buch und Skript von Aitchison, das unter `http://arxiv.org/abs/hep-ph/0505105` frei erhältlich ist.

Auch der dritte Teil [67] von S. Weinbergs berühmter Lehrbuchreihe ist ganz der Supersymmetrie gewidmet.

Literaturverzeichnis

[1] W.K. Tung. *Group theory in physics.* World Scientific Publishing Co Pte Ltd, 1985.

[2] Howard Georgi. *Lie algebras in particle physics.* Westview Press, 1999.

[3] Michael E. Peskin and Daniel V. Schroeder. *An Introduction to quantum field theory.* Westview Press, 1995.

[4] F. Schwabl. *Advanced quantum mechanics (QM II).* Springer, 1997.

[5] W. Greiner and J. Reinhardt. *Field quantization.* Springer, 1996.

[6] Rolf Mertig et al. Feynrules, mathematica package for quantum field theory calculations, 2014.

[7] Wolfgang Kilian et al. The whizard event generator, the generator of monte carlo event generators for lhc, ilc, clic, and other high energy physics experiments, 2014.

[8] J. Küblbeck et al. Feyncalc, 2014.

[9] J. Alwall et al. Madgraph 5, 2014.

[10] M. Böhm, Ansgar Denner, and H. Joos. *Gauge theories of the strong and electroweak interaction.* Teubner Verlag, 2001.

[11] C. Itzykson and J.B. Zuber. *Quantum field theory.* Dover Publishing Inc, 1980.

[12] M. Srednicki. *Quantum field theory.* Cambridge University Press, 2007.

[13] C. D. Palmer and M. E. Carrington. A General expression for symmetry factors of Feynman diagrams. *Can. J. Phys.*, 80:847–854, 2002.

[14] P. V. Dong, L. T. Hue, H. T. Hung, H. N. Long, and N. H. Thao. Symmetry Factors of Feynman Diagrams for Scalar Fields. *Theor. Math. Phys.*, 165:1500–1511, 2010.

[15] S Heinemeyer et al. Handbook of LHC Higgs Cross Sections: 3. Higgs Properties, 2013.

[16] Steven Weinberg. *The Quantum theory of fields. Vol. 1: Foundations.* Cambridge University Press, 1995.

[17] Taichiro Kugo. *Eichtheorie.* Springer, 1997.

[18] Thomas Appelquist and J. Carazzone. Infrared Singularities and Massive Fields. *Phys.Rev.*, D11:2856, 1975.

[19] J. Beringer et al. Particle data group, 2014.

[20] John C. Collins. *Renormalization. An introduction to renormalization, the renormalization group, and the operator product expansion.* Cambridge University Press, 1984.

[21] F. Mandl and Graham Shaw. *Quantum field theory.* John Wiley & Sons, 1985.

[22] J. Wess and J. Bagger. *Supersymmetry and supergravity.* Princeton University Press, 1992.

[23] M. Drees, R. Godbole, and P. Roy. *Theory and phenomenology of sparticles: An account of four-dimensional N=1 supersymmetry in high energy physics.* World Scientific Pub Co, 2004.

[24] L.H. Ryder. *Quantum field theory.* Cambridge University Press, 1985.

[25] Jos Vermaseren et al. Form, symbolic manipulation system, 2014.

[26] Wolfram Research. Mathematica, symbolic manipulation system, 2014.

[27] Thomas Hahn et al. Feynarts, a mathematica package for the generation and visualization of feynman diagrams and amplitudes, 2014.

[28] Thomas Hahn. Automatic loop calculations with FeynArts, FormCalc, and LoopTools. *Nucl. Phys. Proc. Suppl.*, 89:231–236, 2000.

[29] Johan Alwall, Claude Duhr, Benjamin Fuks, Olivier Mattelaer, Deniz Gizem Özturk, and Chia-Hsien Shen. Computing decay rates for new physics theories with FeynRules and MadGraph 5aMC@NLO. *Comput. Phys. Commun.*, 197:312–323, 2015.

[30] Neil D. Christensen, Claude Duhr, Benjamin Fuks, Jürgen Reuter, and Christian Speckner. Introducing an interface between WHIZARD and FeynRules. *Eur. Phys. J.*, C72:1990, 2012.

[31] Torbjorn Sjostrand, Stephen Mrenna, and Peter Z. Skands. A Brief Introduction to PYTHIA 8.1. *Comput. Phys. Commun.*, 178:852–867, 2008.

[32] J. de Favereau, C. Delaere, P. Demin, A. Giammanco, V. Lemaître, A. Mertens, and M. Selvaggi. DELPHES 3, A modular framework for fast simulation of a generic collider experiment. *JHEP*, 02:057, 2014.

[33] Edward S. Dayhoff, Sol Triebwasser, and Willis E. Lamb. Fine Structure of the Hydrogen Atom. VI. *Phys.Rev.*, 89:106–115, 1953.

[34] Taizo Muta. *Foundations of Quantum Chromodynamics: An Introduction to Perturbative Methods in Gauge Theories, (3rd ed.)*, volume 78 of *World scientific Lecture Notes in Physics.* World Scientific, Hackensack, N.J., 2010.

[35] W. Greiner et al. *Quantum Chromodynamics.* Springer, 2007.

[36] Sidney R. Coleman and Erick J. Weinberg. Radiative Corrections as the Origin of Spontaneous Symmetry Breaking. *Phys. Rev.*, D7:1888–1910, 1973.

[37] Arthur Hebecker, Alexander K. Knochel, and Timo Weigand. A Shift Symmetry in the Higgs Sector: Experimental Hints and Stringy Realizations. *JHEP*, 06:093, 2012.

[38] Jose R. Espinosa. Implications of the top (and Higgs) mass for vacuum stability. In *8th International Workshop on Top Quark Physics (TOP2015) Ischia, NA, Italy, September 14-18, 2015*, 2015.

[39] Holger Gies and René Sondenheimer. Higgs Mass Bounds from Renormalization Flow for a Higgs-top-bottom model. *Eur. Phys. J.*, C75(2):68, 2015.

[40] Steven Weinberg. *The quantum theory of fields. Vol. 2: Modern applications.* Cambridge University Press, 1996.

[41] Michael E. Peskin and Tatsu Takeuchi. Estimation of oblique electroweak corrections. *Phys.Rev.*, D46:381–409, 1992.

[42] James D. Wells. TASI lecture notes: Introduction to precision electroweak analysis. In *Physics in D >= 4. Proceedings, Theoretical Advanced Study Institute in elementary particle physics, TASI 2004, Boulder, USA, June 6-July 2, 2004*, pages 41–64, 2005.

[43] O. Nachtmann. *Phänomene und Konzepte der Elementarteilchenphysik.* Vieweg+Teubner Verlag, 1992.

[44] C. P. Burgess and G. D. Moore. *The standard model: A primer.* Cambridge University Press, 2006.

[45] Georges Aad et al. Observation of a new particle in the search for the Standard Model Higgs boson with the ATLAS detector at the LHC. *Phys.Lett.*, B716:1–29, 2012.

[46] Serguei Chatrchyan et al. Observation of a new boson at a mass of 125 GeV with the CMS experiment at the LHC. *Phys.Lett.*, B716:30–61, 2012.

[47] Peter W. Higgs. Broken symmetries, massless particles and gauge fields. *Physics Letters*, 12(2):132 – 133, 1964.

[48] Peter W. Higgs. Broken Symmetries and the Masses of Gauge Bosons. *Phys.Rev.Lett.*, 13:508–509, 1964.

[49] G.S. Guralnik, C.R. Hagen, and T.W.B. Kibble. Global Conservation Laws and Massless Particles. *Phys.Rev.Lett.*, 13:585–587, 1964.

[50] F. Englert and R. Brout. Broken Symmetry and the Mass of Gauge Vector Mesons. *Phys.Rev.Lett.*, 13:321–323, 1964.

[51] S.L. Glashow. Partial Symmetries of Weak Interactions. *Nucl.Phys.*, 22:579–588, 1961.

[52] Steven Weinberg. A Model of Leptons. *Phys.Rev.Lett.*, 19:1264–1266, 1967.

[53] Abdus Salam. Weak and Electromagnetic Interactions. *Conf. Proc.*, C680519:367–377, 1968.

[54] Tilman Plehn. Lectures on LHC Physics. *Lect.Notes Phys.*, 844:1–193, 2012.

[55] R. Barate et al. Search for the standard model Higgs boson at LEP. *Phys.Lett.*, B565:61–75, 2003.

[56] LHC Higgs Cross Section Working Group. Higgs cross sections and decay branching ratios, 2014.

[57] A. Zee. *Quantum field theory in a nutshell.* Princeton Univers. Press, 2003.

[58] T. P. Cheng and L. F. Li. *Gauge Theory of Elementary Particle Physics.* Clarendon, Oxford, Uk, 1984.

[59] L. D. Landau et al. *Lehrbuch der Theoretischen Physik, Band IV, Quantenelektrodynamik.* Akademie Verlag, Berlin, 1991.

[60] Warren Siegel. Fields. 1999.

[61] V. I. Borodulin, R. N. Rogalev, and S. R. Slabospitsky. CORE: COmpendium of RElations: Version 2.1. 1995.

[62] David Griffiths. *Introduction to elementary particles.* Wiley-VCH, Weinheim, Germany, 2008.

[63] W. Greiner and Berndt Müller. *Gauge theory of weak interactions.* Springer, Berlin, Germany, 1993.

[64] M. Nakahara. *Geometry, topology and physics.* Taylor & Francis, Boca Raton, USA, 2003.

[65] M. Göckeler and Thomas Schücker. *Differential Geometry, Gauge Theories, And Gravity.* Cambridge University Press, 1989.

[66] R. Slansky. Group Theory for Unified Model Building. *Phys. Rept.*, 79:1–128, 1981.

[67] Steven Weinberg. *The quantum theory of fields. Vol. 3: Supersymmetry.* Cambridge University Press, 2013.

Index

Printed in the United States
By Bookmasters